U0156576

教育部高等学校电子信息类专业教学指导委员会规划教材
高等学校电子信息类专业系列教材·新形态教材

移动通信原理

（第3版）

陈威兵 张刚林 冯璐 李玮 编著

清华大学出版社
北京

内容简介

本书在介绍移动通信基本技术与原理的基础上，对1G至5G的各类移动通信系统的网络结构、关键技术和应用方式进行了全面阐述，给出了移动通信网络的规划、设计与优化方法，并对移动通信和计算机网络通信的融合方式进行了全面探讨。本书注重实用性，内容全面，语言通俗易懂，同时注重吸纳移动通信领域的最新研究成果，讲述内容尽量涉及最新的技术、协议和规范。本书的主要特色可以概括为“内容新、知识全、重实用、跨专业”。

本书可作为高等院校通信工程、电子信息工程和计算机应用等专业高年级本科生和研究生相关课程的教材，也可作为相关领域工程技术人员的参考书。

图书在版编目（CIP）数据

移动通信原理/陈威兵等编著. —3版. —北京：清华大学出版社，2024.1（2024.7重印）
高等学校电子信息类专业系列教材. 新形态教材
ISBN 978-7-302-64112-4

Ⅰ. ①移…　Ⅱ. ①陈…　Ⅲ. ①移动通信－通信理论－高等学校－教材　Ⅳ. ①TN929.5

中国国家版本馆CIP数据核字(2023)第131049号

策划编辑：盛东亮
责任编辑：钟志芳
封面设计：李召霞
责任校对：时翠兰
责任印制：沈　露

出版发行：清华大学出版社
网　　址：https://www.tup.com.cn，https://www.wqxuetang.com
地　　址：北京清华大学学研大厦A座　**邮　　编**：100084
社 总 机：010-83470000　**邮　　购**：010-62786544
投稿与读者服务：010-62776969，c-service@tup.tsinghua.edu.cn
质量反馈：010-62772015，zhiliang@tup.tsinghua.edu.cn
课件下载：https://www.tup.com.cn，010-83470236
印 装 者：三河市铭诚印务有限公司
经　　销：全国新华书店
开　　本：185mm×260mm　**印　　张**：25.5　**字　　数**：622千字
版　　次：2016年1月第1版　2024年1月第3版　**印　　次**：2024年7月第2次印刷
印　　数：1501～3000
定　　价：75.00元

产品编号：099376-01

高等学校电子信息类专业系列教材

序

FOREWORD

我国电子信息产业占工业总体比重已经超过10%。电子信息产业在工业经济中的支撑作用凸显，更加促进了信息化和工业化的高层次深度融合。随着移动互联网、云计算、物联网、大数据和石墨烯等新兴产业的爆发式增长，电子信息产业的发展呈现了新的特点，电子信息产业的人才培养面临着新的挑战。

(1) 随着控制、通信、人机交互和网络互联等新兴电子信息技术的不断发展，传统工业设备融合了大量最新的电子信息技术，它们一起构成了庞大而复杂的系统，派生出大量新兴的电子信息技术应用需求。这些“系统级”的应用需求，迫切要求具有系统级设计能力的电子信息技术人才。

(2) 电子信息系统设备的功能越来越复杂，系统的集成度越来越高。因此，要求未来的设计者应该具备更扎实的理论基础知识和更宽广的专业视野。未来电子信息系统的设计越来越要求软件和硬件的协同规划、协同设计和协同调试。

(3) 新兴电子信息技术的发展依赖于半导体产业的不断推动，半导体厂商为设计者提供了越来越丰富的生态资源，系统集成厂商的全方位配合又加速了这种生态资源的进一步完善。半导体厂商和系统集成厂商所建立的这种生态系统，为未来的设计者提供了更加便捷却又必须依赖的设计资源。

教育部2020年颁布了新版《高等学校本科专业目录》，将电子信息类专业进行了整合，为各高校建立系统化的人才培养体系，培养具有扎实理论基础和宽广专业技能的、兼顾“基础”和“系统”的高层次电子信息人才给出了指引。

传统的电子信息学科专业课程体系呈现“自底向上”的特点，这种课程体系偏重对底层元器件的分析与设计，较少涉及系统级的集成与设计。近年来，国内很多高校对电子信息类专业课程体系进行了大力度的改革，这些改革顺应时代潮流，从系统集成的角度，更加科学合理地构建了课程体系。

为了进一步提高普通高校电子信息类专业教育与教学质量，推动教育与教学高质量发展，教育部高等学校电子信息类专业教学指导委员会开展了“高等学校电子信息类专业课程体系”的立项研究工作，并启动了“高等学校电子信息类专业系列教材”(教育部高等学校电子信息类专业教学指导委员会规划教材)的建设工作。其目的是推进高等教育内涵式发展，提高教学水平，满足高等学校对电子信息类专业人才培养、教学改革与课程改革的需要。

本系列教材定位于高等学校电子信息类专业的专业课程，适用于电子信息类的电子信息工程、电子科学与技术、通信工程、微电子科学与工程、光电信息科学与工程、信息工程及其相近专业。经过编审委员会与众多高校多次沟通，初步拟定分批次建设约100门核心课程教材。本系列教材将力求在保证基础的前提下，突出技术的先进性和科学的前沿性，体现创新教学和工程实践教学；将重视系统集成思想在教学中的体现，鼓励推陈出新，采用“自顶向下”的方法编写教材；将注重反映优秀的教学改革成果，推广优秀的教学经验与理念。

为了保证本系列教材的科学性、系统性及编写质量，本系列教材设立顾问委员会及编审委员会。顾问委员会由教指委高级顾问、特约高级顾问和国家级教学名师担任，编审委员会由教育部高等学校电子信息类专业教学指导委员会委员和一线教学名师组成。同时，清华大学出版社为本系列教材配置优秀的编辑团队，力求高水准出版。本系列教材的建设，不仅有众多高校教师参与，也有大量知名的电子信息类企业支持。在此，谨向参与本系列教材策划、组织、编写与出版的广大教师、企业代表及出版人员致以诚挚的感谢，并殷切希望本系列教材在我国高等学校电子信息类专业人才培养与课程体系建设中发挥切实的作用。

吕志伟 教授

前言

PREFACE

移动通信技术是40多年来发展最快的技术之一。自20世纪80年代以来,已经经历了以模拟蜂窝通信为标志的第一代移动通信系统(1G)、以数字蜂窝通信为标志的第二代移动通信系统(2G)、以数据通信业务为主要标志的第三代移动通信系统(3G)、以全IP网络结构为标志的第四代移动通信系统(4G)等重要阶段。而以新型网络架构为标志的第五代移动通信系统(5G)已经全面铺开商用,它除了满足人们超高流量密度、超高连接数密度和超高移动性需求外,还将渗透到物联网领域,与工业设施、交通物流、医疗仪器等深度结合,全面实现"万物互联",有效满足工业、交通、医疗等垂直行业的信息化服务需求。

本书的编写目的是给通信工程专业的学生和相关从业人员提供一本合适的图书,方便其学习移动通信原理,并全面了解各类移动通信系统,特别是最新出现的移动通信技术和规范;与此同时,也给相近专业的人员提供一个了解移动通信的窗口。在本书的编写过程中,我们力求做到内容充实、语言通俗易懂、结构条理清晰、形式图文并茂。

全书共9章。第1章对移动通信系统进行了总体概述;第2章涉及移动通信基本技术和工作原理;第3~7章详细阐述了2G至5G的各类移动通信系统的总体组成、网络结构、关键技术和业务形式;第8章讨论了移动通信和计算机网络通信的融合方式;第9章介绍了移动通信网络的规划、设计和优化方法。

本书是在《移动通信原理》(第2版)的基础上修订完成的,一方面增加了5G技术的细节描述,融入了Starlink、HarmonyOS、6G等新出现的知识内容;另一方面升级成了新形态教材(读者扫描书中二维码即可获得微课视频等配套教学资源)。本书由陈威兵教授负责第1章、第3~7章和附录A的修订工作;张刚林副教授负责第8章的修订,冯璐副教授负责第2章的修订,李玮老师负责第9章的修订。关于5G/6G内容的编写,参考了IMT-2020(5G)/2030(6G)推进组的系列白皮书和3GPP的技术规范文档。此外,长沙学院电子信息与电气工程学院、湖南大学信息科学与工程学院的同行在本书的编写过程中也给出了很多中肯的意见,在此一并表示感谢。

需要说明的是,为了方便读者连贯阅读,书中有缩略书写方式的专业术语在正文中只给出了缩略语和中文解释,其英文全称可查阅附录A中的缩略语英汉对照表。

本书与读者见面后,我们将虚心接受各位的批评与指正,并期待和读者就移动通信的有关技术问题展开探讨。

作　者

2023年10月

目录

CONTENTS

视频目录

VIDEO CONTENTS

第1章 移动通信概论

CHAPTER 1

全球电信在40多年的发展中,发生了巨大的变化,移动通信特别是蜂窝小区的迅速发展,使用户彻底摆脱终端设备的束缚,实现了完整的个人移动性,也提供了可靠的传输手段和接续方式。进入21世纪,移动通信已逐渐演变成社会发展和进步的必不可少的工具。

移动通信是指通信双方至少有一方的通信终端可以处于移动状态的通信方式,移动通信终端的载体可以是车辆、船舶、飞机、行人等。

1.1 移动通信的历史、现状与发展趋势

微课视频1

1.1.1 移动通信的历史与现状

现在,人们普遍认为1897年是人类移动通信的元年。这一年,意大利人伽利尔摩·马可尼在一个固定站和一艘拖船之间完成了一项无线电通信实验,也就是说,移动通信几乎伴随着无线通信的出现而诞生了,也由此揭开了移动通信辉煌发展的序幕。

现代意义上的移动通信系统起源于20世纪20年代,距今已有近100年的历史。大致算来,现代移动通信系统经历了如下4个发展阶段。

第一阶段从20世纪20年代至40年代,为早期发展阶段。在这期间,初步进行了一些传播特性的测试,并且在短波几个频段上开发出了专用移动通信系统,其代表是美国底特律市警察使用的车载无线电系统。该系统工作频率为2MHz,到40年代提高到30～40MHz。可以认为这个阶段是现代移动通信的起步阶段,特点是专用系统开发,工作频率较低,工作方式为单工或半双工方式。

第二阶段从20世纪40年代中期至60年代初期,在此期间内,公用移动通信业务开始问世。1946年,根据美国联邦通信委员会(FCC)的计划,贝尔系统在圣路易斯城建立了世界上第一个公用汽车电话网,称为“城市系统”。当时使用3个频道,间隔为120kHz,通信方式为单工,随后,法国(1956年)、英国(1959年)等国相继研制了公用移动电话系统,美国贝尔实验室完成了人工交换系统的接续问题。这一阶段的特点是从专用移动网向公用移动网过渡,接续方式为人工,网络的容量较小。

第三阶段从20世纪60年代中期至70年代中期,在此期间,美国推出了改进型移动电话系统(IMTS),使用150MHz和450MHz频段,采用大区制、中小容量,实现了无线频道自

动选择并能够自动接续到公用电话网,德国也推出了具有相同技术水平的 B 网。可以说,这一阶段是移动通信系统改进与完善的阶段,其特点是采用大区制、中小容量,使用 450MHz 频段,实现了自动选频与自动接续。

第四阶段从 20 世纪 70 年代中后期至今,在此期间,由于蜂窝理论的应用,频率复用的概念得以实用化。蜂窝移动通信系统是基于带宽或干扰受限,它通过分割小区,有效地控制干扰,在相隔一定距离的基站,重复使用相同的频率,从而实现频率复用,大幅提高了频谱的利用率,有效地提高了系统的容量。同时,由于微电子技术、计算机技术、通信网络技术以及通信调制编码技术的发展,移动通信在交换、信令网络体制和无线调制编码技术等方面有了长足的进展。这是移动通信蓬勃发展的时期,其特点是通信容量迅速增加,新业务不断出现,系统性能不断完善,技术的发展呈加快趋势。

第四阶段的蜂窝移动通信系统又可以划分为几个发展阶段:如按多址方式来分,则模拟频分多址(FDMA)系统是第一代移动通信系统(1G);使用电路交换的数字时分多址(TDMA)或码分多址(CDMA)系统是第二代移动通信系统(2G);使用分组/电路交换的 CDMA 系统是第三代移动通信系统(3G);使用了不同的高级接入技术并采用全 IP(互联网协议)网络结构的系统称为第四代移动通信系统(4G);使用大规模天线技术和新型网络架构的是第五代移动通信系统(5G)。如按系统的典型技术来划分,则模拟系统是 1G;数字语音系统是 2G;数字语音/数据系统是超二代移动通信系统(B2G);宽带数字系统是 3G;高速数据速率系统是 4G;超宽带、海量连接、低时延系统是 5G。

20 世纪 70 年代中期至 80 年代中期是第一代蜂窝移动通信系统的发展阶段。1978 年底,美国贝尔试验室研制成功先进移动电话系统(AMPS),建成了蜂窝状移动通信网,大幅提高了系统容量。1983 年,蜂窝状移动通信网首次在芝加哥投入商用;同年 12 月,在华盛顿也开始启用;之后,服务区域在美国逐渐扩大,到 1985 年 3 月已扩展到 47 个地区,约 10 万移动用户。其他工业化国家也相继开发出蜂窝状公用移动通信网,日本于 1979 年推出了自己的 AMPS 版本——800MHz 汽车电话系统(HAMTS),并在东京、大阪、神户等地投入商用,成为全球首个商用蜂窝移动通信系统;英国在 1985 年开发出全球接入通信系统(TACS),首先在伦敦投入使用,以后覆盖了全国,频段为 900MHz;法国开发出 450 系统;加拿大推出 450MHz 移动电话系统 MTS;瑞典等北欧 4 国于 1980 年开发出 NMT-450 移动通信网,并投入使用,频段为 450MHz。

20 世纪 80 年代中期至 20 世纪末,是 2G 这样的数字移动通信系统发展和成熟的时期。以 AMPS 和 TACS 为代表的 1G 是模拟系统,模拟蜂窝网虽然取得了很大成功,但也暴露了一些问题,例如频谱利用率低、移动设备复杂、资费较高、业务种类受限制以及通话易被窃听等,最主要的问题是其容量已不能满足日益增长的移动用户的需求。解决这些问题的方法是开发新一代数字蜂窝移动通信系统。数字无线传输的频谱利用率高,可大幅提高系统容量;另外,数字网能提供语音、数据等多种业务服务,并与综合业务数字网(ISDN)等兼容。实际上,早在 70 年代末期,当模拟蜂窝系统还处于开发阶段时,一些发达国家就着手数字蜂窝移动通信系统的研究。1983 年,欧洲开始开发 GSM(最初定名为移动通信特别小组,后改称为全球移动通信系统),GSM 是数字 TDMA 系统,1991 年在德国首次部署,它是世界上第一个数字蜂窝移动通信系统。1988 年,NA-TDMA(北美 TDMA)——有时也叫 DAMPS(数字 AMPS)在美国作为数字标准得到了表决通过;1989 年,美国 Qualcomm 公司开始开发窄带 CDMA(N-CDMA)；1995 年美国电信产业协会(TIA)正式颁布了 N-CDMA 的标准，即 IS-95A。随着 IS-95A 的进一步发展，于 1998 年制定了新的标准 IS-95B。

自 2000 年左右开始，伴随着对第三代移动通信的大量论述以及 2.5G(B2G)产品 GPRS(通用无线分组业务)系统的过渡，3G 走上了通信舞台的前沿。其实早在 1985 年，国际电信联盟(ITU)就提出了第三代移动通信系统的概念，当时称为未来公众陆地移动通信系统(FPLMTS)。1996 年，ITU 将其更名为国际移动通信-2000(IMT-2000)，其含义为该系统工作于 2000MHz 频段，最高传输数据速率为 2000Kb/s。在此期间，世界上许多著名电信制造商或国家和地区的标准化组织向 ITU 提交了十几种无线接口协议，通过协商和融合，1999 年，在芬兰赫尔辛基召开的 ITU TG8/1 第 18 次会议最终通过了 IMT-2000 无线接口技术规范建议(IMT.RSPC)，基本确立了 IMT-2000 的 3 种主流标准，即欧洲和日本提出的 WCDMA，美国提出的 CDMA 2000 和中国提出的 TD-SCDMA。在业务和性能方面，3G 系统比 2G 系统有了很大提高，不仅可以实现全球普及和全球无缝漫游，而且具有支持多媒体业务的能力，数据传输速率大幅提高。在技术上，3G 系统采用 CDMA 技术和分组交换技术，而不是 2G 系统通常采用的 TDMA 技术和电路交换技术。

2005 年，ITU 给了 B3G(超三代移动通信系统)/4G 一个正式名称，即 IMT-Advanced。2009 年，在其 ITU-R WP5D 工作组第 6 次会议上收到了 6 项 4G 技术提案，并在 2010 年正式确定 LTE-Advanced 和 802.16m 作为 4G 国际标准候选技术，均包含时分双工(TDD)和频分双工(FDD)两种制式。4G 技术是各种技术的无缝连接，其关键技术包括正交频分复用(OFDM)技术、软件无线电、智能天线技术、多输入多输出(MIMO)技术和基于 IP 的核心网。自 2013 年 6 月韩国电信运营商 SK 在全球率先推出 LTE-A 网络，宣告 4G 商用网络正式进入移动通信市场。5G(第五代移动通信系统)是 4G、3G 和 2G 系统后的延伸，2015 年 10 月，ITU 将其正式定名为 IMT-2020，它可以满足多样化场景需求，其性能目标是高数据速率、减少延迟、节省能源、降低成本、提高系统容量和大规模设备连接。随着 5G 标准的不断完善和产业化的飞速发展，5G 网络在 2019 年成功实现了商用化落地。

现阶段，移动通信已在全球迅猛发展。国际电信联盟 2013 年度报告显示，世界 71 亿人口中有 68 亿手机用户；据爱立信公司的最新市场调查报告显示，至 2022 年底，全球移动宽带用户数达到 83 亿，超过了现有全球人口总数 75 亿。目前，2G、3G、4G 和 5G 商用移动通信网络处于共存阶段，并将在相当一段时间内共存下去，为各类用户服务，以满足不同业务需求；当然其整体发展趋势是 2G 有序退网，3G 业务逐步降低，5G 用户数逐年提升。与此同时，随着 5G 网络的大规模商用，全球针对 6G(第六代移动通信系统)研发的战略布局已全面展开。由于面向 2030 年及以后的移动通信应用，ITU 将 6G 暂定名为 IMT-2030。

1.1.2 移动通信在中国的发展概况

回顾我国移动通信 30 余年的发展历程，我国移动通信市场的发展速度和规模令世人瞩目，可以说，中国的移动通信发展史是超常规、成倍数、跳跃式的发展史。早在 2001 年 8 月，中国的移动通信用户数达到 1.2 亿，超过美国跃居为世界第一位。截至 2014 年 1 月，中国移动通信用户总数已达到 12.35 亿，其中 3G 用户数超过 4 亿。截至 2018 年 9 月，4G 用户数为 11.3 亿。截至 2022 年年底，全球 5G 用户数突破 10 亿，中国就贡献了 5.42 亿用户，成为 5G 用户数大国。总体来说，我国移动通信发展经历了引进、吸收、改造、创新、引领 5 个阶段。现阶段,我国的移动通信技术水平已同步于世界先进水平,并逐步占领移动通信技术制高点,引领移动通信的发展方向。

1987年11月,从国外引进的第一个模拟蜂窝移动电话系统(TACS体制)在广东省建成并投入商用。虽然最初只有700个用户,但从此开启了中国移动通信产业发展的序幕。20世纪90年代初,当以数字技术为标志的2G在全球兴起时,我国虽然也对2G给予了足够的关注,但因为自身研究实力的问题,面对2G的发展,我国的技术发展还是以引进为主。在北美的DAMPS、日本的PDC和欧洲的GSM之间,我国选择了GSM。1992年,原邮电部批准在嘉兴地区建立了GSM实验网,并在1993年进入了商业运营阶段。随后,市场的迅猛发展证实了GSM的许多技术优势,因此1994年成立的中国联通也选择了GSM技术建网。这样一来,GSM系统成为目前我国最成熟和市场占有量最大的一种数字蜂窝系统。2000年2月,中国联通以运营商的身份与美国Qualcomm公司签署了CDMA知识产权框架协议,为中国联通CDMA的建设扫清了道路,并于同年宣布启动窄带CDMA的建设,到2002年10月,全国CDMA用户数达到了400万。

随着2G网络和产品的成熟,我国移动通信采取边吸收边改造的发展思路。有大唐、中兴、华为等通信设备供应商的群体突破;在网络上,逐步建立了移动智能网,以GPRS和CDMA 2000 1x为代表的2.5G分别在2002年和2003年正式投入商用。为寻求创新,真正拥有自主知识产权,以改变移动通信技术的落后面貌,1998年6月,中国信息产业部电信科技研究院成功向ITU提交了第三代移动通信国际标准TD-SCDMA建议,并在其后得到了采纳。自2009年1月,中国3G牌照正式发放以来,国内三家移动运营商斥资数千亿进行了轰轰烈烈的3G网络建设、产业链建设和营销推广。随着3G网络的不断完善、智能终端的逐步普及和移动互联网应用的飞速发展,3G概念日渐深入人心,我国3G进入规模化发展时期。2013年底,工业和信息化部给运营商发放了3张4G牌照,标志着中国也进入了4G的商用化时代。

我国自3G时代以来,就紧跟移动通信的发展潮流,积极参与移动通信标准的制定,也取得了骄人的成绩,TD-SCDMA和TD-LTE-Advanced先后成为3G和4G国际标准。在5G阶段,我国积极推进5G频谱规划,启动5G商用服务,突破5G关键技术和产品,成为5G标准和技术的全球引领者之一。

1.1.3 移动通信的发展趋势

自20世纪80年代以来,移动通信成为现代通信网络中发展最快的通信方式,近年更是呈加速发展的趋势。随着其应用领域的扩大和对性能要求的提高,促使其在技术上和理论上向更高水平发展,通常,每10年将更新一代移动通信系统。

从应用和业务层面来看,4G之前的移动通信主要聚焦于以人为中心的个人消费市场,5G则以更快的传输速度、超低的时延、更低功耗及海量连接实现了革命性的技术突破,消费主体从个体消费者向垂直行业和细分领域全面辐射。而下一代移动通信——6G将实现物理世界人与人、人与物、物与物的高效智能互联,打造泛在精细、实时可信、有机整合的数字世界,实时精确地反映和预测物理世界的真实状态,助力人类走进虚拟与现实深度融合的全新时代,最终实现"万物智联、数字孪生"的美好愿景。

在数学、物理、材料、生物等多类基础学科的创新驱动下,6G将与先进计算、大数据、人工智能、区块链等信息技术交叉融合，实现通信与感知、计算、控制的深度耦合，成为服务生活、赋能生产、绿色发展的基本要素。6G 未来将以 5G 提出的三大应用场景为基础，扩展到沉浸式云 XR(扩展现实)、全息通信、感官互联、智慧交互、通信感知、普惠智能、数字孪生、全域覆盖等八大全新应用场景，新业务将在人民生活、社会生产、公共服务等领域得到广泛深入应用。

为满足未来 6G 网络的性能需求，目前业界主要从新型频谱、新型无线侧技术以及新型组网架构及网络能力等方面来挖掘新的关键技术，潜在技术大致包括以下几方面。

(1) 新频段——太赫兹无线通信。太赫兹频段(0.1～10THz)位于微波与光波之间，频谱资源极为丰富，具有传输速率高、抗干扰能力强和易于实现通信探测一体化等特点，重点满足 Tb/s 量级大容量、超高传输速率的系统需求。太赫兹通信可作为现有空口传输方式的有益补充，将主要应用在全息通信、微小尺寸通信(片间通信及纳米通信)、超大容量数据回传、短距超高速传输等潜在应用场景。同时，借助太赫兹通信信号进行高精度定位和高分辨率感知也是重要应用方向。

(2) 新维度——空天地海一体化网络。在通信维度方面，5G 的侧重点仍是传统的陆地通信，随着科学技术的发展，仅依靠地基网络难以满足网络空间极大扩展的泛在通信需求。因此，6G 需要建设空天地海一体化网络，深度融合天基、空基、地基、海基网络是非常有必要的，空天地海一体化网络能够充分利用不同维度网络的优势，发挥各自所长，实现不同维度网络间信息数据的互通互享和 6G 网络的广域全覆盖，为自然空间里的不同用户提供针对性的通信服务。

(3) 新赋能——人工智能(AI)技术。6G 网络不可避免涉及高密度网络、天线阵列和数据量等通用问题，但高度自主智能化的超灵活网络是其最为明显的特征之一。6G 智能化应该是贯穿于网络端到端每一个环节的，人工智能将通过网络数据、业务数据、用户数据等多维数据感知学习，高效实现地面、卫星、机载等设备之间的无缝连接，并可进行实时高速切换，网络的自主管理和控制学习系统将持续得到优化升级，最终实现"无人驾驶"一样的自主自治网络。关键技术包括智能核心网和智能边缘网络、自组织和深度学习网络技术、基于深度学习的信道编译码技术、基于深度学习的信号估计与检测技术、基于深度学习的无线资源分配技术等。

(4) 新范式——语义通信。未来各式各样的全新应用以及海量密集化智能设备的接入对 6G 网络的需求已不仅是单纯的准确传输和高传输速率，6G 网络期望具备语义感知、识别、分析、理解和推理能力，打通人机物互联之间的壁垒，实现真正的万物智联。作为一种全新的通信范式，语义通信技术将助力 6G 网络实现由数据驱动向语义驱动的范式转变。通过将语义作为衡量通信性能的主要指标，在语义层面中对数据进行处理，提取数据的含义，过滤无用、不相关和不重要的信息，在保留含义的同时进一步压缩数据，减少数据量，进而大幅提高通信效率，减少语义传输和理解时延，降低语义失真度并显著提高用户体验质量。语义通信技术将为人机共生网络、情感识别与计算网络等新兴应用提供有力支撑，是未来 6G 网络中极具竞争力的关键技术之一。

与此同时，通信感知一体化、智能超表面与新材料、区块链、数字孪生、确定性网络等技术也正在飞速发展，与 6G 的结合日趋紧密。

微课视频 2

1.2 蜂窝移动通信系统

通常,移动通信有多种分类方式:按业务类型可分为电话网、数据网和综合业务网;按使用对象可分为民用设备和军用设备;按使用环境可分为陆地通信、海上通信和空中通信;按多址方式可分为频分多址、时分多址、码分多址和空分多址;按覆盖范围可分为广域网和局域网;按工作方式可分为同频单工、异频单工、异频双工、同频同时全双工和半双工;按服务范围可分为专用网和公用网;按信号形式可分为模拟网和数字网。

而作为移动通信的应用系统,虽然全球范围内标准很多,但典型的系统可分为以下几类:蜂窝移动通信系统、无线寻呼系统、无绳电话系统、集群移动通信系统、移动卫星通信系统及分组无线网。

按系统传统的服务范围来分,习惯上将蜂窝移动通信系统称为公用移动通信系统,而将其他几类移动通信系统称为专用移动通信系统。本节主要介绍蜂窝移动通信系统,1.3 节介绍专用移动通信系统。

1.2.1 蜂窝小区的概念

蜂窝理论由美国贝尔实验室在 20 世纪六七十年代提出,它是蜂窝系统成为公用移动系统得以实现的基础,也可以说是解决频率受限和用户容量问题在方法上取得的一个重大突破。它能在有限的频谱资源上提供非常大的容量,而不需要在技术上进行重大修改。蜂窝的概念是一个系统级的概念,其思想是用许多小功率的发射机来代替单个的大功率发射机,每一个小的覆盖区只提供服务范围内的一小部分覆盖。每个基站分配整个系统可用信道中的一小部分,相邻基站则分配另外一些不同的信道,这样所有的可用信道就分配给了相对较小数目的相邻的基站。给相邻的基站分配不同的信道组,基站之间及在它们控制之下的用户之间的干扰最小。通过分隔整个系统的基站及它们的信道组,可用信道可以在整个系统的地理区域内分配,而且尽可能地复用,复用的主要条件之一是基站之间的同频干扰低于可接受水平。

随着服务需求的增长,基站的数目可能会增加,从而提供额外的容量,但没有增加额外的频率,这样,就可以实现用固定数目的信道为任意多的用户服务。此外,蜂窝概念允许在一个国家或一块大陆内,每一个用户设备都做成使用同样一组信道,这样任何的移动终端都可以在该区域内的任何地方使用。

1.2.2 频率复用的几何模型

蜂窝系统能够有足够的系统容量有赖于整个覆盖区域内信道的智能分配和复用,通常,为整个蜂窝系统的所有基站选择和分配信道组的设计过程称为频率复用或频率规划。

为了更好地说明问题,在蜂窝理论中,通常在整个蜂窝系统的覆盖区域上建立一个几何模型,如图 1-1 所示。在几何模型中,每一个小区用一个六边形来表示,整个几何模型看起来由一个一个的蜂窝组成,这也是蜂窝系统取名的原因。至于小区的几何形状必须符合以下两个条件:①能在整个覆盖区域内完成无缝连接而没有重叠;②每一个小区能进行分裂,以扩展系统容量,也就是能用更小的相同几何形状的小区完成区域覆盖,而不影响系统的结构。符合这两个条件的小区几何形状有几种可能：正方形、等边三角形和六边形，而六边形最接近小区基站通常的辐射模式——圆形，并且其小区覆盖面积最大。当然，这只是理论分析，实际的小区形状要根据地理情况和电波传播情况来定，最终的小区形状可能是不规则的。

图 1-1 的几何模型表示的是一个区群大小 N 为 7 的系统，A、B、C、D、E、F、G 表示一个区群中 7 个小区使用的 7 个频率组。通常将使用了系统全部可用频率数 S 的 N 个小区称为区群，或者叫一簇，而将 N 称为区群的大小。观察一下系统几何模型，可以看到，区群在复制了 M 次后，完成了对整个区域的覆盖，这样，整个系统的容量 $C=MS$。直观地理解，N 的值越小，区群复制的次数越多，同频复用的能力越强，系统的容量则越大。当然，N 的取值大小取决于系统承受同频干扰的能力。

N 的取值还必须满足式(1-1)(这一结论的证明请参阅相关文献)，即

$$N=i^2+ij+j^2 \tag{1-1}$$

式中，i 和 j 为零或正整数，且不能同时为零。为了找到某一特定小区相距的同频相邻小区，必须按以下步骤进行：①沿着任何一条六边形链移动 i 个小区；②逆时针旋转 60°再移动 j 个小区。图 1-2 表示的是 $i=2,j=1(N=7)$ 的情况。

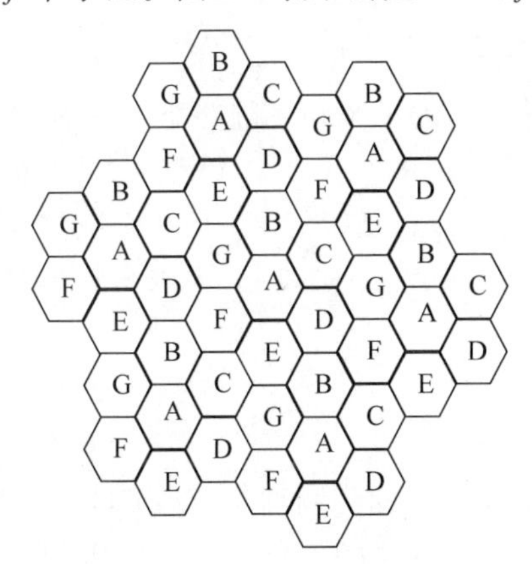
图 1-1　频率复用的几何模型($N=7$)

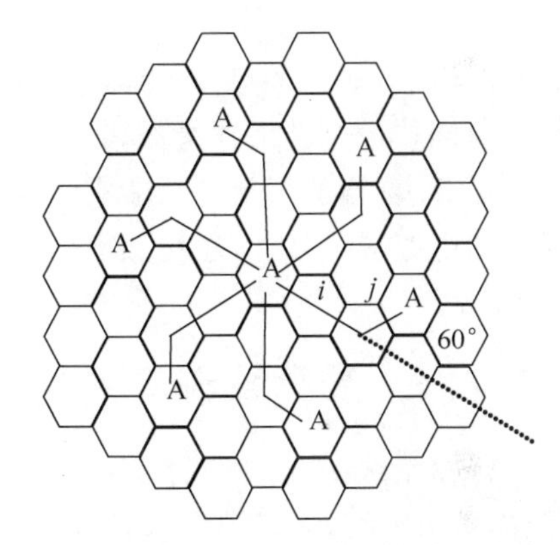

图 1-2　在蜂窝小区中定位同频小区的方法

从式(1-1)来看，N 可能的值为 1，3，4，7，9，12，…，再结合不同系统承受同频干扰的能力，模拟系统的 N 典型值为 7、12；数字系统的 N 典型值为 3、4。

在进行了频率规划的蜂窝系统中，随着无线服务需求的提高，要求给单位覆盖区域提供更多的信道，此时，通常采用小区分裂、裂向(扇区化)和覆盖区分区域(分区微小区化)的方法来增大蜂窝系统的容量。小区分裂可使小区面积缩小而不影响区群结构，从而增加单位面积内的信道数；裂向和分区微小区化可减小同频干扰，增强频率复用能力，从而增加单位面积内的容量。

1.2.3　蜂窝系统的组成

一个基本的或者说最简单的蜂窝系统由移动台(MS)、基站(BS)和移动交换中心(MSC)3 部分组成，如图 1-3 所示。MSC 负责在蜂窝系统中将所有用户连接到公用电话交换网(PSTN)上，和公众网中的普通交换机相比，MSC 除了要完成交换功能外，还要增加移动性管理和无线资源管理的功能。移动台可以是车载台和手持台两种形式，它包括收发器、

天线和控制电路。基站和移动台之间通过空中无线接口进行联络,它也由收发信机、天线和基站控制器等组成。基站可设在小区的中央,使用全向天线来覆盖小区,称为“中心激励”方式;基站也可以设计在每个小区六边形的3个顶点上,采用定向天线来覆盖小区,称为“顶点激励”方式。基站在移动台和移动交换中心之间承担一个“桥”的作用,它和MSC之间通过有线固定链路或微波线路进行连接。

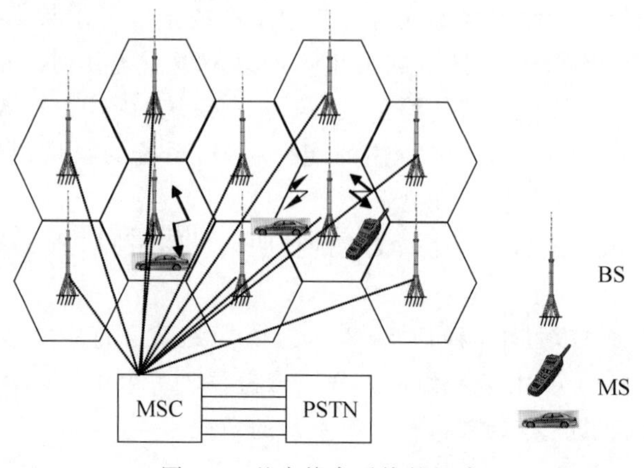

图1-3 基本蜂窝系统的组成

当然以上只是一个基本蜂窝系统的组成,随着移动技术的进步和系统功能的增强,蜂窝系统的组网技术也越来越复杂,系统中的功能实体也越来越多。在2G系统中,MSC的功能发生了分离,增加了新的功能实体和智能节点,并逐步构建移动智能网;从2.5G系统起,除原有的电路域组件外,还增加了分组域组件;自3G系统的高级阶段起,要求最终实现全IP化网络。

1.2.4 蜂窝系统中的信道

在蜂窝系统中,由系统采用的多址技术所获得的无线信道称为物理信道(PCH);通常,在具体的物理信道上安排相应的逻辑信道,逻辑信道按其逻辑功能可分为业务信道(TCH)和控制信道(CCH)。业务信道可分为语音业务信道和数据业务信道;控制信道的种类很多,而且不同体制的蜂窝系统设置的控制信道不同,它们分别完成信令等各种控制信息的传送。

蜂窝系统的信道还可以按信息的传送方向来分类,用于从基站向移动台传送信息的信道称为前向信道(FCH),或者叫下行信道、正向信道;用于从移动台向基站传送信息的信道称为反向信道(RCH),或者叫上行信道。

1.2.5 信道分配策略

蜂窝系统为了满足用户容量要求和最佳地利用无线频谱,已发展了各种不同的信道分配策略,这种策略主要有两类,即固定信道分配策略(FCA)和动态信道分配策略(DCA)。

在FCA方案中,为各小区分配一组预先确定的语音信道,小区中的任何呼叫请求只能被该特定小区中的未占用信道提供服务。为了提高信道利用率,可以考虑选择信道借用,选择借用时,如果小区内的所有信道均已被占用,并且相邻小区存在空闲信道,那么,就允许该小区从相邻小区借用信道。信道借用通常由MSC负责监管。

在DCA方案中，语音信道并不是永久分配给不同的小区，每当有呼叫请求时，提供服务的基站就会向MSC请求信道，MSC动态地确定可用信道并相应地执行分配过程。为了避免同信道干扰，如果一个频率在当前小区或任何落入频率复用最小限制距离内的小区没有被使用，MSC则将该频率分配给呼叫请求。动态信道分配降低了呼叫阻塞的可能性，提高了系统的中继容量，但要求MSC连续地收集所有信道占用、话务量分布以及接收信号强度指示(RSSI)等数据。

1.2.6 越区切换与位置管理

蜂窝系统由于要处理一些正处在运动状态的用户的通信，因此，其网络系统要具有越区切换和位置管理等一些移动性管理措施。当处在通话过程中的移动台从一个小区进入另一个相邻小区时，其工作频率及基站与移动交换中心所用的接续链路必须从它离开的小区转换到正在进入的小区，这一过程称为"越区切换"。

越区分为两大类，一类是硬切换，另一类是软切换。硬切换是指在新的连接建立以前，先中断旧的连接；而软切换是指既维持旧的连接，又同时建立新的连接，并利用新旧链路的分集合并来改善通信质量，与新基站建立可靠连接之后再中断旧链路。软切换和硬切换相比，可以大幅减少掉话的可能性，是一种无缝切换。

越区切换要考虑切换的准则、切换的策略以及切换时的信道分配3个方面的问题。切换准则以及切换流程的设计(或者说切换算法)关系到系统性能，切换的依据主要是移动台接收信号的强度，也可以是移动台接收的信噪比、误比特率、系统QoS、话务量等参数；切换控制策略的过程控制方式有3种：移动台控制、MSC控制、移动台辅助切换(MAHO)，2G采用了移动台辅助的越区切换方式；对于切换时的信道分配采取了优先切换的策略。

位置管理包括位置登记和呼叫传递两个主要任务，在2G中，位置管理采用两层数据库，即归属位置寄存器(HLR)和访问位置寄存器(VLR)，分别记录移动台注册位置信息和实时位置信息。正是有了这些位置信息，才能实现对移动台的快速有效的寻呼，并实现正确的计费。

当移动用户处在非归属服务区的位置，并寻求移动服务时，蜂窝系统可以给其提供漫游服务来实现。

1.3 专用移动通信系统

专用移动通信系统中的无线寻呼系统是一种单向通信系统，可以在用户终端(通常是一个带显示屏的袖珍式接收机)显示来电信息及其他简要信息。无线寻呼系统只需采用几个高架的大功率基站就可以完成对相当大的区域进行覆盖，所以它建网快，价格低廉，在相当一段时间里受到了用户的青睐。现在随着蜂窝移动通信系统的快速发展，它已退出了市场，因此不再赘述。

1.3.1 无绳电话系统

1. 概述

无绳电话是指用无线信道代替普通电话线，在限定的业务区内给无线用户提供移动或固定公众电话网业务的电话系统。它是一种强调无线接入的系统,必须依附于其他通信网络,主要是依附公众电话网。早期的无绳电话十分简单,只是把一部电话单机分成座机与手机两部分,两者用无线电连接。现在,这种无绳电话还比较常见,主要用于家庭和办公室,可以在100～200米的小范围内移动。实际上,无绳电话已经逐步向网络化和数字化方向发展,从室内向室外发展,从专用系统向公用系统发展,并成为发展个人通信业务(PCS)的一个重要途径。

20世纪90年代相继推出的数字无绳标准,有欧洲的泛欧数字无绳系统(DECT)、日本的个人便携电话系统(PHS)和美国的个人接入通信系统(PACS),这些数字无绳电话系统具有容量大、覆盖面宽、支持数据通信业务、微蜂窝越区切换和漫游以及应用灵活等特点,采用了多信道共用和动态信道选择/分配(DCS/DCA)技术。

2. 典型系统介绍

我国自1998年由中国电信开通个人接入系统(PAS),即"小灵通",它源自于日本的PHS系统,并结合我国实际情况进行了技术改造。PAS系统由本地市话网、无线接入设备、无线电话3部分组成,其系统组成如图1-4所示。系统中的局端机(RT)通过V5接口或模拟接口与市话交换机相连,并通过光纤等链路与基站控制器(RPC/CSC)相连,是PAS系统与本地交换机之间建立联系的综合设备,它可以将V5信令或语音信令和Q.931信令相互进行转换,它一般与交换机安装在同一地点,一个系统可以有多个局端机。

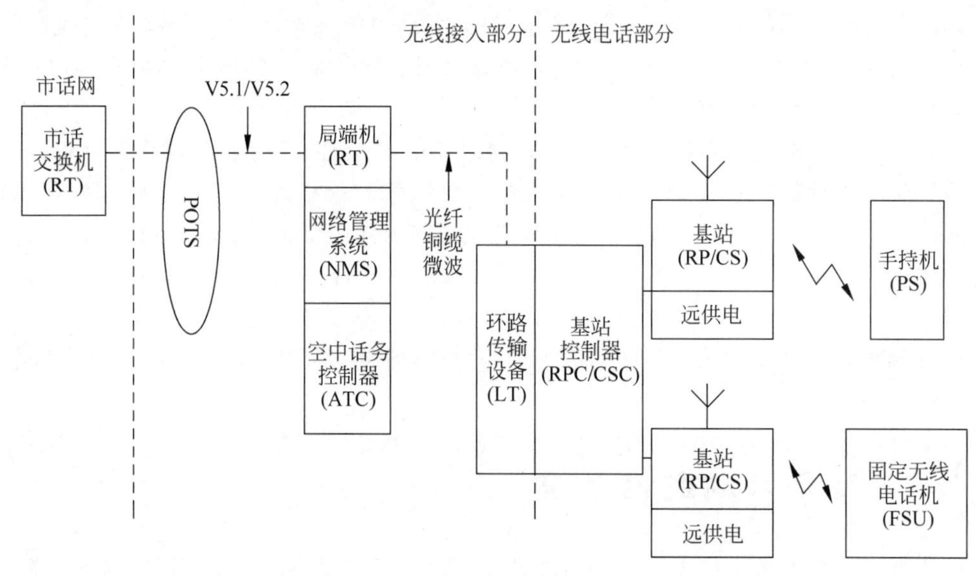

图1-4 PAS系统组成

网络管理系统(NMS)基于TCP/IP协议,采用先进的客户机/服务器架构,全面实现对接入设备、传输设备的操作和维护,对整个网络进行集中管理,是整个系统的核心管理部分。

空中话务控制器(ATC)为系统提供社区范围内的漫游业务,可与多个局端机相连,并在用户登记的本地交换机和用户漫游范围内路由所有的呼入和呼出。另外,它还提供本网络与其他网络间的通信,并提供主备用服务器的同步。

基站控制器通过多达4条的E1(数据速率为2.048Mb/s)线路与局端机相连,控制各基站在服务区的电源分配和语音路径的集线处理。它可以与交换机放在一起,也可以通过光纤、铜线或微波放在远处。一个基站控制器可以控制 32 个独立的基站。

系统中的基站(RP/CS)是无线通信的发起者和终结者,它通过空中接口与用户单元相连,通过双绞线与基站控制器相连。基站可以放置在室内或室外,通过普通双绞线进行线路馈电。基站有室内和室外两种型号,室内基站发射功率为 10mW,可安装在大楼等公共场所的室内;室外基站发射功率有 3 种:10mW、200mW 和 500mW,可以根据网络优化的需要组合配置,安装在电线杆、建筑物、屋顶或路灯杆上,使系统获得最佳性能。RP 和 CS 是两种不同类型的基站,RP 基站功率较小,而 CS 基站功率较大。

PAS 系统的工作频率为 1900~1919.45MHz,采用 TDMA/TDD 的传输方式。每载频占用带宽为 300kHz,整个频段的可用载频数为 77 个。每个小区基站使用的载频数最初为 1 个,以后根据业务量可以动态配置,而每个载波按 5ms 分成 8 个时隙,每个时隙称为一个物理信道,上、下行各分配 4 个时隙,从而提供 4 对双工信道。图 1-5 为 PAS 系统的帧结构。

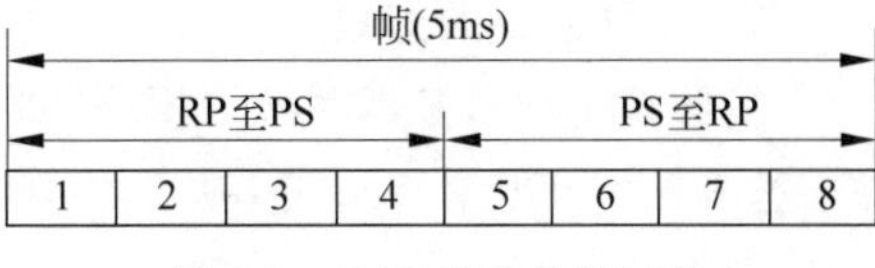

图 1-5 PAS 系统的帧结构

1.3.2 集群移动通信系统

1. 概述

集群(Trunking)的含意是指无线信道不是仅给某一用户群所专用,而是若干用户群共同使用的。所以,集群移动通信系统通常的做法是把分散建立的专用通信网集中起来,统一建网和管理,并动态地利用分配给它们的有限的频道,以容纳更多的用户。可以说,集群移动通信系统是传统的专用无线调度网的高级发展阶段。

最早的专用调度网是无线对讲系统,而集群技术起源于 20 世纪 70 年代,此后在 20 世纪八九十年代成为和蜂窝通信系统齐头并进的一种先进通信系统,再后来就一度陷入了衰落。近十年来,集群技术再次兴起,主要原因是用户的需求,再就是新一代的数字集群系统投入了使用。在国外,主要的数字集群标准有欧洲的 TETRA(泛欧数字集群)和美国摩托罗拉公司的 iDEN(数字集群调度网);在国内,除了引进以上两个标准之外,华为开发了基于 GSM(第一阶段)和 TD-SCDMA(第二阶段)技术的 GT800 系统,中兴开发了基于 CDMA 2000 技术的 GoTa 系统,此外,公安部在 2013 年 6 月正式发布了具有我国自主知识产权的数字集群标准 PDT(警用数字集群)。目前,我国现有的数字集群用户只有几百万,离通信先进国家的发展水平(与蜂窝用户比例约为 1∶10)差距很大,因此发展潜力很大。

2. 集群系统的特点

集群系统是以无线用户为主,在技术上与蜂窝系统有许多相似之处,但在主要用途、网络组成和工作方式上有很多差异。总体来说,集群系统具有应急性、群体性、可控性、功能特殊的特点,比常规无线专业网功能要强大。具体地说,集群移动通信系统的特点如下。

(1) 集群系统属于专用移动通信网,主要用于调度和指挥,所以对于网中的不同用户常常赋予不同的优先级。

(2) 集群通信系统根据调度业务的特征,通常具有一定的限时功能,一次通话的限定时间为 15~60s(可根据业务情况调整)。

(3) 以改进的信道共用技术来提高系统的频率利用率,移动用户在通信过程中,不是固定地占用某一个信道,而是在需要通信时,才能申请占用一个信道;一旦通信结束,信道就被释放,并变为空闲信道,其他用户就能使用它。

(4) 通常采用半双工(现在也有全双工产品)通信方式,一对移动用户之间通信时只需占用一对信道,此时,基站以双工方式工作,移动台以异频单工方式工作。

(5) 可以实现"组群呼叫"和"分级别呼叫",一个集群系统可以将几个调度网集中管理,完成分级的调度功能。

(6) 接续速率快,实现快速接续,对于数字集群系统的接通时间要求在0.3s之内。

(7) 数字集群系统采用双向鉴权,系统安全性较高。

3. 集群系统的组成

集群系统均以基本系统为模块,并用这些模块扩展为区域网。根据覆盖的范围及地形条件,基本系统可由单基站或多基站组成。集群系统的控制方式有两种,即专用控制信道的集中控制方式和随路信令的分布控制方式,集群系统的网络结构分别如图1-6(a)和图1.6(b)所示。系统主要由无线交换机和控制器、基站转发器、调度台和管理终端组成;多个系统可通过无线交换机互联组成更大的系统;用户终端主要包括车载台和手持台。

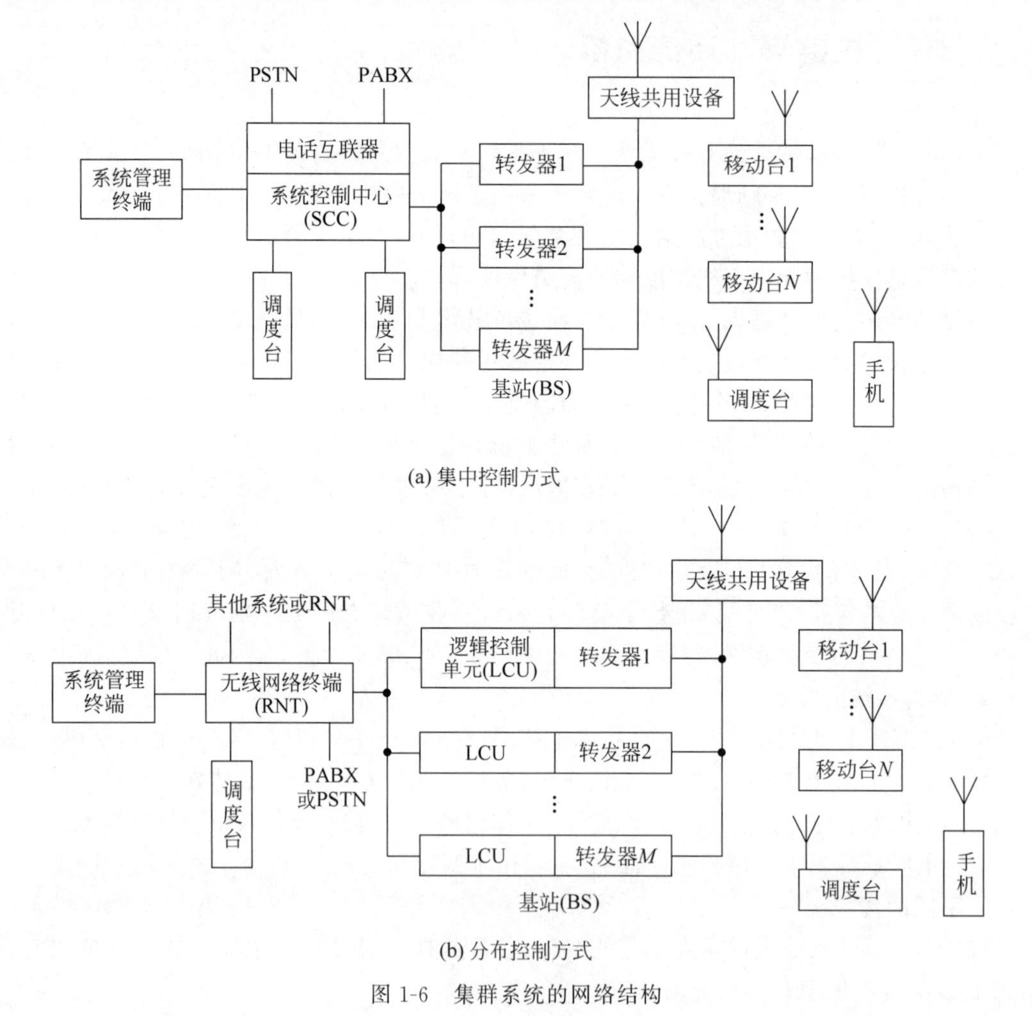

(a) 集中控制方式

(b) 分布控制方式

图1-6 集群系统的网络结构

集群系统的基本设备如下。

(1) 基站转发器：由收/发信机和电源组成，每个频道均配一个转发器。对于分布式控制的集群系统，每一个转发器均有一个逻辑控制单元。

(2) 天线共用设备：包括天线、馈线和共用器。

(3) 系统控制中心(SCC)：分布式控制系统虽无集中控制中心，但在联网时，可通过无线网络控制终端。

(4) 调度台：可分为无线调度台和有线调度台，无线调度台由收/发信机、控制单元、操作台、天线和电源等组成，有线调度台可以是简单的电话机或带显示的操作台。

(5) 移动台：有车载台和手持机，它们均由收/发信机、控制单元、天线和电源等组成。

以上只是系统的基本设备，根据系统功能的增强情况和用户需求，还应增设相关设备。比如，新一代的数字集群系统均增加了用于调度的分组数据和邮件的传输功能，就应增加数据网关、数字交叉连接器等分组域设备；如果是公用的专网，则应有计费、系统监控等设备。

4. 集群系统的体制

集群系统根据不同的设计要求可采用不同的体制，目前常用的方式有以下几种。

(1) 按控制方式，可分为集中控制方式和分布控制方式两种，其中，分布控制方式的系统控制以各转发器上的逻辑控制单元(LCU)分散处理，因而系统简单、成本低，适用于共用信道数较少的中小容量的通信网；而集中控制式的系统控制由系统控制中心完成，系统功能齐全，便于处理复杂需求，适用于大中容量的多基站通信网。以上两种结构在构成区域网时，均需要增加一个具有交换和控制功能的区域管理器，承担整个区域的系统管理。因此，集群系统可由多个区域的网络组成一个地域更大的网络。

(2) 按通信占用信道方式，可分为消息集群、传输集群和准传输集群 3 种方式，其中，消息集群在通话时，固定分配一个信道，当松开 PTT 开关时，信道“驻留”6～10s 才被释放，在信道“驻留”时间内，用户按下 PTT 开关，还可以维持在原信道上工作；传输集群是完全的动态信道分配，在通话时，只要松开 PTT 开关，信道就被释放；而准传输集群是前两者的折中，相对于消息集群，缩短了信道“驻留”时间，为 0.5～6s。总体来说，准传输集群兼顾了信道利用率和通话质量，因此，现在大多数数字集群系统采用的是准传输集群方式。

1.3.3 移动卫星通信系统

微课视频 3

1. 概述

移动卫星通信系统是指利用通信卫星作为中继站，为移动用户之间或移动用户与固定用户之间提供电信业务的系统，它是卫星通信和移动通信相结合的产物，可以说是卫星通信发展到可以处理移动业务的一个阶段。从另一个意义上说，它可以看作地面蜂窝系统的延伸与扩大(当然它也可以独立组网)，是地面蜂窝系统实现全球无缝覆盖、个人通信的重要途径之一。

早在 1945 年，英国人 A. C. 克拉克提出了由 3 颗静止卫星覆盖全球的构想，并预言了人造卫星的出现。1957 年 10 月 4 日，苏联成功发射了第一颗人造卫星。20 世纪 60 年代，卫星通信由于具有覆盖面广、通信距离远、通信质量稳定可靠等优点，因而，各国纷纷进行了卫星通信的实验,并在随后进入了商用。1976年,国际海事卫星组织(IMARSAT)建设了IMARSAT-A系统,开始提供海上移动通信业务。到80年代以后,人们试图利用静止卫星提供空中和陆地移动通信业务,发展到VSAT(甚小口径卫星终端站)卫星阶段时,可以提供陆地车载式移动服务。静止卫星因为离地远、信号弱,因此需要配备复杂而庞大的地面接收系统,虽经努力,现在静止卫星可以做到便携式终端,但要提供手持式移动终端的移动卫星通信业务,必须由中、低轨道的卫星通信来完成,典型的中、低轨道的移动卫星通信系统有:Iridium(铱)系统、Globalstar(全球星)系统、Starlink系统、Odyssey系统、ICO系统与Teledesic系统等。

移动卫星通信系统按卫星轨道高度可分为高轨(HEO)、中轨(MEO)和低轨(LEO)移动卫星通信系统,其中,HEO离地20 000km以上,MEO离地5000～20 000km,LEO离地5000km以下,而HEO中的静止卫星(GEO)离地约为36 000km。

MEO、LEO卫星不能与地球自转保持同步,从地面上看,卫星总是缓慢移动的。如果要求地面上任一地点上空都有一颗卫星出现,就必须设置多条卫星轨道,每条轨道上均有多颗卫星有顺序地在地球上空运行。在卫星与卫星之间链路互相连接。这样就构成了环绕地球上空、不断运动但能覆盖全球的卫星中继网络。一般来说,卫星轨道越高,所需卫星数目越少;卫星轨道越低,所需卫星数目越多。

2. 移动卫星通信系统的组成

移动卫星通信系统一般由通信卫星、关口站、控制中心、基站以及移动终端组成,如图1-7所示。系统中一般有多颗卫星,不同的系统有不同的星座结构,卫星之间可以通过星际链路相互连接成一个卫星网络。

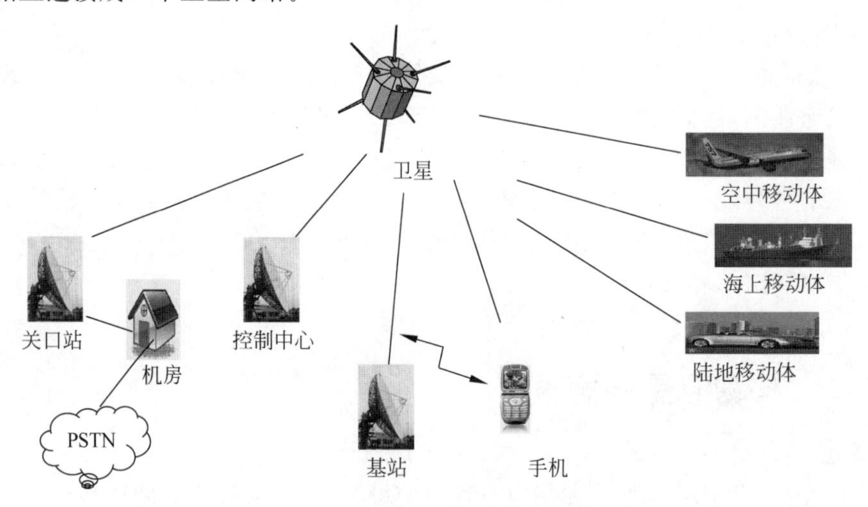

图1-7 移动卫星通信系统组成示意图

控制中心是管理接入卫星信道的移动终端的通信过程以及根据卫星工作状态控制移动终端呼叫接入的设备,是系统的控制管理中心。

关口站是用于移动卫星通信系统与PSTN和地面蜂窝系统之间的接口,它完成协议转换、流量控制、寻址、路由选择、分组打包和拆包等功能。它也是卫星网到网管及卫星控制系统的接续点,有的关口站本身就有网络管理功能。关口站通常使用高增益天线,而且要用几副天线接收几颗卫星信号。每个系统使用的关口站数目各不相同,具有星上处理能力和星际链路的卫星移动通信系统使用关口站较少，例如 Iridium 计划在全世界使用 15～20 个关口站；而采用“弯管式”转发器的卫星系统中，所有交换和转接均要通过关口站完成，所以关口站的数量较多，而且关口站的位置决定服务区的大小。

基站是在移动无线业务中，为小型网络的各个用户提供一个中心控制点，它不同于地面蜂窝网的基站，可根据实际情况决定是否需要设立。

移动卫星通信系统中包括 3 部分链路，即用户终端与卫星之间的用户链路、关口站与卫星之间的控制链路以及卫星之间的星际链路。

3. 典型移动卫星通信系统介绍

1）Iridium 系统

由美国摩托罗拉公司提出的 Iridium 系统开始计划设置 7 条圆形轨道均匀分布于地球的极地方向，每条轨道上有 11 颗卫星，总共有 77 颗卫星在地球上空运行，这和铱原子中有 77 个电子围绕原子核旋转的情况相似，故取名为铱系统，图 1-8 是铱系统的卫星轨道示意图。虽然现在该系统改用 72 颗卫星(66 颗卫星分 6 条轨道在地球上空运行，再加 6 颗备用卫星)，但仍沿用原来的名字。

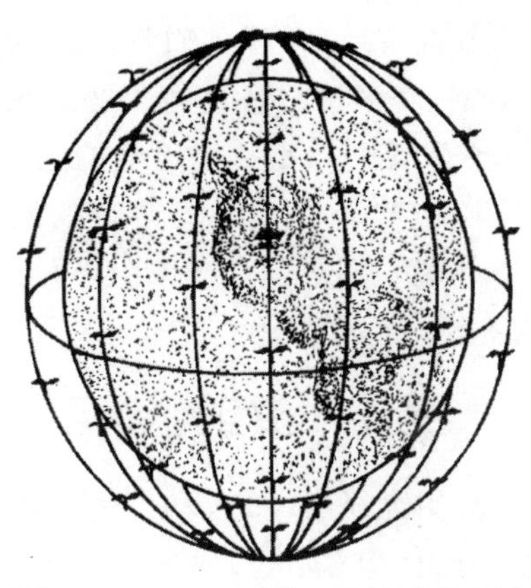

图 1-8　Iridium 系统卫星轨道示意图

铱系统采用再生式转发方式，具有星际链路，这就使整个系统可独立于其他系统而成为一个封闭的通信系统，铱系统的用户还可以通过关口站与 PSTN 和蜂窝系统互连。

铱系统的卫星天线具有向地面投射 48 条波束的能力，这 48 条波束在地面形成 48 个紧密相连的蜂窝状小区。铱系统采用 TDMA 与 FDMA 相结合的多址方式，12 个小区频分复用 10.5MHz 的带宽，每个小区包含 20 个载波，每个载波又分为 4 个时隙。这样每颗卫星可提供 3840 条信道，同时考虑到功率的限制，每颗卫星实际上最多能提供 1100 条信道。

由于卫星轨道低(距地 780km)，轨道周期时间短(100m)，导致系统切换频繁(每 1.5m 进行一次波束切换，每 11m 进行一次星际切换)。铱系统采用对所有切换进行预安排的方式进行处理，这样做可以缩短系统处理切换的时间，保证切换的可靠性。一旦实际切换情况与预安排不符时，用户终端可立即进行切换方向的自我选择，用户终端从系统提供的候选小区中通过链路计算选取最佳者，并请求切换转移，以保证切换的实现。

铱系统用户终端与卫星间的通信链路工作在 L 频段；关口站与卫星间的通信链路工作在 Ka 波段；用户终端与卫星间采用时分双工方式进行通信。

铱系统提供数字语音传输、传真、数据传输、全球定位与全球呼叫 5 种业务，系统所提供的双模手机在地面蜂窝网能覆盖到的地方可用作普通的蜂窝手机；在地面蜂窝网覆盖不到的地方可用卫星通信模式进行通信。

2）Globalstar 系统

Globalstar 系统是由美国 Loral 公司和 Qualcomm 卫星服务公司(LQSS)于 1991 年正式推出的一个 LEO 系统，它的基本设计思想与铱系统一样，也是利用 LEO 卫星组成一个覆盖全球的移动卫星通信系统,向世界各地提供语音、数据等业务。Globalstar 系统有 48 颗卫星,分布在 52°倾角的 8 条轨道上,每条轨道有 6 颗卫星,运行高度约为 1400km,采用 CDMA 技术,选用 L/S 频段业务频率。该系统与铱系统的最大区别是无星上交换和星际链路,依赖地面网络完成通信,因此整个系统造价和运营费用较铱系统便宜很多。

3) Starlink 系统

它是 SpaceX(美国太空探索技术公司) 推出的一项通过近地轨道卫星群,提供覆盖全球的高速互联网无线微波接入的项目,其初衷是为了在全球范围内提供网络服务,尤其是目前网络不可及的偏远地区。其最初的设想是在地球上空的预定轨道部署由 1.2 万颗卫星组成的巨型卫星星座,其中,8000 颗卫星放置在距离地面 550 千米的低轨道上,4000 颗星放置在高 1200 千米的轨道上。为提供更好的网络服务,SpaceX 公司还准备再增加 3 万颗卫星,使卫星总量达到 4.2 万颗。系统中,每一颗卫星,实际就是一个无线接入的基站(相当于 WiFi),是一个无线的路由器,卫星间构成的是一个"太空互联网",可以直接进行数据路由与转发。终端通信的网络传输路径为:终端—低星—激光—高星—激光—低星—终端。用户连接 P2P(点对点)时,数据包无须拆开分析与再次打包,端对端直接硬件加密连接。

1.3.4 分组无线网

分组无线网(PRN)是一种利用无线信道进行分组交换的通信网络,在网络中传送的信息以分组(或称信包)为基本单元,而所谓分组(Packet)就是若干位(bit)组成的信息段,它通常包括包头和正文两部分,与 TCP/IP (传输控制协议/互联网协议)中的 IP 包相似。分组的包头中通常包括该分组的源地址(起始地址)、宿地址(目的地址)和相关的路由信息,正文部分则是需要传送的信息。

分组无线网是一个很广泛的概念,从 1968 年美国夏威夷大学开发的第一个分组无线网——ALOHA 系统至今,世界各地出现了多种不同种类、服务于不同目的的分组无线网。分组无线网的分类方法很多,按频段分,可以分为工作于短波、甚高频或微波频段的分组无线网;按传输速率分,可分为低速或高速的分组无线网;按服务目的分,可以分为军用或民用的分组无线网;按分组传输过程中是否通过节点进行存储转发,可以分为单跳或多跳的分组无线网;按网络控制方式,可以分为集中控制或分布式控制的分组无线网;按网络结构,可分为星形网络、蜂窝式网络、随机拓扑网络以及分层网络;按网络基础设施情况,可分为有网络基础设施网和无网络基础设施网,比如蜂窝网属于前者,ad hoc(自组织网)属于后者。

现在,传统的移动电话系统(比如蜂窝网、集群系统)都开展了分组无线数据业务,专用分组网主要应用于军用目的;在民用领域,分组无线网的主要表现形式为无线接入网络(WAN),这是因为目前骨干网已基本实现光纤化,具有非常大的数据传输能力,而 WAN 往往处于复杂传播环境中,并要面向移动用户提供高速多媒体信息服务,因而成为研究与应用的热点。

典型的分组无线网有 WAMIS(无线自适应移动信息系统)、LMDS(本地多点分配业务)、Bluetooth(蓝牙)和 WLAN。

1.4 移动通信的基本技术

现代移动通信系统中采用了许多先进技术，现将其中的基本技术介绍如下。

1.4.1 多址连接

在通信系统中，通常是多个用户同时通信并发送信号；而在蜂窝系统中，是以信道区分和分选这种同时通信中的不同用户，一个信道只容纳一个用户通信，也就是说，不同信道上的信号必须具有各自独立的物理特征，以便于相互区分，避免互相干扰，解决这一问题的技术即称为多址技术。从本质上讲，多址技术是研究如何将有限的通信资源在多个用户之间进行有效的切割与分配，在保证多用户之间通信质量的同时尽可能地降低系统的复杂度并获得较高系统容量的一门技术，其中对通信资源的切割与分配也就是对多维无线信号空间的划分，在不同的维上进行不同的划分就对应着不同的多址技术。移动通信中常用的多址技术有3类，即FDMA、TDMA、CDMA，实际中也常用到这3种基本多址方式的混合多址方式。

多址技术一直以来都是移动通信的关键技术之一，甚至是移动通信系统换代的一个重要标志。早期的第一代模拟蜂窝系统采用FDMA技术，配合频率复用技术初步解决了利用有限频率资源扩展系统容量的问题；TDMA技术是伴随着第二代移动通信系统中的数字技术出现的，实际采用的是TDMA/FDMA的混合多址方式，每载波中又划分时隙来增加系统可用信道数；CDMA技术以码元来区分信道。当然蜂窝系统也是采用CDMA/FDMA的混合多址方式，系统容量不再受频率和时隙的限制，部分2G系统采用了窄带CDMA技术，而3G的3个主流标准均采用了宽带CDMA技术。通常来说，TDMA系统的容量是FDMA系统的4倍，而CDMA系统容量是FDMA系统容量的20倍。在3G系统中，为进一步扩展容量，也辅助使用SDMA（空分多址）技术，当然它需要智能天线技术的支持。在蜂窝系统中，随着数据业务需求日益增长，另一类随机多址方式，如ALOHA（随机接入多址）和CSMA（载波侦听多址）等也得到了广泛应用。在B3G/4G系统中，使用了OFDMA（正交频分多址）接入技术，未来移动通信系统中还可能用到BDMA（射束分割多址）、FBMC（基于滤波器组的多载波）、MC-CDMA（多载波码分多址）和LAS-CDMA（大区域同步码分多址）等高级多址接入方式。

1.4.2 组网技术

组网技术是移动通信系统的基本技术，所涉及的内容比较多，大致可分为网络结构、网络接口和网络的控制与管理等几个方面。组网技术要解决的问题是如何构建一个实用网络，以便完成对整个服务区的有效覆盖，并满足业务种类、容量要求、运行环境与有效管理等系统需求。

蜂窝网采用基站小区（如有必要增加扇区）、位置区和服务区的分级结构，并以小区为基本蜂窝结构的方式来组网。网络中的具体的网元或者说功能实体对于不同系统是不相同的，而最基本的数字蜂窝通信系统的网络结构如图1-9所示，系统由移动台、基站子系统和网络子系统3部分组成，网络中的功能实体有移动交换中心、基站控制器（BSC）、基站收发信机(BTS)、移动台、归属位置寄存器、访问位置寄存器、设备标识寄存器(EIR)、认证中心(AUC)和操作维护中心(OMC)。

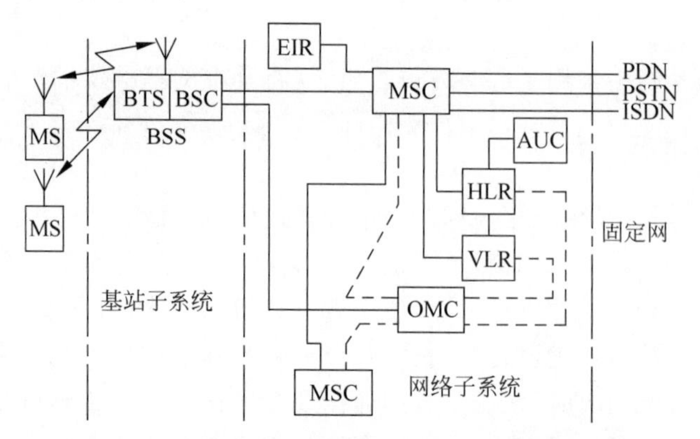

图 1-9 数字蜂窝通信系统的网络结构

系统在进行网络部署时，为了相互之间交换信息，有关功能实体之间都要用接口进行连接。同一通信网络的接口，必须符合统一的接口规范，而这种接口规范由一个或多个协议标准来确定。图 1-10 是基本数字蜂窝系统所用接口，共 10 类接口，如果网络中的功能实体增加则要用到更多的接口。在诸多接口当中，“无线接口 Um”(也称 MS-BS 空中接口)是最受关注的接口之一，因为移动通信网是靠它来完成移动台与基站之间的无线传输的，它对移动环境中的通信质量和可靠性具有重要的影响。Sm 接口是用户与移动设备间的接口，也称为人机接口；而 Abis 是基站控制器和基站收发信台之间的接口，根据实际配置情况，有可能是一个封闭的接口。

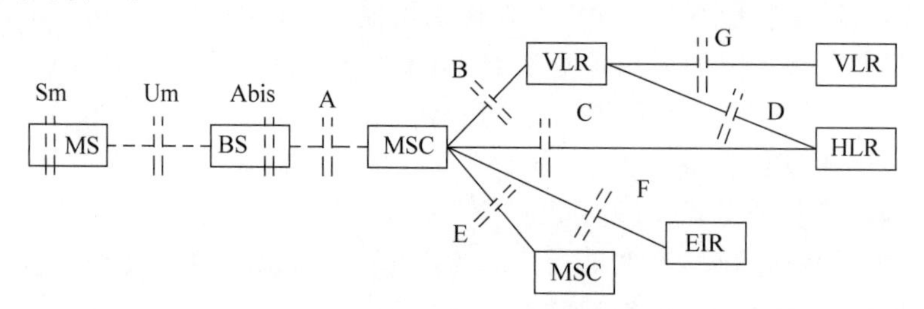

图 1-10 基本数字蜂窝系统所用接口

移动通信系统中的管理功能包括连接管理、无线资源管理和移动性管理三部分。

1.4.3 移动通信中电波传播特性研究与信道建模技术

移动信道的传播特性对移动通信技术的研究、规划和设计十分重要，也是人们非常关注的课题。由于移动通信双方可能处于运动状态，再加上地形、地物等各种因素的影响，因此电波在信道中的传播非常复杂，信号衰落包括多径传播带来的多径衰落和扩散损耗等带来的慢衰落，而移动信道也是一个时变的随参信道。对移动信道传播特性研究的目的就是要找出电波在移动信道中的传播规律及对信号传输产生的不良影响，并由此找出相应的对策来消除不良影响。

通常采用对移动信道建模的方法来进行传播预测，以便为系统的设计与规划提供依据。已建立的移动信道模型有几何模型、经验模型与概率模型 3 类，几何建模的方法是在电子地图的基础上，根据直射、折射、反射、散射与绕射等波动现象，用电磁波理论计算电波传播的路径损耗及有关信道参数；经验建模的方法在进行大量实测数据的基础上总结出经验公式或图表，以便进行传播预测；概率建模是在实测数据的基础上，用理论和统计的方法分析出传播信号强度的概率分布规律。

1.4.4 抗干扰措施

移动通信中，由于存在多径效应而带来的深度衰落，因此适当的抗衰落技术是需要的；同样，移动信道中存在同频干扰、邻近干扰、交调干扰与自然干扰等各种干扰因素，因此采用抗干扰技术也是必要的。移动通信中主要的抗衰落、抗干扰技术有均衡、分集和信道编码3种技术，另外也采用交织、跳频、扩频、功率控制、多用户检测、语音激活与间断传输等技术。

均衡技术可以补偿时分信道中由于多径效应产生的码间干扰(ISI)，如果调制信号带宽超过了信道的相干带宽，则调制脉冲将会产生时域扩展，从而进入相邻信号，产生码间干扰，接收机中的均衡器可对信道中的幅度和延迟进行补偿，从而消除码间干扰。由于移动信道的未知性和时变性，因此均衡器需要是自适应的。分集技术是一种补偿信道衰落的技术，通常的分集方式有空间分集、频率分集和时间分集，也可以在接收机中采用RAKE接收这样一种多径接收的方式，以提高链路性能。信道编码技术通过在发送信息中加入冗余数据位来在一定程度上提高纠检错能力，移动通信中常用的信道编码有分组码、卷积码和Turbo码。信道编码通常被认为独立于所使用的调制类型，不过随着网格编码调制方案、OFDM、新的空时处理技术的使用，这种情况有所改变，因为这些技术把信道编码、分集和调制结合起来，不需要增加带宽就可以获得巨大的编码增益。

以上技术均可以改进无线链路性能，但每种技术在实现方法、所需费用和实现效率等方面有很大的不同，因此实际系统要认真选取所需采用的抗衰落、抗干扰技术。

1.4.5 调制与解调

调制是指将需传输的低频信息寄载到高频载波上这样一个过程，而调制技术的作用就是将传输信息转换为适合于无线信道传输的信号以便于从信号中恢复信息。移动通信系统中采用的调制方案要求能有良好的抗衰落、抗干扰的能力，还要具有良好的带宽效率和功率效率，对应的解调技术中有简单高效的非相干解调方式。

通常，线性调制技术可获得较高频谱利用率，而恒定包络(连续相位)调制技术具有相对窄的功率谱和对放大设备没有纯属性要求，所以这两类数字调制技术在数字蜂窝系统中使用最多。

1.4.6 语音编码技术

语音信号是模拟信号，而数字通信传输的是数字信号，因此，在数字通信系统中需要在发送端将语音信号转换成数字信号，在接收端再将数字信号还原成模拟信号，这样一个模/数、数/模转换的过程就叫作语音编解码，简称语音编码。语音编码技术起源于信源编码，却在数字通信系统中得到了很好的应用，它是数字蜂窝系统中的关键技术，并且对它有特殊的要求，因为数字蜂窝网的带宽是有限的，需要压缩语音，采用低编码速率，使系统容纳最多的用户。

综合其他因素,数字蜂窝系统对语音编码技术的要求如下。

(1) 编码的速率适合在移动信道内传输,纯编码速率应低于16Kb/s。

(2) 在一定编码速率下,语音质量应尽可能高,即译码后的恢复语音的保真度要尽量高,一般要求到达长话质量,MOS评分(主观评分)不低于3.5。

(3) 编译码时延要小,总时延不大于65ms。

(4) 算法复杂度要适中,便于大规模集成电路实现。

(5) 要能适应移动衰落信道的传输,即抗误码性能要好,以保持较好的语音质量。

语音编码技术通常分为3类,即波形编码、参量编码和混合编码,其中混合编码是将波形编码与参量编码结合起来,吸收两者的优点,克服其不足,它能在4～16Kb/s的编码速率上得到高质量的合成语音,因而适用于移动通信。

1.5 移动通信标准化组织

1.5.1 国际标准化组织

与移动通信相关的国际标准化组织有ITU和IEEE-SA(电气和电子工程师协会标准化协会),有些组织不是标准化组织,但会促进其感兴趣的标准,并影响标准化组织。

1. ITU

ITU(国际电信联盟)是国际上电信业最权威的标准制定机构,它的成员是各国政府的电信主管部门。ITU成立于1865年,它的总部设在瑞士的日内瓦,1947年成为联合国的一个下属机构。ITU每年召开1次理事会;每4年召开1次全权代表大会、世界电信标准大会和世界电信发展大会;每2年召开1次世界无线电通信大会。1993年,ITU对其机构进行了改组,将ITU中的电信标准化组织划分成两个部门:无线通信部门(ITU-R)和电信通信部门(ITU-T),由ITU-R的下属任务组负责无线和网络标准。ITU虽然以前制定了大量的电信标准,但对于移动蜂窝通信直到3G才开始负责标准制定,并取得了极大成功,后续也完成了4G与5G标准的制定,并有意主持6G标准的制定;另外,ITU在管理无线传输技术(RTT)评估过程和无线频谱分配中发挥了重要作用。

3GPP(第三代合作伙伴)和3GPP2(第三代合作伙伴2)是两家经ITU授权的具体负责3G标准制定的组织。3GPP成立于1998年,负责WCDMA、TD-SCDMA的标准制定;3GPP2成立于1999年,负责CDMA2000标准的制定。

2. IEEE-SA

IEEE-SA在广泛的产业范围内负责全球产业标准的制定,它负责的其中一部分就是关于电信产业的。IEEE 802是其关于局域和城域网络的计划,其中,与局域和城域网络有关的有如下工作组。

(1) 802.11——无线局域网工作组。WiFi联盟是成立于1999年的非营利性的国际性协会,它的任务是验证基于IEEE 802.11 a/b/g技术规范的无线局域网产品的互用性,IEEE 802.11n在拥有130Mb/s高速数据速率的固定无线网络上工作。

(2) 802.15——无线个人局域网(WPAN)工作组。它们之中共有8个工作组,其中6个是任务组(TG)。802.15.1是一个蓝牙标准;802.15.3a是一个用于超宽带(UWB)的高速率(20Mb/s或以上)备用WPAN标准；802.15.4研究使用长久寿命电池和简单设备的低速率解决方案；ZigBee设备是基于802.15.4的制造业产品，也将蓝牙、UWB和ZigBee称为有线替代设备。

(3) 802.16——宽带无线接入工作组。WiMax是产业导向、非营利社团组织，它的成立是为了促进和验证基于802.16d和802.16e的宽带无线产品的兼容性和互用性。

(4) 802.20——移动宽带无线接入(MBWA)工作组。这个组的目标是能在全世界范围内部署——可消费得起、普遍存在、永远在线和能共用的多供应商的移动宽带无线接入网，它将工作在3.5GHz以下的授权频带，在运行速度高达250km/h的情况下，用户数据速率为1Mb/s。Flarion公司的Flash-OFDMA系统是候选系统之一。

对于4G、5G的标准化制定，ITU和IEEE-SA都着手这方面的工作，并取得了相当的成效，IEEE-SA制定的802.16e和802.16m分别被ITU吸收为3G和4G标准。另外，OMA(开放移动联盟)自2002年成立以来，发展迅猛，也试图对4G、5G的标准的制定具有话语权。

1.5.2 不同地区中的标准化组织

1. 美国

在20世纪70年代，贝尔实验室开发了AMPS系统，当时，没有有关的标准化组织。稍后，AMPS变成了TIA的IS-3；北美TDMA已是称为IS-54的TIA标准，后来改为IS-136；CdmaOne是称为IS-95的另一个TIA标准。

美国国家标准化协会(ANSI)可从负责无线移动系统的两个标准化组织建立标准：TIA和T1委员会。在TIA内部，无线通信分会负责无线技术的标准化。两个主要的委员会是TR45(公众移动)和TR46(个人通信)，在TR45中，共有6个常设的分委员会，在它们之中，TR45.4、TR45.5、和TR45.6负责作为3G标准的CDMA 2000，在TR45.5中，又有4个下设的分委员会来给CDMA 2000数字技术进行标准化。在T1内部，T1P1分委员会负责涉及PCS1900/GSM技术的个人通信系统的管理和协调行动。

2. 欧洲

ETSI是由欧共体委员会于1988年批准建立的一个非营利性的电信标准化组织，其标准化领域主要是电信业，并涉及与其他组织合作的信息及广播技术领域。ETSI作为一个被CEN(欧洲标准化协会)和CEPT(欧洲邮电主管部门会议)认可的电信标准协会，其制定的推荐性标准常被欧共体作为欧洲法规的技术基础而采用并被要求执行。ETSI制定的最成功的移动蜂窝标准是GSM，有力促进了GSM的全球化运营；其后制定的UMTS(通用移动通信系统)和DECT为3G和数字无绳电话的全球标准化做出了重要贡献。

3. 中国

由原信息产业部(MII)主导的最初的标准化组织叫作中国无线电信标准组织(CWTS)，在2002年12月形成了称为中国通信标准化协会(CCSA)的新标准化组织，它统一了所有标准化组织，并从MII中独立出来，其组织结构如图1-11所示，由会员大会、理事会、技术专家咨询委员会、技术管理委员会、若干技术工作委员会和分会、秘书处构成。技术工作委员会下设若干工作组，工作组下设若干子工作组/项目组；技术工作委员会下属的无线通信技术工作委员会保留了和CWTS相同的功能。CCSA的工作网站为www.ccsa.

org.cn,CCSA的主要任务是为了更好地开展通信标准研究工作,把通信运营企业、制造企业、研究单位、大学等关心标准的企事业单位组织起来,按照公平、公正、公开的原则制定标准,进行标准的协调、把关,把高技术、高水平、高质量的标准推荐给政府,把具有我国自主知识产权的标准推向世界,支撑我国的通信产业,为世界通信做出贡献。

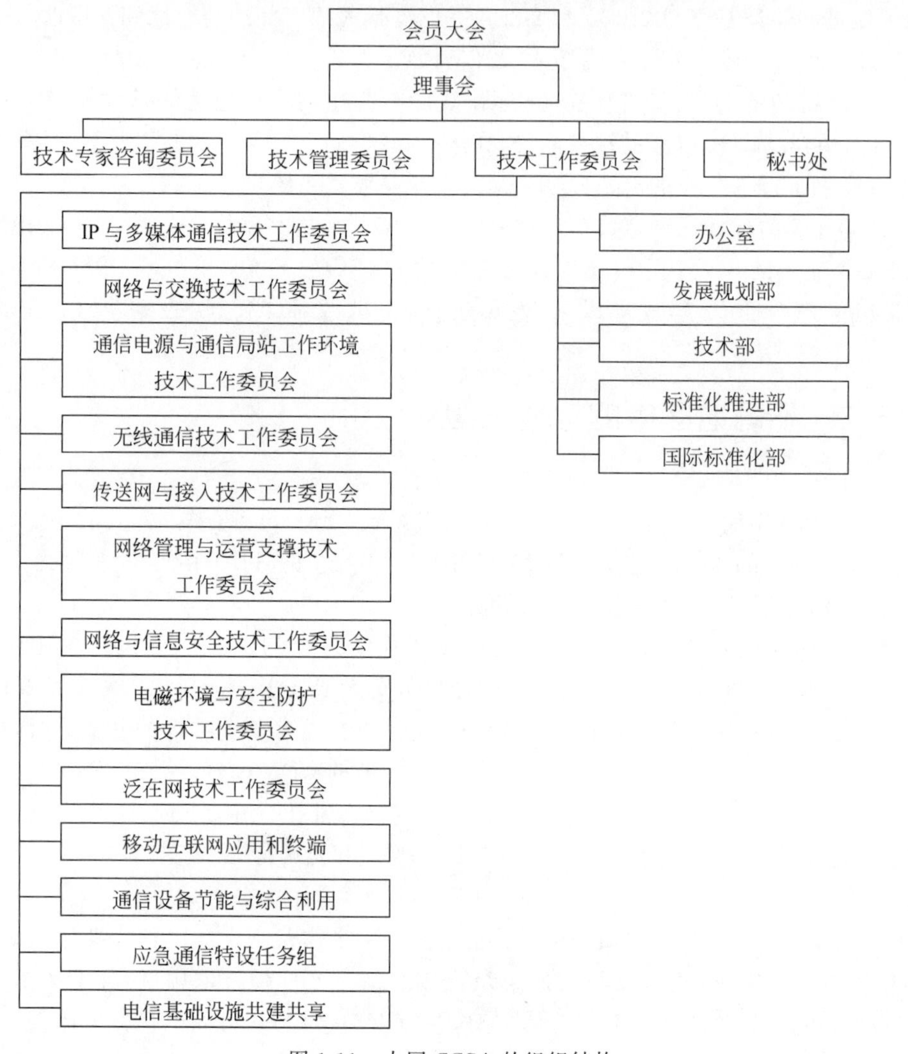

图1-11　中国CCSA的组织结构

本章小结

现代移动通信系统的发展经历了四个阶段,即早期阶段、人工接续入网阶段、大区制自动入网阶段与大容量的蜂窝网阶段。目前,2G、3G、4G和5G商用移动通信网络处于共存阶段,并将在相当一段时间内共存下去,为各类用户服务,以满足不同业务需求。

常用移动通信系统包括蜂窝移动通信系统、无线寻呼系统、无绳电话系统、集群移动通信系统、移动卫星通信系统以及分组无线网,其中蜂窝移动通信系统创造性地利用蜂窝理论完成大规模的频率复用问题,从而有效地提高了系统容量。

移动通信系统中采用的基本技术有多址技术、组网技术、移动无线信道传播研究与建模技术、调制技术、抗衰落与抗干扰技术、语音编码技术。

在移动通信标准化过程中，最权威的国际标准化组织是ITU，经其授权，又有多个组织为其制定具体标准，与此同时，世界上各个国家与地区也有自己的标准化组织。

习题

1-1　简述移动通信的发展历史与现状。

1-2　未来移动通信系统向什么方向发展？

1-3　蜂窝系统是如何实现频率复用的？各代移动通信系统有什么样的特征？各自采取的主要技术是什么？

1-4　试比较蜂窝移动通信系统、无绳电话系统、集群移动通信系统与移动卫星通信系统的技术特点，它们之间有何异同点？

1-5　移动通信的最主要的国际标准化组织是什么？各个国家与地区又有哪些标准化组织？

第2章 移动通信基本技术及原理

CHAPTER 2

2.1 电波传播特性与信道建模技术

移动信道是一个时变的随参信道，这是由于一方面移动通信双方都有可能处于高速移动状态，另一方面移动通信发射机和接收机之间的传播环境处于动态变化中，最终使无线传播路径复杂多变，整个无线信道参数处于时变状态。移动通信中的各类新技术都是针对移动信道的动态时变特性，为解决移动通信中的有效性、可靠性和安全性的基本指标而设计的。因此，分析移动信道的特点是解决移动通信关键技术的前提，也是产生移动通信中各类新技术的源泉。

2.1.1 无线电波传播特性

无线电波传播有天波、地波、视距传播等主要方式，而在移动通信系统中，由于受到不同环境的影响，如城区的高层建筑、郊区的山体、其他电磁辐射影响等干扰，使得无线电波传播出现明显的多径效应，引起多径衰落。随着发射机和接收机之间的距离不断增加，还会导致电磁波强度的衰减。这些现象都使得移动通信中的无线电波传播变得非常复杂。

发射机天线发出的无线电波，可由不同的路径到达接收机，当频率 $f>30\text{MHz}$ 时，典型的传播通路如图 2-1 所示。沿图 2-1 中路径(1)从发射天线直接到达接收天线的电波称为直射波，它是 VHF 和 UHF 频段的主要传播方式；沿路径(2)的电波经过地面反射到达接收天线，称为地面反射波；路径(3)的电磁波从较大的建筑物与山丘绕射后到达接收天线，称为绕射波。另外还有穿透建筑物的传播及空气中离子受激后产生的散射波，这些方式相对于前面 3 种传播较弱，所以直射、反射、绕射是主要形式，有时穿透直射波与散射波的影响也需要适当考虑。

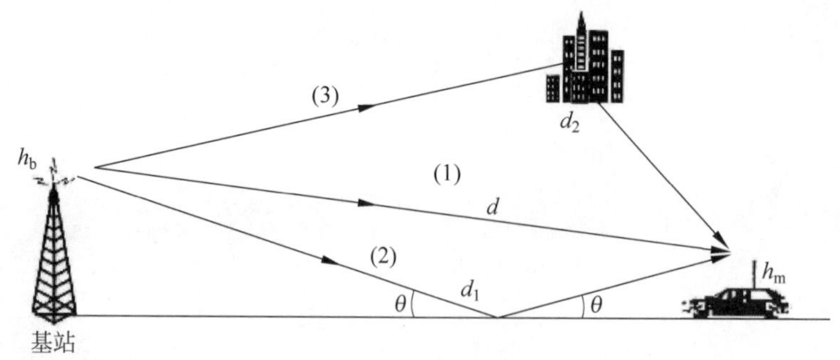

图 2-1 无线传播路径

直射波传播可按自由空间传播来考虑。所谓自由空间传播,是指天线周围为无限大真空时的电波传播,它是理想的传播条件。电波在自由空间传播时,其能量既不会被障碍物所吸收,也不会产生反射或散射。实际情况下,只要地面上空的大气层是各向同性的均匀介质,其相对介电常数和相对磁导率都等于1,传播路径上没有障碍物阻挡,到达接收天线的地面反射信号场强也可以忽略不计,在这种情况下,电波可看作在自由空间传播。虽然电波此时不发生反射、折射、绕射、散射和吸收,但当电波经过一段路径传播之后,能量仍会受到衰减,这是因辐射能量的扩散而引起的。由电磁场及天线理论可得出,自由空间中电波传播损耗(或称为衰减)只与工作频率和传播距离有关,当工作频率或传播距离增大一倍时,损耗增加6dB。直射波的传播还受距离限制,其极限距离约为$\sqrt{2Rh}$,其中R为地球半径,h为发射天线的高度。

当电波传播中遇到两种不同介质的光滑界面时,如果界面尺寸远大于电波波长,就会发生镜面反射。由于大地和大气是不同的介质,所以入射波会在界面上产生反射,如图2-2所示。通常,在考虑地面对电波的反射时,按平面波处理,即电波在反射点的反射角等于入射角。不同界面的反射特性用反射系数表征,定义为反射波场强与入射波场强的比值。根据电磁波理论可知,由发射端发出的电波分别经过直射传播和地面反射传播到达接收端,由于两者路径不同,从而会产生附加相移。

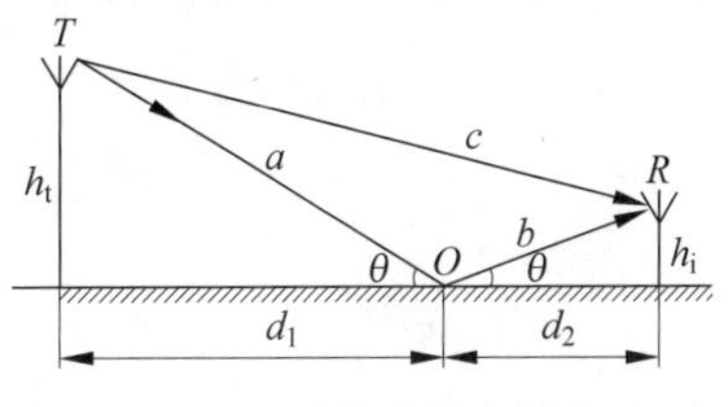

图2-2　反射波与直射波

直射波与地面反射波的合成场强将随反射系数以及路径差的变化而变化,有时会同相相加,有时会反相抵消,这就造成了合成波的衰落现象。反射系数的模越接近于1,衰落越严重。为此,在固定地址通信中,选择站址时应力求减弱地面反射,随后还要调整天线的位置或高度,使地面反射区离开光滑界面,但这种做法在实际的移动通信中较难实现。

对无线电波传播模型的研究,传统上集中于距发射机一定距离处平均接收信号场强的预测以及特定位置附近信号场强的变化。对于预测平均信号场强并用于估计无线覆盖范围的传播模型,由于它们描述的是发射机与接收机(T-R)之间长距离(几百米或是几千米)上的信号场强变化,所以称为大尺度传播模型;描述无线电信号在短距离或短时间传播后其幅度、相位或多径时延快速变化的称为小尺度衰落传播模型。当移动台在极小范围内移动时,可能引起瞬时接收场强的快速波动,即小尺度衰落,其原因是接收信号由不同方向信号合成。

小尺度衰落也称为快衰落,由于小尺度衰落变化速度较快,以至于大尺度路径损耗的影响可以忽略不计。这种衰落是由于同一传播信号沿两个或多个路径传播,以微小的时间差到达接收机的信号相互干扰所引起的。

2.1.2 移动信道特征

1. 传播特征

移动信道中无线信号传播主要有以下3个特征。

(1) 传播的开放性。无线信道都是基于电磁波在空间的传播来实现开放式信息传输的,它不同于固定的有线通信,是基于全封闭式的传输线来实现信息传输的。

(2) 接收环境的复杂性。接收点地理环境的复杂多样,一般可将接收点地理环境分为高楼林立的城市繁华区、以一般性建筑为主的近郊区、以山区和湖泊等为主的农村及远郊区。

(3) 通信用户的随机移动性。用户通信一般有 3 种状态,即准静态的室内用户通信、慢速步行用户通信、高速车载用户通信。

以上 3 种传播特征,使得信号到达接收点时出现损耗。主要损耗有以下 3 种。

(1) 路径损耗。路径损耗即电波在空间中传播产生的损耗,它反映电波在宏观范围内的空间距离上接收信号电平平均值的变化趋势。

(2) 慢衰落损耗。它主要是指电波在传播路径上受到建筑物等阻挡所产生阴影效应时的损耗,它反映电波在中等范围内的接收信号电平平均值起伏变化趋势。

(3) 快衰落损耗。它是反映微观小范围接收电平平均值的起伏变化趋势,其电平幅度分布一般遵从瑞利分布、莱斯分布和纳卡伽米分布,变化速度比慢衰落快,因此称为快衰落,快衰落还可分为空间选择性衰落、频率选择性衰落和时间选择性衰落。

移动信道中信号传播还存在以下 4 种效应。

(1) 阴影效应。由于大型建筑物和其他物体遮挡,在电波传播的接收区域产生传播半盲区。

(2) 远近效应。由于接收用户的随机移动性,移动用户与基站之间的距离也在随机变化,若各种移动用户发射信号的功率一样,那么到达基站时信号的强弱将不同,离基站近的信号强,反之则弱。

(3) 多径效应。由于接收者所处地理环境的复杂性,使得接收到的信号不仅有直射波的主径信号,还有从不同建筑物反射及绕射过来的多条不同路径信号,而且它们到达时的信号强度、到达时间及到达时的载波相位都不一样,所接收到的信号实际上是各路径信号的矢量和。多径效应是移动信道中较主要的干扰。

(4) 多普勒效应。它是由于接收用户处于高速移动中,比如车载通信时传播频率的扩散而引起的,其扩散程度与用户运动速度成正比。这一现象只在高速车载通信时出现。

2. 主要快衰落

1) 空间选择性衰落

所谓空间选择性衰落是指在不同的地点与空间位置衰落特性不一样,其信道原理图如图 2-3 所示。

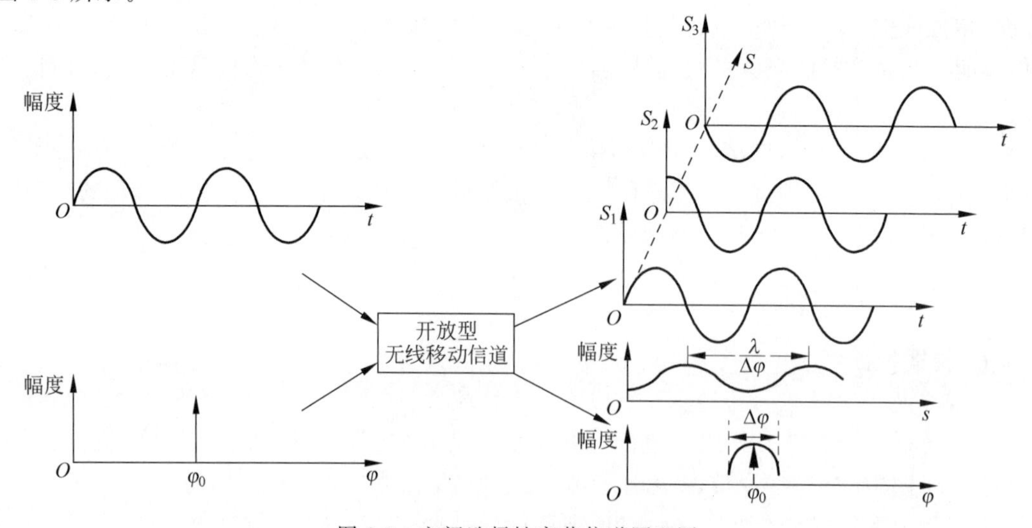

图 2-3 空间选择性衰落信道原理图

图中信道输入为单频等幅载波，在角度域 φ_0 上送入一个单位冲激脉冲。

信道输出，在时空域中不同接收点 S_1、S_2、S_3 上的衰落起伏是不一样的，角度域中，原来的单位脉冲发生了扩散，其扩散宽度为 $\Delta\varphi$。

由此可知，在开放型的时变信道中天线的电波束发生了扩散而引起了空间选择性衰落，通常空间选择性衰落又称为平坦瑞利衰落。

2）频率选择性衰落

频率选择性衰落是指在不同频段上衰落特性不一样，其信道原理图如图 2-4 所示。

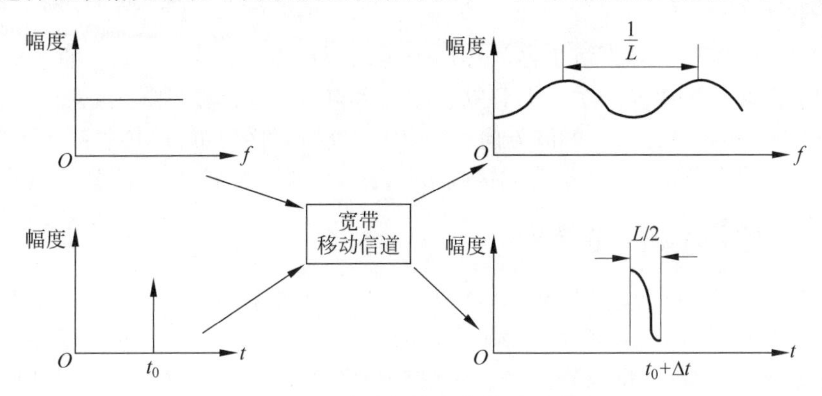

图 2-4 频率选择性衰落信道原理图

若信道输入为 t_0 时刻的一个单位冲激脉冲，其频谱为白色等幅频谱，则信道输出时，单位冲激脉冲在时域发生了扩散，频域为衰落起伏的有色谱。

3）时间选择性衰落

时间选择性衰落是指在不同的时间，衰落特性是不一样的，其信道原理图如图 2-5 所示。

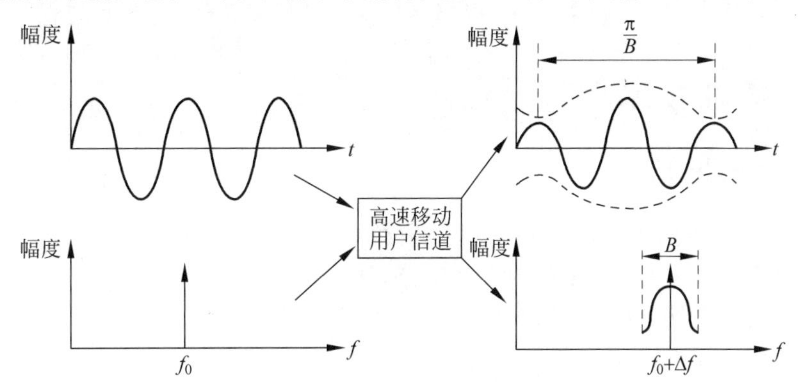

图 2-5 时间选择性衰落信道原理图

若信道输入为单频等幅载波，其频谱为单一频率 f_0 上的一个单位冲激脉冲，则信道输出时，信号在时域变成包络起伏不平的波形，在频域则以 $f_0+\Delta f$ 为中心产生频率扩散，Δf 为绝对多普勒频移。

3. 多普勒频移

当移动台以恒定速率 v 在长度为 d、端点为 X 和 Y 的路径上运动时，收到来自远端信号源 S 发出的信号，如图 2-6 所示。无线电波从源 S 出发，在 X 点与 Y 点分别被移动台接收时所走的路径差为 $\Delta l = d\cos\theta = v\Delta t\cos\theta$。在这里 Δt 是移动台从 X 点运动到 Y 点所需

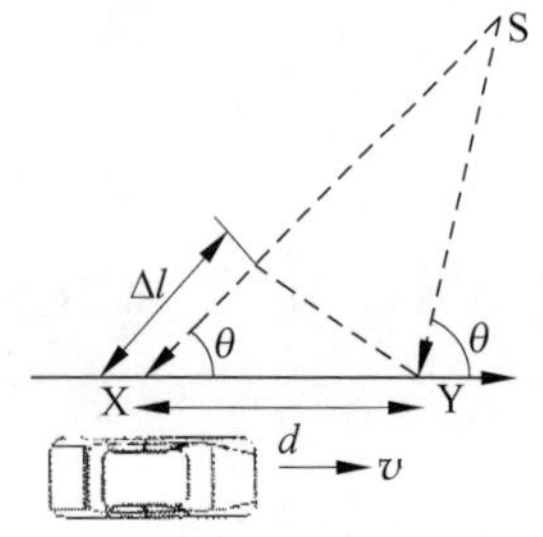

图 2-6 多普勒效应示意图

的时间，θ 是 X 和 Y 与入射波的夹角。由于源端距离很远，可以假设 X、Y 处的 θ 是相同的。所以，由路径差造成的接收信号相位变化值为

$$\Delta\phi=\frac{2\pi\Delta l}{\lambda}=\frac{2\pi v\Delta t}{\lambda}\cos\theta \tag{2-1}$$

由此可以得出频率变化值，即多普勒频移 f_{d} 为

$$f_{\mathrm{d}}=\frac{1}{2\pi}\cdot\frac{\Delta\phi}{\Delta t}=\frac{v}{\lambda}\cos\theta \tag{2-2}$$

由式(2-2)可以看出，多普勒频移与移动台运动速度有关，还与移动台的运动方向和无线电波入射方向之间的夹角有关。若移动台朝向入射波方向运动，则多普勒频移为正(即接收频率上升)；若移动台背向入射波方向运动，则多普勒频移为负(即接收频率下降)；且因为信号在不同方向传播，各向分量造成接收机信号的多普勒扩展，因而增加了信号带宽。

2.1.3 移动信道建模技术

移动通信信道模型作为推动整个移动通信发展的关键技术之一，也是移动无线系统设计中的关键点与难点，国内外都对它做了大量的研究，并得到了一些成果。已建立的移动信道模型从建模方法上分为几何模型、经验模型与概率模型 3 类(参见 9.3 节)，从研究角度分为空域模型、时域模型和时空域模型 3 类。在移动通信发展初期，接收天线大都只考虑接收信号的平均功率，对信道模型，对其研究时主要是考虑电磁波在传播过程中的损耗，以便预测基站的无线覆盖范围，用于频率规划设计。随移动通信业务的迅猛发展，用户数量急剧增加，要求移动通信在有限的频率资源上极大地提高系统容量，于是便引进了分析接收信号幅度分布情况(即衰落分布情况)、多普勒频移情况，模型要能更多地描述传播信道的空时特性，以便寻找更多的应对措施(新技术)以提高移动通信质量，并扩大其通信能力。

2.2 多址技术

微课视频 5

2.2.1 多址方式

多址技术与通信中的信号多路复用是一样的，实质上都属于信号的正交划分与设计技术。不同点是多路复用的目的是区别多个通路，通常是在基带和中频上实现的，而多址技术是区分不同的用户地址，通常需要利用射频频段辐射的电磁波来寻找动态用户地址，同时为了实现多址信号之间不相互干扰，信号之间必须满足正交特性。

多址技术把处于不同地点的多个用户接入一个公共传输媒介，实现各用户之间的通信，因此，多址技术又称为“多址连接”技术。从本质上讲，多址技术是研究如何将有限的通信资源在多个用户之间进行有效的切割与分配，在保证多个用户之间通信质量的同时尽可能地降低系统的复杂度并获得较高系统容量的一门技术。其中，对通信资源的切割与分配也就是对多维无线信号空间的划分，在不同的维度进行不同的划分就对应着不同的多址技术。移动通信中常用的多址技术有 3 类，即 FDMA、TDMA、CDMA，实际中也常用到这 3 种基本多址方式的混合多址方式。

1. FDMA

在 FDMA(频分多址)通信网络中，将可使用的频段按一定的频率间隔(如 25kHz 或

30kHz)分割成多个频道。众多的移动台共享整个频段,根据按需分配的原则,不同的移动用户占用不同的频道。各个移动台的信号在频谱上互不重叠,其宽度能传输一路语音信息,而相邻频道之间无明显干扰。为了实现双工通信,信号的发射与接收就使用不同的频率(称为频分双工),收发频率之间有一定的间隔,以防同一部电台的发射机对接收机的干扰。这样,在频分多址中,每个用户在通信时要用一对频率(称为一对信道)。

2. TDMA

TDMA(时分多址)是把时间分割成周期性帧,每一帧再分割成若干时隙(无论帧或时隙都是互不重叠的),然后根据一定的时隙分配原则,使移动台在每帧中按指定的时隙向基站发送信号,基站可以分别在各个时隙中接收到移动台的信号而不混淆。同时,基站发向多个移动台的信号都按规定在预定的时隙中发射,各移动台在指定的时隙中接收,从合路的信号中提取发给它的信号。图 2-7 是时分多址移动通信系统工作示意图,其中图 2-7(a)是由基站向移动台传输;图 2-7(b)是由移动台向基站传输。

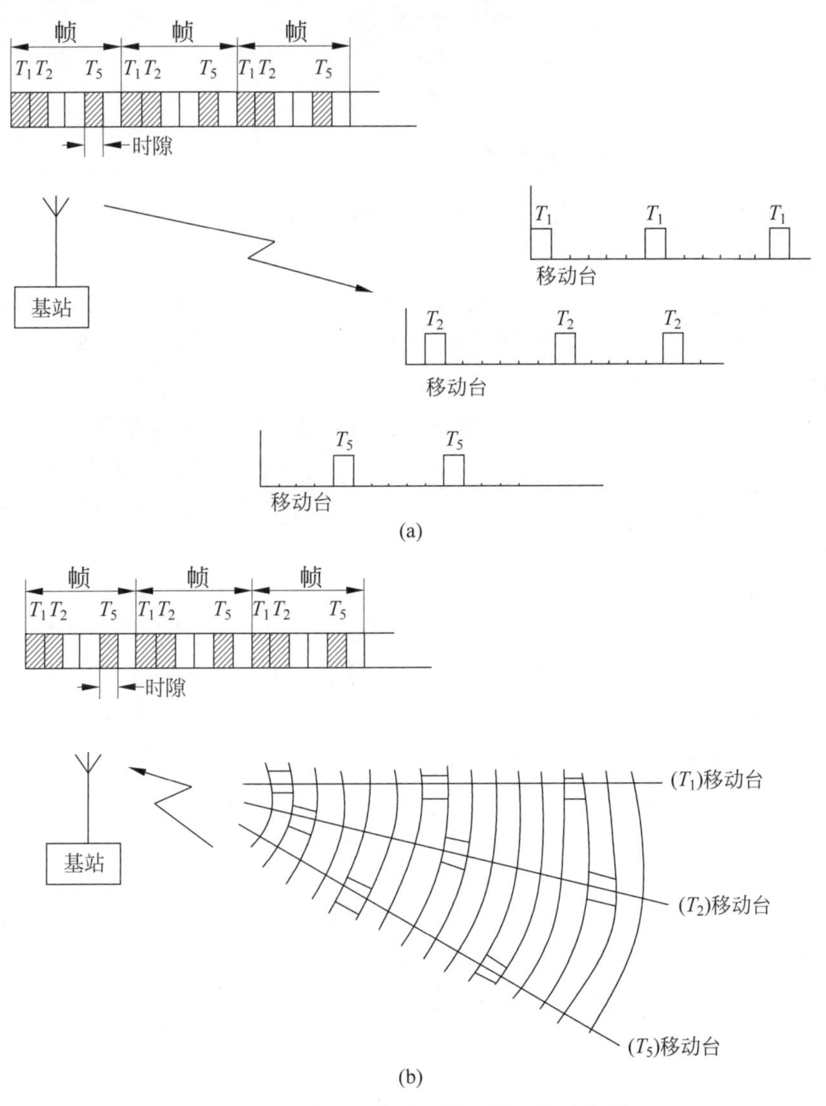

图 2-7 时分多址移动通信系统工作示意图

3. CDMA

在 CDMA(码分多址)通信系统中,不同用户传输信息所用的信号不是靠频率不同或时隙不同来区分的,而是用各自的编码序列来区分,或者说,靠信号的不同波形来区分。如果从频域或时域来观察,多个 CDMA 信号是互相重叠的,接收机用相关器可以在多个 CDMA 信号中选出使用预定码型的信号,其他使用不同码型的信号因为和接收机本地产生的码型不同而不能进行解调。它们的存在类似于在信道中引入了噪声或干扰,通常称之为多址干扰。CDMA 系统既不分频道也不分时隙,无论传送何种信息的信道都采用不同的码型来区分,它们均占用相同的频段和时间,图 2-8 是 CDMA 通信系统示意图。

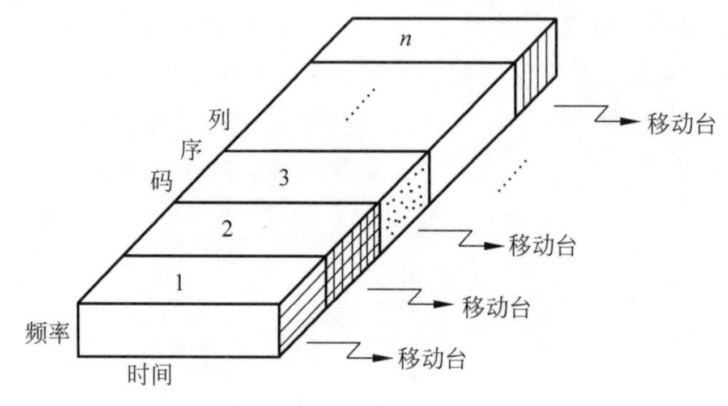

图 2-8　CDMA 通信系统示意图

4. 其他多址技术

在 3G 通信系统中,为进一步扩展容量,也辅助使用空分多址(SDMA)技术,当然它需要智能天线技术的支持。在蜂窝系统中,随着数据业务需求日益增长,另一类随机多址方式(如 ALOHA 和 CSMA 等)也得到了广泛应用。在 4G 通信系统中,使用了 OFDMA 等多址接入技术,而之后移动通信系统研究中将基于滤波器组的多载波(FBMC)等先进多址技术纳入考虑。

5G 通信系统中采用非正交多址技术(NOMA),其基本思想是在发送端采用非正交发送,主动引入干扰信息,在接收端通过串行干扰删除(SIC)接收机实现正确解调。虽然采用 SIC 技术的接收机复杂度有一定的提高,但是可以很好地提高频谱效率。用提高接收机的复杂度来换取频谱效率,这就是 NOMA 技术的本质。

还可采用射束分割(BDMA)多址技术,当基站与移动台之间产生通信连接时,一个正交的射束就会被分配给每一个移动台。目前的射束分割多址技术主要内容是根据移动台的位置,将一个天线射束分割,并允许移动台提供多个信道,这样会有效地提高系统的容量。当移动台与某个基站清楚地明确彼此的位置的时候,它们就会在同一瞄准线上,这样,就可以通过直接传输射束到彼此的位置上来进行通信,这样可以避免干扰小区内其他移动台。当不同的移动台跟基站形成不同的方向角时,基站会根据不同的方向角同时发送射束来实现对不同的移动站发送数据。任何一个移动台不能利用唯一的一个射束,但是可以与其他相似角度的移动台分享同一个射束来实现与基站的通信连接。这些分享同一个射束的移动台被分割成同样的频率与时隙资源,并利用同样的正交资源。根据不同的移动台的通信环境,基站可以更好地改变射束的方向、数量和带宽。

2.2.2　扩频通信

扩展频谱通信简称为扩频通信,扩频通信是一种信息传输方式,在发送端采用扩频码调制，使信号所占的频带宽度远大于所传信息必需的带宽，在接收端采用相同的扩频码进行相关的解扩以恢复所传信息数据。扩频通信系统由于在发送端扩展了信号频谱，在接收端解扩后恢复了所传信息，这样的处理方式使得信噪比得到了改善，即接收机端的信噪比相对于输入的信噪比有明显改善，从而提高了系统的抗干扰能力。

1．扩频通信系统类型

扩频通信的一般原理图如图2-9所示。在发送端输入的信息经信息调制形成数字信号，然后由扩频码发生器产生的扩频码序列去调制数字信号以展宽信号的频谱。展宽以后的信号再对载频进行调制（如PSK或QPSK、QDPSK等），通过射频功率放大送到天线上发送出去。在接收端，从接收天线上收到的宽带射频信号，经过输入电路、高频放大器后送入变频器，下变频至中频，然后由本地产生的与发送端完全相同的扩频码序列去解扩，最后经信息解调，恢复成原始信息输出。

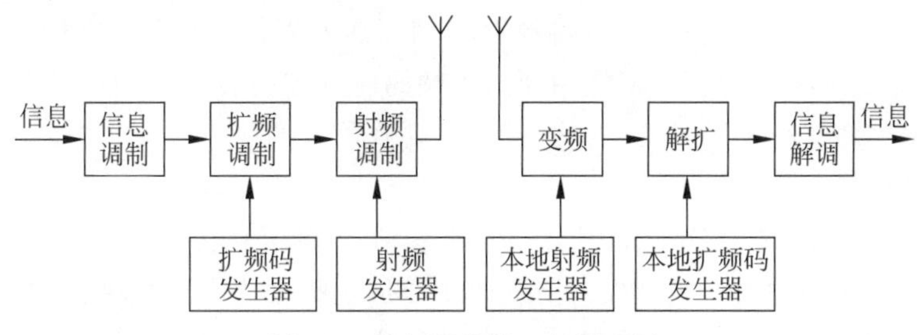

图2-9　扩频通信的一般原理图

由图2-9可知，扩频通信与普通的数字通信比较，多了扩频调制和解扩部分。按照扩展频谱方式的不同，目前的扩频通信系统可分为直接序列（DS）扩频、跳频（FH）、跳时（TH）、线性调频（chirp）以及这几种方式的组合。

1）直接序列扩频

所谓直接序列扩频，就是直接用具有高码率的扩频码序列在发送端去扩展信号的频谱，而在接收端，用相同扩频码序列去进行解扩，把展宽的扩频信号还原成原始信息。假设用窄脉冲序列对某一载波进行二进制相移键控调制，若采用平衡调制器，则调制后的输出为二进制相移键控信号，相当于载波抑制的调幅双边带信号。图2-10中输入载波信号频率为f_c，窄脉冲序列的频谱函数为$G(f)$，它具有很宽的带宽。平衡调制器的输出则为两倍脉冲频谱宽度，而f_c被抑制的双边带扩频信号的频谱函数为$G(f+f_c)$。在接收端使用相同的平衡调制器作为解扩器，可将频谱为$G(f+f_c)$的扩频信号用相同的码序列进行再调制，将其恢复成原始的载波信号f_c。

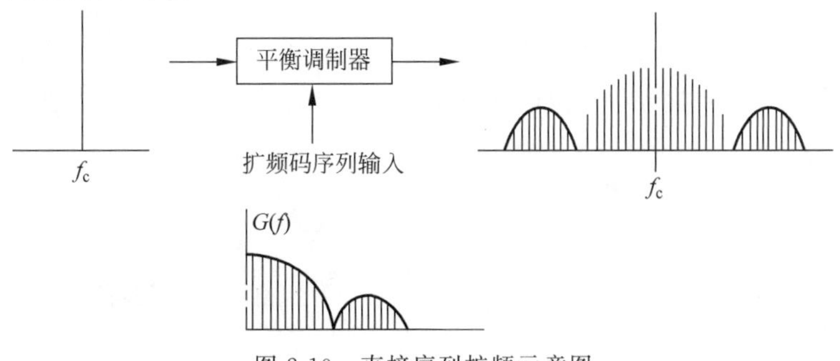

图2-10　直接序列扩频示意图

2）跳频

跳频是指用一定码序列进行选择的多频率频移键控，即用扩频码序列去进行频移键控调制，使载波频率不断地跳变。传统的频移键控，如2FSK，只有两个频率，分别代表传号和空号，其已调信号频谱也只在两个频率上变化；而跳频系统则有几个、几十个，甚至上千个频率，由所传信息与扩频码的组合进行选择控制，不断跳变。移动通信中所使用的跳频信号每秒内信号频率改变可高达200次。

3）跳时

与跳频相类似，跳时是指使发射信号在时间轴上跳变。跳时系统中将时间轴分成许多时片，在一帧内哪个时片发射信号由扩频码序列进行控制，因此，也可以把跳时理解为用一定码序列进行选择的多时片的时移键控。由于采用很窄的时片去发送信号，相对来说，信号的频谱也展宽了。在发送端，输入的数据先存储起来，由扩频码发生器产生的扩频码序列去控制通/断开关，经二相或四相调制后再经射频调制后发射出去；在接收端，由射频接收机输出的中频信号经本地产生的与发端相同的扩频码序列控制通/断开关，再经二相或四相解调器，送到数据存储器经再定时后输出数据。只要收发两端在时间上严格同步进行，就能正确地恢复原始数据。

跳时也可以看成一种时分系统，所不同的地方在于它不是在一帧中固定分配一定位置的时片，而是由扩频码序列控制的按一定规律跳变位置的时片，跳时系统的处理增益等于一帧中所分的时片数。由于简单的跳时抗干扰性不强，故很少单独使用；跳时通常都与其他方法结合使用。

4）各种混合方式

在上述几种基本扩频方式的基础上，可以将其组合起来，构成各种混合方式，例如DS/FH、DS/TH、DS/FH/TH等。一般来说采用混合方式在技术上要复杂一些，实现起来较困难，但是不同方式结合起来能得到只用一种方式得不到的特性。例如，DS/FH系统就是一种中心频率在某一频带内跳变的直接序列扩频系统，其混合扩频示意图如图2-11所示。由图可见，一个DS扩频信号在一个更宽的频带范围内跳变。DS/FH系统的处理增益为DS和FH处理增益之和，因此有时采用DS/FH反而比单独采用DS或FH可获得更宽的频谱扩展和更大的处理增益，甚至有时相对来说，其技术复杂性比单用DS或FH来扩展频谱，在更宽的范围内实现频率的跳变还要容易些。对于DS/TH方式，它相当于在DS扩频方式中加上时间复用，采用这种方式可以容纳更多的用户，在实现上，DS本身已有严格的收发端扩频码的同步，加上跳时，只不过增加了一个通/断开关，并不增加太多技术上的复杂性。对于DS/FH/TH，它把3种扩频方式组合在一起，在技术实现上肯定是很复杂的，但是对于一个有多重功能要求的系统，DS、FH、TH可以分别满足独特的功能要求，因此对于需要同时解决抗干扰、多址组网、定时定位、抗多径干扰和远近效应问题时，就不得不同时采用多种扩频方式的组合。

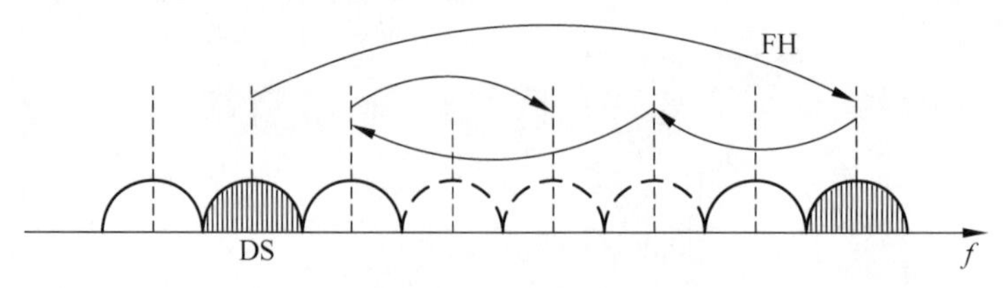

图2-11　DS/FH混合扩频示意图

2. 伪随机序列

前面讨论的各类扩频通信系统中都需要使用扩频码序列参与,而扩频码序列通常采用伪随机码来实现,伪随机码在扩频系统或码分多址系统中起着十分重要的作用。

之所以选用伪随机信号传输信息是因为,在信息传输中各种信号之间的差异性越大越好,即相关性越小越好。这样任意两个信号不容易混淆,也就是说,相互之间不易发生干扰,不容易发生误判。理想用于传输信息的信号形式应是类似白噪声的随机信号,因为取任何时间上不同的两端噪声来比较都不会完全相似,若能用它们代表两种信号,其差别性就最大。但是这种理想的情况在工程中是不能实现的,所以只能产生一种具有近似随机噪声的自相关特性的周期性信号,这就是伪随机序列。

二进制 m 序列是一种重要的伪随机序列,有优良的自相关特性,有时称为伪噪声(PN)序列。m 序列具有周期性,易于产生和复制,但其随机性接近于噪声和随机序列。m 序列在扩频通信及码分多址中有着广泛的应用,并且在 m 序列基础上还能构成其他码序列。m 序列是最长线性移位寄存器的简称,即由多级移位寄存器或其延迟元件通过线性反馈产生的最长序列。m 序列产生原理在《通信原理》书中有详细说明,这里不再赘述。

扩频通信中常用的码序列除了 m 序列之外,还有 M 序列、Gold 序列、R-S 码等,在 CDMA 移动通信中还使用相互正交的 Walsh 函数。

Gold 序列的周期互相关性比 m 序列更好。Gold 序列是由 m 序列"优选对"组成的。所谓优选对是指 m 序列中互相关值为$\{-1,-t(n),t(n)-2\}$的一队序列,其中

$$t(n)=\begin{cases}2^{(n+1)/2}+1, & n=2l+1\\ 2^{(n+2)/2}+1, & n=2l\end{cases} \tag{2-3}$$

例如,若 $n=10$,则 $t(10)=2^6+1=65$,周期互相关性的三个取值为$\{-1,-65,63\}$。因此,这样的 m 序列的最大互相关 $R_{c,\max}=65$,而由 10 级具有不同反馈连接的移位寄存器产生的 60 种可能的 m 序列族的峰值互相关性却是 383,是 65 的近 6 倍。

这样由 m 序列中的优选对$\{x_i\}$和$\{y_i\}$本身加上它们相对移位模 2 相加构成的 2^n-1 个序列可以组成 Gold 序列族,族中序列的长度为 2^n-1,序列的总数为 2^n+1,并且任一对序列之间的互相关函数都是 3 值的。

M 序列也是由反馈移位寄存器产生的,是一种非线性反馈移位寄存器序列,其长度为 2^n,达到了 n 级反馈移位寄存器能够得到的最长周期,因而也称为全长序列。M 序列与 m 序列相比,在级数 n 相同的条件下,能得到更多的序列。在表 2-1 中列出了不同 n 值得到的 M 序列和 m 序列数目。

表 2-1 M 序列与 m 序列数目比较

级数 n	2	4	5	6	7	8	9	10
m 序列	2	2	6	6	18	16	48	60
M 序列	2	2^4	2^{11}	2^{26}	2^{57}	2^{120}	2^{247}	2^{502}

可以看到,当 $n>4$ 时,M 序列比 m 序列多很多,这就为某些需要地址序列很多的场合提供了灵活的选择。M 序列的自相关函数是多值的,而且具有较大的旁峰。长度相等的不同 M 序列可能具有不同的自相关特性,目前尚未存在计算 M 序列自相关函数的一般公式,通常需要针对具体序列通过逐位比较进行计算,M 序列的互相关特性也是多值的。

微课视频 6

2.3 调制技术

2.3.1 基本数字调制技术

1. 概述

数字调制是指把数字基带信号变换成适合信道传输的高频信号，即用基带信号控制高频振荡的参数(振幅、频率和相位)，使这些参数随基带信号变化。用来控制高频振荡参数的基带信号称为调制信号，未调制的高频振荡称为载波，被调制信号调制过的高频振荡称为已调波或已调信号。已调信号通过信道传送到接收端，在接收端经解调后恢复成原始基带信号。解调是调制的逆变换，是从已调波中提取调制信号的过程。

在移动通信信道的数字传输中，调制技术尤为重要，也对调制技术提出了更高的要求。

(1) 调制频谱的旁瓣应该尽量小，避免对邻近信道的干扰。

(2) 调制频谱效率高，即要求单位带宽传送的速率(b/s)高。

(3) 能适应瑞利衰落信道，抗衰落性能好，即在瑞利衰落环境中，达到规定的误码率要求，解调时所需的信噪比低。

(4) 调制和解调的电路容易实现。

以上要求很难同时满足，移动通信系统中需根据实际情况来考虑调制解调方法。

目前移动通信系统的常用调制方式有以 BPSK、QPSK、OQPSK 和 π/4QPSK 等为代表的线性调制和以 MSK、TFM 和 GMSK 等为代表的恒包络调制；也考虑综合利用线性调制技术和恒包络技术的多载波调制方式，主要有多电平 PSK、QAM 等，而在较先进的移动通信系统中还使用了 OFDM 调制提高频率利用率。

以前，人们认为移动通信中应主要采取恒包络调制，以减少衰落信道对振幅的影响。但实用化的线性高功放在 1986 年取得了突破性的进展后，人们又重新对简单易行的 BPSK 和 QPSK 等线性调制方式予以重视，并在它们的基础上改善峰均比以提高频谱利用率，改进的调制方式有 OQPSK CQPSK 和 HPSK 等。同样，以前认为采用多进制调制会使误码率升高，导致接收时需要更高的信噪比，因此不倾向在移动通信中使用这种调制方式；但随着移动通信中传输数据速率的提高，频带利用率要求提高，更多的移动通信系统考虑采用这一类调制方式，并采用更好的信道编码技术，减少误码率，从而克服其自身缺点。为了提高系统抗干扰性能，基于多载波技术的 OFDM 调制技术应运而生了，由于其优越的系统性能，已成为第四代移动通信系统的主流调制技术。

2. 数字相位调制

1) 二进制绝对相移键控和相对相移键控

二进制绝对相移键控(2PSK)利用载波的初始相位“0”或“π”表示信号“1”或“0”，在解调时只能用相干解调方法，利用相干载波来恢复调制信号。如果解调时载波的相位发生变化，如由 0 相位变为 π 相位或反之，则在恢复信号过程中，就会发生误判现象，从而造成错误的解调。这种因为本地参考载波倒相，而在接收端出现错误解调的现象称为“倒 π”现象或“反向工作”现象。通常，在移动通信中很难得到一个绝对和载波相位一致的参考载波进行解调，所以实际运用中很少采用绝对相移键控，而是采用 2DPSK 来避免误判现象。

二进制差分相移键控简称为二相相对调相(2DPSK)，它不是利用载波相位的绝对数值传送数字信息，而是用前后码元的相对载波相位值传送数字信息，其中，相对载波相位是指本码元初相与前一码元初相之差。与2PSK的波形不同，2DPSK波形的同一相位并不对应相同的数字信息符号，而前后码元的相对相位才唯一确定信息符号。这说明解调2DPSK信号时，并不依赖于某一固定的载波相位参考值，只要前后码元的相对相位关系不破坏，则鉴别这个相位关系就可正确恢复数字信息，这就避免了2PSK方式中的“倒π”现象发生。由于相对移相调制无“反向工作”问题，因此得到了广泛的应用。

2DPSK的调制方法是先对数字信号进行差分编码，即由绝对码表示变为相对码表示，然后再进行2PSK调制即可得到已调信号波形。解调则可以采用：①先进行相干解调，再进行码反变换，恢复出原信号；②直接比较前后码元的相位差，也称为相位比较法解调，这种方法不需要码变换器，也不需要专门的相干载波发生器，因此设备比较简单、实用。

2）正交相移键控（QPSK）

QPSK利用载波的4种不同相位表征数字信息，由于每一种载波相位代表两个位（bit，比特）信号，故每个4进制码元又被称为双位码元，习惯上把双比特的前一位用a代表，后一位用b代表。QPSK信号产生的原理图如图2-12（a）所示。它可以看成由两个载波正交的2PSK调制器构成，分别形成图2-12（b）中的虚线矢量，再经加法器合成后，得到图2-12（b）所示实线矢量图。

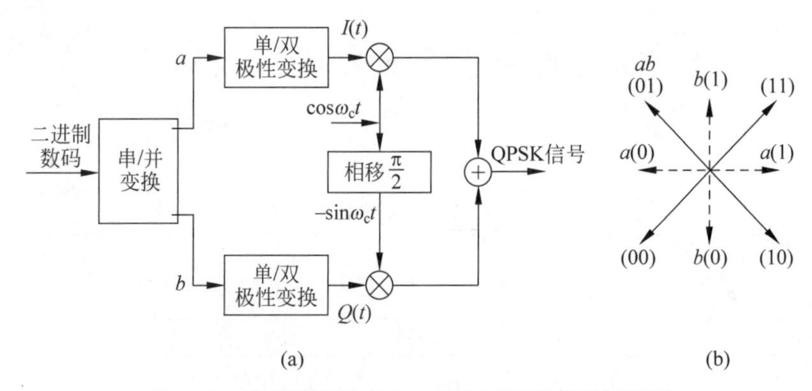

图2-12　直接调相法产生QPSK（4PSK）信号原理图

由于QPSK信号可以看作两个载波正交的2PSK信号的合成，因此，对QPSK信号的解调可以采用与2PSK信号类似的解调方法进行。图2-13是QPSK信号相干解调原理图，图中两个相互正交的相干载波分别检测出两个分量a和b，然后，经并/串变换器还原成二进制双比特串行数字信号，从而实现二进制信息恢复。

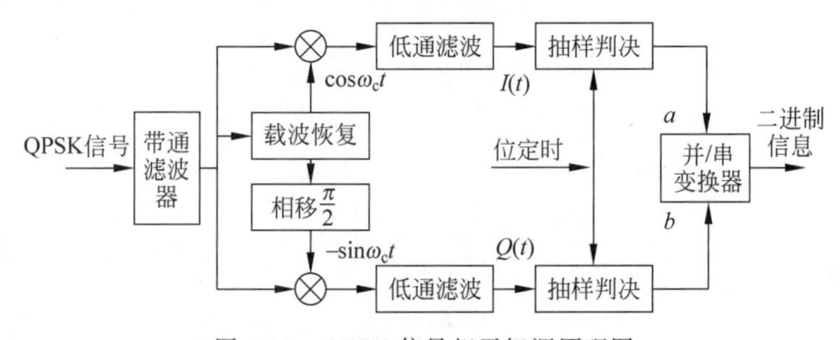

图2-13　QPSK信号相干解调原理图

在 2PSK 信号相干解调过程中会产生“倒 π”即“180°相位模糊”现象，同样，对于 QPSK 信号相干解调也会产生相位模糊问题，并且是 0°、90°、180°和 270°共 4 个相位模糊。因此，在实际中更常用的是 4 相相对移相调制，即 DQPSK，在直接调相的基础上加码变换器，在直接解调时加码反变换器。

2.3.2 π/4DQPSK 调制

π/4DQPSK 调制是一种正交差分相移键控调制，它的最大相位跳变值介于 OQPSK 和 QPSK 之间。QPSK 最大相位跳变值为 180°，而 OQPSK 调制的最大相位跳变值为 90°，π/4DQPSK 调制则为 135°，这种方法是之前两种方法的折中。一方面它保持了信号包络基本不变的特性，降低了对于射频器件的工艺要求；另一方面它可以采用非相干解调，从而简化了接收机的复杂程度。但采用差分解调方法，其性能比相干解调的 QPSK 要差，可采用 Viterbi 算法实现检测。

π/4DQPSK 调制过程为：设输入信号流经过串/并变换得到两路数据流 $m_{I,k}$ 和 $m_{Q,k}$，根据表 2-2 给出的相位偏移映射关系，可以得到 k 时刻相位偏移值 ϕ_k，从而得到当前时刻的相位值 θ_k。这样由 $k-1$ 时刻的同相分量和正交分量信号 I_{k-1}、Q_{k-1} 及 $k-1$ 时刻的相位 θ_{k-1} 就可以得到当前时刻的同相分量 I_k 和正交分量 Q_k。π/4DQPSK 的调制方式可表示为

$$\begin{cases} I_k = \cos\theta_k = I_{k-1}\cos\phi_k - Q_{k-1}\sin\phi_k \\ Q_k = \sin\theta_k = I_{k-1}\cos\phi_k + Q_{k-1}\sin\phi_k \end{cases} \tag{2-4}$$

式中，$\theta_k = \theta_{k-1} + \phi_k$；$I_0 = 1, Q_0 = 0$。

表 2-2 π/4DQPSK 信号相位映射

位信号 $m_{I,k}$ 和 $m_{Q,k}$	相位偏移 ϕ_k	位信号 $m_{I,k}$ 和 $m_{Q,k}$	相位偏移 ϕ_k
11	π/4	00	−3π/4
01	3π/4	10	−π/4

π/4DQPSK 调制的星座图如图 2-14 所示。由图可知，相邻时刻的信号点之间的相位跳变不超过 3π/4，且某个时刻的信号点只能在 4 个信号点构成的子集中选择，这样 π/4DQPSK 星座图实际上表示了信号点的状态转移。

π/4DQPSK 信号通过 AWGN 信号后，得到的接收信号为

$$\begin{cases} u_k = I_k + p_k \\ v_k = Q_k + q_k \end{cases} \tag{2-5}$$

式中，p_k，q_k 是服从 $N(0,\sigma^2)$ 的白噪声序列；σ^2 是噪声方差。

π/4DQPSK 调制的差分检测可表示为

$$\begin{cases} x_k = u_k u_{k-1} + v_k v_{k-1} \\ y_k = v_k u_{k-1} + u_k v_{k-1} \end{cases} \tag{2-6}$$

其判决准则为

$$\begin{cases} \hat{m}_{I,k} = 1, \quad x_k > 0; \quad \hat{m}_{I,k} = 0, \quad x_k > 0 \\ \hat{m}_{Q,k} = 1, \quad y_k > 0; \quad \hat{m}_{Q,k} = 0, \quad y_k > 0 \end{cases} \tag{2-7}$$

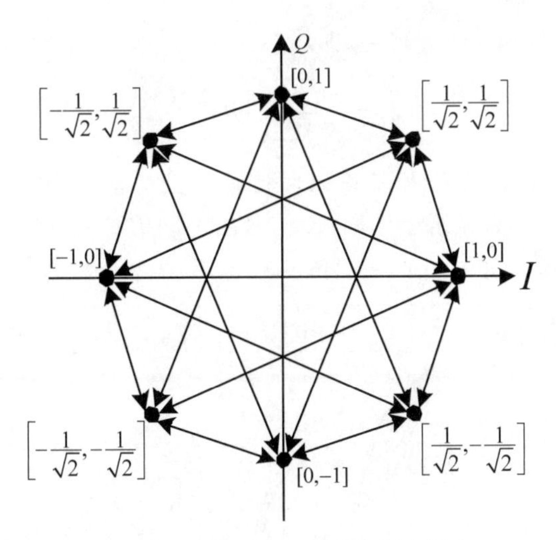

图 2-14　π/4DQPSK 调制的星座图

如前所述，π/4DQPSK 采用了差分编码，可以等价看作将相邻的两个输入位信号先进行 Gray 编码然后再进行正交调制的过程，因此可以将它看作记忆长度为 2 的卷积编码器。由此，根据 π/4DQPSK 调制的星座图，可以得到具有 4 个状态、16 个转移分支的格状图，可以采用 Viterbi 译码算法进行检测。

2.3.3　GMSK 调制

MSK 调制是一种恒包络调制，这是因为 MSK 是属于二进制连续相位频移键控(CPFSK)的一种特殊的情况，它不存在相位跃变点，因此在限带系统中，能保持恒包络特性。

恒包络调制可提供以下优点：极低的旁瓣能量；可使用高效率的丙类高功率放大器；容易恢复用于相干解调的载波；已调信号峰均比低。

GMSK 是 MSK 的进一步优化方案。数字移动通信中，当采用较高传输速率时，寻求更为紧凑的功率谱，更高的频谱利用效率，因此要求对 MSK 进一步优化。GMSK 是属于 MSK 简单的优化方案，它只需在 MSK 调制前附加一个高斯型前置低通滤波器，进一步抑制高频分量，防止过量的瞬时频率偏移以及满足相干检测的需求。

预调制高斯滤波器将全响应信号(即每一基带码元占据一个比特周期 T)转换为部分响应信号(每一发射码元占据几个比特周期)。由于脉冲成型并不会引起平均相位曲线的偏离，GMSK 信号可以作为 MSK 信号进行相干检测，或者作为一个简单的 FSK 信号进行非相干检测。实际上，GMSK 由于具有极好的功率效率和极好的频谱效率而备受青睐。预调制高斯滤波器在发射信号中引入了码间干扰(ISI)，但如果滤波器的 3dB 带宽与比特周期乘积(BT 的值)大于 0.5，性能的下降并不严重，GMSK 牺牲了误码性能，从而得到了极好的频谱效率和恒定的包络特性。

GMSK 预调制滤波器的脉冲响应由式(2-8)给出，即

$$h_G(t)=\frac{\sqrt{\pi}}{\alpha}\exp\left(-\frac{\pi^2}{\alpha^2}t^2\right) \tag{2-8}$$

传输函数为

$$H_G(f)=\exp(-\alpha^2 f^2) \tag{2-9}$$

参数 α 与 B 和 $H_G(f)$ 的 3dB 带宽有关，即

$$\alpha=\frac{\sqrt{\ln 2}}{\sqrt{2}B}=\frac{0.5887}{B} \tag{2-10}$$

GMSK 滤波器可以由带宽 B 和基带码元比特周期 T 完全决定，因此习惯上使用 BT 乘积来定义 GMSK。图 2-15 显示了 GMSK 信号的不同 BT 值的射频功率谱，作为对比，图中还给出 MSK 的功率谱。随着 BT 乘积值的减小，旁瓣衰落极快。

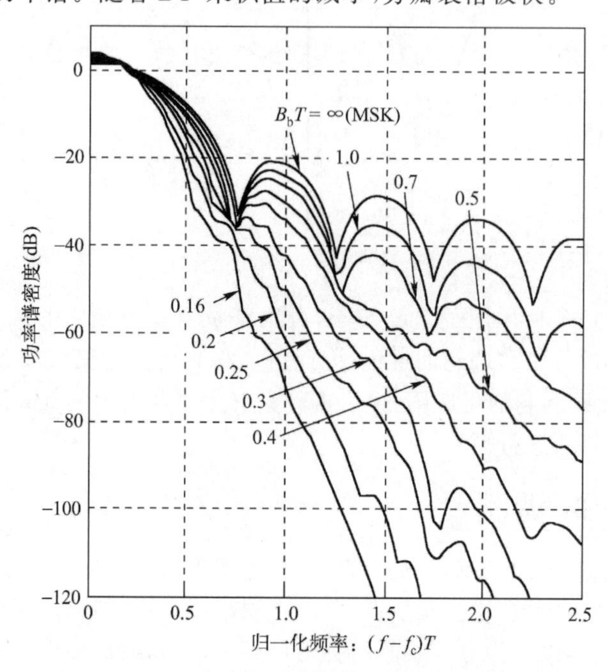

图 2-15　GMSK 信号的不同 BT 值的射频功率谱

GMSK 信号频谱随着 BT 值减小，所对应的 GMSK 信号的功率谱越紧凑，即频谱利用率越好，因为码间干扰造成的性能下降加剧。由于滤波器引起的码间干扰而造成的误码率性能下降，且在 BT 值为 0.5887 时最小，这时与无码间干扰的情况相比，所需信噪比仅增加 0.14dB。表 2-3 显示了作为 BT 函数的 GMSK 信号中，包含给定功率百分比的带宽。

表 2-3　GMSK 信号包含给定功率百分比所占用的带宽

***BT* 值**	**带　宽**			
	给定功率百分比=90%	**给定功率百分比=99%**	**给定功率百分比=99.8%**	**给定功率百分比=99.99%**
0.2GMSK	0.52	0.79	0.99	1.22
0.25GMSK	0.57	0.86	1.09	1.37
0.5GMSK	0.69	1.04	1.33	2.08

从频谱利用率和误码率两方面考虑，BT 值应该选择折中。某些研究表明，$BT=0.25$ 对于蜂窝式无线系统是一个很好的选择。可以证明当 $BT=0.25$ 时在加性高斯白噪声信道中，GMSK 的误码性能比 MSK 高 1dB。GMSK 的误码率是 BT 的函数，如式(2-11)所

示，即

$$P_e = Q\left\{\sqrt{\frac{2\gamma E_b}{N_0}}\right\} \tag{2-11}$$

式中，γ 是与 BT 相关的常数，表达式如式(2-12)所示，即

$$\lambda = \begin{cases} 0.68, & \text{GMSK}(BT = 0.25) \\ 0.85, & \text{MSK}(BT = \infty) \end{cases} \tag{2-12}$$

最简单的产生 GMSK 信号的方法是将不归零信息比特流通过高斯基带滤波器，然后送入 FM 调制器。其原理图如图 2-16 所示。这种方法在多种模拟和数字系统中都有采用，例如美国蜂窝数字分组数据系统(CDPD)和全球移动通信系统(GSM)。

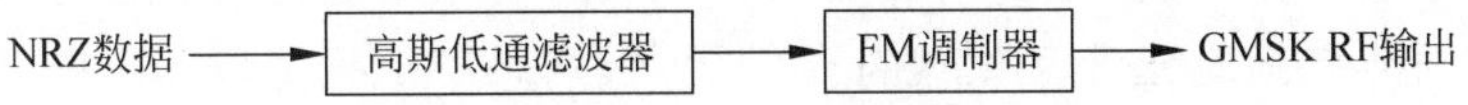

NRZ数据 → 高斯低通滤波器 → FM调制器 → GMSK RF输出

图 2-16　采用直接 FM 构成的 GMSK 发射机原理图

GMSK 既可以像 MSK 那样进行相干检测，也可以像 FSK 那样进行非相干检测，图 2-17 给出了 GMSK 正交相干检测器的原理图。

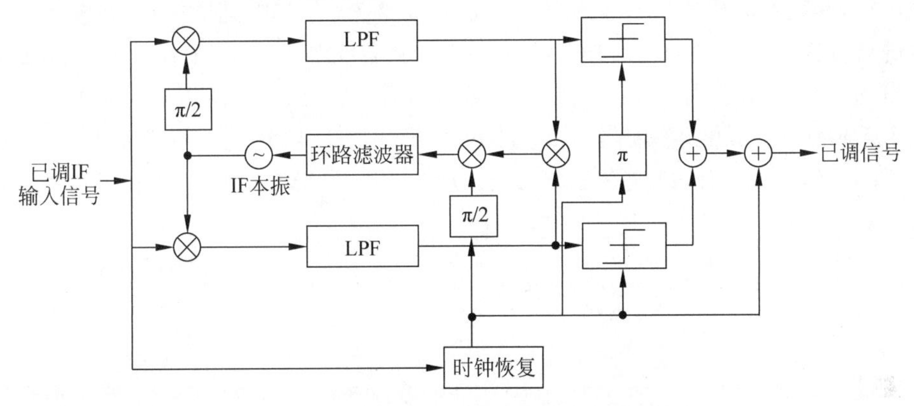

图 2-17　GMSK 正交相干检测器的原理图

2.3.4　多进制数字调制

所谓多进制数字调制，就是利用多进制数字基带信号去调制高频载波的某个参量，如幅度、频率或相位的过程。根据被调参量的不同，多进制数字调制可分为多进制幅度键控(MASK)、多进制频移键控(MFSK)以及多进制相移键控(MPSK)。也可以把载波的两个参量组合起来进行调制，如把幅度和相位组合起来得到多进制幅相键控(MAPK)或它的特殊形式——多进制正交幅度调制(MQAM)等。

由于多进制数字已调信号的被调参数在一个码元间隔内有多个取值，因此，与二进制数字调制相比，多进制数字调制具有以下几个特点。

(1) 在码元速率(传码率)相同条件下，可以提高信息速率(传信率)，使系统频带利用率增大。码元速率相同时，M 进制数字调制系统的信息速率是二进制的 $\log_2 M$ 倍。在实际应用中，通常取 $M=2^k$，k 为大于 1 的正整数。

(2) 在信息速率相同条件下，可以降低码元速率，以提高传输的可靠性。信息速率相同

时,M 进制的码元宽度是二进制的 $\log_2 M$ 倍,这样可以增加每个码元的能量,并能减小码间干扰影响等。

正是基于这些优点,多进制数字调制方式得到了广泛的使用。不过,获得以上几点好处所付出的代价是,信号功率需求增加和实现复杂度加大。

2.3.5 OFDM 调制

1. OFDM 消除码间干扰

多媒体和计算机通信在现代社会中起着不可忽视的重要作用,数据业务的快速发展,要求无线通信技术支持越来越高速的数据速率;随着数据速率的不断提高,高速数据通信系统的性能不仅受噪声限制,更主要的影响来自于无线信道时延扩展特性导致的码间干扰。一般而言只要时延扩展远远小于发送符号的周期,则码间干扰造成的影响几乎可以忽略。信道均衡是对抗码间干扰的有效手段,但如果数据速率非常高,采用单载波传输数据,往往要设计几十个甚至上百个抽头的均衡器,使得硬件变得复杂。

OFDM(正交频分复用)技术提供了让数据以较高的速率在较大延迟的信道上传输的另一种途径,其基本原理是将高速的数据路分接为多路并行的低速数据流,在多个正交载波上同时进行传输,对于低速并行的子载波而言,由于符号周期展宽,多径效应造成时延扩展变小。当每个 OFDM 符号中插入一定的保护时间后,其码间干扰就可以忽略了。

一个 OFDM 信号由频率间隔为 Δf 的 N 个子载波构成,因此系统总带宽 B 被分成 N 个等距离的子信道,所有子载波在一个间隔长度为 $T_S=1/\Delta f$ 的时间内相互正交。第 k 个子载波信号用函数 $\overline{g_k}(t)$,$k=1,2,\cdots,N-1$ 来描述,有

$$\overline{g_k}(t)=\begin{cases}e^{j2\pi k\Delta ft}, & t\in[0,T_S]\\ 0, & t\notin[0,T_S]\end{cases} \tag{2-13}$$

既然系统带宽 B 被分为 N 个窄带子信道,所以 OFDM 总的持续时间 T_s 就是相同带宽的单载波传输系统的 N 倍。对一给定的系统带宽,子载波个数的选取要满足码元持续时间大于信道的最大延迟。子载波信号 $\overline{g_k}(t)$ 加上一个长度为 T_G 的循环前缀(称为保护间隔)得到下面信号,即

$$\overline{g_k}(t)=\begin{cases}e^{j2\pi k\Delta ft}, & t\in[-T_G,T_S]\\ 0, & t\notin[-T_G,T_S]\end{cases} \tag{2-14}$$

保护间隔的作用是为了避免多径信道上产生的码间干扰。只要保护时间大于多径时延扩展,则一个符号的多径分量不会干扰相邻符号。但此时由于多径效应的影响,子载波可能不能保持相互正交,从而引入了子载波间干扰(ICI),如图 2-18 所示。

当 OFDM 接收机解调子载波 1 的信号时,会引入子载波 2 对它的干扰,同理亦然。这主要是由于在 FFT 积分时间内两个子载波的周期不再是整倍数,从而不能保证正交性。如图 2-19 所示,为了减小 ICI,OFDM 符号可以在保护时间内发送循环扩展信号,称为循环前缀(CP)。循环前缀是将 OFDM 符号尾部的信号搬移到头部构成的,这样可以保证有时延的 OFDM 信号在 FFT 积分周期内总是具有整倍数周期。因此只要多径时延小于保护时间,就不会造成载波间干扰。

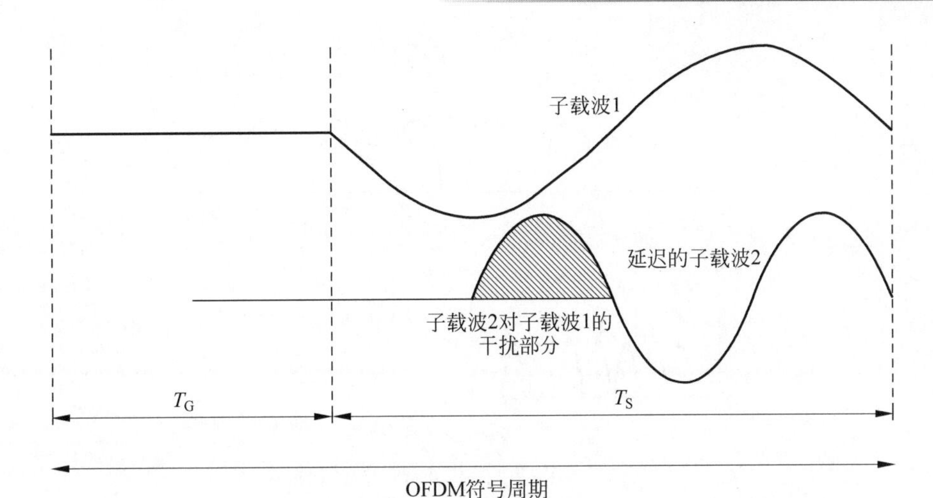

图 2-18 保护时间内发送全 0 信号时,由于多径效应造成的子载波间干扰

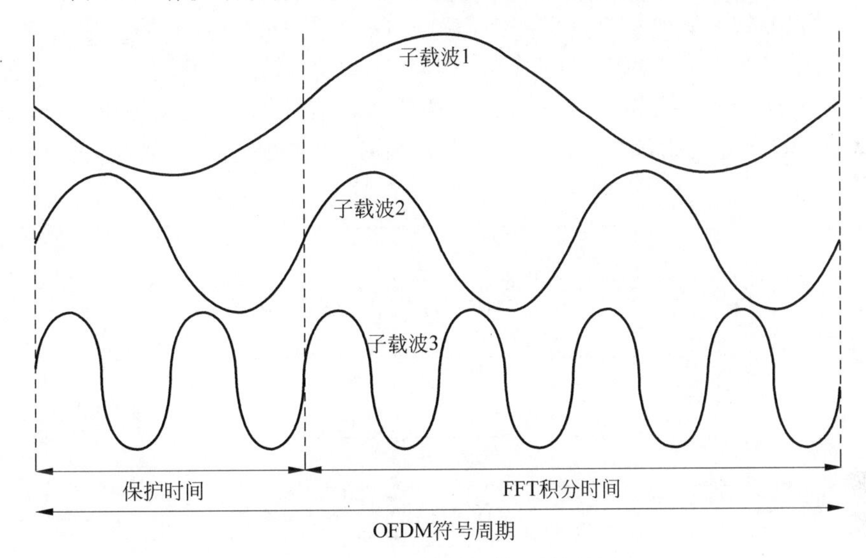

图 2-19 OFDM 符号的循环前缀结构

2. OFDM 对抗频率选择性衰落

如图 2-20 所示,在传统的频分复用(FDM)系统中,各载波上的信号频谱没有重叠,以便接收机中能用传统的滤波器方法将其分离、提取,这样做的最大缺点是频谱利用率低,造成频谱浪费。OFDM 允许子载波频谱部分重叠,只要满足子载波间相互正交则可以从混叠的子载波上分离出数据信息,这样可以最大限度地节省传输带宽；换言之,传输同样码速率的数据信息,OFDM 多载波中的子载波带宽远低于传统 FDM 多载波的单个载波带宽,其带宽可低于无线信道相干带宽,这样 OFDM 多载波技术就可能对抗频率选择性衰落。OFDM 子载波间最小间隔等于符号周期倒数的整数倍时,可满足正交条件。为了提高频谱效率,一般取最小间隔等于符号周期的倒数。

3. OFDM 系统基本模型

OFDM 系统结构框图如图 2-21 所示,其核心是一对 FFT。输入数据信元的速率为 R,经过串/并转换后,分成 N 个并行的子数据流,每个子数据流的速率为 R/N,在每个子数据

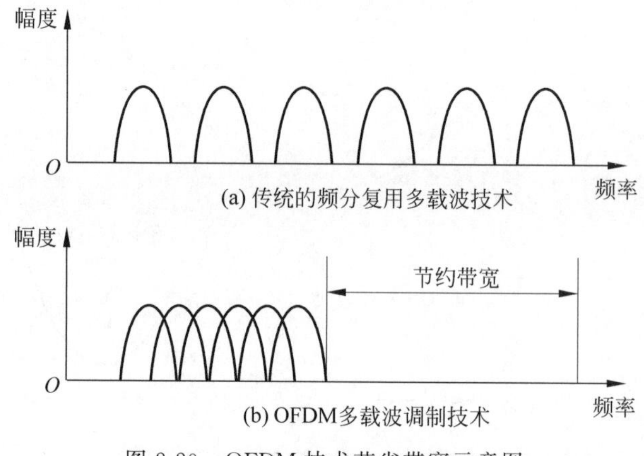

图 2-20 OFDM 技术节省带宽示意图

流中的调制方式可以不相同,如 PSK、QAM 等。N 个并行的子数据信元编码交织后进行 IFFT,将频域信号转换到时域,IFFT 块的输出是 N 个时域的样点,再将长为 L 的 CP 加到 N 个样点前,形成循环扩展的 OFDM 信元,因此,实际发送的 OFDM 信元的长度为$L+N$,经过并/串转换后发射。接收端接收到的信号是时域信号,此信号经过串/并转换后移去 CP,如果 CP 长度大于信道的多径时延,ISI 仅影响 CP,而不影响有用数据,去掉 CP 也就去掉了 ISI 的影响。

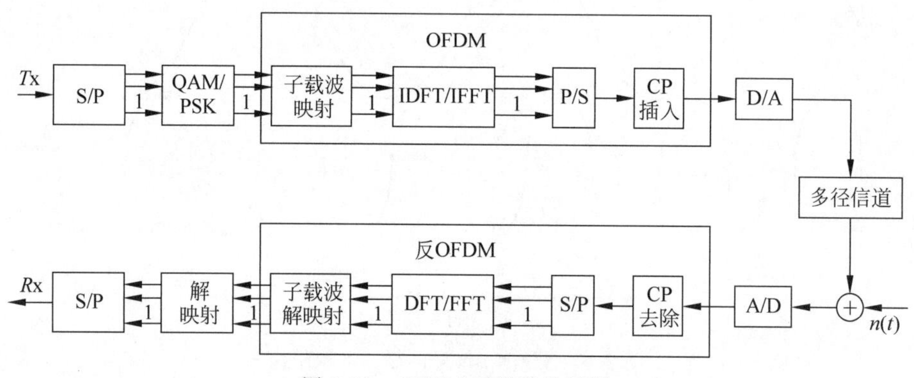

图 2-21 OFDM 系统结构框图

在 OFDM 传输系统中,需要完成帧结构、OFDM 分组结构和载波频率上的同步。因为频率偏移导致所有子载波上的 ICI,所以 OFDM 系统的频率同步必须比单载波系统更精确。特别是短帧传输的 TDMA 通信系统中,为了有效地利用传输容量,取得快速同步是非常重要的。

2.4 抗衰落、抗干扰技术

移动通信系统中由于多径衰落和多普勒频移的影响,移动无线信道极其易变,这些影响对于任何调制技术来说都会产生很强的负面效应。为了克服这些衰落,传统的方法有分集技术、均衡技术和信道编码技术。

2.4.1 分集技术

分集接收就是为了克服各种衰落，提高无线传输系统性能而发展起来的一项重要技术，分集接收的基本思想是：将接收到的多径信号分离成不相干（独立）的多路信号，然后将这些多路信号的能量按照一定规则合并起来，使接收的有用信号能量最大，从而提高接收端的信噪功率比。

分集发射的概念实际上是由分集接收技术发展而来，是为减弱信号的衰落效应，在一副以上的天线上发射信号，并将发射信号设计成在不同信道中保持独立的衰落，在接收端再对各路径信号进行合并，从而减少衰落的严重性。

1. 分集技术的类型

分集技术的种类繁多，按分集目的可以分为宏观分集和微观分集；按信号传输方式可以分为显分集和隐分集；按获取多路信号的方式又可以分为时间分集、频率分集和空间分集；空间分集还包括接收分集、发射分集、角度分集和极化分集等。

1）空间分集

空间分集也被称为天线分集，是无线通信中使用最多的分集形式。传统无线蜂窝系统的发射机和接收机天线是由立得很高的基站天线和贴近于地面的移动台天线所组成，在这样的系统中，并不能保证在发射机和接收机之间存在一个直线路径，而且移动台周围物体的大量散射可能导致信号的瑞利衰落。空间接收分集原理图如图 2-22 所示，发射端采用一副发射天线，接收端采用多副接收天线；接收端各天线之间的间隔 d 应足够大，以保证各接收天线输出信号的衰落特性是相互独立的。如果天线间的间隔距离等于或大于半波长 $\lambda/2$，那么从不同的天线上收到的信号包络将基本上是非相关的。但理想情况下，接收天线之间的间隔要视地形地物等具体情况而定。对于空间分集而言，分集的支路数 M 越大，分集效果越好，但当 M 较大（$M>3$）时分集的复杂性增加，分集增益的增加随着 M 的增大而变得缓慢。下面主要介绍极化分集和角度分集。

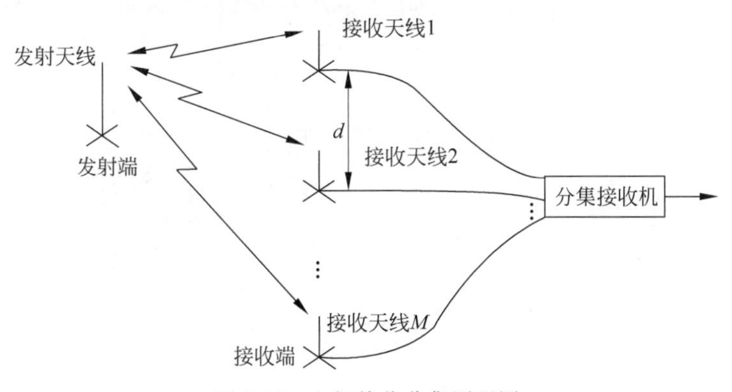

图 2-22 空间接收分集原理图

（1）极化分集

极化分集实际上是空间分集的特殊情况，其分集支路只有两路，但是要求两路信号的极化方向是正交的。由于只是用两个正交的分集支路，所以天线可以使用一个。在移动环境下两个在同一地点极化方向相互正交的天线发出的信号呈现出不相关衰落特性，利用这一特点，在发射端同一地点分别装上垂直极化天线和水平极化天线，在接收端同一位置也分别装上垂直极化和水平极化天线，就可以得到两路衰落特性不相关的信号。这种方法的优势是结构比较紧凑，节省空间；缺点是由于发射功率分配到两幅天线上，信号功率将有 3dB 的损失。

(2) 角度分集

由于地形地貌和建筑物等环境的不同，到达接收端的不同路径的信号可能来自于不同的方向，在接收端，采用方向性天线，分别指向不同的信号到达方向，则每个方向性天线接收到的多径信号是不相关的。

2) 频率分集

频率分集方式使用多于一个承载频率传送信号，即将要传输的信息分别以不同的载频发射出去，这项技术是基于在信道相干带宽之外的频率上不会出现同样的衰落。只要载频之间的间隔足够大(大于相干带宽)，那么在接收端就可以得到衰落特性不相关的信号。

3) 时间分集

时间分集利用随机衰落信号的一个特点，即当取样点的时间间隔足够大时，两个取样点间的衰落是在统计上互不相关的，用时间上衰落统计特性的差异来实现对抗时间选择性衰落的功能。时间分集与空间分集相比，优点是减少了接收天线及相应设备的数目；缺点是占用时隙资源，增大了开销，降低了传输效率。

2. 合并技术

合并技术通常是应用在空间分集中的，在接收端取得 N 条相互独立的支路信号以后，可以通过合并技术来得到分集增益。

1) 最大比值合并(MRC)

在接收端由 N 个统计上不相关的分集支路经过相位校正，并按适当的可变增益加权再相加后送入检测器进行相干检测，最大比值合并原理图如图 2-23 所示。

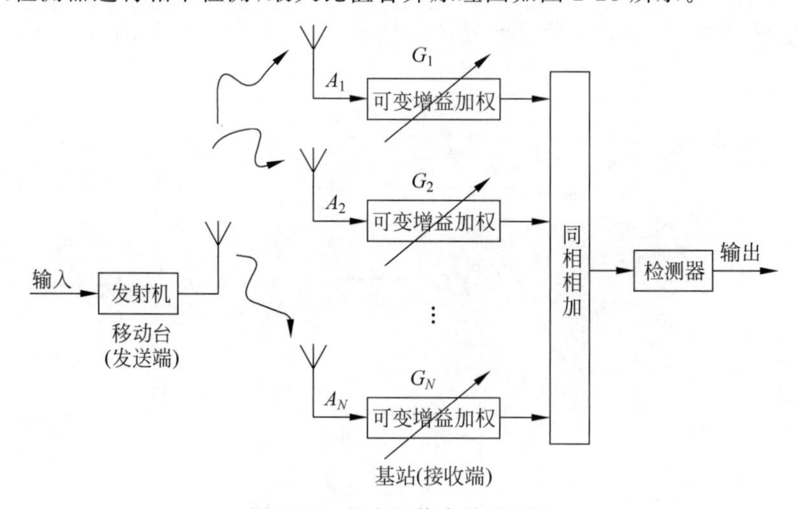

图 2-23 最大比值合并原理图

利用切比雪夫不等式可以证明，当可变增益加权系数为 $G_i = A_i/\rho^2$ 时，分集合并后的信噪比达到最大值。其中，A_i 表示第 i 个分量支路的信号幅度；$\rho_i^2=\rho^2$，表示每个分集支路噪声功率相等，$i=1,2,\cdots,N$。

经最大比值合并后的输出为

$$A=\sum_{i=1}^{N}G_iA_i=\sum_{i=1}^{N}\frac{A_i}{\rho^2}\times A_i=\frac{1}{\rho^2}\sum_{i=1}^{N}A_i^2 \tag{2-15}$$

可见信噪比越大的分集支路对合并后的信号贡献也就越大。

设最大比值合并后的平均输出信噪比为

$$\overline{\mathrm{SNR}_\mathrm{M}}=N\cdot\overline{\mathrm{SNR}} \tag{2-16}$$

式中,$\overline{\mathrm{SNR}}$ 为合并前每个支路平均信噪比;$\overline{\mathrm{SNR}_\mathrm{M}}$ 为合并后平均输出信噪比;而 N 为分集支路数目,即分集重数。

合并增益为

$$K_\mathrm{M}=\frac{\overline{\mathrm{SNR}_\mathrm{M}}}{\overline{\mathrm{SNR}}}=N \tag{2-17}$$

可见合并增益与分集支路数 N 成正比。

2) 等增益合并(EGC)

若在上述最大比值合并中,取 $G_i=1$,当 $i=1,2,\cdots,N$,即为等增益合并。

等增益合并后的平均输出信噪比为

$$\overline{\mathrm{SNR}_\mathrm{E}}=\overline{\mathrm{SNR}}\left[1+(N-1)\frac{\pi}{4}\right] \tag{2-18}$$

等增益合并的增益为

$$K_\mathrm{E}=\frac{\overline{\mathrm{SNR}_\mathrm{E}}}{\overline{\mathrm{SNR}}}=1+(N-1)\frac{\pi}{4} \tag{2-19}$$

显然,当 N(分集重数)较大时,$K_\mathrm{E}\approx K_\mathrm{M}$,即两者相差不多,大约在 1dB。等增益合并实现比较简单。

3) 选择式合并(SC)

选择式合并原理图如图 2-24 所示,接收端是从 $i=1,2,\cdots,N$ 的 N 个分集支路的接收机 R_i 中,利用选择逻辑电路选择其中具有最大基带信噪比$\overline{\mathrm{SNR}}=\overline{\mathrm{SNR}_\mathrm{max}}$ 的某一路的基带信号作为输出,选择式合并的平均信噪比输出为

$$\overline{\mathrm{SNR}_\mathrm{S}}=\overline{\mathrm{SNR}_\mathrm{max}}\sum_{i=1}^{N}\frac{1}{i} \tag{2-20}$$

选择式合并的增益为

$$K_\mathrm{S}=\frac{\overline{\mathrm{SNR}_\mathrm{S}}}{\overline{\mathrm{SNR}_\mathrm{max}}}=\sum_{i=1}^{N}\frac{1}{i} \tag{2-21}$$

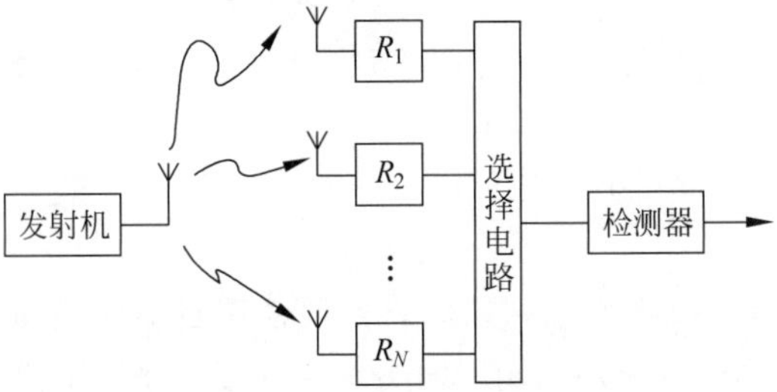

图 2-24 选择式合并原理图

3. 3 种主要合并方式的性能比较

图 2-25 给出了 3 种合并方式平均信噪比的改善程度，图中，性能最好的为曲线 a(即最大比值合并)；性能次之的为曲线 b(即等增益合并)；性能最差的为曲线 c(即选择式合并)。

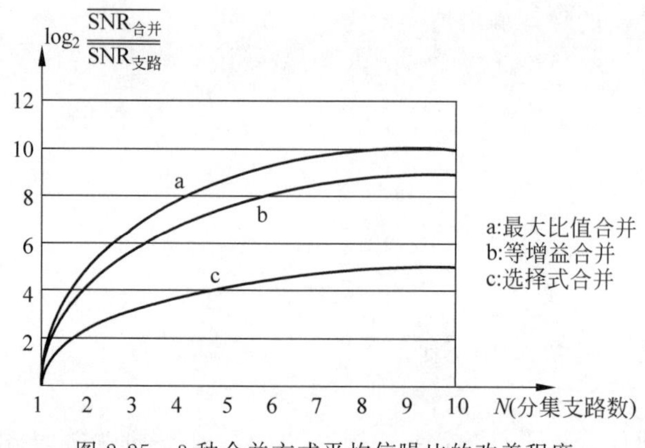

图 2-25 3 种合并方式平均信噪比的改善程度

微课视频 8

2.4.2 均衡技术

均衡技术是改造限带信道传递特性的一种有效手段，它起源于对固定式有线传输网络中的频域均衡滤波器。均衡技术目前有两个基本途径。

(1) 频域均衡。它主要从频域角度满足无失真传输条件，是通过分别校正系统的幅频特性和群时延特性实现的，主要用于早期的固定式有线传输网络中。

(2) 时域均衡。它主要从时间响应考虑以使包含均衡器在内的整个系统的冲击响应满足理想的无码间干扰的条件，目前广泛利用横向滤波器实现，它可以根据信道特性的变化而不断地进行调整，实现比频域方便，性能一般也比频域好，故得到广泛的应用。特别是在时变的移动信道中，几乎都采用时域的实现方式，因此下面仅讨论时域自适应均衡。

在衰落信道中引入均衡的目的是减轻或消除由于频率选择性衰落造成的符号间的干扰，并非所有移动通信系统均要求使用自适应均衡器，实际上，如果信道频率选择性衰落引入时延功率谱的扩散(即多径扩散)区间为 τ_m，而传输的消息符号的持续时间为 T_b，当 $T_b \gg \tau_m$ 时，移动信道就可以不必要使用自适应均衡，因为这时，时延扩散对传送的消息符号的影响可以忽略不计。

在 CDMA IS-95 系统中，采用扩频码的码分多址方式来区分用户，对于每个用户传送的原始消息符号持续时间 $T_b \gg \tau_m$，因此对于 CDMA 系统一般不采用自适应均衡技术。另一种情况，若将来进一步采用正交频分复用方式，对每一个正交的子载波所传送的消息符号持续时间 $T_b \gg \tau_m$，亦可不采用自适应均衡技术。

反之，若消息符号持续时间小于时延扩散，即

$$T_b < \tau_m \tag{2-22}$$

则在接收信号中会出现码间干扰(ISI)，这时就需要使用自适应均衡器减轻或消除 ISI。

GSM 数字式蜂窝系统，由于是采用了时分多址方式，对各用户信息传送是采用时分复用方式，而不是上述码分复用的并行方式，或者是正交多载波的频分复用方式，其符号速率比较高，一般满足条件 $T_b < \tau_m$，所以必须使用自适应均衡技术。北美的 IS-54、IS-136 等数

字式蜂窝系统也满足这一条件，也需要采用自适应均衡器。

信道参数中的信道多普勒频移宽度 B_d 是影响均衡效果的另一个重要因素，与它相对应的信道相干时间为 $T_d=1/B_d$。因为在接收端使用均衡器，必须测量信道特性(即信道冲击响应)，信道特性随时间变化的速度必须小于传送符号的持续时间，即必须小于信道多径扩散时间 τ_m，即

$$\tau_m \ll \frac{1}{B_d} \tag{2-23}$$

也就是必须满足

$$\tau_m B_d \ll 1 \tag{2-24}$$

实际移动通信中对自适应均衡实现的基本要求为快速的收敛特性、好的跟踪信道时变特性能力、低的实现复杂度和低的运算量。

时域均衡从原理上可以划分为线性与非线性两大类型，而每一种类型均可分为几种结构，而每一种结构的实现又可根据特定的性能准则采用若干种自适应调整滤波器参数的算法。根据时域自适应均衡的类型、结构、算法给出的分类示意图如图 2-26 所示。

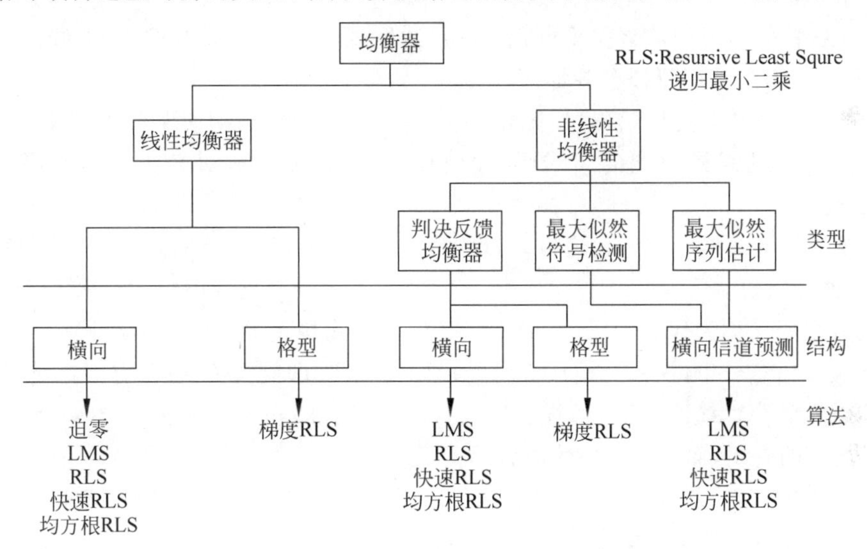

图 2-26　时域均衡器的分类示意图

线性均衡器的结构相对比较简单，主要实现方式为横向滤波器，还有格型滤波器。线性均衡器只能用于信道畸变不十分严重的情形，在移动通信的多径衰落信道中，信道的频率响应往往会出现凹点(频率选择性衰落引起的)，这时线性均衡器往往无法很好地工作。为了补偿信道畸变，凹点区域必须有较大的增益，显然这将显著地提高信号的加性噪声，因此在移动通信的多径衰落信道中，通常尽力避免使用线性均衡器。

对于非线性均衡器，在最小序列误差概率准则下，最大似然序列判决(MLSD)是最优的，但是其实现的计算复杂度是随着多径干扰符号长度 L 呈指数增长，即若消息的符号数为 M，ISI 的符号长度为 L，则其实现复杂度正比于 M^{l+1}，因此它仅适用于 ISI 长度 L 很小的情况。GSM 系统中，一般 $L=4$，满足这个条件，所以在 GSM 系统中广泛使用 MLSD 均衡器，而 IS-54 和 IS-136 系统，其 $L=3$，所以也使用 MLSD 均衡器。

非线性均衡器的另一大类型是采用判决反馈均衡(DFE)，它由前馈滤波器和反馈滤波

器两部分组成。DFE 的计算复杂度是前馈滤波器和反馈滤波器的抽头数目的线性函数，两滤波器的抽头数目(以 $T/2$ 分数间隔)大约是符号(码)间干扰所覆盖符号数目 L 的一倍。DFE 可以直接用横向滤波器的方式，也可以采用格型滤波器方式实现。

微课视频 9

2.4.3 信道编码技术

微课视频 10

在数字移动通信中，采用信道编码技术是为了提高系统传输的可靠性。它根据一定的监督规律在发送的信息码元中人为地加入一些必要的监督码元，在接收端利用这些监督码元与信息码元之间的监督规律，发现和纠正差错，以提高信息码元传输的可靠性。待发送的码元称为信息码元，人为加入的多余码元称为校验/监督码元。信道编码的目的是试图以最少的监督码元为代价，以换取最大程度上的可靠性。

信道编码可从不同的角度分类，其中最常用的是从其功能和结构规律来分。从结构和规律上，信通编码可分为如下两类：

(1) 线性码。监督关系方程是线性方程的信道编码，目前大部分应用的信道编码属于线性码，如线性分组码、线性卷积码。

(2) 非线性码。一切监督关系方程不满足线性规律的信道编码均称为非线性码。

从功能上，信道编码可以分为如下 3 类：

(1) 只有检错功能的检错码，如循环冗余校验(CRC)码、自动请求重传(ARQ)。

(2) 具有自动纠错功能的纠错码，如循环码中的 BCH 码、RS 码及卷积码、级联码、Turbo 码等。

(3) 既能检错又能纠错的信道编码，最典型是 HARQ(混合 ARQ)。

1. 线性分组码

线性分组码又称为代数编码，一般是按照代数规律构造的。线性分组码中的分组是指编码方法是按信息分组进行的，而线性则是指编码规律，即监督位(校验位)与信息位之间的关系遵从线性规律。线性分组码一般可记为(n,m)码，即 m 位信息码元为一个分组，编成 n 位码元长度的码组，而 $n-m$ 位为监督码元长度。

以最简单的(7,3)线性分组码为例，这种码元以每 3 位一组进行编码，即监督位有 4 位，编码效率为 3/7。设其输入信息为 $\boldsymbol{U}=(U_0,U_1,U_2)$，输出的码组为 $\boldsymbol{C}=(C_0,C_1,C_2,C_3,C_4,C_5,C_6)$，则编码的线性方程组为

$$\begin{cases}\text{信息位}\begin{cases}C_0=U_0\\C_1=U_1\\C_2=U_2\end{cases}\\\text{监督位}\begin{cases}C_3=U_0\oplus U_2\\C_4=U_0\oplus U_1\oplus U_2\\C_5=U_0\oplus U_1\\C_6=U_1\oplus U_2\end{cases}\end{cases}\tag{2-25}$$

可见，在输出的码组中，前 3 位是信息位，它是前 3 个信息位的线性组合。将上式写成相应的矩阵形式为

$$\boldsymbol{C}=(C_0,C_1,C_2,C_3,C_4,C_5,C_6)=(U_0,U_1,C_2)\begin{bmatrix}1&0&0&1&1&1&0\\0&1&0&0&1&1&1\\0&0&1&1&1&0&1\end{bmatrix}=\boldsymbol{U}\cdot\boldsymbol{G}\tag{2-26}$$

若 $\boldsymbol{G}=(\boldsymbol{I}\vdots\boldsymbol{Q})$，其中 $\boldsymbol{I}$ 为单位矩阵，则 $\boldsymbol{C}$ 为系统(组织)码。$\boldsymbol{G}$ 为生成矩阵，可见，由信息码组与生成矩阵可生成码字。监督矩阵 $\boldsymbol{H}$ 可表示输出码组中信息位与监督位的对应关系，满足 $\boldsymbol{C}\cdot\boldsymbol{H}^{\mathrm{T}}=\boldsymbol{0}$，其中，$\boldsymbol{H}^{\mathrm{T}}$ 是 $\boldsymbol{H}$ 的转置，$\boldsymbol{0}$ 表示零向量。

在线性分组码中，最具理论和实际价值的一个子类为循环码，目前一些主要有应用价值的线性分组码均属于循环码。循环码最大的特点是理论上有成熟的代数结构，可采用码多项式描述，能够用位移寄存器实现。

1）循环码的多项式表示

循环码具有循环推移不变性：若 C 为循环码，即 $\boldsymbol{C}=(C_0,C_1,\cdots,C_{n-1})$，则将 $\boldsymbol{C}$ 左移、右移若干位，其性质不改变，且具有循环周期 n。对任意一个周期为 n(即 n 维)的循环码，一定可以找到一个唯一的 n 次码多项式表示，在两者之间建立一一对应的关系，例如：

n 元码组	→	n 阶码多项式
$\boldsymbol{C}=(C_0,C_1,\cdots,C_{n-1})$	→	$C(x)=C_0+C_1x+\cdots+C_{n-1}x^{n-1}$
码组(字)之间的模 2 运算	→	码多项式间的乘积运算
有限域 $\mathrm{GF}(2^k)$	→	码多项式域 $F2(x)$，$\mathrm{mod}f(x)$

2）循环码的生成多项式和监督多项式

在循环码中，可将上面线性分组码的生成矩阵 $\boldsymbol{G}$ 与监督矩阵 $\boldsymbol{H}$ 进一步简化为对应的生成多项式 $g(x)$和监督多项式 $h(x)$。

仍以(7,3)线性分组码为例，其生成矩阵可以表示为

$$\boldsymbol{G}=\begin{bmatrix}1&0&0&1&1&1&0\\0&1&0&0&1&1&1\\0&0&1&1&1&0&1\end{bmatrix}\tag{2-27}$$

将 $\boldsymbol{G}$ 进行初等变换，得

$$\begin{aligned}\boldsymbol{G}&=\begin{bmatrix}1&0&0&1&1&1&0\\0&1&0&0&1&1&1\\0&0&1&1&1&0&1\end{bmatrix}=\begin{bmatrix}x^2+x^4+x^5+x^6\\x+x^3+x^4+x^5\\1+x^2+x^3+x^4\end{bmatrix}\\&=\begin{bmatrix}x^2(1+x^2+x^3+x^4)\\x(1+x^2+x^3+x^4)\\(1+x^2+x^3+x^4)\end{bmatrix}=\begin{bmatrix}x^2g(x)\\xg(x)\\g(x)\end{bmatrix}\end{aligned}\tag{2-28}$$

可见，利用循环特性，生成矩阵 $\boldsymbol{G}$ 可以进一步简化为生成多项式 $g(x)$；同理，监督矩阵 $\boldsymbol{H}$ 也可进一步简化为监督多项式 $h(x)$。

BCH 码是一类最重要的循环码，它能在一个信息码元分组中纠正多个独立的随机差错。

BCH 码的生成多项式 $g(x)$为

$$g(x)=\mathrm{LCM}[m_1(x),m_3(x),\cdots,m_{2t-1}(x)]\tag{2-29}$$

式中，t 为纠错的个数；$m_i(x)$为素(不可约)多项式；LCM 为最小公倍数。由上述生成多项式得到的循环码，称为 BCH 码。BCH 码的最小距离为 $d\geqslant d_0=2t+1$，其中 d_0 为设计距

离，t 为能纠错的独立随机差错的个数。BCH 码可以分为两类，码长为 $n=2^m-1$，称为本原 BCH 码，或者称为狭义 BCH 码；码长为 $n=2^m-1$，称为非本原 BCH 码，或称为广义 BCH 码。

2. 卷积码

卷积码是一类具有记忆的非分组码，卷积码一般可以表示为(n,k,m)，其中，k 表示编码器输入端信息数据位，n 表示编码器输出端码元数，而 m 表示编码器中寄存器的级数。从编码器输入端看，卷积码仍然是每 k 位数据一组，分组输入，从输出端看，卷积码是非分组的，它输出的 n 位码元不仅与当时输入的 k 位数据有关，而且还进一步与编码器中寄存器以前分组的 m 位输入数据有关，所以它是一个有记忆的非分组码。

卷积码的典型结构可看作一个有 k 个输入端，且具有 m 节寄存器构成的一个有限状态，或有记忆系统，也可看作一个有记忆的时序网络，它的典型编码器结构如图 2-27 所示。

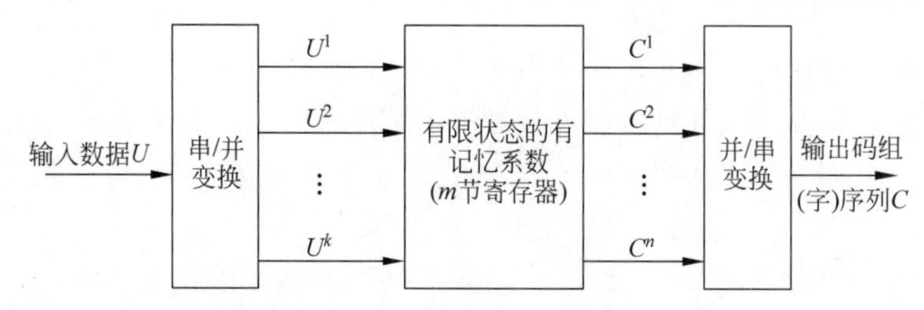

图 2-27 典型编码器结构

卷积码的描述可分为两大类：①解析法，它可以用数学公式直接表达，包括离散卷积法、生成矩阵法、码生成多项式法；②图形法，包括状态图、树图及格图(篱笆图)。

卷积码的译码既可以用与分组码类似的代数译码方法，也可以采用概率译码方法，两类方法中概率方法更常用。而且在概率译码方法中，最常用的是具有最大似然特性的 Viterbi 译码算法。

3. 级联码

为了适应在通信信道中的混合性差错，需要寻找强有力的、能纠正混合差错性能的纠错码，乘积码、级联码就是为解决以上难题而产生的。更确切地说，级联码从原理上分为两类，一类为串行级联码，一般就称为级联码；另一种是并行级联码，就是所谓的 Turbo 码。

级联码是由 Forney 提出的，它是一种由短码串行级联构造长码的一类特殊、有效的方法。采用这种构造法的编码、译码设备简单，性能优于同一长度的长码，得到了广泛的重视和应用。Forney 提出的是一个两级串行的级联码，结构如下：

$$(n,k)=[n_1\times n_2,k_1\times k_2]=[(n_1,k_1),(n_2,k_2)] \tag{2-30}$$

它是由两个短码(n_1,k_1)、(n_2,k_2)串接构成一个长码(n,k)，称(n_1,k_1)为内码，(n_2,k_2)为外码；内码负责纠正字节内随机独立差错，外码负责纠正字节之间和字节内未纠正的剩余差错。它既可以纠正随机独立差错，更主要的是纠正突发性差错，纠错能力比较强。

从原理上看，内码/外码是可以任意选取纠错码的类型的。目前最常使用的组合是(n_1,k_1)选择对付随机独立差错性能较强的卷积码，而(n_2,k_2)则是选择性能更强的对付突发差错为主的 RS 码，图 2-28 给出了典型的两级串联级联码的结构。

若内编码器的最小距离为 d_1，外编码器的最小距离为 d_2，则级联码的最小距离为 $d=d_1\times d_2$。级联码结构是由内码、外码串接构成的，其设备是两者的直接组合，显然它要比直接采用一种长码结构所需设备简单。

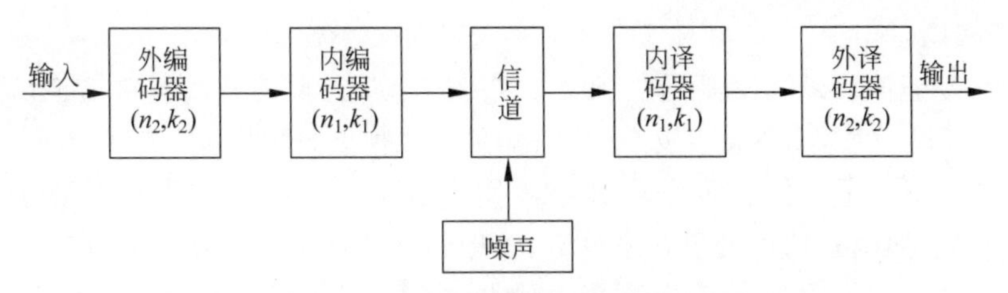

图 2-28　典型的两级串联级联码的结构

4. Turbo 码

3G 的一项核心技术是信道编译码技术，在第三代移动通信系统主要提案中，除了采用与 IS-95 CDMA 系统相类似的卷积编码技术和交织编码技术外，还采用了 Turbo 编码技术。

Turbo 编码器采用两个并行相连的系统递归卷积编码器，并辅之以一个交织器。两个卷积编码器的输出经并/串转换以及打孔操作后输出，Turbo 编码器结构如图 2-29 所示。相应地，Turbo 解码器由首尾相接、中间由交织器和解交织器隔离的两个以迭代方式工作的软判决输出卷积解码器构成，Turbo 解码器结构如图 2-30 所示。Turbo 编码中采用了随机编码的思想，交织器的引入使得信息比特不仅受校验比特的保护，而且受距离很远的校验比特的保护。与此同时，译码时通过信息位的软判决输出相互传递信息，可以在两个译码器之间迭代多次(类似涡轮机的工作原理，这也是 Turbo 码得名的原因，因为 Turbo 是英文单词前缀，表示“涡轮”)，从而实现了迭代译码思想。Turbo 码由于采用了优良的编译码思想，从而具有极好的纠错性能。从仿真结果看，在交织器长度大于 1000、软判决输出卷积解码采用标准的最大后验概率(MAP)算法的条件下，其性能比约束长度为 9 的卷积码提高 1～2.5dB。由于译码存在延时，3G 主要在处理高速数据业务时使用 Turbo 码。

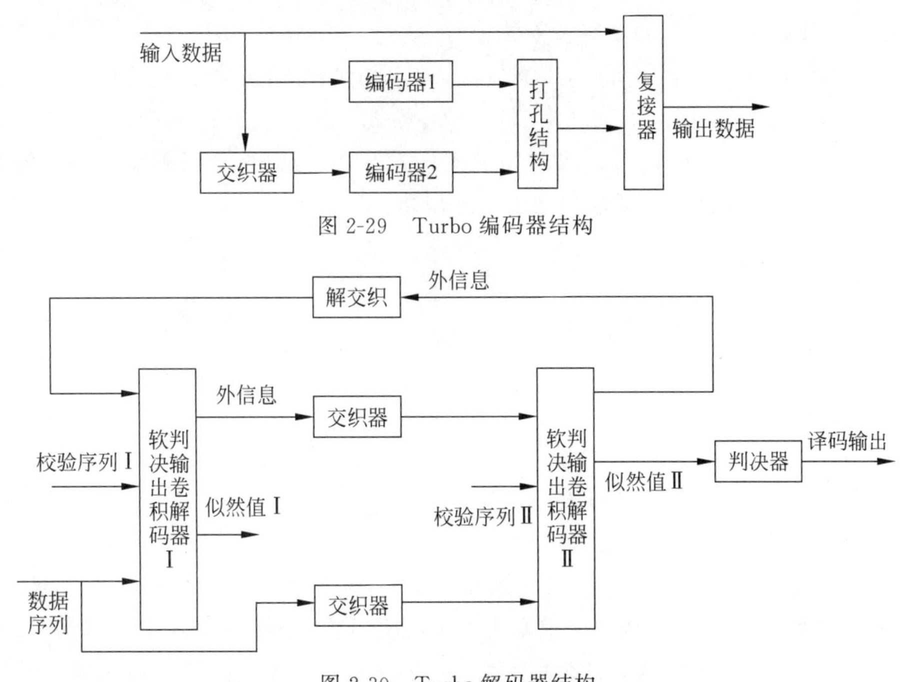

图 2-29　Turbo 编码器结构

图 2-30　Turbo 解码器结构

5. 交织编码

实际的移动通信信道既不是随机独立的差错信道,也不是突发差错信道,而是混合信道;如果突发长度太长,实现会很复杂,前面介绍的几种编码将失去其应用价值。之前介绍的信道编码的思路是适应信道而编码,现在我们基于另一种思路,它不是按照适应信道的思路来处理,而是按照改造信道的思路来分析、处理。这就是下面将要介绍的交织编码。

交织编码的作用是改造信道,其实现方式有很多,有块交织、帧交织、随机交织、混合交织等。这里将以最简单的块交织为例说明其实现的基本原理,图 2-31 是其实现原理图。

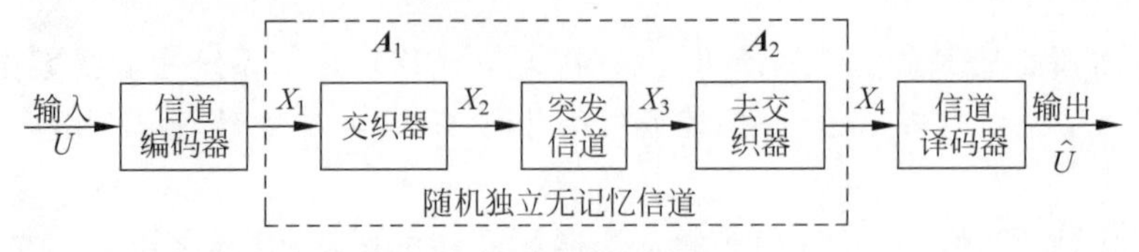

图 2-31 块交织实现原理图

设输入数据经信道编码后,$X_1=(x_1\ x_2\ x_3\cdots x_{16})$,且发送端交织器为一个行列交织矩阵存储器 $\mathbf{A}_1$,它按列写入、按行读出,即

$$\mathbf{A}_1=\text{写入顺序}\downarrow\begin{bmatrix} x_1 & x_5 & x_9 & x_{13} \\ x_2 & x_6 & x_{10} & x_{14} \\ x_3 & x_7 & x_{11} & x_{15} \\ x_4 & x_8 & x_{12} & x_{16} \end{bmatrix}\ \underset{\text{读出顺序}}{\longrightarrow} \tag{2-31}$$

则交织器输出后并送入突发信道的信号为

$$X_2=(x_1x_5x_9x_{13},x_2\cdots x_{14},\cdots,x_4\cdots x_{16}) \tag{2-32}$$

假设在突发信道中受到两个突发干扰:第一个干扰影响 3 位,即 x_1、x_5、x_9;第二个突发信号干扰 4 位,即 $x_{11}x_{15}$、x_4、x_8,则突发信道的输出端的输出信号 X_3 可表示为

$$X_3=(\dot{x}_1\dot{x}_5\dot{x}_9x_{13},x_2\ldots x_{14},x_3x_7\dot{x}_{11}\dot{x}_{15},\dot{x}_4\dot{x}_8x_{12}x_{16}) \tag{2-33}$$

在接收端,将受突发干扰的信号送入去交织器,去交织器也是一个行列交织矩阵的存储器 $\mathbf{A}_2$,它是按行写入、按列读出(正好与交织矩阵规律相反),即

$$\overset{\text{写入顺序}}{\longrightarrow}\quad \mathbf{A}_2=\begin{bmatrix} \dot{x}_1 & \dot{x}_5 & \dot{x}_9 & x_{13} \\ x_2 & x_6 & x_{10} & x_{14} \\ x_3 & x_7 & \dot{x}_{11} & \dot{x}_{15} \\ \dot{x}_4 & \dot{x}_8 & x_{12} & x_{16} \end{bmatrix}\downarrow\text{读出顺序} \tag{2-34}$$

经过去交织器去交织以后的输出信号 X_4 为

$$X_4=(\dot{x}_1x_2x_3\dot{x}_4\dot{x}_5x_6x_7\dot{x}_8\dot{x}_9x_{10}\dot{x}_{11}x_{12}x_{13}x_{14}\dot{x}_{15}x_{16}) \tag{2-35}$$

可见,由上述分析,经过交织矩阵和去交织矩阵变换后,原来信道中的突发性连错,变成了 X_4 输出中的随机独立差错。从块交织实现原理图上看,一个实际的突发信道,经过发送端交织器和接收端去交织器的信息处理后,就完全等效为一个独立随机差错信道。所以从原理上看,信道交织编码实际上是一类信道改造技术,但它本身并不具备信道编码检错、纠错

功能,仅起到信号预处理的作用。

2.5 信源编码与数据压缩

信源编码主要是利用信源的统计特性,借助信源相关性,去掉信源冗余信息,从而达到压缩信源输出的信息率,提高系统有效性的目的。移动通信中从第二代数字移动通信系统开始,就应用了信源编码技术。第二代移动通信主要是语音业务,所以信源编码主要是指语音压缩编码。第三代、第四代移动通信系统则除语音业务外还有大量的数据业务,包括图像、视频以及其他多媒体信息的处理,所以其信源编码还包括了多媒体信息的压缩技术等内容。

2.5.1 语音压缩编码

现代通信的重要标志是实现数字化,而要实现数字化首先得把模拟信号转变为数字信号,这种变换对于语音信号来说就是语音编码。为了提高语音编码和语音信号数字传输的有效性,通常还要进行语音压缩编码。语音编码技术有多种,归纳起来大致可分为3类,即波形编码、参量编码和混合编码;另外,根据编码速率的高低还可分为中速率编码和低速率编码两大类。

1. 波形编码

波形编码是将时间域信号直接变换为数字代码进行传输的编码方式,也就是说是将语音信号作为一般的波形信号来处理,尽量保持重建的语音波形与原语音信号波形一样。这种编码方式的特点是适应能力强、重建语音的质量高,例如,PCM(脉冲编码调制)、AM、ADPCM(自适应差分脉冲编码调制)和自适应预测编码(APC)、子带编码(SBC)及自适应变换编码(ATC)等,均属于这一类。但这种方式所需的编码速率较高,速率在16～64Kb/s能得到较高的重建质量,而当速率降低时,语音重建质量就会急剧下降。

ADPCM建立在差分脉冲编码调制(DPCM)的基础上,而DPCM又是在PCM的基础上建立起来的。

PCM分为3个基本步骤:取样、量化与编码,它是将连续的模拟信源离散化成数字信源的一种方法。

DPCM不直接传送PCM数字化信号,而改为传送其取样值与预测值(是通过前面的取样值经线性预测求得的)的差值,并将其量化、编码后传送。由于经过预测和求差值以后,其样值差值(误差值)的信息熵要小于直接传送值的信息熵,显然,DPCM量化后的比特数小于PCM的量化比特数,这样就起到了压缩信源码率的作用。

ADPCM与DPCM原理是一样的,两者之间的主要差别在于ADPCM中的量化器和预测器引入了自适应控制机制。同时在译码器中多加上一个同步编码调整器,是为了在同步级联时不产生误差积累。20世纪80年代以来,32Kb/s的ADPCM技术日趋成熟,其质量与PCM相差无几,但编码速率却为PCM的一半。ADPCM编码器原理图如图2-32所示。图中,编码器的输入信号为8位的非线性PCM码$c'(n)$,它经过PCM码/线性码转换,转换成12位线性码$x(n)$,16个电平(16个量化等级,输出用4位二进制码表示)的自适应量化器把差值信号$d(n)$转换为4位二进制码$c(n)$。为了使量化器适应不同统计特性的输入信号,根据输入信号的性质可以改变自适应量化器的参数来控制量化阶距大小,这一任务是由定标因子自适应和自适应速度控制两部分电路来实现的。

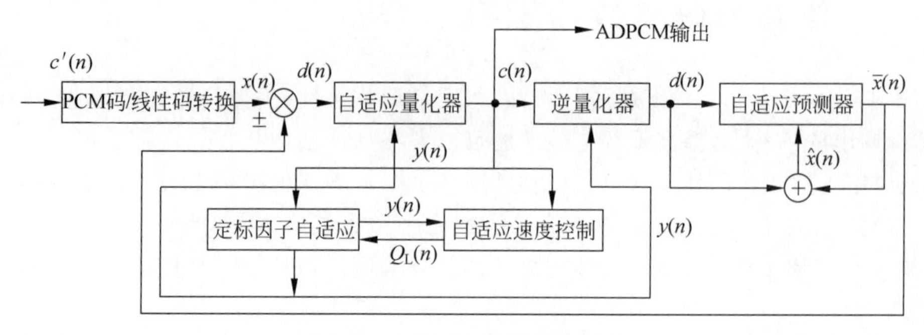

图 2-32 ADPCM 编码器原理图

ADPCM 译码器原理图如图 2-33 所示,发射机的 ADPCM 编码器与接收机的 ADPCM 译码器使用相同的控制信号驱动,译码仅是编码的逆过程,因此,译码器的结构大部分与编码器电路相同,只是多了一个同步编码调整电路,其作用是为了使同步级联工作时不产生误差积累。

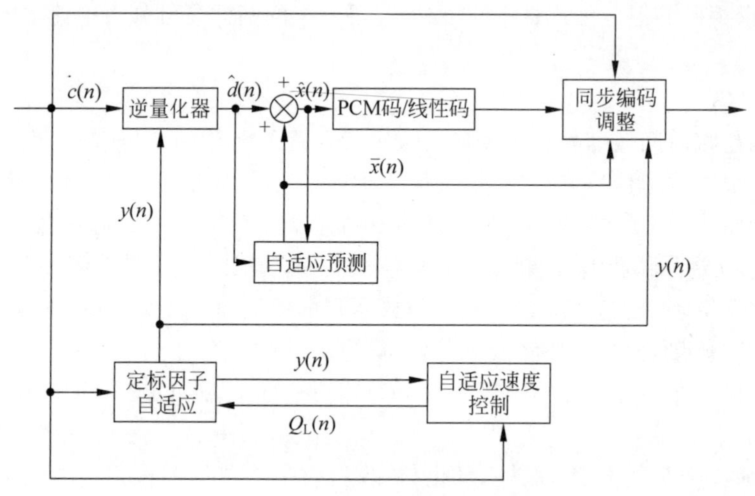

图 2-33 ADPCM 译码器原理图

2. 参量编码

参量编码又叫声码化编码,是在信源信号频率域或其他正交域提取特征参量并将其变换为数字代码进行传输以及在接收端从数字代码中恢复特征参量,并由特征参量重建语音信号的一种编码方式。这种方式在提取语音特征参量时,往往会利用某种语音生成模型在幅度谱上逼近原语音,以使重建语音信号有尽可能高的易懂性,保持语音的原意。但重建语音的波形与原语音信号的波形会有相当大的区别。这种方式的特点是编码速率低(1.2～2.4Kb/s 或更低),但语音质量也低,只能达到合成语音的质量(即自然度、讲话者的可识别性都较差的语音),并且当码率提高到与波形编码相当时,语音质量也不如波形编码。利用参量编码实现语音通信的设备通常称为声码器,例如,通道声码器、共振峰声码器、同态声码器以及广泛应用的线性预测编码(LPC)声码器等都是典型的语音参量编码器,其实现结构如图 2-34 所示。

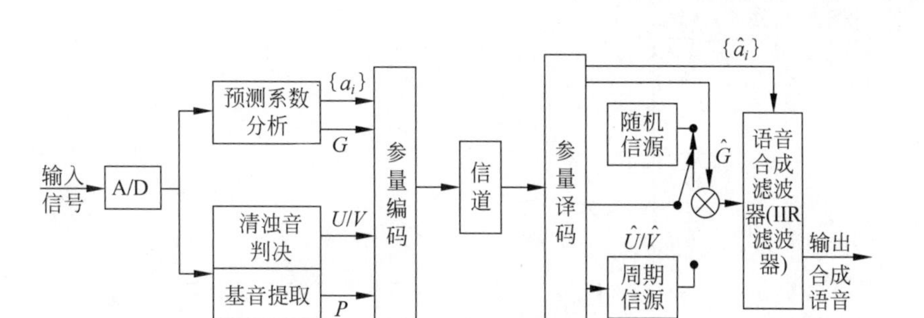

图 2-34 声码器实现结构

在发送端一般需要提取并传送 15 个基本参量：基音周期 P、清浊音判决 U/V、语音增益 G 及 12 个线性时变合成语音滤波器系数$\{a_i\}$，$i=1,2,\cdots,12$。在具体处理时，首先对每帧(10～20ms)语音进行分析并提取 15 个基本参量，其次再按照发声的物理模型，利用这些参数激励并合成人工语音。一般情况下，直接编码速度偏高，而且对于系数变化十分敏感，很容易造成系统的不稳定。为了降低 LPC 的码率，提高稳定性，可采用以下的办法：

(1) 采用矢量量化技术，即不采用逐个样值进行量化，而是采用多个样值联合量化的矢量量化方法。将它引入参量量化的传输中，可以将每个样值比特数从 11 位压缩到 1 位以下，从而可以大大压缩参量传送速率，它已在 IS-95 的 QCELP(可变速率码激励线性预测编码)及第三代移动通信的语音编码中广泛使用。

(2) 采用一类反射系数格型算法，用对数面积比系数代替直接预测系数，可以进一步降低传送的数据比特率，GSM 中采用这一方法可将每样值比特数从 11 位压缩至 3～6 位。

3. 混合编码

当前，由参量编码与波形编码相结合的混合编码的编码器正在得到较大的关注。这种编码器既具备了声码器的特点(利用语音生成模型提取语音参数)，又具备了波形编码的特点(优化激励信号，使其与输入语音波形相匹配)，同时还可利用感知加权最小均方误差的准则使编码器成为一个闭环优化的系统，从而能在较低的比特率上获得较高的语音质量，例如，多脉冲激励线性预测编码(MPLPC 或 MPC)、规则脉冲激励线性预测编码(RPE-LPC)和码激励线性预测(CELP)编码都属于这一类，这种编码方式能在 4～16Kb/s 的中低编码的速率上得到高质量的重建语音。

实现混合编码的基本思想是以参量编码原理，特别是以 LPC 原理为基础，保留参量编码低速率的优点，并适当地吸收波形编码中能部分反应波形个性特征的因素，重点改善自然度性能。

改进 LPC 主要从 3 个方面着手：①改进语音生成物理模型、激励源结构和合成滤波器结构，提高语音质量；②改进参量量化和传输方法，进一步压缩传输速率；③采用自适应技术，进一步解决系统与信源和信道之间的统计匹配。图 2-35 给出了几种语音编码方案的编码质量和速率的比较。

4. 语音编码质量指标

1) 数据比特率

数据比特率(b/s)是度量语音信源压缩率和通信系统有效性的主要指标，当其值越低，压缩倍数就越大，可以通信的话路数也就越多，移动通信系统的效率也越高。数据比特率低

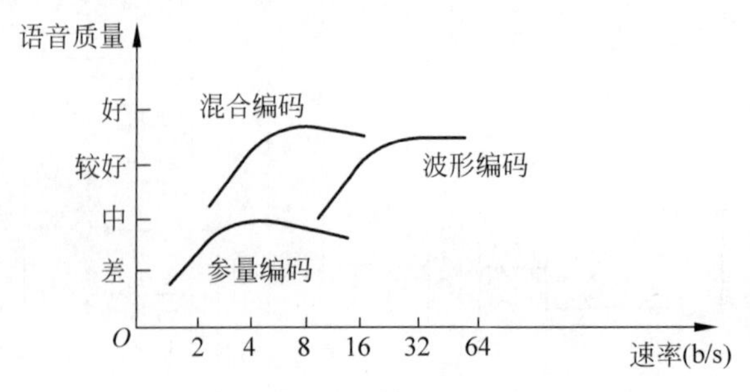

图 2-35 几种语音编码方案性能比较

时,语音质量也随之相应降低。为了补偿质量的下降,往往可以采用提高设备硬件复杂度和算法软件复杂度的办法,但这又带来了成本的增加和时延的增大。另一种有效的办法是采用可变速率的自适应传输,它可以大幅降低语音的平均传送率。

此外,还可以采用语音激活技术,充分利用通话双方的句子间、单词间的有效空隙,获得有效增益。对于 TDMA 系统,首先要检测可利用的空隙,其次再采用插空技术加以利用。但是对于 CDMA 系统,由于各路语音同频、同时隙,则可以很方便地利用所有空隙间隔(随机产生的),从而可以达到互补的效果。

2) 语音质量

度量语音质量比较困难。其度量方法在于主观和客观两个角度,客观度量可以采用信噪比、误码率和误帧率等指标,相对来说比较简单、可行。但主观度量就没有那么简单,采用主观度量并且以它为主,是因为接收语音的是人耳,所以语音质量主要是由人来主观判断。

目前国际上常采用的主观判断方法称为平均评估得分方法(MOS),它是原 CCITT (ITU-T 前身)建议采用的。一般将主观质量评分分为 5 级:5 分,Excellent 表示质量完美;4 分,Good 表示高质量;3 分,Fair 表示质量还可以;2 分,Poor 表示不及格;1 分,Bad 表示质量完全不能接受。在 5 级主观评测标准中,达到 4 级以上就可以进入公共骨干网,达到 3.5 级以上可以基本进入移动通信网。表 2-4 是各类编码方案的 MOS 评分表。

表 2-4 各类编码方案的 MOS 评分表

编码方案	MOS 评分
64Kb/s PCM	4.3
32Kb/s ADPCM	4.1
32Kb/s CVSD	3.8
16Kb/s CVSD	3.0
13Kb/s IPC-IPTRPE	3.8
8Kb/s VSELP	3.7
2.4Kb/s LPC-10	2.7

3) 复杂度与处理时延

语音编码可以采用数字信号处理器(DSP)来实现,其硬件复杂度取决于 DSP 的处理能力,而软件复杂度则主要体现在算法复杂度上,是指完成语音编、译码所需要的加法、乘法的运算次数,一般采用 MIPS(即每秒完成的百万条指令数)来表示。通常,在取得近似相同音质的前提下,语音编码率每下降为原来的 1/2,MIPS 大约需要增大一个数量级。算法复杂度增大,也会带来更长时间的运算和更大的处理时延,在双向语音通信中,时延、传输时延再加上回声是影响语音质量的一个重要指标。表 2-5 给出了几种语音编码的参数性能比较。

表 2-5 几种语音编码的参数性能比较

编码类型	数据比特率(Kb/s)	复杂度(MIPS)	时延(ms)
脉冲编码调制(PCM)编码	64	0.01	0
自适应差分脉冲编码调制(ADPCM)编码	32	0.1	0
自适应子带编码	16	1	25
多脉冲线性预测编码	8	10	35
随机激励线性预测编码	4	100	35
线性预测编码	2	1	35

2.5.2 移动通信中的语音编码

1. GSM 系统的 RPE-LTP 声码器原理

RPE-LTP 声码器采用等间隔、相位与幅度优化的规则脉冲作为激励源,以便使合成后的波形更接近原始信号。这种方法结合长期预测以消除信号的冗余度,降低编码速率,同时其算法简单,计算量适中且易于硬件实现。

GSM 对语音的信号处理总体上主要包括:①发送端首先要进行语音检测,将每个时段分为有声段和无声段,并分别进行处理;②对于有声段要进行语音编码,以产生语音帧信号;③对于无声段要进行背景噪声估计,产生 SID(静寂描述帧);④发射机采用不连续发送方式,仅在有声段内才发送语音帧,而 SID 则是在语音帧结束后才发送,接收端根据收到的 SID 帧中的信息在无声期插入舒适噪声。

GSM 语音编码器输入信号速率为 8000 样本/秒取样序列,编码处理是按帧进行的,每帧 20ms,含有 160 个语音样本,编码后为 260 位的编码块。RPE-LTP 声码器主要包含 5 部分:预处理、线性预测编码(LPC)分析、短时分析滤波器、长时预测(LTP)及规则脉冲激励编码(RPE),其结构如图 2-36 所示。

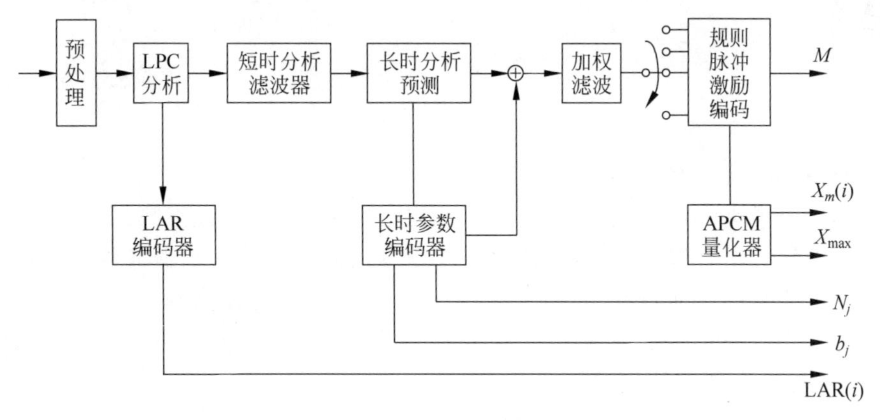

图 2-36 RPE-LTP 声码器结构

RPE-LTP 的译码器结构如图 2-37 所示,译码器主要包含 4 部分:RPE 译码、长时预测、短时合成滤波及后处理(去加重)。

2. IS-95 系统的 QCELP 声码器

该方案是可变速率的混合编码器,是基于线性预测编码的改进型——码激励线性预测

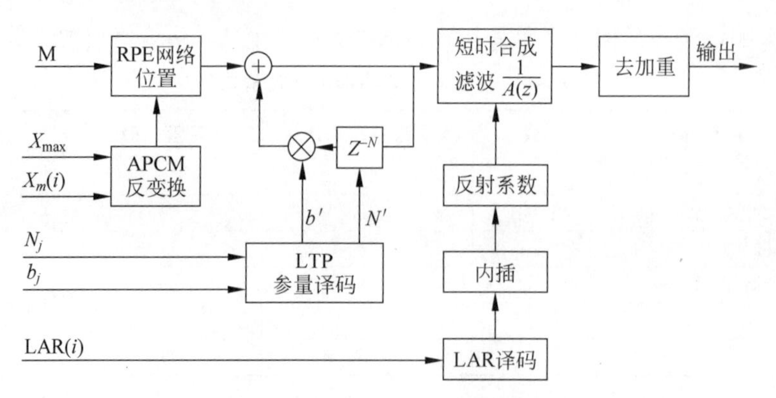

图 2-37 RPE-LTP 的译码器结构

编码,即采用码激励的矢量码表代替简单的浊音准周期脉冲产生器。QCELP 采用可变速率编码,利用语音激活检测(VAD)技术。在语音激活期内,可根据不同的信噪比分别选择 4 种速率: 8Kb/s、4Kb/s、2Kb/s、1Kb/s,并称它们为全速率、半速率、1/4 速率、1/8 速率。采用可变速率可以使平均速率下降为原来的 1/4 以上。QCELP 中的参量分为 3 类: 矢量码表参量、音调参量与线性预测系数参量,需要每帧更新。

QCELP 编码原理图如图 2-38 所示。

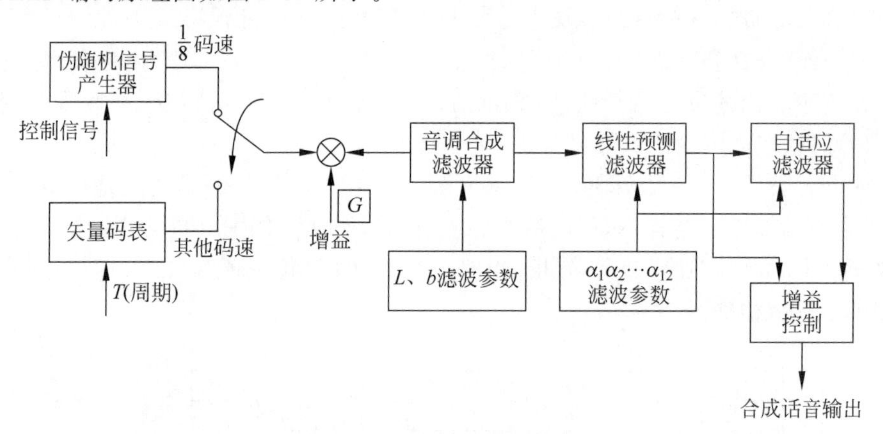

图 2-38 QCELP 编码原理图

3. CDMA2000 系统的 EVRC

EVRC(增强型可变速率编码器)是由美国电信工业协会(TIA/EIA)于 1996 年提出的 CDMA2000 系统的语音编码方案,该方案采用基音内插方法减小基音参数传送速率,使其在每个语音帧仅传两次,而将节省下的信息位(比特数)用于提高激励信号质量。EVRC 基于码激励线性预测编码,与传统 CELP 算法的主要区别在于它能基于语音能量、背景噪声和其他语音特性动态调整编码速率。

EVRC 结构如图 2-39 所示。

4. WCDMA 中的 AMR 声码器

AMR(自适应多码率)编码是第三代移动通信中 WCDMA 优选的语音编码方案,其基本思想是联合自适应调整信源和信道编码模式来适应当前信道条件与业务量大小。AMR 编码有两个方面——信源和信道。对于信道存在两类选择——全速率(FR)22.8Kb/s 和半速率(HR)11.4Kb/s,而对于 FR 和 HR,不同信道模式分别有 8 种和 6 种信源编码速率,如表 2-6 所示。

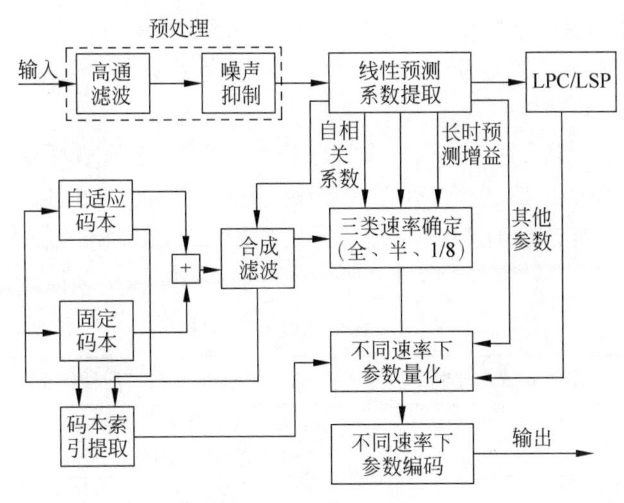

图 2-39　EVRC 结构

表 2-6　AMR 信道模式与编码模式

信 道 模 式	编码模式(信源编码速率)
全速率(FR) 22.8Kb/s	12.2Kb/s,10.2Kb/s 7.95Kb/s,7.4Kb/s 6.7Kb/s,5.9Kb/s 5.15Kb/s,4.75Kb/s
半速率(HR) 11.4Kb/s	7.95Kb/s,7.4Kb/s 6.7Kb/s,5.9Kb/s 5.15Kb/s,4.75Kb/s

AMR 语音编码的取样率为 8kHz,语音帧长 20ms,每帧 160 个取样点。以自适应码激励线性预测(ACELP)编码技术为基础,提供两种信道模式下 14 种编码速率,每种编码可提供不同的容错度。应采用哪种编码速率主要是根据实测信道与传输环境自适应变化。

AMR 声码器结构如图 2-40 所示。

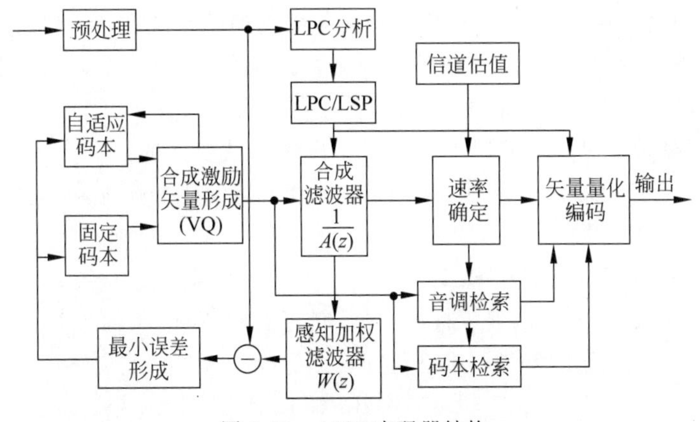

图 2-40　AMR 声码器结构

2.5.3 图像压缩编码

在第一、二代移动通信系统中，主要是发展语音业务，从 2.5G 开始逐步引入数据业务，第三、四代移动通信则推广含语音、数据与图像的多媒体业务。为了适应业务要求，以下将介绍图像压缩编码技术。

图像的信息量远大于语音、文字、传真数据等一般数据，它所占用频带比其他类型的数据宽，传输、处理、存储图像信息要比处理一般数据更复杂、实现更困难。图像信息一般可以分为 3 类：静止图像、准活动图像、活动图像。目前图像压缩编码已形成了一系列的标准，如表 2-7 所示。

表 2-7 图像压缩编码标准

标　　准	压缩比或数据比特率	应用范围
JPEG	2～30 倍	有灰度级的多值静止图片
JPEG-2000	2～50 倍	移动通信中静止图片、数字照相与打印、电子商务
H. 261	$p\times 64$Kb/s，其中 $p=1,2,\cdots,30$	ISDN 视频会议
H. 263	8Kb/s～1.5Mb/s	POTS 视频电话、桌面视频电话、移动视频电话
MPEG-1	不超过 1.5Mb/s	VCD、光盘存储、视频监控、消费视频
MPEG-2	1.5Mb/s～35Mb/s	数字电视、有线电视、卫星电视、视频存储、HDTV
MPEG-4	8Kb/s～35Mb/s	交互式视频、因特网、移动视频、2D/3D 计算机图形

目前视频压缩编码大致可以分为两代：第一代视频压缩编码包括 JPEG、MPEG-1、MPEG-2、H. 261、H. 263 等；第二代视频压缩编码包括 JPEG2000、MPEG-4、MPEG-7、H. 264 等。两类压缩编码的主要差异在于：第一代视频压缩编码是以图像信源的客观统计特性为主要依据；第二代视频压缩编码是在图像信源客观统计的特性基础上，重点考虑用户对象的主观特性和图像的瞬时特性。第一代视频压缩编码是以图像的像素、像素块、像素帧为信息处理的基本单元；第二代视频压缩编码则是以主观要求的音频/视频的分解对象为信息处理的基本单元，如背景、人脸及声/乐/文字组合等。第二代视频压缩编码的另一个突出特点是可根据用户的需求实现不同的功能和提供不同性能的质量要求，具有交互性、可选择性和可编程性等面向用户的操作特性。

1. 静止图像压缩标准 JPEG

JPEG 分为两类：基于 DPCM 与熵编码的无失真编码系统、基于离散余弦变换(DCT)的限失真编码系统。基于 DPCM 与熵编码的无失真编码又称为无损信源编码，是一种不产生信息损失的编码，一般其压缩倍数比较低，为 4 倍左右。该方法以 DPCM 为基础，再加上 Huffman 编码或算术编码的熵编码方式。基于离散余弦变换的限失真编码属于有损信源编码，以离散余弦变换(DCT)为基础，再加上限失真量化编码和熵编码，它能够以较少的比特数获得较好的图像质量。

2. 准活动图像视频压缩标准 H. 26X

H. 26X 是由 ITU-T 制定的建议标准，现已制定了 H. 261、H. 262、H. 263、H. 264，其中 H. 262 和 MPEG-2 视频压缩编译码标准是同一个标准。H. 264 也是两大组织联手制定的，被称为“MPEG-4 Visual Part 10”，也就是“MPEG-4 AVC”，2003 年 3 月被正式确定为国际标准。

H.261 主要用于传输会议电话及可视电话信号，它将码率确定为 $p\times64$Kb/s，其中 $p=1,2,\cdots,30$，其对应的数据比特率为 64Kb/s～1.92Mb/s，其编码过程将输入图像序列的第 1 帧首先采用帧内模式，对 8×8 图像子块进行离散余弦变换、量化后分两路，一路送入变长编码器(VLC)并缓存输出，另一路经逆量化器和逆离散余弦变换进入帧存储器，构成反向回路。稍后对当前帧的每个 8×8 像素块与前一帧运动估计，经运动补偿后再返回进行帧间预测，从而进入帧间预测模式，将预测误差值再进行 DCT、量化和 VLC 编码后输出。采用帧内还是帧间方式，主要决定于图像的相关性。

H.263 系列适合于 PSTN、无线网络和因特网。H.263 信源编码算法的核心仍然是 H.261 标准中所采用的编码算法，其原理图也与 H.261 基本上一样。H.263 与 H.261 的区别就在于 H.261 只能工作于 CIF 与 QCIF 两类格式，而 H.263 则可工作于 5 种格式(CIF、QCIF、SubQCIF、4CIF、16CIF)；H.263 吸收了 MPEG 等标准中有效、合理的部分；H.263 在 H.261 基本编码算法基础上又提供了 4 种可选模式，以进一步提高编码效率。

3. 活动图像视频压缩标准 MPEG

这类标准是由国际标准化组织(ISO)和国际电工委员会于 1998 年成立的一个研究活动图像专家组(MPEG)负责制定的，现已制定了 MPEG-1、MPEG-2、MPEG-4 以及补充标准 MPEG-7 与 MPEG-21 等，其中 MPEG-2 与 MPEG-4 是与 ITU-T 联合研发的。在 MPEG 系列标准中，MPEG-1、MPEG-2 属于第一代视频压缩标准，而 MPEG-4 则属于第二代视频压缩标准。

MPEG-1 主要是针对 1.5Mb/s 速率的数字存储媒体运动图像及其伴音制定的国际标准，用于 CD-ROM 的数字视频以及 MP3 等。MPEG-1 视频压缩编码是采用帧间 DPCM 和帧内 DCT 相结合的方法。对于一个给定的宏块，其编码过程大致为：选择编码模式；产生宏块和运动补偿预测值，将当前宏块的实际数据减去预测值得到预测误差信号；将该宏块预测误差进一步划分为 8×8 像素块，再进行 DCT；经 DCT 后将数据进行量化与变长编码，即重构图像。

ISO/IEC 的 MPEG 于 1995 年推出 MPEG-2 标准，它是主要针对数字视频广播、高清晰度电视(HDTV)和数字视盘等制定的 4～9Mb/s 运动图像及其伴音的编码标准。MPEG-2 与 MPEG-1 的差异如下：MPEG-2 专门设置了"按帧编码"和"按场编码"两类模式，并相应地对运动补偿和 DCT 方法进行了扩展；MPEG-2 压缩编码在一些方面进行了扩展，空间分辨率、时间分辨率、信噪比可分为不同等级以适合不同等级用途需求，并可给予不同等级优先级；视频流结构具有可分级性；输出码率可以是恒定，也可以是变化的，以适应同步与异步传输。

4. 第二代视频压缩编码标准 JPEG2000

JPEG2000 主要特点如下。

(1) 用以小波变换为主的多分辨率编码方式代替 JPEG 中采用的传统 DCT。

(2) 采用了渐进传输技术。

(3) 用户在处理图像时可以指定感兴趣区域(ROI)，对这些区域可以选取特定的压缩质量和解压缩质量。

(4) 利用预测法可以实现无损压缩。

(5) 具有误码鲁棒性，抗干扰性好。

(6) 考虑了人眼的主观视觉特性,增加了视觉权重。

MPEG-4 标准中定义的中心概念是 AV(音频和视频)对象,它是基于对象表征方法的基础,非常适合于交互操作,MPEG-4 的编码机制是基于 16×16 的像素宏块来设计的,这不仅可以与现有标准兼容,还便于对编码进行更好的扩展,具有如下的主要特点。

(1) 图像信息处理的基本单元,由第一代像素块、像素帧转变到以纹理、形状和运动 3 类主要数据的取样值构成视频对象平面(VOPi)。

(2) 视频编码基础转变不仅取决于原有的客观统计特性,而且更重要的是取决于视频对象、内容的各种主观、客观特性以及图像瞬时特性。

(3) 基于对象和内容,对于不同的信源与信道,以及各个 VO(视频对象)与 VOPi 在总体图像中的重要性和地位,可以分别采用不同等级的保护与容错措施。

(4) 图像处理中具有时间、空间可伸缩性(尺度变换)。

ITU-T 与 ISO/IEC 在 H.263 及其改进型与 MPEG-4 的基础上进行技术融合、改进和优化,共同提出了 H.264 建议标准。H.264 与以往编码标准相比,在运动估值和运动补偿,采用内部预测,采用系数变换技术,采用变换系数量化,熵编码,在扫描顺序、去块滤波器、新的图片类型、熵编码模式和网络适应层等方面,都有与以往编码不一样的特色。

H.264 的应用领域很广,既适用于非实时的视频编译码,也适用于实时的视频编译码,包括广播电视、有线电视、卫星电视、VCD、DVD 等娱乐视频,以及 H.26X 的实时会话、可视电话、会议电话等,还包括 3GPP 与 3GPP2 多媒体短信、图片、图像等多媒体业务。

本章小结

移动信道是一个时变的随参信道,这是由于一方面移动通信双方都有可能处于高速移动状态,另一方面移动通信发射机和接收机之间的传播环境处于动态变化中,最终使无线传播路径复杂多变,整个无线信道参数处于时变状态。

无线电波传播有天波、地波、视距传播等主要方式,移动信道中无线信号传播主要有 3 个特征:传播的开放性、接收环境的复杂性、通信用户的随机移动性。无线信号传播的主要损耗有 3 种:路径损耗、慢衰落损耗、快衰落(又分为空间选择性衰落、频率选择性衰落和时间选择性衰落)损耗。移动信道中信号传播存在 4 种效应:阴影效应、远近效应、多径效应、多普勒效应。

已建立的移动信道模型从建模方法上分为几何模型、经验模型与概率模型 3 类,从研究角度分为空域模型、时域模型和时空域模型 3 类。

移动通信中常用的多址技术有 3 类,即 FDMA、TDMA、CDMA,实际中也常用到这 3 种基本多址方式的混合多址方式。

扩展频谱通信简称为扩频通信。扩频通信是一种信息传输方式,在发送端采用扩频码调制,使信号所占的频带宽度远大于所传信息必需的带宽,在接收端采用相同的扩频码进行相关的解扩以恢复所传信息数据。按照扩展频谱方式的不同,目前的扩频通信系统可分为直接序列(DS)扩展、跳频(FH)、跳时(TH)、线性调频(chirp)以及这几种方式的组合。扩频通信中常用的码序列除了 m 序列之外,还有 M 序列、Gold 序列、R-S 码等,在 CDMA 移动通信中还使用相互正交的 Walsh 函数。

移动通信系统的常用调制方式有以 BPSK、QPSK、OQPSK 和 π/4QPSK 等为代表的线性调制和以 MSK、TFM 和 GMSK 等为代表的恒包络调制；也有以综合利用线性调制技术和恒包络技术的多载波调制方式，主要有多电平 PSK、QAM 等，而在移动通信系统中还使用了 OFDM 来提高频率利用率。

移动通信系统中由于多径衰落和多普勒频移的影响，移动无线信道极其易变。这些影响对于任何调制技术来说都会产生很强的负面效应。为了克服这些衰落，传统的方法有分集接收、均衡技术和信道编码技术。

分集的种类繁多，按分集目的可以分为宏观分集和微观分集；按信号传输方式可以分为显分集和隐分集；按获取多路信号的方式又可以分为时间分集、频率分集和空间分集；空间分集还包括接收分集、发射分集、角度分集和极化分集等。

均衡是改造限带信道传递特性的一种有效手段，它起源于对固定式有线传输网络中的频域均衡滤波器。均衡目前有两个基本途径：频域均衡、时域均衡。

信道编码从结构和规律上可分为两类：线性码（如线性分组码、线性卷积码），非线性码；从功能上可以分为 3 类：只有检错功能的检错码（如循环冗余校验（CRC）码、自动请求重传（ARQ）），具有自动纠错功能的纠错码（如循环码中的 BCH 码、RS 码及卷积码、级联码、Turbo 码等），既能检错又能纠错的信道编码（典型的是 HARQ）。

移动通信系统中所采用的语音编码器如下：GSM 采用 RPE-LTP 声码器，IS-95 采用 QCELP 声码器，CDMA2000 采用 EVRC，WCDMA 采用 AMR 声码器。

目前视频压缩编码大致可以分为两代：第一代视频压缩编码包括 JPEG、MPEG-1、MPEG-2、H. 261、H. 263 等；第二代视频压缩编码包括 JPEG2000、MPEG-4、MPEG-7、H. 264 等。

习题

2-1　无线电波传播共有哪几种主要方式？各有什么特点？

2-2　移动信道的主要特征有哪些？

2-3　若发射天线的高度为 200m，接收天线高度为 20m，求视距传播的极限距离。

2-4　移动通信中存在哪 3 种类型的快衰落？它们分别在什么情况下出现？要克服这些类型的快衰落，各自需要采用的主要措施是什么？

2-5　移动通信中的多址技术与固定网络中的信号复用技术之间有哪些共同点？又有哪些不同点？

2-6　TDMA 系统的数据比特率为 48. 6Kb/s，每帧支持 3 个用户，每个用户占用每帧 6 个时隙的 2 个，求每一用户的原始数据比特率是多少？

2-7　扩频通信的基本原理是什么？主要优缺点有哪些？

2-8　FH-SS 系统在连续的 20MHz 的频谱上使用 50kHz 的信道，使用快速跳频，每个比特发生 2 次跳频，如果系统使用二进制 FSK 调制，确定当用户数据传输速率为 25Kb/s 时，每秒发生几次跳频？如果单用户的信噪比为 20dB，计算误码率为多少。

2-9　试比较 QPSK、OQPSK、π/4QPSK 三种调制的星座图和相位转移图。

2-10　试比较 MSK 调制和 FSK 调制的区别和联系。

2-11　设输入数据传输速率为 16Kb/s，载波频率为 32kHz，若输入序列为 0010100011100110，画出 MSK 调制信号的波形。

2-12　与 MSK 调制方式相比，GMSK 调制信号的功率谱为什么会得到改善？

2-13　若输入序列为 00110010101111000001，画出 GMSK 调制在 $BT=0.2$ 时的相位轨迹，并且将它与 MSK 调制的相位轨迹进行比较。

2-14　简述 OFDM 系统抗多径衰落的措施。

2-15　OFDM 调制方式和传统调制方式有何异同？简述其优缺点。

2-16　分集技术如何分类？在移动通信中采用了哪几种分集接收技术？

2-17　为什么说扩频通信起到了频率分集的作用？又为什么说交织编码起到了时间分集的作用？

2-18　比较各种典型的合并技术的合并增益，并且说明各自的应用方式。

2-19　信道编码分为哪些类型？

2-20　移动通信中，信道编码的主要功能有哪些？

2-21　设已知一循环码的监督矩阵如下：

$$\boldsymbol{H}=\begin{bmatrix}1 & 1 & 0 & 1 & 1 & 0 & 0\\1 & 1 & 1 & 0 & 0 & 1 & 0\\0 & 1 & 1 & 1 & 0 & 0 & 1\end{bmatrix}$$

试求出其生成矩阵，并写出所有可能的码组。

2-22　为什么在移动通信中经常使用级联码？其主要特点是什么？

2-23　Turbo 码有哪些主要优缺点？它为什么能取得非常优良的性能？将它用于移动通信，适合于哪些业务？

2-24　语音编码技术有哪些类型？各具有什么特点？

2-25　适用于移动通信的语音编码技术必须满足哪些要求？

2-26　线性预测编码技术的基本原理是什么？

2-27　GSM 系统采用的规则脉冲激励长期预测(RPE-LTP)编码的声码器由哪几部分组成？各部分功能是什么？

2-28　先进的语音编码技术常采用可变速率编码，试说明其基本原理。哪些实用的语音编码技术采用了可变速率的方式？

2-29　用于移动通信中的图像压缩编码是采用什么类型的国际标准？

2-30　什么叫矢量量化编码？其主要特点是什么？PCM 编码中的量化编码是矢量量化编码吗？在移动通信中，矢量量化编码用在什么地方？

第 3 章 数字移动通信系统(2G)

CHAPTER 3

3.1 GSM 概述

微课视频 12

GSM 的英文全称为 Global System for Mobile Communications，即全球移动通信系统，俗称“全球通”，是一种起源于欧洲的数字移动通信系统。早在 1982 年，欧洲已有几大模拟蜂窝移动系统在运营，例如北欧多国的 NMT(北欧移动电话)和英国的 TACS(全接入通信系统)，西欧其他各国也提供移动业务。但由于各国之间的移动通信系统的体制和标准不统一，移动通信很难实现国家间的漫游，为了方便全欧洲统一使用移动电话，北欧国家向 CEPT(欧洲邮电行政大会)建议制定一种公共的数字移动通信系统标准，统一规范欧洲电信业务，因此成立了一个在 ETSI 技术委员会下的“移动特别小组”(Group Special Mobile)，来制定有关的标准和建议书。

3.1.1 GSM 的结构

GSM 网络结构如图 3-1 所示，它主要由移动台(MS)、基站子系统(BSS)和网络子系统(NSS)组成。

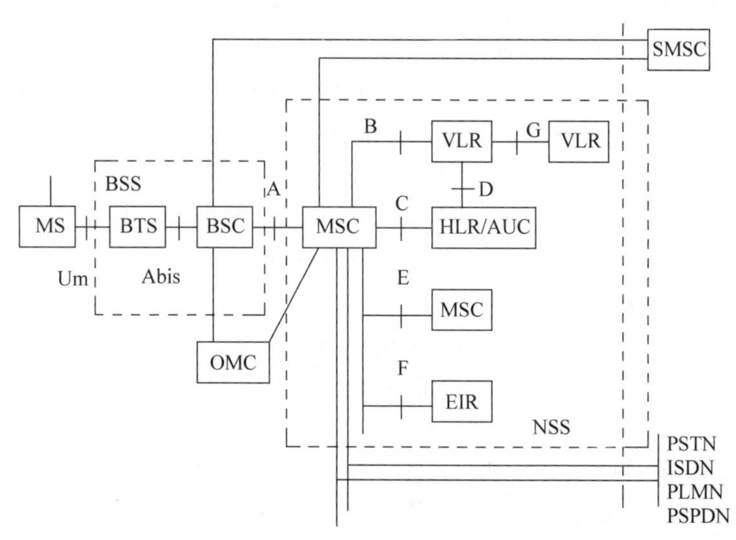

图 3-1 GSM 网络结构

1. 网络各部分的主要功能

MS包括ME(移动设备)和SIM(用户识别模块)卡,移动台可分为车载台、便携台和手机3类,其主要作用是通过无线接口接入网络系统,也提供人机接口。SIM卡用来识别用户,它基本上是一张符合ISO标准的"智慧"磁卡,其中包含与用户有关的无线接口信息,也包括鉴权和加密的信息。除紧急呼叫外,移动台都需要插入SIM卡才能得到通信服务。

BSS的主要功能是负责无线发射和管理无线资源,BSS由BTS(基站收发台)和BSC(基站控制器)组成。BTS是用户终端的接口设备,BSC可以控制一个或多个BTS,可以控制信道分配,通过BTS对信号强度的检测来控制移动台和BTS的发射功率,也可做出执行切换的决定。

NSS由MSC(移动交换中心)和OMC(操作维护中心)以及HLR(归属位置寄存器)、VLR(访问位置寄存器)、AUC(鉴权中心)和EIR(设备标志寄存器)等组成,NSS主要负责完成GSM内移动台的交换功能和移动性管理、安全性管理等。

MSC是GSM网络的核心部分,也是GSM与其他公用通信系统之间的接口,主要是对位于它所管辖区域中的移动台进行控制、交换。

OMC主要对GSM网络进行管理和监控。

VLR是一个动态的数据库,用于存储进入其控制区用户的数据信息,例如用户的号码、所处位置区的识别、向用户提供的服务等参数,一旦用户离开了该VLR的控制区,用户的有关数据将被删除。

HLR是一个静态数据库,每个移动用户都应在其HLR登记注册;HLR主要用来存储有关用户的参数和有关用户目前所处位置的信息。

EIR用来存储有关移动台设备参数的数据库,对移动设备进行识别、监视和闭锁等。

AUC专用于GSM的安全性管理,进行用户鉴权及对无线接口上的语音、数据、信令信号进行加密,以防止无权用户的接入和保证移动用户的通信安全。

SMSC(短消息业务中心)与NSS连接可实现点对点短消息业务,与BSS连接完成小区广播短消息业务。

在实际的GSM网络中,可根据不同的运营环境和网络需求进行网络配置。具体的网络单元可用多个物理实体来承担,也可以将几个网络单元合并为一个物理实体,比如将MSC和VLR合并在一起,也可以把HLR、EIR和AUC合并为一个物理实体。

2. GSM网络接口

如图3-1所示,GSM网络共有10类接口,其中主要接口包括A接口、Abis接口和Um接口,这3个接口直接连接了移动台、基站子系统和网络子系统。

GSM网络接口的主要功能描述如下。

A接口。A接口定义为网络子系统与基站子系统之间的通信接口,其物理连接是通过采用标准的2.048Mb/s PCM数字传输链路来实现的,此接口传送的信息包括对移动台及基站的管理、移动性和呼叫接续管理等。

Abis接口。Abis接口定义为基站子系统的基站控制器与基站收发信机两个功能实体之间的通信接口,用于BTS(不与BSC放在一处)与BSC之间的远端互连方式。该接口支持所有向用户提供的服务,并支持对BTS无线设备的控制和无线频率的分配。

Um接口。Um接口又称为空中接口,定义为移动台与基站收发信机之间的无线通信接口，它是 GSM 中最重要、最复杂的接口，此接口传递的信息包括无线资源管理、移动性管理和接续管理等。

B 接口。B 接口定义为移动交换中心(MSC)与访问位置寄存器(VLR)之间的内部接口，用于 MSC 向 VLR 询问有关移动台当前位置信息或者通知 VLR 有关移动台的位置更新信息等。

C 接口。C 接口定义为 MSC 与 HLR 之间的接口，用于传递路由选择和管理信息，两者之间是采用标准的 2.048Mb/s PCM 数字传输链路实现的。

D 接口。D 接口定义为 HLR 与 VLR 之间的接口，用于交换移动台位置和用户管理的信息，保证移动台在整个服务区内能建立和接收呼叫。由于 VLR 综合于 MSC 中，因此 D 接口的物理链路与 C 接口相同。

E 接口。E 接口为相邻区域的不同移动交换中心之间的接口，用于移动台从一个 MSC 控制区到另一个 MSC 控制区时交换有关信息，以完成越区切换。

F 接口。F 接口定义为 MSC 与 EIR 之间的接口，用于交换相关的管理信息。

G 接口。G 接口定义为两个 VLR 之间的接口，当采用临时移动用户识别码(TMSI)时，此接口用于向分配 TMSI 的 VLR 询问此移动用户的国际移动用户识别码(IMSI)的信息。

GSM 通过 MSC 与其他公用电信网互连，一般采用 SS7 号信令系统接口，其物理连接方式是通过在 MSC 与 PSTN 或 ISDN 交换机之间采用 2.048Mb/s PCM 数字传输链路实现。

3.1.2 GSM 的区域和识别号码

1. 区域的划分

GSM 服务区域划分如图 3-2 所示。各类区域的定义如下。

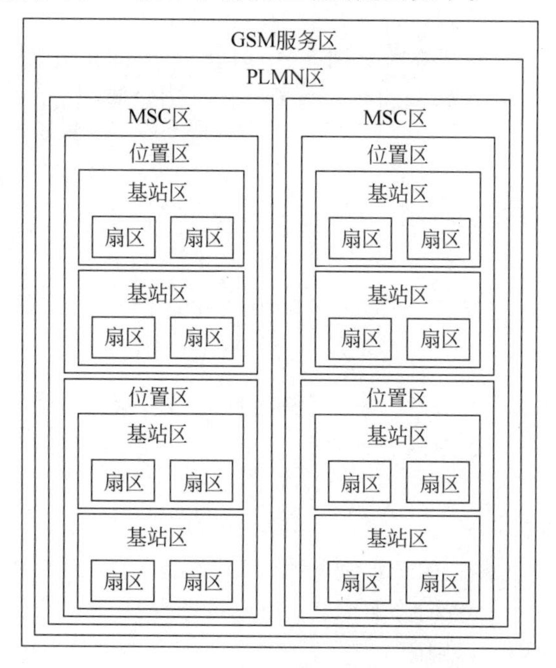

图 3-2　GSM 服务区域划分

(1) GSM 服务区：是指移动台可获得服务的区域，这些服务区具有完全一致的 MS-BS(移动台-基站)接口。一个服务区可包含一个或多个公用陆地移动网(PLMN)，从地域上说，可对应一个国家或多个国家，也可以是一个国家的一部分。

(2) PLMN 区：可由一个或多个移动交换中心组成，该区具有共同的编号制度和路由计划，其网络与公众交换电话网互连，形成整个地区或国家规模的通信网。

(3) MSC 区：是指 MSC 所覆盖的服务区，提供信号交换功能及和系统内其他功能的连接，从位置上看，包含多个位置区。

(4) 位置区：一般由若干基站区组成，移动台在位置区内移动时无须进行位置的登记或更新。

(5) 基站区：指基站提供服务的所有的区域，也叫作小区。

(6) 扇区：当基站收发天线采用定向天线时，基站区可分为若干扇区；若采用 120°定向天线，一个小区分为 3 个扇区；若为 60°，则为 6 个扇区。

GSM 移动通信网在整个服务区内，具有控制、交换功能，以实现位置更新、呼叫接续、越区切换及漫游功能。而实现这些功能和各类区域的具体划分密切相关。

2. GSM 中的各种识别号码

GSM 网络比较复杂，包括无线和有线信道，移动用户之间或与其他多种网络的用户都能够建立连接，例如市话网用户、综合业务数字网用户、公用数据网，因此要想能准确无误地呼叫连接上某个移动用户，一个移动用户就必须具备多种识别号码，用于识别不同的移动用户和移动设备。下面具体介绍各种号码。

1) MSISDN(移动台国际身份号码)

MSISDN 是在公共电话网交换网络编号计划中，唯一能识别移动用户的号码。

根据 CCITT(国际电报电话咨询委员会)的建议，MSISDN 由以下部分组成(见图 3-3)，即

$$\text{MSISDN} = \text{CC} + \text{NDC} + \text{SN} \tag{3-1}$$

其中，CC(国家码)表示用户注册在哪个国家(中国为 86)；NDC(国内目的码)是国家特定的 PLMN(公共陆地移动网)所确定的目标国家码；SN(用户号码)是由运营者自由授予的用户号码。

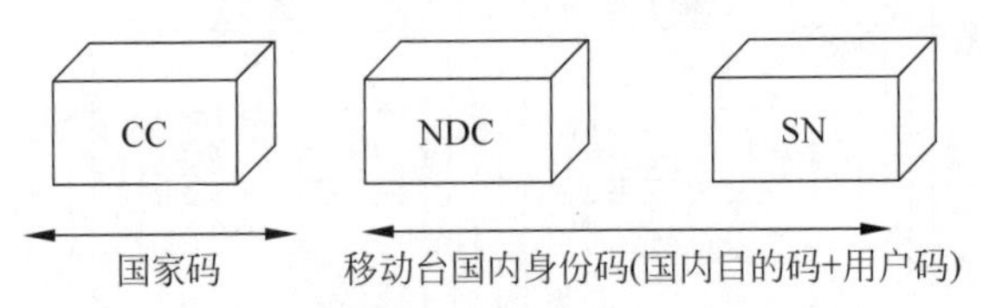

图 3-3　移动台国际身份号码的格式

若在以上号码中将国家码去除，就成了移动台的国内身份号码，也就是我们常说的“手机号码”。目前，我国 GSM 的国内身份号码为 11 位，每个 GSM 的网络均分配一个国内目的码(NDC)，也可以要求分配两个以上的 NDC 号。MSISDN 的号长是可变的(取决于网络结构与编号计划)，不包括字冠，最长可以达到 15 位。

NDC 包括接入号 N1N2N3，用于识别网络；SN 的前 4 位为 HLR 的识别号 H1H2H3H4(H1H2H3 全国统一分配，H4 省内分配)，表示用户归属的 HLR，也表示移动业务本地网号。

2) IMSI(国际移动用户识别码)

国际上为唯一识别一个移动用户所分配的号码，此码在所有位置上都是有效的，在呼叫

建立和位置更新时需要使用IMSI。IMSI总共不超过15位,其格式如图3-4所示。

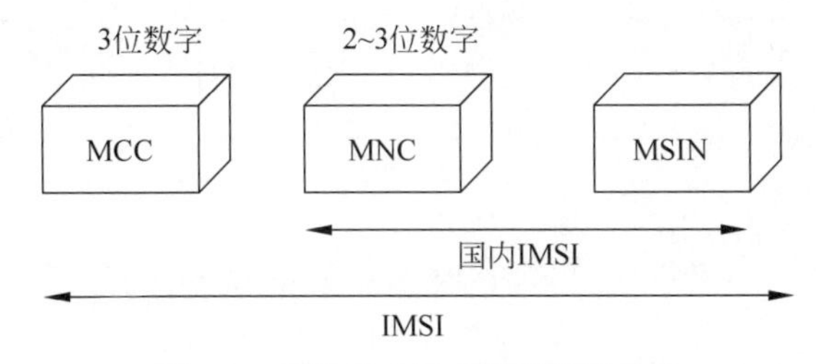

图3-4 国际移动用户识别码的格式

MCC(移动国家码):表示移动用户驻在国,共3位,中国为460。

MNC(移动网络码):即移动用户所属的PLMN网号,一般为2位,中国移动为00,中国联通为01。

MSIN(移动用户标识):共有10位,用来识别某一移动通信网中的移动用户。

IMSI组成关系式为

$$\text{IMSI}=\text{MCC}+\text{MNC}+\text{MSIN} \tag{3-2}$$

从式(3-2)中可以看出IMSI在MSIN号码前加了MCC,便于区别每个用户来自哪个国家,因此可以实现国际漫游。

3) MSRN(移动台漫游号码)

这是针对移动台的移动特性所使用的号码。每次呼叫发生时,HLR知道目前用户处在哪一个MSC/VLR服务区内,为了向接口交换机提供一个本次路由选择的临时号码,HLR请当前的MSC/VLR分配一个移动台漫游号码(MSRN)给被叫用户,并将此号码传给HLR;HLR再将此号码转发给接口交换机,就能根据此号码将主叫用户接至所在的MSC/VLR。

漫游号码的组成格式与移动台国际(或国内)ISDN号码相同。另外,当进行MSC交换局间切换时为选择路由切换目的地MSC(即目标MSC)临时分配给来访移动用户一个切换号码(HON),HON格式等同MSRN,只不过MSRN后3位为000～499,HON后3位为500～900。

4) TMSI(临时移动用户识别码)

为了保证移动用户识别码的安全性,在无线信道中需传输移动用户识别码时,一般用TMSI代替IMSI,这样就不会把用户的IMSI暴露给非法用户。TMSI是由VLR分配的,与IMSI之间可按一定的算法互相转换。TMSI可用于位置更新、切换、呼叫、寻呼等业务,并且在每次鉴权成功后都被重新分配,这样可以有效地防止他人窃取用户的通信内容,或非法盗取合法用户的IMSI。

TMSI的结构可由运营商自行决定,长度不超过4字节。

5) IMEI(国际移动台设备识别码)

IMEI是由15位数字组成的"电子串号"(见图3-5),它与每台手机一一对应,而且该码是全球范围内唯一的。每一台手机在组装完成后都将被赋予全球唯一的一个号码,这个号码从生产到交付使用都将被制造生产的厂商所记录,移动设备输入"*#06#"也可显示该号码。

该码作为移动台设备的标志,可用于监控被窃或无效的移动。

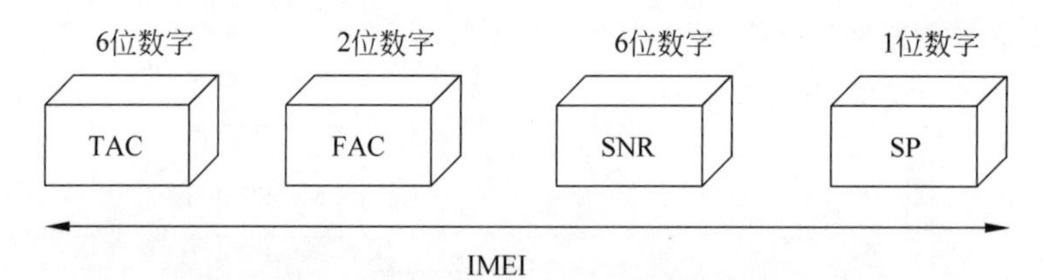

图 3-5　国际移动台设备识别码的格式

IMEI 的组成关系式为

$$IMEI = TAC + FAC + SNR + SP \tag{3-3}$$

TAC(型号核准号码)：一般代表机型。

FAC(最后装配号)：一般代表装配厂家号码。

SNR(串号)：一般代表生产顺序号。

SP(Spare)：通常是“0”,为检验码,目前暂备用。

6) LAI(位置区识别码)

LAI 用于移动用户的位置更新,其格式如图 3-6 所示。

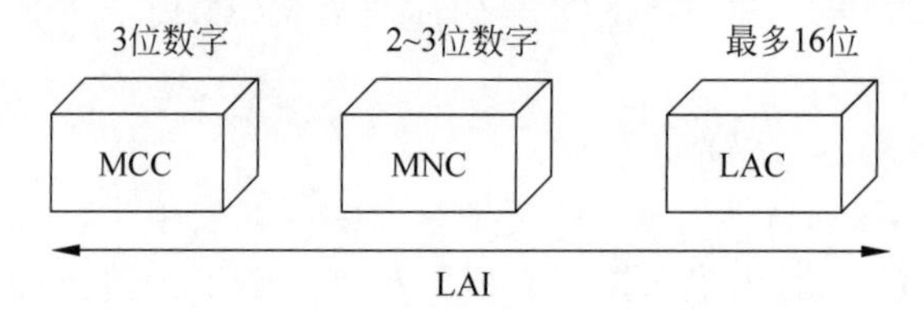

图 3-6　位置区识别码的格式

LAI 的组成关系式为

$$LAI = MCC + MNC + LAC \tag{3-4}$$

MCC：移动国家号,与 IMSI 中的 MCC 一样具有 3 个数字,用于识别一个国家,中国为 460。

MNC：移动网号,识别国内 GSM 网,与 IMSI 中的 MNC 的值是一样的。

LAC(位置区号码)：识别一个 GSM 网中的位置区。LAC 最大长度为 16(位),理论上可以在一个 GSM/VLR 内定义 65 536 个位置区。

7) CGI(小区全球识别码)

用于识别一个位置区的小区。CGI 的格式如图 3-7 所示。

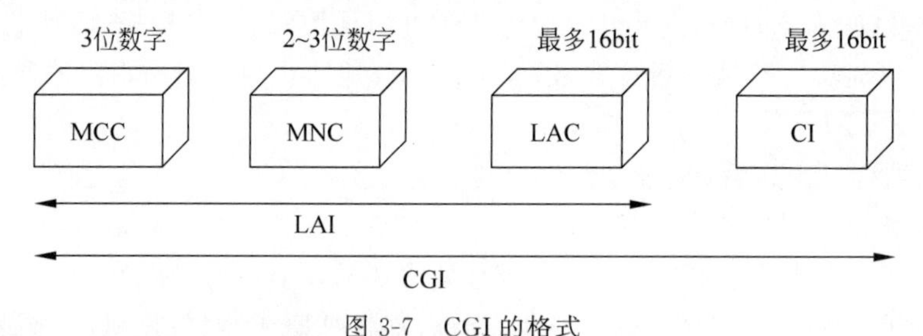

图 3-7　CGI 的格式

CGI 的组成关系式为

$$CGI = MCC + MNC + LAC + CI \tag{3-5}$$

CI：小区识别代码。

MCC、MNC 和 LAC 与位置区识别码中的含义是一样的。

8) BSIC(基站识别码)

BSIC 用于识别相邻的、具有相同载频的不同基站，特别是用于区别不同国家的边界地区采用相同载频且相邻的基站，BSIC 是一个 6b 号码，其格式如图 3-8 所示。

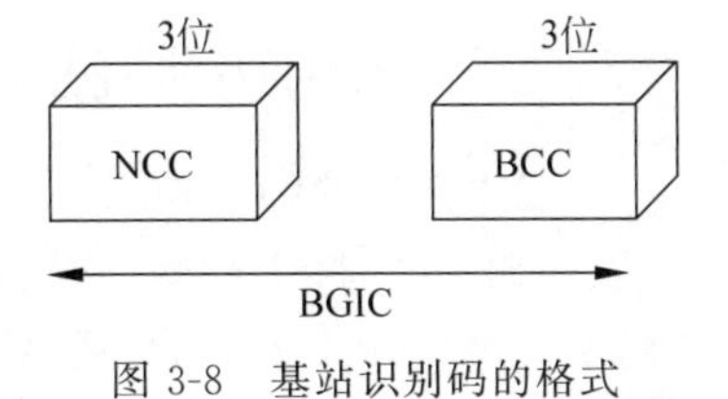

图 3-8　基站识别码的格式

BGIC 的关系式为

$$BSIC = NCC + BCC \tag{3-6}$$

NCC(网络色码)：用于识别 GSM 移动网。

BCC(基站色码)：用于识别基站。

3. GSM 业务

GSM 定义的所有业务是建立在综合业务数字网概念基础上，并考虑移动特点进行了必要修改。GSM 业务主要包含两类，即基本业务和补充业务，其中基本业务按功能又可分为电信业务和承载业务，是独立的通信业务。

(1) 电信业务，主要指包括电话、紧急呼叫、传真和短消息服务等。

(2) 承载业务，不仅支持语音业务，还支持数据业务。

(3) 补充业务，是对基本业务的改进和补充，是非独立的业务，需和基本业务一起提供服务。主要包括呼叫前转、呼叫限制、呼叫等待、会议电话和计费通知等。

3.2　GSM 的空中接口

在 GSM 中，其空中接口就是指 MS 和 BS 之间的接口，又称 Um 接口。空中接口是借助无线电波传递信息的，连接的用户众多，而且随着用户终端的多样和环境的复杂多变，空中接口呈现广泛性和多样性。

3.2.1　技术参数

GSM 采用 FDMA 和 TDMA 混合接入方式，FDMA 是指在一定的频段上分配 n 个载波频率，TDMA 是指在一个载频上分为 8 个时隙。GSM 主要有 GSM900、GSM1800 和 GSM1900 3 类，都是 FDD 工作方式，目前我国主要的两大 GSM 为 GSM900 及 GSM1800，其主要技术参数如表 3-1 所示。

表 3-1　我国 GSM 的主要技术参数

参　　数	GSM900	GSM1800
频段(MHz)	890～915(上行频段) 935～960(下行频段)	1710～1785(上行频段) 1805～1880(下行频段)
工作频带(MHz)	25	75
每帧 TDMA 的时隙数	8	8
上下行隔离(MHz)	45	95
频道间隔(kHz)	200	200
频道数	124	374

GSM 在上下行频段安排中,上行频段频率低于下行频段,主要是考虑到上、下不对称的传输能力。频率越高,覆盖同样的范围需要更大的发射功率,而基站能比移动台提供更大的发射功率,所以采取上述频段安排方式。

3.2.2 空中接口的物理结构

1. 空中接口的帧结构

在 GSM 中,每个载频,在时间上被定义为一个个 TDMA 帧(简称为帧)相连接,每个 TDMA 帧包括 8 个时隙(TS0～TS7),所有 TDMA 帧中同号时隙提供一个物理信道,如图 3-9 所示。空中的传输速率为 270.833Kb/s,每个时隙占用 576.9μs,相当于承载 156.25 位(bit)的数据,一帧的时间为 4.615ms。

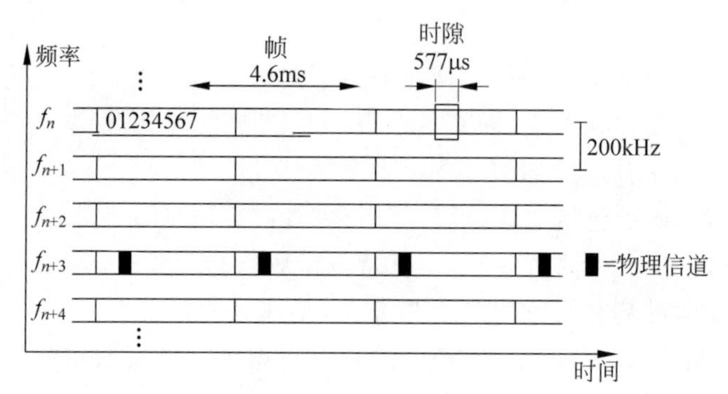

图 3-9 GSM 的 TDMA/FDMA 接入方式

GSM 的各种帧结构如图 3-10 所示,包括 26 帧和 51 帧两种复帧。

(1) 26 帧的复帧,包含 26 个 TDMA 帧,持续时长为 120ms,用于传输业务信息。

(2) 51 帧的复帧,包括 51 个 TDMA 帧,持续时长为 235.385ms,用于传输控制信息。

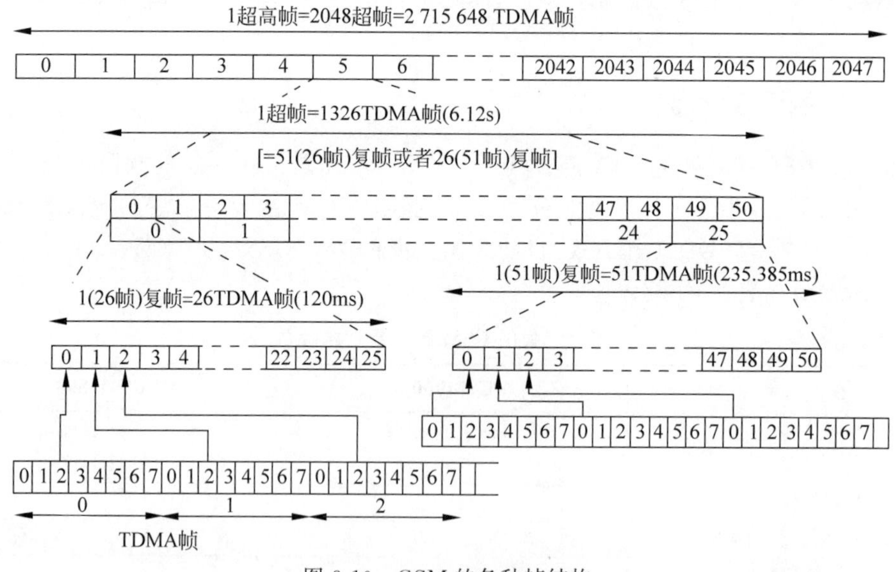

图 3-10 GSM 的各种帧结构

超帧主要包括两类,即 26 个 51 帧的复帧和 51 个 26 帧的复帧组成的结构;一个超高帧包含 2048 个超帧,所包含的帧数为 2048×51×26=2 715 648。帧的编号以超高帧为周期,为 0～2 715 647。

通常,上行 TDMA 帧比下行 TDMA 帧固定落后 3 个时隙,这样方便移动台利用这段时间进行帧调整以及对收发信机进行调谐和转换。

2. 突发脉冲序列

GSM 系统空中接口的时隙上有 4 种不同功能的突发脉冲序列,即普通突发脉冲、频率校正突发脉冲、同步突发脉冲和接入突发脉冲序列,其格式如图 3-11 所示。

图 3-11　4 种不同功能突发脉冲序列的格式

(1) 普通突发脉冲。携带业务信息和控制信息。

(2) 频率校正突发脉冲。携带频率校正信息。

(3) 同步突发脉冲。携带系统的同步信息。

(4) 接入突发脉冲。携带随机接入信息。

图 3-11 中 TB 是结尾标志,总是“000”; GP 是保护时间,防止由于定时误差而造成突发脉冲间的重叠。常规突发序列中,在两段信息码之间插入了 26b 的训练序列,用作自适应均衡器的训练序列,以消除多径传播效应产生的码间干扰。GSM 共有 8 种训练序列,可分别用于邻近的同频小区,由于选择了互相关系数很小的训练序列,因此接收端很容易辨别各自所需的训练序列,产生信道模型,作为时延补偿的参照。

3. GSM 信道

1) GSM 信道分类

GSM 信道分为物理信道和逻辑信道两种。

GSM 需提供不同业务服务,因此要在物理信道上安排相应的逻辑信道。突发脉冲以不同的信息格式携带不同的信息就构成了不同的逻辑信道,因此在一个物理信道上可以承载多种逻辑信道。GSM 系统具体的逻辑信道分类见图 3-12,主要分为控制信道和业务信道两大类。各逻辑信道的功能见表 3-2。

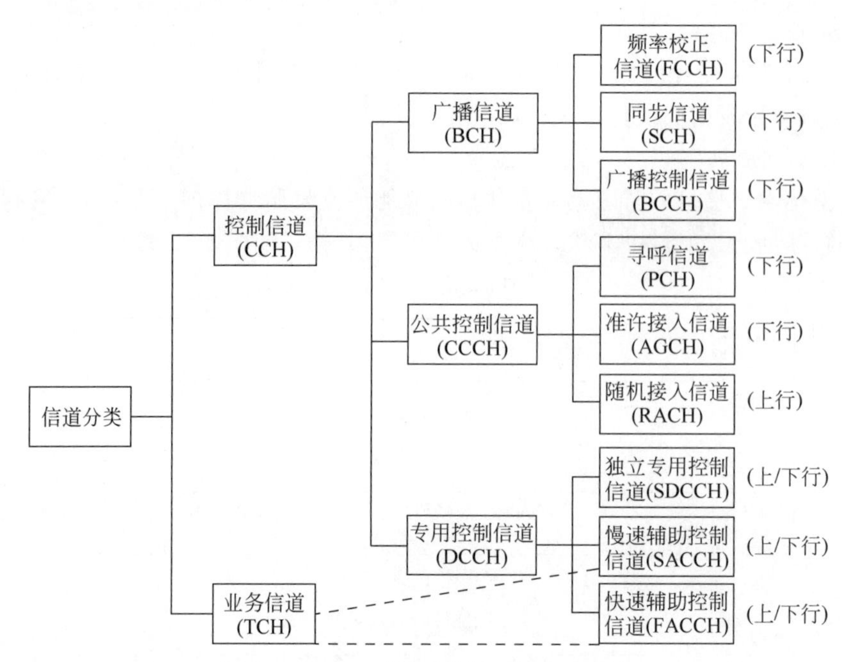

图 3-12 GSM 系统具体的逻辑信道分类

表 3-2 GSM 各逻辑信道的功能

逻辑信道	突发脉冲方式	方向	功能
频率校正信道	频率校正	BS→MS	广播用于校正终端频率的信息
同步信道	同步	BS→MS	广播帧同步和基站识别码信息
广播控制信道	普通	BS→MS	广播一般信息
寻呼信道	普通	BS→MS	传输基站寻呼移动台信息
随机接入信道	接入	BS←MS	用于终端随机提出入网申请,即请求分配一个 SDCCH
准许接入信道	普通	BS→MS	用于基站对终端的入网请求做出应答,即分配一个 SDCCH 或 TCH
独立专用控制信道	普通	BS↔MS	用于分配 TCH 之前传送信息
慢速辅助控制信道	普通	BS↔MS	伴随 TCH 或 SDCCH,双向传输信息
快速辅助控制信道	普通	BS↔MS	传输与 SDCCH 相同的信息,只是在没有分配 SDCCH 时才使用
业务信道	普通	BS↔MS	主要传输数字语音或数据,其次还可传输少量的控制信息

2) 逻辑信道到物理信道的映射

用于呼叫处理的各种逻辑信道和信令,实际上是以突发脉冲的形式在物理信道上传递的。由前面的分析知道,GSM 的逻辑信道数远多于 1 个载频所提供的 8 个物理信道,为确保信道利用率,也不可能用 1 个物理信道承载 1 个逻辑信道(业务信道除外),因此,有必要讨论一下逻辑信道是怎样映射到物理信道上去的。

假设一个小区有 n 个载频,为 $F_0,F_1,F_2,F_3,\cdots,F_{n-1}$,时隙数为 TS0,TS1,…,TS7。通常,将 F_0 载频中的 TS0 用作将公共信道承载广播信道和公用控制信道,如 BCCH、FCCH、SCH、PCH、AGCH 及 RACH 复用;TS1 承载专用控制信道,如 SDCCH、SACCH

复用。F_0 的 TS2…TS7 及 F_1…F_{n-1} 中的时隙都用来承载 TCH。在小容量地区和建站初期，也可以考虑采用 F_0 载频中的 TS0 承载全部控制信道，包括广播信道、公共控制信道和专用控制信道，这里只讨论前一种情况。

(1) 控制信道的映射。物理信道采用 51 帧组成的复帧传输控制信息，控制信道随突发脉冲不同，其组合的方式不同，并且上行传输和下行传输也不一样。

通常，BCH 和 CCCH 主要映射在 F_0 的 TS0 上，其在下行链路上的映射方式如图 3-13 所示。

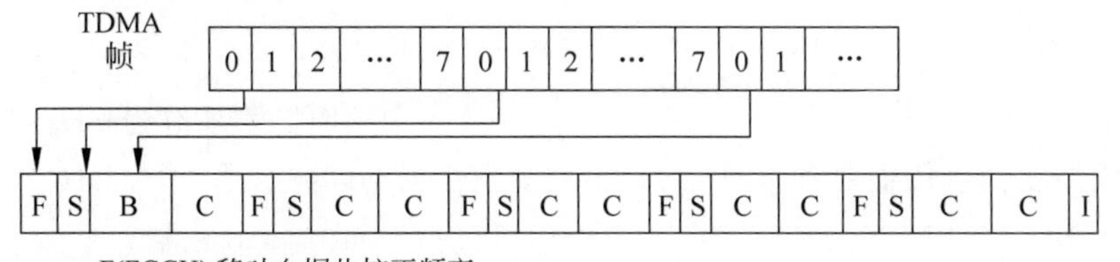

图 3-13　BCH 和 CCCH 在下行链路上的映射方式

BCH 和 CCCH 共占用 51 个 TS0 时隙，当出现空闲帧时复帧结束，虽然只占用了每帧的 TS0 时隙，所以序列是以 51 个 TDMA 帧为一个周期。

在没有寻呼或接入信息时，基站也在 F_0 发射 F、S 和 B，便于移动台测试基站信号的强度，及时调整使用哪个小区，只是此时 C(CCCH)用空位突发脉冲代替。

对于上行链路，F_0 上的 TS0 只用于移动台的接入，51 个 TDMA 帧均映射 RACH，其映射关系如图 3-14 所示。

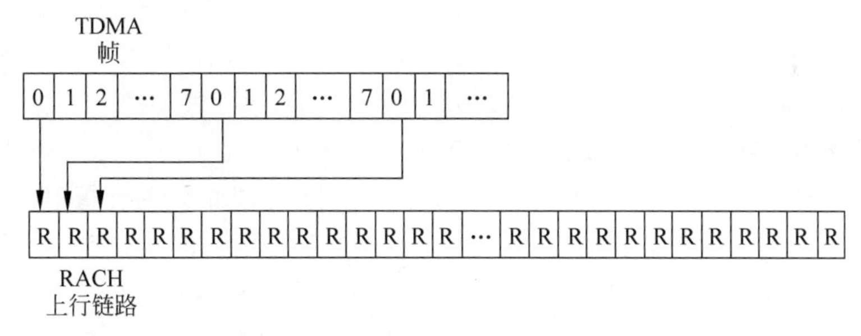

图 3-14　上行链路中，TS0 上 RACH 的映射关系

载频 F_0 上的 TS1 时隙用于将 DCCH 映射到物理信道上，其在下行链路上的映射关系如图 3-15 所示。

下行链路占用 102 个 TS1 时隙，时间上占了 102 个 TDMA 帧。由于呼叫建立和入网登记时比特率较低，所以可在 1 个时隙上放置 8 个专用控制信道，以提高时隙的利用率。

D0～D7 代表 SDCCH，其中每个 Dx 占 8 个时隙，只在移动台建立呼叫的时候使用，当移动台转移到业务信道(TCH)上开始通话或登记完后，Dx 就被释放用于其他的移动台。

A0～A7 代表 SACCH，每个 Ax 占用 4 个时隙，主要用于传输必要的控制信息。

用于专用控制信道时，上行链路 F_0 上的 TS1 与下行链路 F_0 上的 TS1 组织结构是相同的，只是它们在时间上有一个偏差。

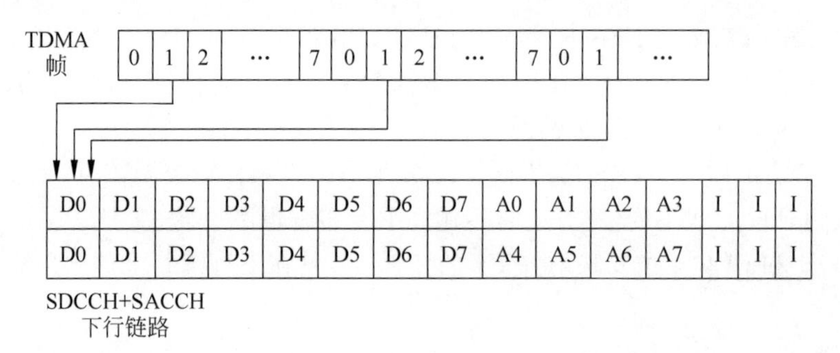

图 3-15 SDCCH 和 SACCH 在 TS1 上的映射关系

(2) 业务信道的映射。F_0 的 TS2…TS7 及 $F_1 \cdots F_{n-1}$ 中的时隙都用作 TCH。物理信道采用 26 帧组成的复帧来传输业务信息。TCH 到物理信道的映射关系如图 3-16 所示。

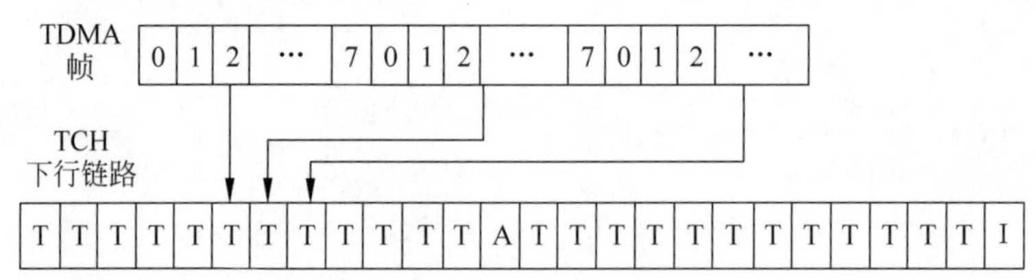

图 3-16 TCH 到物理信道的映射关系

图中只给了 TS2 时隙的映射关系，其中 T 代表 TCH，主要用于传输数据和语音；A 代表 SACCH，传输控制信令；I 为 IDLE 空闲帧。

4. GSM 中的信道特性和抗衰落技术

1) 信道特性

在移动通信中，经过处理的语音信号都是借助于无线信道来传播交换的，但是由于移动通信信道是一种极其复杂的时变信道，电波通过移动无线信道后，信号在时域或频域出现不同程度的交叠，从而产生了衰落失真，无线传播中出现的衰落特性主要有 3 种。

(1) 多径衰落。在无线通信领域，多径传播指无线电信号从发射天线经过多个路径抵达接收天线的传播现象。大气层对电波的散射、电离层对电波的反射和折射以及山峦、建筑等地表物体对电波的反射都会造成多径传播。多径传播会导致信号的衰落和相移，例如多径传播会带来额外的路径损耗，导致信号传输的突发性错误和码间干扰。

(2) 阴影衰落。移动通信中，阴影衰落是由障碍物阻挡造成的阴影效应，接收信号强度下降，但该强度值会随地理改变缓慢变化，又称慢衰落。

(3) 时延扩展。移动信道的多径环境引起的信号多径衰落可从时域角度方面进行描述：各路径长度不同使得信号到达时间不同，基站发送一个脉冲信号，则接收信号中不仅含有该信号，还包含有它的各个时延信号，这种由于多径效应使接收信号脉冲宽度扩展的现象，称为时延扩展。时延扩展会导致接收信号中一个码元扩展到其他的码元周期，引起码间干扰。

2) 抗衰落技术

GSM 采用了多种抗衰落技术来提高系统的传输性能，主要的措施如下。

(1) 信道编码。信道编码的本质是为了提高通信的可靠性，其过程是通过某种约定在源数据码流中加插一些码元，接收端解码时利用这些冗余信息检测误码并纠正错误，从而达到改善传输质量的目的。在GSM中，将20ms语音帧的信息码分为两类，第一类是182位对差错敏感的信息码；第二类是对差错不敏感的78位信息码。对第二类信息码不进行信道编码，对第一类信息码加入奇偶校验比特和尾比特，再使用(2,1,5)结构的卷积编码器进行编码。

(2) 交织编码。交织编码的目的是把一个较长的突发差错离散成随机差错，再用纠正随机差错的编码技术消除随机差错。交织深度越大，则离散度越大，抗突发差错能力也就越强，但交织深度越大，交织编码处理时间越长，从而造成数据传输时延增大，也就是说，交织编码是以时间为代价的，因此，交织编码属于时间隐分集。GSM的交织跨度为40ms，使用8×114的交织矩阵。

(3) 均衡和分集接收。均衡是指对信道特性的均衡，即接收端的均衡器产生与信道相反的特性，用来抵消信道的时变多径传播特性引起的码间干扰。GSM的实际传输带宽为200kHz，高于信道的相干带宽(150kHz左右)，因此，GSM需要采用均衡器去除频率选择性衰落的影响，均衡的算法有很多种，目前在GSM中使用最多的是Viterbi均衡算法。

分集接收是抗衰落的一种有效措施，GSM可选多天线接收(基站)和多径Rake接收(手机)两种分集接收方式。

(4) 跳频技术。跳频是把一个宽频段分成若干个频率间隔(称为频道或频隙)，由一个伪随机序列控制发射机在某一特定的驻留时间发送信号的载波频率。跳频分为快跳频和慢跳频，在GSM中采用的是慢跳频技术，因为在GSM中要求在整个突发脉冲期间传输的频隙保持不变，所以GSM每隔4.615ms改变一次载波频率，图3-17给出了GSM跳频示意图。

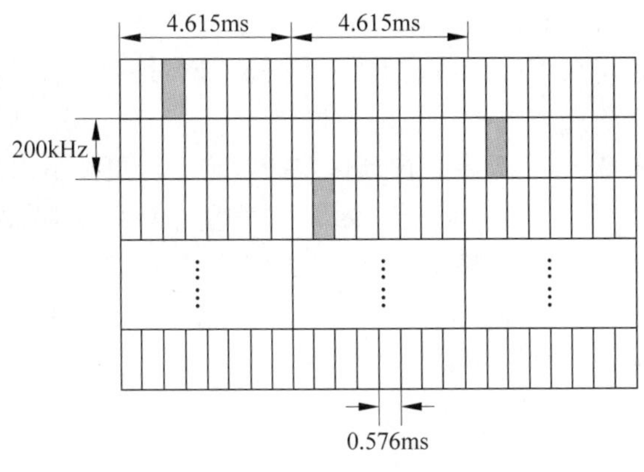

图3-17　GSM跳频示意图

跳频技术与直接序列扩频技术完全不同，是另外一种意义上的扩频。跳频的载频受一个伪随机码的控制，在其工作带宽范围内，其频率合成器按PN码的随机规律不断改变频率，这样可以将连续的同频干扰转变为间断的同频干扰，减少瑞利衰落的相关性，所以采用跳频技术可以进一步增强系统的抗干扰能力。

跳频虽然是GSM的可选项，但在实际运营系统中得到了广泛的应用。需要说明的是，BCCH和CCCH信道不使用跳频技术。

(5) 语音激活与功率控制。GSM中采用语音激活和功率控制技术可以有效地减少同信道的干扰。

语音激活技术也称为间断传输(DTx)技术,其基本原则是只在有语音信号时才打开发射机,其余时间都是关闭的,一方面可以减少干扰,提高了系统容量;另一方面减少移动台的电能消耗。

功率控制的目的是保证通信质量良好的前提下,使发射机的发射功率最小,平均功率的减少就会相应地降低同信道干扰。移动台在小区内移动时,当它离基站较近时,就降低发射功率,以减少对其他用户的干扰,当它离基站较远时,就相应地增加功率,来补偿远距离的路径衰耗。

GSM 总的功率控制范围为 30dB,调节的步长为 2dB,一共有 16 个等级,每改变一个等级需要 60ms。

3.3 GSM 控制与管理

GSM 是一个庞大的通信网络,结构复杂且功能繁多,为了保证移动用户能够方便、快捷、安全地通信,这就需要对各种设备和服务进行有效的控制和管理,其中控制和管理的主要内容有以下几个方面。

3.3.1 位置的登记和更新

GSM 的整个网络可以分为不同的位置区,并有相应位置区标志号,对于其中的移动用户,存储移动台位置信息的是 VLR 和 HLR。VLR 主要存放用户的临时位置信息,而 HLR 中存放着用户的基本信息,是永久性的,还有从 VLR 得到的临时数据。

对于新入网的用户,首先需通过 MSC 在相应的 HLR 中登记注册,移动台在移动过程中引起位置变化的信息需在 VLR 登记,这样便于通信网对移动台的监控。

移动用户位置信息的更新主要存在两种情况下:第一种情况,当移动用户从一个网络服务区到另一个网络服务区,移动台将向新区中的网络发送更新请求信息,网络端将移动台注册在新区的 VLR 中,同时 HLR 也随着 VLR 的信息进行更新,并通知旧区中的 VLR 删除用户的有关信息;第二种情况,移动台周期性更新。当网络在一定的时间内没有收到移动台的任何信息时,那么网络可能无法获知移动台的状况,为了随时掌控移动台的信息,系统就要求移动台在一定的时间内登记一次。

3.3.2 越区切换

所谓越区切换是指移动用户在通话期间从一个小区移动到另一个小区,网络能实时控制将移动台从原来的信道切换到新小区的某个信道,并且保持通话不间断。在 GSM 中对切换的控制是由 BS 和 MS 相互检测决定的。一般引起切换的原因有两个:一是当移动台的信号强度或质量下降到系统规定的参数以下,移动台将被切换到信号较强的小区;二是某小区的业务信道被全部占用或几乎全被占用,那么移动台将被切换到有空闲业务信道的相邻小区,不过前者是由移动台发起的,后者是由系统发起的。

越区切换主要分为以下 3 类。

(1) 同一 BSC 控制区内不同小区之间的切换,这种切换是最简单的。由 MS 发送信号强度报告,BSC 发出切换命令,MS 切换到新业务信道后告知 BSC,再由 BSC 通知 MSC,即可完成切换。其切换过程如图 3-18 所示。

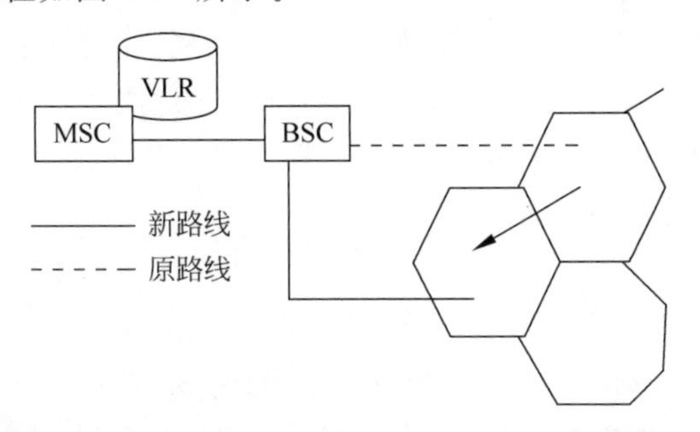

图 3-18 同一 BSC 控制区内不同小区之间的切换过程

(2) 同一 MSC/VLR 内不同 BSC 控制小区之间的切换。要完成此类切换,需有网络的参与。移动台向原 BSC 发送数据,再由 BSC 向 MSC 发送切换请求,待 MSC 与新区的 BSC 和 BTS 建立链路,并给移动台分配新的业务信道后,再命令 MS 切换到新区中,切换成功后 MSC 向原 BSC 发出"清除命令",并释放原占用的信道,呼叫完成后还需要进行位置的更新。这一类切换的过程如图 3-19 所示。

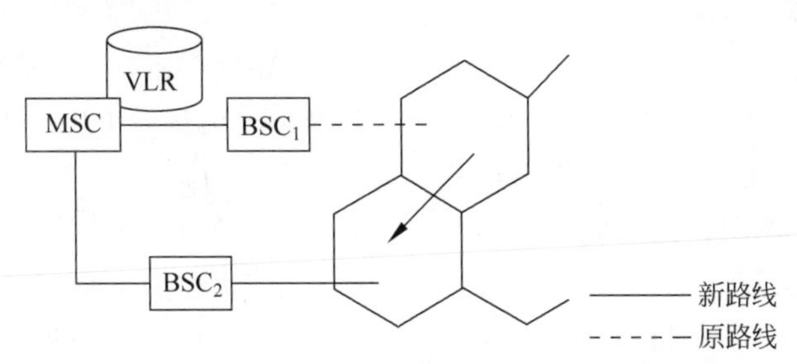

图 3-19 同一 MSC/VLR 内不同 BSC 控制小区之间的切换过程

(3) 不同 MSC/VLR 控制的小区之间的切换。这是一种最复杂的切换,因为移动台从一个 MSC 切换到另一个 MSC 中,需要进行很多次信息的传递。整个切换过程如图 3-20 所示。

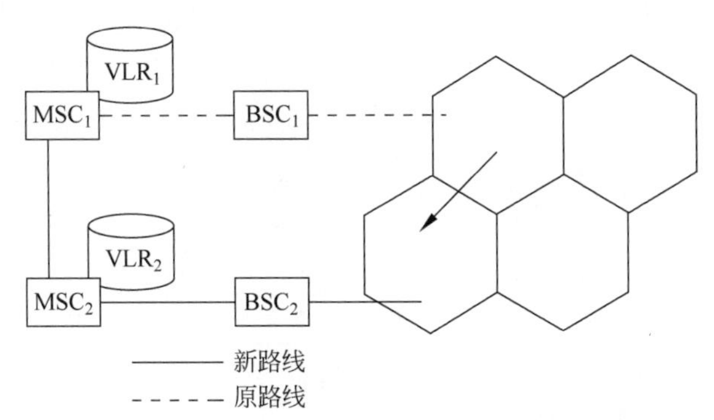

图 3-20 不同 MSC/VLR 控制的小区之间的切换过程

当移动台检测到所在区的信号强度很弱,而邻区的信号较强时,即可通过本区的 BSC_1 向 MSC_1 发送切换区域请求。接着由 MSC_1 向另一新的 MSC_2 转发切换请求,此请求信息中包含该 MS 的标志号和目标 BSC_2 的标志号。MSC_2 收到请求后通知 VLR_2 给移动台分配"切换号码"和"无线信道",然后向 MSC_1 回复"切换号码",如果无空闲信道,那么 MSC_2

通知 MSC_1 结束此次切换。

MSC_1 收到“切换号码”后，在 MSC_1 和 MSC_2 之间建立“地面有线链路”。

MSC_2 向 BSC_2 发出“切换命令”，MSC_1 向 MS 发送“切换命令”，MS 收到命令后就切换到新的业务信道上，而 BSC_2 向 MSC_2 发送“切换证实”信息，MSC_2 收到信息后就通知 MSC_1 结束切换，MSC_1 释放 MS 原来占用的信道。

微课视频 14

3.3.3 鉴权与加密

移动通信网络受到的安全威胁主要来自两方面：一是空中接口，包括窃听、假冒、重放、跟踪、数据完整性侵犯和业务流分析；二是网络和数据库，包括网络内部攻击、数据库非法访问和对业务的否认。后者是所有通信网络面临的问题，解决措施是相同的；前者是因为移动网络收发无线电波引起的。通常，无线传输比固定线路传输更易受到窃听和欺骗，所以移动通信系统首先必须解决两个问题：第一，对用户进行认证，防止未注册用户的欺骗性接入；第二，对无线路径加密，以防止第三方窃听。为了保证用户的安全通信，GSM 采用了鉴权和加密技术来保护网络的安全。鉴权可以确认用户的合法性，防止非法用户的“入侵”，加密是防止第三者的窃听，保护用户的私密性。

GSM 中，为鉴权和加密提供了 3 种算法，即 A3、A5 和 A8 算法，鉴权中心(AUC)为鉴权和加密提供了一个 3 参数组，即随机数(RAND)、符号响应(SRES)和加密密钥(K_c)，其产生过程如图 3-21 所示。对于新入网的用户，系统为其分配一个 128 位(bit)的鉴权密钥 K_i 和一个 15 位的 IMSI，均存储在 AUC 和 SIM 卡中。在 HLR 的请求下，AUC 中首先产生一个 128 位的随机数(RAND)；然后通过鉴权算法 A3 和加密算法 A8，用 RAND 和 K_i 分别计算出 32 位的 SRES 和 64 位的 K_c；最后将 RAND、SRES 和 K_c 送至 HLR。

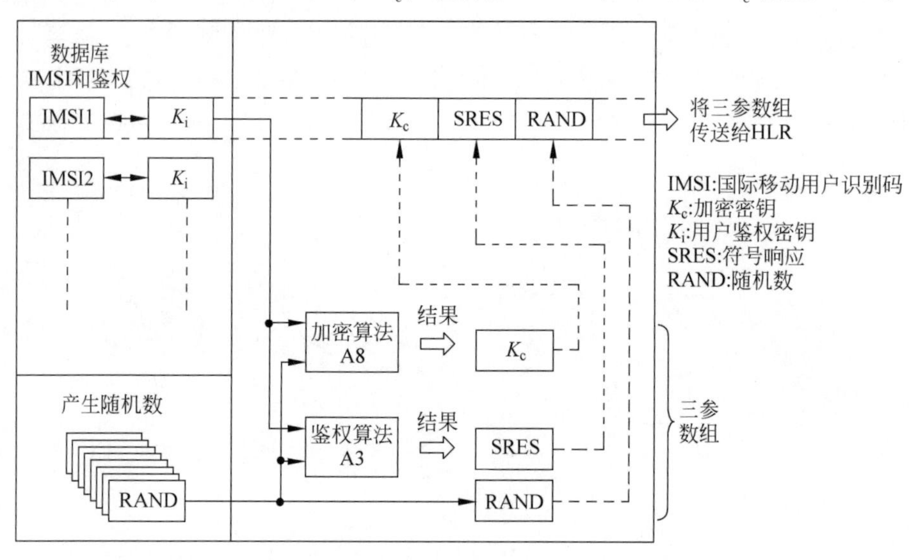

图 3-21 AUC 中产生 3 参数组的过程

将 GSM 采用的安全措施描述如下。

1. 鉴权

移动台的主叫和被叫过程中都存在鉴权流程，当移动台请求入网时，首先需进行鉴权，

VLR 通过 BSS 向移动台发送 RAND，移动台使用该 RAND 和 K_i 通过算法 A3 计算出 SRES，然后把 SRES 回送给 VLR，与网络端的 SRES 比较，验证其合法性。GSM 中，IMSI 和 K_i 一起构成了网络借以鉴别用户的重要"身份证件"，网络对用户的认证协议采用典型的"问-答"机制。

2. 加密

为确保 BTS 和移动台之间交换信息(包括信令和数据)的私密性，在此过程中采用了一个加密程序。在鉴权计算 SRES 的同时，移动台利用算法 A8 计算出了 K_c，加密开始时，根据 MSC/VLR 发出的加密模式命令，在移动台侧，将 K_c、TDMA 帧号通过加密算法 A5，对用户信息数据加密，并将加密信息回送到 BTS 中，BTS 再根据帧号和 K_c，利用 A5 算法将加密信息解密，如无错误则告知 MSC/VLR。GSM 对上下行传输信息进行双向加密，其过程如图 3-22 所示，22 位的 TDMA 帧号和 64 位的 K_c 通过 A5 算法产生两个 114 位的块 BLOCK1 和 BLOCK2，BLOCK1 与发送出去的 114 位数据相异或以加密，BLOCK2 与接收到的 114 位数据相异或以解密。

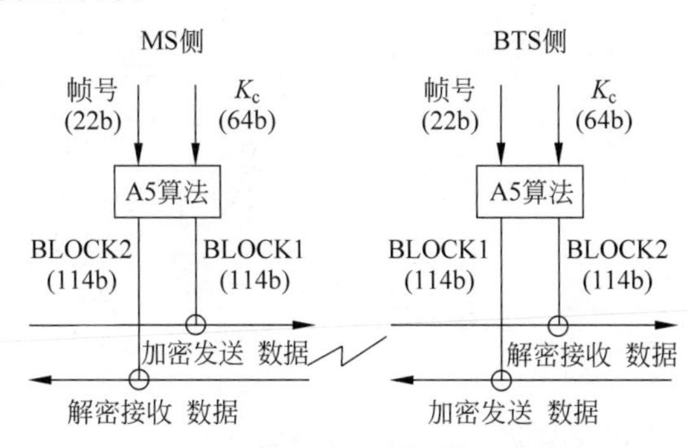

图 3-22　GSM 加密模式传输过程

3. 移动设备识别

移动设备识别的目的是确保系统中使用的移动设备不是盗用或非法的设备，对于每个移动台，都有唯一的一个国际移动台设备识别码(IMEI)，在设备标志寄存器中存储了所有的移动台的 IMEI。设备标志寄存器中定义了 3 种设备清单。

(1) 白名单。合法的国际移动台设备识别码。

(2) 灰名单。是否允许使用由运营者决定，例如包括有故障或未经型号认证的国际移动台设备识别码。

(3) 黑名单。被禁止使用的国际移动台设备识别码。

当移动台发出呼叫请求时，MSC/VLR 要求其发送 IMEI，获得移动台的 IMEI 后，将 IMEI 发送给 EIR，进行名单核对，EIR 将鉴定的结果传送给 MSC/VLR，由其决定是否允许移动台建立呼叫。

4. 国际移动用户识别码(IMSI)保密

为了防止他人非法监听和盗用 IMSI，当移动台向系统请求某种服务，例如位置的更新、呼叫建立或业务激活，需要在无线链路上传输 IMSI 时，MSC/VLR 将给移动台分配一个临时的 TMSI 代替 IMSI，仅在位置更新错误或移动台得不到 TMSI 时才使用 IMSI。IMSI 是唯一且不变的，而 TMSI 是不断更新的，这种更新在每一次移动性管理过程都发生，因此确保了 IMSI 的安全性。

3.4 IS-95 CDMA 系统概述

IS-95 CDMA 系统是由美国高通公司设计并于 1995 年投入运营的窄带 CDMA 系统，美国通信工业协会(TIA)基于该窄带 CDMA 系统颁布了 IS-95 CDMA 标准系统,因此,它与 GSM 都是第二代移动通信的主要系统。

IS-95 标准全称是“双模式宽带扩频蜂窝系统的移动台-基站兼容标准”,IS-95 标准提出了“双模系统”,该系统可以兼容模拟和数字操作,从而易于模拟蜂窝系统和数字系统之间的转换。

IS-95 CDMA 系统由 3 个独立的子系统组成,即移动台(MS)、基站子系统(BSS)和网络交换子系统(NSS),如图 3-23 所示。总体来看,其网络结构和 GSM 是相近的。

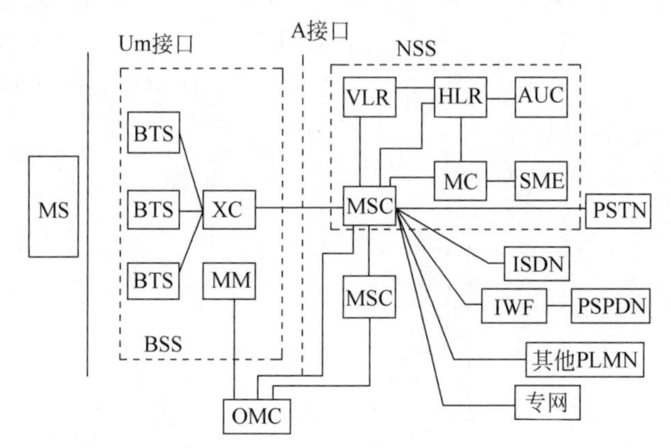

图 3-23 IS-95 CDMA 系统网络结构

移动台是双模移动台,与 AMPS 模拟 FDMA 系统兼容。基站子系统是设于某一地点、服务于一个或几个蜂窝小区的全部无线设备及无线信道控制设备的总称,主要包括集中基站控制器(CBSC)和若干个基站收发信机(BTS),CBSC 由码转换器(XC)和移动管理器(MM)组成。

网络交换子系统包括移动交换中心(MSC)、归属位置寄存器(HLR)、访问位置寄存器(VLR)、鉴权中心(AUC)、消息中心(MC)、短消息实体(SME)和操作维护中心(OMC)。MSC 是完成对位于它所服务的区域中的移动台进行控制、交换的功能实体,也是蜂窝网与其他公用交换网或其他 MSC 之间的用户话务的自动设备。VLR 是 MSC 作为检索信息用的位置登记器,例如它可以处理发至或来自一个拜访用户的呼叫信息。HLR 是为了记录注册用户身份特征的归属位置寄存器,登记的内容是用户信息,例如 ESN、DN、IMSI(MIN)、服务项目信息、当前位置、批准有效时间段等。AUC 是一个管理与移动台相关的鉴权信息的功能实体。MC 是一个存储和传送信息的实体。SME 是一个合成和分解短消息的实体。

该系统是一种直接序列扩频 CDMA 系统,它允许同一小区内的用户使用相同的无线信道,完全取消了对频率规划的要求。工作频段为 1.2288MHz,可提供 64 个码道。为了克服多径效应,采用了 Rake 接收、交织和天线分集技术。CDMA 系统具有频率资源共享的特点,具有越区软切换能力。为了减少远近效应,采用了严格的功率控制技术。前向链路和反向链路采用不同的调制扩频技术,在前向链路上,基站通过采用不同的扩频序列同时发送小区内全部用户的用户数据,同时还要发送一个导频码,使得所有移动台在估计信道条件时,可以使用相干载波检测;在反向链路上,所有移动台以异步方式响应,并且由于基站的功率控制,理想情况下,每个移动台具有相同的信号电平值。

IS-95 CDMA 蜂窝系统开发的声码器采用码激励线性预测(CELP)编码算法,也称为QCELP 算法,其基本速率是 8Kb/s,但是可随输入语音消息的特征而动态地分为 4 种,即 8Kb/s、4Kb/s、2Kb/s、1Kb/s,可以 9.6Kb/s、4.8Kb/s、2.4Kb/s、1.2Kb/s 的信道速率分别传输。

在数字蜂窝通信系统中,全网必须具有统一的时间标准,这种统一而精确的时间基准对CDMA 蜂窝系统来说尤为重要。

CDMA 蜂窝系统利用"全球定位系统"(GPS)的时间,GPS 的时间和"世界协调时间"(UTC)是同步的,二者之差是秒的整倍数。

各基站都配有 GPS 接收机,保持系统中各基站有统一的时间基准,称为 CDMA 系统的公共时间基准。移动台通常利用最先到达并用于解调的多径信号分量建立时间基准。如果另一条多径分量变成了最先到达并用于解调的多径分量,则移动台的时间基准要跟踪到这个新的多径分量。

3.5 IS-95 CDMA 的空中接口

微课视频 15

3.5.1 IS-95 CDMA 的正向信道

1. 正向传输逻辑信道

IS-95 CDMA 蜂窝系统的信道示意图如图 3-24 所示,包含 1 个导频信道、1 个同步信道、7 个寻呼信道和 55 个业务信道。

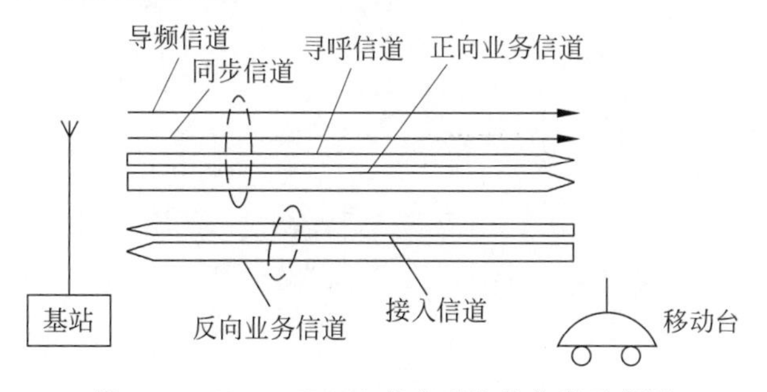

图 3-24　IS-95 CDMA 蜂窝系统的信道示意图

导频信道:导频信道传输由基站连续发送的导频信号,导频信号是一种无调制的直接序列扩频信号,使移动台可迅速而精确地捕获信道的定时信息,并提取相干载波进行信号的解调。移动台通过对周围不同基站的导频信号进行检测与比较,可以决定什么时候需要进行越区切换。

同步信道:同步信道主要传输同步信息,在同步期间,移动台利用此同步信息进行同步调整;一旦同步完成,它通常不再使用同步信道,但当设备关机重新开机时,还需要重新进行同步。当通信业务量很多,所有业务信道均被占用而不敷用时,此同步信道也可临时改作业务信道使用。

寻呼信道:寻呼信道在呼叫接续阶段传输寻呼移动台的信息。移动台通常在建立同步后,接着就选择一个寻呼信道来监听系统发出的寻呼信息和其他指令。在需要时,寻呼信道可以改作业务信道使用,直至全部用完。

正向业务信道:正向业务信道共有 4 种传输速率(9600b/s、4800b/s、2400b/s、1200b/s)。

业务速率可以逐帧(20ms)改变,以动态地适应通信者的语音特征。例如,发音时传输速率提高,停顿时传输速率降低,这样做,有利于减少 CDMA 系统的多址干扰,以提高系统容量。在业务信道中,还要插入其他的控制信息,如链路功率控制和越区切换指令等。

2. 正向传输

IS-95 CDMA 正向信道传输结构如图 3-25 所示。

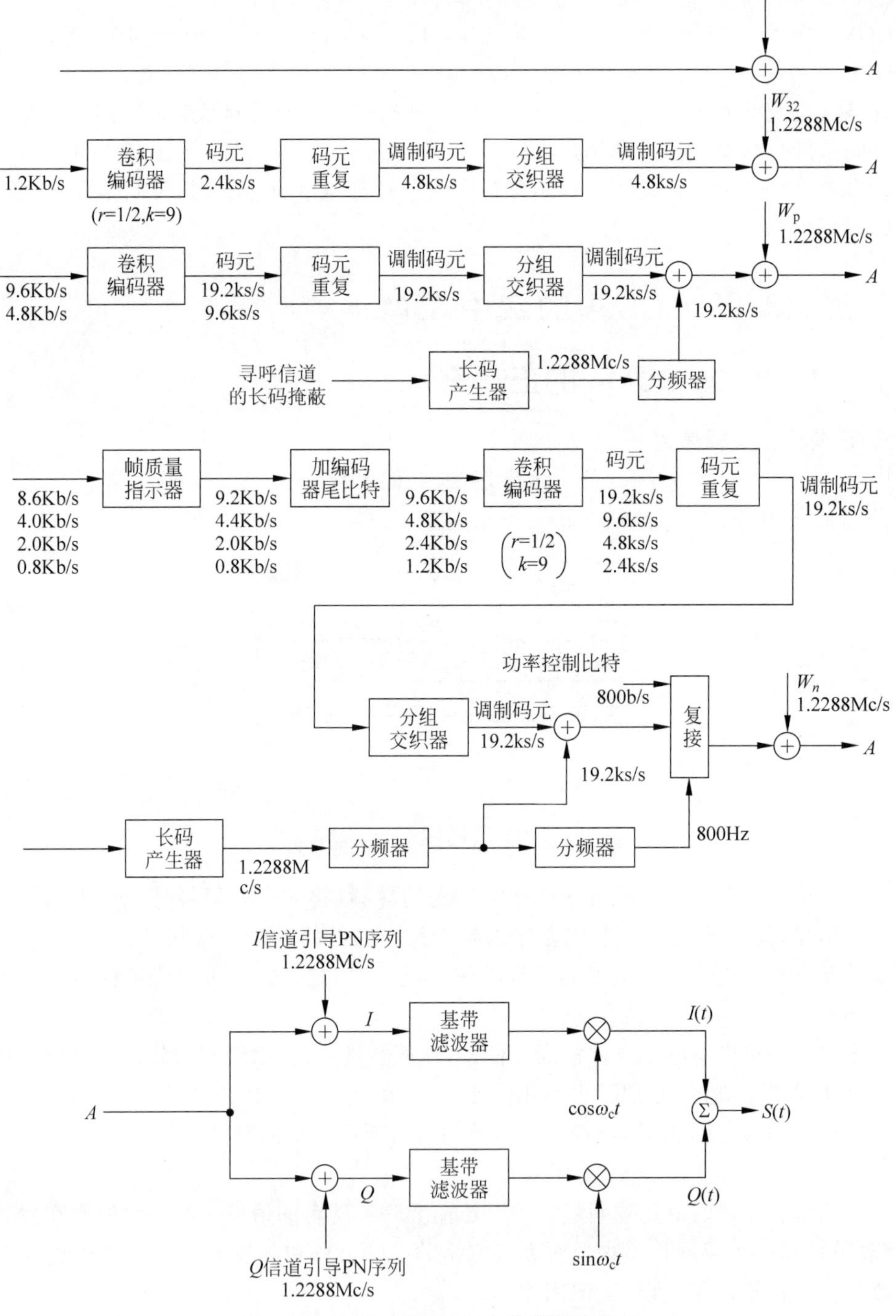

图 3-25 IS-95 CDMA 正向信道传输结构

1）数据速率

同步信道的数据速率为 1200b/s，寻呼信道为 9600b/s 或 4800b/s，正向业务信道为 9600b/s、4800b/s、2400b/s 和 1200b/s。正向业务信道的数据在每帧（20ms）末尾有 8b，称为编码器尾比特，它的作用是把卷积编码器置于规定的状态。此外，在 9600b/s 和 4800b/s 的数据中都含有帧质量指示比特（即 CRC 检验比特），前者为 12b，后者为 8b。因此，正向业务信道的信息速率分别是 8.6Kb/s、4.0Kb/s、2.0Kb/s 和 0.8Kb/s。

2）卷积编码

数据在传输之前都要进行卷积编码，卷积码的码率为 1/2，约束长度为 9。

3）码元重复

对于同步信道，经过卷积编码后的各个码元，在分组交织之前，都要重复一次（每个码元连续出现 2 次）。对于寻呼信道和正向业务信道，只要数据率低于 9600b/s，在分组交织之前都要重复。速率为 4800b/s 时，各码元要重复 1 次（每码元连续出现 2 次）；速率为 2400b/s，各码元要重复 3 次（每码元连续出现 4 次）；速率为 1200b/s，各码元要重复 7 次（每码元连续出现 8 次）。这样做可以使各种信息速率均变成相同的调制码元速率，即 19 200 个调制码元每秒。

4）分组交织

所有码元在重复之后都要进行分组交织，同步信号所用的交织跨度等于 26.666ms，相当于码元速率为 4800s/s 时的 128 个调制码元宽度。交织器组成的阵列是 8 行×16 列（即 128 个单元）。寻呼信道和正向业务信道所用的交织跨度等于 20ms，这相当于码元速率为 19 200b/s 时的 384 个调制码元宽度。交织器组成的阵列是 24 行×16 列（即 384 个单元）。

5）数据掩蔽

数据掩蔽用于寻呼信道和正向业务信道，其作用是为通信提供保密。掩码器把交织器输出的码元流和按用户编址的 PN 序列进行模 2 加。这种 PN 序列是工作在时钟为 1.2288MHz 的长码，每一调制码元长度为 $1.2288\times10^6/19\,200=64$ 个 PN 子码宽度。长码经分频后，其速率变为 19 200s/s，因而送入模 2 相加器进行数据掩蔽的是每 64 个子码中的第一个子码起作用。

6）正交扩频

为了使正向传输的各个信道之间具有正交性，在正向 CDMA 信道中传输的所有信道都要用六十四进制的 Walsh 函数进行扩展。号码为 0 的 Walsh 函数 $W0$ 分配给导频信道，号码为 32 的 Walsh 函数 $W32$ 分配给同步信道。号码为 1～7 的 Walsh 函数 $W1$～$W7$ 分配给寻呼信道，其余 Walsh 函数分配给正向业务信道。Walsh 函数的子码速率为 1.2288Mc/s，并以 52.083μs（$64/1.2288\times10^6$）为周期重复，此周期就是正向业务信道调制码元的宽度。

7）四相扩展

在正交扩展之后，各种信号都要进行四相扩展。四相扩展所用的序列为引导 PN 序列，引导 PN 序列的作用是给不同基站发出的信号赋予不同的特征，便于移动台识别所需的基站。不同的基站使用相同的 PN 序列，但各自采用不同的时间偏置。不同的时间偏置用偏置系数表示，偏置系数共 512 个，编号为 0～511。偏置时间等于偏置系数乘以 64，单位是 PN 序列子码数目。引导 PN 序列的周期长度是 32 768/1 228 800＝26.66ms，即每 2s 有 75 个 PN 序列周期。

8）信道参数

表 3-3～表 3-5 分别是 IS-95 CDMA 系统的同步信道参数、寻呼信道参数和正向业务信道参数。

表 3-3　同步信道参数

参　数	数据率(1200b/s)
PN 子码速率(Mc/s)	1.2288
卷积编码码率	1/2
码元重复后出现次数	2
调制码元速率(s/s)	4800
每调制码元子码数	256
每比特的子码数	1024

表 3-4　寻呼信道参数

参　数	数据率(b/s)	
	9600	4800
PN 子码速率(Mc/s)	1.2288	1.2288
卷积编码码率	1/2	1/2
码元重复后出现次数	1	2
调制码元速率(s/s)	19 200	19 200
每调制码元子码数	64	64
每比特的子码数	128	256

表 3-5　正向业务信道参数

参　数	数据率(b/s)			
	9600	4800	2400	1200
PN 子码速率(Mc/s)	1.2288	1.2288	1.2288	1.2288
卷积编码码率	1/2	1/2	1/2	1/2
码元重复后出现次数	1	2	4	8
调制码元速率(s/s)	19 200	19 200	19 200	19 200
每调制码元子码数	64	64	64	64
每比特的子码数	128	256	512	1024

3.5.2　IS-95 CDMA 的反向信道

1. 反向传输逻辑信道

接入信道：当移动台没有使用业务信道时，接入信道提供移动台到基站的传输通路，在其中发起呼叫，对寻呼进行响应以及传送登记注册等短信息。接入信道和正向传输中的寻呼信道相对应，以相互传送指令、应答和其他有关的信息。

反向业务信道：与正向业务信道相对应。

2. 反向传输

IS-95 CDMA 反向信道传输的结构如图 3-26 所示。

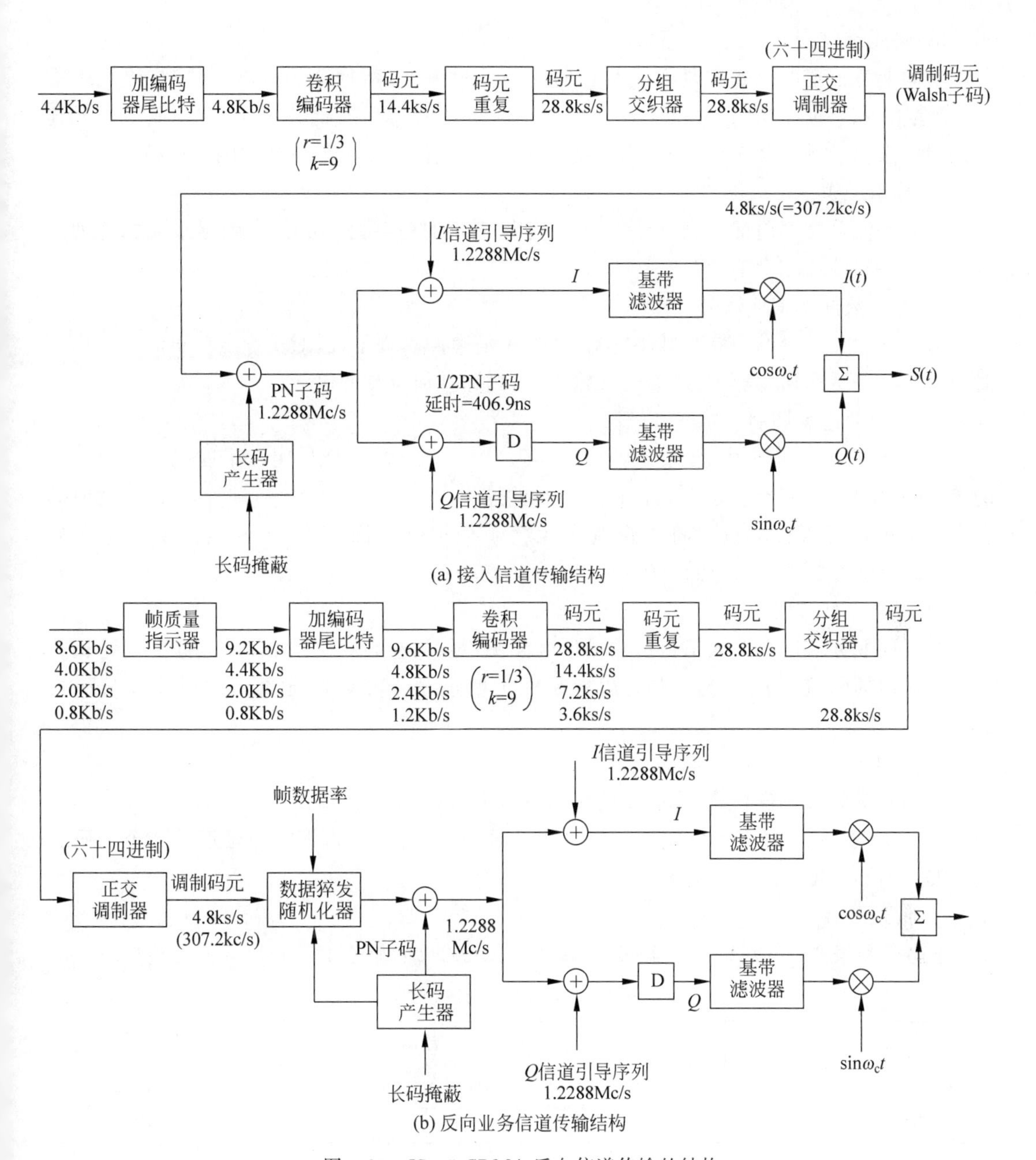

(a) 接入信道传输结构

(b) 反向业务信道传输结构

图 3-26　IS-95 CDMA 反向信道传输的结构

1）数据速率

接入信道用 4800b/s 的固定速率。反向业务信道用 9600b/s、4800b/s、2400b/s 和 1200b/s 的可变速率。两种信道的数据中均加入编码器尾比特，用于把卷积编码器复位到规定的状态。

2）卷积编码

接入信道和反向业务信道所传输的数据都要进行卷积编码，卷积码的码率为 1/3，约束长度为 9。

3）码元重复

反向业务信道的码元重复方法和正向业务信道一样，数据率为 9600b/s 时，码元不重复；数据率为 4800b/s、2400b/s 和 1200b/s 时，码元分别重复 1 次、3 次和 7 次（每一码元连续出现 2 次、4 次和 8 次）。这样就使得各种速率的数据都变换成 28 800 码元每秒。

4）分组交织

所有码元重复之前都要进行分组交织，分组交织的跨度为 20ms，交织器组成的阵列是 32 行×18 列（即 576 个单元）。

5）可变数据速率传输

为了减少移动台的功耗和减小它对 CDMA 信道产生的干扰，对交织器输出的码元用一时间滤波器进行选通，只允许所需码元输出，而删除其他重复的码元。

6）正交多进制调制

在反向 CDMA 信道中，把交织器输出的码元每 6 个作为 1 组，用六十四（$2^6=64$）进制的 Walsh 函数之一进行传输。调制码元的传输速率为 28 800/6＝4800s/s，调制码元的时间宽度为 1/4800＝208.333μs，每 1 调制码元含 6 个子码，因此 Walsh 函数的子码速率为 64×4800＝307.2kc/s，相应的子码宽度为 3.255μs。

7）直接序列扩展

在反向业务信道和接入信道传输的信号都要用长码进行扩展，前者是数据猝发随机化产生器输出的码流与长码模 2 加；后者是六十四进制正交调制器输出的码流和长码模 2 加。

8）四相扩展

反向 CDMA 信道四相扩展所用的序列就是正向 CDMA 信道所用的 I 与 Q 引导 PN 序列，经过 PN 序列扩展之后，Q 支路的信号要经过一个延迟电路，把时间延迟 1/2 个子码宽度（409.901ns），再送入基带滤波器。

9）信道参数

表 3-6 和表 3-7 分别给出了 IS-95 CDMA 系统的反向业务信道和接入信道参数。

表 3-6 反向业务信道参数

参　　数	数据率（b/s）			
	9600	**4800**	**2400**	**1200**
PN 子码速率（Mc/s）	1.2288	1.2288	1.2288	1.2288
卷积编码码率	1/3	1/3	1/3	1/3
传输占空比（%）	100	50	25	12.5
码元速率（s/s）	28 800	28 800	28 800	28 800
每调制码元的码元数	6	6	6	6
调制码元的速率（s/s）	4800	4800	4800	4800
Walsh 子码速率（kc/s）	370.20	370.20	370.20	370.20
调制码元宽度（μs）	208.33	208.33	208.33	208.33
每码元的 PN 子码数	42.67	42.67	42.67	42.67
每调制码元的 PN 子码数	256	256	256	256
每 Walsh 子码的 PN 子码数	4	4	4	4

表 3-7 接入信道参数

参 数	数据率(4800b/s)
PN 子码速率(Mc/s)	1.2288
卷积编码码率	1/3
码元重复出现次数	2
传输占空比(%)	100
码元速率(s/s)	28 800
每调制码元的码元数	6
调制码元的速率(s/s)	4800
Walsh 子码速率(kc/s)	370.20
调制码元宽度(μs)	208.33
每码元的 PN 子码数	42.67
每调制码元的 PN 子码数	256
每 Walsh 子码的 PN 子码数	4

3.6 IS-95 CDMA 的控制功能

3.6.1 软切换

软切换是指移动台开始与新的基站通信但不立即中断它和原来基站通信的一种切换方式,软切换只能在同一频率的 CDMA 信道中进行。软切换是 CDMA 蜂窝系统独有的切换方式,可有效地提高切换的可靠性,而且若移动台处于两个小区的交界处,软切换能提供正向业务信道分集,也能提供反向业务信道的分集,从而保证通信质量;如采用硬切换,两个小区的基站在该处的信号电平都较弱而且有起伏变化,这会导致移动台在两个基站之间反复要求切换(即"乒乓"现象),从而重复地往返传送切换信息,使系统控制的负荷加重,或引起过载,并增加了中断通信的可能性。

同样,软切换的前提是要及时了解各基站发射的信号到达移动台接收地点的强度。因此,移动台必须对基站发出的导频信号不断进行测量,并把测量结果通知基站。

基站发出的导频信号在使用相同频率时,只由引导 PN 序列的不同偏置来区分,每一可用导频要与它同一 CDMA 信道中的正向业务信道配合才有效。当移动台检测到一个足够强的导频而它未与任何一个正向业务信道相配合时,就向基站发送一导频测量报告,于是基站就给移动台指定一正向业务信道和该导频相对应,这样的导频称为激活导频或称有效导频。

同一 CDMA 信道的导频分为 4 组。

(1) 激活组。和分配给移动台的正向业务信道结合的导频。

(2) 候补组。未列入激活组,但具有足够的强度表明它与正向业务信道结合并能成功地被解调。

(3) 邻近组。未列入激活组和候补组,但可作为切换的备用导频。

(4) 剩余组。未列入上述 3 组的导频。

当移动台驶向一基站,然后又离开该基站时,移动台收到该基站的导频强度先由弱变强，接着又由强变弱，因而该导频信号可能由邻近组和候补组进入激活组，然后又返回邻近组，如图 3-27 所示。在此期间，移动台和基站之间的信息交换如下。

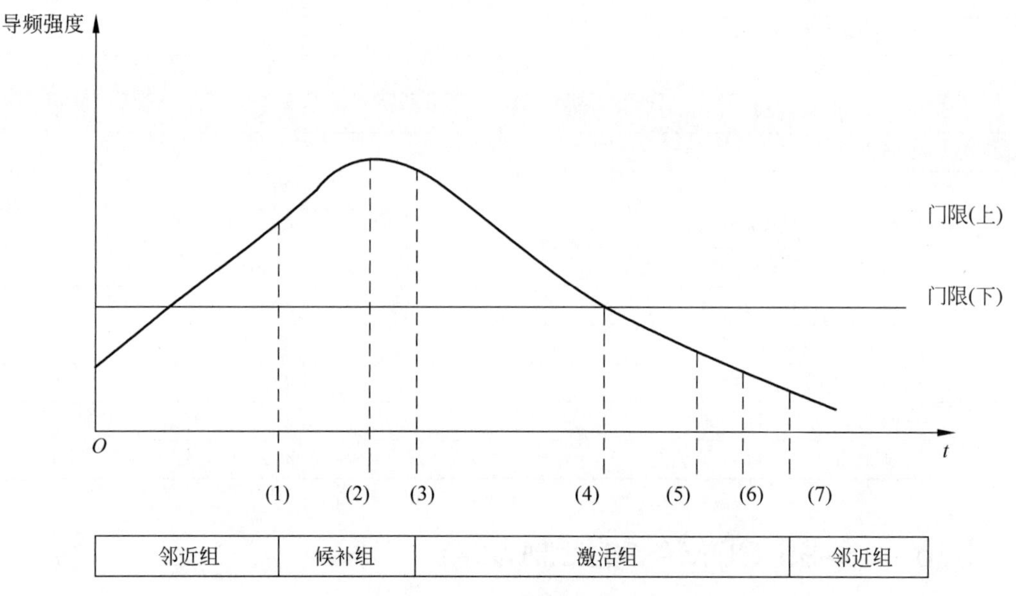

图 3-27 软切换过程

(1) 导频强度超过门限(上)，移动台向基站发送一导频强度测量消息，并把导频转换到候补组。

(2) 基站向移动台发送一切换引导消息。

(3) 移动台把导频转换到激活组，并向基站发送一切换完成消息。

(4) 导频强度降低到门限(下)之下，移动台启动切换下降计时器。

(5) 切换下降计时器终止；移动台向基站发送一导频测量消息。

(6) 基站向移动台发送一切换消息。

(7) 移动台把导频从激活组转移到邻近组，并向基站发送一切换完成消息。

3.6.2 软容量

在 FDMA、TDMA 系统中，当小区服务的用户数达到最大信道数，已满载的系统绝对无法再增添一个信号，此时若有新的呼叫，该用户只能听到忙音。而在 CDMA 系统中，用户数目和服务质量之间可以相互折中，灵活确定。例如，系统经营者可以在话务量高峰期将误帧率稍微提高，从而增加可用信道数。同时，当相邻小区的负荷较轻时，本小区受到的干扰减少，容量就可适当增加。

体现软容量的另一种形式是小区呼吸功能，所谓小区呼吸功能就是指各个小区的覆盖大小是动态的，当相邻两个小区负荷一轻一重时，负荷重的小区通过减小导频发射功率，使本小区的边缘用户由于导频强度不够，切换到相邻小区，使负荷分担，即相当于增加了容量。这项功能对切换也特别有用，可避免信道紧缺而导致呼叫中断。在模拟系统和数字 TDMA 系统中，如果一条信道不可用，呼叫必须重新被分配到另一条信道，或者在切换时中断。但是在 CDMA 系统中，在一个呼叫结束前，可以接纳另一个呼叫。

3.6.3 功率控制

1. 功率控制功能

CDMA 系统中所有的移动台在相同的频段工作，所以其中任意一个用户的通信信号对其他用户的通信都是一个干扰。通话的用户数越多，互相之间的干扰就越大，解调器输入端的信噪比就越低。当干扰达到一定的限度时，系统就不能正常工作了，就 CDMA 系统的容量来说，是干扰受限系统（FDMA 和 TDMA 是频率受限系统）。为了获得大容量、高质量的通信，CDMA 移动通信系统必须具有功率控制功能。

功率控制包括反向链路的功率控制和正向链路的功率控制，反向链路的功率控制是分布式控制，用来控制移动台的发射功率大小，使得基站接收到的所有移动台发射到基站的信号功率基本相等。反向链路的功率控制使得各个用户之间相互干扰最小，并能达到克服“远近效应”（指当基站同时接收两个距离不同而发射功率相同的移动台发来的信号时，由于距离基站较近的移动台信号较强，距离较远的移动台信号较弱，则距离基站近的移动台的强信号将对另一移动台信号产生严重的干扰）的目的。正向链路功率控制是调整基站向移动台发射的功率，是集中式功率控制，使任一移动台无论处于蜂窝小区中的任何位置上，收到基站发来的信号电平都恰好达到信干比所要求的门限值。做到这一点，就可以避免基站向距离近的移动台辐射过大的信号功率，也可以防止或减小由于移动台进入传播条件恶劣或背景干扰过强的地区而发生误码率增大或通信质量下降的现象。

2. 反向功率控制方法

进行反向功率控制的办法可以是在移动台接收并测量基站发来的信号强度，并估计正向传输损耗，然后根据这种估计来调节移动台的反向发射功率。如果接收信号增强，就降低其发射功率；若接收信号减弱，就增加其发射功率。

功率控制的原则是：当信道的传播条件突然改善时，功率控制应做出快速反应，以防止信号突然增强而对其他用户产生附加干扰；相反，当传播条件突然变坏时，功率调整的速度可以相对慢一些。也就是说，宁可单个用户的信号质量短时间恶化，也要防止许多用户的背景干扰都增大。

这种功率控制方式也称开环功率控制法，其优点是方法简单、直接，不需要在移动台和基站之间交换控制信息，因而控制速度快并且节省开销。这种方法对于某些情况，例如，车载移动台快速驶入（或驶出）地形起伏区或高大建筑物遮蔽区所引起的信号变化是十分有效的，但是对于信号因多径传播而引起的瑞利衰落变化则效果不好。这是指正向传输和反向传输使用的频率不同，通常两个频率的间隔大大超过信道的相干带宽，因此不能认为移动台在正向信道上测得的衰落特性就等于反向信道上的衰落特性。为了解决这个问题，可采用闭环功率控制法，即由基站检测来自移动台的信号强度，并根据测得的结果形成功率调整指令，通知移动台，使移动台根据此调整指令来调节其发射功率。

为了使反向功率控制有效而可靠，开环功率控制法和闭环功率控制法可以结合使用。

3. 正向功率控制方法

和反向功率控制的方法类似，正向功率控制可以由移动台检测其接收信号的强度，并不断比较信号电平和干扰电平的比值。如果此比值小于预定的门限值，移动台就向基站发出增加功率的请求；如果此比值超过了预定的门限值，移动台就向基站发出减小功率的请求。

基站收到调整功率的请求后,即按一定的调整量改变相应的发射功率。同样,正向功率控制也可在基站检测来自移动台的信号强度,以估计反向传输的损耗并相应调整其发射功率。

3.6.4 安全机制

第二代移动通信系统的CDMA网络无线接入安全机制采用4种安全算法:①蜂窝鉴权与语音加密(CAVE)算法,这是北美系统标准,用于查询/响应鉴权协议和密钥生成;②专用长码掩码(PLCM)算法,用于控制扩频序列,然后将扩频序列与语音数据异或实现语音保密;③基于线性反馈移位寄存器(LFSR)的流密码ORYX(由4个发明者名字的首字母命名)算法,用于无线用户数据加密服务;④增强的分组加密算法(ECMEA),是对称密码,用于加密信令消息,包括短消息。

1. 鉴权

IS-95 CDMA系统提供网络对移动台的单向鉴权,一个成功的鉴权需要移动台和网络端处理一组完全相同的共享秘密数据(SSD)。现有的规范中定义了两种主要的鉴权过程——全局查询鉴权和唯一查询鉴权,全局查询鉴权在移动台主呼、移动台被呼和移动台位置登记时执行,又称为共用RAND方式;唯一查询鉴权由基站在下列情况下发起,即全局查询鉴权失败、切换、在语音信道上鉴权、移动台闪动请求、SSD更新。上述鉴权过程都包括了查询响应过程和SSD更新过程。

鉴权过程涉及的主要参数有如下。

(1) ESN(电子序列号),长32位,是移动终端的唯一标识,由手机制造商分配。

(2) IMSI_S,是由IMSI得来的,并由10位数字(34位)组成的号码。

(3) A_ Key,长64位,是根密钥,保存在移动台和HLR/AUC中。

(4) SSD,长128位,可分为SSD_A和SSD_B两部分,各为64位,分别用于鉴权和产生子密钥。

(5) COUNT,长16位,其中低6位有效,用来记录移动台接入网络总数。

查询响应过程和SSD更新过程涉及的其他相关参数如表3-8所示。

表3-8 查询响应过程和SSD更新过程涉及的其他相关参数

参　数	长度(位)	说　明
RANDC	8	全局查询响应过程使用的随机数
AUTHR	18	全局查询响应过程的输出参数
RANDU	24	唯一查询响应过程使用的随机数
AUTHU	18	唯一查询响应过程的输出参数
RANDSSD	56	SSD更新过程使用的随机数
RANDBS	32	基站随机数
AUTHBS	18	SSD更新过程的输出参数

1) 全局查询响应过程

移动台首先向基站发起接入请求,接着移动台根据基站的RANDC计算得到AUTHR,即AUTHR=CAVE(IMSI,ESN,SSD_A,RANDC),同时,基站使用相同的RANDC进行相同计算得到一个AUTHR。如果移动台和基站拥有相同的RANDC、AUTHR和COUNT,则鉴权成功,认为此移动台是合法的;否则就发起唯一查询响应或更新SSD。

2）唯一查询响应过程

首先基站生成RANDU发送给移动台，接着移动台将其作为CAVE算法的输入参数并执行算法，即AUTHR＝CAVE(IMSI，ESN，SSD_A，RANDU)。然后移动台将计算结果AUTHU发送给基站，基站使用它内部的SSD_A值与移动台相同的算法计算出AUTHU，两者AUTHU相比较，若相同，则鉴权成功；若不相同，则基站拒绝访问或发起SSD更新。

3）SSD更新过程

SSD是存储在移动台用户识别UIM卡中半永久性128b的共享秘密数据，其产生过程如图3-28所示。SSD更新成功后，基站会发起唯一查询响应。执行两次CAVE算法，计算输出用于验证的结果值AUTHBS。第一次CAVE算法中以A_Key、ESN及RANDSSD为参数，计算得到SSD_new，输出SSD_A_new、SSD_B_new。然后移动台选择随机数RANDBS并在反向信道上发送给基站。基站和移动台各以RANDBS为输入参数并执行第二次CAVE算法，分别得到用于验证的结果值AUTHBS。

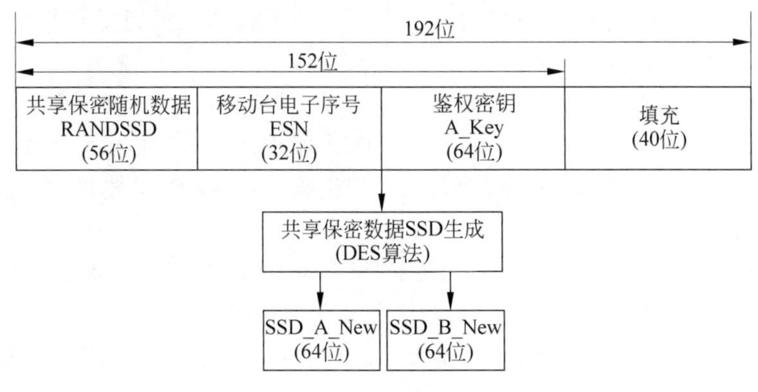

图3-28　SSD产生过程

2. 加密

IS-95 CDMA系统采用两类加密模式：一是信源消息加密，又包括外部加密方式和内部加密方式；二是信道输入信号加密。IS-95 CDMA系统可以对下列不同业务加密。

1）语音加密。

IS-95 CDMA系统中语音加密是通过长码掩码(PLCM)进行PN扩频实现的，终端利用SSD_B和CAVE算法产生专用长码掩码、64位的CMEA密钥、32位的数据加密密钥。终端和网络利用专用长码掩码来改变PN码的特性，改变后的PN码用于语音置乱，进一步增强了IS-95 CDMA空中接口的保密性。

2）信令信息加密。

为了加强鉴权过程和保护用户的敏感信息，需要对信令信息的某些字段进行加密；终端和网络利用CMEA密钥和CMEA算法来加密解密空中接口的信令信息。

3）用户数据保密。

ORYX是基于LSFR的流密码，用于用户数据加密，由于出口限制，密钥长度被限制在32b以内。ORYX被证明是不安全的。

3. 与GSM安全机制的比较

GSM鉴权技术相对于CDMA系统鉴权技术而言要简单得多，所有场合下的鉴权都一视同仁,处理机制完全相同。由此可知,CDMA 系统的鉴权机制和规程相对于 GSM 要复杂得多,这主要是由 CDMA 的安全保密体制及其算法本身决定的。GSM 和 CDMA 的安全机制都基于私钥密码技术,都具有一个主密钥;都提供匿名、认证和保密服务,所有算法秘密设计,没有经过公开的安全论证就投入使用。GSM 中,主密钥 K_i 直接用于产生认证签名。CDMA 系统中,主密钥 A_Key 并不直接用于认证,而是由它生成中间密钥 SSD,再由 SSD 产生认证签名和子密钥,这是 CDMA 系统的一个优点。

GSM 和 IS-95 CDMA 都只对移动台采用单向鉴权,对来自网络的攻击和假冒没有防范功能。加密密钥都采用私钥机制,加密复杂度有待加强。

本章小结

GSM 由移动台、基站子系统和网络子系统组成,网络子系统由 MSC(移动交换中心)和 OMC(操作维护中心)以及 HLR(归属位置寄存器)、VLR(访问位置寄存器)、AUC(鉴权中心)和 EIR(设备标志寄存器)等组成。

在 GSM 中,每个载频,在时间上被定义为一个一个 TDMA 帧(简称为帧)相连接,每个 TDMA 帧包括 8 个时隙(TS0～TS7),所有 TDMA 帧中同号时隙提供一个物理信道。

GSM 采用的抗衰落技术包括信道编码、交织编码、均衡技术、分集接收、跳频技术、语音激活技术和功率控制技术等。

GSM 采用的安全措施有:鉴权、加密、EMSI 的使用和 IMSI 保护等。

CDMA 是以扩频通信技术为基础的数字移动通信中的一种多址接入方式,可以在系统中使用多种先进的信号处理技术,为系统带来了许多优点:软容量、软切换、高的语音质量和低发射功率、抗干扰能力强、保密。

就系统容量而言,CDMA 系统是干扰受限的系统,而 FDMA 和 TDMA 是带宽受限的系统。

功率控制技术对移动通信来说是一项重要的技术,它对 CDMA 系统显得尤为重要,它是克服“远近效应”的有力措施。

第二代移动通信系统的 CDMA 网络无线接入安全机制采用 4 种安全算法:①蜂窝鉴权与语音加密(CAVE)算法,这是北美系统标准,用于查询/响应鉴权协议和密钥生成;②专用长码掩码(PLCM)算法,用于控制扩频序列,然后将扩频序列与语音数据异或实现语音保密;③基于线性反馈移位寄存器(LSFR)的流密码 ORYX(由 4 个发明者名字的首字母命名)算法,用于无线用户数据加密服务;④增强的分组加密算法(E_CMEA)为对称密码,用于加密信令消息,包括短消息。

习题

3-1 移动台国际身份号码和国际移动用户识别码之间有什么区别?它们各自有什么用途?试画出它们的格式结构。

3-2 GSM 中,常规突发序列中的训练序列的作用是什么?为什么要将其放在突发序列的中间?如果放在两端,会出现什么效果?

3-3 GSM 的逻辑信道有哪些？说明其逻辑信道映射到物理信道的一般规律。

3-4 GSM 采用了哪些抗衰落技术？简要说明这些技术的原理。

3-5 GSM 在通信安全性方面采取了哪些措施？

3-6 说明 CDMA 蜂窝系统比 TDMA 蜂窝系统获得更大容量的原因。

3-7 为什么说 CDMA 系统具有软切换和软容量的特点？它们各自有什么好处？

3-8 GSM 为什么要采用均衡技术？CDMA 系统为什么又不需要采用均衡技术？

3-9 IS-95 CDMA 系统有哪些物理信道？这些信道各自完成什么功能？

3-10 试说明 IS-95 CDMA 系统的正向信道的传输结构和反向信道的传输结构。

3-11 IS-95 CDMA 系统中，下行引导 PN 序列是为了区分什么？上行引导 PN 序列又是为了区分什么？对于下行引导 PN 序列，不同的基站使用相同的 PN 序列，但各自采用不同的时间偏置，如果两个基站的偏置系数相差 10，则相差的 PN 码元数为多少？偏置时间相差多少？

3-12 IS-95 CDMA 系统中，为什么上行的卷积码的码率比下行的大？

3-13 解释 IS-95 CDMA 反向传输中的正交多进制调制过程。

3-14 CDAM 系统为什么要采用功率控制技术？按照技术特点功率控制技术如何分类？

3-15 第二代移动通信系统的 CDMA 网络无线接入安全机制采用哪 4 种算法？试比较 GSM 和 IS-95 CDMA 系统的安全机制。

第 4 章 B2G 移动通信系统

CHAPTER 4

通常，将 2G 向 3G 过渡的移动通信系统称为 B2G，它们中的主要代表有 GPRS（通用分组无线服务）、EDGE（GSM 演进的增强数据速率）和 CDMA 2000 1x 等。

4.1 GPRS 系统

微课视频 16

4.1.1 GPRS 总述

1. GPRS 的概念

GPRS 是通用分组无线服务的简称，是 GSM 在 Phase 2+阶段提供的分组数据业务，它采用基于分组传输模式的无线 IP 技术以一种有效的方式来传送高速和低速数据及信令。GSM/GPRS 网是 GSM 网络的升级，也是 GSM 向 3G 演进的重要阶段。

GPRS 的标准化开始于 1994 年，并在 1997 年取得重要进展，发布了 GPRS Phase 1 的业务描述，它的目标是提供高达 171.2Kb/s 的分组数据业务。2001 年，英国 BT Cellne 公司成为第一家向公众市场开放 GPRS 的移动运营商。

2. GPRS 的特点

GPRS 采用的分组交换模式克服了电路交换的数据传输速率低、资源利用率低的缺点，其主要特点如下。

(1) 资源共享，频率利用率高。GPRS 的信道分配原则是“多个用户共享，按需动态分配”。它的基本思想是将一部分可用的 GSM 信道专门用来传送分组数据，由 MAC 协议管理多址接入，多用户可以协调对带宽的利用。

(2) 数据传输速率高。系统可根据可用资源和用户需求来确定为每个用户分配 TDMA 帧 8 个时隙中的一个或多个，从而达到较高的数据传输速率。

(3) 实行动态链路适配，具有灵活多样的编码方案。GPRS 具有适用于不同信道环境的 4 种信道编码方案，可以根据接收信号质量的改变选择最优编码方案，使吞吐量达到最大。

(4) 用户一直处于在线连接状态，接入速度快。GPRS 的“永远在线”意味着不会丢失任何重要的 E-mail；永久连接意味着不用建立呼叫，打开一个 PDA（掌上电脑）或 WAP（无线应用协议）电话就可以直接使用。

(5) 向用户提供 4 种 QoS 类别的服务，并且用户 QoS 的配置是可以协商的。

（6）支持X.25协议和IP协议。GPRS标准对GPRS与X.25网和IP网的接口做出了规定，易于实现数据网之间的互连。

（7）采用数据流量计费。用户可以保持一直在线，只有在读取数据的时候占用资源和进行付费，改变以往按连接时间计费的方式，这将节约用户资费，从而吸引更多用户。

3. GPRS的业务

GPRS能够向用户提供丰富的业务类型，从更大程度上满足用户的各种需求，其具体业务类型包括承载业务、用户终端业务、补充业务，此外还支持短消息、匿名接入等其他业务。其中，承载业务包括点对点和点对多点两类业务；用户终端业务有信息点播业务、E-mail业务、会话业务、远程操作业务、单向广播业务和双向小数据量事务处理业务等；其短消息业务可通过GPRS信道传送进行，从而使效率大大提高。

4. GPRS的网络结构

GPRS的分组数据网络重叠在GSM网络上，若将现有GSM网络改造为能提供GPRS业务的网络需要增加3个主要单元，即SGSN（GPRS服务支持节点）、GGSN（GPRS网关支持节点）和PCU（分组控制单元）。SGSN的工作是对移动终端进行定位和跟踪，并发送和接收移动终端的分组；GGSN将SGSN发送和接收的GSM分组按照其他分组协议（如IP）发送到其他网络；PCU负责许多GPRS相关功能，比如接入控制、分组安排、分组组合及解组合。GPRS的网络结构如图4-1所示。

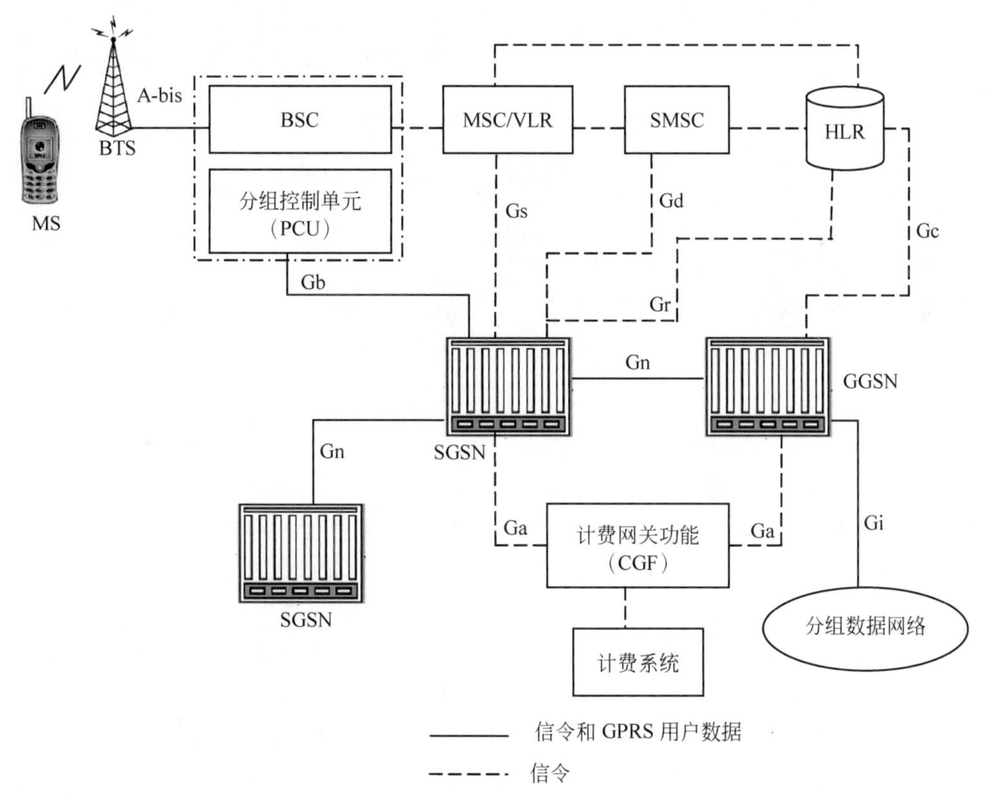

图4-1 GPRS的网络结构

SGSN是GPRS网的主要成分，它负责分组的路由选择和传输，在其服务区负责将分组递送给移动台，它是为GPRS移动台构建的GPRS网的服务访问点。当高层的协议数据单元(PDU)要在不同的 GPRS 网络间传递时,源 SGSN 负责将 PDU 进行封装,目的 SGSN 负责解封装和还原 PDU。在 SGSN 之间采用 IP 协议作为骨干传输协议,整个分组的传输过程采用隧道协议。GGSN 也维护相关的路由信息,以便将 PDU 通过隧道传送到正在为移动台服务的 SGSN,SGSN 完成路由和数据传输所需的与 GPRS 用户相关的信息均存储在 HLR 中。

SGSN 还有很多功能,例如处理移动管理和进行鉴权操作,并且具有注册功能。SGSN 连接到 BSC,处理从主网使用的 IP 协议到 SGSN 和移动台之间使用的 SNDCP(依赖子网的汇聚协议)和 LLC(逻辑链路控制)和协议转换,包括处理压缩和编码的功能。

GGSN 像互联网和 X.25 一样,用于和外部网络的连接,从外部网络的角度看,GGSN 是到子网的路由器,因为 GGSN 对外部网络"隐藏"了 GPRS 的结构。

GPRS 共用 GSM 的基站,增加的 PCU 通常和 BSC 配置在一起,处理 GPRS 分组业务。

由于新增了网络单元,GPRS 系统在 GSM 系统的基础上增加了 Ga、Gb、Gc、Gd、Gn、Gr 和 Gs 共 7 类接口。

4.1.2 GPRS 协议模型

GPRS 的协议模型如图 4-2 所示,它是一种分层的协议结构形式。

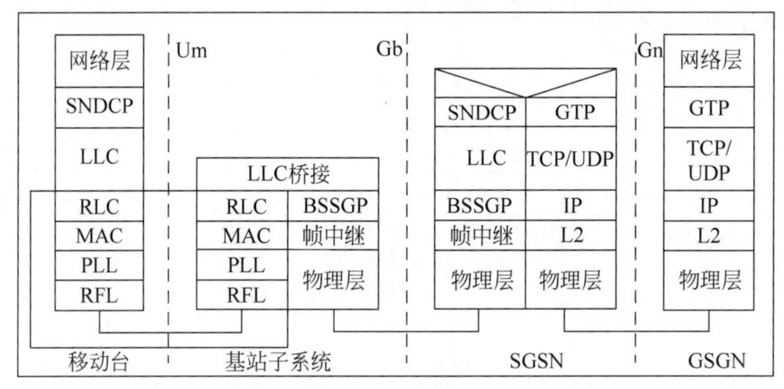

注:图中将无线接口的物理层分为了物理链路层(PLL)和物理射频层(RFL)

图 4-2 GPRS 的协议模型

GPRS 隧道协议(GTP)用来在 GPRS 支持节点(GSN)之间传送数据和信令,它在 GPRS 的骨干网中通过隧道的方式来传输 PDU。所谓隧道,是在 GSN 之间建立的一条路由,使得所有由源 GSN 和目的 GSN 服务的分组都通过该路由进行传输。为了实现这种传输,需要将源分组重新封装成以目的 GSN 为目的地址的分组在 GPRS 骨干网中传输。

GTP 的下层是基于 TCP/IP 协议簇的标准 IP 骨干网。

在 SGSN 和移动台之间,SNDCP 将网络层的协议映射到下面的 LLC(逻辑链路控制)层,提供网络层业务的复接、加密、分段、压缩等功能。

LLC 层在移动台和 SGSN 之间向上层提供可靠、保密的逻辑链路,它独立于下层而存在。LLC 层有两种转发模式,确认模式和非确认模式。LLC 协议的功能是基于 LAPD(链路接入步骤 D)协议的。

RLC/MAC 层通过 GPRS 无线接口物理层提供信息传输服务,它定义了多个用户共享信道的步骤。RLC(无线链路控制)层负责数据块的传输,采用选择式 ARQ 协议来纠正传输错误；MAC(介质访问控制)层基于时隙 ALOHA 协议，控制移动台的接入请求，进行冲突分解，仲裁来自不同移动台的业务请求和进行信道资源分配。

物理链路层(PLL)负责前向纠错、交织、帧的定界和检测物理层的拥塞等；物理射频层(RFL)完成调制解调、物理信道结构和传输速率的确定、收发信机的工作频率和特性确定等。

LLC 在 BSS 处分为两段，BSS 的功能称为 LLC 桥接。在 BSS 和 SGSN 之间，BSS GPRS 协议(BSSGP)负责传输路由和与 QoS 相关的信息，BSSGP 工作在帧中继(Frame Relay)的协议之上。

4.1.3 GPRS 空中接口

1. GPRS 的空中接口协议模型

在 GPRS 系统中，移动台与网络之间的接口为 Um 接口，即空中接口，它在 GPRS 网络的传输面和 MS-SGSN 信令面为移动台的网络接入、数据传输、移动性管理等传输与控制提供底层的功能支持。GPRS 空中接口的协议模型如图 4-3 所示，通信协议层自下而上为物理射频层、物理链路层、RLC 层、MAC 层、LLC 层和 SNDCP 层，各层的主要功能在 GPRS 总体协议模型已介绍。下面主要介绍各层中数据流的形成。

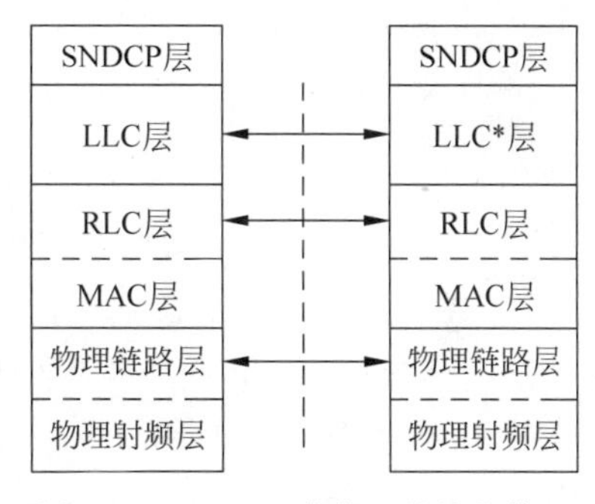

图 4-3 GPRS 空中接口的协议模型

注：* 表示在网络侧，LLC 在 BSS 和 SGSN 之间分开

1) 物理层

物理层包括物理链路层和物理射频层。物理链路层负责提供空中接口的各种逻辑信道，GSM 空中接口的载频带宽为 200kHz，一个载频分为 8 个物理信道，如果 8 个物理信道都分配为传送 GPRS 数据，则原始数据速率可达 200Kb/s。考虑前向纠错码开销，则最终数据速率可达 171.2Kb/s 左右。物理射频层规定了调制方式以及无线射频指标。

GPRS 采用了新型的信道编码方式，可以支持 CS-1、CS-2、CS-3、CS-4 四种方式，如表 4-1 所示。对应的速率不同，它们对无线环境也有不同的要求。无线环境宽松的情况下，可采用 CS-1、CS-2 编码，但是速率较低；而 CS-3、CS-4 用于无线环境要求较高的情况下，速率较高。理论上，在无干扰的理想环境下，采用无保护码元的 CS-4 编码方式。

表 4-1 GPRS 信道编码方式

编码方式	编码率	单时隙速率	8 时隙速率
CS-1	1∶2	9.05Kb/s	72.4Kb/s
CS-2	2∶3	13.4Kb/s	107.2Kb/s
CS-3	3∶4	15.6Kb/s	124.8Kb/s
CS-4	1∶1	21.4Kb/s	171.2Kb/s

2) MAC 层

GPRS 的 MAC 协议称为主从动态速率接入(MSDRA)协议，它采用复帧结构，每 1 个复帧由 51 帧或 52 帧组成，这与 GSM 每 1 个复帧由 26 帧组成不同。利用复帧组成的物理信道结构，如图 4-4 所示(51 帧结构)，图中水平方向为 1 个复帧中不同时隙的编号，垂直方向每个

TDMA 帧中的时隙编号(图中仅给出了 4 个时隙的情况,其他时隙的情况类似)。在该结构中,4 个时隙传输 1 个基本的无线数据块,用作分组数据信道(PDCH)。每个无线数据块中的 4 个时隙是由相邻帧的时隙组成的,而不是由同一帧中的时隙组成的。例如,一个无线数据块由如下 4 个时隙组成:第 n 帧中的第 k 时隙+第($n+1$)帧中的第 k 时隙+第($n+2$)帧中的第 k 时隙+第($n+3$)帧中的第 k 时隙,$k=0,1,\cdots,7$;$n=4,8,\cdots,48$。

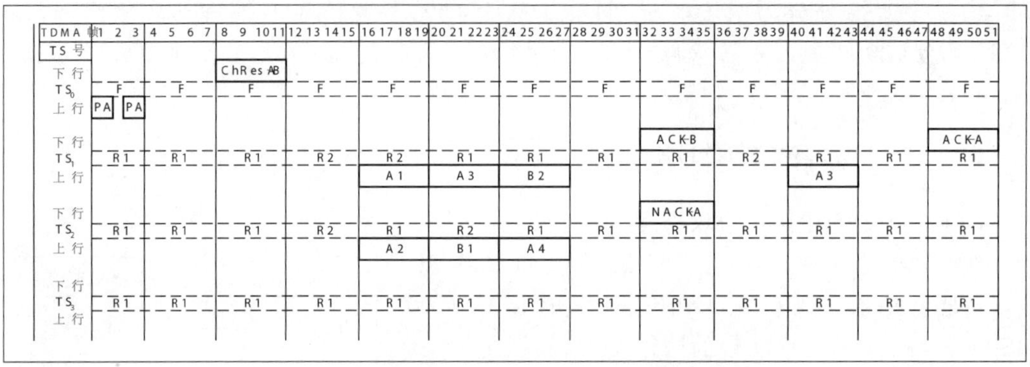

图 4-4 GPRS 的多时隙多帧结构(51 帧结构)

在 GPRS 中,逻辑信道都可以映射到 PDCH 上。除 PTCCH(分组定时提前量控制信道)外,其他信道都占用 4 个突发(时隙)。

采用 52 帧的 PDCH 复帧结构如图 4-5 所示,PDCH 的复帧结构包括 52 个 TDMA 帧,划分为 12 个数据块(每个数据块包含 4 帧)、2 个空闲帧和为 PTCCH 保留的 2 帧。

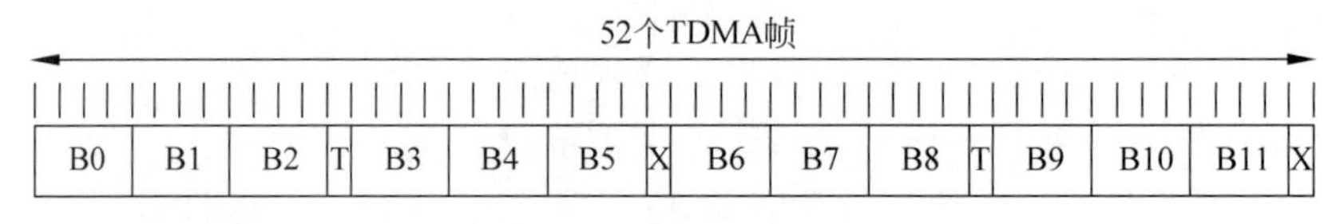

图 4-5 PDCH 的复帧结构

X=空闲帧

T=用于 PTCCH 的帧

$B_1 \sim B_{11}$=无线块

3) 无线数据块的结构

无线数据块的结构如图 4-6 所示,分为用户数据块和控制块。在 RLC 数据块中包括 RLC 头和 RLC 数据,MAC 头包括上行状态标志域(USF)、块类型指示域(T)和功率控制域(PC)。

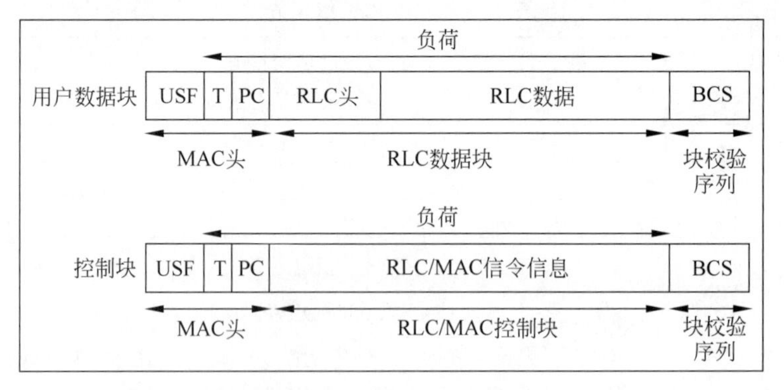

图 4-6 无线数据块的结构

4）数据流形成

在 GPRS 的空中接口中传输的完整数据流如图 4-7 所示。网络层的协议数据单元（N-PDU）在 SNDCP 层进行分段后传给 LLC 层；LLC 层添加帧头和帧校验序列后形成 LLC 帧；LLC 帧在 RLC/MAC 层再进行分段后，封装成 RLC 块；RLC 块经过卷积编码和打孔后形成 456 位的无线数据块；无线数据块再分解为 4 个突发后，在 4 个时隙中传输。

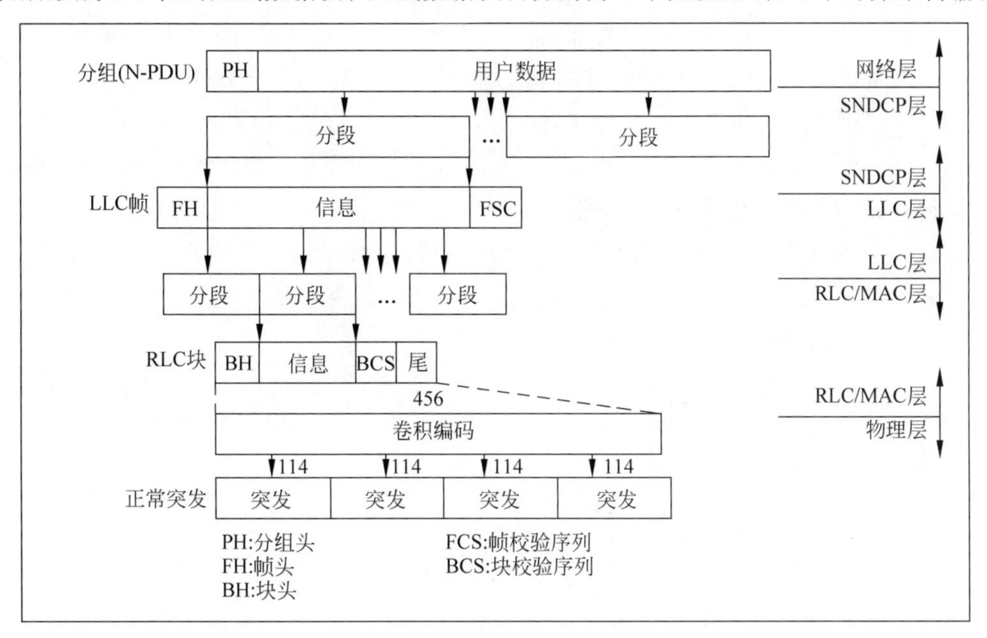

图 4-7　在 GPRS 的空中接口中传输的完整数据流

2. GPRS 空中接口的逻辑信道

与 GSM 相似，GPRS 中定义的分组逻辑信道分为分组业务信道和分组控制信道。将这些逻辑信道的功能描述如下。

（1）分组公共控制信道（PCCCH）。

① 分组随机接入信道（PRACH），用于移动台在上行链路上发起分组信令或数据的传送。

② 分组寻呼信道（PPCH），用于网络在下行链路分组传送之前寻呼移动台。

③ 分组接入允许信道（PAGCH），用于网络在下行链路分组传送之前分配资源。

④ 分组通知信道（PNCH），用于将点对多点的多播通知发送给移动台组。

（2）分组专用控制信道（PDCCH）。

① 分组随路控制信道（PACCH），这是一个双向信道，在分组传送期间，负责在移动台和网络间传递信令和其他信息。

② 分组定时提前量控制信道（PTCCH），用于给多个移动台传送定时提前量控制信息。

（3）分组广播控制信道（PBCCH），是一个下行单向信道，用于广播与分组数据相关的系统参数，以便于移动台接入 GPRS 网络，进行分组传输。

（4）分组数据业务信道（PDTCH），用于在上行链路或下行链路上经空中接口传送实际的用户数据。

4.1.4 GPRS 的移动性管理和会话管理

1. GPRS 的移动性管理

1）概述

GPRS 移动性管理(GMM)的功能是实现对移动终端的位置管理，将移动台的当前位置报告给网络。其管理流程主要有附着(attach)、分离(detach)、位置管理等处理流程，每个处理流程中通常会加入登记、鉴权、IMSI 校验、加密等接入控制与安全管理功能。

GPRS 移动台有 3 种移动性管理状态：Idle(空闲)、Standby(待命)、Ready(就绪)。某个时刻的移动台总是处在其中某一状态下。由图 4-8 可以看出移动台的 3 种移动性管理状态之间相互转换的关系和条件。同传统的 GSM 业务相比，GPRS 移动台能保持永远在线(always on-line)状态，当收到来自上层应用程序的数据时，将立即启动分组传送过程。每个 GMM 状态都牵涉到一系列的功能和信息分配，移动性管理场景是描述移动台和 SGSN 中存储信息集合的总称。

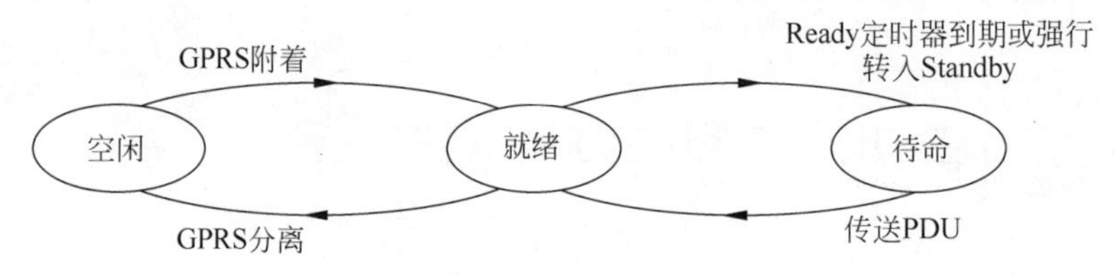

图 4-8 GPRS 移动台的移动性管理状态模型

在空闲状态，移动台未附着 GPRS，移动台对网络来说不可达，但移动台可接收 PTM-M(点对多点多播)信息；在待命状态，移动台和 SGSN 已为用户的 IMSI 建立了 GMM 场景，移动台能接收 PTM-M、PTM-G(点对多点群呼)数据以及 PTP(点对点)寻呼消息，但不能接收 PTP 类型的数据；在就绪状态，移动台可发送接收分组数据单元。

2）移动性管理过程

(1) GPRS 附着过程。

当 GPRS 用户开机时，GPRS 手机将监听无线信道，接收系统信息，然后在系统信息指出的控制信道上发送接入请求，系统将分配无线信道给 GPRS 手机，之后，GPRS 手机将在系统分配的无线信道上向 SGSN 发送注册连接请求，移动台注册成功后，要想访问外部数据网，还需发起 PDP(分组数据协议)场景激活过程。

(2) PDP 场景激活过程。

当用户想接入 Internet 上的某个网站(如新浪)时，在 GPRS 终端上输入访问点名(APN)“WWW. sina. com”，则可触发 PDP 场景激活过程，该过程如图 4-9 所示。

第 1 步，移动终端向 SGSN 发送激活 PDP 场景请求消息，消息中带有如下信息：访问点名＝WWW. sina. com. cn；PDP 地址为空，表示请求动态地址分配；服务质量和其他选项。

第 2 步，SGSN 请求 DNS 对 APN 进行解析，得到该 APN 对应的 GGSN 的 IP 地址。

第 3 步，SGSN 向 GGSN 发送建立 PDP 场景的请求消息，消息中带有如下信息：访问点名＝WWW. sina. com. cn；PDP 地址为空，表示请求动态地址分配；服务质量和其他选项。

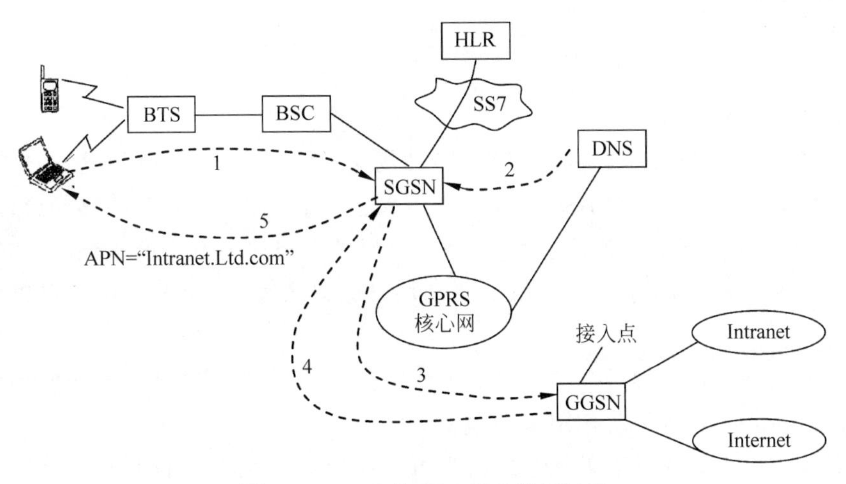

图 4-9 GPRS 的 PDP 场景激活过程

第 4 步，GGSN 对该用户进行认证，认证通过以后使用 RADIUS（远程用户拨号认证服务器）服务器、DHCP（动态主机配置协议）服务器或直接由 GGSN 为该用户分配动态 IP 地址。GGSN 向 SGSN 返回建立 PDP 场景响应消息。

第 5 步，SGSN 向移动终端发送激活 PDP 场景接受消息。

到此，移动终端和外部数据网之间的数据通路就建立起来了，移动终端可以和该数据网开始通信。

(3) GPRS 分离过程。

GPRS 分离过程允许移动台通知网络，它需要 GPRS 和(或)IMSI 分离；同时也允许网络通知移动台，网络已经分离 GPRS 和(或)IMSI。这就是说，分离过程可以由移动台发起，也可以由网络发起。共有 3 种类型的分离：IMSI 分离、GPRS 分离、GPRS/IMSI 联合分离（只能由移动台发起）。

当移动台不可到达，定时器超时以后，或者不可恢复的无线错误引起逻辑链路被拆除，此时发生隐式分离，网络分离移动台而不用通知移动台。

3) SGSN 和 MSC/VLR 之间的交互

如果网络安装了可选的 Gs 接口，那么在 SGSN 和 MSC/VLR 之间就可以建立关联，以便在 SGSN 和 MSC/VLR 之间提供交互作用。当 VLR 存储 SGSN 号码，SGSN 存储 VLR 号码时，它们之间的关联就建立起来了。该关联用于协调既连接 GPRS 又连接 IMSI 的移动台。

这种关联支持以下活动：

(1) 通过 SGSN 的 IMSI 连接和分离，允许组合 GPRS/IMSI 连接以及组合 GPRS/IMSI 分离，这样节省无线资源；

(2) 统一协调位置区和路由区（RA）更新，包括周期更新，节省无线资源，从移动台至 SGSN，发送一次组合路由区/位置区更新，SGSN 将位置区更新往前送给 VLR；

(3) 通过 SGSN 寻呼，建立 CS 连接；

(4) 非 GPRS 业务告警过程；

(5) 识别过程;

(6) 移动性管理信息过程。

2. GPRS 的会话管理

GPRS 的会话管理(SM),即是对 PDP 移动场景激活、解除和修改的过程,这些过程仅仅是对 NSS 和移动台而言,与 BSS 无直接关系。处于待命或就绪状态的移动台,能够在任意时刻启动 PDP 移动场景的激活过程,网络也可以请求与移动台之间激活一个 PDP 移动场景;移动台和网络还都可以发起 PDP 移动场景的解除过程;而只有网络可以发起修改过程。

移动台在会话管理过程中会经历以下 4 种状态。

(1) 非活动 PDP:不存在 PDP 移动场景。

(2) 等待活动的 PDP:移动台请求激活 PDP 移动场景时,进入此状态。

(3) 等待非活动的 PDP:移动台请求解除移动场景时,进入此状态。

(4) 活动 PDP:PDP 移动场景是活动的。

移动台侧会话管理过程及其状态转换如图 4-10 所示。

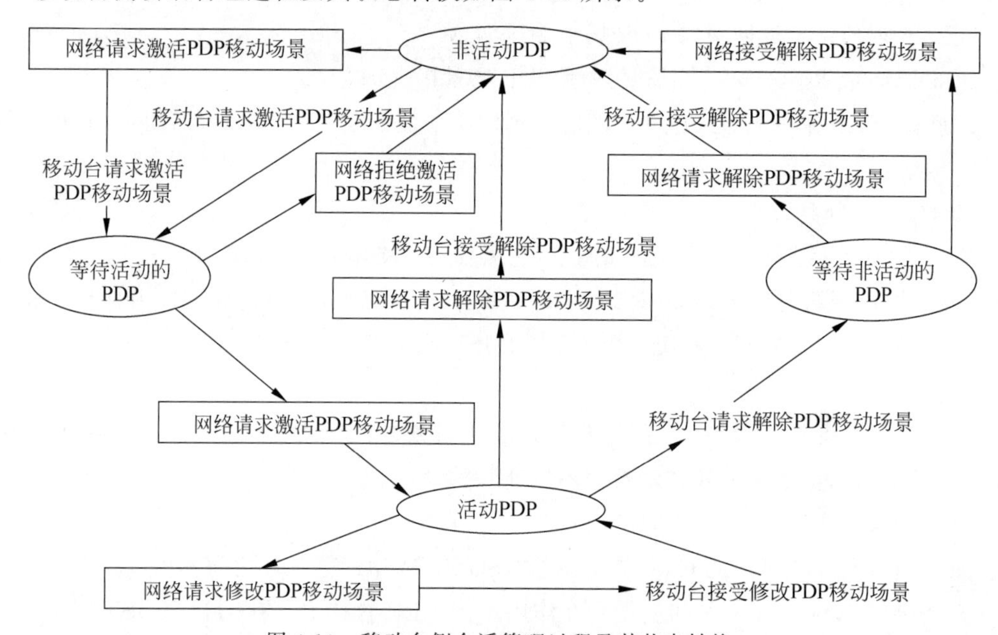

图 4-10 移动台侧会话管理过程及其状态转换

网络侧在会话管理过程中会经历以下 5 种状态。

(1) 非活动 PDP:PDP 移动场景处于非活动状态。

(2) 等待活动的 PDP:网络请求激活 PDP 移动场景时,进入此状态。

(3) 等待非活动的 PDP:网络请求解除 PDP 移动场景时,进入此状态。

(4) 活动 PDP:PDP 移动场景处于活动状态。

(5) 等待修改 PDP:网络请求修改 PDP 移动场景时,进入此状态。

网络侧会话管理过程及其状态转换如图 4-11 所示。

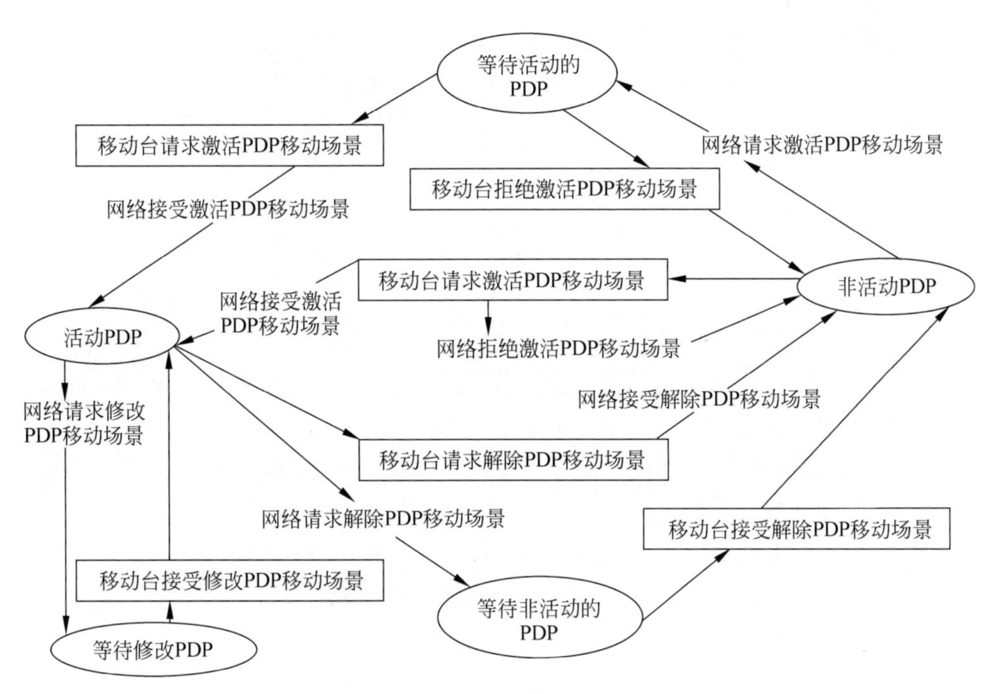

图 4-11　网络侧会话管理过程及其状态转换

4.2　EDGE 系统

4.2.1　概述

EDGE 是一种基于 GSM/GPRS 网络的数据增强型移动通信技术，通常又被人们称为第 2.75 代通信技术。EDGE 分为两个阶段。第 1 阶段的 EDGE 可以增强 HSCSD(高速电路交换数据)和 GPRS 这两种系统的每时隙吞吐量，承诺的最高数据速率为 384Kb/s。对应于 GPRS 的是 EGPRS(增强型 GPRS)，提高分组交换数据速率；对应于 HSCSD 的是 ECSD(增强型电路交换数据)，提高电路交换数据。第 2 阶段的 EDGE 提供与第 1 阶段不同的实时新业务，系统功能接近于 3G。

1997 年，Ericsson 首次向 ETSI 提出了 EDGE 的可行性研究方案，并得到认可，但最先应用 EDGE 的是美国和加拿大的运营商。现在，EDGE 已被 3GPP 认可为 2G 至 3G 的过渡方案，这种系统在全球得到了大量的部署，在实际应用中，它被当作 2G 和 3G 共存时期对 3G 一种补充服务。

4.2.2　EDGE 系统的关键技术

EDGE 的物理层的许多参数与 GSM 相同。载波间隔为 200kHz，时隙结构也与 GSM 相同，一个突发包括一个 26 位的位于突发中部的训练序列，位于头部、尾部的各 3 位，以及在结束端起保护作用的 8.25 位。

EDGE 的一个主要目标就是提供比 GPRS 更高的传输速率、更高的频谱利用率(其具体参数比较如表 4-2 所示)。为了实现这一目标，在 EDGE 中采用了 3 种关键技术，即 8PSK 调制方式、自适应调制编码技术和增量冗余技术。接下来将详细介绍这3种关键技术。

表4-2 EDGE与GPRS技术参数比较

技术参数	GPRS	EDGE
调制方式	GMSK	GMSK/8PSK
符号速率	270ks/s	270ks/s
调制比特速率	270Kb/s	810Kb/s
无线数据速率/时隙	22.8Kb/s	69.2Kb/s
最大用户数据速率/时隙	20Kb/s	59.2Kb/s
最大用户数据速率(8时隙)	160Kb/s	473.6Kb/s

1. 8PSK调制方式

在GSM/GPRS网络中,使用的是GMSK调制方式。在EDGE中,为了提高数据传输速率,引入了8PSK调制方式。由8种不同相位表示3位的信息量(000～111),传输速率提高到GSM/GPRS系统采用的GMSK(高斯最小频移键控,为两相键控)的3倍,其符号速率保持在270ks/s,每个时隙可以得到最大59.2Kb/s的有效载荷速率。

2. 自适应调制编码技术

由于EDGE收发机发射比特率更高,并且采用了使纠错编码与信道质量相适应的方式(或者说"自适应调制编码方式"),因此我们必须对EDGE的无线链路控制(RLC)协议进行改进,其主要的改进是链路质量控制方式方面。由于信道质量是时变的,为了增强链路的强健性,有必要进行链路质量控制。链路质量控制技术包括链路匹配和逐步增加冗余度两个方面。在链路匹配方式中,需要周期性地对链路质量进行估计,从而为下一个要传输的内容选择最合适的调制和编码方式,以使用户的数据比特率能达到最大。

EDGE技术的核心就是链路自适应,不仅编码方案可以选择,调制方式也不再是固定的一种GMSK方式,而是引入了另一种调制方式,即8PSK。这种调制方式能提供更高的比特率和频谱效率,且实现复杂度属于中等。为了保证链路的健壮性,EDGE对两种调制方案和几种编码方案进行组合,形成了9种不同的传输模式,如表4-3所示。EDGE标准支持的链路自适应算法包括周期性的对下行链路质量的测量和报告以及为下一个要传输的内容选择新的调制和编码方案等。

表4-3 EDGE和GPRS的调制和编码方案

GPRS编码方案	EDGE编码方案	调制	RLC块/无线块(20ms)	输入数据有效载荷(位)	网络数据速率(Kb/s)	备注
CS1	MCS-1	GMSK	1	176	8.8	错误保护
CS2	MCS-2	GMSK	1	224	11.2	
CS3	MCS-3	GMSK	1	296	14.8	
CS4	MCS-4	GMSK	1	352	17.6	无错误保护
	MCS-5	8PSK	1	448	22.4	错误保护
	MCS-6	8PSK	1	592	29.6	
	MCS-7	8PSK	2	2×448	44.8	
	MCS-8	8PSK	2	2×544	54.4	
	MCS-9	8PSK	2	2×592	59.2	无错误保护

对于链路自适应技术来讲，传输模式的选择策略是核心算法，准确高效地选择算法是该技术得以成功运用的关键。

3. 增量冗余技术

EDGE中另外一种对付链路质量变化的方式是逐步增加冗余度。在这种方式中，信息刚开始传输时，采用纠错能力较低的编码方式，如果接收端解码正确，则能得到比较高的信息码率。反之，如果解码失败，则需要增加编码冗余量，直到解码正确为止。显然，编码冗余度的增加将导致有效数据速率的降低和延时的增加。

4.3 CDMA 2000 1x 系统

CDMA 2000虽然是3G的主流标准之一，但CDMA 2000 1x系统的性能与3G标准相比还有一定的差距，所以，人们通常将其归类为2.5G系统(3GPP2并未明确这一点)。

4.3.1 CDMA 2000 1x系统的技术特点

CDMA 2000 1x系统是在IS-95B系统的基础上发展而来的，因而在系统的许多方面，如同步方式、帧结构、扩频方式和码片速率等都与IS-95B系统有许多类似之处。但为灵活支持多种业务、提供可靠的服务质量和更高的系统容量，CDMA 2000 1x系统也采用了许多新技术和性能更优异的信号处理方式，总体来说，其技术特点可概括如下。

(1) 在提高系统性能和容量上有明显的优势。主要措施有：①基于导频相干解调的反向空中接口链路；②连续的反向空中接口链路；③快速的前向和反向空中接口功率控制；④采用辅助导频来支持波束赋形应用和增加容量；⑤前向链路提供发送分集。从理论上讲，传送语音，CDMA 2000 1x是IS-95容量的2倍；传送数据，CDMA 2000 1x是IS-95容量的3.2倍。

(2) 增强的MAC功能以支持高效率的高速分组业务。

(3) 为支持MAC对物理层进行了优化。①采用了专用控制信道(DCCH)；②采用灵活的帧长，CDMA 2000 1x支持5ms、20ms等多种帧长，一般来说，较短帧可以减少时延，但解调性能较低；较长帧可以降低对发射功率的要求，CDMA 20001x根据不同信道的链路要求来使用不同的帧长；③为支持快速分组数据业务的接入控制采用了增强的寻呼信道和接入信道。

(4) 为支持多种更高传送速率和增加系统容量采用Turbo码。Turbo码的性能优越，但时延较大，因此只用于高速数据的传送。

(5) 为支持多速率传输，采用了可变扩频比的正交码。

(6) 独立的数据信道。

CDMA 2000 1x系统在反向链路和前向链路中均提供称作基本信道和补充信道的两种物理数据信道，每种信道均可以独立地编码、交织，设置不同的发射功率电平和误帧率要求以适应特殊的业务要求。

4.3.2 CDMA 2000 1x系统的空中接口

微课视频17

1. 空中接口的协议模型

CDMA 2000 1x空中接口的协议模型和IS-95系统相类似，只是其协议更完备，如图4-12所示。

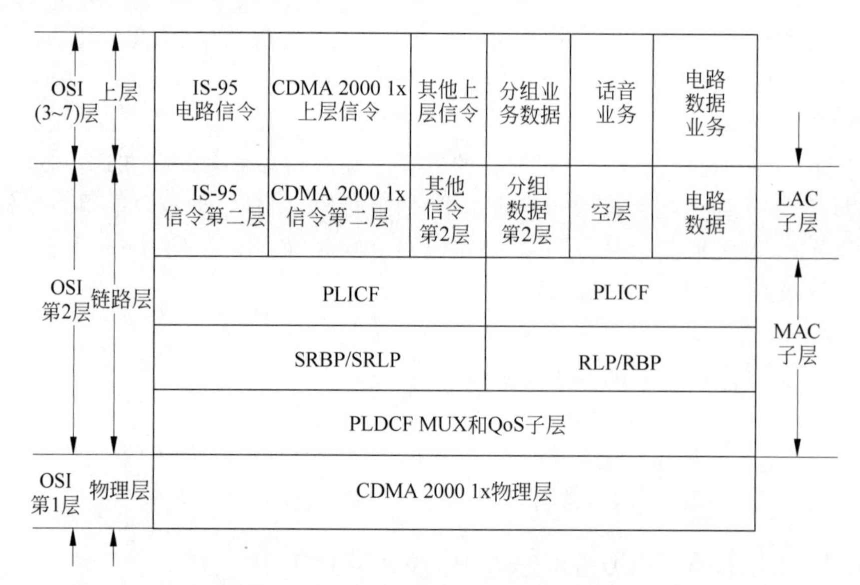

图 4-12　CDMA 2000 1x 空中接口的协议模型

CDMA 2000 1x 空中接口的重点是物理层、媒体接入控制(MAC)子层和链路接入控制(LAC)子层。LAC 和 MAC 子层设计的目的是满足在宽性能范围(1.2Kb/s～2Mb/s)工作的高效、低延时的各种数据业务的需要；满足先进的支持多个可变 QoS 要求的并发的语音、分组数据、电路数据的多媒体业务的需要。

LAC 子层用于提供点到点无线链路的可靠的、顺序输出的发送控制功能，并且有能够支持各种不同端对端可靠的链路协议框架。在必要时，LAC 子层业务也可使用适当 ARQ 协议实现差错控制。如果低层可以提供适当的 QoS，LAC 子层可以省略(即为空)。

MAC 子层除了控制数据业务的接入外，还提供以下功能：

(1) 尽力而为的传送(Best effort Delivery)。在无线链路中使用可以提供尽力而为可靠性的无线链路协议(RLP)，进行可靠传输；

(2) 复接和 QoS 控制。通过仲裁在竞争业务和接入请求优先级间的矛盾，保证已经协商好的 QoS 级别。

MAC 子层进一步可分为与物理无关的汇聚功能(PLICF)和与物理层相关的汇聚功能(PLDCF)，PLICF 屏蔽物理层的细节，为 LAC 子层提供与物理层无关的 MAC 运行的步骤和功能，PLICF 利用 PLDCF 提供的服务来实现真正的通信过程，PLICF 使用的服务就是 PLDCF 提供的一组逻辑信道；PLDCF 完成从提供给 PLICF 的逻辑信道到物理层提供的逻辑信道之间的映射、复接和解复接、来自不同信道的控制信息的合并等，并提供实现 QoS 的能力。

CDMA 2000 1x 定义了 4 种特定的 PLDCF ARQ 方式，即无线链路协议(RLP)、无线突发协议(RBP)、信令无线链路协议(SRLP)、信令无线突发协议(SRBP)。

2. 前向物理信道

1) 前向物理信道分类

CDMA 2000 1x 空中接口的前向物理信道分为专用物理信道和公共物理信道两类，其中，专用物理信道是以专用和点对点方式在基站和单个移动台之间运载信息，具体信道如

图 4-13 所示；而公共物理信道以共享和点对多点方式在基站和多个移动台之间运载信息，具体信道如图 4-14 所示。除图示信道以外，还包括前向快速寻呼信道(F-QPCH)和前向公共广播信道(F-BCCH)。CDMA 2000 1x 和 IS-95 在前向物理信道上的比较如图 4-15 所示。

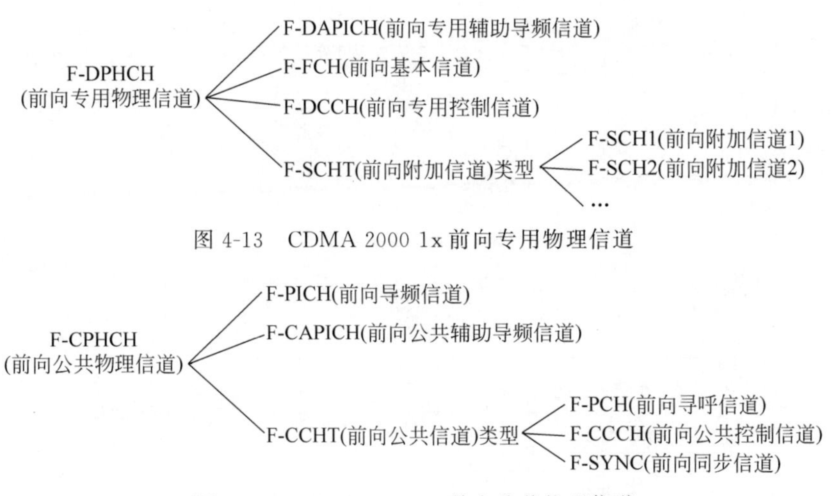

图 4-13 CDMA 2000 1x 前向专用物理信道

图 4-14 CDMA 2000 1x 前向公共物理信道

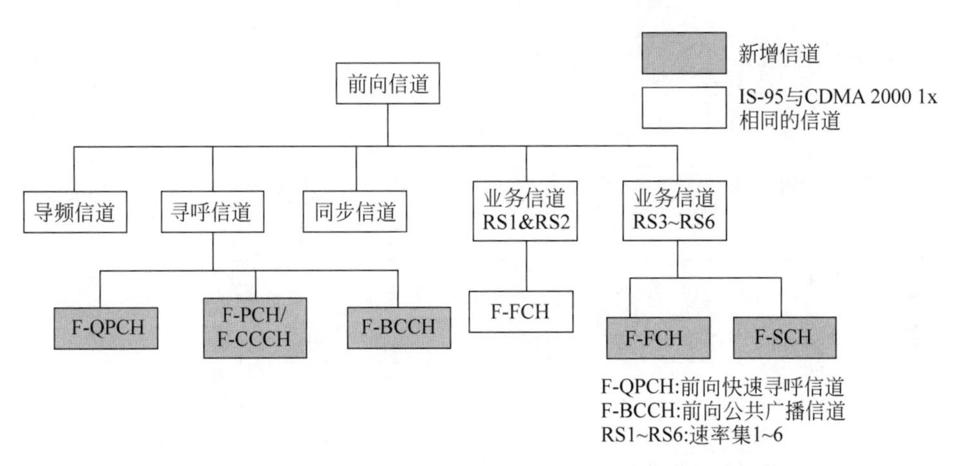

图 4-15 CDMA 2000 1x 和 IS-95 在前向物理信道上的比较

2）前向物理信道结构

CDMA 2000 1x 的前向公共物理信道(包括前向导频信道、同步信道和寻呼信道)结构和 IS-95 是相似的。前向基本信道使用 5ms、20ms 两种帧长，20ms 帧支持 RS1 和 RS2 两种速率集，其中 RS1 包括的速率为 9.6Kb/s、4.8Kb/s、2.4Kb/s 和 1.2Kb/s。前向附加信道有两种工作模式，第一种模式的数据率不超过 14.4Kb/s，采用盲速率检测技术；第二种模式提供严格的速率信息，支持高速传输。图 4-16～图 4-20 给出了各主要前向物理信道的结构。

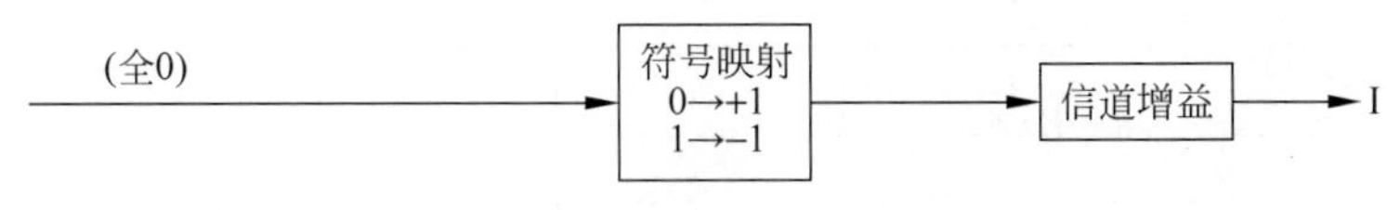

图 4-16 前向导频信道的结构

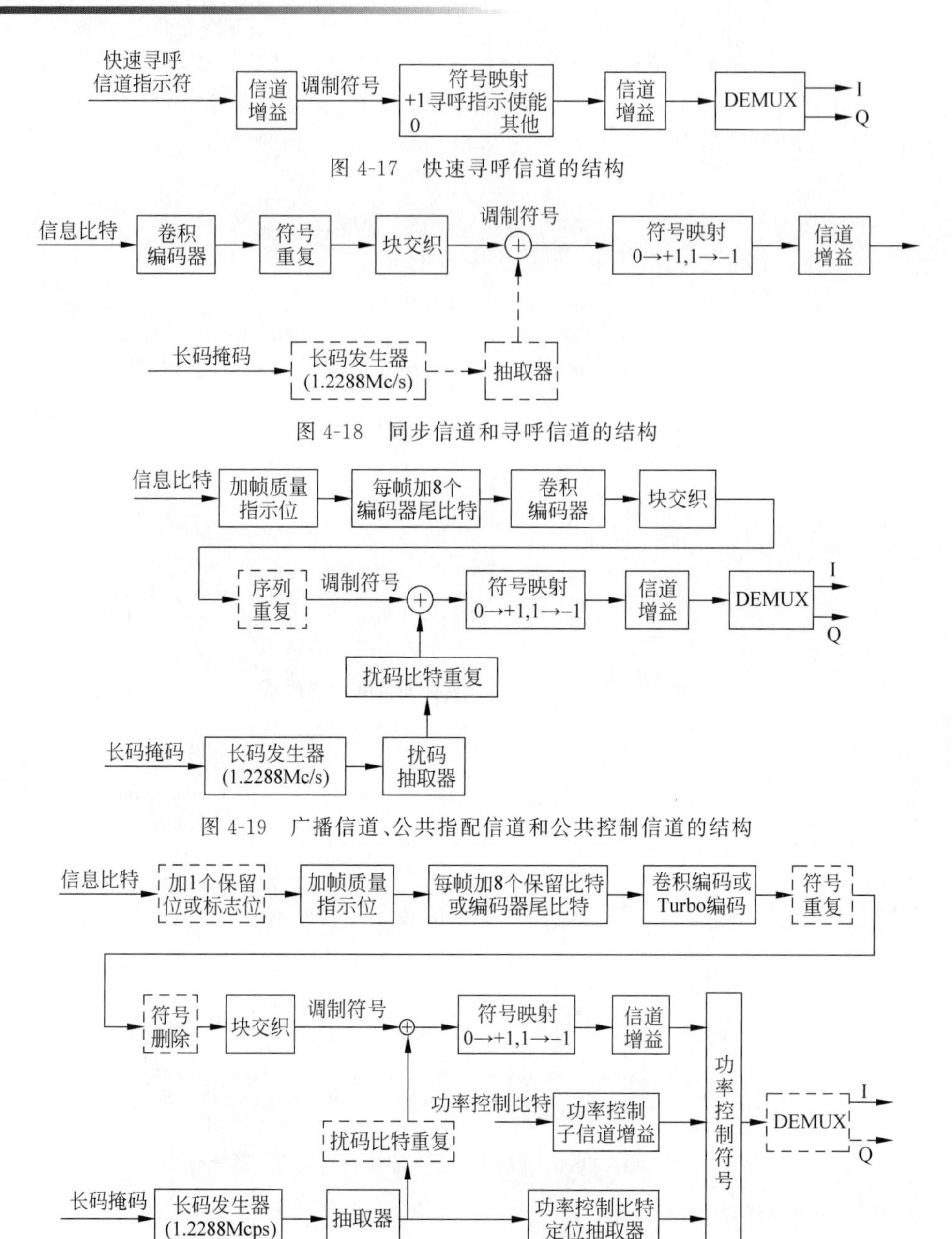

图 4-17 快速寻呼信道的结构

图 4-18 同步信道和寻呼信道的结构

图 4-19 广播信道、公共指配信道和公共控制信道的结构

图 4-20 前向业务信道的结构

CDMA 2000 1x 前向链路采用卷积码或 Turbo 码来作为前向纠错控制编码，低信息速率采用卷积码，大于或等于 19.2Kb/s 信息速率一般采用 Turbo 码。CDMA 2000 1x 中各前向信道的 FEC(前向纠错)编码选用要求如表 4-4 所示。

表 4-4 CDMA 2000 1x 中各前向信道的 FEC 编码选用要求

信道类型	FEC	*R*(码率)
同步信道	卷积码	1/2
寻呼信道	卷积码	1/2

续表

信道类型	FEC	R(码率)
广播信道	卷积码	1/4 或 1/2
快速寻呼信道	无	—
公共功率控制信道	无	—
公共指配信道	卷积码	1/4 或 1/2
前向公共控制信道	卷积码	1/4 或 1/2
前向专用控制信道	卷积码	1/4(RS3 或 RS5)或 1/2(RS4)
前向基本信道	卷积码	1/2(RS1、RS2 或 RS4)或 1/4(RS3 或 RS5)
前向附加码分信道	卷积码	1/2(RS1 或 RS2)
前向附加信道	卷积码或 Turbo 码(N≥360)	1/2(RS4)或 1/4(RS3 或 RS5)

CDMA 2000 1x 前向链路的扩展和调制过程和 IS-95 相似,但采用 PN 复数扩展和 QPSK 调制,如图 4-21 所示。信号通过 I、Q 信道映射后,再经过 1.2288Mb/s 的 Walsh 正交码扩展后就进入 PN 复数扩展和 QPSK 调制过程。使用复扩频,能使信号的峰值/平均值减小,这样信号动态减小,使得所需的功率放大器动态范围冗余减小,这使得功率放大器能更有效地使用,并且允许更小设计。

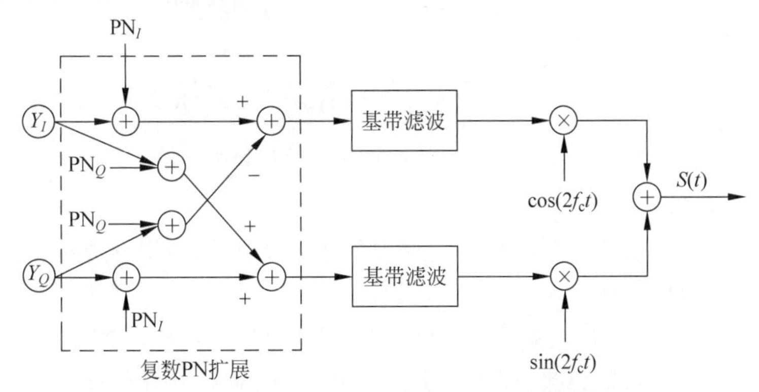

图 4-21　CDMA 2000 1x 前向链路的扩展和调制过程

3）前向物理信道特征

总体来说,CDMA 2000 1x 的前向信道具有的特征如下。

(1) 采用了正交发送分集(OTD),编码后的比特流分成两路,每一路分别采用一个天线,每个天线上采用不同的正交扩展码,从而维持两个输出流的正交性,并消除在平坦衰落下的自干扰。

(2) 为了减少和消除小区内的干扰,采用了具有良好正交性的 Walsh 码。

(3) 采用了可变长度的 Walsh 码(具体长度为 4～128 位)来实现不同的信息比特速率。

(4) 使用了一个新的用于 F-FCH 和 F-SCH 的快速前向功率控制(FFPC)算法,快速闭环功率调整速率为 800b/s。

3. 反向物理信道

1）反向物理信道分类

CDMA 2000 1x 的反向物理信道同前向物理信道一样,同样可分为公共物理信道和专用物理信道两大类,具体如图 4-22 和图 4-23 所示。图 4-24 给出了 CDMA 2000 1x 和 IS-95 在反向物理信道上的比较。

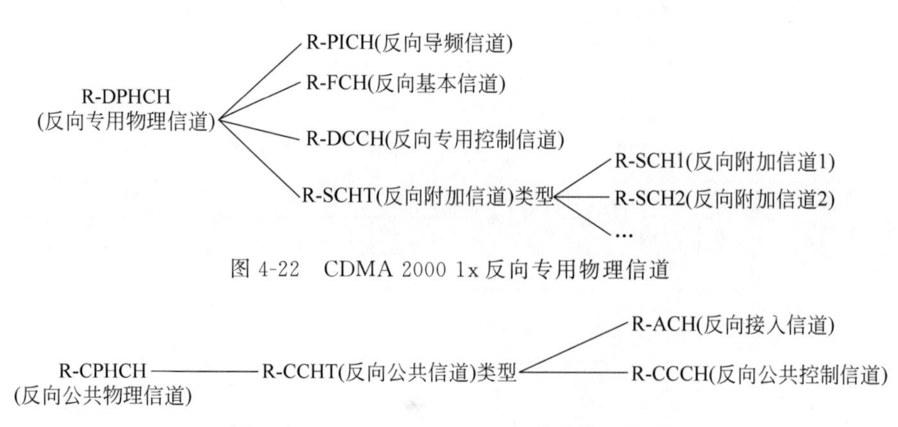

图 4-22　CDMA 2000 1x 反向专用物理信道

图 4-23　CDMA 2000 1x 反向公共物理信道

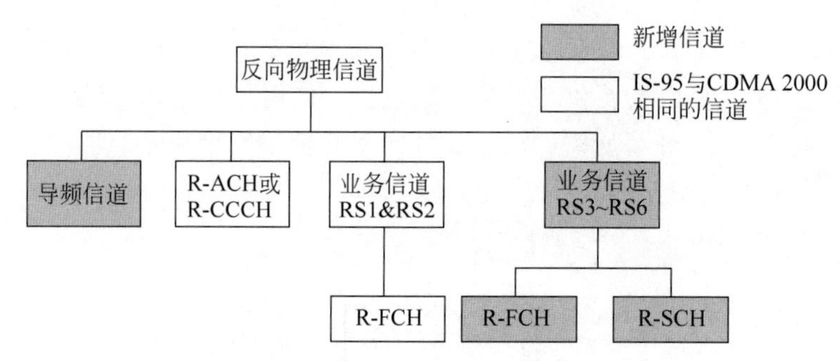

图 4-24　CDMA 2000 1x 和 IS-95 反向物理信道比较

2）反向物理信道结构

图 4-25、图 4-26 分别给出了部分反向物理信道的结构，反向接入信道和反向公共控制信道都是基于 ALOHA 的多址接入信道，但反向公共控制信道扩展了反向接入信道的能力，如可以提供低时延的接入步骤。反向导频信道用于初始捕获、时间跟踪、RAKE 接收机相干参考的恢复和功率控制测量，在信道中每个 1.25ms 的功率组中插入 1 个功率比特，用于前向功率控制。

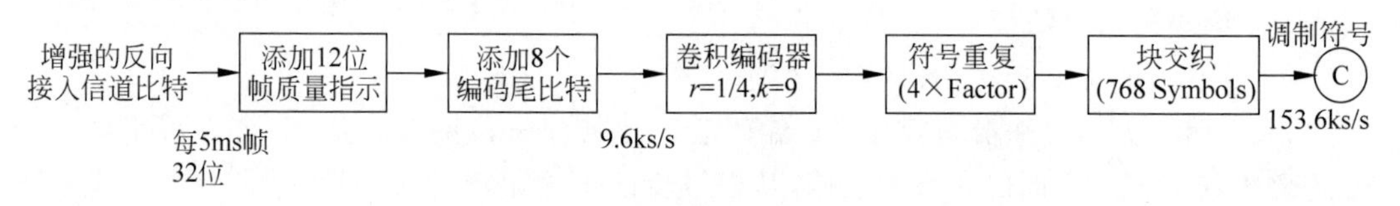

(a) 增强反向接入信道结构

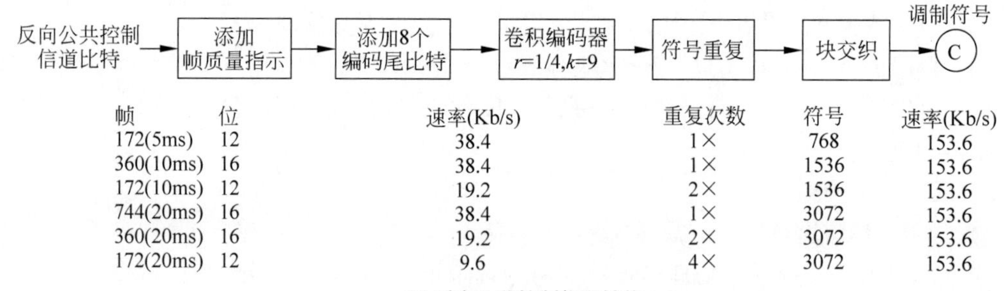

帧	位	速率(Kb/s)	重复次数	符号	速率(Kb/s)
172(5ms)	12	38.4	1×	768	153.6
360(10ms)	16	38.4	1×	1536	153.6
172(10ms)	12	19.2	2×	1536	153.6
744(20ms)	16	38.4	1×	3072	153.6
360(20ms)	16	19.2	2×	3072	153.6
172(20ms)	12	9.6	4×	3072	153.6

(b) 反向公共控制信道结构

图 4-25　反向接入信道和反向公共控制信道的结构

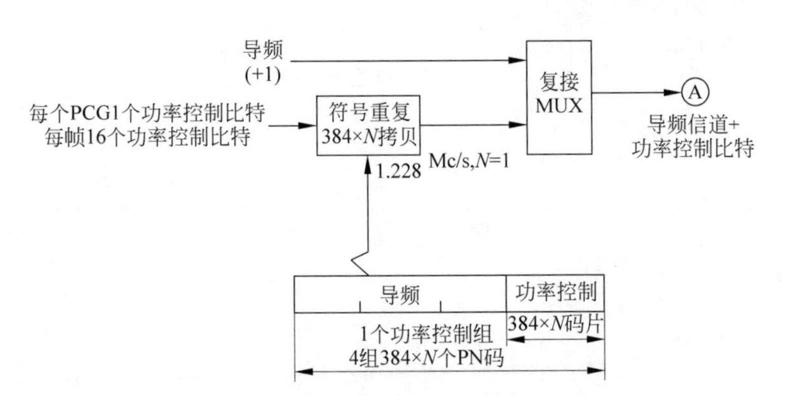

图 4-26　反向导频信道结构

反向专用控制信道、反向基本信道和反向附加信道的结构类似于反向公共控制信道的结构，CDMA 2000 1x 中各反向信道的 FEC(前向纠错编码)选用要求如表 4-5 所示。

表 4-5　CDMA 2000 1x 中各反向信道的 FEC 选用要求

信道类别	FEC	R(码率)
接入信道	卷积码	1/3
增强型接入信道	卷积码	1/4
反向公共控制信道	卷积码	1/4
反向专用控制信道	卷积码	1/4
反向基本信道	卷积码	1/3(RS1) 1/2(RS2) 1/4(RS3 和 RS4)
反向附加码分信道	卷积码	1/3(RS1) 1/2(RS2)
反向附加信道	卷积码或 Turbo 码($N \geqslant 360$)	1/4(RS3,$N<6120$) 1/2(RS3,$N=6120$) 1/4(RS4)

CDMA 2000 1x 反向物理信道用到的数据调制方式有两种，正交 64 阶调制和 BPSK。其中，正交 64 阶调制仅用在 R-ACH 信道和配置为 RS1 和 RS2 的反向业务信道中，而其余的反向信道都采用 BPSK 调制。

CDMA 2000 1x 反向物理信道用到的扩频调制方式也有 2 种，即与 OQPSK 结合的平衡四相扩频和复扩频。其中，平衡四相扩频调制方式仅用在 R-ACH 信道和配置为 RS1 和 RS2 的反向业务信道中，其余反向物理信道采用复扩频调制，复扩频调制需要与 QPSK、BPSK 或 HPSK(混合相移键控)相结合，HPSK 是在复扩频基础上，使用固定的重复函数进行复扰码得到加扰信号。CDMA 2000 1x 反向链路的 HPSK 扩频调制结构如图 4-27 所示。

3) 反向物理信道特征

概括起来，反向物理信道具有如下特征。

(1) 采用了连续的信号波形(连续的导频波形和连续的数据信道波形)，从而使得传输信号对生物医学设备(如助听器等)的干扰最小化，并且可以用较低的速率增加距离。连续的信号有利于使用帧间的时间分集和接收端的信号解调。

(2) 采用了可变长度的 Walsh 序列来实现正交信道。

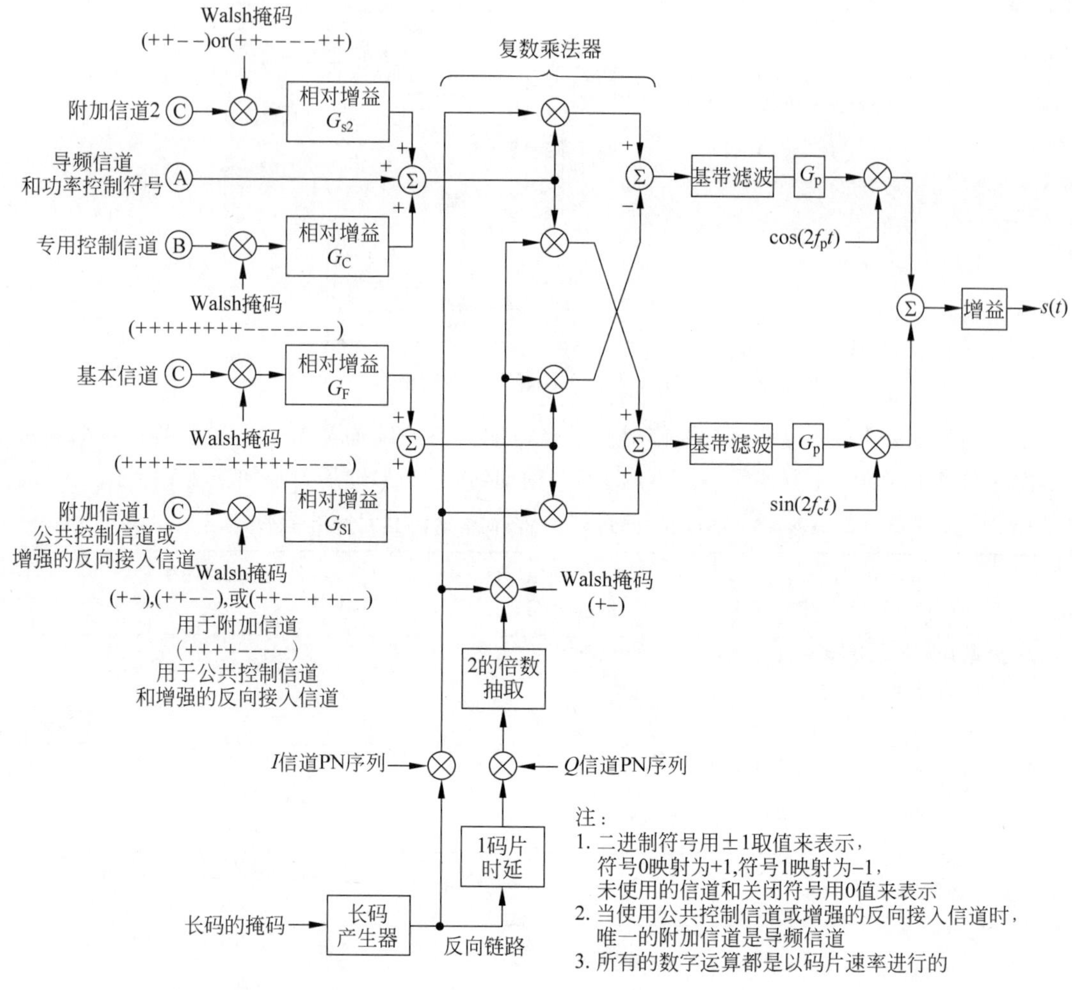

图 4-27 CDMA 2000 1x 中反向链路的 HPSK 扩频调制结构

(3) 通过信道编码速率、符号重复次数、序列重复次数等的调整来实现速率匹配。

(4) 通过将物理信道分配到 I 和 Q 支路,由复数扩展使得输出信号具有较低的频谱旁瓣。

(5) 采用了两种类型的独立数据信道 R-FCH 和 R-SCH,它们分别采用编码、交织、不同的发送功率电平,从而实现对多种同时传输业务的最佳化。

(6) 通过采用开环、闭环和外环(Outer Loop)等方式实现反向功率控制。

(7) 采用了一个分离的低速、低功率、连续正交的专用控制信道,从而不会对其他导频信道和物理帧结构产生干扰。

本章小结

GPRS 是通用分组无线服务的简称,它的特点是:①资源共享,频率利用率高;②数据传输速率高;③实行动态链路适配,具有灵活多样的编码方案;④用户一直处于在线连接状态,接入速度快;⑤向用户提供 4 种 QoS 类别的服务;⑥支持 X. 25 协议和 IP 协议;⑦采用数据流量计费。

GPRS能够向用户提供丰富的业务类型，从更大程度上满足用户的各种需求。其具体业务类型包括承载业务、用户终端业务、补充业务，此外还支持短消息、匿名接入等其他业务。

GPRS的分组数据网络重叠在GSM网络上，若将现有GSM网络改造为能提供GPRS业务的网络需要增加3个主要单元，即SGSN(GPRS服务支持节点)、GGSN(GPRS网关支持节点)和PCU(分组控制单元)。

GPRS的移动性管理过程主要包括GPRS附着过程、GPRS分离过程和PDP移动场景的建立过程。

EDGE是一种基于GSM/GPRS网络的数据增强型移动通信技术，通常又被人们称为2.75代技术。EDGE分为两个阶段。第1阶段的EDGE可以增强HSCSD(高速电路交换数据)和GPRS这两种系统的每时隙吞吐量，承诺的最高数据速率为384Kb/s。对应于GPRS的是EGPRS(增强型GPRS)，提高分组交换数据速率；对应于HSCSD的是ECSD(增强型电路交换数据)，提高电路交换数据。第2阶段的EDGE提供与第1阶段不同的实时新业务，系统功能接近于3G。

EDGE系统的关键技术主要有增强的调制技术(8PSK)、自适应调制编码技术和增量冗余技术。

CDMA 2000 1x系统是在IS-95B系统的基础上发展而来的，因而在系统的许多方面，如同步方式、帧结构、扩频方式和码片速率等都与IS-95B系统有许多类似之处。但为灵活支持多种业务，提供可靠的服务质量和更高的系统容量，CDMA 2000 1x系统也采用了许多新技术和性能更优异的信号处理方式。

CDMA 2000 1x系统的物理信道分为公共物理信道和专用物理信道两大类。

习题

4-1　GPRS网络和GSM网络相比，主要增加了哪些网络设备？新增的网络设备完成哪些功能？

4-2　GPRS系统是如何传输分组数据的？为什么说短信通过GPRS信道传输比通过GSM信道传输性能要好？

4-3　GPRS的附着过程和分离过程可以由谁发起？是否需要移动台和网络双方接受？如果移动台脱离GPRS网络服务区时，会发生什么类型的分离？

4-4　GPRS移动性管理有哪些内容？GPRS会话管理又有哪些内容？

4-5　GPRS的位置区和路由区的区别是什么？如果两者同时更新，SGSN和MSC/VLR之间如何互动？

4-6　EDGE的关键技术有哪些？这些技术如何提高系统性能？

4-7　在GSM/GPRS网络中引入EDGE技术时要注意哪些问题？

4-8　CDMA 2000 1x和IS-95的信道结构有何异同？

4-9　为什么连续传输与突发传输相比有利于时间分集的实现？

4-10　举例说明不同长度的Walsh序列如何同时使用，变长的Walsh序列如何维持正交性。试构造一个4～64阶变长的Walsh码集。

第5章 第三代移动通信系统(3G)

CHAPTER 5

5.1 第三代移动通信系统标准介绍

5.1.1 3G的历史及特征

1. 3G的发展历程

3G是第三代移动通信系统的简称,是早在1985年由国际电信联盟(ITU)率先提出并负责组织研究的、采用宽带码分多址数字技术的新一代通信系统,是现代移动通信技术和实践的总结和发展。3G在当年提出时被命名为未来公众陆地移动通信系统(FPLMTS),1996年更名为IMT-2000,意指在2000年左右开始商用、工作在2000MHz频段上且数据传输速率达到2000Kb/s的国际移动通信系统。21世纪初,全球3G业务快速成长,网络覆盖率迅速提升;随后,3G增强型技术成为主流应用技术,绝大部分网络已升级到增强型技术;随着3G市场的成熟,全球3G用户数也进入规模增长阶段。3G的发展经历了如下历程。

(1) 1991年,ITU正式成立TG8/1工作组,负责FPLMTS标准的制定。

(2) 1992年,世界无线电行政大会(WARC)在2000MHz频段上分配了230MHz频段给FPLMTS使用,这次会议成为3G标准制定进程中的重要里程碑。

(3) 1997年4月,ITU在全球范围内征集IMT-2000无线传输方案。

(4) 1998年6月,ITU共收到10种地面无线传输方案。

(5) 1999年3月,完成IMT-2000关键参数部分的标准化。

(6) 1999年11月,确定了IMT-2000的无线传输技术规范,将无线接口的标准明确为5个标准,如表5-1所示。

表5-1 IMT-2000无线接口标准

CDMA技术	IMT-2000 CDMA DS	对应WCDMA
	IMT-2000 CDMA MC	对应CDMA 2000
	IMT-2000 CDMA TDD	对应TD-SCDMA(UTRA TDD LCR)和UTRA TDD(HCR)
TDMA技术	IMT-2000 TDMA SC	对应北美UNC-136
	IMT-2000 FDMA/TDMA	对应欧洲EP-DECT

(7) 2000年5月,完成IMT-2000的全部网络规范,其中包括美国TIA提交的CDMA 2000、欧洲ETSI提交的WCDMA以及中国电信科学技术研究院(CATT)提交的TD-SCDMA。

其中两种基于TDMA技术的标准分别适用于北美和个别欧洲地区,是区域性3G标准规范；而基于 CDMA 技术的 3 种标准则成为 3G 主流标准，CDMA 技术也被公认为 3G 的主流技术。

基于共同的利益目标，以欧洲的 ETSI、日本的 ARIB/TTC、美国的 T1、韩国的 TTA 和中国的 CWTS 为核心发起成立了 3GPP(1998 年底成立，CWTS 在 1999 年加入)，专门研究如何从第二代的 GSM 向 IMT-2000 CDMA DS 和 IMT-2000 CDMA TDD 演进；以美国 TIA、日本的 ARIB/TTC、韩国的 TTA 和中国的 CWTS 为首成立的 3GPP2(1999 年 1 月成立，CWTS 在 1999 年 6 月加入)，则专门研究如何从 IS-95 CDMA 系统向 IMT-2000 MC 演进。3GPP 和 3GPP2 成立后，ITU 主要负责标准的正式制定和发布方面的管理工作，而 IMT-2000 的标准化研究工作则主要由 3GPP 和 3GPP2 承担。

3GPP 主要制定基于 GSM MAP 核心网，以 WCDMA、TD-SCDMA 为无线接口的标准，称为 UTRA(通用陆地无线接入)，同时也在无线接口上定义与 ANSI-41 核心网兼容的协议；3GPP2 主要制定基于 ANSI-41 核心网，以 CDMA 2000 为无线接口的标准，同时也在无线接口定义与 GSM MAP 核心网兼容的协议。

2. 3G 的特征

第三代移动通信系统中采用了 RAKE 接收、智能天线、高效信道编译码、多用户检测、功率控制和软件无线电等多项关键技术。总体来说，第三代移动通信系统具有如下特征。

(1) 全球化：3G 的目标是在全球采用统一标准、统一频段、统一大市场。IMT-2000 是一个全球性的系统，各个地区多种系统组成了一个 IMT-2000 家族，各系统在设计上具有很好的通用性，与此同时，3G 业务与固定网的业务也具有很好的兼容性；ITU 划分了 3G 的公共频段，全球各地区和国家在实际运用时基本上能遵从 ITU 的规定；全球 3G 运营商之间签署了广泛的协议，基本形成了大一统的市场。基于以上条件，3G 用户能在全球实现无缝漫游。

(2) 多媒体化：提供高质量的多媒体业务，如语音、可变速率数据、移动视频和高清晰图像等多种业务，实现多种信息一体化。

(3) 综合化：多环境、灵活性，能把现存的无绳、蜂窝(宏蜂窝、微蜂窝、微微蜂窝)、卫星移动等通信系统综合在统一的系统中(具有从小于 50m 的微微小区到大于 500km 的卫星小区)，与不同网络互通，提供无缝漫游和业务一致性；网络终端具有多样性；采用平滑过渡和渐进式演进方式，即能与第二代移动通信系统共存和互通，采用开放式结构，易于引入新技术；3G 的无线传输技术满足三种传输速率，即室外车载环境下为 144Kb/s，室外步行环境下为 384Kb/s，室内环境下为 2Mb/s。

(4) 智能化：主要表现在优化网络结构方面(引入智能网概念)和收发信机的软件无线电化。

(5) 个人化：用户可用唯一个人电信号码(PTN)在任何终端上获取所需要的电信业务，这就超越了传统的终端移动性，但也需要足够的系统容量来支撑。

第三代移动通信系统除了具有上述基本特征之外，还具有高频谱效率、低成本、优质服务质量、高保密性及良好的安全性能、收费制度更合理等特点。

5.1.2　3G 的主流标准及无线技术对比分析

3G 的 3 大主流应用技术标准是 WCDMA(宽带码分多址接入)、CDMA 2000(多载波码分多址接入)和 TD-SCDMA(时分同步码分多址接入)，在 3 大标准中，WCDMA 和 CDMA

2000采用FDD方式,需要成对的频率规划。WCDMA的扩频码速率为3.84Mc/s,载波带宽为5MHz,而CDMA 2000采用单载波时扩频码速率为1.2288Mc/s,载波带宽为1.25MHz;另外,WCDMA的基站间同步是可选的,而CDMA 2000的基站间同步是必需的,因此需要全球定位系统(GPS),以上两点是WCDMA和CDMA 2000最主要的区别。除此以外,在其他关键技术方面,例如,功率控制、软切换、扩频码以及所采用分集技术等都是基本相同的,只有很小的差别。

TD-SCDMA的双工方式为TDD,不需要为其分配成对的频带。扩频码速率为1.28Mc/s,载波带宽为1.6MHz,其基站间必须同步。与其他两种标准相比,TD-SCDMA采用了智能天线、联合检测、上行同步及动态信道分配、接力切换等技术,具有频谱使用灵活、频谱利用率高等特点,适合非对称数据业务。

3大主流标准的空中接口的具体参数对照如表5-2所示。

表5-2 WCDMA、CDMA 2000和TD-SCDMA空中接口参数对照

对照参数	WCDMA	CDMA 2000	TD-SCDMA
载波带宽	成对频带,单向5MHz	成对频带,单向 1.25MHz(CDMA 2000 1x)/ 3.75MHz(CDMA 2000 3x)	上下行共享一个频带,共1.6MHz
多址方式	DS-CDMA(5MHz)	DS-CDMA(1.25MHz) MC-CDMA(3.75MHz)	TDMA/DS-CDMA(1.6MHz) FDMA/TDMA/DS-CDMA (5MHz,3个载波)
双工模式	FDD(频分双工)	FDD(频分双工)	TDD(时分双工)
码片速率(Mc/s)	3.84	1.2288 3.6864	1.28
扩频码	OVSF	Walsh	OVSF
扩频因子	4～512	4～512	1,2,4,8,16
无线帧长	10ms	20ms,5ms	10ms(分为2个5ms的子帧)
时隙数	15个时隙/帧	—	10个时隙 (其中7个为业务时隙)/子帧
信道编码	卷积码,Turbo码	卷积码,Turbo码	卷积码,Turbo码
符号调制	上行:BIT/SK 下行:QPSK	上行:BIT/SK 下行:QPSK	上/下行:QPSK,8PSK
功率控制	开环、闭环(1500Hz)	开环、闭环(800Hz)	开环、闭环(200Hz)
接收机技术	RAKE	RAKE	联合检测,智能天线
同步要求	基站同步或异步	基站间GPS同步	基站间同步 多用户同步

3种标准的无线接口技术在发展成熟度上各具优势,但总体来看,WCDMA网络被更多运营商所接受,在全球商用网络中占有的份额大,因为其无线网络性能更胜一筹。以下是它的几点优势。

(1) 使用的带宽和码片速率是最宽的,因而能提供更大的多路径分集、更高的中继增益和更小的信号开销,此外,更高的码片速率也改善了接收机解决多径效应的能力。

(2) 小区站点同步设计可选用异步基站,不需要采用GPS同步,基站开设可兼顾室内、室外的覆盖。

（3）功率控制速率最快，可保证更好的信号质量，并支持更多的用户。

（4）在公共信道开销方面，其下行链路导频结构基于专用和公共导频符号，所以导频信道只需占下行链路总传输功率的约 10%；而 CDMA 2000 由于基于公共持续导频序列，故要占 20%左右。

5.1.3　3G 频段的划分

ITU 中协调全球无线电频段规划的部门是 WARC（世界无线电行政大会），在 ITU 改组后成为 WRC（世界无线电通信大会）。WARC-92 为 3G 划分了 230MHz 的核心频段，如图 5-1 所示。其后，WRC 后续的会议又为 3G 分配了新的频段，如 WRC-2000 为 3G 划分 1710～1885MHz 和 2500～2690MHz 频段为主要的附加频段，同时决定 3G 可以使用现 2G 业务频段，而 3G 卫星业务可使用 3G 以下现存移动卫星业务（MSS）频段。

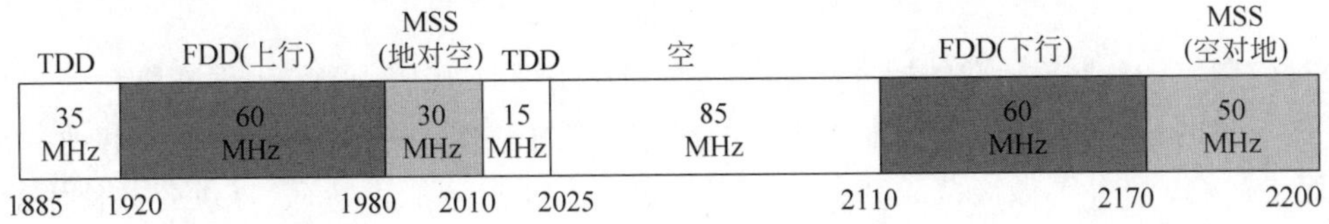

TDD	FDD(上行)	MSS (地对空)	TDD	空	FDD(下行)	MSS (空对地)
35 MHz	60 MHz	30 MHz	15 MHz	85 MHz	60 MHz	50 MHz

1885　1920　1980　2010　2025　2110　2170　2200

图 5-1　ITU 的 3G 频段划分建议

各国的实际使用情况与 ITU 的 3G 频段规划有少许差别，在欧洲和大部分亚洲地区，IMT-2000 的 2×60MHz 频段分配给 WCDMA-FDD 系统：上行频段为 1920～1980MHz，下行频段为 2110～2170MHz。留给 WCDMA-TDD 的频段较为零散：获得运营执照的 TDD 系统使用 1900～1920MHz 和 2020～2025MHz 共 25MHz 的频段；剩下的一个单独的频段 2110～2120MHz 则用于不需要执照的 TDD 业务。北美的情况较为复杂，ITU 建议的 3G 频段已经拍卖给 2G 系统的运营商，而且没有新的频段指定给 3G 系统。所以只能在 2G 的频段上使用部分频段来开展 3G 的业务。

我国的 3G 频段划分方案参照了 ITU 的建议，并和 ITU 基本保持了一致，如图 5-2 所示。具体方案如下：①主要工作频段：FDD 模式的上行频段为 1920～1980MHz，下行频段为 2110～2170MHz，而 TDD 模式的频段为 1880～1920MHz 和 2010～2025MHz；②补充工作频段：FDD 模式的上行频段为 1755～1785MHz，下行频段为 1850～1880MHz，而 TDD 模式的频段为 2300～2400MHz；③MSS 频段：地对空为 1980～2010MHz，空对地为 2170～2200MHz。这样我国 TDD 模式共获得了 155MHz 的频段，FDD 也获得了 180MHz 的频段，体现了我国支持自主知识产权及 FDD/TDD 有机互补与健康合理发展这一基本特征。需要说明的是，在 2007 年 11 月 ITU 举行 WRC-07 大会上，接受了我国提出的将 2300～2400MHz 频段作为全球统一频段的建议，这也就意味着为 TD-SCDMA 的国际漫游提供了可能。

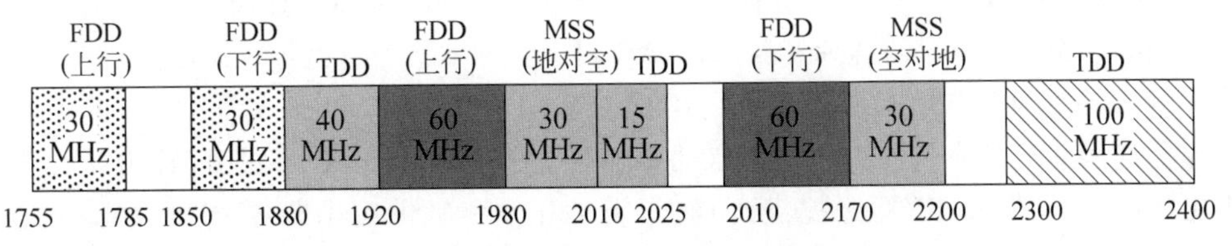

图 5-2　我国的 3G 频段划分方案

5.1.4 3G业务特点与分类

3G业务是指所有能够在3G网络上承载的各种移动业务，它包括点对点基本移动语音业务和各类移动增值业务，3G业务具有丰富的多媒体业务应用、高速率的数据承载、业务提供方式灵活和提供业务的QoS保证的特点。移动增值业务是移动运营商的主要利润增长点，也是发展3G业务的方向，3G运营商在保留和增强2G/2.5G移动增值业务的同时，大量开发并提供了新的3G移动增值业务，它们具备互联网化、媒体化和生活化的特点。3G移动增值业务中，成熟类的主要有短消息(SMS)、彩铃、WAP、IVR(互动式语音应答)等业务；成长类的主要有移动即时通信、移动音乐、MMS(彩信)、移动邮件、移动电子商务、移动位置服务(LBS)、手机媒体、移动企业应用、手机游戏、无线上网卡业务跟踪等业务；萌芽类主要有移动博客、手机电视、一键通(PTT)、移动数字家庭网络、移动搜索、移动VoIP等业务。

目前制定3G业务标准的标准化组织主要有3GPP、3GPP2、OMA(开放移动联盟)等，为了适应新的业务模式，这些标准化组织的工作都集中在标准化业务体系框架和业务能力上，而对业务本身并不做规范。其中，3GPP定义了框架业务能力特征(提供公共使用能力)和非框架业务能力特征(允许业务使用网络底层)两种业务能力特征；OMA定义了公共业务引擎和专业业务引擎等各种技术引擎，专业业务引擎负责提供基本的业务能力特征。

对3G进行科学的分类，对业务发展是十分必要的。由于3G业务的多样性、用户使用特征的差异以及运营商情况的不同，对3G业务的分类也可以从多角度进行。总体来说，可按以下角度划分3G业务。

(1) 从承载网络来分，3G业务可以分为电路域和分组域业务，其中电路域业务包括主语音、智能网业务、短信、彩铃、补充业务等；分组域业务包括数据业务、数据卡上网和IMS业务等。

(2) 从业务特征上分，3G业务可以分为语音和非语音两大类，语音类包括基本语音和增强语音；非语音业务包括数据业务、数据卡上网、智能网业务和补充业务等。

(3) 从服务质量(QoS)来分，3GPP提出了会话类、流媒体、交互类和后台类4种业务区分方式。会话类业务主要为语音通信和视频电话业务；流媒体业务可分为长流媒体和短流媒体业务，也可分为群组流体与个人流媒体业务，还可分为广播式流媒体和交互式流媒体业务；交互类业务包括基于定位的业务、网络游戏等；后台类业务有E-mail、SMS、MMS和下载业务等。会话类和流媒体业务对时延敏感，但允许较高的误码率；而交互类和后台类业务对时延要求低，但对误码率要求高。

(4) 从业务发展和继承方面考虑，3G业务可以分为2G/2.5G继承业务及3G特色业务。

(5) 基于3G用户需求，3G业务可分为通信类、消息类、交易类、娱乐类和移动互联网类。

3GPP从承载网络和QoS两方面对3G业务进行了分类，前面已进行了介绍。需要说明的是，3GPP定义了工具箱，如CAMEL、MExE和USAT等，运营商可利用这些工具箱或者外部解决方案来修改已有业务或者创建新业务。

随着移动业务的发展，3G业务发展将面临一个截然不同的外部环境，其业务价值链分工将更加细化。其中，SP(服务提供商)的作用是开发和提供应用服务，它的主要工作包括需求评估、应用设计、应用模拟、实施和发布等；如果SP将应用设计的工作外包，则出现了另一个独立的价值链环节——AP(应用提供商)。CP(内容提供商)的作用是开发和提供内容,并将其提供给 SP,其主要工作有制造内容、内容管理、内容发布和索引链接(门户)等。

5.2 WCDMA 系统

5.2.1 概述

1. WCDMA 的发展和现状

ETSI 把 3G 技术统称为 UMTS(通用移动通信系统)。1998 年,日本和欧洲在宽带 CDMA 建议的关键参数上取得一致,使之正式成为 UMTS 体系中 FDD 频段的空中接口的入选方案,并由此通称为 WCDMA,后来它成了 ITU 的 IMT-2000 体系的 3 大主流标准之一。在欧洲,WCDMA 也称为 UMTS,或者叫 UTRA-FDD。

WCDMA 是最早,也是最完善的 3G 通信体制。3 大主流标准中,最早建成商用网络并开展 3G 业务的是 WCDMA。现阶段,WCDMA 是全球 3G 运营商在 3 大标准中选择最多的体制。

2. WCDMA 的主要特点

概括起来,WCDMA 系统具有以下特点。

(1) 信道复杂,可适应多种业务需求。WCDMA 可通过公共信道/共享信道、接入信道和专用信道等不同类型的信道实现不同业务,适应不同时延和分布特点的要求,使资源的调配更加灵活。正是这种复杂的信道和灵活的资源调配方式,可使 WCDMA 能满足不同业务的 QoS。

(2) 大容量和高业务速率。WCDMA 系统的码片速率达 3.84Mc/s,载波带宽为 5MHz,相对于窄带 CDMA 系统,WCDMA 系统的带宽能够支持更高的速率,同时带来了无线电传播的频率分集;相对于速率大致相同的语音业务,具有更高的扩频增益,接收灵敏度更高。

(3) 功率控制完善。WCDMA 采用开环和闭环两种功率控制方式,当链路没有建立时,开环功率控制用来调节接入信道的发送功率;链路建立之后使用闭环功率控制。WCDMA 的上、下行均采用快速功率控制,频率为 1500Hz,在 3 类标准中是最快的,其快速功率控制速度比任何较明显的路径损耗的变化都要快,甚至比低速和中速移动的用户设备产生的瑞利衰落的速度还快,可以有效抵抗链路的功率不平衡现象和瑞利衰落,能够更好地控制系统内的干扰,提升网络覆盖、容量方面的性能。

(4) 支持基站异步操作。同步只是可选项,也就是说网络侧对同步没有要求,从而易于实现室内和密集小区的覆盖,但需要快速小区搜索技术。

(5) 切换机制健全,有更灵活的分层组网结构。WCDMA 系统既支持软切换,又支持不同载频间的硬切换,也可以采用压缩模式实现不同系统之间的硬切换;提供分层小区结构(HCS)组网,即分别选择宏小区、微小区、微微小区进行组网,以满足不同容量和覆盖需求。

(6) 优化的分组数据传输方式。支持帧间数据速率转换,允许不同 QoS 要求的业务复用,具有良好的资源调度机制。

(7) 上、下行链路均利用导频进行相干检测。和窄带 CDMA 系统相较,增加了反向导频辅助的相干检测,扩大了覆盖范围。

3. WCDMA 系统的基本结构

WCDMA 系统的基本结构如图 5-3 所示,以模块来划分,整个 WCDMA 系统可分成 3 个功能实体:用户设备(UE)、无线接入网(RAN)和核心网(CN)。无线接入网也可以借用 UMTS 中地面 RAN 的概念,因此又可以简称为 UTRAN(UMTS 陆地无线接入网)。CN 可以和 PSTN、ISDN、其他运营商的 PLMN 和 Internet 等外部网络进行通信。WCDMA 系统中,无线接入网和核心网可以分开发展。无线接入网采用整体推进,使用 WCDMA 无线接口技术;而核心网可以从已有的 GSM/GPRS 核心网平台开始,以平滑演进的方式逐步过渡到全 IP 通信网络。

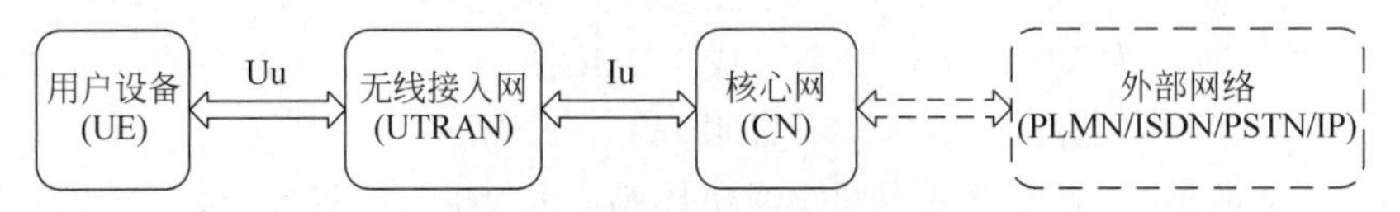

图 5-3　WCDMA 系统的基本结构

WCDMA 系统中的功能实体的具体组成和作用如下。

(1) UE 包括移动设备(ME)和 UMTS 用户识别模块(USIM)两部分。ME 是进行无线通信的设备;USIM 相当于 GSM 终端中的 SIM 智能卡,用于记载用户标识,可执行鉴权算法,并保存鉴权、密钥及终端所需的一些预约信息。

(2) UTRAN 的主要作用是实现无线接入和无线资源管理。UTRAN 的结构包含一个或几个无线网络子系统(RNS),一个 RNS 由一个无线网络控制器(RNC)和一个或多个节点 B(Node B)组成,如图 5-4 所示。RNC 在逻辑上对应于 GSM 网中 BSC,它控制辖区内的无线资源,是与之相连的 Node B 的管理者,也是无线接入网提供给 CN 的所有业务的接入点;Node B 在逻辑上对应于 GSM 网中的 BTS,它主要完成 Uu 接口的物理层的功能(信道编码、交织、速率匹配和扩频等),也完成部分无线资源控制(如功率控制)。

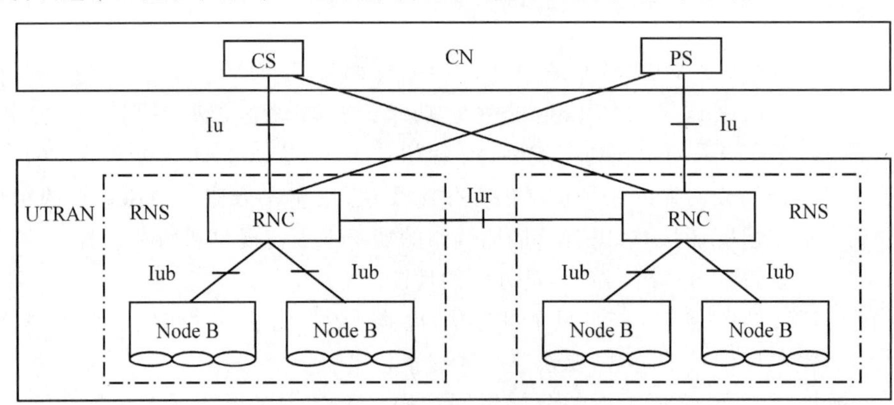

图 5-4　UTRAN 的结构

(3) CN 负责处理 WCDMA 系统内语音呼叫和数据连接,并实现与外部网络的交换和路由功能。

CN 从逻辑上分为电路交换(CS)域和分组交换(PS)域两部分,CS 主要负责语音等业务的传输与交换,而 PS 主要负责非语音类数据业务的传输与交换。

无线接入网与 UE 的接口为 Uu 接口,与核心网的接口是 Iu 接口。用户设备内部,ME

与 USIM 的接口为 Cn 接口；而在无线子系统内部，Node B 与 RNC 间的接口为 Iub 接口，RNC 之间的接口为 Iur 接口。

UTRAN 各个接口的协议结构是按照一个通用的协议模型来设计的，如图 5-5 所示，设计的原则是层间和平面间在逻辑上相互独立。

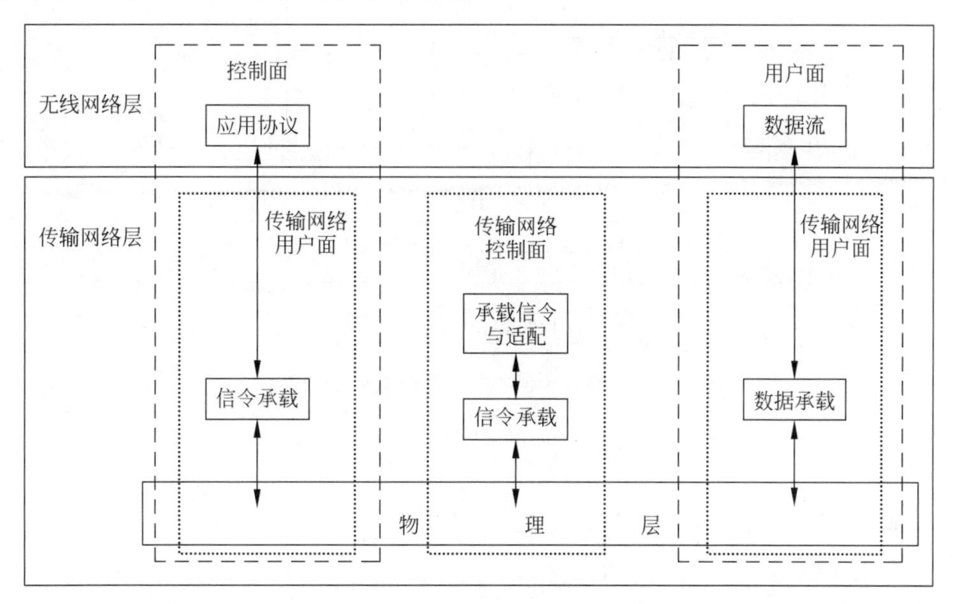

图 5-5　UTRAN 接口通用协议结构

从水平层面来看，协议结构主要包括两层，即无线网络层和传输网络层。所有 UTRAN 的相关问题只与无线网络层有关，传输网络层只是 UTRAN 采用的标准化的传输技术，与 UTRAN 特定功能无关。

从垂直平面来看，协议结构包括控制面、用户面、传输网络控制面和传输网络用户面，其中，控制面包括无线网络层的应用协议以及用于传输应用协议消息的信令承载；用户面包括数据流和用于传输数据流的数据承载；传输网络控制面在控制面和用户面之间，只在传输网络层上，它不包括任何无线网络层的信息；传输网络用户面提供用户面的数据承载和应用协议的数据承载。

5.2.2　WCDMA 的空中接口

微课视频 18

WCDMA 的空中接口是 Uu 接口，它是系统最重要的开放接口，也是 WCDMA 技术的关键所在。Uu 接口协议层分为物理层、数据链路层和网络层。空中接口使用无线传输技术将用户设备接入系统固定网络部分，用来建立、重新配置和释放无线承载业务。

WCDMA 空中接口的整体逻辑协议结构如图 5-6 所示，它分为控制面和用户面，控制面由物理层、媒体接入控制(MAC)层、无线链路控制(RLC)层和无线资源控制(RRC)层等子层组成，在用户面的 RLC 子层之上有分组数据汇聚协议(PDCP)和广播/组播控制协议(BMC)。

1. 无线信道及功能

WCDMA 空中接口上有物理信道、传输信道和逻辑信道 3 种信道。物理层通过传输信道向上层提供各种数据传输业务，而传输数据的类型与特征决定了传输信道的特征；MAC层通过逻辑信道向RLC层提供业务，逻辑信道的特征是由发送数据的类型来决定的。物理信道的属性由物理层来定义。3种信道之间的对应关系如图5-7所示。

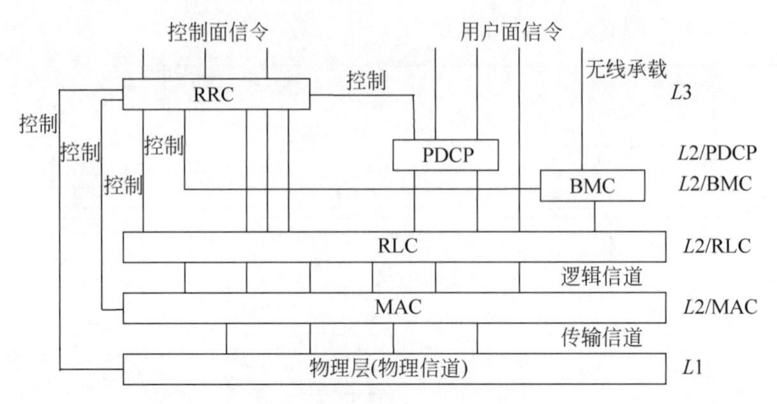

图5-6 WCDMA空中接口的整体逻辑协议结构

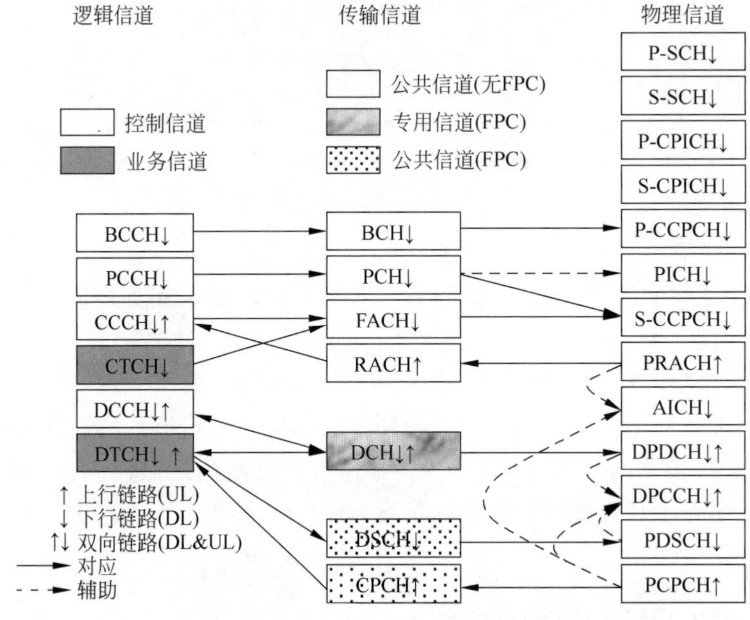

图5-7 WCDMA空中接口信道的对应关系

1）逻辑信道

信息可以开始于协议堆栈的高层，以逻辑信道的形式从RLC层传输到MAC层。MAC层在逻辑信道上提供数据传输业务，直接承载用户业务，逻辑信道类型集合根据MAC层提供的数据传输业务类型进行定义。根据承载的是控制面业务还是用户面业务，逻辑信道通常可以分成两类，控制信道和业务信道，控制信道用来传输控制面信息；业务信道用来传输用户面信息。

控制信道包含下列信道。

（1）BCCH——广播控制信道(DL)，用于在下行链路上广播系统的控制信息。

（2）PCCH——寻呼控制信道(DL)，用于在下行链路上发送寻呼信息。

(3) CCCH——公共控制信道(DL&UL),用于在网络和UE间发送控制信息(通常在UE没有与网络间建立RRC连接和重选后,UE要接入新小区时使用)。

(4) DCCH——专用控制信道(DL&UL),用于传送专用控制信息的点对点的双向链路。

业务信道包含以下信道。

① DTCH——专用业务信道(DL&UL),针对一个UE点对点地进行用户信息的传送。

② CTCH——公共业务信道(DL),用于将特定的用户信息传送到全部或一组UE的点对多点单向信道。

2) 传输信道

传输信道根据传输的是针对一个用户的专用信息还是针对所有用户的公共信息而分为专用信道和公共信道两大类,它们之间的主要区别在于公共信道资源可由小区内的所有用户或一组用户共同分配使用,而专用信道资源仅仅是为单个用户预留的,并采用特定频率的特定编码加以识别。

专用信道只有一种,即DCH——专用传输信道(DL&UL),支持可变速率和多种业务,传送高层的所有用户信息,包括数据、即时业务和控制信息。对应于物理层的DPDCH,它具有闭环功控、帧间快速速率改变、部分扇区发射和软切换等功能。

目前已定义的公共传输信道有6种,与2G不同的是,可以在公共信道和下行链路共享信道中传输分组数据;同时,公共信道不支持软切换,但一部分公共信道可以支持快速功率控制(FPC)。公共信道有以下几种。

(1) BCH——广播信道(DL),发送广播信息的控制信道。

(2) PCH——寻呼信道(DL),发送寻呼信息的控制信道。

(3) FACH——前向接入信道(DL),通过该下行控制信道,网络告知终端该选择哪个小区,并且可以用来传送少量的分组数据。

(4) DSCH——下行共享信道(DL),用于传送用户的数据和控制信息,可由多个用户同时共享。

(5) RACH——随机接入信道(UL),传送上行的控制信息,如建立RRC的请求等,也可以用来传送少量的分组数据信息。

(6) CPCH——公共分组信道,传送分组格式的用户数据,支持上行链路内环功控。

用于基本网络运营的公共传输信道有RACH、FACH和PCH,而DSCH和CPCH是可选的,使用情况由网络决定。

3) 物理信道

物理信道是各种信息在无线接口传输时的最终体现形式,是物理层的承载信道。每一种使用特定的载波频率、码(扩频码和扰码)以及载波相对相位(0或$\pi/2$,只用于上行链路)的信道都可以理解为一类特定的信道。物理信道包含以下信道:

(1) DPCH——物理专用信道,对于下行链路又分为物理专用数据信道(DPDCH)和物理专用控制信道(DPCCH),提供可变速率业务承载信道,是主要的数据承载信道。对上行链路,为避免业务数据静默时出现纯控制信息形成的低频脉冲干扰,DPDCH和DPCCH通过正交调制复用在一条信道;对下行链路,由于业务数据本身就是多用户时分复用,所以不存在以上问题,控制信息和数据信息也以时分的方式共用一条信道。

(2) CPICH——公共导频信道(DL),有主导频信道和辅助导频信道两种,用于区分扇区;在使用DPCH时,如果CPICH不能提供信道参考,则需要使用第二导频信道(或是使用DPCCH中的导频位)以提供进一步的参考。

(3) CCPCH——公共控制信道(DL),有主控制信道和辅助控制信道两种;主控制信道与BCH对应,用于传送广播信息;辅助控制信道承载FACH和PCH,完成接入控制(与PRACH一起)和寻呼。

(4) PDSCH——下行物理共享信道(DL),与传输层的DSCH信道对应,主要传送非实时的突发业务,可以通过正交码由多个用户共享;相对于DPCH,PDSCH没有软切换,所以对覆盖不太有利,但是可以解决码资源不足的问题。

(5) PICH——寻呼指示信道(DL),与CCPCH中包含的PCH一起,进行寻呼的控制,告诉终端是否该解调CCPCH信道,以了解寻呼信息。

(6) AICH——分配指示信道(DL),与上行链路的PRACH一起,完成终端的接入过程;在Node B收到并正确解调出上行PRACH中发送的探针Preamble后,回应相关指示信息。

(7) SCH——同步信道(DL),用于小区搜索过程同步,包括主同步信道、辅同步信道,分别用于小区同步和帧同步。

(8) PRACH——物理随机接入信道(UL),对应于传输层的RACH,用于终端的接入。

(9) PCPCH——物理公共分组信道(UL),与PDSCH类似,作为数据传送的补充。相对于DPCH,同样缺少软切换,但是接入时间短,而且可由多个用户共用,所以主要用于突发的数据,较长的数据仍由DPCH传送。

2. 物理层

物理层主要要完成以下功能:在传输信道上进行前向纠错的编译码,对高层进行测量和指示,宏分集分解和合并,软切换,传输信道上纠错,传输信道复用和编码组合传输信道(CCTrCH)分离,速率匹配,将CCTrCH映射到物理信道上,频率和时间同步,闭环功率控制,物理信道的功率加权与组合,射频处理,波束赋形等。

1) 物理信道的帧结构

一般的物理信道包括3层结构:超帧、帧和时隙。超帧长度为720ms,包括72个帧;每帧长为10ms,对应的码片(chip)数为38 400;每帧由15个时隙组成,一个时隙的长度为2560chip。由于采用了正交可变扩频因子(OVSF)的扩频方式,每时隙中的传输位数取决于扩频因子的大小。

在每个无线链路(物理链接)的上行物理信道中,可能有0、1和若干上行DPDCH,只有一个上行DPCCH,DPDCH和DPCCH通过并行码分复用的方式进行传输,它们的帧结构如图5-8所示。上行DPDCH承载第二层或更高层生成的专用数据,可提供逐帧改变速率的变速率服务;上行DPCCH传送的物理层控制信息包括导频位、发送功率控制(TPC)命令、反馈信息(FBI)、可选的传输格式组合指示(TFCI)等。图5-8中参数k决定了上行DPDCH中每时隙的位数,它对应于物理信道的扩频因子$SF=256/2^k$。$k=0,\cdots,6$,对应的扩频因子为256到4,对应的信道位速率为15~960Kb/s;上行DPCCH的扩频因子固定为256,因此它每时隙传送10位的控制信息,其中的导频位决定使用的导频图案集,TFCI用于指示当前帧中DPDCH的消息格式,FBI用于支持UE与基站之间的反馈技术,TPC用于控制下行链路的发射功率。

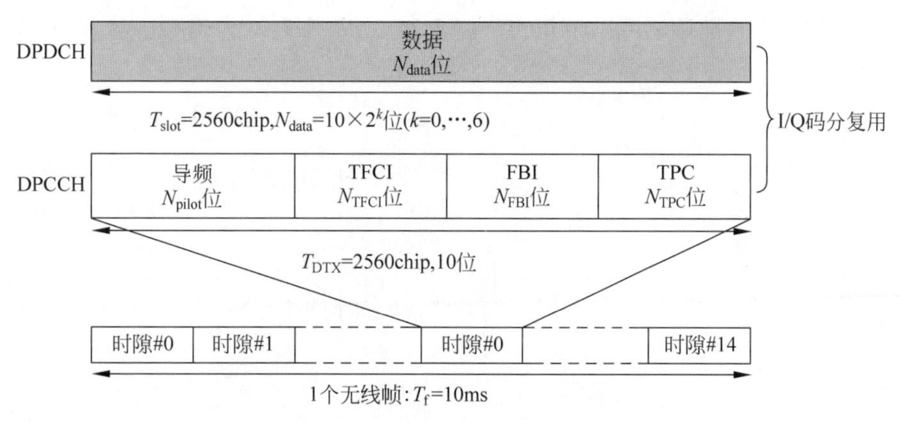

图 5-8　上行专用物理信道的帧结构

图 5-9 给出了下行专用物理信道的帧结构，可以看出，下行专用数据和控制信息在一个时隙内是时间复用传输的，参数 k 确定一个时隙内 DPCCH 和 DPDCH 的总位数。同样地，扩频因子 SF$=512/2^k$，其范围由 512 到 4。在一个时隙内，需要确定表明不同域内位数的参数 N_{pilot}、N_{TPC}、N_{TFCI} 和 N_{data}。当在一个下行链路连接上传输的总的位速率超过一个下行物理信道最大位速率时，可采用多码传输，即一个或几个传输信道的信息经编码复接后，组成的 CCTrCH 可使用几个并行的扩频因子相同的下行 DPCH 进行传输。此时，为了降低干扰，物理层的控制信息仅放在第一个下行 DPCH 的 DPCCH 上，其他 DPCH 上不传输控制信息，即在 DPCCH 的传输时间不发送任何信息，也就是采用了不连续发射。多码传输也可用于采用不同码的不同传输信道上，在这种情况下，不同并行码可采用不同扩频因子，并且物理层控制信息在每一个信道上要独立传送。

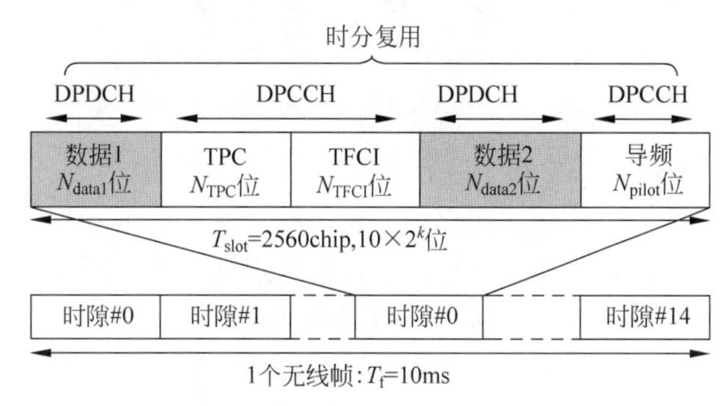

图 5-9　下行专用物理信道的帧结构

其他物理信道在时间上也基本上采用了三层式结构，但其帧结构和专用物理信道的帧结构不同，具体情况请参阅其他图书。

2）扩频、扰码与调制

WCDMA 上行链路的扩频、扰码与调制的实施过程如图 5-10 所示，可以看出，上行 DPDCH 和 DPCCH 如前所述通过并行码分复用的方式进行传输。图中示意的是多数情况，一个连接配置一个 DPDCH，在各种业务联合交织并共享相同的 DPDCH 中，也可能分配多个 DPDCH。当使用多码传输时，几个（最多 6 个）并行的 DPDCH 用不同的信道编码来传送，而每个连接只有一个 DPCCH。上行物理信道先经信道码 C_d 或 C_c 扩频，扩频后速率达到码片速率，再分别调制到两个正交支路 I 和 Q 上，实现双信道 QPSK 调制，中间还要经过复数扰码。

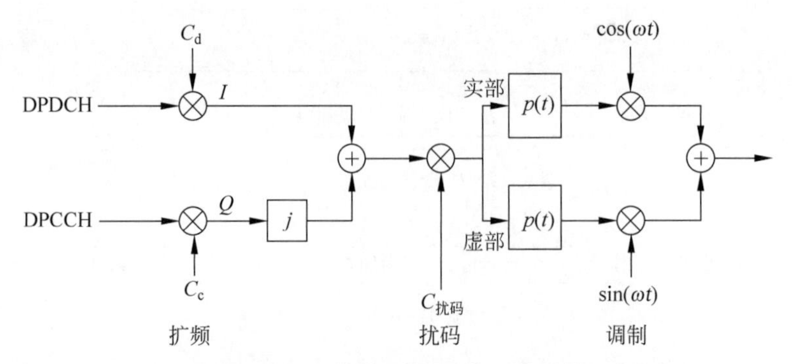

图 5-10 WCDMA 上行链路的扩频、扰码与调制的实施过程

在以上扩频过程，信道码用的是 OVSF 码，它的作用是保证所有用户在不同物理信道之间的正交性。与 CDMA 2000 相同，OVSF 码采用的是变长的 Walsh 码，它组成了树状结构的序列集合，如图 5-11 所示。可以验证，该树状结构中非衍生节点之间具有正交性。通常，处理高速数据业务，需要占用靠顶端的 OVSF 码，此时，引起该节点下端的 OVSF 码就不能再用，因此需要对码资源的分配和使用进行有效的管理。

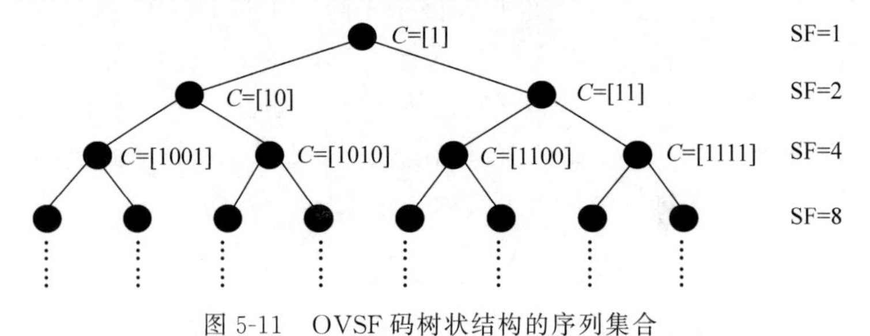

图 5-11 OVSF 码树状结构的序列集合

WCDMA 中的扰码在下行中用于区分基站，而在上行中用于区分用户。上行链路的扰码可以选择长扰码和短扰码(应用多用户检测技术时采用短扰码)，长码选用 Gold 序列，短码选用复数四相序列 $S(2)$。所有上行物理信道都采用同一复扰码序列进行扰码操作。上行长扰码(数量为 2^{24} 个)的实部和虚部所使用的基础序列 C_1 和 C_2 分别来自一个 25 阶的 Gold 序列，C_1 取 Gold 序列的前 38400 位(10ms，相当于一个无线帧)，C_2 由 C_1 相移 16777232 码片后截取 38400 个码片得到。上行复数长扰码 $C_{扰码}$ 按如下方式来定义。

设 z 为 25 阶的二进制 Gold 序列，并令

$$Z(i)=\begin{cases}+1, & z(i)=0\\ -1, & z(i)=1\end{cases}\quad i=0,1,\cdots,2^{25}-2 \tag{5-1}$$

则有

$$C_1(i)=Z(i),\quad i=0,1,\cdots,2^{25}-2 \tag{5-2}$$

$$C_2(i)=Z((i+16\,777\,232)\bmod(2^{25}-1)),\quad i=0,1,\cdots,2^{25}-2 \tag{5-3}$$

$$C_{扰码}(i)=C_1(i)(1+\mathrm{j}(-1)^iC_2(2\lfloor i/2\rfloor)),\quad i=0,1,\cdots,2^{25}-2 \tag{5-4}$$

其中，$\lfloor\ \rfloor$表示向下取整。

上行短扰码与上行长扰码相似，也是复数序列，且是由 3 个实数序列模 4 相加得到，但是在实现细节上有所不同。短码长度为 256 个码片。

WCDMA 下行链路的扩频、扰码与调制的实施过程如图 5-12 所示，扩频用的信道码同上行相同，为 OVSF 码。基本 CPICH 使用 $C_{256,0}$，PCCPCH 使用 $C_{256,1}$，其余信道的扩频码由网络决定。扰码使用长扰码，它是由 18 阶的 Gold 码为基础形成的复数扰码序列，具体形成方式同上行长扰码的方式近似，但只选用了其中的 8192 个，分成 512 个集合，每个集合包括 1 个主扰码和 15 个辅扰码，每个小区对应 512 个扰码集中的一个，512 个主扰码又分成 64 组，每组 8 个主扰码。对于同小区下行链路的不同信道，一般只使用一个扰码，即主扰码；辅扰码只对采用了波束定向的专用信道使用。下行扰码长度为 38400 个码片。下行链路的调制方式采用的是常规的平衡 QPSK 调制。

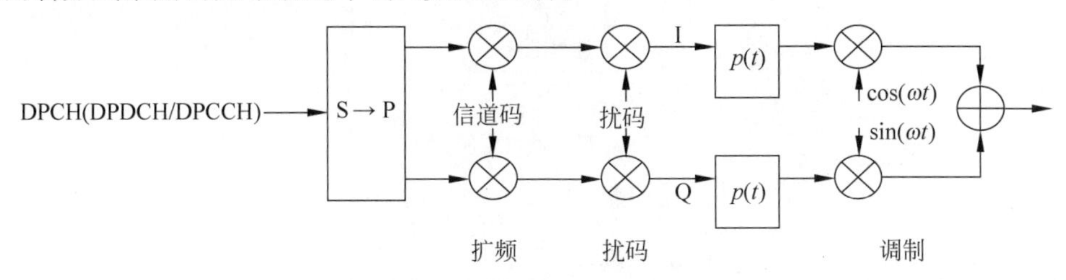

图 5-12　WCDMA 下行链路的扩频、扰码与调制的实施过程

3）信道编码与复用

为实现一个连接上并行传送多业务，传输信道上的数据需要经过信道编码与复用处理才能映射到物理信道上。WCDMA 的上下行链路的信道编码与复用过程分别如图 5-13 和图 5-14 所示。其基本的过程包括：添加 CRC 校验比特、传输块(TrBk)级联和码组分段、信道编码、第一交织、无线帧分段、速率匹配、传输信道(TrCH)复接、物理信道分段、第二交织和物理信道映射等。在下行信道中还需插入不连续发送(DTX)比特。

物理层的信道编码包括检错编码、纠错编码、速率匹配和交织。CRC 为 24 位、16 位、12 位、8 位或 0 位。纠错编码可选的方案包括卷积编码(编码速率通常为 1/2 或 1/3)、Turbo 码(由于其译码的延时较长，通常用于高质量的高速率数据业务中)和不编码 3 种。速率匹配的目的是使复用传输信道的信息速率与上行或下行物理信道的几个有限的速率相匹配。速率匹配分为两类：静态速率匹配和动态速率匹配。静态速率匹配在纠错编码后的码序列进行，可随时从一个连接中增加或去除一个传输信道业务；动态速率匹配是按帧进行的，它采用非均匀重复方式完成，且仅用于上行。在下行，处理复用后总瞬时速率与信道速率不匹配的方法是采用 DTX 方式。交织采用内外两次交织的形式。

4）物理层的主要相关进程

WCDMA 的物理层包含了很多系统运作的关键进程，这些进程在 3GPP 的 TS25.214 物理层协议中都有所规范。下面介绍物理层的几个主要相关进程。

(1) 小区搜索与同步进程。WCDMA 支持基站间的异步操作，其终端与小区的同步主要借助下行链路的主、辅同步信道完成(主、辅同步信道都不进行扰码，在每个时隙中，两信道并行发送)，同时获取目标小区的扰码信息，完成小区搜索。小区搜索(即同步)进程分为 3 个步骤。

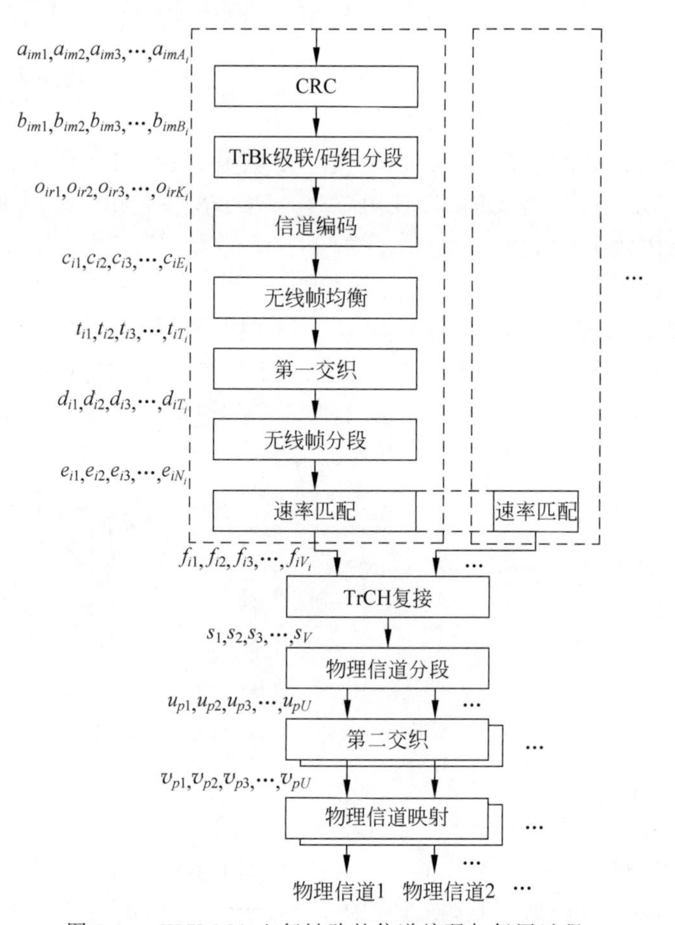

图 5-13 WCDMA 上行链路的信道编码与复用过程

第一步是时隙同步。由于主同步信道所在小区采用的是同一个 256 位码，而且在各时隙中的同一个位置重复发射。终端在接收到后，采用相关滤波器去匹配主同步信道，再检测滤波器输出的峰值，就可以获得各时隙的边界，实现时隙同步。

第二步是帧同步和扰码组的识别。在得到时隙的边界后，通过对比的方法，终端进一步识别辅同步信道中 256 位码组成的 15 种不同形状(检测最大相关值)及其在同一帧中不同时隙的位置，就可以确定小区的扰码组。由于同一小区每一帧中 15 个时隙的辅同步的码序列顺序是不变的，所以确定码的形状后，同时也就了解到了时隙的顺序，实现了帧同步。

第三步是扰码识别。由于每个扰码组中有 8 个扰码，在实现帧同步后，终端经过对扰码组内可能的 8 个主扰码与 P-CPICH 信道中实际采用的扰码逐个进行试探比较，可以找到匹配的主扰码。

(2) 功率控制进程。3GPP 按信道的种类、实际的进程定义了非常复杂、详细的功率控制模式。功率控制的方式有开环功控、内环功控(在 WCDMA 中称为快速闭环功控)和外环功控(在 WCDMA 中称为慢速功控)。

开环功控只用于 RACH 或 CPCH 传输的初始化过程。开环功控的精度一般在 ±9dB 之内，如在正常连接时使用开环功控会对链路质量带来影响，因此在正常连接模式下，WCDMA 系统不采用快速功控。

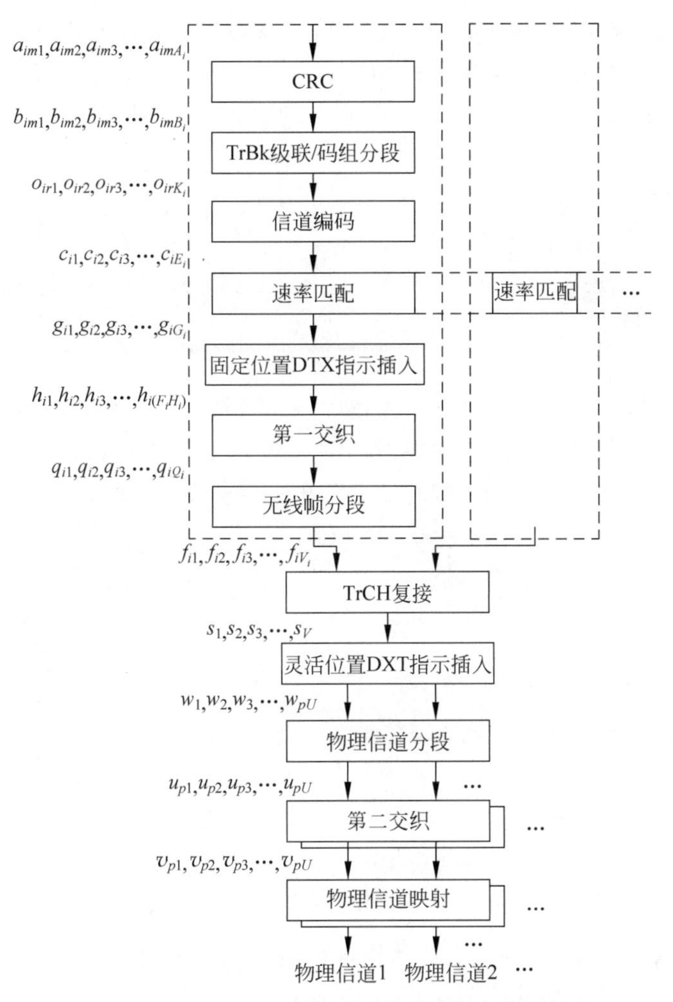

图 5-14 WCDMA 下行链路的信道编码与复用过程

内环功控通过快速调整发射功率使接收信号的 SIR 稳定在预设的目标值 SIR_{target} 上。每时隙派发一个功控指令,指令速度为 1500Hz,基本步长为 1dB(可选用 2dB),对应的精度为±0.5dB。内环功控要考虑软切换状态和压缩模式两种特殊情况下的功率控制方法。

外环功控为内环功控提供达到某一质量要求所需的目标 SIR 值。对于不同的业务速率、终端移动速度和无线环境,达到某一个 QoS 对 SIR 的要求也不同,所以内环的 SIR_{target} 需要根据业务速率和无线环境的变化在外环功控过程中来确定。外环功控速度为 10~100Hz。

(3) 下行链路发送分集进程。WCDMA 在下行链路使用开环和闭环两种类型的发送分集方式来提高数据的传输性能,在使用闭环发送分集时,基站使用两根天线来发送用户数据,这两根天线的工作状态根据 UE 在上行 DPCCH 中反馈的 FBI 位来进行调整,闭环发送分集本身有两种工作模式：在模式 1 中,根据来自 UE 的反馈命令控制天线的相位,使 UE 接收功率最大；在模式 2 中,不仅要调整天线相位,还要调整天线幅度。闭环模式只在专用信道或伴随 DSCH 的专用信道中采用,而开环模式没有信道类型的限制。

(4) 切换控制进程。物理层中与切换有关的主要工作是：依据切换的种类(软切换、制式内硬切换和制式间硬切换),配合支持相应的测量,解决测量方法和提出测量报告。软切换时，可以在连接状态下，利用ME的多个RAKE接收机对同频的其他小区进行测量，但需要定时的支持；同频的硬切换测量与软切换测量方法相同，不同频或不同系统的硬切换的测量一般需要压缩模式的支持，产生发送和接收的间断，在其时隙内完成对其他频率和制式的测量。

3. 数据链路层

WCDMA空中接口的数据链路层可分为若干子层，在控制面上，数据链路层包含MAC和RLC两个子层；在用户面上，除了MAC和RLC之外，还存在两个与特定业务有关的协议，即PDCP和BMC。

1）MAC层

MAC层的逻辑结构如图5-15所示，它包括3个逻辑实体：MAC-b、MAC-c/sh和MAC-d，用于逻辑信道到传输信道的映射，其中，MAC-b负责广播信道的处理，MAC-c/sh负责公共信道和共享信道的处理，MAC-d负责在连接模式下处理分配给UE的专用信道。

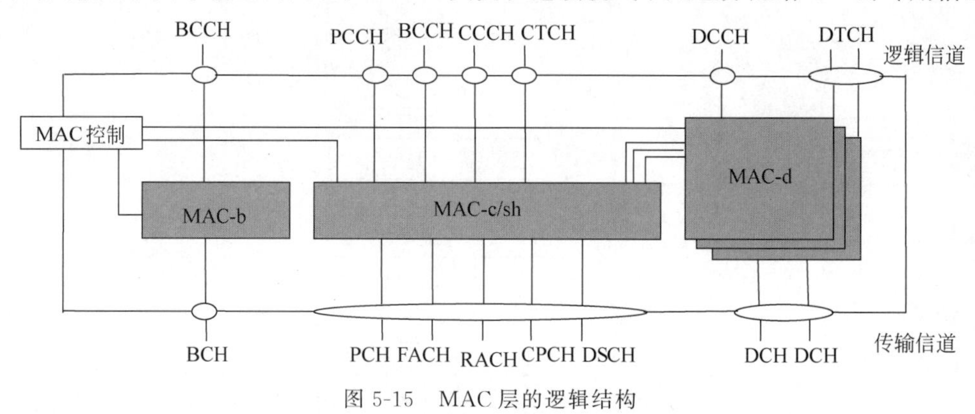

图5-15　MAC层的逻辑结构

MAC层的功能包括：①逻辑信道和传输信道之间的映射；②根据瞬时源速率为每个传输信道选择合适的传输格式(TF)；③对一个UE的数据流，通过选择“高速率”和“低速率”传输格式实现优先级调度；④在不同UE间进行优先调度；⑤在上层的传输块和公共或者专用传输信道之间进行复用和解复用；⑥进行业务流量监测，MAC层将对应于一条传输信道的数据量与RRC设置的门限相比较，如果数据量太高或太低，MAC层就发送一个关于业务量状态的测量报告给RRC层，RRC层使用这些报告来引发对无线承载和传输信道参数的重新分配；⑦实现传输信道类型的转换，在来自RRC层的命令下，MAC层执行公共传输信道和专用传输信道之间的切换；⑧实施加密，如果无线承载使用透明RLC模式，加密就在MAC层的子层(MAC-d实体)进行；⑨在RACH发射时进行接入业务级别选择。

2）RLC层

RLC层的结构如图5-16所示，它共有3种RLC实体类型，即透明模式(Tr)、确认模式(AM)和非确认模式(UM)。RLC实体和它的服务接入点(SAP)相关联。需要说明的是，在透明模式和非确认模式下，RLC实体都被定义成单向的，而确认模式的实体是双向的。

(1) 透明模式。不给高层区域增加任何开销，高层数据可以不进行分段而以数据流的形式发送，而错误的协议数据单元(PDU)可能被丢弃或者作错误标记。

(2) 非确认模式。不使用重传协议，传送的数据没有保护，接收到的错误数据根据配置被丢弃或者作标记。它用于小区广播业务和VoIP(基于IP的语音通信)业务。

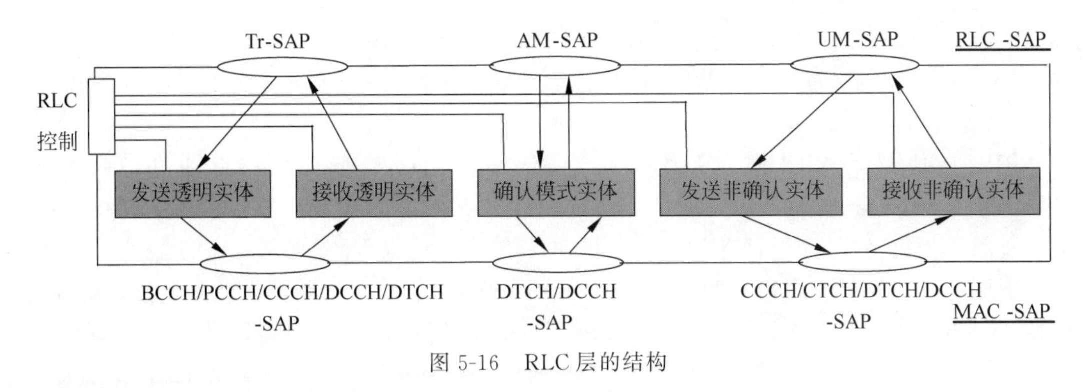

图 5-16 RLC 层的结构

(3) 确认模式。使用自动重传请求(ARQ)方案纠错,RLC 的质量及与其对应的延迟性能可由 RRC 控制。

RLC 层的功能和链路连接质量有很大的关系,其功能包括: ①分段与重组,将不同长度的高层 PDU 进行分段与重组为较小的 RLC 负荷单元(PU),一个 RLC PDU 承载一个 PU,RLC PDU 的大小是按照使用 RLC 实体的业务可能的最小位速率设置的; ②级联,若一个 RLC SDU(RLC 业务数据单元)的内容不能填满整数个 RLC PU,下一个 RLC SDU 的第一段可以放在该 RLC PU 中与前一个 RLC SDU 的最后一段级联在一起; ③填充,当级联不适用并且剩余需要发送的数据不能填满一个给定大小的完整的 RLC PDU 时,数据域的剩余部分将用填充位填满; ④数据传输,RLC 支持确认、非确认和透明模式数据传输,QoS 设置控制用户数据的传输; ⑤错误检测,该功能在确认数据传输模式中通过自动重传请求提供纠错; ⑥高层 PDU 的接序发送,该功能保持高层 PDU 的顺序,该顺序是 RLC 使用确认数据传输业务递交的传输顺序; ⑦重复检测,检测收到 RLC PDU 备份,并保证合成的高层 PDU 只向上层发送一次; ⑧流量控制,允许 RLC 接收端控制对等 RLC 发送实体发送信息的速率; ⑨序列号检测,通过提供的一个检测恶化的 RLC SDU 的方法检查 RLC PDU 中序列号,恶化的 RLC SDU 将被丢弃,从而保证重组 PDU 的完整性; ⑩协议错误检测和恢复,在 RLC 协议操作中检测错误并进行恢复; ⑪加密,在 RLC 层中确认和非确认模式下进行加密; ⑫数据传输的暂停和恢复,在安全模式控制过程需要传输暂停,因此对等实体就总是使用相同的密钥,暂停和继续都是由 RRC 通过控制接口命令实现的。

3) PDCP 层

PDCP 层只存在于用户面,并且只处理 PS 域业务。为了在无线上传输 IP 分组业务并获得更好的频谱效率,PDCP 包含了压缩方法。每个 PDCP 实体使用 0、1 或者多个报头压缩算法类型和可配置参数集合。算法类型和它们的参数在 RRC 无线承载建立和重新配置过程中被协商并且通过 PDCP 控制 SAP 指示给 PDCP。PDCP 负责 PDU 从一种网络协议到一种 RLC 实体间的映射,它支持透明模式和非透明模式(包括确认模式和非确认模式)的传输。在透明模式下,PDCP 没有改变数据单元,意味着没有增加报头,也无压缩功能,此时 PDCP 的功能有: 用户数据的传输、PDCP 缓冲区的重新分配和 PDCP SDU 的缓存; 在非透明模式下,则可能增加了报头并且执行了报头适配,此时 PDCP 的功能有: 报头适配、用户数据传输、PDCP 缓冲区重新分配和 PDCP SDU 缓存、IP 数据流的适配。

4) BMC 层

BMC 层也只存在于用户面,服务于无线接口上的广播/组播业务(产生于广播域上)。

其功能有：①储存小区广播消息；②为小区广播业务(CBS)的业务监测和无线资源进行请求；③BMC 消息的调度；④向 UE(终端)发送 BMC 消息；⑤向上层传送小区广播消息。

4. 网络层

RRC 层协议是 WCDMA 无线接口中网络层协议的核心规范，其中包括 UE 和 UTRAN(UMTS 陆地无线接入网)之间传递的几乎所有的控制信令以及 UE 在各种状态下无线资源的使用情况、测量任务和执行的操作。

下层的一些测量报告可以为 RRC 分配无线资源提供参考，控制操作和测量报告将通过 RRC 与低层的接入点进行交互。RRC 与低层的交互动作如图 5-17 所示。

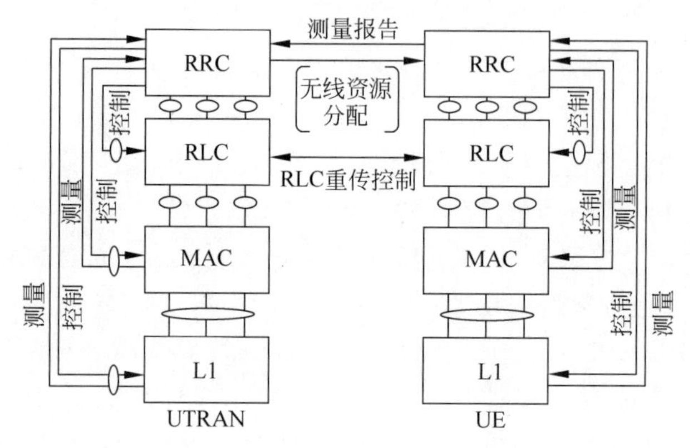

图 5-17 RRC 与低层的交互动作

RRC 层向上层提供信令连接以支持与上层之间的信息交流，信令连接可在 UE 和核心网之间传输高层信息。对每个核心网域，最多只能同时存在一个信令连接；对于一个 UE，同时最多也只能存在一个 RRC 连接。

UE 的两个基本的操作模式是空闲模式和连接模式。连接模式可以进一步分成不同的 RRC 业务状态：URA-PCH 状态、CELL-DCH 状态、CELL-PCH 状态和 CELL-FACH 状态，这些状态定义了 UE 使用的物理信道的种类。UE 可以在空闲模式和连接模式之间转移，也可以在连接模式的各个状态之间转移。

RRC 层的结构如图 5-18 所示，它可以用以下 4 个功能实体来描述。

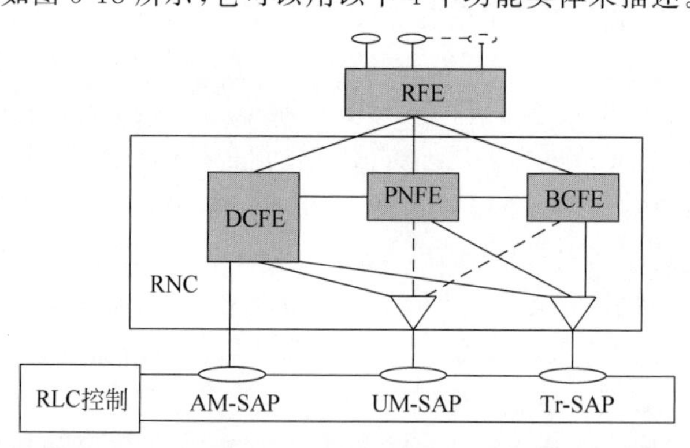

图 5-18 RRC 层的结构

(1) 专用控制功能实体(DCFE)处理一个特定 UE 的所有功能和信令。

(2) 寻呼及通告功能实体(PNFE)处理空闲模式中的 UE 的寻呼。

(3) 广播控制功能实体(BCFE)处理系统信息广播功能。

(4) 路由功能实体(RFE)处理不同 MM/CM 实体(UE 侧)或者不同的核心网域(UTRAN 侧)的高层消息的路由选择。

RRC 层的功能包括：①广播对应非接入层和接入层的系统信息；②寻呼；③空闲模式下初始小区的选取和重选；④RRC 连接的建立、维护和释放；⑤无线承载、传输信道和物理信道的控制；⑥安全功能控制；⑦信令完整性保护；⑧UE 测量报告和控制；⑨RRC 连接移动性管理；⑩SRNC(服务 RNC)重定位的支持；⑪对下行链路外环功控的支持；⑫对开环功控的支持；⑬小区广播业务相应的功能；⑭UE 定位相应的功能。

5.2.3　WCDMA 核心网的演进

3GPP 已制定了 R99、R4、R5、R6、R7、R8、R9、R10、R11、R12、R13 等多个核心网(CN)网络结构的版本，自 R5 进入了 HSPA(高速分组接入)阶段，为 WCDMA 的提高版；R8 对应 LTE(长期演进计划)，为准 4G 版；R10 对应 LTE-Advanced(LTE 演进版)，即 4G 版。

1. R99 网络结构

R99(又称为 R3)是 WCDMA 的第一个版本，因此它的网络设计考虑了 2G、3G 的兼容问题，支持 GSM→GPRS/EDGE→WCDMA 的平滑过渡，其网络结构如图 5-19 所示。

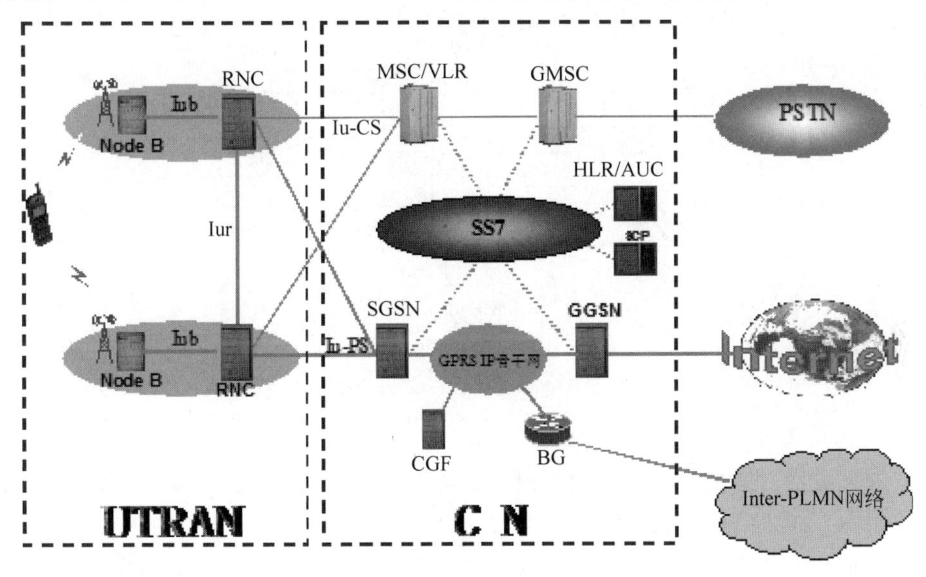

图 5-19　R99 网络结构

总体来说，R99 采用了基于 GSM/GPRS 的核心网络，无线接入则引入了新的 WCDMA 接入网(即 UTRAN)。在无线接入部分，除了支持新引入的 UTRAN 的 RNS 之外，也支持 GSM/GPRS 的 BSS(在图 5-19 中未画出)。

在 R99 的核心网络中，CS 域和 PS 域是并列的，CS 域的功能实体包括 MSC、VLR、GMSC(移动交换中心网关)和 IWF(互通功能)等；PS 域特有的功能实体包括 SGSN(GPRS 服务支持节点)、GGSN(GPRS 网关支持节点)、BG(边界网关)和 CGF(收费网关功能)等；而 HLR、AUC、SCP(智能网业务控制点)和 EIR 等为 CS 域和 PS 域共用设备。R99 的 CS 域是基于 TDM 技术的，并仍采用分级组网模式，通过 GMSC 和外部网络相连；PS 域基于IP组网,通过GGSN接入外部分组网络。核心网与接入网之间的Iu接口采用ATM技术来传输,核心网可以和智能网相连,定义了CAMEL3(移动网络增强逻辑的客户化应用3)规范,以增强对智能业务的支持。

2. R4网络结构

继R99之后,3GPP又推出了R4,其PLMN基本网络结构如图5-20所示。在无线接入技术方面,R4只是提出一些改进,以增进系统性能,但把TD-SCDMA技术列入了补充的无线接入标准。

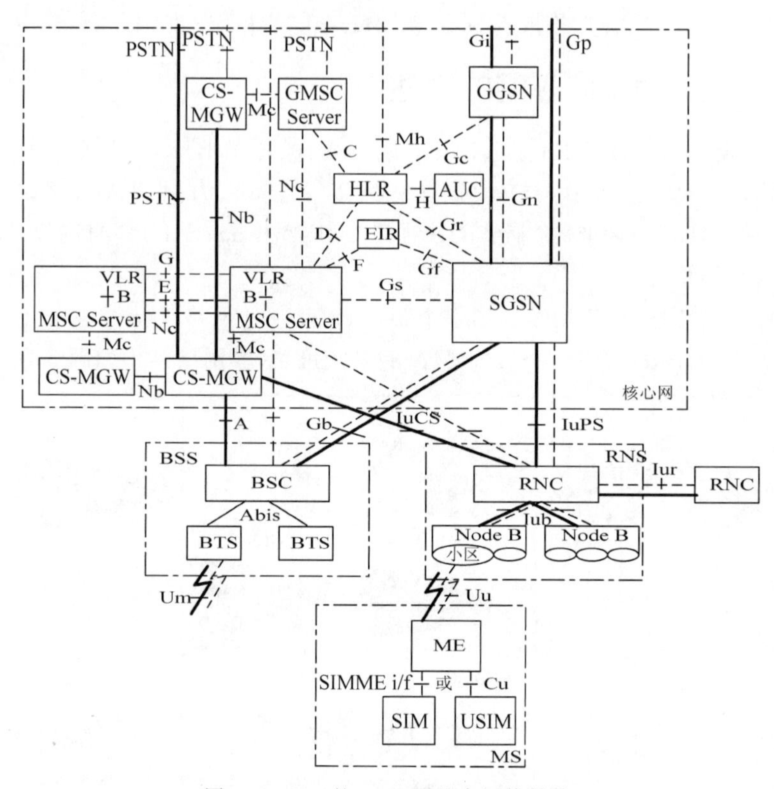

图5-20 R4的PLMN基本网络结构

在核心网方面,R4的PS域与R99相比变化不大,主要是增加了部分与QoS相关的协议标准。但R4的CS域变化比较大,主要是采用了承载与控制相分离的软交换思想,有利于运营商降低建网和运营的成本。在CS域的功能实体中,(G)MSC被两个独立的功能实体(G)MAC Server(MSC服务器)和MGW(媒体网关)替代,(G)MSC Server完成呼叫控制和移动管理功能,MGW提供承载信道;HLR也可以替换为HSS(归属用户服务器);SG(信令网关)是新增加的网络实体,用于完成基于IP的7号信令和基于TDM的7号信令之间的消息格式转换。R4的CS域中的网络实体间可以采用TDM/ATM/IP技术组网,这样,运营商有多种选择,如果采用IP组网,可以组建结构更为简化的信令网和平面化的承载网。

3. R5网络结构

R5版本的网络结构的目标是构造全IP移动网络,在研究过程中分化为R5、R6两个版本。R5主要定义了全IP网络的架构,R6的重点集中于业务增强以及与其他网络的互通方面。R5的具体网络结构如图5-21所示。

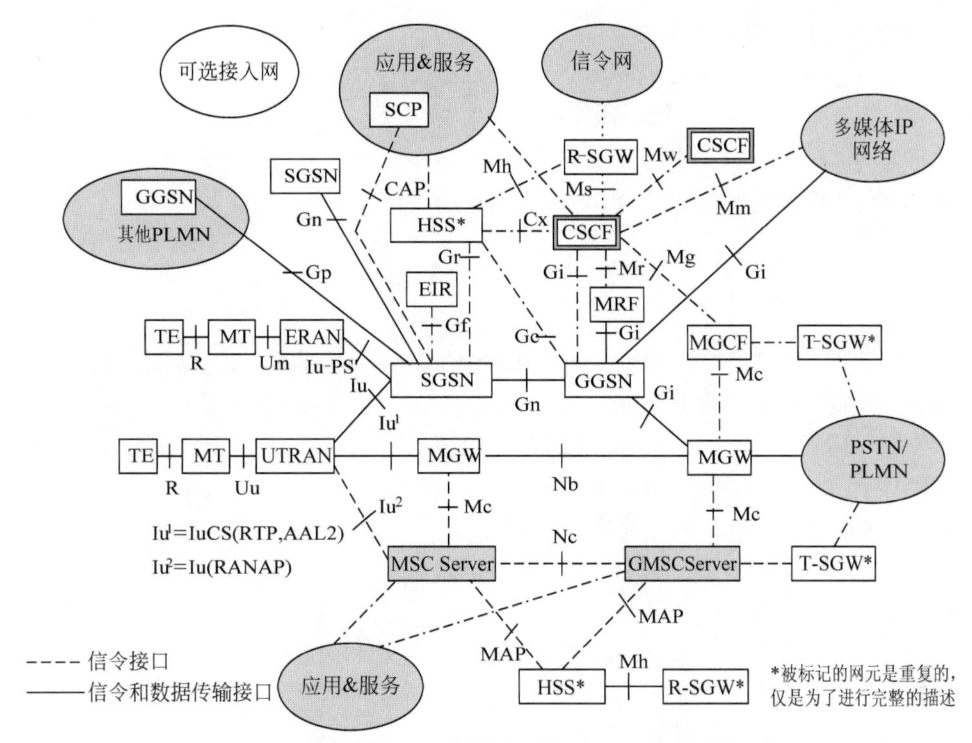

图 5-21　R5 的具体网络结构

在无线接入网方面，R5 提出了 HSDPA 技术（在 5.2.5 节详细介绍），使下行传输速率可以达到 8～10Mb/s，大大提高了空中接口的效率；同时 Iu、Iur 和 Iub 接口增加了基于 IP 的可选传输方式，从而可使接入网实现 IP 组网。

在核心网方面，R5 在 R4 的基础上增加了 IMS（将在第 8 章详细介绍），它是基于 PS 域之上的多媒体业务平台，用于提供各种实时的或非实时的多媒体业务。R5 的早期仍保留 CS 域（语音由其实现），并实现与 IMS 的互操作，以保护运营商在 R99 网络上的投资。到后期 CS 域和 PS 域将完全融合，所有业务由 IP 承载，全网从接入到交换实现全 IP 化。核心网中增加的网络实体除 IMS 中包括的呼叫会话控制功能（CSCF）、媒体网关控制功能（MGCF）、IP 多媒体—媒体网关功能（IM-MGW）、多媒体资源功能处理器（MRFP）、签约位置功能（SLF）和出口网关控制功能（BGCF）之外，还有漫游信令网关（R-SGW）和传输信令网关（T-SGW）。由于增加了 IMS，所以 R5 的协议中增加了会话发起协议（SIP）。智能网部分通过引入 IP 技术实现端到端的全 IP 化 CAMEL4。

4. R6 以及 R7 网络结构

R5 之后 WCDMA 的核心网主架构基本稳定，这样，在网络架构方面，R6 与 R5 相比没有太大的变化，主要是增加了一些新的功能特性以及对现有功能特性增强。增加的功能有：①MBMS 功能；②高速上行分组接入（HSUPA）标准的制定；③网络共享，多个移动运营商有各自独立的核心网或业务网，但共享接入网；④Push 业务，网络主动向用户推送（Push）内容，根据网络和用户的能力推出多种实现方案。增强的功能有：①IMS 的完善，到达 IMS 的第二阶段；②HSDPA 的完善；③RAN 的增强；④端到端 QoS 动态策略控制增强；⑤安全、计费等其他功能增强。

R7 版本主要继续 R6 未完成的标准和业务制定工作，如多天线技术，包括 MIMO 技术的实现。将考虑支持通过 CS 域承载 IMS 语音、通过 PS/IMS 域提供紧急服务、提供基于 WLAN 的 IMS 语音与 GSM 网络的 CS 域的互通、提供 xDSL(数字用户线路)和有线调制器等固定接入方式，同时引入 OFDM，完善 HSDPA 和 HSUPA 标准。

5.2.4 WCDMA 的移动性管理

1. 概述

WCDMA 的移动性管理是从 GSM/GPRS 的移动性管理演进的，从而具有很多 GSM 基于电路交换的移动性管理特征。但 WCDMA 系统中存在大量分组业务，特别是 WCDMA 的后期版本中，采用了全 IP 架构，因此简单采用传统的 HLR/VLR 为主控制的移动性管理，显然不能满足要求，为此需要引入移动 IP 技术。

传统的移动性管理过程在链路层完成，而移动 IP 技术是基于网络层上的移动管理，因此，WCDMA 系统的移动性管理可以分为基于链路层的移动性管理和基于网络层的移动性管理两个方面。其中基于链路层的移动性管理包括位置管理和会话管理两部分，基于网络层的移动性管理从作用范围来看可以分为宏移动性管理和微移动性管理。

2. 基于链路层的移动性管理

1) 位置管理

位置管理是移动性管理的关键。为了有效地进行移动性管理，WCDMA 定义了一些区域。除了在 GSM/GPRS 中已定义的路由区域(RA)和位置区域(LA)外，WCDMA 还定义了 UTRAN 登记区域(URA)和蜂窝区域。RA 是核心网中 PS 域使用的概念，SGSN 使用 RA 来寻呼 UE；LA 是核心网中 CS 域使用的概念；URA 和蜂窝区域只在 UTRAN 中可见。区域之间的关系是严格分层的，LA 属于一个 3G-MSC；RA 属于一个 3G-SGSN；URA 属于 RNC。它们之间的关系如图 5-22 所示。

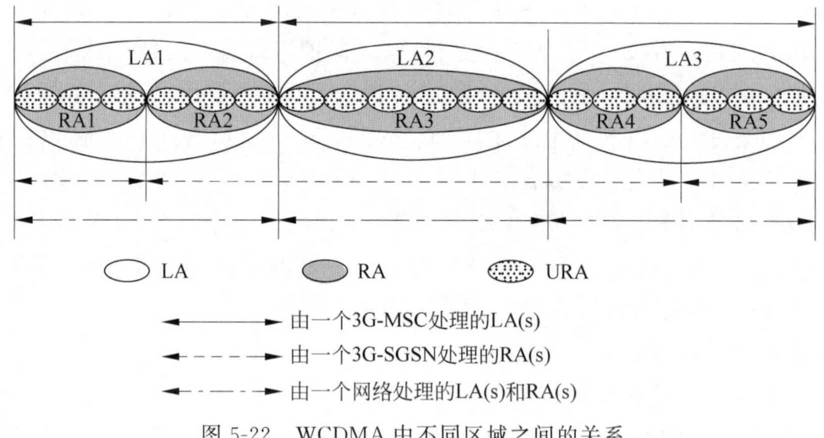

图 5-22　WCDMA 中不同区域之间的关系

LA 包含一个或多个小区。在 CS 域，当 UE 处于 IDLE(空闲)状态时，通过 MM(移动性管理)过程，网络侧可以知道 UE 所在的 LA，LA 主要用于 3G-MSC/VLR 寻呼 UE。RA 包含一个或多个小区，一个 RA 总包含于一个 LA 之中，一个 LA 可以包含多个 RA。在 PS 域，当 UE 处于 IDLE 状态时，通过 MM 过程，网络侧可以知道 UE 所在的 RA。RA 主要用于3G-SGSN寻呼UE，当一个UE同时注册了PS和CS业务时，由于RA较小，在UE发起RA更新过程的同时可以顺带完成LA更新过程，也可以通过RA来为CS业务寻呼UE。

在UE和UTRAN之间只有一条RRC连接，统一分配用户面和控制面数据传输所需要的所有无线资源。无线资源的控制和管理完全由UTRAN实现，与核心网无关。在UTRAN中，RRC的状态和移动性管理的状态密切相关，RRC有两种状态：RRC连接状态和RRC空闲状态。RRC的状态决定了网络层识别UE的标识，处于RRC空闲状态时，通过和CN有关的身份(如IMSI)识别UE；处于RRC连接状态时，通过在公共传输信道上分配给UE的无线网络临时标识号(RNTI)来识别UE；当UE被分配了专用传输信道后，就使用由这些传输信道所提供的内部地址来识别UE。

处于RRC空闲状态时，UTRAN不为UE分配无线资源，UTRAN中没有关于UE的信息，两者之间无信令交互。此时，UTRAN不参与UE的定位，UE只能通过监听广播信道判断自己的位置，在位置更新时向核心网节点(MSC、SGSN和GGSN)发送位置更新消息。

处于RRC连接状态时，UTRAN为UE分配了无线资源，UTRAN中存储了关于UE的信息。UE和网络进行移动性管理消息的交互，核心网知道UE的位置(LA/RA级或小区级)。UTRAN至少知道UE位于哪一个URA(处于会话连接状态时知道UE所处的小区)，UTRAN为UE分配一个RNTI作为UE在传输信道上的标识。在RRC连接状态，UE的位置是由UTRAN确定的(UE可以辅助UTRAN)，UE无须监听广播信道。UTRAN通过RRC连接通知UE所处的位置，当发生RA或LA更新时，UTRAN将通过RRC连接通知UE向核心网发起RA或LA更新过程。在该状态下，URA的更新过程将提供移动性管理功能。

一般来说，一个RA由几个URA组成，但URA的具体大小可以由网络管理者定义，例如可以把URA定义得比较小，这样寻呼的范围可以比较小，但在一次会话连接结束后的较短时间内RRC连接就要被释放。也可以定义URA比较大，这样寻呼范围也比较大，但RRC连接可以在会话连接结束后保持较长的时间。

WCDMA核心网中每一个业务域(CS域和PS域)都有自己的MM状态，MM的状态主要有DETACHED(分离态)、IDLE(空闲态)和CONNECTED(连接态)。WCDMA的MM状态和GPRS是类似的，但具体定义有所不同。

(1) 处于CS-DETACHED状态和PS-DETACHED状态时，UE不发送任何位置更新消息，它的位置对于网络是不可知的。

(2) 处于CS-IDLE状态和PS-IDLE状态时，UE和网络之间没有数据传输，UE此时处于RRC空闲状态。UE通过监听广播信道判断自己的位置，跨越RA或LA时要向网络发送位置更新消息(CS域是LA更新消息，PS域是RA更新消息)，即使没有跨越RA或LA，也要定期发送位置更新消息使网络知道UE处于哪一个RA或LA。

(3) 处于CS-CONNECTED状态时，UE和网络之间进行实时业务传输，在信令信道传送位置更新等移动性管理消息。此时网络精确知道UE处于哪一个小区，UE必然处于RRC连接状态。

(4) 处于PS-CONNECTED状态时，UE和网络之间进行数据传输，或者数据传输的可能性很大，在信令信道传送位置更新等移动性管理消息，此时UE必然处于RRC连接状态。当进行数据传输时，网络精确知道UE处于哪一个小区，当没有进行数据传输但数据传输的可能性很大时,网络要知道 UE 所处的 URA。

CS 域和 PS 域的移动性管理可以分开进行,当同时使用 CS 域和 PS 域两种业务时,两个域的移动性管理可以同时进行。例如 UE 发送 RA 更新消息后,由于 RA 小于 LA,不仅 RA 位置信息可以被更新,CS 域的 LA 位置信息也可以被更新。在位置更新过程中,有下面几个重要的特征。

(1) 在 MM 过程中,都要以 IMSI 作为公共用户身份,所有对用户的安全验证都是基于 IMSI 的。

(2) 在 RA 更新过程中,UE 将旧的参数向新的 SGSN 注册,新 SGSN 向旧的 SGSN 发送获取 UE 的 MM 和 PDP(分组数据协议)信息的请求,旧的 SGSN 进行响应。UE、新 SGSN 和 HLR 之间进行安全保密验证,不符合的用户是不能接入网内的。

(3) 在 RNC 和 RA 更新过程中,有一整套的过程来保护 PDU 数据的完整性,并且可以保证在 SGSN 切换时不影响 QoS,其中最为重要的是不影响 Gn 接口的 GTP(GPRS 隧道协议)。而且 PS 域和 CS 域可以通过 Gs 接口进行联合更新过程。

(4) 所有的移动性管理的信息只存在于 WCDMA 核心网内,PS 域更新过程需要 HLR、UE、RNC、SGSN 和 GGSN 的参与。

(5) PS 域内的基于链路层的移动性管理可以切换不同的 UTRAN 和 SGSN,但是访问外部分组数据网的 GGSN 是不会改变的。在 UE 漫游时,这样的移动性并不是分组数据传输的最佳路径。

2) 会话管理

会话管理(SM)是移动性管理的重要组成部分,SM 子层主要用于支持用户终端的 PDP 上下文操作,包括 PDP 上下文的激活、修改和去除激活。

PDP 是外部分组数据网与 WCDMA/GPRS 接口所用的网络协议,PDP 上下文是在 UE 和 GGSN 节点中存储的与 SM 有关的信息,该信息可分为两类。

(1) 预定信息,如 IMSI、QoS 层次(预定、请求、协商等)和无线优先权等。

(2) 位置信息,如 NSAPI(网络业务接入点)、LLC-SAPI(逻辑链路控制业务接入点)、GTP 序号、当前 GGSN 地址、PDP 地址和 APN(接入点名)等参数。

这些信息主要是为分组数据在 WCDMA/GPRS 无线接入网和核心网中选择路由时提供路由信息,WCDMA 的 SM 的功能和 GPRS 的 SM 功能基本相同,WCDMA 分别在 UE 侧和网络侧定义了几类 SM 状态,如表 5-3 所示。

表 5-3 WCDMA 定义的 SM 状态

UE 侧 SM 状态		网络侧 SM 状态	
SM 状态名	**说　明**	**SM 状态名**	**说　明**
PDP-INACTIVE	没有 PDP 上下文存在	PDP-INACTIVE	没有 PDP 上下文存在
PDP-ACTIVE-PENDING	UE 正在请求激活 PDP 上下文	PDP-ACTIVE-PENDING	UE 正在请求激活 PDP 上下文
PDP-INACTIVE-PENDING	UE 正在请求去除激活 PDP 上下文	PDP-INACTIVE-PENDING	UE 正在请求去除激活 PDP 上下文
PDP-ACTIVE	已经激活 PDP 上下文	PDP-ACTIVE	已经激活 PDP 上下文
		PDP-MODIFY-PENDING	网络正在请求修改 PDP 上下文

最常用的 SM 过程有 PDP 上下文激活过程、PDP 上下文修改过程和 PDP 上下文去除激活过程。

当一个 UE 附着到 PS 业务时,可自愿建立 PDP 上下文。如果 UE 没有建立 PDP 上下文(SM-Inactive),则没有无线接入载体来建立 PS 业务,只有其处于 CS-CONNECTED 状态或者 PS-CONNECTED 状态(即有一条 PS 信令连接存在)时才处于 RRC 连接状态,否则将处于 RRC 空闲状态。

当 UE 建立了至少一个 PDP 上下文(即处于 SM-Inactive)时,UE 可以处于 PS-CONNECTED 状态或者 PS-IDLE 状态。PDP 上下文的状态不会因为 RRC 连接的释放而改变,除非 RRC 失败导致了实时业务的 QoS 要求不能满足而致使上下文被修改。

3. 基于网络层的移动性管理

由上面的基于链路层的移动性管理可以看出,所有的基于网络层的业务都不会因为 UE 的移动而使通信中断或者质量下降。但是,基于链路层的移动性管理有时候并不是一个最好的方法。移动 IP 是从网络层开始解决移动性问题,而屏蔽了底层的具体承载技术。可以说,引入移动 IP 技术弥补了链路层移动管理的缺陷,比如,链路层移动管理不能解决 IP 地址的移动性问题,这一点对于 IP 网络的数据通信非常重要,而移动 IP 中的移动 IPv4 可使移动终端在不同数据网络中使用相同的 IP 地址,并提供 PUSH 业务,移动 IPv6 技术在这方面能力更强。

从作用范围来看,基于网络层的移动性管理可分为宏移动性管理和微移动性管理。宏移动性管理主要处理大范围的移动性,如不同网络之间的漫游,当用户从一个网络漫游至另一个网络时,仍然可以不间断通信;微移动性管理主要处理小范围内的移动性,如同一个网络内部的移动。为提高有效性,需要综合采用宏移动性管理和微移动性管理。目前已提出的微移动性协议可分为两大类:一类是基于路由的方案,如朗讯公司提出的 HAWAII 协议和哥伦比亚大学提出的蜂窝 IP(Cellular IP)协议等;另一类是基于隧道的方案,如移动区域注册(MIP-RR)。在基于路由的方案中,所有的移动代理组成一个严格的树状结构,去往任何一个移动节点的数据包都由移动代理根据其对应于该移动节点的路由表来发送。基于隧道的方案则通过多级的移动代理使用所记录的转交地址来将数据包封装,通过隧道沿移动代理逐级往下传送到目标移动节点。

5.2.5 HSPA 技术

1. 概述

HSPA 是高速下行分组接入(HSDPA)和高速上行分组接入(HSUPA)两种技术的统称,HSPA 是为了支持更高速率的数据业务、更低的时延、更高的吞吐量和频谱利用率、对高数据速率业务的更好覆盖而提出的。在 3GPP 中,HSPA 作为 WCDMA 的增强型无线技术推出,其中,HSDPA 在 R5 中进行标准化,可以在一个小区中支持 14.4Mb/s 的峰值数据速率;HSUPA 在 R6 中进行标准化,可以在一个小区中支持 5.76Mb/s 的峰值数据速率。HSDPA 和 HSUPA 的性能在 3GPP 的后续版本中继续完善和演化,其增强型技术称为 HSPA+。

实现 HSPA 功能主要是对基站修改比较大,对 RNC 主要是修改算法协议软件,硬件影响很小。如果在原有设备中考虑了 HSPA 功能升级要求,一般来讲实现 HSPA 功能不需要硬件升级,只要软件升级即可。要特别说明的一点是,HSPA 技术不仅可用于 WCDMA 系统中,也可以用于 TD-SCDMA 系统中。

2. HSPA 新增物理信道

1) HSDPA 新增物理信道

HSDPA 在物理层引入了 3 种新的物理信道,即 HS-PDSCH、HS-SCCH 和 HS-DPCCH。在用户数据传输方面引入了高速下行链路共享物理信道(HS-PDSCH),在伴随的信令消息方面引入了高速共享控制信道(HS-SCCH)和高速专用物理控制信道(HS-DPCCH)。HS-SCCH 信道用于下行链路,负责传输 HS-DSCH 信道解码所必需的控制信息;HS-DPCCH 信道用于上行链路,负责传输必要的控制信息。HSDPA 新增物理信道的相关信息如表 5-4 所示。

表 5-4 HSDPA 新增物理信道的相关信息

缩写	名称	方向	调制方式	功能
HS-PDSCH	高速下行链路共享物理信道	下行	QPSK、16QAM	承载下行链路数据
HS-SCCH	高速共享控制信道	上行	QPSK	为 HS-DPSCH 控制信息:正确解码所需信息、调制方式和 HARQ 进程等
HS-DPCCH	高速专用物理控制信道	上行	BIT/SK	承载上行链路物理层的反馈信息:HARQ 反馈信息、CQI

2) HSUPA 新增物理信道

在上行信道方面,HSUPA 增加了增强专用物理数据信道(E-DPCCH)和增强专用物理控制信道(E-DPDCH),E-DPDCH 用于承载用户上行数据,E-DPCCH 承载伴随信令,包括 E-TFCI、重传序列号(RSN)和满意位信息。在下行信道方面,HSUPA 增加了绝对授权信道(E-AGCH)、相对授权信道(E-RGCH)、HARQ 确认指示信道(E-HICH)。E-AGCH 为公共信道,用来传送用户终端最大可用传输速率的数据;E-RGCH 为专用信道,用来传送递增或递减的调度指令,最快可按 2ms TTI(传输时间间隔)调整用户终端的上行传输速率;E-HICH 为专用信道,承载标识用户接收进程是否正确的 ACK/NACK 信息。HSUPA 新增物理信道的相关信息如表 5-5 所示。

表 5-5 HSUPA 新增物理信道的相关信息

缩　写	名称	方向	调制方式	功　能
E-DPDCH	增强专用物理数据信道	上行	BIT/SK	承载用户上行链路数据
E-DPCCH	增强专用物理控制信道	上行	BIT/SK	为 E-DPDCH 承载控制信息,包括 E-TFCI
E-AGCH	绝对授权信道	下行	QPSK	为上行 E-DCH 调度提供绝对授权
E-RGCH	相对授权信道	下行	QPSK	为上行 E-DCH 调度提供相对授权
E-HICH	HARQ 确认指示信道	下行	QPSK	承载 HARQ 反馈信息

3. HSPA 关键技术

1) 混合自动重传请求(HARQ)

HARQ 是 ARQ 和前向纠错编码(FEC)的综合利用,HSDPA 和 HSUPA 在物理层都采用了这一技术,都支持两种合并方式——Chase 合并(CC)和增量冗余技术(IR)。CC 方式重发的数据包与原数据包完全相同,接收端把每个包中的对应位一一相加,再送入译码器。而 IR 技术每次重发的数据包里包含更多纠错码的编码方式,因而含有更多的冗余信息量,可以适应信道条件恶劣的情况。

不同于 R99 的数据包重传,HSDPA 和 HSUPA 的数据包重传避开了 Iub 接口,大大减少了重传时延。HSDPA 和 HSUPA 唯一的差别为 HSDPA 采用了异步的 HARQ,而 HSUPA 采用了同步的 HARQ。

2) 基于 Node B 的快速调度

与 R99 不同,HSDPA 和 HSUPA 的分组调度都是直接由 Node B 控制,而不是由 RNC 控制。在 HSDPA 中,调度主要由 Node B 中的新增实体 MAC-hs 来完成,负责为多个用户分配 HS-DSCH 资源(包括时隙和码字),以达到最大化利用系统资源的目的。在 HSUPA 中,调度主要由 Node B 中新增的 MAC-e 功能实体完成,负责为各个 E-DCH 用户分配所需要的尽可能多的发射功率,同时避免过多的 UE 接入,尽可能地抑制上行干扰。在 HSUPA 中,服务小区将对调度起主要作用。

3) 自适应编码调制(AMC)

HSDPA 引入了比 WCDMA 的 QPSK 更高阶的 16QAM 调制方式以提高下行数据速率,HSDPA 采用 AMC 作为基本的链路自适应技术对调制编码方式进行选择。

在调制方式上,HSUPA 的 R6 中没有引入新的调制方案,而是使用与 WCDMA 上行同样的双 BIT/SK 调制(HPSK 扩展)。同时,为了简化 HSUPA 终端复杂的硬件结构和处理机制,E-HICH 的功能虽然与 HSDPA 的 HS-DPCCH 类似,即提供 HARQ 反馈信息 ACK/NACK,但是 E-HICH 的承载信息中不包含 CQI(信道质量指示)信息,因此 HSUPA 不支持自适应编码调制 AMC。

4) 2ms TTI 短帧传输

R99 中 DCH 的传输时间间隔(TTI)为 10ms、20ms、40ms、80ms。HSDPA 使用 2ms TTI,可以大大减小 HARQ 进程的往返时间,提高快速调度响应能力。HSUPA 同时采用 10ms TTI 和 2ms TTI。保留 10ms TTI,一方面是考虑标准实现后向兼容,另一方面是因为基于 2ms TTI 的短帧传输不适合工作于小区的边缘;而 2ms 的 TTI 为可选,可以大大减小传输时延,获得更高的系统吞吐量。

5.3 CDMA 2000 系统

5.3.1 概述

1. CDMA 2000 的演进路径

CDMA 2000 是在 CDMA One(包括 IS-95A 和 IS-95B)基础上发展起来的 3G 技术,它是由美国 TIA 等标准化组织向 ITU 提交并被 ITU 接纳的 3G 标准之一,它实现平滑演进,其系列标准由 3GPP2 制定。与 CDMA One 相比,CDMA 2000 增加了分组域网元,引入了分组数据业务;在空中接口上进行了重大改进,并获得了更大的容量、更高的速率和质量。

CDMA 2000 的具体演进路径如图 5-23 所示。CDMA 2000 1x 以后的是 3G 标准,而 CDMA 2000 1x 在习惯上被看作 2.5G(因为这一点,所以将它放在第 4 章介绍),当然 3GPP2 并未明确这一说法。CDMA 2000 1x 之后有两条演进路径,其中之一是发展到 CDMA 2000 3x,它在前向链路上可选多载波(3 个 CDMA 载频捆绑,每载波扩频码片速率为 1.2288Mc/s)或直扩(1 个载波,扩频码片速率为 3.6864Mc/s),反向链路采用直扩

(3.6864Mc/s 码片速率)。这种标准由于技术复杂，通常系统成本较高。另一条演进路径就是 CDMA 2000 1xEV(在 CDMA 2000 1x 基础上的增强)，它又分为 CDMA 2000 1xEV-DO 和 CDMA 2000 1xEV-DV，DO 的含意是指仅支持数据增强，而 DV 的含意是指数据信道和语音信道合一，都得到增强，该方案得到了多数厂商和运营商的支持。

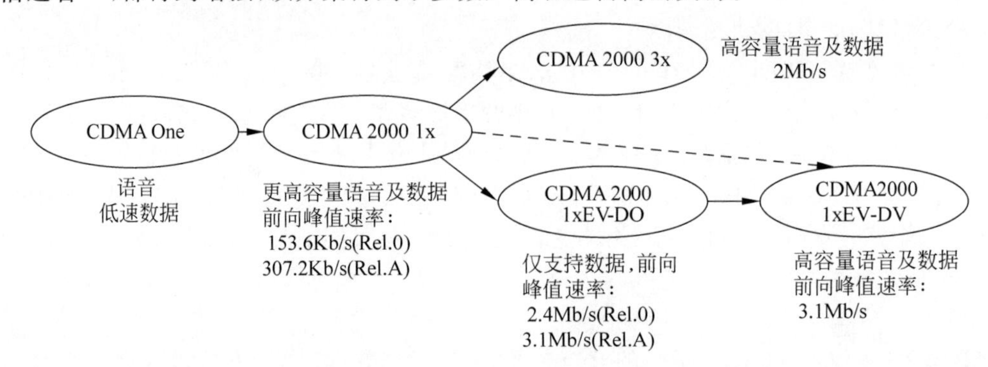

图 5-23 CDMA 2000 的具体演进路径

3GPP2 为 CDMA 2000 制定了 0、A、B、C、D、E、F 共 7 个版本(Release)，但 CDMA 2000 的 Release 通常仅仅指无线接口和 A 接口，核心网是独立的。CDMA 2000 1xEV 的不同版本的业务性能如图 5-24 所示。需要说明的是，EV-DO 的 Rel. B 版本通过捆绑几个 Rel. A 载波以实现多载波，如果是捆绑 3 个载波，峰值速率下行达到 9.3Mb/s，上行 5.4Mb/s；最多可捆绑 15 个载波，此时峰值速度下行达到 73.5Mb/s，上行 27Mb/s。

<table>
<tr><td rowspan="3">仅用于分组数据业务，全 IP 架构</td><td colspan="2">CDMA 2000 1xEV-DO</td></tr>
<tr><td>Rel. 0</td><td>Rel. A</td></tr>
<tr><td>前向峰值速率为 2.4Mb/s，反向峰值速率为 153.6Kb/s，增强时支持 QoS、多播、均衡、接收分集</td><td>前向峰值速率为 3.1Mb/s；反向峰值速率为 1.8Mb/s</td></tr>
</table>

<table>
<tr><td rowspan="3">同时支持语音及数据</td><td colspan="3">CDMA 2000 1x</td><td colspan="2">CDMA 2000 1xEV-DV</td></tr>
<tr><td>Rel. 0</td><td>Rel. A</td><td>Rel. B</td><td>Rel. C</td><td>Rel. D</td></tr>
<tr><td>前向峰值速率为 153.6Kb/s，分组业务与语音</td><td colspan="2">前向峰值速率为 307.2Kb/s，分组业务与语音</td><td>前向峰值速率为 3.1Mb/s；反向峰值速率为 451Kb/s</td><td>前向峰值速率为 3.1Mb/s；反向峰值速率为 1.8Mb/s</td></tr>
</table>

图 5-24 CDMA 2000 1xEV 的不同版本的业务性能

CDMA 2000 演进的主要特点是：①模块化划分，各个模块按照自己的技术发展道路向前演进，尽可能减小对其他模块的影响，这和 WCDMA 强调系统整体推进不一样(虽然无线接入网和核心网也可以分别整体推进)，而且这种模块化的演进方式不仅使得 CDMA 2000 系统的升级具有平滑性，也使得 CDMA 2000 网络更具灵活性；②CDMA 2000 系统经常利用现有的成熟技术，降低了标准的编写复杂度，加快了标准的制定进程。CDMA 系统自身独特的演进方式，使得系统具有完备的前后兼容性，升级成本低，风险小，技术复杂度低。

2. CDMA 2000 的主要特点

与 CDMA One 相比,CDMA 2000 具有以下主要特点。

(1) 多种信道带宽,高扩频增益,前向链路上支持多载波和直扩两种方式,反向链路仅支持直扩方式;也支持可变扩频因子,扩频长度为 4~512,扩频码长度较大时,可获得高扩频增益。

(2) 前后向兼容,可实现平滑过渡。

(3) 核心网协议可使用 IS-41、GSM-MAP 以及 IP 骨干网标准。

(4) 宽松的性能范围,从语音到低速数据,到高速的分组和电路数据业务。

(5) 提供多种复合的业务,包括只传送语音,同时传送语音和数据,只传送数据和定位业务等。

(6) 具有先进的多媒体 QoS 控制能力,支持多路语音、高速分组数据同时传送。

(7) 在同步方式上,沿用 IS-95 CDMA 方式,采用 GPS 使基站间严格同步,以取得较高的组网与频谱利用效率,有效地使用无线资源。

(8) 由于采用新技术,在提高系统性能和容量上有明显的优势。

3. CDMA 2000 的系统结构

简化的 CDMA 2000 系统结构如图 5-25 所示。它主要包括无线部分、核心网和外部网络,其中核心网包括核心网电路域、核心网分组域、智能网、MC、定位模块和 WAP 等几部分。CDMA 2000 的无线部分、MC、定位模块、核心网电路域、智能网以及 WAP 的基本要求和 CDMA One 一样,只是技术更先进一些,并且任何模块只要技术发展了,都可以独立更新。核心网分组域是新增的,包括 PCF、PDSN、AAA、HA 和 FA 等功能实体。其中 PCF

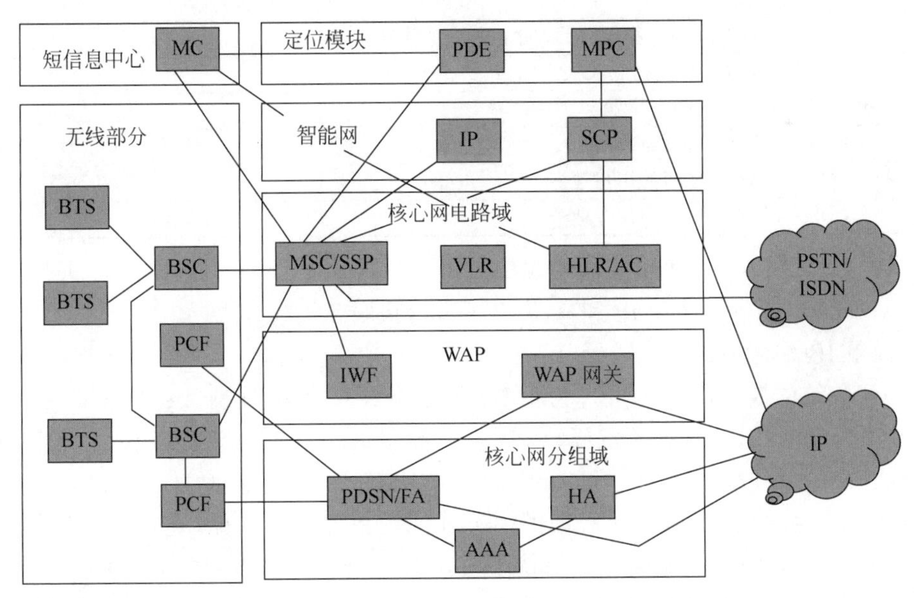

图 5-25 简化的 CDMA 2000 系统结构

负责与BSC配合，完成与分组数据有关的无线信道控制功能，虽然它的物理实体通常和BSC在一起，但属于核心网分组域；PDSN负责管理用户通信状态，转发数据；AAA负责管理用户，包括权限、开通的业务等；当使用移动IP协议时，分组域还应在简单IP基础上增加HA，HA负责将分组数据通过隧道技术送给移动用户，并实现PDSN之间的宏移动性管理，同时，PDSN还应增加外地代理(FA)功能，负责提供隧道出口，并将数据解封装后发往移动台。

A接口是基站子系统与核心网之间的接口，由于核心网增加了分组域，因此CDMA 2000的A接口进行了分化，部分网络参考模型如图5-26所示。CDMA 2000的A接口包括4个组成部分：A1/A2/A5、A3/A7、A8/A9和A10/A11。各子接口的主要功能如表5-6所示。

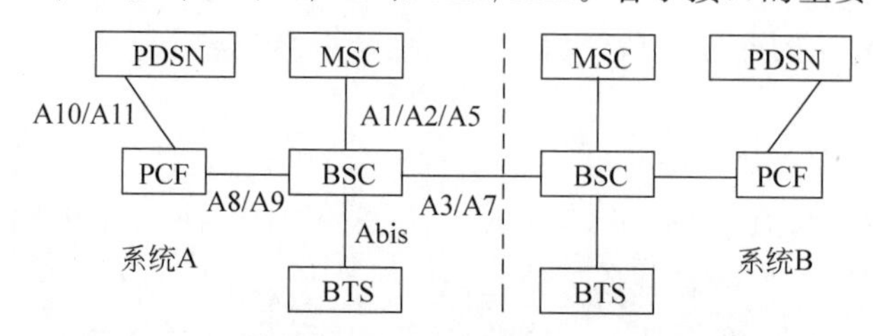

图5-26 CDMA 2000的A接口部分网络参考模型

表5-6 CDMA 2000的A接口各子接口的主要功能

接口	接口的主要功能
A1	用于传输MSC和BSC之间的信令消息，使用SS7中消息传递部分(MTP)和信令连接控制部分(SCCP)来承载
A2	传输采用64KPCM电路的语音部分
A3	传输BSC和SDU之间的用户话务(语音与数据)和信令，A3接口包括独立的信令和话务子信道
A5	传输IWF和SDU(交换数据单元)之间的全双工数据流
A7	传输BSC之间的信令，支持BSC之间的软切换
A8	传输BS和PCF之间的用户业务
A9	传输BS和PCF之间的信令业务
A10	传输PDSN和PCF之间的用户业务
A11	传输PDSN和PCF之间的信令业务

4. IP技术在CDMA 2000系统中的应用

CDMA 2000提供了简单IP和移动IP两种分组服务接入方式。

1) 简单IP(SIP)方式

类似于传统的拨号接入，PDSN为移动台动态分配一个IP地址，该IP地址一直保持到该移动台移出该PDSN的服务范围，或者移动台终止简单IP的分组接入。当移动台跨PDSN间切换时，一般通信发生中断，该移动台的所有通信需重新建立，重新建立通信后通常IP地址也会发生变更，但若网络提供PDSN间的快速切换功能(通过PDSN间的可选P-P接口来实现)，则其IP地址也可保持不变。由于用户每次连接的IP地址不能确保固定，所以SIP只能提供用户主动发起的业务，而不能提供网络侧发起的业务。SIP可支持IPv4和IPv6。移动台在其归属地和访问地都可以采用SIP接入方式。

2) 移动IP(MIP)方式

移动台使用的IP地址是其归属网络分配的，不管移动台漫游到哪里，它的归属IP地址均保持不变，这样移动台就可以用一个相对固定的IP地址和其他节点进行通信了。简单地说,移动IP提供了一种特殊的IP路由机制,使得移动台可以以一个永久的IP地址连接到任何链路上。移动IP的实现,主要通过三个步骤来完成:代理搜索、注册、数据包的选路。代理搜索过程如下:移动代理(含HA和FA)通过代理广播消息向用户广播它们的存在,当移动节点(MN)收到广播后就能确定它目前是处于本地网还是在外地网。注册过程如下:当MN确定其处于本地网时,若还没有注册,则MN应首先到HA进行注册,然后再进行正常通信;当MN确定目前位置已移至外地网时,它就在本地网中获得一个转交地址,MM再用外地转交地址向HA注册。数据包的选择路径(选路)过程如下:当MN处于本地网时,数据包的选路和固定节点的选路原理相同;当MN处于外地网时,起动MIP机制进行选路,数据的上行是先由MN发给PDSN/FA,PDSN再将数据包直接路由转发到目标设备,而在下行方向上,凡传送给MN的数据包首先要被HA截获,然后再通过专用隧道(这个专用隧道可优化)送至MN的转交地址并达到隧道的终点。

3) 简单IP和移动IP的差异

SIP与MIP的区别首先体现在对移动用户的移动性支持上。在CDMA 2000网络中,分组数据用户的移动性体现为三个层次:蜂窝移动性、PCF到PDSN的移动性、IP级的移动性。由于SIP模式中移动用户的IP地址由PDSN分配,所以SIP模式只支持二级移动性,而不能对IP级移动性提供支持,相对应的是MIP能支持三级移动性。其他差异还体现在移动终端的支持性、配置方式、专网接入方式等方面。

5.3.2 CDMA 2000 1xEV-DO系统

微课视频19

1. 概述

CDMA 2000 1xEV-DO技术起源于美国Qualcomm公司提出的高速率数据(HDR)技术。1997年8月,Qualcomm公司向CDMA发展组织(CDG)提出了HDR的概念,在随后的几年中,该技术逐渐成熟。2000年10月,CDMA 2000 1xEV-DO的标准在3GPP2中获得通过,后来,3GPP2又将其定名为高速分组数据(HDPR)。

CDMA 2000 1xEV-DO实际上是CDMA 2000 1x和HDR技术的结合,它的实现思路是:利用分组数据业务和语音业务对资源的需求不同这一特点,将数据业务和语音业务相分离,在独立于CDMA 2000 1x语音业务的载波上提供分组数据业务。具体的方法是:在一个或几个载波上用HDR技术传输高速分组数据业务,即在CDMA的基础上引入了TDMA技术的一些特点,"时分"使得"速率控制"容易实现,从而大幅度提高了数据业务的性能;在另外的一个或几个载波上用CDMA 2000 1x技术传输语音业务。

CDMA 2000 1xEV-DO现有Rel. 0和Rel. A两个版本,可以在1.25MHz带宽内提供高达2.4Mb/s(Rel. 0)和3.1Mb/s(Rel. A)的前向峰值速率,频谱利用率非常高。现阶段,CDMA 2000 1xEV-DO已在全球得到了大规模的商用。

2. CDMA 2000 1xEV-DO的技术特点

与CDMA 2000 1x相比,CDMA 2000 1xEV-DO具有峰值速率高、平均吞吐量大和频谱利用率高的优势。为达到这些要求,CDMA 2000 1xEV-DO在技术实现上出现了许多变化,其具体的技术特点如下。

(1) 前向链路时分复用,反向链路码分复用。CDMA 20001xEV-DO充分利用了数据通信业务的不对称性(下行流量大于上行)和数据业务对实时性要求不高的特征,前向链路设计为时分复用 CDMA 信道。也就是说,在 CDMA 2000 1xEV-DO 中,一个时刻只有一个用户在接受服务,不同用户在不同的时刻接受服务,这样,当用户没有数据传输的时候,就不必给用户分配信道。但是,原来的 CDMA 技术仍然保留在 CDMA 2000 1xEV-DO 的调制解调和扩频方式中,这样就保留了原来 CDMA 技术抗多径干扰的特性。另外,不管是传输控制信息还是传输业务信息,CDMA 2000 lx EV-DO 的前向链路载波总是以全功率发射。它的前向链路功率示意图如图 5-27 所示。

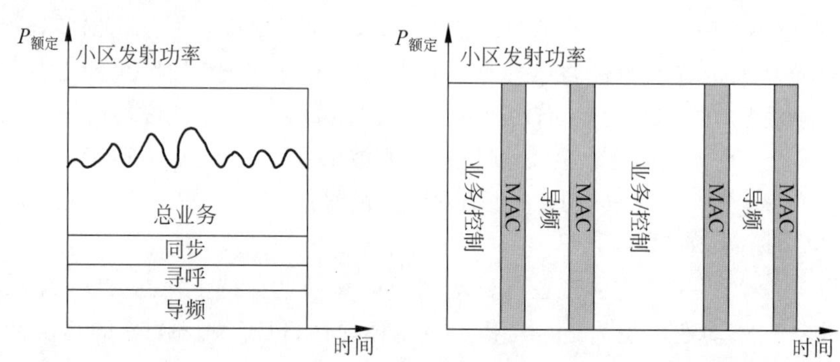

(a) IS-95CDMA/CDMA2000 1x前向链路功率示意图　(b) 1xEV-DO前向链路功率示意图

图 5-27　IS-95 CDMA、CDMA 2000 1x 和 CDMA 2000 1xEV-DO 前向链路功率示意图

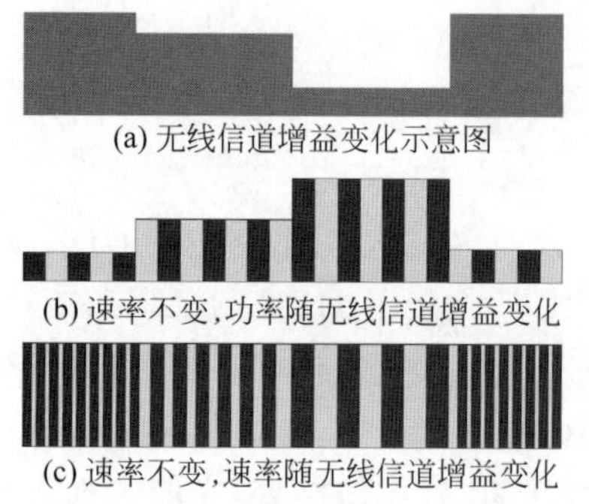

图 5-28　无线环境变化时的功率控制与速率控制过程

(2) 动态速率控制。在前向链路上,发射功率保持不变,即不再采用功率控制,转而采用速率控制。这是因为在某一时隙,只有一个用户将得到前向载波的全部功率,不必考虑其他用户受到干扰而采取功率控制;此外,用户在不同的无线环境下,其得到的数据服务速率不同。CDMA 2000 1xEV-DO 采用了动态速率控制,根据用户的不同环境,快速调整数据发送速率(最小调度单位为 1.667ms),保证用户尽可能快速地接收信息。图 5-28 给出了无线环境变化时功率控制和速率控制的过程,可以从中看出功率控制和速率控制处理方法的差异。

在反向链路上,CDMA 2000 1xEV-DO 的 Rel. 0 采用功率控制;而 Rel. A 则采用快速动态功率控制,此外,移动台根据基站返回的反向链路负荷情况指示采用随机化算法来调节移动终端的数据发送速率,这种速率控制可对反向链路的负荷进行调节,它和前向链路的速率控制还是有差别的。

(3) 自适应调制编码。系统能够根据信道的变化情况快速调整编码调制方案(Turbo 编码率可选 2/3、1/3 和 1/5,调制可选 QPSK、8PSK 和 16QAM)来获得任何时刻所可能达到的最大传输速率,从而能够充分利用空中链路资源,满足用户需求。

(4) 前向虚拟软切换。在软切换状态,移动台同时与两个或两个以上的基站联系,所以软切换需要占用多个基站的资源。而在 CDMA 2000 1xEV-DO 的前向链路中,由于具有速率高、功率大和实时数据业务等特点,如果采用类似语音的软切换将会极大地浪费资源,所以在前向链路的业务信道上采用了虚拟软切换,它是快速小区交换技术,即选择信号质量最好的基站,信息通过这个质量最好的基站发送给移动台,由于只需要一个基站,从而降低了对系统资源的需求。

在前向链路的控制信道以及反向链路上，系统仍旧采用软切换技术，以保证较好的通信质量。

(5) 灵活的调度算法。在基站中，由一种调度算法来决定下一个时隙分配给具体哪一个用户使用。由于每个时隙中只有一个用户在接受服务，显然，为了提高系统的性能，系统应当优先向无线环境比较好的用户提供服务，利用这种多用户分集增益使扇区吞吐量最大化。但是，无线环境较差的用户可能长时间得不到服务，因此，在保证系统综合性能最大的同时，通过调度，也使所有用户都能获得适当的服务。

(6) 支持广播和组播业务。为了充分利用带宽，使得类似于电视节目的广播服务能够更有效地在移动通信网络中传输，CDMA 2000 1xEV-DO 引入了广播和组播业务(BCMCS)技术。BCMCS 可以使组播 IP 流在空中只传输一份复本，多个用户接收，从而大大节省空中链路带宽，有效地提高服务质量和整体吞吐量，同时也能将费用降低到用户可以接受的水平。

(7) 核心网基于无线 IP。CDMA 2000 1xEV-DO 的核心网是基于无线 IP 的网络结构，采用 IP 协议实现从互联网或其他 IP 网络到移动终端的数据传输，支持和 CDMA 2000 1x 之间的切换。

3. CDMA 2000 1xEV-DO 的网络结构

CDMA 20001xEV-DO 的网络参考模型如图 5-29 所示。其中引入了 AT(接入终端)、AN(接入网络)和 AN AAA 三个网络元素。AT 相当于传统的移动台，用户可以将计算机与 AT 相连(AT 相当于 Modem)或直接使用支持分组数据业务的 AT 接入分组数据网；AN 相当于传统的基站，它一方面通过空中接口连接 AT，另一方面通过 A 接口与分组数据网络相连；AN AAA 作为网络侧的一个鉴权机构，它主要用于对终端的认证，其功能类似于核心网电路域中的 HLR，在通过升级建成的网络中，它可以省略，其功能由核心网分组域的 AAA 来完成。其他网元和 CDMA 2000 1x 系统中相应网元相同。

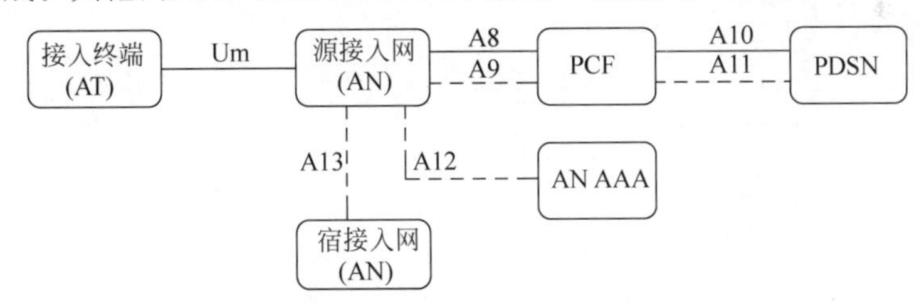

图 5-29 CDMA 2000 1xEV-DO 的网络参考模型

网络模型中，A 接口新增了两个子接口：A12 接口和 A13 接口。A12 接口是 AN 与 AN AAA 之间的接口，用于传递鉴权信息；A13 接口是两个 AN 之间的接口，用于支持 AN 之间的切换。

4. CDMA 2000 1xEV-DO 的物理信道

系统的空中接口定义了 7 层协议，在每一层协议中又定义了若干协议子层。这 7 层协议由上到下包括应用层、流层、会话层、连接层、安全层、媒体接入控制层和物理层，需要说明的是，这 7 层只是 OSI 协议模型中的物理层和数据链路层的扩展。

在物理层中定义了前向/反向链路的信道(前向/反向物理信道)，以及这些信道的结构、编码、调制、功率输出特性和频率等。

1）前向物理信道

CDMA 2000 1xEV-DO 的 Rel. A 规定的前向物理信道分类如图 5-30 所示。

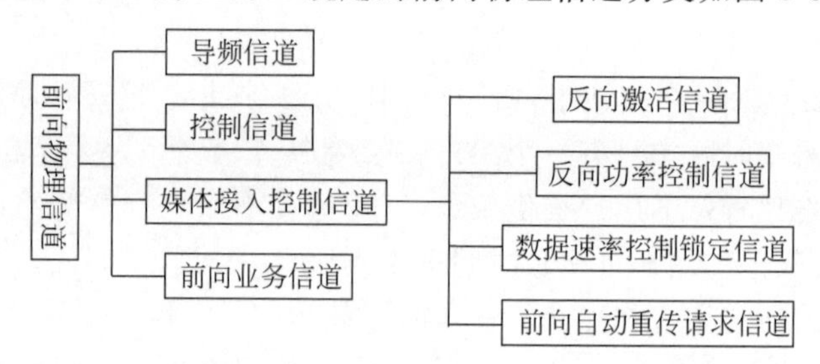

图 5-30　CDMA 2000 1xEV-DO 前向物理信道分类

各个前向物理信道的主要功能如下：

（1）导频信道，主要用于系统捕获及信道质量测量。

（2）媒体接入控制（MAC）信道，其中，反向激活（RA）信道用于指示终端是否增加或降低传输速率；反向功率控制（RPC）信道则负责对反向链路进行功率控制，调整终端的功率；数据速率控制锁定（DRCLock）信道主要用于接入网向终端声明是否收到数据速率控制信息。为了支持反向 HARQ 功能，相应的前向链路新增了自动重传请求（ARQ）信道，对接收到的反向数据包进行确认。

（3）控制信道，主要负责向终端发送一些控制消息，诸如终端控制区（TCA）消息和扇区参数消息，其功能类似于 CDMA 2000 1x 中的寻呼信道。

（4）前向业务信道，主要负责向终端发送业务数据，会话建立后的参数配置消息也在前向业务信道发送，它进一步可划分为前缀部分和数据部分。

2）反向物理信道

CDMA 2000 1xEV-DO 的 Rel. A 规定的反向物理信道包括反向业务信道和接入信道两大类，如图 5-31 所示。

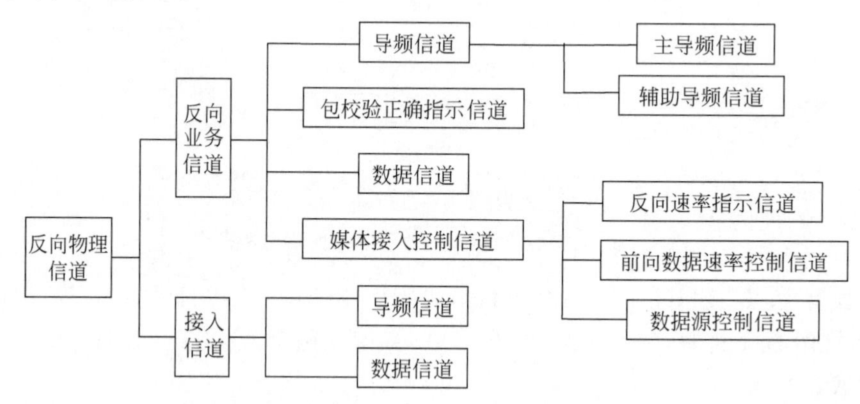

图 5-31　CDMA 2000 1xEV-DO 反向物理信道分类

各反向物理信道功能描述如下。

（1）反向业务信道中，导频信道用于接入网对终端的捕获；包校验正确指示（ACK）信道用于向接入网发出响应，表明终端已经正确收到了接入网所发送的数据；媒体接入控制信道中的反向速率指示（RRI）信道用于通知接入网目前终端数据信道的传输速率，反向速率指示信道与导频信道以时分方式进行复用；前向数据速率控制（DRC）信道根据对各扇区的导频信道测量的结果，选定导频信号最强扇区并与之通信，同时要求该扇区按终端规定好的速率进行传输，从而实现对前向链路的速率控制；为减小干扰，前向数据速率控制信道信号在发送时可以采用门控与非门控两种方式传输；数据源控制信道主要是提高切换功率，减少业务中断，具体过程是——终端提前一定时间将自己需要切换的目标小区信息通过数据源控制信道提前通知基站，基站收到消息后做切换准备；辅助导频信道主要是为了辅助基站对高速数据进行解调，提高反向吞吐量。

(2) 接入信道，用于AT向AN发起呼叫或响应AN发出的指令信息，接入信道中的导频信道作为前缀(用于提供反向相干解调)，后面紧跟接入的数据包(即数据信道)。

5.3.3　CDMA 2000 1xEV-DV系统

1. CDMA 2000 1xEV-DV标准的产生

在CDMA 2000 1xEV-DO系统中，语音和数据业务使用不同的载波，并使用了一系列新技术。这种方案的优点是控制资源简单、语音业务和数据业务互不影响、数据业务还达到了很高的传输率；但与此同时，也带来了该方案固有的缺点，即语音业务和数据业务中任何一方有空闲资源时，并不能用来支持对方，这样整个系统资源利用率低；另外，CDMA 2000 1x和CDMA 2000 1xEV-DO双模手机在切换时，前向链路语音和数据切换方式不一样，管理难度大大增加。

针对以上情况，3GPP2提出了新的系统方案，即将语音和高速分组数据业务合并到一个载波上传输，这就是CDMA 2000 1xEV-DV。其目标是系统能够在同载波上传输实时性业务和非实时性业务以及这两种业务的混合业务。

3GPP2分别在2002年和2004年发布了Rel. C和Rel. D版本两套标准，对应于CDMA 2000 1xEV-DV发展的两个阶段。Rel. C主要是在前向链路进行了加强，使前向峰值数据速率达到了3.1Mb/s；而Rel. D主要是在反向链路进行加强，使反向峰值数据速率也达到了1.8Mb/s。不过这两个版本在语音容量上并无显著提高(语音容量的提高成为后续版本Rel. E的目标之一)。

2. CDMA 2000 1xEV-DV的Rel. C技术特点

Rel. C标准具有更高的前向容量、后向兼容CDMA 2000 1x、可支持多种业务组合以及更有效支持数据业务的特性。其具体的技术特点如下。

(1) 新增物理信道。为了在和语音业务相同的载波上支持高速分组数据业务，Rel. C标准在维持CDMA 2000 1x原有物理信道的基础上新增了4种物理信道。

在前向信道中，增加了前向分组数据信道(F-PDCH)和前向分组数据控制信道(F-PDCCH)，F-PDCH用于传送高速分组数据，在同一个扇区的不同用户之间，F-PDCH以时分的方式快速复用；此外，同一时刻F-PDCH信道允许不同用户码分复用，也就是TDM/CDM方式，但同一时刻PDCH码分复用的用户数量不能太多，否则将大大增加TDM/CDM的信令开销，同时增加终端的复杂性和处理负担，Rel. C中允许PDCH同一时刻最多两个用户码分复用。F-PDCCH用于传输用户的F-PDCH控制信息。

为了配合前向链路的增强，Rel. C的反向信道新增了反向确认信道(R-ACKCH)和信道质量指示信道(R-CQICH)，ACK信道用于支持前向HARQ，对接收到的前向子分组进行确认，CQICH用于向基站反馈前向信道质量，通过Walsh Cover指示目标基站，基站基于这个信息确定下一个发送子分组的调制和编码方式。

(2) 分组数据控制保持模式。Rel. C 在分组数据激活和休眠模式的基础上增加了控制保持模式,控制保持模式介于激活模式和休眠模式之间,当处于控制保持模式时,移动台不解调 F-PDCH 但解调 F-PDCCH,对反向导频进行 1/2 或者 1/4 门控,信道质量指示(CQI)报告进行 1/2 或 1/4 门控,或不报告 CQI,这样,在不进入休眠的时间内节约了移动台的耗电量。

(3) 功率控制与速率控制相结合。在前向链路上采用功率控制和速率控制相结合的控制方案,首先通过快速功率分配,以 800Hz 的频率估计语音等用户需要的功率,并把剩余功率分配给使用 F-PDCH 的分组数据用户,并根据分配给数据用户的功率,进行速率控制。这样就充分利用了语音激活、功率控制以及低话务量时间段基站所富余出来的系统资源,从而提高了整个系统的资源利用率。图 5-32 展示了 CDMA 2000 1xEV-DV 的功率控制与速率控制相结合的控制过程,具体步骤是图中的(1)→(2)、(2′)→(3)、(3′)→(4)→(5)、(5′)→(6)。

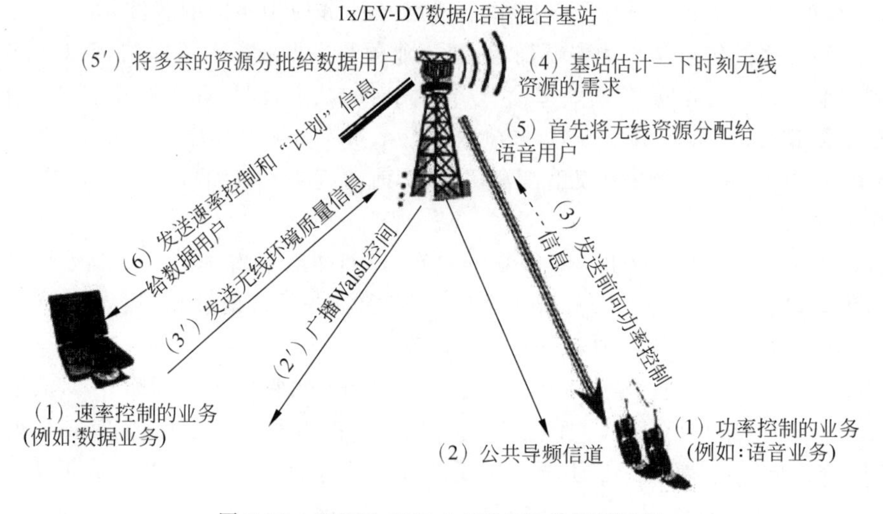

图 5-32 CDMA 2000 1xEV-DV 的控制过程

(4) 快速呼叫建立。快速呼叫建立主要针对分组数据的呼叫建立过程进行了增强,减小呼叫建立的时延,也可以用于其他业务的呼叫建立,便于对呼叫建立时间有特殊要求业务的开展,如 PTT。Rel. C 对呼叫建立过程的增强主要体现在以下几个方面,即信道分配时指示已保存业务配置,可以重新存储某个业务配置,短重连接消息。

除以上技术外,Rel. C 还通过自适应调制和编码、前向 HARQ 进行前向链路增强。另外,由于在 F-PDCH 信道上要传输高速数据,所以在该信道采用小区交换技术,其他信道继续采用软切换。

3. CDMA 2000 1xEV-DV 的 Rel. D 技术特点

Rel. D 的反向链路得到增强以后具有如下特性:①完全保留了 CDMA 2000 1x 信道的信令结构;②控制方式灵活;③反向调度和速率控制的速度加快;④物理层分组帧长固定为 10ms,10 种固定分组大小;⑤采用同步 4 信道 HARQ 技术,提高链路效率;⑥采用自适应调制和编码技术;⑦移动台可以基于 QoS 要求在时延和吞吐量之间选择;⑧QoS 改善,不同业务区分接入优先级,基于 Buffer(缓存)和功率申请资源。

Rel. D 的具体技术特点如下。

(1) 新增物理信道。Rel. D 在反向物理信道中新增加了 RC7 和相应的 4 个反向物理信道,分别为反向辅助导频信道(R-SPICH)、反向请求信道(R-REQCH)、反向分组数据信道(R-PDCH)和反向分组数据控制信道(R-PDCCH)。为了支持反向链路的增强,并进一步提高系统容量,Rel. D 在前向物理信道中新增了 RC7 和相应的 3 个前向物理信道,分别为前向许可信道(F-GCH)、前向确认信道(F-ACKCH)和前向指示信道(F-ICCH)。

(2) 快速呼叫建立。在 Rel. C 的基础上,Rel. D 通过直接信道分配、减小时隙周期索引(SCI)、业务信道初始化增强和跟踪区域报告等技术,进一步增强了快速呼叫建立。

(3) 新的移动台设备标识(MEID)。目前移动台都是以其硬件决定的 32 位电子序列号(ESN)来唯一标识移动台的,随着移动通信用户数的不断增加,32 位的 ESN 的资源日益紧张。为解决 ESN 资源不足的瓶颈问题,3GPP2 组织开始研究一种 ESN 的替代方案,来扩展移动台可用的标识资源,并决定将这种 ESN 替代方案正式写入 CDMA 2000 1xEV-DV 的 Rel. D 版本中,形成新的 MEID。

移动台可以使用 32 位的 ESN 或者 56 位的 MEID 的两者之一(不能同时)。ESN 和 MEID 是用来唯一标识一个移动台的(相当于移动台的硬件号码),若移动台的版本号(MOB_P_REVP)小于 7,将使用 ESN,否则使用 MEID。为了后向兼容,若移动台支持 MEID,则根据 MEID 推导出 32 位的伪 ESN,再使用伪 ESN 来替换 ESN。32 位伪 ESN 的高 8 位设置为 0X80,低 24 位为 MEID 经过 SHA-1 算法后取其 24 位。MEID 与伪 ESN 的映射是固定的,不同的 MEID 会映射出同一个伪 ESN,ESN 不是唯一的。因而在 Rel. D 中支持 PLCM(公共长码掩码)32,避免由于 ESN 的冲撞导致的串音现象。

从以上所述的 CDMA 2000 1x EV-DV 两个版本的特点也可以看出,Rel. D 版本更便于多样化业务的开发,在上、下行对称业务(如 E-mail、可视电话等业务)的支持方面有更多的优势,与 Rel. C 相比,具有更强的竞争力,但 Rel. D 的技术更复杂,实现难度更大。

5.3.4 CDMA 2000 核心网的演进

1. CDMA 2000 核心网的演进路线

3G 系统的核心网有一个共同的演进方向:最终到达基于 IMS 的 ALL IP(全 IP)架构。具体对于 CDMA 2000 系统来说,在无线侧不断演进的同时,核心网也经历了一个逐渐演进的过程,即从非开放内部接口,到半开放的 ATM 接口,最终到完全开放的 IP 接口,也就是 CDMA 2000 ALL IP 网络。CDMA 2000 网络侧演进将是逐步的和后向兼容的。

3GPP2 发布了一个演进标准 S. R0038,制定了 CDMA 2000 核心网从现有网络向 ALL IP 的演进路线,如图 5-33 所示。ALL IP 网络的演进分为 4 个阶段(Phase),其中,Phase 2 对应于 LMSD(传统移动终端域)阶段,可细分为 Step 1、Step 2、……、Step n;Phase 3 对应 MMD(多媒体域)阶段,又可细分为 Step 1、Step 2、……、Step n。

在 CDMA 2000 核心网的演进路线中,Phase 0 是演进的起点;Phase 1 是演进过程中的增强型网络,分组网络能力扩大,信令用 IP 进行传输;Phase 2 是向 ALL IP 网络演进的第一步,引入了软交换的思想,信令和承载开始独立演变并采用 IP 进行传输,核心网和接入网也开始分离,这个阶段引入了 LMSD(移动软交换系统),在 IP 核心网中支持传统的终端以及 IMS 中的一些实体,空中接口仍采用 CDMA 2000 系列标准;Phase 3 是 ALL IP 网络的最终目标,空中接口将 IP 化,LMSD 域将逐渐消失,最终由 IMS 完全取代,3GPP2 称此阶段为 MMD(移动多媒体系统)。

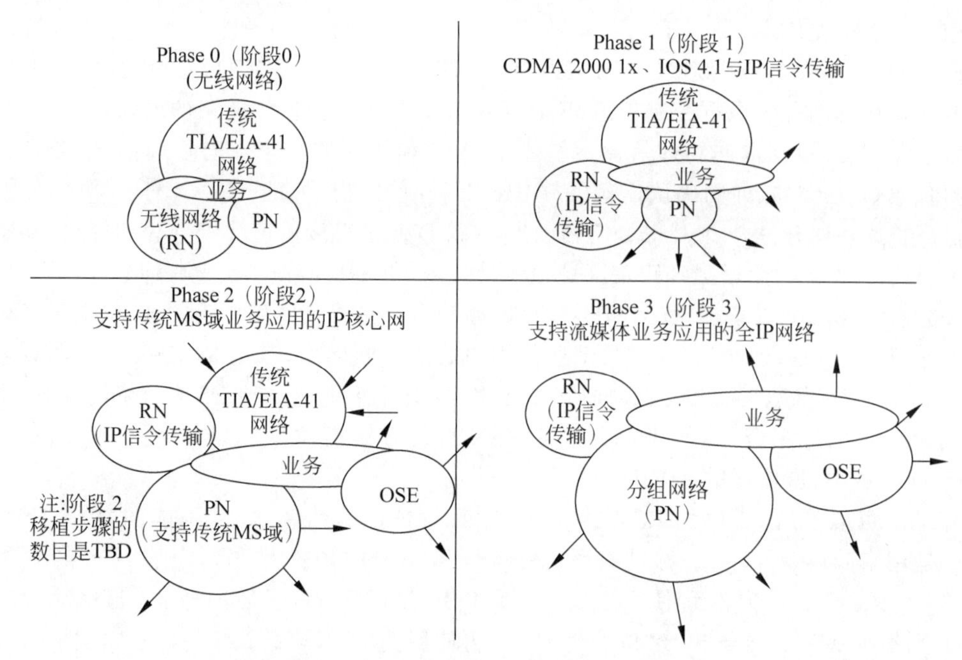

图 5-33　CDMA 2000 核心网演进路线

网络演进到 MMD 之后，核心网提供对各种接入技术的支持，3G 业务统一基于一个 ALL IP 架构上来实现，业务的实现形式也变得更加容易和丰富。可以说 Phase 3 为网络融合提供了很好的契机，分别基于 3GPP2 和 3GPP 标准的移动网络可以实现融合，而且移动网络也可以实现与固定网络的融合。

2. Phase 0

Phase 0 是 CDMA 2000 核心网演进的起点，是基于电路交换的传统网络，Phase 0 中网络各部分具有如下特征。

(1) 核心网电路域基于 IS41D 协议。

(2) 核心网分组域 PS 的结构由 P. R0001 定义，引入了 PCF 和 PDSN，使用简单 IP 和移动 IP 作为分组数据业务的接入方式，并使用 RADIUS(远程认证拨号用户服务)服务器或 AAA 提供鉴权和计费。

(3) A 接口由 IOS4.0 来定义。其中，A3、A7、A8、A9、A10 和 A11 已经实现了信令链路与数据承载分开。

3. Phase 1

与 Phase 0 相比，Phase 1 的主要发展包括支持分组数据话路的切换，支持语音与分组数据的并发等；其网络结构没有太多的变化，主要是业务功能有所增强。可以说 Phase 0 和 Phase 1 还都属于网络演进过程中的传统域阶段。Phase 1 中网络各部分具有如下特征：

(1) 核心网中电路域在 IS41D 的基础上增加了 IS880 协议，以支持与分组数据相关的功能，如切换、用户属性信息、分组数据业务选项等。

(2) 无线接入网中 A 接口采用 IOS4.1 协议，但无线接入网的网络结构与 Phase 0 相比没有什么变化。

4. Phase 2

Phase 2 是向 ALL-IP 网络发展的第一步，这一阶段也称为 LMSD 阶段。LMSD 在基于 IP 协议的核心网中提供对传统终端(IS-95A、IS-95B 和 IS-2000 等)的兼容功能,支持传统 IS41D 网络中的业务和功能,并且对用户是透明的,新的业务和功能由 IP 核心网提供给使用新终端的用户。LMSD 阶段整体网络架构仍然是传统意义上的集中控制架构,为典型的主从模式协议。LMSD 阶段是向 IMS 阶段过渡的一个阶梯,IMS 阶段更多地体现了客户一服务器理念,终端和网关具备更多的主动性和智能性。可以说,LMSD 阶段既兼顾了运营商原来的投资利益,同时也可以保证向 ALL IP 网络顺利迈进,为二者之间找到了一个平衡点。LMSD 分 n 个步骤来演进,目前 3GPP2 已经明确了的是 Step 1 和 Step 2。

1) LMSD Step 1

LMSD Step 1 的网络结构与 Phase 0 和 Phase 1 的网络结构相比,主要的变化是将 MSC 分成了 MSCe(移动交换中心仿真)、MGW(媒体网关)与 MRFP(多媒体资源功能处理器),实现电路域中传统交换机中的信令与承载分离。MSCe、HLRe(HLR 仿真)和 SCPe(SCP 仿真)等支持传统电路域的实体构成了支持传统域的系统(LMSDS),负责信令的处理。新增的 MGW 和 MRFP 负责与承载相关的媒体处理。增加新的实体之后,相应地在新实体之间定义了新的接口,即 MRFP 与 LMSDS 之间的 xx 接口、两个 MGW 之间的 yy 接口、两个 LMSDS 之间的 zz 接口以及 MGW 与 LMSDS 之间的 39 接口。图 5-34 是 LMSD Step 1 的网络结构。

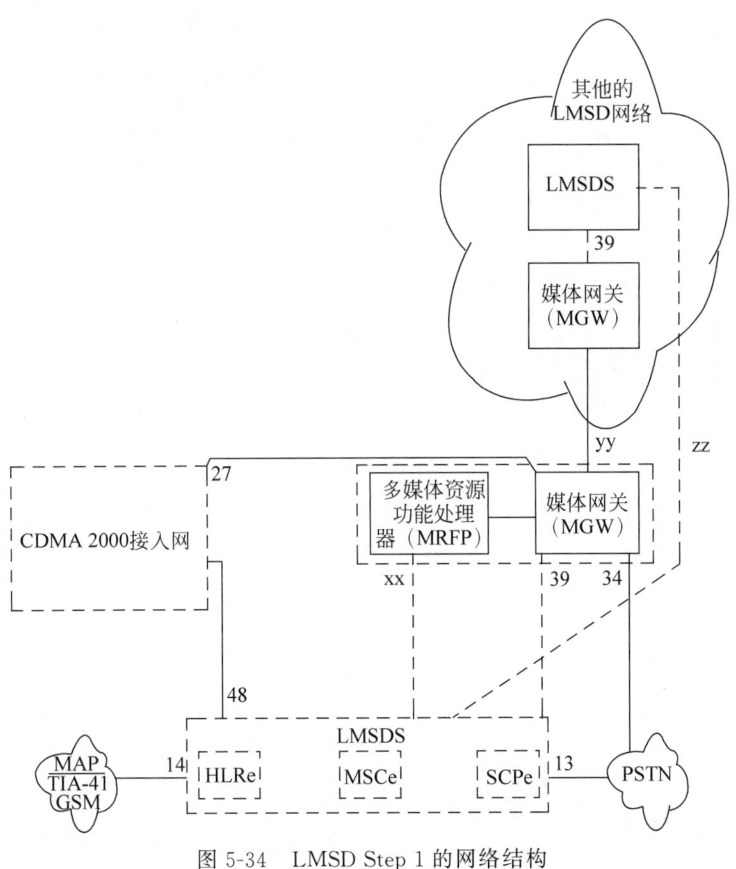

图 5-34　LMSD Step 1 的网络结构

从图 5-34 可以看出来,LMSD Step 1 的核心网主要设备与 2G 相比发生了如下变化。

(1) Phase 0、Phase 1 的 MSC、HLR、SCP 不见了,取而代之的是承载和控制分离的两块：一块是控制相关的部分合在一起，成为 LMSDS，包括 MSCe、HLRe、SCPe；另一块是承载相关的部分，包括 MGW 和 MRFP。

(2) 增加了一些新的接口。其中 13 接口、14 接口、27 接口和 34 接口继续采用 Phase 0、Phase 1 阶段已有的接口规范，而 39 接口、xx、yy 以及 zz 接口则是全新的接口，制定了新的接口规范。

2) LMSD Step 2

LMSD Step 2 的网络结构如图 5-35 所示。

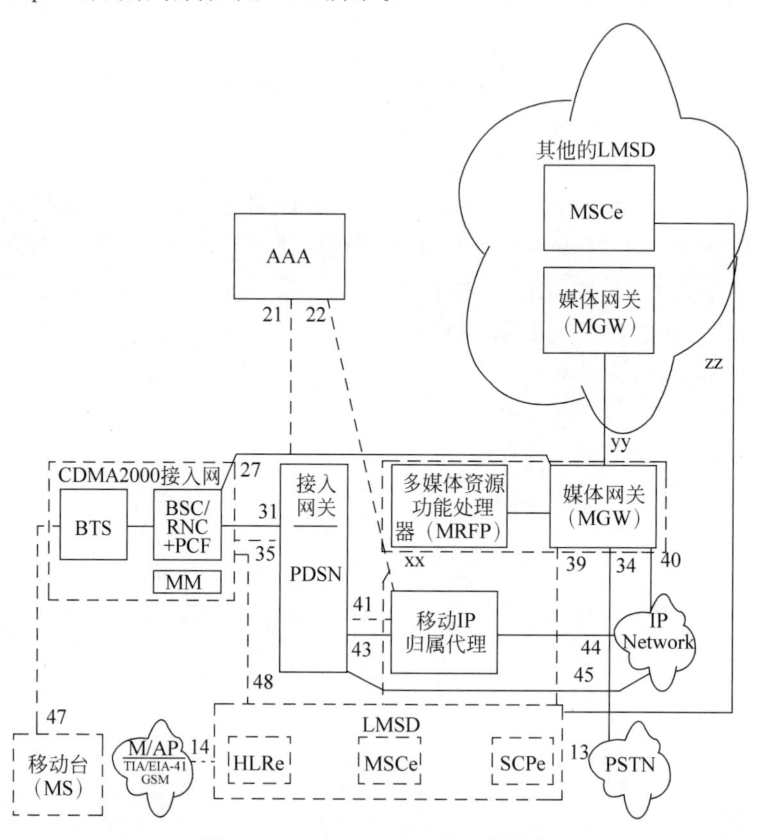

图 5-35 LMSD Step 2 的网络结构

从图 5-35 中可以看出，LMSD Step 2 阶段只是增加了 PS 域的一些网元；但在 CS 域中并没有新增网元，只是功能上有所扩展。

(1) 支持 3GPP2 参考点 48(CDMA 2000 接入网和 LMSD MSCe 之间的信令)，即 A1p 接口。

(2) 支持 3GPP2 参考点 27(CDMA 2000 接入网和 MGW 之间的承载业务)，即 A2p 接口。

(3) 支持 TrFO(无码转换器操作)/RTO(极少码转换器操作)。

为了保护运营商的投资，保证网络平滑演进，在 LMSD 阶段，2G 的 BSS 通过 A1 接口和 A2 接口接入 3G 核心网中，A1 和 A2 接口均基于 TDM 传输技术，3G 基站系统通过 A1p 接口和 A2p 接口接入 3G 核心网系统中，A1p 和 A2p 接口均基于 IP 传输技术。当 2G 基站系统接入核心网时，具体实现方案可以采用 MGW 内置信令网关功能，A1 接口的 BSAP 信令在 MGW 和 MSCe 之间通过 IP 承载传输。

3) LMSD Step n

LMSD Step n 是向 MMD 域演进的最后一步，引入了与 MMD 域相同的网络实体和架构，同时支持传统的移动台。这一阶段的网络全网支持基于 IP 的传输方式，并采用更高传输效率的 TrFO/RTO 等功能。该阶段的网络结构比较复杂，其网络实体可以分成业务相关的实体（OSA 应用服务器、SIP 应用服务器等）、IMS 相关的实体（如 CSCF、MRFC、MRFP、MGW 和 PDF 等）、核心网 PS 域（如 AGW、FA 等）、核心网 CS 域（LMSDS）和 RAN（如 BTS、BSC/PCF 等）。LMSD Step n 的核心网络支持基于 IP 传输的信令和载体接口。网络支持传统的 IS41D 网络的业务以及语音和其他数据业务之间的交互（如语音优先、呼叫等待等），该阶段下的网络支持与传统的 IS41D 网络之间的漫游和切换等操作。LMSD Step n 的核心网具有如下主要特征。

（1）信令和承载分离。

（2）信令和承载将基于 IP 传输。

（3）支持开放的业务架构，提供新的基于 IP 的业务。

LMSD Step n 网络结构如图 5-36 所示。

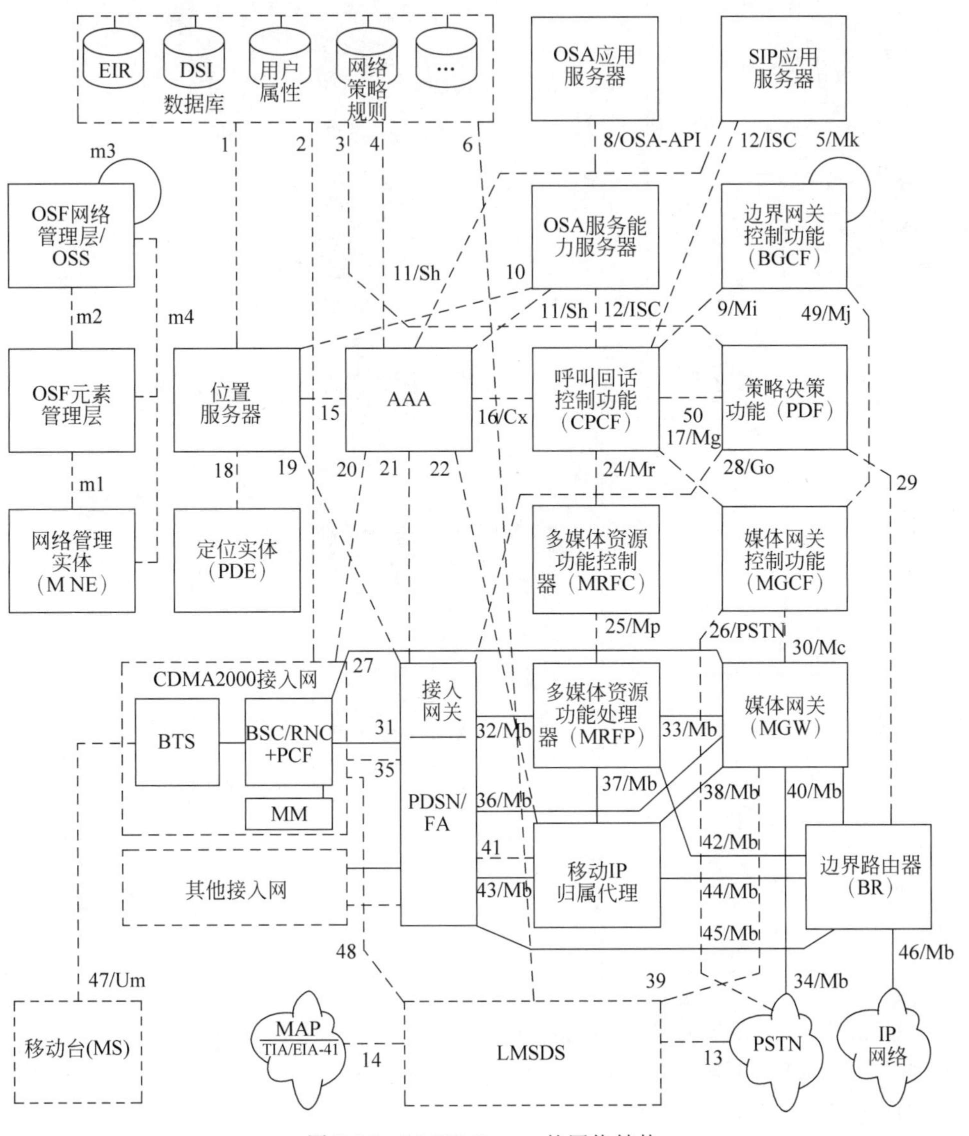

图 5-36　LMSD Step n 的网络结构

5. Phase 3

Phase 3(阶段3)又称为多媒体域阶段,即MMD阶段,包含两个子系统,即分组数据子系统(PDS)和IMS。PDS为IMS提供可靠的IP承载通道;IMS为CDMA 2000网络提供丰富多彩的移动多媒体相关业务。在Phase 3,已经彻底抛弃了LMSDS。其网络结构如图5-37所示。Phase 3的网络是向ALL-IP网络演进路线的终点,该阶段以实现基于IP的空中接口为标志,而最终达到全网实现基于IP传输。Phase 3的发展也可以分成几个步骤,其网络结构与LMSD Step n 的网络基本相同,只是没有LMSDS部分。

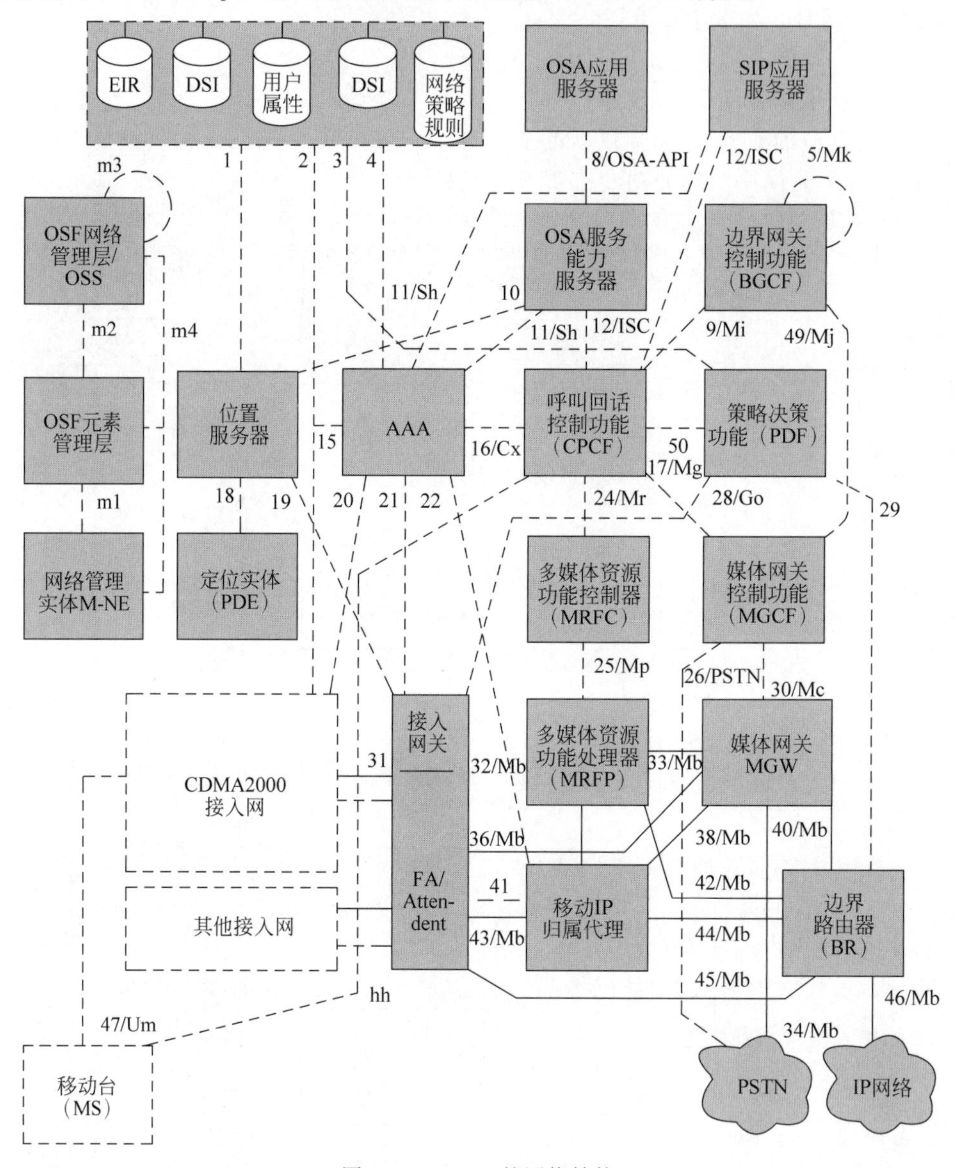

图5-37 MMD的网络结构

(1) 核心网。Phase 3的网络将支持3GPP2的MMD/IMS规范系列——X. P0013,并支持基于IP的多媒体业务。对于传统移动台的支持,Phase 3的网络可以通过Phase 2的LMSDS(或更早阶段的网络)实现。

(2) 无线接入网。在 Phase 3 中,用于支持 LMSD 的接入网将支持基于 IP 传输的信令链路和媒体流,用于支持 IMS 的接入网在业务和 QoS 方面将具有更强的功能。

(3) 空中接口。Phase 3 中的空中接口,只支持基于 IP 传输的信令和承载。

5.4 TD-SCDMA 系统

5.4.1 概述

1. TD-SCDMA 的发展与现状

TD-SCDMA 的含意是时分同步码分多址接入,是 ITU 发布的 3G 标准之一,它也是第一个由中国提出、拥有自主知识产权、被国际上广泛接受和认可的无线通信国际标准。自 TD-SCDMA 成为 3G 正式标准十几年来,中国的通信研究机构、标准化组织、生产商与运营商在政府的大力支持下对 TD-SCDMA 的技术研究、标准制定、产品开发和商用推动进行了不懈的努力,也取得了丰硕的成果。2000 年在人民大会堂宣布成立了“TD-SCDMA 技术论坛”(2009 年更名为“TD 技术论坛”)组织,其国内外成员众多,该组织在开展国际技术合作与交流方面作出了突出贡献;2002 年同样是在人民大会堂宣布成立了“TD-SCDMA 产业联盟”,最初的成员是 8 家,2008 年 7 月随着中国移动等 10 家通信产业关键企业的加入,组织发展迅速,现有上百家企业成员,覆盖了 TD-SCDMA 产业链从系统、芯片、终端到测试仪表的各个环节,该组织在 TD-SCDMA 的研发与产业化进程中发挥了组织协调作用。

由于 TD-SCDMA 的成熟度较其他两个 3G 标准要差,因此其产业化进程相对缓慢。TD-SCDMA 采用 TDD 模式,具有频谱效率高的独特优势。与此同时,它采用了大量的新技术,在技术与性能上与 WCDMA 和 CDMA 2000 相比并未显示出明显的劣势,再加上中国政府的全力支持和中国巨大的市场需求,TD-SCDMA 已在 3G 市场上占有一席之地。TD-SCDMA 网络在全球范围内得到了部署,截至 2014 年,中国移动的 TD-SCDMA 用户数已突破 2 亿,正全面使用 TD-SCDMA 增强型技术。

2. TD-SCDMA 的主要特点

TD-SCDMA 综合了 TDD 和 CDMA 的技术优势,具有灵活的空中接口,采用了智能天线等诸多先进技术,因而在系统容量、频谱利用率和抗干扰能力等方面具有很强的优势。TD-SCDMA 的主要特点表现在如下几方面。

(1) 采用 TDD 模式并拥有 TDD 模式系统的优点。TD-SCDMA 系统采用 TDD 工作模式,其上下行共享一个频带,仅需要 1.6MHz 的最小带宽,若系统带宽为 5MHz,则支持 3 个载波,就可以在一个地区组成蜂窝网运营,频谱使用非常灵活,频谱利用率也很高;由于 TDD 系统上下行使用相同载波频率,可以通过对上行链路的估值获得上下行电波传播特性,便于使用诸如智能天线、预 Rake 接收等技术以提高系统性能;TD-SCDMA 由于其特有的帧结构和 TDD 工作模式,可以根据业务的不同而任意调整上下行时隙转换点,适用于不对称的上下行数据传输速率,尤其适合 IP 分组型数据业务。这里需要说明的是,TDD 也有其固有的缺点,由于采用不连续发送和接收,因而在对抗多径衰落和多普勒频移方面不如 FDD。但在 TD-SCDMA 系统中,由于采用智能天线技术加上联合检测技术克服了 TDD 模式的缺点,在小区覆盖方面和 WCDMA 相当,支持的移动速度也达到 250km/h。

(2) 上行同步。在 CDMA 移动通信系统中,下行链路的主径都是同步的。同步 CDMA

指上行同步,要求来自不同用户终端的上行信号(每帧)能同步到达基站,上行链路各个用户发出的信号在基站解调器处完全同步。在TD-SCDMA系统中,上行同步是基于帧结构来实现的,并使用一套开环和闭环控制的技术来保持。同步CDMA可以使正交扩频码的各个码道在解扩时是完全正交的,相互间不会产生多址干扰,克服了异步CDMA多址技术由于每个移动台发射的不同码道的信号到达基站的时间的不同而造成的码信道非正交所带来的干扰问题,提高了TD-SCDMA系统的容量和频谱利用率,还可以简化硬件电路,降低成本。

(3) 接力切换。GSM等传统移动通信系统在用户终端切换中都采用硬切换,对数据传输是不利的。IS-95 CDMA系统采用了软切换,是一个大的进步。但采用软切换要付出占用更多网络资源及无线信道作为代价,特别当所有无线信道资源都可以作为业务使用时,使用软切换的代价就太高了。

接力切换的概念是充分利用TDD模式的特点,即不连续接收和发射。另外。由于在TDD系统中,上下行链路的电波传播特性相同,可以通过开环控制实现同步。这样,当终端在切换前,首先和目标基站实现同步,并获得开环测量的功率和同步所需要的参数。切换时,原基站和目标基站同时和此终端通信(通断几乎同时),在不产生任何中断情况下就实现了切换。这样,接力切换具有软切换的主要优点,但又克服了软切换的缺点;而且接力切换可以在工作载波频率不同的基站间进行,比软切换的适用范围更广了。

(4) 动态信道分配(DCA)。TDD系统中的动态信道分配是一项重要技术,它不是将无线资源固定分配给小区,而是根据需要进行集中分配使用。TD-SCDMA系统中的动态信道分配技术分为慢速DCA和快速DCA两种。慢速DCA根据小区内业务的不对称性的变化,动态地划分上下行时隙,使上下行时隙的传输能力和上下行业务负载的比例关系相匹配,以获得最佳的频谱效率;快速DCA为申请接入的用户分配满足要求的无线信道资源,并根据系统状态对已分配的资源进行调整。另外,在TD-SCDMA系统中,将DCA和智能天线波束赋形结合进行考虑,部分引入空分多址(SDMA)概念,将使DCA的手段大大增强,这对相邻小区使用不同上下行比例业务有非常明显的效果。

(5) 使用新技术提高系统性能。TD-SCDMA系统使用了智能天线技术、联合检测技术、空时编码技术和软件无线电技术等许多移动通信中先进的技术来提高系统性能,这既是为了维持系统的先进性,也是为了克服系统固有缺点必须采取的措施(比如载波码片速率不高,高速率业务时扩频增益小,抗干扰能力下降;再比如TDD模式抗多径衰落能力差等)。这些新技术在其他两个3G系统中是可选技术,而在TD-SCDMA系统中是写进标准中的必选技术。

3. TD-SCDMA的系统结构

TD-SCDMA系统作为ITU第三代移动通信标准之一,其网络结构遵循ITU统一要求,通过3GPP组织内融合后,TD-SCDMA与WCDMA的网络结构基本相同(请参阅5.2节),相应接口定义也基本一致,但接口的部分功能和信令有一些差异,特别是空中接口的物理层,两个标准各有自身的特色。

3GPP移动通信网按照其功能划分由四部分,即用户识别模块域、移动设备域、无线接入网域和核心网域组成,如图5-38所示。这种采用模块化结构的网络设计是IMT-2000的一大特点,它不仅允许符合IMT-2000家族概念的网络设备接入系统,而且可以方便地通过一组标准化接口将各种不同的现有网络与IMT-2000的组件连在一起,因此,这也为网络运营商指出了一条向 IMT-2000 演化的途径。

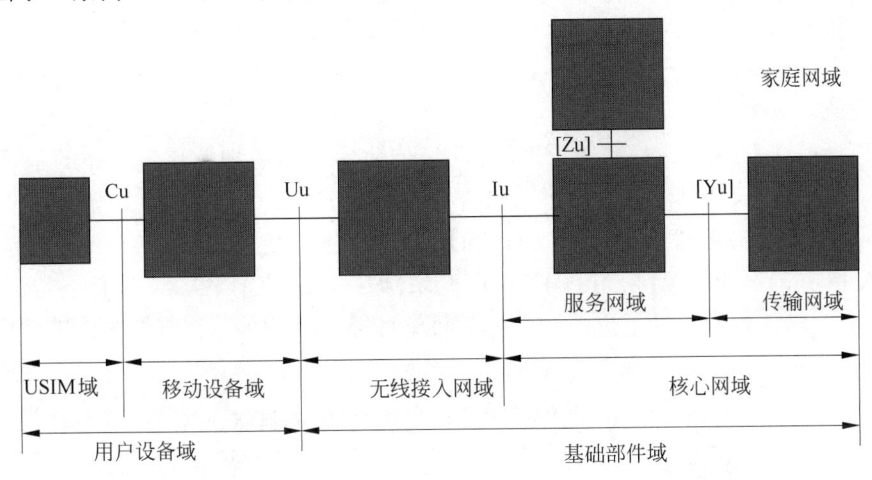

图 5-38 3GPP 的网络结构与功能域

4. TD-SCDMA 的演进路线

因为技术和市场的不确定因素，TD-SCDMA 的标准制定与其他两种 3G 标准相比，思路不够明确，方案不够完善，但基本方向还是确定的。

3GPP 在制定 R4 版本时将 TD-SCDMA 列入为它的可选无线接入标准，从此 TD-SCDMA 和 WCDMA 演进就基本处于同步状态。与 WCDMA 一样，TD-SCDMA 在 R5 版本中推出了 HSDPA 技术。采用 HSDPA 后，TD-SCDMA 增加了 1 种传输信道、3 种物理信道，还增加了 16QAM 调制技术。采用 HSDPA 技术可以让 TD-SCDMA 系统下行链路的数据传输速率有很大的提高，单载波支持数据传输速率达到 2.8Mb/s。WCDMA 在 R6 版本中完成了 HSUPA 标准的制定并引入了 MBMS，TD-SCDMA 在这方面的技术研究较晚，一直到 2007 年 9 月才在 R7 中完成 TD-SCDMA 的 HSUPA 和 MBMS 的标准制定；同样地，WCDMA 已在 R7 中基本完成 HSPA+（HSPA 增强技术，HSPA 是 HSDPA 和 HSUPA 的合称）标准的制定，TD-SCDMA 在 R8 中才完成这一标准的制定工作。TD-SCDMA 最后将进入 TD-SCDMA LTE（TD-SCDMA 长期演进阶段）。

5.4.2 TD-SCDMA 的空中接口

1. TD-SCDMA 空中接口的结构

TD-SCDMA 系统的空中接口，即 UE 和 UTRAN 之间的 Uu 接口，主要由物理层（L1）、数据链路层（L2）和网络层组成，如图 5-39 所示。

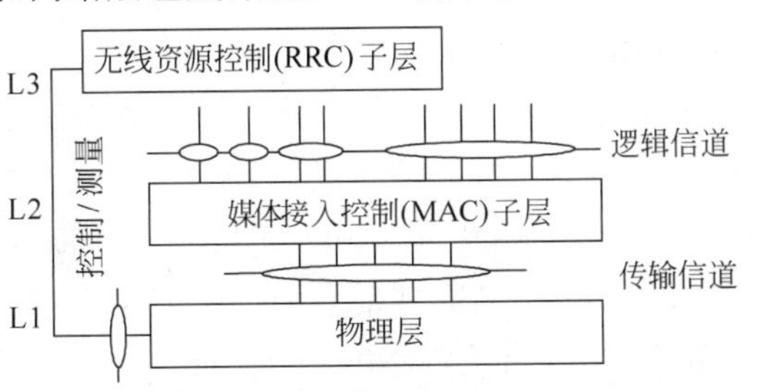

图 5-39 TD-SCDMA 系统的空中接口结构

L2 又由 MAC 子层、RLC 子层、PDCP 子层和 BMC 子层组成；而 L3 由 RRC 子层、MM 子层和 CM 子层组成。总体来说，TD-SCDMA 的空中接口各子层功能与协议和 WCDMA 的空中接口是基本相同的，区别就在物理层上。

2. 信道对应关系

在 TD-SCDMA 系统中，定义了逻辑信道、传输信道和物理信道。具体的信道类型和 WCDMA 基本相同，逻辑信道增加了共享控制信道(SHCCH)；物理信道增加了下行导频信道(DwPCH)、上行导频信道(UpPCH)和快速物理接入信道(FPACH)；传输信道没有 WCDMA 特有的公共分组信道(CPCH)，但增加了 TD-SCDMA 特有的上行共享信道(USCH)。逻辑信道和传输信道的对应关系和 WCDMA 基本相同，而 TD-SCDMA 传输信道和物理信道的映射关系如表 5-7 所示。

表 5-7　TD-SCDMA 传输信道和物理信道的映射关系

传输信道	物理信道
专用信道(DCH)	专用物理信道(DPCH)
广播信道(BCH)	主公共控制物理信道(P-CCPCH)
寻呼信道(PCH)	主公共控制物理信道(P-CCPCH)
	辅助公共控制物理信道(S-CCPCH)
前向接入信道(FACH)	主公共控制物理信道(P-CCPCH)
	辅助公共控制物理信道(S-CCPCH)
随机接入信道(RACH)	物理随机接入信道(PRACH)
上行共享信道(USCH)	物理上行共享信道(PUSCH)
下行共享信道(DSCH)	物理下行共享信道(PDSCH)
	下行导频信道(DwPCH)
	上行导频信道(UpPCH)
	寻呼指示信道(PICH)
	快速物理接入信道(FPACH)
高速下行共享信道(HS-DSCH)	高速物理下行共享信道(HS-PDSCH)
	HS-DSCCH 共享控制信道
	HS-DSTCH 共享信息信道

3. 物理信道及其帧结构

TD-SCDMA 系统中，物理信道是由频率、时隙、信道码、训练序列位移和无线帧分配等诸多参数来共同定义的。其扩频带宽为 1.6MHz，码片速率为 1.28Mb/s；信道码采用 OVSF 码，扩频因子取值范围为 1～16，不算太大，这是由于系统 TD-SCDMA 采用了联合检测技术，而联合检测算法的复杂度随扩频信道数的 2 次方以上的速度增加，为使联合检测算法的复杂度适中，扩频因子取值不宜过高；物理信道在时间上采用系统帧(超帧)、无线帧、子帧和时隙/码字这样一个特殊的 4 层式的结构。一个系统帧号由 72 个无线帧组成，时长为 720ms；一个无线帧由 2 个 5ms 的子帧组成，时长为 10ms；每个子帧又是由 3 个特殊时隙(下行导频时隙 DwPTS、上行导频时隙 UpPTS 和保护间隔 GP)和 7 个 675μs 的常规时隙(TS0～TS6)组成，时长为 5ms。其物理信道帧结构如图 5-40 所示。虽然和 WCDMA 一样采用了 10ms 的无线帧，但无线帧又划分为 2 个完全相同的子帧，其目的是支持智能天线的使用。

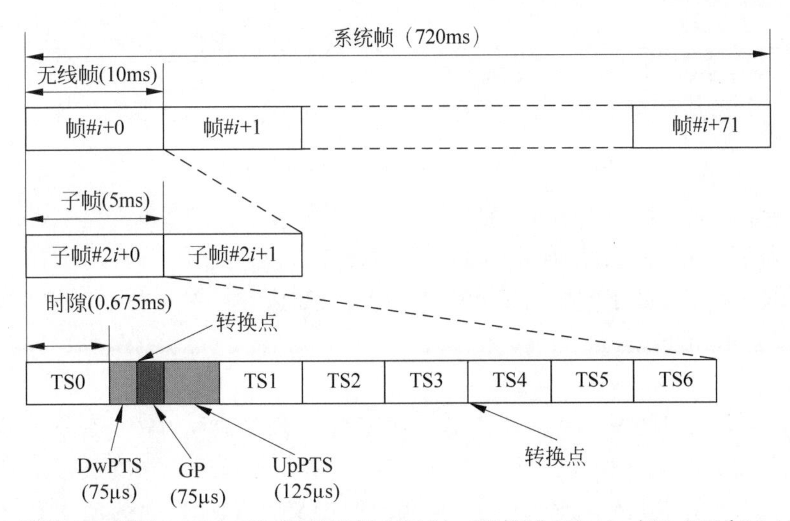

说明：传码率为1.28Mb/s时，每无线帧为6400chip，每时隙为864 chip，每DwPTS为96 chip，每UpPTS为160chip，每GP为96 chip

图 5-40　TD-SCDMA 的物理信道帧结构

每个子帧中，UpPTS 和 DwPTS 是为上下行导频和同步而设计的，主保护时隙 GP 为发射和接收转换提供保护间隔，防止上下行信号相互之间的干扰。在 7 个常规时隙中，TS0 总是分给下行，而 TS1 总是分给上行。上行时隙和下行时隙之间由转换点分开，一个子帧有两个转换点(DL 到 UL 和 UL 到 DL)。通过灵活配置上下行时隙的个数，可使 TD-SCDMA 系统适用于上下行对称和非对称业务模式。其子帧结构如图 5-41 所示，分别给出了上下行时隙对称和不对称分配的示例。

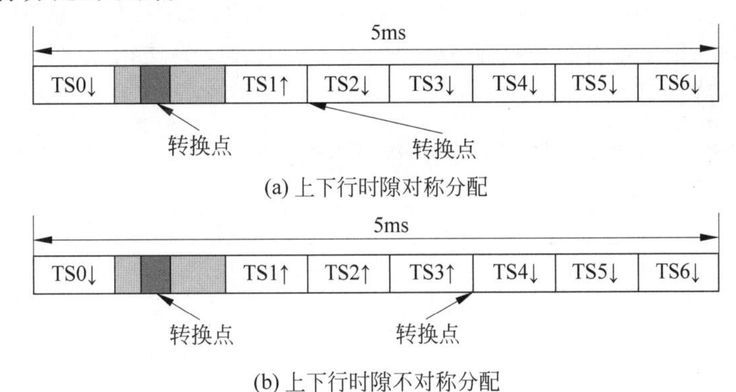

图 5-41　TD-SCDMA 的子帧结构

4. 特殊时隙结构

DwPTS 由 Node B 以最大功率在全方向或在某一扇区上发射，该时隙通常由长为 64chip 的下行同步序列(SYNC-DL)和长为 32chip 的保护间隔(GP)组成，其时隙结构如图 5-42(a)所示。图中 SYNC-DL 是一组 PN 码，用于区分相邻小区。系统中定义了 32 个码组，每组对应一个 SYNC-DL 序列，SYNC-DL PN 码集在蜂窝网络中可以复用。将 DwPTS 放在单独的时隙，便于下行同步的迅速获取，同时也可以减小对其他下行信号的干扰。

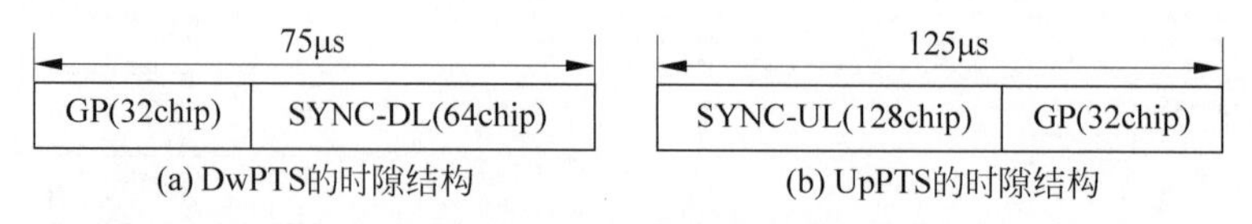

图 5-42　DwPTS 和 UpPTS 的时隙结构

UpPTS 时隙通常由长为 128chip 的上行同步序列(SYNC-UL)和长为 32chip 的保护间隔组成,其时隙结构如图 5-42(b)所示。图中 SYNC-UL 是一组 PN 码,用于在接入过程中区分不同的 UE。当 UE 处于空中登记和随机接入状态时,它将首先发射 UpPTS,当得到网络的应答后,发射 RACH。

5. 突发结构

通常,将时分系统中的一个基本业务单元,即一个常规时隙称为一个突发,TD-SCDMA 系统的突发结构如图 5-43 所示,将两个长为 352chip 的数据符号安放在突发的两边;中间设计了长为 144chip 的中间码(训练序列),应用于同步及信道估计,是为使用联合检测而准备的。中间码设计时已达到要求的码片速率,不需要进行扩频和加扰;数据符号数和扩频因子有关。

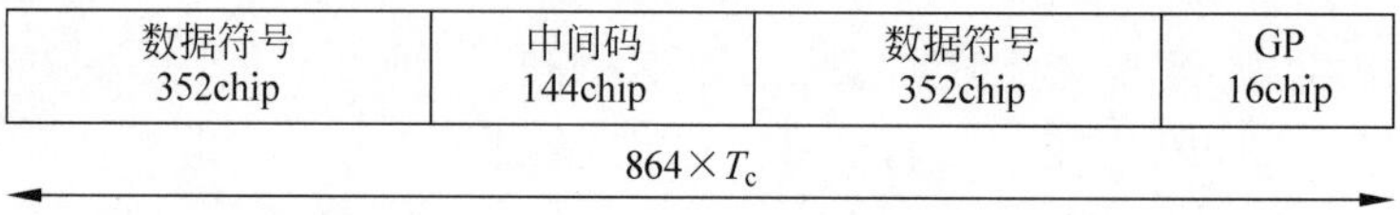

数据符号 352chip	中间码 144chip	数据符号 352chip	GP 16chip

$864 \times T_c$

图 5-43　TD-SCDMA 系统的突发结构

TD-SCDMA 系统的突发结构传送的物理层控制信令包括传输格式合成指示(TFCI)、发射功率控制(TPC)和同步偏移(SS)。物理层控制信令在相应物理信道的数据部分发送,即物理层控制信令和数据比特具有相同的扩频操作。由于物理层信令缺少保护和纠错,因此将其放在靠近中间码两端的数据部分。物理层控制信令的结构如图 5-44 所示,图中的 SS 和 TPC 部分可以不发送。

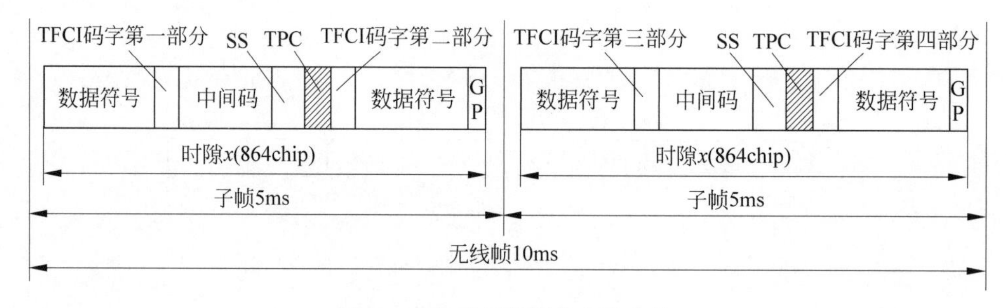

图 5-44　物理层控制信令的结构

对于每个用户,TFCI 信息将在每 10ms 无线帧里发送一次。编码后的 TFCI 符号分为 4 部分,在子帧内和数据块内都是均匀分布的。TFCI 的发送是由高层信令配置的。

对于每个用户,TPC 信息在每 5ms 子帧里发送一次,这使得 TD-SCDMA 系统可以进行快速功率控制。

对于每个用户,SS 信息在每 5ms 子帧里发送一次。SS 用于命令终端每 M 帧进行一次时序调整,调整步长为 $(k/8)T_c$。其中,T_c 为码片周期,M 值和 k 值由网络设置,并在小区中进行广播。上行突发中没有 SS 信息,但是 SS 位置予以保留,以备将来使用。

6. 扩频与调制

TD-SCDMA 系统的数据调制通常采用 QPSK，在提供 2Mb/s 业务时采用了 8PSK 调制方式，为支持 HSDPA 下行可以用 16QAM。扩频后的码片速率为 1.28Mc/s，扩频因子的范围是 1～16，调制符号的速率为 80.0ks/s～1.28Ms/s。由于扩频采用 OVSF 码，再加上采用了上行同步技术，码的正交性较好，从而使信道间干扰较小。码片经扩频与调制以后，需经脉冲成形滤波器 $RC_0(t)$ 成形，并且在发送方和接收方都要使用，该滤波器采用的是平方根升余弦滤波器，其冲激响应为

$$RC_0(t)=\frac{\sin\left[\pi\frac{t}{T_c}(1-a)\right]+4a\frac{t}{T_c}\cos\left[\pi\frac{t}{T_c}(1+a)\right]}{\pi\frac{t}{T_c}\left[1-\left(4a\frac{t}{T_c}\right)^2\right]} \tag{5-5}$$

式中，滚降系数 $a=0.22$，码片周期 $T_c=0.781\ 25\mu s$。

7. 链路功率控制

TD-SCDMA 系统中采用的功率控制方案是上行采用开环＋闭环功率控制，下行采用闭环功率控制，其功率控制参数如表 5-8 所示。

表 5-8　TD-SCDMA 的功率控制参数

参　　数	上　　行	下　　行
功率控制速度	可变 闭环：0～200 次/s 开环：延时 200～3575μs	可变 闭环：0～200 次/s
步长	1dB、2dB、3dB(闭环)	1dB、2dB、3dB(闭环)

与 WCDMA、CDMA 2000 相比，其功率控制速度有所降低，这是因为 TD-SCDMA 系统采用了智能天线技术和上行 CDMA 同步技术后同信道干扰降低，对功率控制的要求有所降低，所以其功率控制速度不需要太高。

5.4.3　TD-SCDMA 的关键技术

微课视频 21

TD-SCDMA 系统中的关键技术在 5.4.1 节做了一般性介绍，这一节主要介绍其不同于其他系统的关键技术。

1. 智能天线技术

1) TD-SCDMA 系统采用智能天线技术的必要性

智能天线技术是目前 TD-SCDMA 标准的必选技术，也是其具有优势的核心技术之一。TD-SCDMA 系统很多物理层方面的设计(如帧结构)就是依赖智能天线实现的，如果不采用智能天线，整个 TD-SCDMA 系统标准必须重新设计。由于采用了智能天线技术，TD-SCDMA 系统可将频分复用、时分复用、码分复用和空分复用交叠应用。TD-SCDMA 系统中 6 大关键技术(智能天线技术、联合检测技术、动态信道分配技术、接力切换技术、功率控制技术和上行同步技术)中，其他 5 项技术都要与智能天线技术联合应用才能发挥出最大效果。

2) 智能天线技术原理

智能天线技术的基本原理是：天线以多个高增益窄波束动态地跟踪多个期望用户，在

接收模式下,来自窄波束之外的信号被抑制;在发射模式下,能使期望用户接收的信号功率最大,同时使窄波束照射范围以外的非期望用户受到的干扰最小。智能天线可利用用户空间位置的不同来区分不同用户,完成空分复用。

根据采用的天线方向图形状,可以将智能天线分为两类:自适应智能天线和多波束智能天线。多波束智能天线的方向图形状不变,利用多个并行波束覆盖整个用户区,每个波束的指向是固定的。当用户在小区中移动时,它通过测向确定用户信号的到达方向,然后根据信号的到达方向选取合适的阵元加权,将方向图的主瓣指向用户方向,从而提高用户的信噪比。这类智能天线简单、稳定且响应速度快,但智能性不够,因此只作接收天线用。

自适应智能天线是智能天线的主要类型,其方向图没有固定的形状,随着信号及干扰而变化,可实现最佳接收与发送。图 5-45 给出了自适应智能天线基本原理图,自适应智能天线系统包括天线阵列、模/数转换和波束形成网络 3 部分。图中介绍的是智能天线接收时的结构,当用它进行发射时,结构稍有变化,加权器和加权网络置于天线之前,也没有相加合并器。天线阵列一般采用 4～16 天线阵元结构,阵元间距为半个波长。天线阵元分布方式有直线形、圆形和平面形。波束形成网络主要是由数字信号处理器依据一定的算法,即准则(主要有最小均方误差准则、最大信噪比准则和最小方差准则)给出最佳加权系数 $w_1, w_2, \cdots, w_n$,从而形成符合要求的最佳波束。

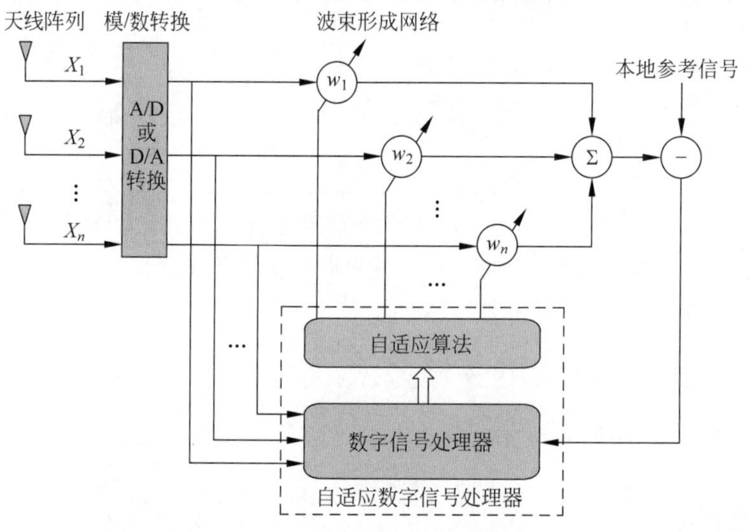

图 5-45　自适应智能天线的原理图

在实际应用中,环境是不断变化的,要求实时地更新权矢量,因此需要利用自适应算法来递归地获得实时的权矢量,而自适应算法不仅决定了算法的收敛速度,而且决定了算法硬件实现的复杂度,由此可见,选择合适的自适应算法对智能天线系统来说是很重要的。自适应算法分为非盲算法、盲算法和半盲算法。非盲算法是指需要借助参考信号(导频序列或导频信道)的算法,此时接收端知道发送的是什么,按一定准则确定或逐渐调整权值,使智能天线输出与已知输入最大相关。非盲算法主要有最小均方误差算法(LMS)和递归最小二乘算法(RLS)等。盲算法是无须发射端传送已知的导频信号,一般利用调制信号本身固有的、与具体承载的信息无关的一些特征,如恒模、子空间、有限符号集和循环平稳等,并调整权值,使输出满足这种特性,常见的是基于梯度的使用不同约束量的算法。非盲算法相对盲算

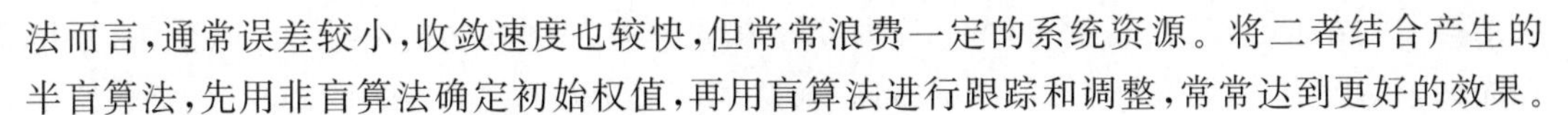

法而言，通常误差较小，收敛速度也较快，但常常浪费一定的系统资源。将二者结合产生的半盲算法，先用非盲算法确定初始权值，再用盲算法进行跟踪和调整，常常达到更好的效果。

3）智能天线技术在 TD-SCDMA 系统中的应用

TD-SCDMA 系统由于采用 TDD 模式，上下行频率一致，可直接测量上行信号强度并对下行信号的传播进行估计，不需要采用反馈闭环方案测量下行传播特性；另外，TD-SCDMA 系统采用了短帧结构，且子帧中安排了训练序列用于智能天线。所有这些特性都有利于 TD-SCDMA 应用智能天线技术。

在现有 TD-SCDMA 商用系统基站采用的智能天线中，天线阵列一般采用如图 5-46(a)所示的 8 个天线单元组成的圆阵(用于全向赋形)或如图 5-46(b)所示的 8 个天线单元组成的线阵(用于定向赋形)，各阵元间距为 λ/2。其处理过程如图 5-47 所示。从上行链路来看，天线阵 RF 前端接收到在第一个时隙来自各个终端的上行信号，这个组合信号被放大、滤波、下变频、A/D 转换后，数字合路器完成上行同步、解扩等处理，然后提取每个用户的空间参数，并进行上行波束成型(空间滤波)。下行链路大致是上行链路的逆过程，下行波束成型用上行链路提取的空间参数，并在第 2 个时隙将要发送的信号进行波束成形。

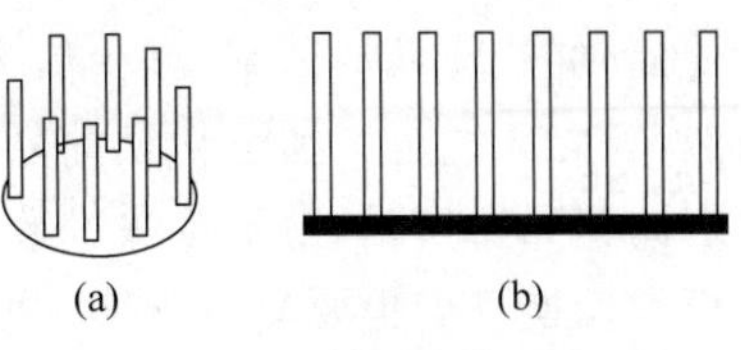

图 5-46　8 天线单元组成的圆阵和线阵示意图

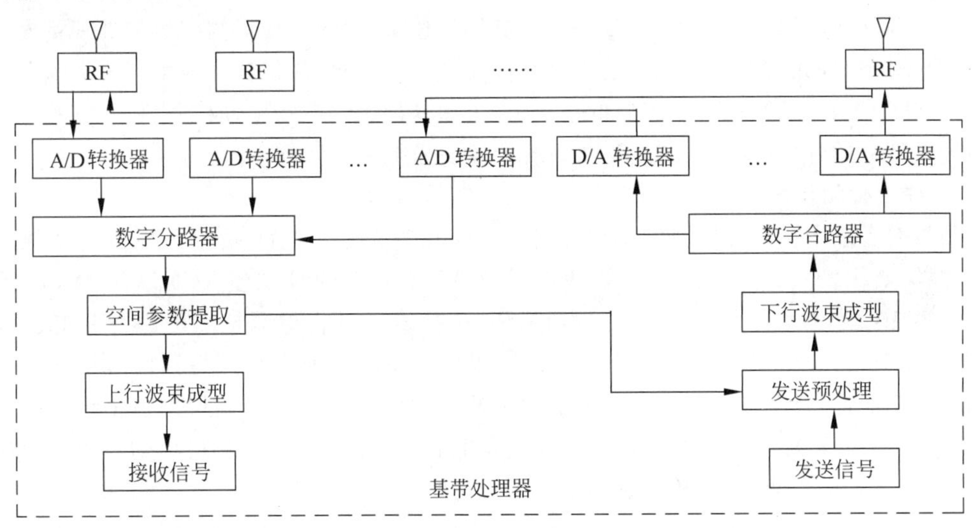

图 5-47　TD-SCDMA 系统基站采用的智能天线的处理过程

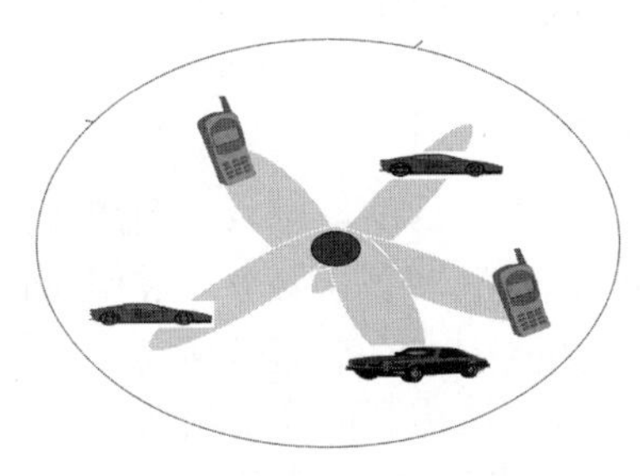

图 5-48　TD-SCDMA 智能天线小区可完成的覆盖

采用了智能天线的小区可完成如图 5-48 所示的覆盖，智能天线的主要作用有：①提高基站接收机的灵敏度；②提高基站发射机的等效发射功率；③降低系统的干扰，增加了 CDMA 系统的容量；④改进小区的覆盖，并提高了频谱利用率；⑤降低无线基站的成本；⑥实现移动台定位。

智能天线的引入可以极大地提升 TD-SCDMA 系统的性能，但对系统其他技术的控制算法和控制过程也带来了影响。在DCA进行信道分配时，要尽量把相同方向上的用户分散到不同时隙中，使得在同一个时隙内的用户分布在不同的方向上，这样可以充分发挥智能天线的空分功效，使多址干扰降至最小。但要达到这一目的，需要增加DCA对用户空间信息的获取和处理能力。引入智能天线后，系统分组调度算法发生改变，新的调度方式主要将包括时分与空分结合方式、码分与空分结合方式、时分-码分-空分三者相结合的混合方式。智能天线对功率控制的影响表现在：①功率控制流程发生变化；②功率控制精度可降低；③功率控制的平衡点方程变得复杂。智能天线为切换提供一些有用的位置参考信息，可以提高系统资源利用率、缩短切换时间、降低掉话率、减少信令交互、提高切换成功率，另外，还可以采用接力切换技术。当然，智能天线也增加了切换的复杂性，如在物理信道分配的过程中，当发生冲突需要进行信道调整和切换时，由于判决维数增加，使用的切换算法要比只有一种资源的情况下复杂，用户的切换管理也要复杂得多。

2. 软件无线电技术

软件无线电技术是在通用芯片上用软件实现专用芯片的功能。其优势有：①可克服微电子技术的不足，通过软件方式，灵活完成硬件/专用ASIC的功能，在同一硬件平台上利用软件处理基带信号，通过加载不同的软件，可实现不同的业务性能；②系统增加功能通过软件升级来实现，具有良好的灵活性及可编程性，对环境的适应性好，不会老化；③可代替昂贵的硬件电路，实现复杂的功能，减少用户设备费用支出。

由于TD-SCDMA系统的TDD模式和低码片速率的特点，使得数字信号处理量大大降低，适合采用软件无线电技术。正是因为软件无线电的优势，使得TD-SCDMA系统在发展相对WCDMA和CDMA2000滞后的情况下，采用软件无线电技术，成功完成了试验样机和初步商用产品的开发，给TD-SCDMA系统的发展赢得了时间和空间。

3. 联合检测技术

根据对多址干扰(MAI)处理方法的不同，多用户检测(MUD)技术可以分为干扰抵消(IC)和联合检测(JD)两种。JD的性能优于IC，但JD的算法复杂度高于IC，因此在TD-SCDMA中，基站采用JD技术，终端采用IC技术。联合检测技术的思想是充分利用MAI，将所有的用户信号都分离开来，联合检测算法使用的前提是能得到所有用户的扩谱码和冲击响应，因此在TD-SCDMA系统中的帧结构中设置了用来进行信道估计的训练序列(Midamble)，根据接收到的训练序列部分信号和已知的训练序列就可以估算出信道冲击响应，而扩谱码也是确知的，从而达到估计用户原始信号的目的。

在TD-SCDMA系统中，通常将联合检测技术与智能天线技术结合使用，以便发挥两者的优势，弥补各自的不足。图5-49是两者结合的流程示意图，这样能在上行获得分集接收的好处，下行实现波束成型。

4. 接力切换技术

接力切换技术是TD-SCDMA移动通信系统的核心技术之一，其设计思想是利用智能天线和上行同步等技术，在对UE的距离和方位进行定位的基础上，根据UE方位和距离信息作为辅助信息来判断目前UE是否移动到了可进行切换的相邻基站的临近区域。

1) 接力切换技术的特点

接力切换技术是介于硬切换和软切换之间的一种新的切换技术，与软切换相比，两者都有较高的切换成功率、较低的掉话率以及较小的上行干扰等优点，它们的不同之处在于接力

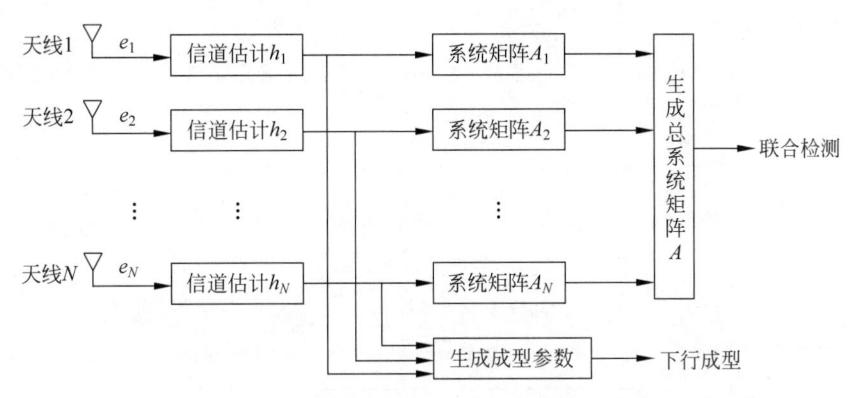

图 5-49　TD-SCDMA 联合检测技术与智能天线技术结合的流程示意图

切换并不需要同时有多个基站为一个移动台提供服务，因而克服了软切换需要占用的信道资源较多，信令复杂导致系统负荷加重，以及增加下行链路干扰等缺点；与硬切换相比，两者都具有较高的资源利用率，较为简单的算法以及系统相对较轻的信令负荷等优点，不同之处在于接力切换断开原基站和与目标基站建立通信链路几乎是同时进行的，因而克服了传统硬切换掉话率较高，切换成功率较低的缺点。接力切换的突出优点是切换高成功率和信道高利用率。接力切换可以在不同扇区的主频点间进行，也可以在不同扇区的主频点与辅频点、辅频点之间进行，有效地支持了多频点组网。

2）接力切换算法

TD-SCDMA 系统中接力切换算法由切换判决准则、切换执行准则组成。

常用的具有滞后余量和限定门限的相对信号强度切换判决准则为仅允许移动台在新小区的导频信号强度比原小区导频信号强度强到一定程度(即大于滞后余量 RSCP_DL_COMP)并且保持一定时间的情况下才进行越区切换，公式表示如下

$$\text{PCCPCH\_RSCP}_{\text{neighbour}} - \text{PCCPCH\_RSCP}_{\text{serving}} > \text{RSCP\_DL\_COMP} \tag{5-6}$$

这样可以防止由于信号波动引起的在两个小区之间的来回切换(乒乓效应)。同时仅允许移动台在当前小区的信号低于规定门限 RSCP_DL_DROP(简称 DROP)，并且新小区的信号强度高于当前小区给定的滞后余量时，才进行切换。

接力切换的判决相对于软切换来说要求比较严格，基于 TD-SCDMA 系统的特点，进行接力切换的 UE 上下行链路在与目标基站建立通信的时候是分别断开与原基站的连接，因此在满足正常通信质量的情况下，要尽可能地降低系统的切换率，表现在原服务小区(简称原小区)的 RSCP_DL_DROP 门限在保证一定的掉话率的同时尽可能地接近小区边缘的平均信号强度，而目标服务小区(简称目标小区)的 RSCP_DL_ADD 门限不能设置过高从而引起候选小区数量下降而导致掉话率过高，当然此门限亦不能过低从而失去设置此门限参数的意义。

当系统判决进行切换后，系统可以执行多种切换方式，如执行小区内切换、小区间切换、频率内切换、频率间切换、系统内切换、系统间切换等。因为不同的切换方式有不同的切换性能和复杂性，如切换率、切换成功率、切换延时和网络负荷等，一般按照小区内、小区间、RNC 内、RNC 间、系统内、系统间的顺序安排切换优先级，可以减少接口间的信令交互，减轻 RNC 的处理负担并加快切换的执行过程。在执行上述切换类型时，一般是频内切换的优先级高于频间切换的优先级。

3）接力切换过程

接力切换分为 4 个过程，即测量过程、预同步过程、判决过程和执行过程，切换过程见图 5-50。

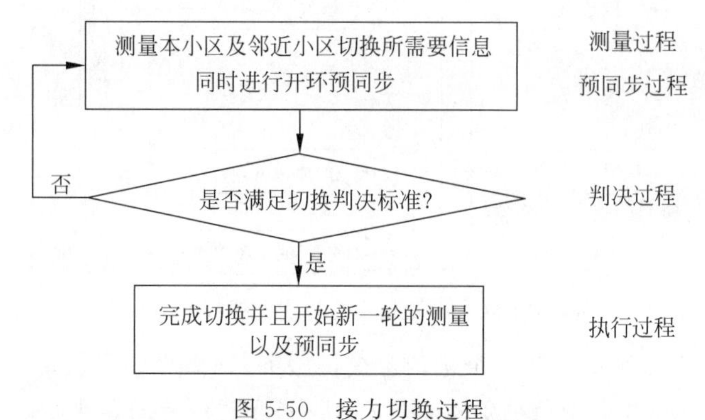

图 5-50　接力切换过程

在 UE 和基站通信过程中，UE 需要对本小区基站和相邻小区基站的导频信号强度进行测量。UE 的测量是由 RNC 指定的，可以是周期性进行，也可以由事件触发进行。

接力切换的预同步过程属于开环预同步，在 UE 对本小区基站和相邻小区基站的导频信号强度进行测量的同时记录来自各邻近小区基站的信号与来自本小区基站信号的时延差，预先取得与目标小区的同步参数，并通过开环方式保持与目标小区的同步。

接力切换的判决过程是根据各种测量信息并综合系统信息，依据一定的准则和算法判断 UE 是否应当切换和如何进行切换。

RNC 在收到 UE 的测量报告后，首先对 PCCPCH_RSCP 最大的候选目标小区进行判断，如果大于设定的门限值 RSCP_DL_ADD(简称 ADD)，则在此小区中进行接纳判决，反之进入下一个候选目标小区，直至最后一个候选目标小区。如果所有目标小区都不满足，则 UE 停留在原小区。目标小区确定后，RNC 根据目标小区与原小区的关系判决是硬切换(归属不同的 RNC)还是接力切换(归属同一个 RNC)。在接纳判决成功后，RNC 通知目标小区为 UE 分配无线资源并且将相关信息通知 UE。

RNC 的切换判决完成后，将执行接力切换。首先对目标小区发送无线链路建立请求。当 RNC 收到目标小区的无线链路建立完成之后，将向原小区和目标小区同时发送业务数据承载(此时目标小区并不向 UE 发送下行数据)，同时 RNC 向 UE 发送物理信道重配置消息命令。

终端应根据是否携带 FPACH 信息来判断是否为接力切换，即接到切换命令后，首先判断切换类型，如果携带 FPACH 信息，则判断为硬切换，重新在目标小区做接入；如果没有携带 FPACH 信息，则判断为接力切换。

然后，UE 由原小区接收下行承载业务及信令而由目标小区发射上行的承载业务和信令。此分别收发的过程持续非常短的一段时间后，将接收来自目标小区的智能天线下行波束赋形数据，实现闭环功率和同步控制，中断和原基站的通信，完成切换过程。

5.5 第三代移动通信系统安全机制

5.5.1 3G 面临的安全威胁和攻击方法

3G 是一个在全球范围内覆盖与使用的网络系统，信息的传输既经过全开放的无线链路亦经过开放的全球有线网络。3G提供的业务包括语音、多媒体、数据、电子商务、电子贸易、互联网服务等多种信息,它为用户提供开放式应用程序接口以满足用户的个性化需求。网络的开放性以及无线传输的特性,使3G面临多种安全威胁,概括起来有如下几点。

(1) 非法获取敏感数据来攻击系统的保密信息。

(2) 非法操作敏感数据来攻击完整信息。

(3) 非法访问服务。

(4) 滥用、干扰3G服务降低系统服务质量或拒绝服务。

(5) 网络或用户否认曾经发生的动作。

针对3G系统的攻击方法主要有针对系统核心网的攻击、针对系统无线接口的攻击和针对终端的攻击3种方式。

针对系统核心网的攻击手段包括以下几种。

(1) 入侵者进入网内窃听用户、信令以及控制数据,非法访问系统网络单元数据,甚至进行主动或被动流量分析。

(2) 入侵者篡改用户信令、业务数据等,或以非法身份修改通信数据或网络单元内存储的数据。

(3) 通过对在物理上或协议上的控制数据、信令数据或用户数据在网络中的传输进行异常干扰,实现网络中的拒绝服务攻击,或通过假冒某一网络单元来阻止合法用户的各种数据,干扰合法用户正常的网络服务请求。

(4) 用户否认业务费用、数据来源或接收到的其他用户的数据,网络单元否认发出信令或控制数据,否认收到其他网络单元发出的信令或控制数据。

(5) 入侵者模仿合法用户使用网络服务,或假冒服务网以利用合法用户的接入尝试获得网络服务,抑或假冒归属网以获取使他能够假冒某一方用户所需的信息。

针对3G系统无线接口的主要攻击方法如下。

(1) 入侵者窃听无线链路上的用户、信令和控制数据,进行流量分析;篡改无线链路上合法用户的数据和信令数据。

(2) 通过在物理上或协议上干扰用户数据、信令数据或控制数据在无线链路上的正确传输,来实现无线链路上的拒绝服务攻击。

(3) 攻击者伪装其他合法用户身份,非法访问网络,或切入用户与网络之间,进行中间攻击。

(4) 攻击者伪装成服务网络,对目标用户发身份请求,从而捕获用户明文形式的永久身份信息;压制目标用户与攻击者之间的加密流程,使之失效。

针对终端的攻击主要是攻击USIM和终端,主要是使用非法USIM或终端;非法获取其间存储的数据;篡改其中数据或窃听其间通信;以非法身份获取其间的交互信息等。

5.5.2　3G系统的安全架构

为应对以上阐述的安全威胁和攻击,3G系统所采用的安全架构如图5-51所示。它以2G安全系统为基础,保留了2G中被证明是必要和有效的安全功能,同时考虑了与2G的兼容,也增加了新的安全功能。它从3个层面,定义了5个安全特征组,每一类安全特征组针对一定的安全威胁进行设计,实现相应的安全防护。5个安全特征组基本情况如下。

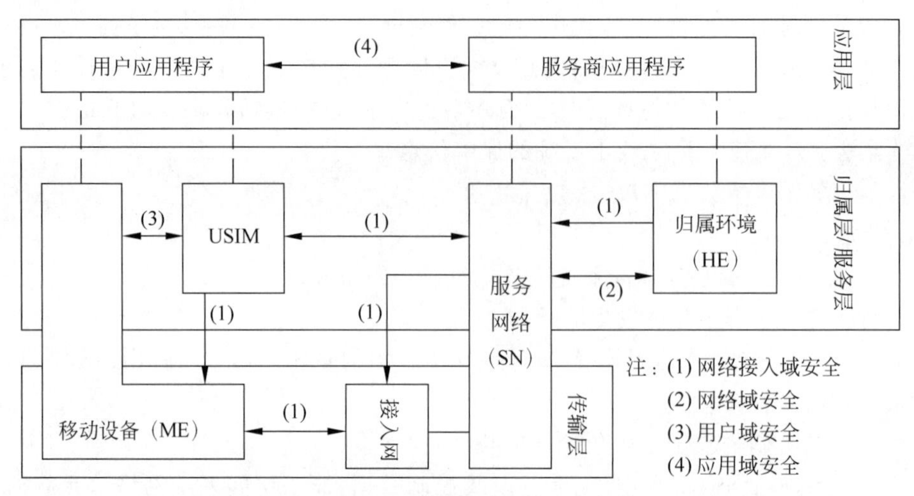

图 5-51　3G 系统所采用的安全架构

1. 网络接入域安全

网络接入域安全提供如下 4 个方面的安全特性。

(1) 用户标识的保密性：包括用户标识的保密、用户位置的保密以及用户的不可追踪性；

(2) 实体认证：包括用户认证和网络认证；

(3) 加密：包括加密算法协商、加密密钥协商、用户数据的加密和信令数据的加密；

(4) 数据完整性：包括完整性算法协商、完整性密钥协商、数据完整性和数据源认证。

2. 网络域安全

网络域安全分为以下 3 个层次。

(1) 第 1 层(密钥建立)：密钥管理中心产生并存储非对称密钥对，保存其他网络的公开密钥，产生、存储并分配用于加密信息的对称会话密钥，接收并分配来自其他网络的用于加密信息的对称会话密钥。

(2) 第 2 层(密钥分配)：为网络中的节点分配会话密钥。

(3) 第 3 层(安全通信)：使用对称密钥实现数据加密、数据源认证和数据完整性保护。

3. 用户域安全

用户域安全提供以下 2 个方面的安全特性。

(1) 用户到用户服务身份模块(USIM)的认证。用户接入 USIM 之前必须经过 USIM 的认证，确保接入 USIM 的用户为已授权用户。

(2) USIM 到终端的连接。确保只有授权的 USIM 才能接入终端或其他用户环境。

4. 应用域安全

应用域安全是指 USIM 应用程序为操作员或第三方运营商提供了创建驻留应用程序的功能，这就需要确保通过网络向 USIM 应用程序传输信息的安全性，其安全级别可由网络操作员或应用程序提供商根据需要选择。

5. 安全可见度与安全可配置性

安全可见度是指通常情况下，安全特性对用户是透明的。第三代移动通信系统中，对一些特定事件或按照用户需求提供了更大的安全特性操作可见度。

(1) 接入网络加密提示,通知用户是否保护传输的数据,特别在用户建立非加密的呼叫连接时进行提示。

(2) 安全级别提示,通知用户被访问网络是什么样的安全级别,特别是当用户被递交或漫游到低安全级别的网络(如3G到2G)时进行提示。

安全可配置性是指用户可对安全特性进行配置。这些安全特性包括允许或不允许用户到USIM的认证,接收或不接收未加密的呼叫,建立或不建立非加密的呼叫,接收或拒绝使用某种加密算法。

5.5.3 3G网络接入安全机制

3GPP网络接入安全机制有3种:①根据临时身份(TMSI)识别;②使用永久身份(IMSI)识别;③认证和密钥协商(AKA)机制。

AKA机制完成移动设备(ME)和网络的相互认证,并建立新的加密密钥和完整性密钥,3GPP网络AKA运行过程如图5-52所示。AKA机制的执行分为2个阶段:第1阶段是认证向量(AV)从归属环境(HE)到服务网络(SN)的传送;第2阶段是SGSN/VLR和移动台执行询问应答程序取得相互认证。归属环境包括HLR和鉴权中心(AUC)。认证向量含有与认证和密钥分配有关的敏感信息,在网络域的传送使用基于7号信令的MAPsec协议,该协议提供了数据来源认证、数据完整性、抗重放和机密性保护等功能。

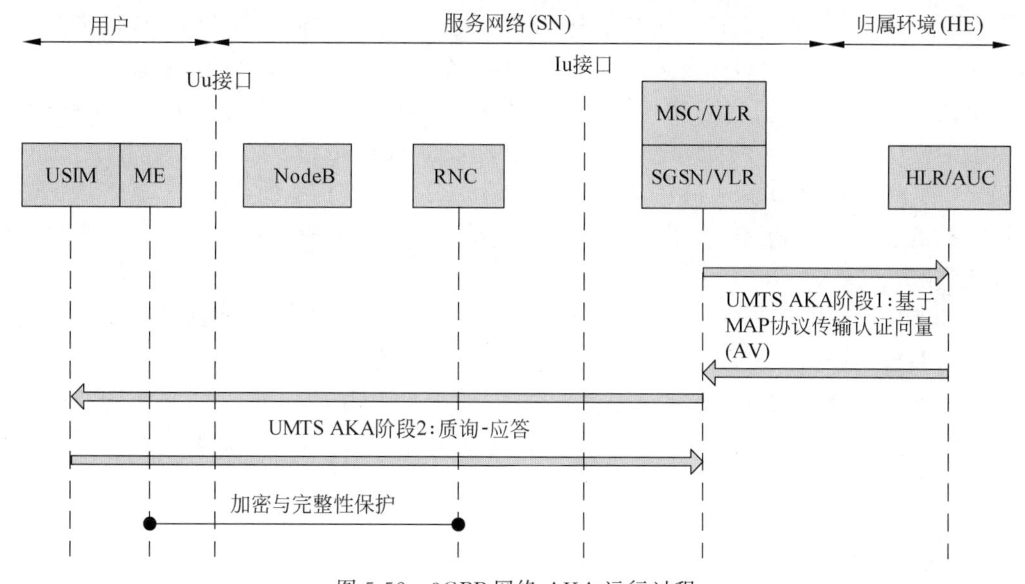

图5-52 3GPP网络AKA运行过程

3GPP为3G系统定义了12种安全算法:f0、f1、f2、f3、f4、f5、f6、f7、f8、f9、f1*、f5*,应用于不同的安全服务。身份认证与密钥分配方案中移动用户登记和认证参数的调用过程与GSM网络基本相同,不同之处在于3GPP认证向量是5元组,包括随机数(RAND)、期望响应(XRES)、加密密钥(CK)、完整性密钥(IK)和认证令牌(AUTN),并实现了用户对网络的认证。AKA利用f0~f5*算法,安全服务内容如表5-9所示,这些算法仅在鉴权中心和用户的USIM中执行。AKA由SGSN/VLR发起,在鉴权中心中产生认证向量AV=(RAND,XRES,CK,IK,AUTN)和认证令牌AUTN=SQN[AAK]||AMF||MAC-A,其中AMF为

认证密钥管理范围。VLR 发送 RAND 和 AUTN 至用户身份识别模块。用户身份识别模块计算 XMAC-A=$f1_K$(SQN||RAND||AMF),若等于 AUTN 中的 MAC-A,并且 SQN 在有效范围内,则认为对网络鉴权成功,计算 RES、CK、IK,发送 RES 至 VLR。VLR 验证 RES,若与 XRES 相符,则认为对移动台鉴权成功;否则,拒绝移动台接入。当 SQN 不在有效范围内时,用户身份识别模块和鉴权中心利用 $f1^*$ 算法进入重新同步程序,SGSN/VLR 向 HLR/AUC 请求新的认证向量。

表 5-9 AKA 运行过程中所用安全算法的安全服务内容

序号	算法	安全服务内容	序号	算法	安全服务内容
1	f0	仅在鉴权中心执行,用于产生随机数 RAND	4	f3	用于产生加密密钥(CK)
2	f1	算法用于产生消息认证码(鉴权中心中为 MAC-A,用户身份识别模块中为 XMAC-A)	5	f4	用于产生消息完整性密钥(IK)
	$f1^*$	重同步消息认证算法,用于产生 MAC-S	6	f5	用于产生匿名密钥(AK)和对序列号(SQN)加解密,以防止被位置跟踪
3	f2	用于产生期望的认证应答(鉴权中心中为 XRES,用户身份识别模块中为 RES)		$f5^*$	重同步时的匿名密钥生成算法

3GPP 的数据加密机制将加密保护延长至 RNC。数据加密使用 f8 算法,生成密钥流块 KEYSTREAM。对于移动台和网络间发送的控制信令信息,使用算法 f9 来验证信令消息的完整性;对于用户数据和语音不给予完整性保护。移动台和网络相互认证成功后,用户身份识别模块和 VLR 分别将 CK 和 IK 传给移动设备和 RNC,在移动设备和 RNC 之间建立起保密链路。f8 和 f9 算法都是以分组密码算法 KASUMI 构造的,KASUMI 算法的输入和输出都是 64 位;密钥是 128 位;KASUMI 算法在设计上具有对抗差分和线性密码分析的可证明的安全性。

与 3GPP 网络类似,CDMA 2000 系统也采用了双向认证技术与 AKA 协议作为接入安全结构的基础,这样一方面可以克服 IS-95 CDMA 系统的安全漏洞,又有利于 3GPP 和 3GPP2 两种体制之间的漫游。机密性算法由 CMEA 增强为 ECMEA;所有密钥长度均采用 128 位。和 WCDMA 相比,由于两个系统的技术参数、系统架构与实现细节的差异,导致两者的安全技术略有不同。

本章小结

3G 是第三代移动通信系统的简称,3G 具有全球化、多媒体化、综合化、智能化和个人化的特征,3G 采用了 RAKE 接收、智能天线、高效信道编译码、多用户检测、功率控制和软件无线电等多项关键技术。ITU 制定的 3 大主流 3G 标准是 WCDMA、CDMA 2000 和 TD-SCDMA。

3 大标准中,WCDMA 和 CDMA 2000 采用 FDD 方式,需要成对的频率规划。WCDMA 的扩频码速率为 3.84Mc/s,载波带宽为 5MHz,而 CDMA 2000 采用单载波时扩频码速率为 1.2288Mc/s,载波带宽为 1.25MHz;另外,WCDMA 的基站间同步是可选的,而 CDMA 2000 的基站间同步是必需的,因此需要全球定位系统(GPS),以上两点是 WCDMA 和

CDMA 2000 最主要的区别。除此以外，在其他关键技术方面，例如功率控制、软切换、扩频码以及所采用分集技术等都是基本相同的，只有很小的差别。

TD-SCDMA 的双工方式为 TDD，不需要为其分配成对的频带。扩频码速率为 1.28Mc/s，载波带宽为 1.6MHz，其基站间必须同步。与其他两种标准相比，TD-SCDMA 采用了智能天线、联合检测、上行同步及动态信道分配、接力切换等技术，具有频谱使用灵活、频谱利用率高等特点，适合非对称数据业务。

WCDMA 标准由 3GPP 组织制定，已有 R99、R4、R5、R6、R7、R8、R9、R10、R11、R12、R13 等多个核心网网络结构的版本，自 R5 进入了 HSPA(高速分组接入)阶段，为 WCDMA 的提高版；R8 对应 LTE(长期演进计划)，为准 4G 版；R10 对应 LTE-Advanced(LTE 演进版)，即 4G 版。其中 R99 版本的主要特点是无线接入网采用 WCDMA 技术，核心网分为电路域和分组域，分别支持语音业务和数据业务。R4 版本是向全分组化演进的过渡版本，与 R99 相比其主要的变化是在电路域中引入了软交换的概念，将控制与承载分离，语音通过分组域传递。另外 R4 提出了信令的分组化方案，包括基于 ATM 和 IP 的两种可选方式。R5 和 R6 是全分组化的网络，在 R5 中提出了高速下行分组接入(HSDPA)方案，可以使最高下行速率达到 10Mb/s，在核心网上增加了 IP 多媒体子系统(IMS)；R6 增加了 MBMS(多媒体广播组播业务)功能。R7 引入了 OFDM、MIMO(多入多出)技术。

CDMA 2000 标准由 3GPP2 组织制定，目前已制定了 0、A、B、C、D、E 和 F 共 7 个支持 CDMA 2000 1x 及其增强型技术的版本(CDMA 2000 1x EV-DO 和 CDMA 2000 1x EV-DV)。

3GPP 在制定 R4 版本时将 TD-SCDMA 列入它的可选无线接入标准，从此 TD-SCDMA 和 WCDMA 的发展就基本处于同步状态。与 WCDMA 一样，TD-SCDMA 在 R5 版本中推出了 HSDPA 技术。采用 HSDPA 后，TD-SCDMA 增加了 1 种传输信道、3 种物理信道，还增加了 16QAM 调制技术。采用 HSDPA 技术可以让 TD-SCDMA 系统下行链路的数据传输速率有很大的提高，单载波支持数据传输速率达到 2.8Mb/s。WCDMA 在 R6 版本中完成了 HSUPA 标准的制定并引入了 MBMS，TD-SCDMA 在这方面的技术研究较晚，一直到 2007 年 9 月才在 R7 中完成 TD-SCDMA 的 HSUPA 和 MBMS 的标准制定；同样地，WCDMA 已在 R7 中基本完成 HSPA+(HSPA 增强技术，HSPA 是 HSDPA 和 HSUPA 的合称)标准的制定，TD-SCDMA 在 R8 中才完成这一标准的制定工作。

第三代移动通信系统的 3 大标准都采用了平滑演进的方式，在无线网络中逐步采用增强型技术，从核心网络逐步过渡到全 IP 网络，最终进入的长期演进阶段目标(3GPP 制定的是 LTE，3GPP2 制定的是 AIE)是一致的，能最终融合到 B3G/4G 系统，进入下一代网络。

3G 业务是指所有能够在 3G 网络上承载的各种移动业务，它包括点对点基本移动语音业务和各类移动增值业务。3G 业务网络由传统的多业务分离的垂直的结构，发展成为分层的业务和控制分离的网络，形成了统一的业务平台，便于 3G 业务的生成和管理。

从服务质量(QoS)来分，3GPP 提出了会话类、流媒体、交互类和背景类 4 种业务。

由于网络的开放性以及无线传输的特性，使 3G 面临多种安全威胁，主要包括非法获取敏感数据来攻击系统的保密信息，非法操作敏感数据来攻击完整信息，非法访问服务，滥用干扰 3G 服务降低系统服务质量或拒绝服务，网络或用户否认曾经发生的动作。3GPP 网络接入安全机制有 3 种：①根据临时身份(TMSI)识别；②使用永久身份(IMSI)识别；③认证和密钥协商(AKA)机制。

习题

5-1 为什么要在2G/2.5G的基础上发展3G技术？3G在2G/2.5G的基础上有了哪些进步？在满足用户需求方面，3G系统还存在哪些不足？以所掌握的知识讲述3G系统应从哪些方面来提高。

5-2 简述3G的发展历程。

5-3 第三代移动通信系统具有哪些特征？其关键技术是什么？

5-4 对WCDMA、CDMA 2000和TD-SCDMA这3种3G系统的空中接口技术、标准的稳定性、系统性能、设备成熟度、漫游能力、业务提供能力以及所涉知识产权进行简要分析与比较。针对这3种系统的特点，我国在部署这些系统时应采用什么样的策略？

5-5 3GPP和3GPP2分别是什么组织？我国基于什么原因要分别加入这两个组织？我国可以在这两个组织中发挥什么样的作用？又可以得到什么样的好处？

5-6 ITU和我国分别如何来划分3G的频段？为什么说我国3G频段的划分体现了对TD-SCDMA的支持？从ITU对3G频段的划分角度看，TD-SCDMA能否实现全球漫游？

5-7 3G的主流多址技术为什么是CDMA而不是TDMA？但在TD-SCDMA中又引入了时分技术，又是基于什么考虑？

5-8 3G系统采用了什么语音编码技术？3G系统又采用了什么信道编码技术？

5-9 在3G网络中，实施承载与控制分离的结构有什么好处？

5-10 试述WCDMA系统的特点及网络结构组成。

5-11 3GPP R5版本为什么要引入IMS域？

5-12 为什么CDMA系统需要进行网络同步？WCDMA终端是如何实现与系统同步的？其同步方式和CDMA 2000的同步方式有什么差异？

5-13 WCDMA承载分组数据的传输信道有哪些？WCDMA系统中物理信道的功率分配方式是什么？

5-14 2G中的SIM卡和3G中的USIM长是什么关系？试对两者的功能进行比较。

5-15 WCDMA如何处理基站侧信号？信号交织、复用后，同原信号相比有什么区别？I、Q信号是如何产生的？I、Q信号复用的作用又是什么？

5-16 画出4～16阶变长正交Walsh码(即OVSF码)的码树，说明在取码过程中的原则。

5-17 什么是高速分组下行技术(HSDPA)？

5-18 CDMA 2000系统是如何进行演进的？其演进方式和WCDMA系统有什么差异？为什么一般不将CDMA 2000 1x系统归于3G？

5-19 CDMA 2000 1xEV-DO和CDMA 2000 1xEV-DV各有什么特点？它们分别采用了哪些关键技术？

5-20 试述CDMA 2000核心网的演进。3GPP2为其制定的Release标准关注的是什么？如何判断是否是核心网？

5-21 什么是SIP和MIP？比较这两种IP技术。

5-22 什么是速率控制？速率控制和功率控制相比，各自有什么优缺点？阐述速率控制在 CDMA 2000 中的使用情况。

5-23 TD-SCDMA 系统的特点是什么？其演进路线如何展开？

5-24 TD-SCDMA 帧结构如何设置？为什么要采用这种结构？其突发结构如下图所示，试述这样安排是基于什么考虑？如果要传输物理层控制信令，应放置在突发结构的什么位置？说出理由。

数据符号 352chip	中间码 144chip	数据符号 352chip	GP 16chip

$864 \times T_c$

5-25 从概念、技术方案、特点和使用范围等几方面全面比较硬切换、软切换、更软切换、虚拟软切换(快速小区交换)和接力切换的不同。

5-26 智能天线可分为哪几类？有什么作用？阐述智能天线在 TD-SCDMA 中的使用情况。

5-27 3G 业务可依据哪些准则进行分类？试述 3GPP 的 3G 业务分类方法。

5-28 3G 网络可能遭受的安全威胁和攻击手段有哪些？

5-29 画图说明 3G 系统的安全架构，其采用的接入安全机制有哪几种？

5-30 HSPA 系统新增了哪些物理信道？它采用的增强型技术有哪些？

第6章 第四代移动通信系统(4G)

CHAPTER 6

微课视频22

6.1 4G系统总述

6.1.1 4G的起源与标准化进展

1. LTE(长期演进技术)的产生与标准化

随着3G标准的成功制定和3G网络商业化大潮的开始,移动宽带业务逐步进入人们的生活。为改善无线接入性能和提高移动网络服务质量,作为3G标准WCDMA和TD-SCDMA的制定者,3GPP开始按部就班地进行一个又一个小版本的升级。

从2004年底到2005年初,3GPP正在进行R6的标准化工作,其主要特性是HSUPA和MBMS(多媒体广播组播业务)。此时,在IEEE-SA组织中进行标准化的802.16e宽带无线接入标准化进展迅速,在Intel等IT巨头的推动下,产业化势头迅猛,对以传统电信运营商、设备制造商和其他电信产业环节为主组成的3GPP构成了实质性的竞争威胁。

简而言之,802.16e和以此为基础的移动WiMAX技术(全球互通微波存取技术)是"宽带接入移动化"思想的体现。WiMAX的主要的空中接口技术是OFDMA(正交频分多址)和MIMO(多入多出),支持10MHz以上的带宽,可以提供每秒数十兆位的高速数据传输业务,并能够支持车载移动速度。相比之下,WCDMA单载波HSDPA的峰值速率仅为14.4Mb/s,在市场宣传上处于非常不利的地位。更进一步,OFDMA本身具有大量正交窄带子载波构成的特点.允许系统灵活扩展到更大带宽;而5MHz以上的宽带CDMA系统会面临频率选择性衰落环境下接收机复杂等一系列技术问题。因此,3GPP迫切需要一种新的标准来对抗WiMAX。在这种形势下,LTE就应运而生了。

从2004年底开始的LTE标准化工作分为研究项目(SI)和工作项目(WI)两个阶段,其中,SI阶段于2006年9月结束,主要完成目标需求的定义,明确LTE的概念等,然后征集候选技术提案,并对技术提案进行评估,确定其是否符合目标需求。3GPP在2005年6月完成了LTE需求的研究,形成了需求报告TR 25.913,具体需求项见表6-1。

2006年9月3GPP正式批准了LTE工作计划,LTE标准的起草正式开始。3GPP已于2007年3月完成第2阶段(Stage 2)的协议,形成了Stage 2规范TS 36.300。按照工作计划,3GPP在2007年9月完成第3阶段(Stage 3)协议,测试规范在2008年3月完成。2008年12月,3GPP工作组完成了所有的性能规格和协议,并且公布了3GPP R8版本作为LTE的主要技术标准。3GPP最终在提交的6个候选方案中选择1号和6号两个方案进行结合，即多址方式下行采用 OFDMA，上行采用 SC-FDMA（单载波频分多址），舍弃了 3G 核心技术 CDMA。LTE 系统具有 TDD 和 FDD 两种模式，分别称为 LTE-TDD（在中国，习惯叫 TD-LTE）和 LTE-FDD。与 3G 时代不同，LTE 的 TDD 和 FDD 具有相同的基础技术和参数，也是用统一的规范描述的。LTE 核心网同样进行了革命性变革，引入了 SAE（系统架构演进），核心网仅含分组域，且控制面与用户面分离。LTE 网络中的网元进行了精简，取消了 RNC，整个网络向扁平化方向发展。

表 6-1　LTE 的需求项列表

LTE 需求项
(1) 支持 1.25MHz（包括 1.6MHz）～20MHz 带宽；
(2) 峰值数据率：上行为 50Mb/s，下行为 100Mb/s；
(3) 频谱效率达到 3GPP R6 的 2～4 倍；
(4) 提高小区边缘的比特率；
(5) 用户面延迟（单向）小于 5ms，控制面延迟小于 100ms；
(6) 支持与现有 3GPP 和非 3GPP 系统的互操作；
(7) 支持增强型的广播多播业务。在单独的下行载波部署移动电视（Mobile TV）系统；
(8) 降低建网成本，实现从 R6 的低成本演进；
(9) 实现合理的终端复杂度、成本和耗电；
(10) 支持增强的 IMS 和核心网；
(11) 追求后向兼容，但应该仔细考虑性能改进和向后兼容之间的平衡；
(12) 取消 CS 域，CS 域业务在 PS 域实现，如采用 VoIP；
(13) 对低速移动优化系统，同时支持高速移动；
(14) 以尽可能相似的技术同时支持成对和非成对频段；
(15) 尽可能支持简单的临频共存

R8 之后的 R9 对 LTE 标准进行了修订与增强，主要内容包括：WiMAX-LTE 之间的移动性、WiMAX-UMTS 之间的移动性、Home Node B（家用基站）/eNode B（增强型基站）各种一致性测试等。

作为应对措施，3GPP2 阵营也提出了自己的长期演进计划——空中接口演进（AIE），在 2007 年 4 月发布了第一版的接近于 4G 的系统标准 UMB（超移动宽带），只是后来在运营商中接受度不高，没有继续演进到 4G。

2. 移动 WiMAX 的产生与标准化

IEEE-SA 在广泛的产业范围内负责全球产业标准的制定，其中一部分就是关于电信产业标准的制定。其制定的 IEEE 802.16 系列标准，又称为 IEEE WMAN 标准，它对工作于不同频带的无线接入系统空中接口的一致性和共存问题进行了规范。由于它所规定的无线系统覆盖范围在千米量级，因而符合 802.16 标准的系统主要应用于城域网。

成立于 2001 年的 WiMAX 论坛的主要目标是促进 802.16d 和 802.16e 设备之间的兼容性和互操作性能，它对设备性能要求和选项进行了明确的规范和选择，对不同的选项按照技术发展和市场要求定义为必选或可选。论坛制定相关的测试标准，并基于此对设备进行认证。运营商和用户可以自由选择，放心使用通过认证的产品。免除了运营商系统测试和试商用时间成本和风险。用户也不受限制地选择终端。WiMAX 论坛虽然不是标准化组织，但它主要交流和促进的是 802.16 标准的技术，因此一般定义基于 802.16d 标准的宽带无线接入技术为 WiMAX 技术,符合 802.16e 标准的称为移动 WiMAX 技术。

802.16e 在 2005 年发布,它是为了支持移动性而制定的标准,其物理层技术特征如表 6-2 所示。它增加了对于小于 6GHz 许可频段移动无线接入的支持,支持用户以 120km/h 的车辆速度移动。与 802.16d 技术相比,802.16e 对物理层的 OFDMA 方式进行了扩展,并支持基站或扇区间的高层切换功能。由于采用了 MIMO/OFDM 等 4G 的核心技术,802.16e 在某些方面已经具有了 4G 的特征。

表 6-2　固定 WiMAX 和移动 WiMAX 的物理层技术特征

<table>
<tr><th>技术参数</th><th>802.16d</th><th>802.16e</th></tr>
<tr><td>子载波数</td><td>256(OFDM)
2048(OFDMA)</td><td>256(OFDM)
128、512、1024、2048(OFDMA)</td></tr>
<tr><td>带宽(MHz)</td><td>1.75～20</td><td>1.25～20</td></tr>
<tr><td>频段(GHz)</td><td>2～11</td><td>＜6</td></tr>
<tr><td>移动性</td><td>固定或便携</td><td>中低车速(＜120km/h)</td></tr>
<tr><td>传输技术</td><td colspan="2">单载波、OFDM</td></tr>
<tr><td>多址方式</td><td colspan="2">OFDMA 结合 TDMA(上行)、TDM(下行)</td></tr>
<tr><td>频谱分配单位</td><td colspan="2">子信道</td></tr>
<tr><td>双工方式</td><td colspan="2">FDD 或 TDD</td></tr>
<tr><td>峰值速率(Mb/s)</td><td>75(20MHz)</td><td>15(5MHz)</td></tr>
<tr><td>实际吞吐量(Mb/s)</td><td>38(10MHz)</td><td>6～9(车速下)</td></tr>
<tr><td>调制方式</td><td colspan="2">QPSK、16QAM、64QAM</td></tr>
<tr><td>信道编码</td><td colspan="2">卷积码、块 Turbo 码、卷积 Turbo 码、LDPC 码</td></tr>
<tr><td>链路自适应</td><td colspan="2">AMC、功率控制、HARQ</td></tr>
<tr><td>小区间切换</td><td>不支持</td><td>支持</td></tr>
<tr><td>增强型技术</td><td colspan="2">支持智能天线、空时码、空分多址、宏分集(16e)、Mesh 网络拓扑</td></tr>
<tr><td>接入控制</td><td colspan="2">主动带宽分配、轮询、竞争接入相结合</td></tr>
<tr><td>QoS</td><td colspan="2">支持 UGS、RtPS、NrtPS 和 BE 4 种 QoS 等级</td></tr>
<tr><td>省电模式</td><td>不支持</td><td>支持空闲(Idle)、睡眠模式</td></tr>
</table>

为了融入主流通信阵营,802.16e 主动申请加入 ITU 的通信标准,2007 年 12 月被 ITU 正式接纳为 3G 标准之一。为了进一步向前演进,IEEE 802.16 委员会设立了 802.16m 项目,并于 2006 年 12 月批准了 802.16m 的立项申请,正式启动 802.16m 标准的制定工作。802.16m 项目的主要目标有两个:一是满足 ITU 的 4G 技术要求;二是保证与 802.16e 兼容。为了满足 4G 所提出的技术要求,802.16m 下行峰值速率应该实现低速移动、热点覆盖场景下传输速率达到 1Gb/s 以上,高速移动、广域覆盖场景下传输速率达到 100Mb/s。为了兼容 802.16e 标准,802.16m 考虑在 802.16 WMAN OFDMA 的基础上进行修改来实现。通过对 802.16 WMAN OFDMA 进行增补,进一步提高系统吞吐量和传输速率。

3. IMT-Advanced 标准发展

早在 2000 年 10 月,ITU 就在加拿大蒙特利尔市成立了"IMT 2000 and Beyond"工作组,其任务之一就是探索 3G 之后下一代移动通信系统的概念和方案。直到 2005 年 10 月 18 日结束的 ITU-R WP8F 第 17 次会议上,ITU 将 System Beyond IMT-2000(即 B3G)正式命名为 IMT-Advanced。

ITU-R 2003 年底完成了 M.1645 文件,即 vision(愿景)建议,并在 2004 年征询了各成员意见后，对其进行了增补。在这个建议中，ITU 首次明确了 B3G 技术的关键性能指标、主要技术特征以及实施的时间表等关键性的内容。通过这个文件，业界对 B3G 的内涵和外延有了共识，从而为 B3G 的发展奠定了基础。ITU 给出的 IMT-Advanced 系统性能说明如图 6-1 所示。

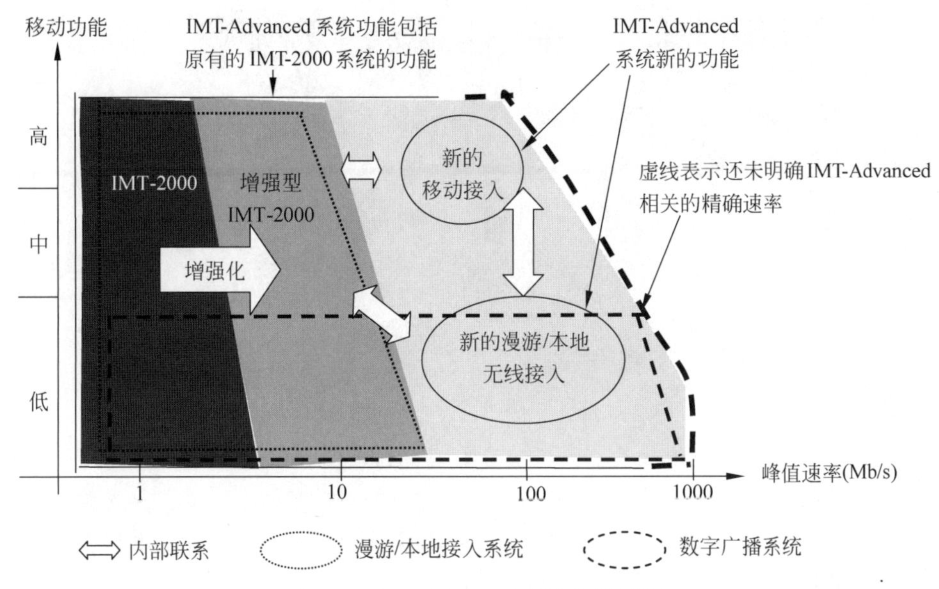

图 6-1 IMT-Advanced 系统性能说明

ITU-R 详细地定义了 IMT-Advanced 特征，主要包括：①高移动性时支持 100Mb/s 峰值数据速率，低移动性时支持 1Gb/s 峰值数据速率；②与其他技术的互通；③支持高质量的移动服务、与其他无线技术的互通和全球范围内使用的设备。

综合各成员的研究成果，ITU 给出了 IMT-Advanced 系统的基本构想，IMT-Advanced 将采用单一的全球范围的蜂窝核心网来取代 3G 中各类蜂窝核心网，满足这个特征的只有基于 IPv6 技术的网络。各类接入系统(包括蜂窝系统、短距离无线接入系统、宽带本地接入网、卫星系统、广播系统和有线系统等)通过媒体接入系统(MAS)连接基于 IP 的核心网中，形成一个公共的、灵活的、可扩展的平台，其网络结构如图 6-2 所示。ITU 也给出了 IMT-2000 与 IMT-Advanced 系统的主要技术参数，如表 6-3 所示。

表 6-3 IMT-2000 与 IMT-Advanced 系统的主要技术参数

技术参数	IMT-2000	IMT-Advanced
业务特性	优先考虑语音、数据业务	融合数据和 VoIP
网络结构	蜂窝小区	混合结构
频率范围	1.6～2.5GHz	2～8GHz，800MHz 低频
带宽	5～20MHz	100MHz 以上
速率	384Kb/s～2Mb/s	20～100Mb/s
接入方式	WCDMA/CDMA 2000/TD-SCDMA	MC-CDMA 或 OFDM
交换方式	电路交换/包交换	包交换
移动性能	200km/h	250km/h
IP 性能	多版本	全 IP(IPv6)

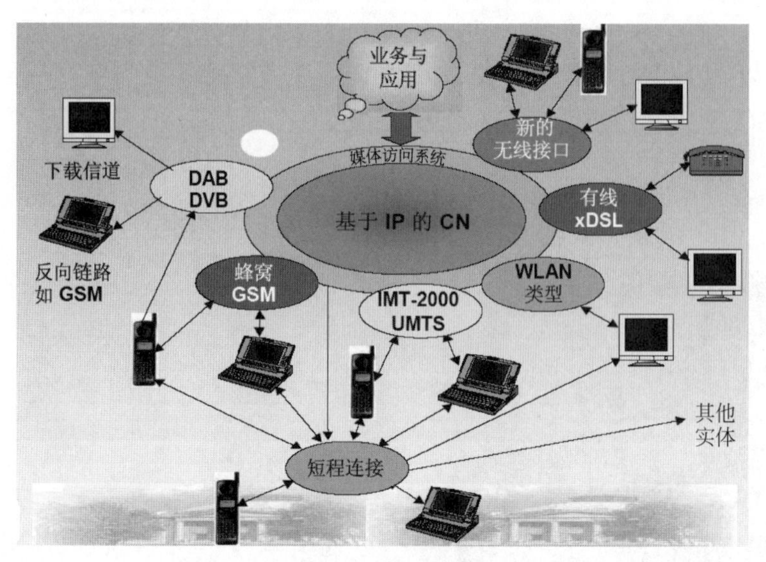

图 6-2 ITU 给出的 B3G 系统网络结构

2007 年 11 月世界无线电大会(WRC-07)为 IMT-Advanced 分配了频段,进一步加快了 IMT-Advanced 技术的研究进程。

2008 年 3 月,ITU-R 发出通函,向各成员征集 IMT-Advanced 候选技术提案,算是正式启动了 4G 标准化工作。

2009 年,在其 ITU-R WP5D 工作组第 6 次会议上收到了 6 项 4G 技术提案,分别由 IEEE、3GPP 及日本(2 项)、韩国和中国的相关机构提交。

2010 年 10 月 21 日,ITU 完成了 6 个 4G 技术提案的评估;最后将 3 个基于 3GPP LTE-Advance 的方案融合为 LTE-Advanced,它是 LTE 的增强型技术,对应于 3GPP R10 版本;将另外 3 个基于 IEEE 802.16m 的方案融合为 WMAN-Advanced(也称为 WiMAX-2),它是 802.16e 的增强型技术;完成了 IMT-Advanced 标准建议 IMT.GCS。

2012 年,ITU-R WP5D 会议正式审议通过了 IMT.GCS,确定了官方的 IMT-Advanced 技术。至此,业界一致认为这是正式的 4G 标准,而之前的 LTE 和 802.16e 未达到 IMT-Advanced 的性能要求,但关键技术具有 4G 特征,并能平滑演进到 4G,所以将它们称为准 4G,或 3.9G,属于 4G 阵营。

6.1.2 4G 的特征与频段

1. 4G 业务特征

随着生活水平的提高、社会经济的高度发展,人们对移动通信业务的需求越来越大,要求越来越高。需求驱动了产业链的发展,使得业务模型、业务架构成为 4G 系统中最为重要的特性之一。通过调查和预测,将来人们对 4G 业务的要求主要集中在以下几个方面。

(1) 丰富多彩。就内容而言,用户追求清晰度更高的画面,更加逼真的音效等;就业务范围而言,购物消费、居家生活、娱乐休闲、医疗保健、紧急处理等日常生活的各个方面都应该纳入业务框架之中。

(2) 方便简单。新业务提供的质量越来越高,服务范围越来越广,内容越来越丰富,这对技术复杂度、系统架构的要求也必然越来越高,但对于用户而言,新业务应该是透明的,人

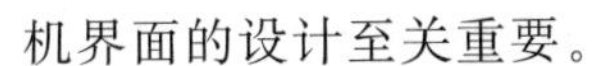

机界面的设计至关重要。

(3) 安全可靠。目前安全性成为用户关注的焦点，除了金融相关的安全性问题，隐私保护是用户关心的另一个重点。用户应被授予控制隐私级别的权利，在不同场所应用不同业务的过程中，如果隐私可能受到侵犯，系统应有能力及时告知用户。

(4) 个性化。追求个性化是用户的必然趋势，从个性化外观的手持终端到可配置的信息预订，从终端制造商到内容提供商等产业链中的各个部分都需要协同合作来满足用户对业务最大程度智能控制的要求。

(5) 无缝覆盖。4G 系统应提供无缝覆盖，不仅在网络层上实现互联互通，而且在业务和应用层上实现用户体验的无缝融合。

(6) 开放性。开放分层的业务架构和平台将为 IMT-Advanced 提供丰富的业务资源，这主要体现在通过标准接口开放网络的能力，从而允许第三方利用开放的接口和资源灵活快速地开发和部署新业务。

2. 4G 技术特征

4G 标准的两大方案 LTE-Advanced 和 802.16m 经自评和测试，都达到或超过了 IMT-Advanced 的性能指标。虽然两者的核心技术是一致的，但具体实施方案不一样，均延续了“家族特色”；演进路线也不一样，LTE-Advanced 沿“移动网络宽带化”方向演进，而 802.16m 沿“宽带网络移动化”方向演进。两种方案体现出的技术特征如表 6-4 所示。

表 6-4　LTE-Advanced 和 802.16m 的主要技术特征

LTE-Advanced 的主要技术特征	802.16m 的主要技术特征
下行：OFDMA；上行：基于 DFT-spread OFDM 的 SC-FDMA	下行/上行：OFDMA
同时支持 FDD 和 TDD 模式	同时支持 FDD 和 TDD 模式
弹性适应不同的载波带宽	弹性适应不同的载波带宽
低的接入和切换延迟	低的接入和切换延迟
下行多种跟踪信道变化的参考信号	高级 MAP(A-MAP)控制信道
上行多种跟踪信道变化的参考信号	上行多种反馈和信道质量指示信道
简单的 RTT 协议栈	简单的 RTT 协议栈
有效支持 IP 的扁平网络结构	有效支持 IP 的扁平网络结构
多种 MIMO 方案(SU-MIMO：基于 SFBC 和 FSTD 的传输分集、空分复用、波束成型；MU-MIMO：SDMA；分布式天线技术)	多种 MIMO 方案(SU-MIMO：基于 SFBC 的传输分集、没有预编码的空分复用、基于码本的预编码、基于信道估计的预编码、秩和模式自适应的预编码；MU-MIMO：SDMA、协作空分复用；多基站 MIMO)
多种干扰抵消技术(包括软频谱再用、基站协作调度、协作多点传输等)	多种干扰抵消技术(包括干扰随机化、干扰感知的基站协作和调度、软频谱再用、传输波束成型等)
和 3GPP 早期系统兼容	和 WiMAX 早期系统兼容
与 CDMA 2000 等其他蜂窝系统的互联互通	多种无线电系统共存功能
专用家庭基站(Femto)	专用家庭基站(Femto)
有效的多播/广播方案	有效的多播/广播方案
支持自优化网络(SON)操作	支持自组织和自优化功能
支持更大带宽的载波聚合技术	支持更大带宽的多载波技术

续表

LTE-Advanced 的主要技术特征	802.16m 的主要技术特征
改进小区边沿频谱效率的协作多点传输(CoMP)	
增强覆盖和低成本部署的中继技术	多跳中继技术
	基于位置的业务
	基站间同步

3. 4G 频段

2007 年 11 月世界无线电大会上,对有关频段使用的国际协议进行了修订和更新,会议明确决定,国际移动通信标准 IMT-2000 和 IMT-Advanced 频段可以通用。除原来已有的 1G、2G 和 3G 频段外,ITU-R 为 IMT 划分了新的频段,具体包括如下 4 个频段。

(1) 450～470MHz(20MHz 带宽)。

(2) 698～806MHz(108MHz 带宽)。

(3) 2300～2400MHz(100MHz 带宽)。

(4) 3400～3600MHz(200MHz 带宽)。

从全球来看,700MHz/1.8GHz/2.6GHz 共 3 个频段为海外运营商选择的 4G 频段的主流,其中,700MHz 频段一直被运营商视为 4G 布网的黄金频段;但在中国,700MHz 频段被广播电视系统使用,因此,有关部门暂时未将 700MHz 频段列在划分范围内。2013 年,随 TD-LTE 牌照的发放,工信部对 TD-LTE 的频段进行了分配,中国移动共获得 130MHz 频段资源,频段分别为 1880～1900MHz、2320～2370MHz、2575～2635MHz;中国联通共获得 40MHz 频段资源,频段分别为 2300～2320MHz、2555～2575MHz;中国电信共获得 40MHz 频段资源,频段分别为 2370～2390MHz、2635～2655MHz。

6.1.3 4G 网络架构

1. LTE/LTE-Advanced 网络

LTE/LTE-Advanced 网络架构如图 6-3 所示,网络由 E-UTRAN(增强型无线接入网)和 EPC(增强型分组核心网)组成,又称为 EPS(增强型分组系统)。其中,E-UTRAN 由多个 eNodeB(增强型 Node B,简称 eNB)组成,LTE-Advanced 还支持 HeNB(家庭基站,即家庭 eNB)和 RN(中继节点),当以规模方式部署大量的 HeNB 时,就需要部署家庭基站网关(HeNB GW);EPC 由 MME(移动性管理实体)、SGW(Serving-GW,服务网关)和 PGW(PDN-GW,PDN 网关)组成。

对比 UMTS 网络,EPC 类似于 UMTS 的核心网,它的 MME 和 SGW 一起实现了 SGSN 功能,PGW 实现了 GGSN 功能。LTE/LTE-Advanced 核心网 EPC 实现了控制面和用户面分离,MME 实现控制面功能,SGW 实现用户面功能。在 E-UTRAN 中,不再具有 3G 中的 RNC 网元,而是采用扁平化的无线访问网络架构,它趋近于典型的 IP 宽带网络结构,RNC 的功能分别由 eNB、核心网 MME 及 SGW 等实体实现。与空中接口相关的功能都被集中在 eNB,RLC 和 MAC 都处于同一个网络节点,从而可以进行联合优化和设计。增加 RN 和 HeNB 的作用是扩大覆盖、提高系统容量,使无线建网更灵活方便。

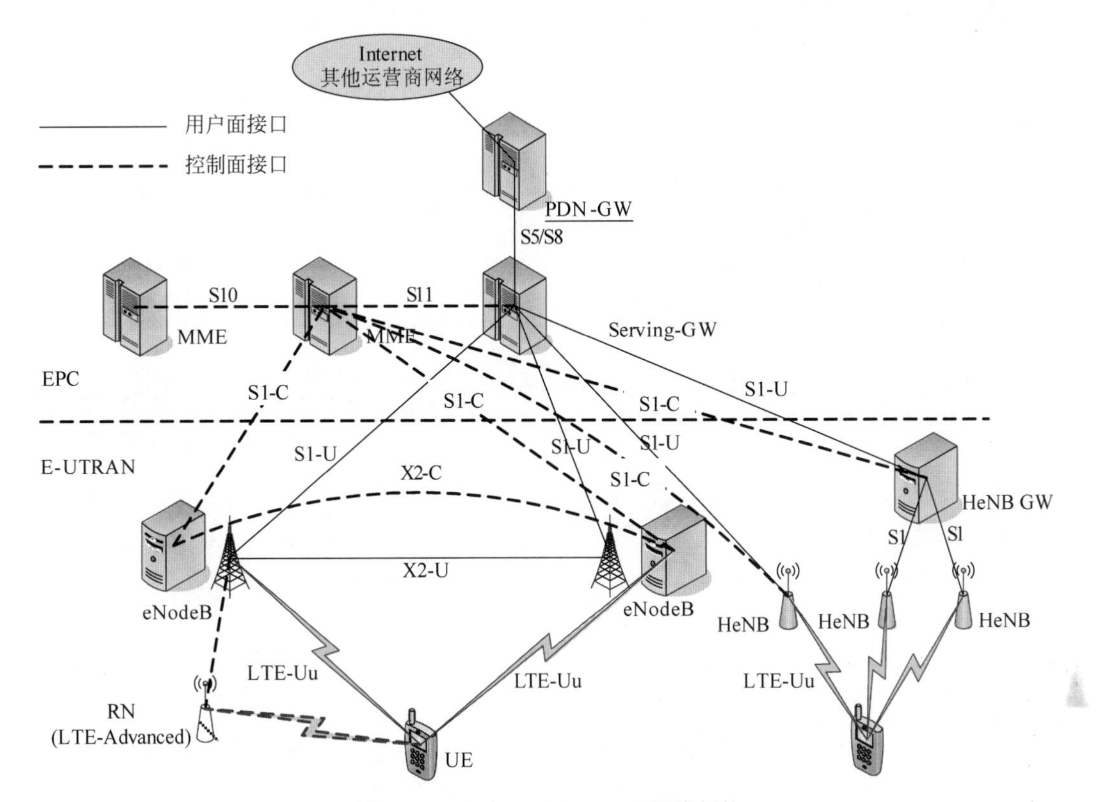

图 6-3 LTE/LTE-Advanced 网络架构

S1 是 eNB 和 MME/UPE(用户面实体)之间的接口,包括 S1-C 和 S1-U 两类子接口。X2 是 eNB 之间的接口,采用 Mesh 工作方式,X2 的主要作用是尽可能减少由于用户移动导致的分组丢失,包括 X2-C 和 X2-U 两类子接口。UE 和 eNB 之间通过空中接口 LTE-Uu 接口相连。

LTE/LTE-Advanced 核心网不再具有电路域 CS 部分,只具有分组域 EPC,只提供分组业务。对于语音业务的实现,LTE 可以通过 IMS 系统实现 VoIP 业务。在建网初期,由于 IMS 可能尚未部署,LTE 网络只能提供分组数据类业务。当用户需要语音业务及其他的 CS 业务(如短消息、位置服务等)时,可以使用电路域回落(CSFB)过渡性技术,用户终端回落到 2G/3G 的 CS 域完成这些业务,此时需要采用多代移动网络混合组网。图 6-4 是 4G 和 3G 融合组网的网络架构,HSS 可以作为一个共有的中心数据库设备,服务于 LTE 核心网、UMTS 核心网和 IMS 应用网络。HSS 与 EPC 的接口为 S6a,使用 Diameter 协议; HSS 与 3G-CS 核心网的接口是 C/D,使用 MAP 协议; HSS 与 3G PS 核心网的接口是 Gc/Gr,使用 MAP 协议; HSS 与 IMS 的 CSCF 的接口是 Cx,使用 Diameter 协议。

2. 802.16m 网络

图 6-5 给出了 802.16m 中的网络架构模型,包含移动台(MS)、接入服务网络(ASN)和连接服务网络(CSN)等功能实体,其中,ASN 为 IEEE 802.16e/m 的签约用户提供无线接入的功能,CSN 提供到签约用户的 IP 连接服务(例如点到点连接、鉴权和到 IP 多媒体连接的服务等)。如果有需要,可以配置中继站(RSs)来提供更好的覆盖范围。

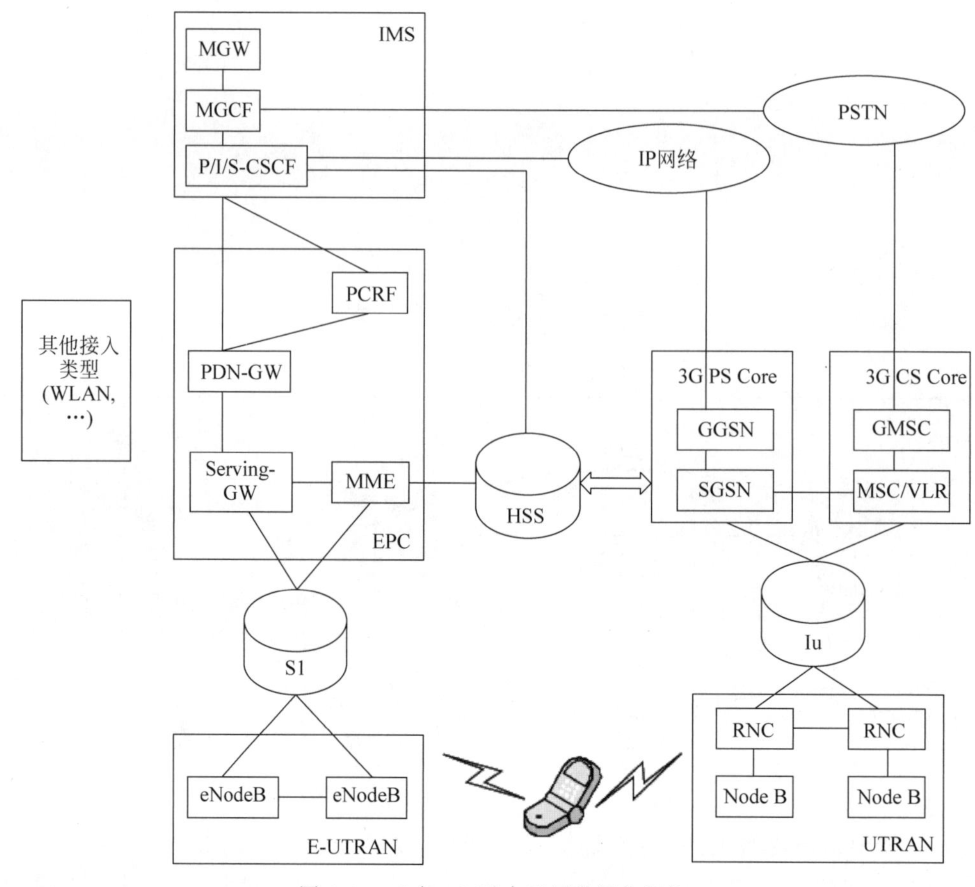

图 6-4 4G 与 3G 融合组网的网络架构

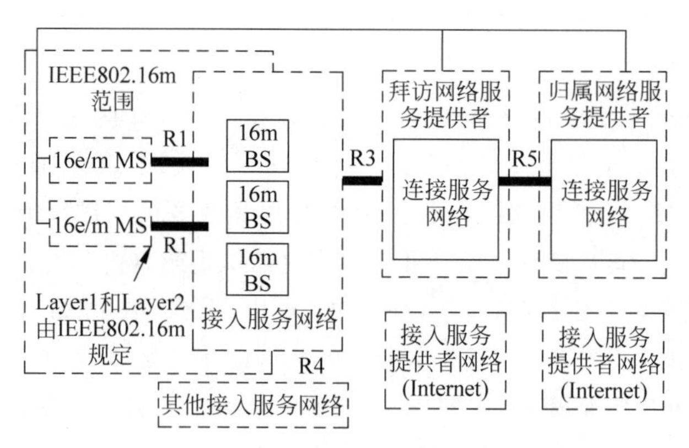

图 6-5 802.16m 网络架构模型

6.2 LTE/LTE-Advanced 关键技术

LTE/LTE-Advanced 作为 3GPP 移动通信系统的新一代无线接入技术标准，同时支持 FDD 和 TDD 两种双工方式。LTE/LTE-Advanced 的 TDD 模式继承了 TD-SCDMA 的特殊时隙设计和智能天线技术，TD-LTE 与 LTE-FDD 的差别主要体现在帧结构、同步信号位置、HARQ和上行调度等方面。这些系统差异,一方面导致了两系统在峰值速率和时延性能上有所差别;另一方面给其他技术(例如MIMO)在使用时带来不同影响。总体来说,TD-LTE与LTE-FDD都采用了OFDM和MIMO技术,在多址接入、信道编码,调制方式、导频设计等大部分物理层设计上保持一致,两者在3GPP标准上共用的技术规范则超过90%,在基本的物理层参数和技术方面都保持了相互兼容。

基于以上原因,本书有关LTE/LTE-Advanced网络和技术介绍,不区分FDD和TDD模式,有差异的地方会特别说明。

6.2.1 LTE关键技术

微课视频23

1. OFDMA多址技术

因为OFDM(正交频分复用)技术可以很高效地解决宽带移动通信系统中的频率选择性衰落和符号间干扰问题,所以LTE选用该技术为其核心技术。以OFDM技术为基础,通过为用户分配不同的子载波来区分用户的多址方式就称为OFDMA(正交频分多址)。

虽然3GPP支持WCDMA和TD-SCDMA各自独立演进到LTE,但出于简化芯片设计和降低网络建设成本的考虑,3GPP要求它们采用相同的多址技术,所以在讨论多址方案时要综合这两种体制的情况。大多数厂商支持下行采用OFDMA;对于上行,出于对OFDM技术的高峰均比(PAR)的顾虑,建议FDD采用SC-FDMA,TDD因为上行采用了同步技术,OFDM的高PAR影响较少,也适合采用OFDMA。综合FDD和TDD的情况,LTE最终采用了统一的多址技术——上行使用SC-FDMA,下行使用OFDMA。由于采用了新的多址技术,而不再是CDMA,因此LTE没有好的后向兼容性。

LTE的下行OFDMA多址方式如图6-6所示。OFDMA技术与CDMA技术相比,可取得更高的频谱效率。

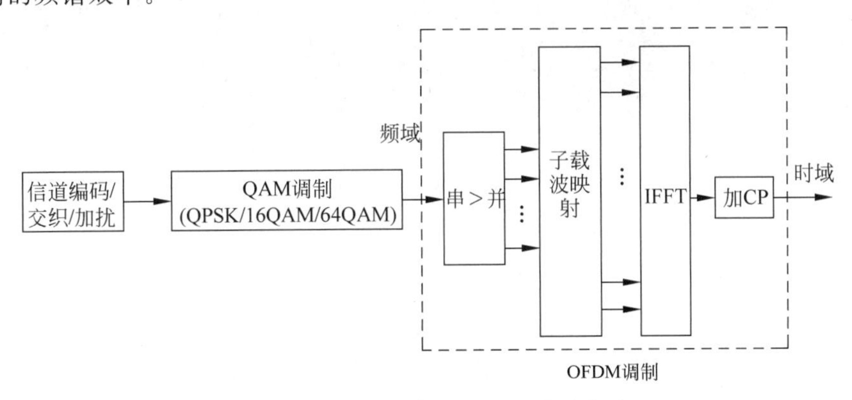

图6-6 LTE的下行OFDMA多址方式

LTE的上行SC-FDMA信号有时域和频域两种生成方法,最终采用频域的DFT-S-FDMA方案,多址方式如图6-7所示,采用的子载波间隔为15kHz。产生的方法是在OFDM的IFFT调制之前对信号进行DFT扩展,这样系统发射的是时域信号(发送信号的频域特性类似于单载波),从而可以避免OFDM系统发送频域信号带来的PAR问题。SC-FDMA的特点是PAR较低,上行采用该技术,可以降低移动终端功耗,减小移动终端的体积和成本。

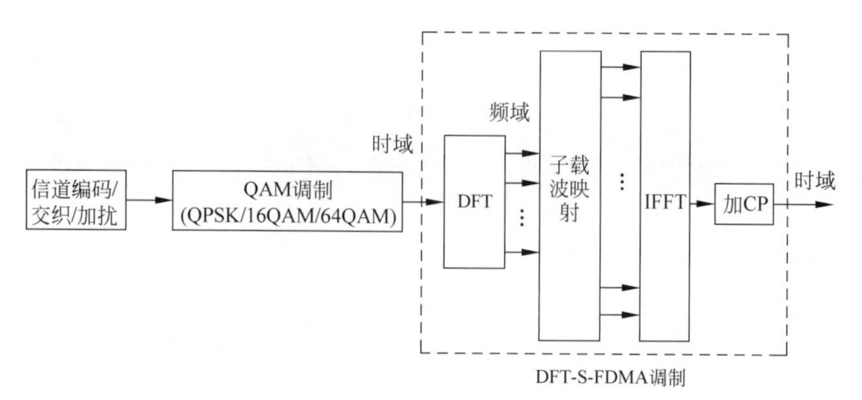

图 6-7 LTE 的上行 SC-FDMA 多址方式

图 6-8 给出了传输一个 QPSK(正交相移键控)数据符号序列时 OFDMA 和 SC-FDMA 的不同处理方式。对于 OFDMA 来说,一个时间块(如 0.5ms)可以给多个用户分配 15kHz 子载波资源,而 SC-FDMA 则在时间轴上给这个用户连续的子载波,比如 4 个连续的,另外的子载波给别的用户,功率分配给所有的子载波。

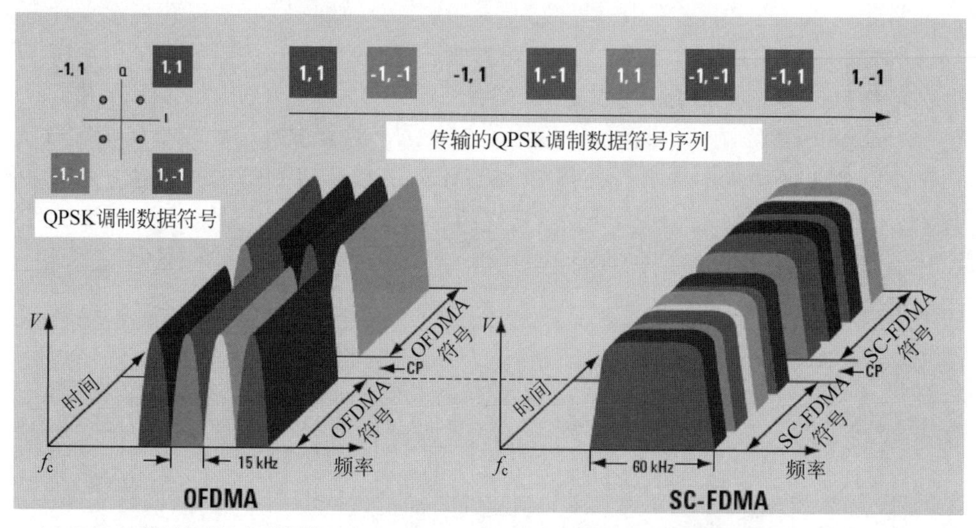

图 6-8 OFDMA 和 SC-FDMA 如何传输一个 QPSK 数据符号序列

在 OFDM 系统中,时间扩散效应、频率同步误差和无线信道频率扩散效应是影响系统性能的主要因素。为了克服这些因素带来的不利影响,需要结合应用场景对 OFDM 系统的关键参数,例如循环前缀(CP)、子载波间隔等进行优化。经过对各类常见移动通信信道时延扩展的分析,对于通常用途,LTE 系统选择了 15kHz 的子载波间隔,每个 OFDM 符号周期为 66.7μs;与之相应的 CP 有两种,分别是 4.7μs 普通 CP 和 16.7μs 扩展 CP,用于城区和远郊/山区环境。基于上述参数,LTE 系统可容忍的子载波频率误差不得大于 150Hz。对于 7.5kHz 子载波间隔,只定义了扩展 CP,为 33.3μs。

2. MIMO 技术

和以往的通信技术相比,LTE 大幅提高了对传输速率和频谱效率的要求,为满足这一要求,MIMO 作为提升吞吐量和频谱效率的最佳技术被引入 3GPP R8。

1）MIMO 技术原理

MIMO 技术是指发射机和接收机同时采用多个天线。其目的是在发射天线与接收天线之间建立多路通道，在不增加带宽的情况下，成倍改善 UE 的通信质量或提高通信效率。MIMO 技术的实质是为系统提供空间复用增益和空间分集增益，空间复用技术可以提高信道容量，而空间分集则可以增强信道的可靠性，降低信道误码率。

假设一个具有 N 个发射天线和 M 个接收天线的 MIMO 系统. 空间传输信道特征为瑞利平坦衰落。其系统模型如图 6-9 所示。

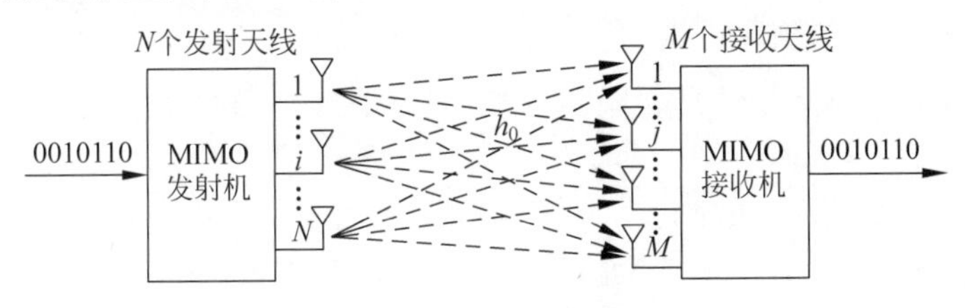

图 6-9 MIMO 系统模型

系统利用各发射与接收天线间的通道响应的独立性. 通过空时编码创造出多个并行的传输空间。系统信道容量为

$$C=\max_{f(s)} I(\boldsymbol{s};\boldsymbol{y})=\max_{T_r(R_{ss})=N} \log_2 \det\left(\boldsymbol{I}_M+\frac{\rho}{M}\boldsymbol{H}\boldsymbol{R}_{ss}\boldsymbol{H}^{\mathrm{H}}\right) \tag{6-1}$$

式中，$f(\boldsymbol{s})$为矢量 $\boldsymbol{s}$ 的概率分布；$I(\boldsymbol{s};\boldsymbol{y})$为矢量 $\boldsymbol{s}$ 和 $\boldsymbol{y}$ 的互信息量；$\boldsymbol{R}_{ss}$ 为发送信号协方差矩阵；$\boldsymbol{I}_M$ 为 $M\times N$ 的单位矩阵；ρ 为接收端信噪比；$\boldsymbol{H}$ 为 $M\times N$ 的信道矩阵；$\boldsymbol{H}^{\mathrm{H}}$ 为 $\boldsymbol{H}$ 的共轭转置矩阵。

由式(6-1)可以看出，当 $M=1$，$N=1$ 的极限情况时，是单入单出(SISO)模型，该信道容量公式即简化为香农公式

$$C=\log_2 \det(1+\rho) \tag{6-2}$$

当发射端天线数量固定为 N 时，大数定律表明

$$\lim_{M\to\infty}\frac{1}{M}\boldsymbol{H}\boldsymbol{R}_{ss}\boldsymbol{H}^{\mathrm{H}}=\boldsymbol{I}_{\mathrm{M}} \tag{6-3}$$

当 M 趋向于无穷大时，信道容量变为常数

$$C=M_{\min}\log_2 \det(1+\rho) \tag{6-4}$$

其中 $M_{\min}=\min(M,N)$。该式表明，信道容量随 $M_{\min}$ 的增大，线性增大。同样，当信噪比很大时，对于任意的 M 和 N，信道容量也随 $M_{\min}$ 线性增长。因此，只要接收端能够正确估计信道信息。即使信道的状态信息(CSI)不确定，信道的容量也与发射端和接收端中最小的天线数目呈线性增长关系。

MIMO 的最优化分析过程的本质就是解方程过程，最大方程的个数是由接收端天线个数 M 决定，最大未知数的个数是由发射端天线个数 N 决定。$M>N$，即方程数大于未知数，从数学角度可能无解；从通信角度，就是分集合并，得到一定准则下的解。$M<N$，即方程数小于未知数，从数学角度可能存在无穷多个解；从通信角度，为了得到唯一解，就需要增加方程数，即增加接收端天线个数，或者减少未知数个数。$M=N$，即方程数等于未知数，从数学角度可以得到最佳解，也可能存在无穷多个解。

MIMO 的检测算法有很多，常用的包括 ZF(迫零)算法、MMSE(最小均方误差)算法、

SIC(串行干扰消除)算法、PIC(并行干扰消除)算法、球形译码算法、Log-Map(对数最大后验概率)算法,其中,Log-Map算法性能最优,但复杂度也最高。

2) MIMO技术分类与LTE的应用模式

根据实现目的和方式的不同,MIMO技术可以分为空间复用(SM)、发射分集(TD)、波束赋形(BF)等类型。SM是将发射的高速率数据分成多个低速率数据流,从多个天线发射出去,由多个天线接收,接收端根据各天线的接收信号,还原出原始数据流,因此,SM可以成倍提高数据传输效率。TD是在信号发射端使用多路天线发送相同的信号,因此,TD可以获得比单天线更高的信噪比。BF是利用空间的相关性和波的干涉原理产生强方向性的辐射覆盖,将辐射覆盖的主瓣指向UE,可以提高信噪比,提高覆盖范围。BF主要应用于下行链路。

在LTE系统中,MIMO关键过程与技术包括SM、空分多址(SDMA)、预编码、秩自适应(RA)和空时发射分集(STTD)等,如果所有空分复用(SDM)数据流都用于一个UE,则称为SU-MIMO(单用户多入多出),如果将多个SDM数据流用于多个UE,则称为MU-MIMO(多用户多入多出)。

LTE的基本MIMO模型是下行采用双发双收的2×2配置,上行采用单发双收的1×2配置,但可考虑更多的天线配置(最多4×4);LTE在上行还采用了虚拟MIMO以增大容量。R8版本中,下行支持MIMO发射的信道有PDSCH(物理下行共享信道)和PMCH(物理多播信道),其余的下行物理信道均不支持,只能采用单天线发射或发射分集。

LTE系统支持多种下行MIMO模式,R8版本中共定义了7种传输模式。包含发射分集、开环和闭环空间复用、MU-MIMO、波束赋形等MIMO应用方式。开环空间复用无须反馈信道状态信息,稳定性高;闭环空间复用需要反馈状态信息,具有较高的容量增益。R9版本中增加了双流波束赋形模式,并且增加了导频设计支持多UE波束赋形。传输模式的选择不同,对容量和覆盖的改善作用不同,所适用的应用场景也不同,系统可根据无线信道和业务需求在各种模式间自适应切换。LTE下行链路可用的MIMO模式如表6-5所示。

表6-5 LTE下行链路可用的MIMO模式

发送模式	传输方案	多天线增益	给系统带来好处
模式1	单天线发射,端口0	—	—
模式2	开环发射分集	分集增益	提高系统覆盖
模式3	开环空间复用	复用增益	提高系统容量
模式4	闭环空间复用	阵列增益、复用增益	提高系统容量
模式5	多UE空间复用	复用增益	提高系统容量
模式6	闭环发射分集	阵列增益	提高系统覆盖
模式7	单流波束赋形	阵列增益	提高覆盖
模式8	双流波束赋形	阵列增益、复用增益	提高系统容量

模式2可以提高信号传输的可靠性,在2根天线条件下采用空频分组码(SFBC),在4根天线条件下采用SFBC结合频率切换发射分集(FSTD),模式2主要用于小区边缘的UE;模式3和模式4可以提高峰值速率,主要用于小区中央的UE。模式5的MU-MIMO可以提高吞吐量,用于小区中的业务密集区。模式6和模式7可以增强小区覆盖,也适用于小区边缘的UE,其中模式6是针对FDD,而模式7是针对TDD。

为保障可靠性,LTE 中提供了传输方案回退的设计,每种传输模式可以指定一种传输回退模式,当在某个传输模式下由于信道环境变化等原因不能正常工作时,网络侧将 UE 切换到更可靠的传输方案下。

3. HARQ 技术

HSDPA 系统已经证明 AMC(自适应调制编码)和 HARQ 技术能够有效提升下行链路容量,由于在 3G 系统中的成功应用,HARQ 技术在 LTE 系统中也得到了同样的重视。LTE 系统采用的是 IR(增量冗余)算法的 HARQ 技术,即在重传时重传系统位,并在接收机对系统位进行最大比合并。

LTE 系统上下行链路采用的 HARQ 方案并不完全相同,其中上行链路采用了非自适应的同步 HARQ 方案,下行链路采用了自适应的异步 HARQ 方案。自适应和非自适应 HARQ 的区别是:每次重传时的调制编码格式是否相同,重传所用的无线资源是否相同。自适应 HARQ 其实就是 HARQ 与 AMC 和自适应调度的结合,该方案虽然会提升链路的性能,但流程复杂,信令开销大。非自适应 HARQ 就是各次重传采用预先定义好的调制编码格式,因此信令开销小。LTE 采用的 HARQ 是基于 N 个进程并行的停等式 ARQ。若每个 HARQ 进程的时域位置被限制在预先定义好的位置,就是同步 HARQ;反之,则是异步 HARQ。同步 HARQ 的每个进程不需要额外的进程编号,通过子帧编号就可识别该 HARQ 进程;异步 HARQ 的每个进程需要额外的信令开销,以指示其对应的进程编号。

在 LTE 系统中,TDD 与 FDD 的 HARQ 反馈设计有所不同,FDD 由于上下行链路对称,每个上行子帧都对应唯一一个下行子帧,因此 ACK/NAK 反馈可以与下行子帧一一对应。但是,在 TDD 系统中,上下行时隙数目不对称,下行子帧数量通常多于上行子帧数量。为了解决以上问题,引入了 MultipleACK/NAK 的概念,即使用一个 ACK/NAK 完成对前续若干个下行数据的反馈,TDD 系统 HARQ 过程示例如图 6-10 所示,这样就解决了上下行时隙不对称带来的反馈问题,另一方面也减小了数据的传输时延,数据无须再等待到下一个上行时隙就可以进行反馈了。

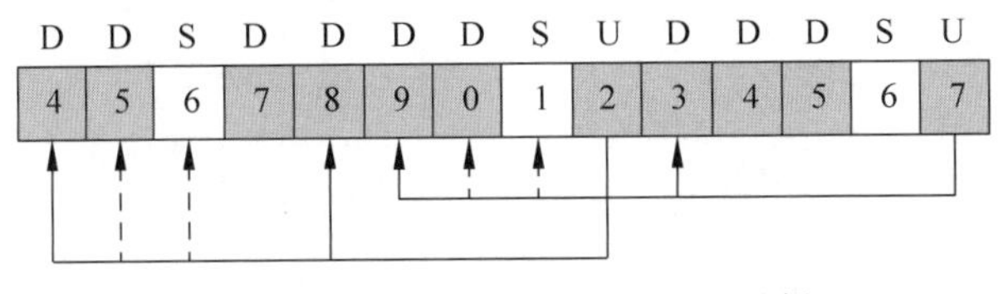

图 6-10 TDD 系统 HARQ 过程示例

4. 多维动态资源分配与链路适配技术

1) 无线资源调度

为了便于资源分配和用户调度,LTE 系统设计了频域和时域两个维度的资源,频域资源以子载波(例如 15kHz)为最小单位,而时域资源以 OFDM 或 SC-OFDM 符号为最小单位。LTE 系统在时频二维资源空间上,定义资源粒子(RE)为物理层最小的时频资源单元,1 个 RE 在时域上占 1 个 OFDM 或 SC-OFDM 符号,在频域上占 1 个子载波,如图 6-11 所示。RE 是非常小的资源单位,作为资源调度单元会带来过多的调度指示和反馈开销,因此并不合适。为此,LTE 系统中定义基本时频资源单位为资源块(RB)。1 个 RB 在时域上占用 1 个时隙(0.5ms),在频域上占用 12 个连续子载波(例如 180kHz)。在常规 CP 配置下,1 个 RB 在时域上占 7 个 OFDM 或 SC-OFDM 符号;在扩展 CP 配置下,1 个 RB 在时域上占

6 个 OFDM 或 SC-OFDM 符号。

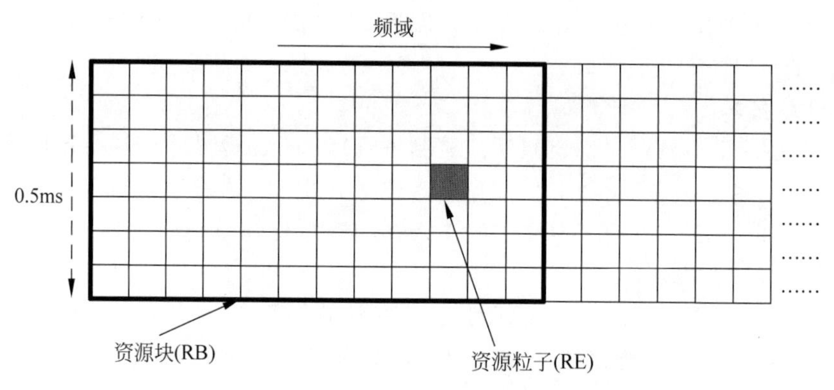

图 6-11　LTE 系统资源粒子和资源块

LTE 依据无线信道质量指示(CQI)调度或分配无线 RB,由于 LTE 系统工作于超宽带(20MHz),因此无线信道的频率选择性衰落尤为突出。调度器的作用就是充分利用无线信道的衰落特性,为不同的用户调度或分配质量相对好的无线信道,使系统容量最大化。对于 OFDM 技术,调度器可依据信道质量为下行链路分配频带上互不相邻的无线资源块。对于 SC-FDMA 技术,由于单载波体制的约束,调度器只能依据信道质量为上行链路分配频带相邻的无线 RB。由于基于 OFDM 技术的调度器具有更大的自由度,因此下行链路的性能要优于上行链路。上下行链路无线资源调度示意图如图 6-12 所示。为了更好地获得隐频率分集增益,同一子帧内不同时隙之间可采用跳频机制。

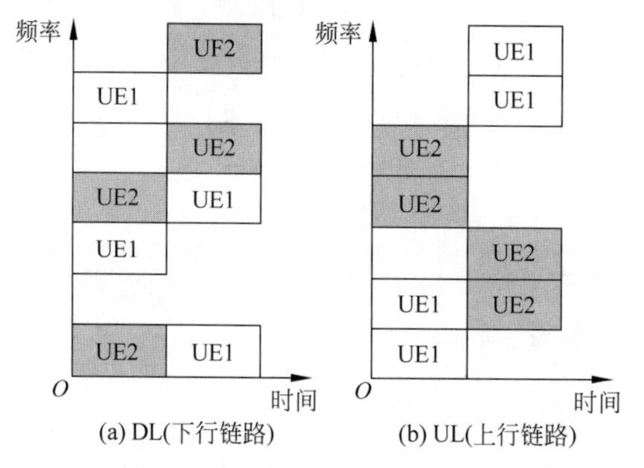

图 6-12　LTE 上下行链路无线资源调度示意图

事实上,LTE 如采用多天线技术,即 MIMO 模式,则其资源除了时域和频域 2 种平面资源外,还可考虑加上空域方面的三维立体资源可供调度。

2) 自适应调制编码(AMC)

众所周知,OFDM 系统与单载波相比具有更多的自由度,它能够根据信道响应,对编码效率、调制模式灵活选择,同时进行 HARQ 处理,从而能够使链路频谱效率得到显著提高。而 AMC 是链路自适应技术中的一种,它可以在移动通信系统中作为基本的链路自适应技术粗略地选择数据速率与调制编码方式,它本质上是在保持误码率(BER)恒定的基础上,通过发射功率的调整选择调制模式或者通过调制阶数的选择,用来适应信噪比的动态变化。

LTE 的下行采用 QPSK、16QAM 和 64QAM,在 HSPA 基础上增加了 64QAM,可以将

信道利用率提升至60%,但技术复杂性也会同步增加;上行考虑采用带频域成形的QPSK和16QAM,以降低PAR。在用于数据传输的信道编码方法中,拟采用类似R6版本中的Turbo编码器(基本编码率$R=1/3$),编码率可以在0.07～0.93内选择,采用无竞争的内交织器,对较大的编码块(>6144位)进行分段译码。

3) 功率控制

LTE系统的上行发射功率必须根据无线信道条件(包括路径损耗、阴影衰落、快衰落、来自本小区或其他小区的干扰)的变化而自适应地调节,以保证基站接收到的功率在合适的范围内。

LTE是一种正交频分系统,上行采用基于SC-FDMA的单载波多址方式,每个用户的数据在不同的子载波上传输,因此不存在CDMA系统中的小区内用户间干扰的问题,也就不需要类似CDMA的快速功控。LTE系统可以在每个子频带(资源块的集合)内分别进行频率较低的"慢功控",目前,LTE系统使用的上行功控为开环功控结合闭环调整方式,涵盖PUSCH(物理上行共享信道)、PUCCH(物理上行控制信道)和SRS(信道探测参考信号)信道。

LTE系统中功率控制的一种典型操作方式是,先通过开环功控补偿路径损耗,为用户设定一个粗略的发射功率,这可以显著地抑制目标基站接收到的邻区干扰水平;然后通过闭环的方式进行调节,进一步匹配信道的快衰落和干扰水平的变化;最后结合上行调度确定的MCS(调制编码方案)等级和传输带宽,最终决定发射总功率,即

$$\text{UE 发射功率}=\underbrace{P_0+a\cdot \mathrm{PL}}_{\text{开环工作点}}+\underbrace{\Delta_{\mathrm{TF}}+f(\Delta_{\mathrm{TPC}})}_{\text{动态调整}}+\underbrace{10\lg M}_{\text{带宽调整因子}} \tag{6-5}$$

其中,P_0是决定终端发射功率大小的一个主要参数,α为部分功率补偿因子,取值大于0且小于或等于1。PL是UE侧估计的下行路径损耗,Δ_{TF}表示不同的MCS对应的功率偏移量,$f(\Delta_{\mathrm{TPC}})$为闭环调整函数,根据发送功率控制(TPC)指令进行调整。M为1个子帧里给终端分配的上行资源块行。

下行方面,LTE系统使用功率分配技术,由基站eNB(e Node B)来决定下行发射功率。LTE系统分别对控制信令和下行数据进行功率分配,其目的是保证小区内的所有用户既能正确接收下行控制信令,又能保证下行数据的传输质量。

6.2.2 LTE-Advanced 关键技术

微课视频 24

LTE-Advanced简称LTE-A,对应于3GPP的R10版本,是LTE R8/R9的进一步演进和增强,也是3GPP提交ITU的4G正式候选方案(其技术性能指标超过了IMT-Advanced需求)。LTE-A除了扩展LTE已有技术外,还引入了一系列新技术以提高系统性能,主要包括载波聚合(CA)技术、多天线增强技术、协作多点传输(CoMP)技术、中继(Relay)技术、增强型小区间干扰消除(eICIC)技术以及网络自组织与优化(SON)、增强型广播多播服务(eMBMS)等。3GPP R10之后的版本继续增强系统性能,R11是对R10技术的修订与增强,R12主要研究方向为热点增强技术、3D-MIMO(三维多入多出)、终端直通(D2D)技术等,R13已开始讨论和研究5G技术。

下面介绍并讨论LTE-A的主要关键技术。

1. 载波聚合技术

IMT-Advanced 要求系统的最大带宽不小于 40MHz，考虑到现有的频段分配方式和规划，无线频段已经被 2G、3G 以及卫星等通信系统所大量占用，很难找到足以承载 IMT-Advanced 系统带宽的整段频带，同时，如何有效利用现有剩余的离散频段是一个十分有研究价值的问题。基于这样的现实情况，3GPP 在 LTE-A 中开始研究载波聚合技术，通过两个或更多的基本载波的聚合使用，解决 LTE-A 系统对频带资源的需求。

LTE-A 支持连续载波聚合以及频带内和频带间的非连续载波聚合，如图 6-13 所示，5 个连续的 20MHz 的频带聚合成 1 个 100MHz 带宽，2 个不连续的载波聚合成 1 个 40MHz 的带宽。

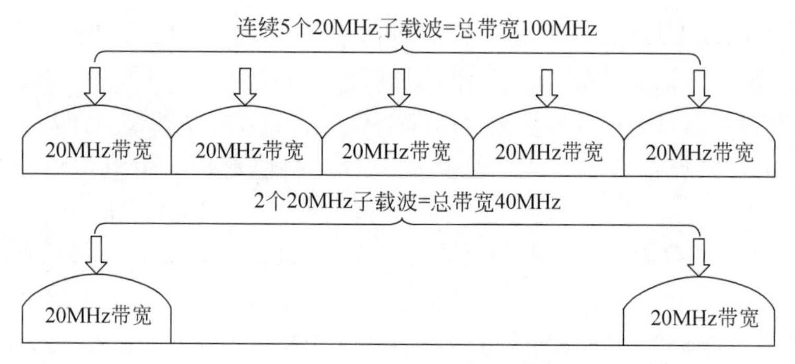

图 6-13 LTE-A 连续载波聚合与非连续载波聚合示意图

增大系统带宽：LTE R8 支持最大 20MHz 的系统带宽，LTE-Advanced 可以通过载波聚合支持 100MHz 的系统带宽。

为了在 LTE-A 商用初期有效利用频率资源，即保证 LTE R8/R9 终端能够接入 LTE-A 系统，各个单元载波都能够配置成与 LTE 后向兼容的载波。在载波聚合中，终端可能被配置为在上下行分别聚合不同数量、不同带宽的单元载波。而对于 TDD，典型情况下，上下行的单元载波数是相同的。

LTE-A 系统中最多支持 5 个载波的聚合，相对单载波情况，多载波的上下行控制信令的设计是重点研究的内容，下行控制信令除了支持本载波调度外，还支持跨载波调度，以增强灵活性和提高吞吐量，上行控制信令在终端专用的主载波上发送。

在物理层设计中，LTE-A 系统还需要解决载波间的时间同步、频点分配和保护带宽设计等问题。在 MAC 层和 RLC 层设计中，要解决不同载波间的协调机制，联合队列/单数据队列/多数据队列的调度等问题。

2. 增强的 MIMO 技术

增强的 MIMO 技术是满足 LTE-A 峰值谱效率和平均谱效率提升需求的重要途径之一。

1）下行 MIMO 增强

LTE R8 里面引入的 MIMO 多天线技术下行最大支持 4 根天线，在 LTE R8/R9 系统的多种下行多天线模式基础上，LTE-A 将支持的下行最高多天线配置扩展到 8×8，支持数据流最大 8 层传输的 SU-MIMO 和数据流最大 4 层传输的 MU-MIMO。此外，LTE-A 下行支持 SU-MIMO 和 MU-MIMO 的动态切换，并通过增强型信道状态信息反馈和新的码本设计(8 天线的码本设计)进一步增强了下行 MU-MIMO 的性能。可以确定的是,下行单用户峰值速率将因此提高一倍。LTE/LTE-A 下行 MIMO 多天线技术示意图如图 6-14 所示。

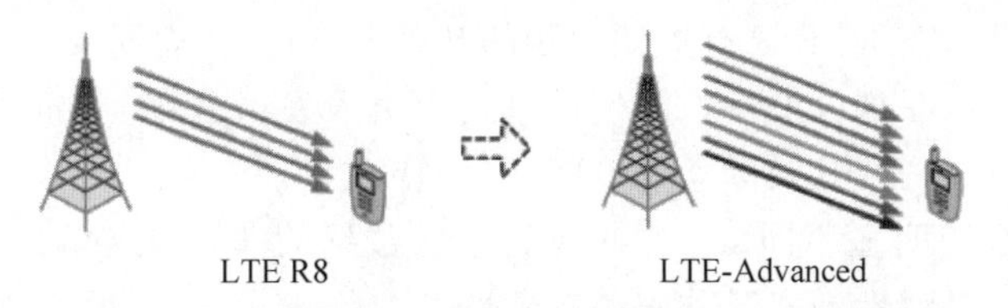

图 6-14　LTE/LTE-A 下行 MIMO 多天线技术示意图

LTE-A 下行增强 MIMO 除了将天线数量进行扩展外,导频设计也进行了改进,将导频分为终端专用的数据解调导频(DM-RS)和反馈信道状态信息的导频(CSI-RS)2 种。其中数据导频需要设计到最多 8 层,为了降低开销,采用码分复用(CDM)的方式进行复用,CSI-RS 只是用来反馈信道状态信息,相对 LTE R8,可以降低导频设计的密度。此外,还引入了很多的优化机制,多用户空分复用的增强也是 LTE R10 标准化的重点,这是因为考虑到移动终端的成本和体积,很难将用户端扩展到 8 根天线,所以多个用户间共享相同的时频资源与基站的通信模式,即 MU-MIMO 成为合适的选择。每个终端层数目以及共同调度的用户数目为最大 4 个用户共同调度,2 个正交解调导频端口支持每个用户最大 2 层,MU-MIMO 支持总数最大是 4 层的发送。LTE-A 增强的 MU-MIMO 示意图如图 6-15 所示。

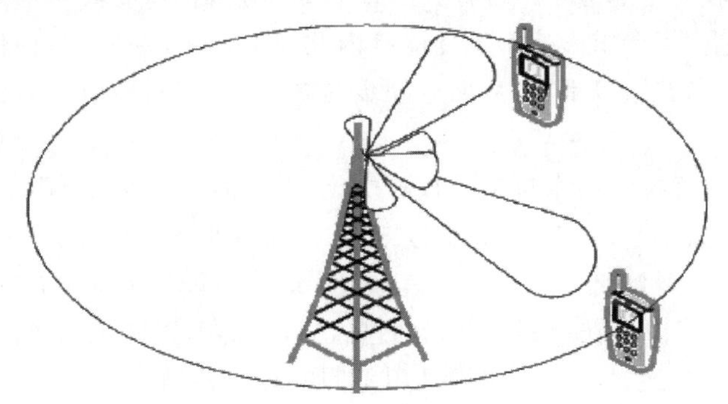

图 6-15　LTE-A 增强的 MU-MIMO 示意图

2）上行 MIMO 增强

LTE R8 上行仅支持用户单天线的发送,随着系统需求的提升,在 LTE-A 中对上行多天线技术进行了增强,将扩展到支持 4×4 的配置,可以实现 4 倍的单用户峰值速率。LTE/LTE-A 上行 MIMO 多天线技术示意图如图 6-16 所示。

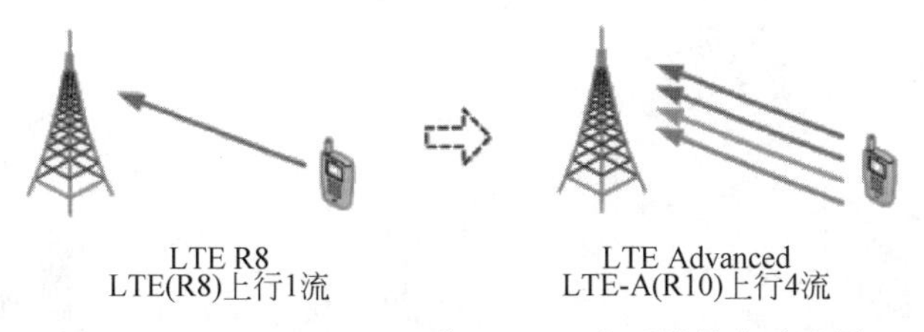

图 6-16　LTE/LTE-A 上行 MIMO 多天线技术示意图

相应的增强技术主要集中在如何利用终端的多个功率放大器、上行多流信号的导频设计、上行发射分集方案和上行空间复用的码本设计等方面。

在导频设计方面，LTE-A 在原有的 LTE 中的上行解调导频基础上，引入正交扩频序列来支持上行 MU-MIMO 的不等长带宽配对，以提高上行吞吐量。同时为了增加多天线情况下探测导频的灵活性，在 LTE 已有周期导频的基础上，引入非周期探测导频。

为扩大上行覆盖，在部分上行控制信道格式中引入发射分集。上行空间复用的码本设计主要考虑到峰均比的影响，确保立方量度(CM)特性。

另外与 LTE 系统明显不同，LTE-A 支持上行数据的非连续传输以及数据和控制信令的同时发送，以提高灵活性和资源分配的有效性。

3. 协作多点传输技术

1) CoMP 技术概念

CoMP(协作多点传输)技术是指在相邻基站间引入协作，在协作基站之间共享信道状态信息和调度有用信息，通过协作基站间的联合处理和发送，将传统的点对点/点对多点系统拓展为多点对多点的协作系统，将多个接入点信号的发送与接收进行紧密协调，可以有效降低干扰，提高系统容量，改善小区边界的覆盖和用户数据速率，对小区边界用户的性能改善十分有效。

在同频组网的 LTE 系统中，由于上下行分别采用 SC-FDMA 和 OFDMA 的正交多址方式，小区间干扰成为主要干扰，限制了小区边缘用户的吞吐量。如图 6-17 所示，用户 1 有用信号的发射和接收对于邻近小区的用户 2 而言是干扰信号，尤其是当用户处在小区边缘时相互干扰更为严重，将严重影响系统性能。因此在 LTE-A 系统中，如何抑制小区间的干扰，改善小区边缘用户的服务重量，从而进一步提高系统的频谱利用率，已成为一个亟待解决的问题。

传统的小区间干扰抑制技术包括干扰随机化、干扰消除、干扰协调。干扰随机化将来自相邻小区的信号经过随机化处理后等效为噪声，从而减小了相邻小区同频信号的干扰；干扰消除利用对于干扰信号的估计，在进行信号检测时尽可能地消除干扰小区的信号，从而提高接收端的性能；干扰协调在相邻小区之间进行协调调度，以避免或降低小区间的干扰，由于这种“协调”实际上是通过在小区边缘采用不同的频率覆盖实现的，又称为“软频率复用”或“部分频率复用”。这些技术在 R8/R9 中已经有了初步的应用，由于属于半静态的干扰抑制，并不能实时跟踪干扰的变化，对小区平均吞吐量和边缘用户服务质量的改善有限。为了实现 LTE-A 系统高频谱利用率的需求，协作多点传输技术作为消除小区间干扰的有效手段受到了广泛关注，如图 6-18 所示。

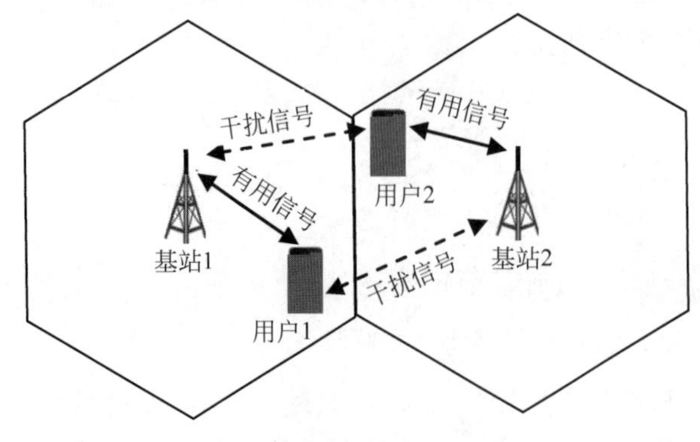

图 6-17　多小区干扰示意图

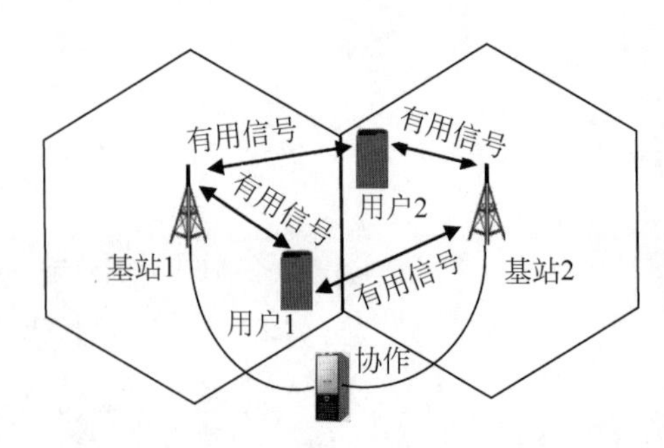

图 6-18　多小区协作示意图

2) CoMP 技术分类

CoMP 的各种技术方案分类如图 6-19 所示。

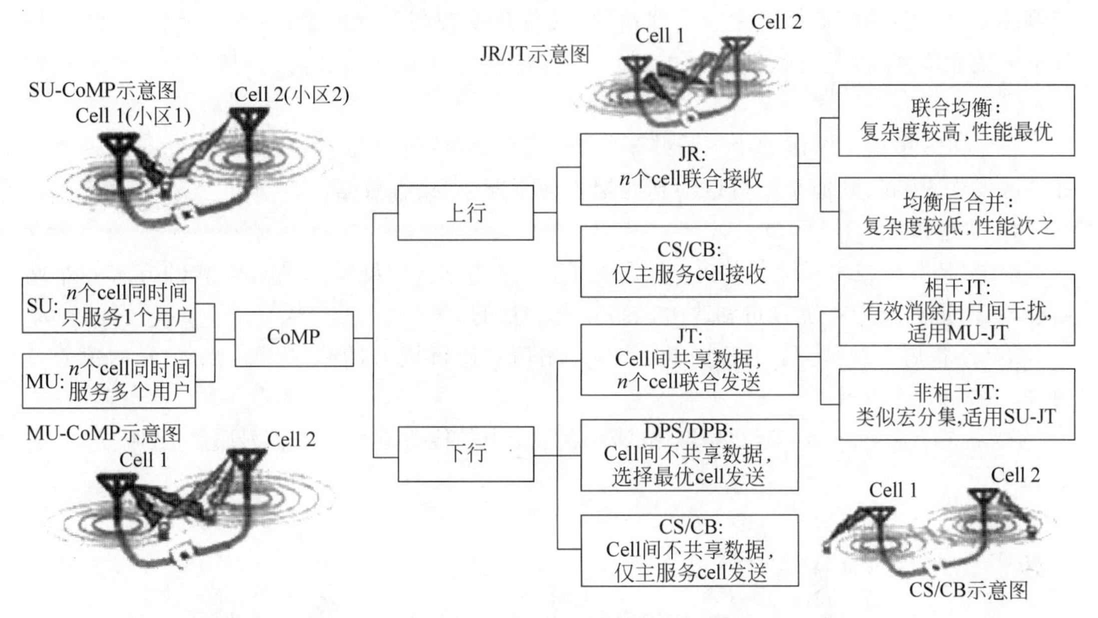

图 6-19 CoMP 的各种技术方案分类

根据基站间是否共享用户的数据信息，可将 CoMP 分为两类：协作调度/协作波束赋形(CS/CB)和联合处理(JP)。

(1) CS/CB 也称为“干扰避免”，它不需要在基站间共享用户数据，通过对系统资源的划分和限制或者有效分配，减小相邻小区边缘区域使用的资源在时间、频率或者空间上的冲突，从而尽可能保持系统在高频谱利用率的基础上避免小区间的干扰，提高信号的接收信噪比。

(2) JP 也称为“干扰利用”，它需要在基站间共享用户数据，通过协作接收或者发送多个协作用户的信号，实现小区之间的干扰减少或抑制。JP 技术可以将干扰信号作为有用信号加以利用，从而降低小区间的干扰，提高小区边缘用户的服务质量和吞吐量，提高系统的频谱利用率。对于上行链路的 JP，基站端的干扰抑制需要利用下行信道状态信息；对于 FDD 系统，由于上下行信道不互易，需要反馈使用码本量化的下行信道信息到协作基站，为降低反馈开销，反馈的信道矩阵信息存在较大量化损失，使用 IP 技术困难较大；然而对于 TDD 系统，由于上下行信道存在互易性，可以通过上行信道估计获得下行信道的状态信息，因此更适合使用 JP 技术。

CoMP-JP 根据是否同时在多个节点进行数据传输，又可分为 JT(下行联合发送)、JR(上行联合接收)和 DPS(动态节点选择)/DPB(动态节点静默)。

(1) 对于下行 CoMP-JT，根据预编码时是否考虑协作小区间的相位信息以及是否进行联合预编码，还可以分为相干 JT 和非相干 JT 方案。相干 JT 由于在各个协作基站发出的信号可以做到相位的正向叠加，预编码矩阵是联合生成；而非相干 JT 的预编码矩阵由协作基站各自独立生成，且没有考虑相互之间的相位信息，用户在接收时可能发生反向叠加，因此相干 JT 性能优于非相干 JT。

(2) 对于上行 CoMP-JR,根据对联合接收信息的处理方式,还可分为"联合均衡"和"均衡后合并"两种方案。"联合均衡"是指在基站侧利用联合的信道进行均衡接收,由于联合处理单元能将更多的信道信息用于干扰消除,其复杂度较高但性能最优;"均衡后合并"是指各小区独立均衡,再进行软信息合并,由于协作小区间不共享信道信息,其复杂度较低但性能欠优。

(3) DPS 是指在协作的小区间共享数据、信道、调度等信息,用户数据由动态选择的最优小区发送/接收,其他小区可以动态地配置为不发送/接收数据。

4. 中继技术

中继(Relay)技术是通过快速、灵活地部署一些节点(中继站),通过无线的方式和基站连接,从而达到改变系统容量和改善网络覆盖的目的。

Relay 扩展系统覆盖:通过中继站,对基站信号进行接力传输,扩大无线信号的覆盖范围,如图 6-20(a)所示。

Relay 提高系统容量:通过中继站,减小无线信号的传播距离,提高信号质量,如图 6-20(b)所示。

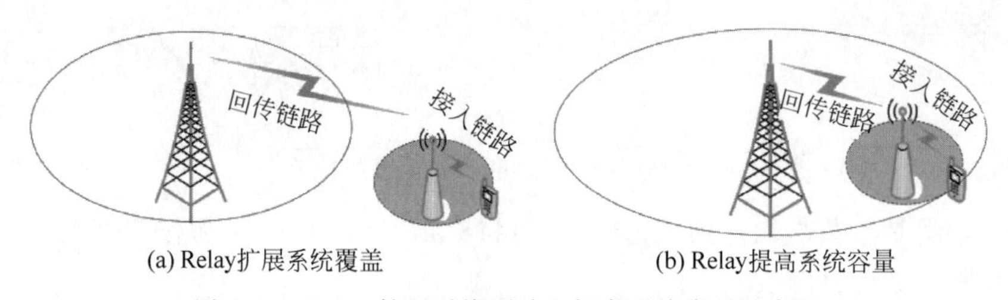

图 6-20 Relay 扩展系统覆盖和提高系统容量示意图

中继和传统移动系统中的直放站(Repeater)工作过程类似,但也有很大不同。直放站只是进行简单的无线转发,中继站需要对基站的下行发射信号或者终端的上行发射信号进行解调和译码以及资源调度等基带处理,再重新编码、调制、再生放大后转发给终端或基站,因此可以有效抑制网络干扰,提高信号传输的质量和可靠性,克服直放站的干扰问题。

依据不同的功能定位,3GPP 定义了两种类型的中继,即 Type1 Relay(属于 Layer 3 Relay),Type2 Relay(属于 Layer2 Relay)。

Type1 Relay 具有以下特性。

(1) 作为控制小区,每个 Type1 Relay 有独立 PCI(物理层小区 ID)。

(2) Type1 Relay 的小区 ID 与所属基站的小区 ID 不同。

(3) Type1 Relay 具有资源调度和 HARQ 功能。

(4) 对于 LTE R8 终端,Type1 Relay 的表现如同一个基站。

(5) 对于 R10 终端,Type1 Relay 可能具有比 LTE R8 基站更先进的性能。

Type2 Relay 具有以下特性。

(1) 不具备独立的 PCI,不能建立新的小区。

(2) 至少 LTE 用户设备不会检查到 Type2 Relay 的存在。

(3) Type2 Relay 应该能够为 LTE 用户设备提供上下行中继服务。

(4) LTE 用户设备一方面接收来自 LTE eNB 的物理层下行控制信道(PDCCH)和公共导频信道(CRS);另一方面接收来自 Type2 Relay 的物理层下行共享信道(PDSCH)。

Type1 Relay 和 Type2 Relay 的本质差别是前者属于非透明中继，后者属于透明中继，非透明的 Type1 Relay 不仅可用于系统容量的提升，也可用于系统覆盖的扩展；但透明的 Type2 Relay 只能用于系统容量的提升，不能用于系统覆盖的扩展。由于 Type2 Relay 不具备独立的 PCI，因此 Type2 Relay 不会创建独立的小区。在中继传输过程中，Type2 Relay 能够更加灵活地与 eNB 相互协作，提高中继链路的传输质量。

根据接入链路（中继站与终端之间）和回传链路（中继站与基站之间）是否采用相同频率分为带内中继（Inband Relay）和带外中继（Outband Relay），带内中继采用相同的频率，可以共享同一条射频通道，但由于 LTE 上下行采用不同的传输机制（上行 SC-FDMA，下行 OFDMA），因此中继站需要分别为回传链路和接入链路设计不同的基带处理模块。带外中继采用不同的频率，可以在同一时间进行全双工收发，链路容量更高。

中继可能的应用场景包括广域覆盖、城市覆盖、室内覆盖、高速覆盖和紧急覆盖等。

5. 异构网络与增强型小区干扰协调技术

在移动宽带业务爆发性增长，以及频率和站址资源有限的背景下，采用异构方式搭建移动网络是疏导热点数据流量的有效方式。异构网（HetNet）将成为移动网络的长期发展趋势。

异构网络由一些采用不同无线接入技术的基础节点组成，它们具有不同的容量、约束条件和功能。LTE-A 系统引入的异构节点类型包括无线射频拉远（RRH）、有 X2 接口和网络规划的微蜂窝基站（picos）、无 X2 接口和无网络规划的家庭基站（HeNB）、带有回传链路的无线中继，如图 6-3 所示。异构网络场景的优先级排序是宏蜂窝＋室内 HeNB、宏蜂窝＋室外 picos、宏蜂窝＋室内 picos 以及其他场景，这些异构节点中大部分是由通信运营商来部署，某些节点则由用户自行购买安装（如 HeNB），它们很可能在相同的地理范围内共存。新节点的部署可以减轻宏蜂窝负载，提高特定区域的覆盖质量，改善边缘用户性能。此外，采用这样的部署方式还可以有效降低网络开销，减少能量消耗，降低运营商网络部署成本。

异构网络的引入面临着诸如自组织、自优化、回程设计、切换、小区间干扰等一些重要技术挑战，其中，最为突出的是网络拓扑结构改变带来的小区间干扰——由用户部署的叠加在宏蜂窝上即插即用的热点（如 HeNB）小区会产生新的小区边缘，处于小区边缘的终端用户会受到来自其他小区强烈的干扰，这种干扰的成因可能是无规划部署、封闭用户组接入、不同节点的功率差异、覆盖范围扩展用户。

在干扰方面，考虑到不同基站的部署目标，主要研究宏基站（Macro）对 picos 站的干扰及家庭基站对宏基站的干扰，主要降低控制信道间的干扰。干扰控制方法主要包含 3 个维度，即功率、时域、频域。在 LTE R10 之前，主要通过功率控制的方式来控制异构网小区间干扰问题，即在保证封闭用户群（CSG）用户控制信道达到解调门限的前提下，降低家庭站的发射功率。通过载波聚合，两个小区将不同的载波设置为主载波，并使用跨载波调度，可以实现频域上的干扰消除。在 LTE R10 中，增强型小区干扰协调（eICIC）技术通过时域设置近空子帧（ABS）或多播/组播单频网络（MBSFN）降低小区间干扰，并标准化了辅助 CSI 测量的无线资源控制（RRC）信令，以指示终端对近空子帧或正常子帧进行 CSI 测量，并支持特定资源的无线链路测量及无线资源测量。

基于 ABS（近空子帧）的干扰协调机制则是通过基站的静默来实现干扰协调，以宏基站与 picos 场景为例，如图 6-21 所示，宏基站通过配置 ABS 来保护 CRE（小区范围扩展）区域受到较强干扰的用户，宏基站仅在 ABS 内传输 CRS，而 picos 此时可以在受到较小干扰的情况下服务 CRE 区域的用户或者覆盖范围内的所有用户。

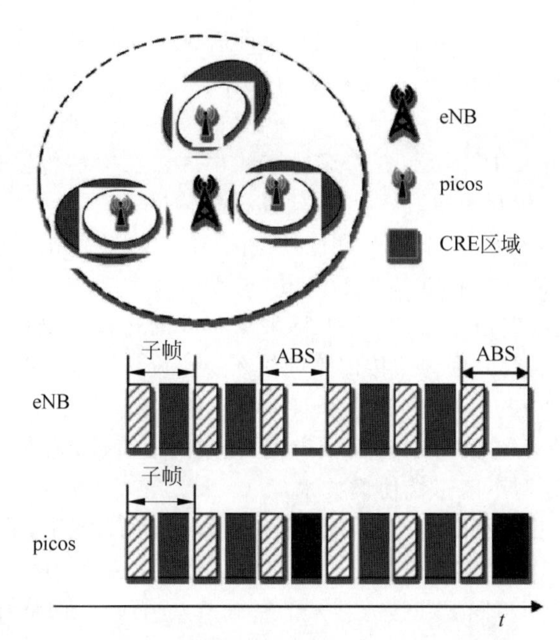

图 6-21　小区范围扩展与时域增强干扰协调

考虑到近空子帧中不发送数据信息带来资源浪费，LTE R11 设计低功率近空子帧，通过采用低功率为小区中心用户发送数据，降低小区间干扰，同时充分利用频域资源。另外，设计信令支持基于终端的干扰删除技术以降低小区间干扰。

在异频异构网，频繁地进行异频测量会带来较大的功率损耗和大量信令负荷。为了均衡负载，提高异频测量频率，需要优化异频小区识别和发现机制、小区接入方案，并优化移动状态估计机制，提升高速移动时切换性能。

6.3　LTE/LTE-Advanced 空中接口

6.3.1　LTE/LTE-Advanced 网络功能划分

LTE/LTE-A 的网络架构如图 6-3 所示，为减少网络处理节点从而减少相关处理时延，LTE 采用了扁平化网络架构，网络由 eNB、MME、SGW 和 PGW 组成，原 RNC 的功能被相应分散到这些网元中，且大部分功能被 eNB 承担，这同时也意味着 LTE/LTE-A 不支持软切换(激活集中只能有一个服务的 eNB)，上行更软切换功能也是可选的，原关口 GPRS 支持节点(GGSN)/服务 GPRS 支持节点(SGSN)的功能则由 MME 和 SGW/PGW 完成。

LTE/LTE-A 网络中各网元完成的功能如图 6-22 所示。

eNB 成为 E-UTRAN 接入网中的核心网元，它实现如下功能：进行无线资源管理；进行用户数据的 IP 头压缩和加密；选择 MME，用 S1-C 子接口和 MME 通信来实现移动性管理、寻呼用户、传递非接入子层(NAS)信令和选择 SGW/PGW 等；用 S1-U 接口和 SGW 通信来传递用户数据。

MME 的主要功能有：接入子层(AS)安全控制，NAS 信令和其安全，对空闲模式终端的寻呼，选择 SGW/PGW，跨 MME 切换时选择目标 MME 和 3GPP 网络互通和切换时实现核心网网元间信令和 3GPP 网络侧 SGSN 的选择。

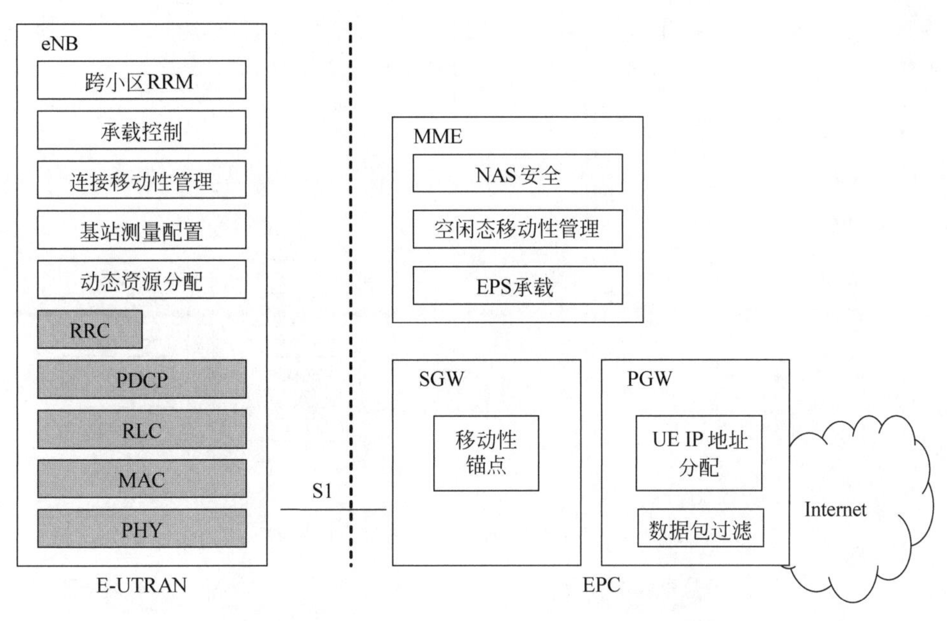

图6-22 LTE/LTE-A网络中各网元完成的功能

SGW的主要功能有：分组路由和前转，用户面交换以支持终端移动性，eNB间切换时充当本地移动性锚点，与3GPP网络互通时充当移动性锚点，上下行分组计费。

PGW的主要功能有：分配UE的IP地址，基于用户分组过滤，合法监听等。

6.3.2 LTE/LTE-Advanced空中接口协议架构

UE(用户设备或终端)与eNB之间的接口是空中接口(简称空口)，其协议架构如图6-23所示，分为3层2面，3层是物理层、链路层和网络层，2面是控制面和用户面，其中，用户面支持物理层协议(PHY)和链路层各子层协议MAC(媒体接入控制)、RLC(无线链路控制)、PDCP(分组数据汇聚协议)，控制面支持的协议除了物理层和链路层协议外，还有网络层协议RRC(无线资源控制)和NAS。从图6-23可以看出，用户面协议仅仅应用于UE和eNB之间，控制面协议也只有NAS应用于UE和MME之间(eNB只起传递作用，不参与处理)，因此从网络侧看，PHY、MAC、RLC、PDCP、RRC等协议都终止于eNB，仅有NAS终止于MME。

处于无线协议架构中底层的物理层主要通过传送信道向MAC或更高层传送信息，它的主要功能包括完成FEC(前向纠错)编解码和编码速率匹配，实现传送信道上的差错侦测，通过软件集成支持HARQ，计算物理资源的功率权重，实现物理信道调制与解调，完成频率与时间同步，传递给更高层测量和指示，完成物理层映射，进行无线射频处理，实现上行功率控制和支持切换，支持上行信道的时间提前量，完成链路适配，支持多样性和多入多出等。

在无线接入网用户面协议栈中RLC和MAC子层完成调度、ARQ、HARQ等功能，PDCP子层完成报头压缩、完整性保护、加密等功能，图6-24是下行用户数据传送时LTE/LTE-A空中接口协议流程，从中可知各子层完成的协议功能，控制面协议栈中RLC和MAC子层同样完成调度、ARQ、HARQ等功能，RRC完成广播、寻呼、RRC连接管理、RB控制、移动性管理、用户设备测量报告和控制等功能，NAS控制协议完成SAE承载管理、鉴权、空闲模式移动性处理、LTE空闲状态下发起寻呼、安全性控制等功能，控制面协议栈中的PDCP只完成报头压缩功能，且不能加密和进行完整性保护。

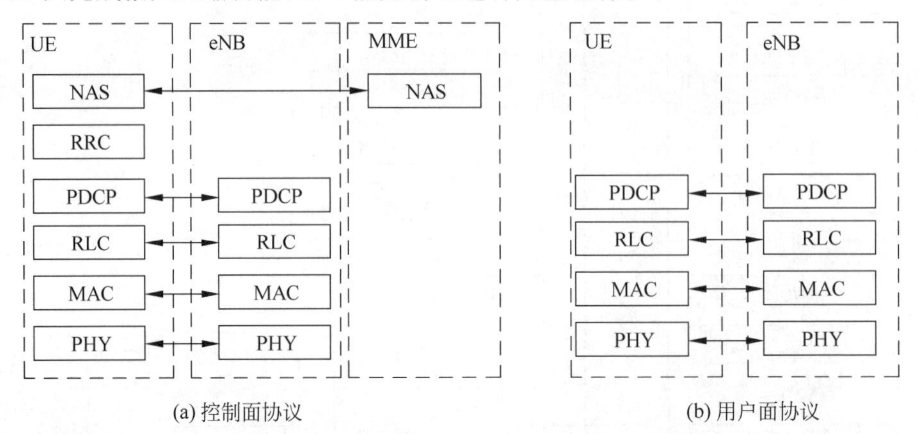

图6-23 LTE/LTE-A空中接口协议架构

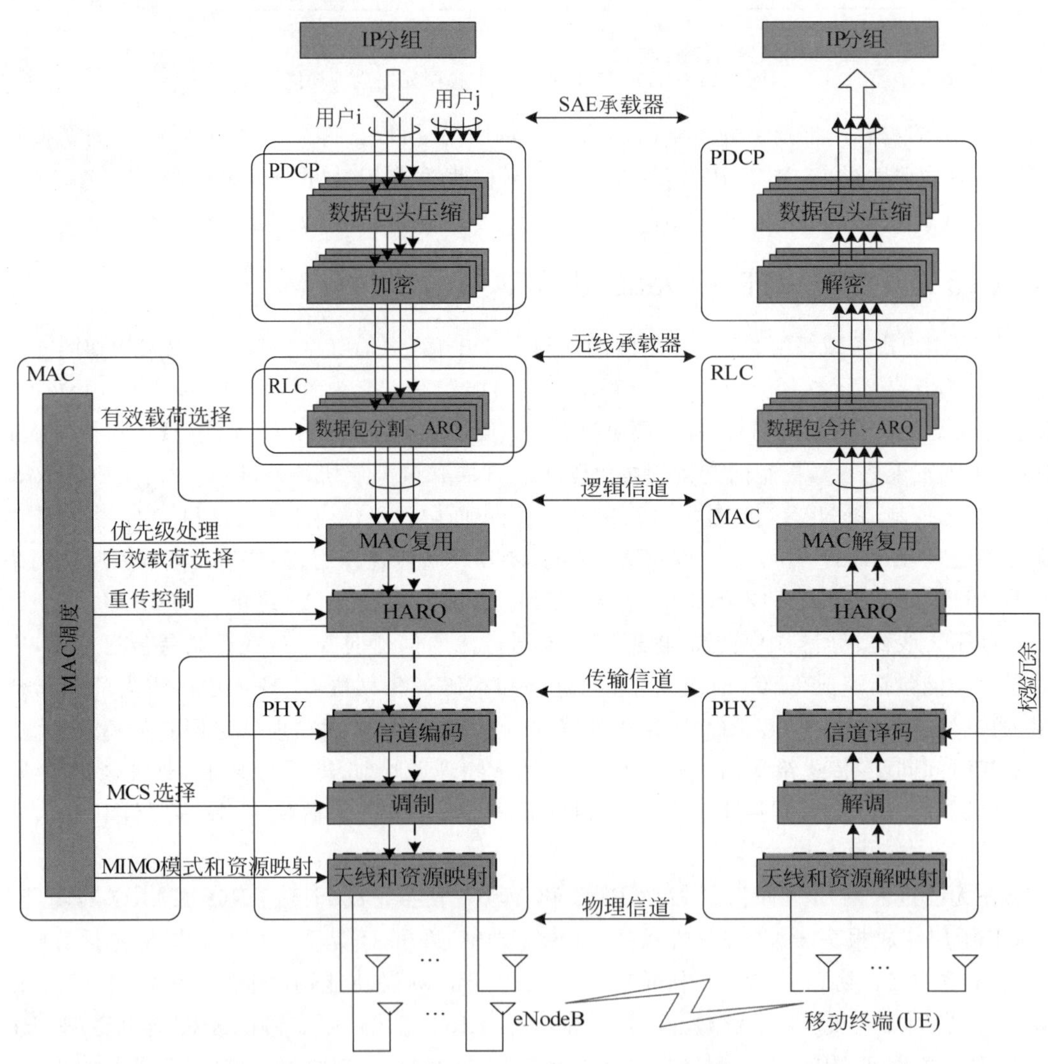

图6-24 下行用户数据传送时，LTE/LTE-A空中接口协议流程

6.3.3 LTE/LTE-Advanced 信道映射

LTE/LTE-A 接入网信道分为逻辑信道、传输信道和物理信道，MAC 层负责逻辑信道与传输信道之间的映射；PHY 层负责传输信道与物理信道之间的映射。LTE/LTE-A 下行信道映射如图 6-25 所示，LTE/LTE-A 上行信道映射如图 6-26 所示。

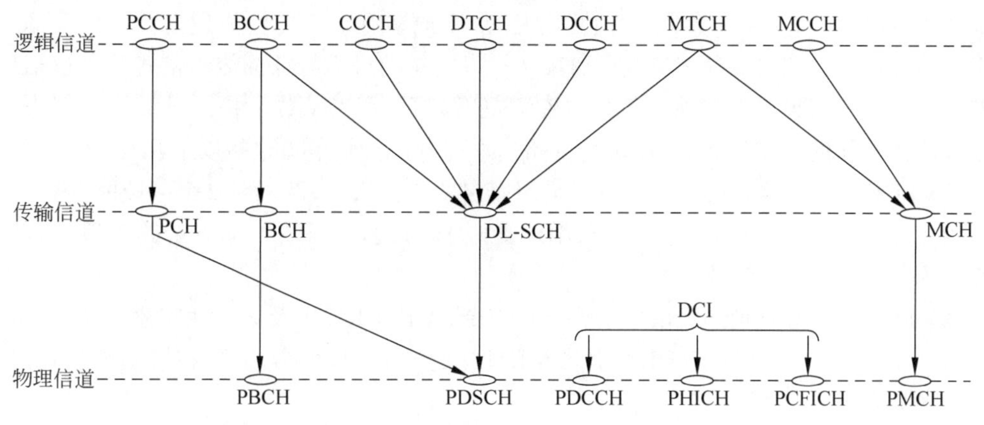

图 6-25　LTE/LTE-A 下行信道映射

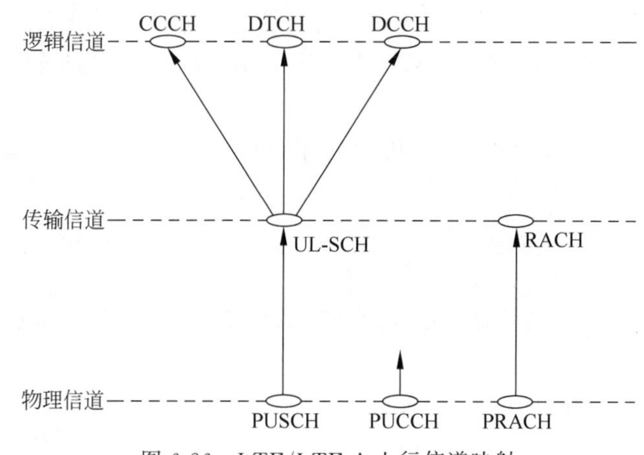

图 6-26　LTE/LTE-A 上行信道映射

1. 逻辑信道

逻辑信道承载控制信令，用于对 LTE/LTE-A 系统发送与操作进行控制与配置，同时也承载用户数据，其结构与 WCDMA/HSPA 类似，但信道数目更少。逻辑信道包括控制面和用户面逻辑信道两部分，控制面逻辑信道包括以下几类。

(1) BCCH——广播控制信道(DL)，主要负责下行广播系统信息。

(2) PCCH——寻呼控制信道(DL)，主要负责发送针对空闲状态终端以及连接状态终端的寻呼信令。

(3) CCCH——公共控制信道(DL&UL)，主要负责发送公共控制信息。

(4) MCCH——多播控制信道(DL)，主要负责发送 MBMS 相关信息。

(5) DCCH——专用控制信道(DL&UL)，主要负责发送终端专用控制信令信息。

用户面逻辑信道包括以下两类。

(1) DTCH——专用业务信道(DL&UL),主要负责发送终端相关的上下行业务数据。

(2) MTCH——多播业务信道(DL),主要负责下行多播业务数据的传输。

2. 传输信道

传输信道承载 MAC 层数据,定义了空中接口所传输信息的特征和行为,与 HSPA 类似,LTE 传输信道中的数据组装为传输块。在一个 TTI 时间中,如果是单天线配置,最多有 1 个传输块发送,如果 MIMO 空间复用配置,则最多有 2 个传输块发送。每个传输块都对应一种传输格式(TF),定义了该传输块在空口发送的行为特征。传输格式信息包括传输块大小、调制模式、天线端口映射等。与资源映射配合,可以从传输格式推算出编码率。因此通过选择不同的传输格式,可以进行链路速率控制。传输信道包括以下几类。

(1) BCH——广播信道(DL),主要采用固定的传输格式,需要在整个区域内广播。

(2) DL-SCH——下行共享信道(DL),支持 HARQ,并且支持动态链路自适应、动态/静态资源分配以及 DRX(非连续接收)等技术。

(3) PCH——寻呼信道(DL),承载寻呼信令,支持 DRX 以及区域性广播。

(4) MCH——多播信道(DL),承载 MBMS 相关信令和数据,需要在区域内进行广播,并支持半静态资源分配。

(5) UL-SCH——上行共享信道(UL),支持动态链路自适应、HARQ 以及动态/半静态资源分配。

(6) RACH——随机接入信道(UL),进行上行随机接入信息的传输,具有碰撞风险。

3. 物理信道

在 LTE/LTE-A 系统中,除去承载传输功能的物理信道外,也有些物理信道并没有相应的传输信道,这些信道主要是控制信道,用于传输下行控制信息(DCI),用于控制终端正确接收和译码下行数据以及承载上行控制信息(UCI),提供调度器和 HARQ 实体关于终端的状态信息。物理信道主要包括以下几类。

(1) PBCH——物理广播信道(DL),用于承载重要的系统信息,如系统下行带宽、系统帧号。

(2) PDSCH——物理下行共享信道(DL),用于承载数据的信道,包括业务数据以及高层信令。

(3) PMCH——物理多播信道(DL),用于承载多播业务信息。

(4) PDCCH——物理下行控制信道(DL),用于承载下行控制信息,例如调度信令。

(5) PHICH——物理混合自动重传指示信道(DL),承载的是 1 位的 PUSCH 信道的 HARQ 的 ACK/NACK 应答信息。

(6) PCFICH——物理控制格式指示信道(DL),承载的是 2 位的 CFI(控制格式指示)信息。

(7) PRACH——物理随机接入信道(UL),用于上行接入同步或者上行数据到达时的资源请求。

(8) PUSCH——物理上行共享信道(UL),用于承载上行数据,包括业务数据和高层信令。

(9) PUCCH——物理上行控制信道(UL),用于承载上行控制信息,如 CQI 和 ACK 等。

6.3.4 LTE/LTE-Advanced 物理层

1. 帧结构

LTE/LTE-A 同时支持 TDD 和 FDD 两种模式的帧结构,如图 6-27 所示。为了便于调度、简化反馈设计以及设备实现等,TD-LTE 和 LTE-FDD 采用等长的子帧结构:每子帧为 1ms,又分为 2 个时隙,每时隙为 0.5ms;10 个子帧构成 10ms 的无线帧。与 LTE-FDD 不同的是,TD-LTE 引入了特殊子帧。特殊子帧由下行导频时隙(DwPTS)、保护间隔(GP)和上行导频时隙(UpPTS)3 部分组成,用于上下行转换。TDD 模式支持不对称传输。

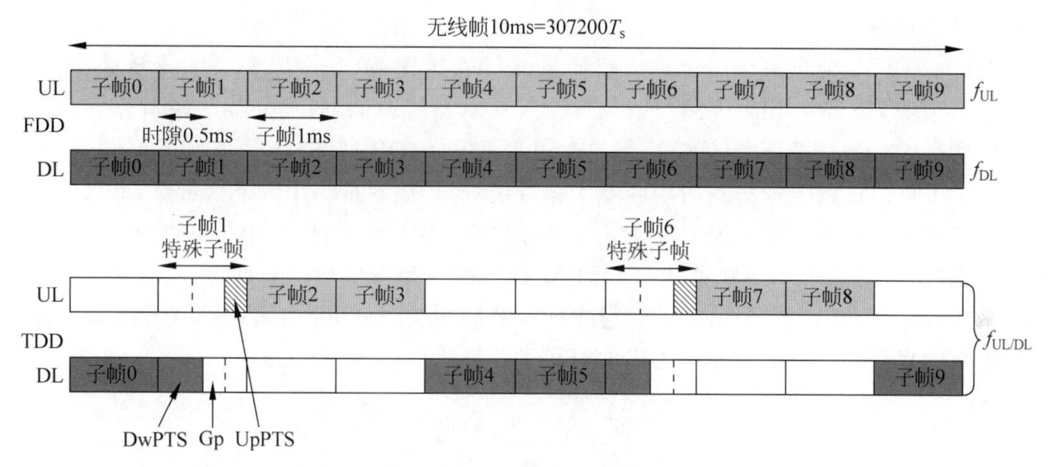

图 6-27 LTE/LTE-A 帧结构

LTE/LTE-A 系统的基本调度/传输周期(TTI)为 1 个子帧,即 1ms。与 HSPA 系统的 2ms 或 5ms TTI 周期相比,LTE/LTE-A 的调度更为频繁,这为系统获得更好的频率调度增益和链路自适应增益提供了便利。

LTE/LTE-A 的时隙结构如图 6-28 所示,1 个子帧由 2 个时隙构成,通常 1 个时隙含有 7 个 OFDMA/SC-FDMA 符号,FFT 窗长为 16.67μs。

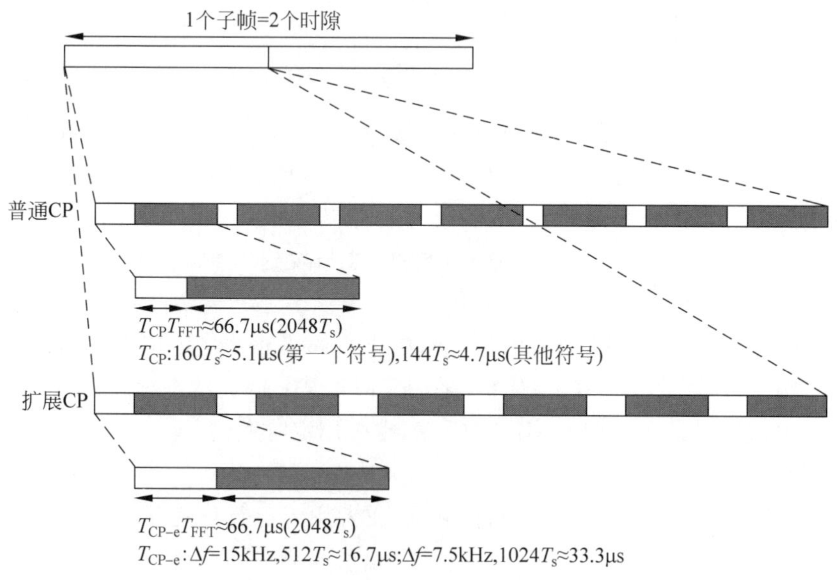

图 6-28 LTE/LTE-A 的时隙结构

循环前缀(CP)分为两种情况。①普通 CP 情况，第 1 个符号 CP 长为 $160T_s=5.1\mu s$，其他符号 CP 长为 $144T_s=4.7\mu s$；②扩展 CP 情况，为了增加系统灵活性和业务支撑能力，LTE/LTE-A 还引入了扩展 CP，如果子载波间隔为 15kHz，则上下行 1 个时隙含有 6 个 OFDMA 符号，CP 长度为 $512T_s=16.7\mu s$；如果子载波间隔 7.5kHz，则下行 1 个时隙含有 3 个 OFDMA 符号，CP 长度为 $1024T_s=33.3\mu s$。

2. 参考信号

参考信号(RS)是由发射端提供给接收端用于信道估计或信道质量估计的一种已知信号。LTE/LTE-A 的参考信号针对下行和上行分别设计。

1) 下行参考信号

下行参考信号的主要作用包括信道质量测量以实现 MCS 选取和小区间测量，通过信道估计以实现 UE 端的相干检测与解调以及终端对系统时间/频率同步的维持。下行参考信号包括小区专用参考信号(CRS)、用户专用参考信号(DRS)和 MBSFN 参考信号。

每个下行信道的子帧都发送小区专用参考信号，扩展到整个小区下行带宽，下行信道相干解调都可以采用该信号进行信道估计。小区专用参考信号结构如图 6-29 所示，在时域上，每个时隙的第 1 个和倒数第 3 个 OFDM 符号插入参考信号；在频域上，每隔 6 个子载波插入参考信号，并且 2 个 OFDM 符号中插入的导频在频域位置上错开 3 个子载波。因此在一个 RB(资源块)中，含有 4 个参考符号。

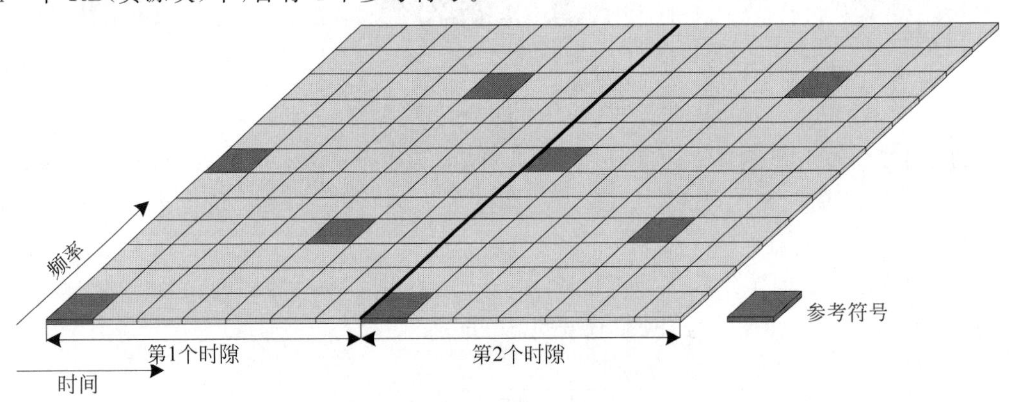

图 6-29 小区专用参考信号结构

用户专用参考信号主要应用于非码本波束成形下行 DL-SCH 信道的信道估计，为了支持这种波束成形，因此需要 UE 专用的参考信号，该信号位于天线端口 5。

MBSFN(多播/组播单频网络)参考信号用于相干解调 MBSFN 发送的信号。为了便于移动台接收 MBMS(多媒体广播组播业务)数据，参与发送 MBSFN 的小区参考信号也相同，并且导频密度也高于其他两种参考信号。

另外，LTE-A 在 LTE 的基础上增加了新的下行参考信号：定位参考信号(PRS)用于 UE 的精确定位，只能在天线端口 6 传输，采用定时发送；信道状态参考信号(CSIRS)用于探测信道状态信息，以便于 CQI/PMI/RI 反馈，也采用定时发送。

2) 上行参考信号

上行参考信号用于数据的相关检测和解调，或者用于上行信道质量测量以协助上行调度、功率控制和支持下行波束赋形等。上行参考信号包括解调参考信号(DMRS)和信道探测参考信号(SRS)。DMRS 主要用于上行数据符号的相干解调,与上行数据或者上行控制信号一起发送;SRS 主要用于上行信道质量测量,来协助基站完成频选调度、功率控制等。

为了控制上行链路的 PAPR,上行参考信号不与上行数据进行频分复用,而是采用时分复用。其结构如图 6-30 所示。

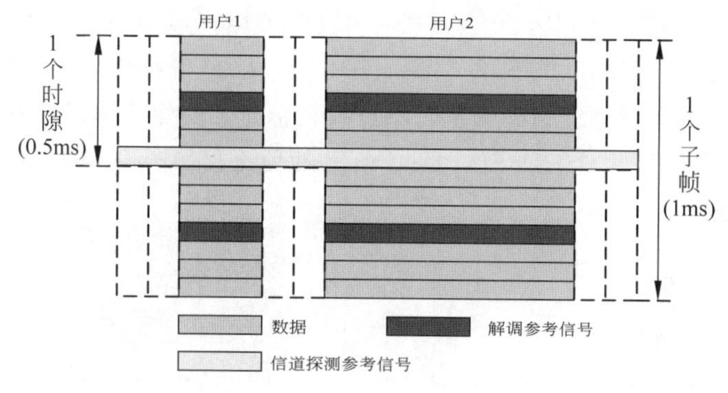

图 6-30　上行参考信号结构

在 PUSCH 信道中,参考信号在每个上行时隙的第 4 个符号发送(如果是扩展 CP,则在第 3 个符号发送),每个子帧含有 2 个参考信号。

上行参考信号具有下列特点。

(1) 在频域,限制导频子载波的功率变化,从而使所有子载波都获得类似的信道估计质量。

(2) 在时域,限制导频符号的功率变化,从而允许提高功放效率。

(3) 同一带宽下,相同长度的参考序列应当足够多,从而方便小区规划。

为了满足上述要求,LTE/LTE-A 系统选择了 Zadoff-Chu 序列作为参考信号,该序列在时频域都具有良好的恒定功率特性。

3. 关键物理信道链路

1) 下行信道

下行信道包括下行控制信道、下行业务信道。

(1) 下行控制信道。下行控制信道的作用是传输下行控制信令。LTE/LTE-A 的下行控制信道与 PDSCH 信道时分复用,如图 6-31 所示,控制信道位于一个子帧的前三个 OFDM 符号,长度可变。

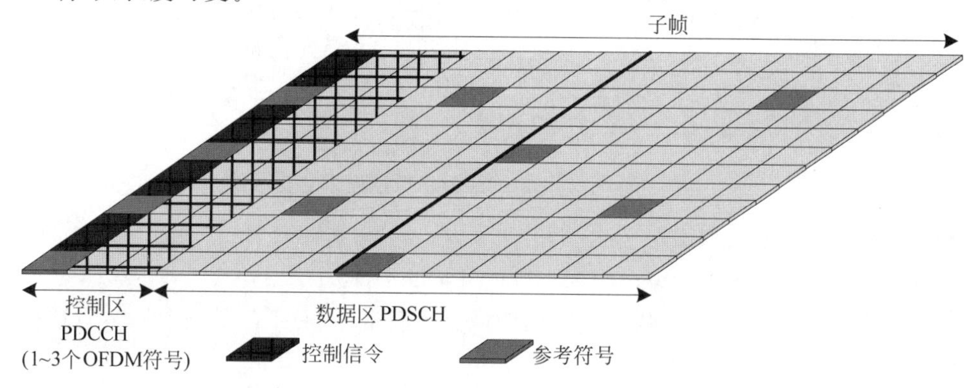

图 6-31　控制信道与数据信道配置

在子帧的开头分配控制信道，可以让终端译码下行调度信息，方便对数据区域进行处理，从而减小了 DL-SCH 译码和处理时延。另外，终端尽早对于控制信道译码，可以识别在数据区是否有数据发送。对于没有数据接收的终端，则可以降低接收功耗，延长待机时间。

下行控制信道按功能可以分为 3 类：PCFICH、PDCCH 与 PHICH。

① PCFICH 通知终端控制区的大小(1～3 个 OFDM 符号)，每个小区只有 1 个 PCFICH。

② PHICH 用于上行 UL-SCH 发送的 HARQ 确认，一般每个小区有多个 PHICH。

③ PDCCH 承载下行调度指配和上行调度授权信息。每个 PDCCH 承载 1 个终端或 1 组终端的信令。一般每个小区有多个 PDCCH，其处理流程如图 6-32 所示。

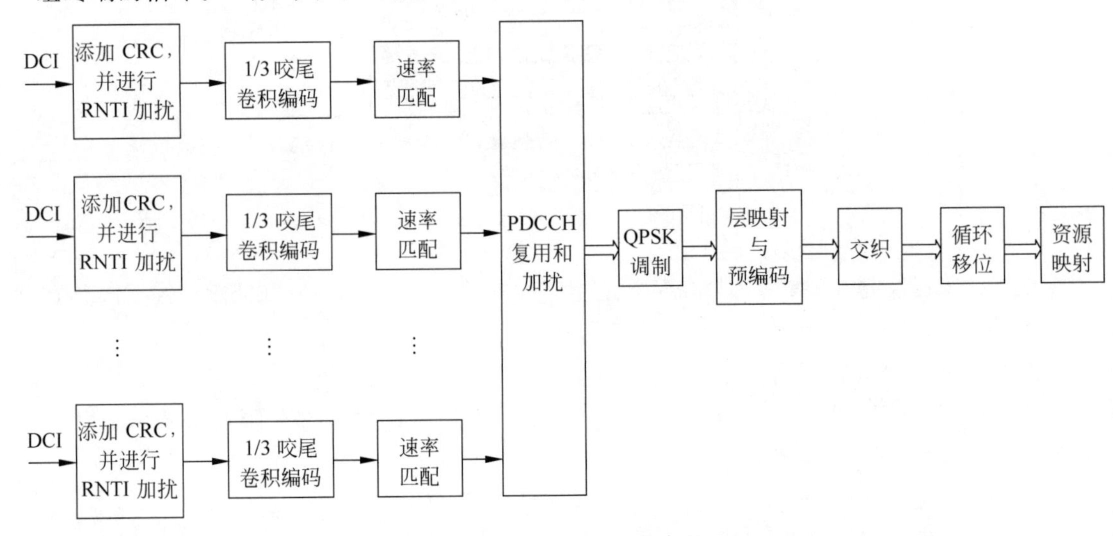

图 6-32 PDCCH 处理流程

(2) 下行业务信道。PDSCH 是 LTE/LTE-A 承载下行数据的物理层信道，它以传输块(TB)作为基本数据传输单元。PDSCH 发送过程：传输块经过编码、加扰、调制、层映射、预编码、资源映射、OFDM 调制，映射到相应天线端口，发射出去。接收过程是发送过程的逆过程：接收端通过 OFDM 解调、解资源映射、信道估计、均衡、解调、解扰、译码恢复出发送信息。PDSCH 的发送过程如图 6-33 所示，接收过程如图 6-34 所示。

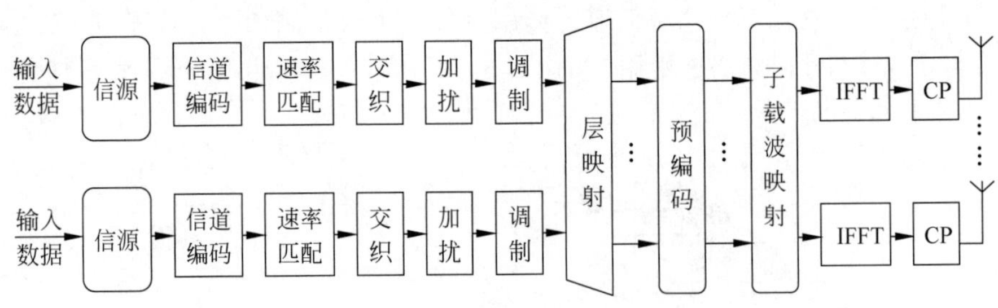

图 6-33 PDSCH 的发送过程

各主要模块技术说明如下。

① 编码——PDSCH 采用编码率为 1/3 的 Turbo 编码。

② 速率匹配——以 Turbo 块为单位的频域交织及根据 HARQ 的冗余版本对数据进行打孔或重复。

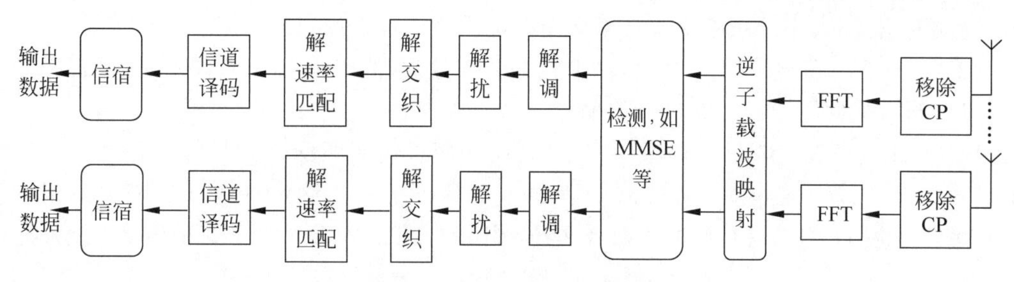

图 6-34 PDSCH 接收过程

③ 加扰——扰码是 31 阶的 Gold 序列,初始状态与小区 ID、用户的 n-RNTI 及时隙号有关。

④ 层映射——将 1 个或 2 个传输块的数据串并变换为 M 个并行数据流,M 为层数。M 小于或等于发射天线数。

⑤ 预编码——对各个层的数据进行相应的预编码处理。在 LTE/LTE-A 中,所有的 MIMO 方式均可表示为一个预编码矩阵与原始信号的乘积,不同的 MIMO 方式,其预编码矩阵不同,包括空频分组码、延迟发射分集/非延迟发射分集的预编码、波束赋形等。

⑥ 信道估计——利用已知的导频序列,根据不同的估计准则,得到信道频域响应 H。一般采用的信道估计算法有 MMSE、LMMSE(线性最小均方误差算法)等。

⑦ 均衡——根据不同的准则,恢复出发送符号。常用的均衡算法为 MRC(最大合并比算法)、MMSE、IRC(干扰抑制合并算法)等。

⑧ 软解调——软解调的输出为每位取值为 1(或为 0)的概率。

2) 上行信道

上行信道与下行信道最大的差别在于,上行信道为了抑制 PAPR,采用了 DFT-S-OFDM 方式,因此对其信道处理有特定要求。上行信道包括上行控制信道、上行业务信道。

(1) 上行控制信道。对于每个终端而言,上行控制信道只占用 1 个 RB,PUCCH 主要承载 3 类信令。

① HARQ 确认标记,用于对终端接收到的 DL-SCH 传输块进行重传控制。

② 终端对下行信道的测量报告,包括 CQI、RI 与 PMI 等信息,用于辅助下行调度。

③ 调度请求,用于终端向网络请求 UL-SCH 资源。

根据移动终端是否分配了用于 UL-SCH 传输的上行资源,存在两种传输上行控制信息的方法。

① 当 UCI 不与 UL-SCH 同时传输时,在终端没有被分配用于 UL-SCH 传输的情况下,用 1 个单独的物理信道 PUCCH 来传输上行控制信令。

② 当 UCI 与 UL-SCH 同时传输时,在终端有一个明确的调度授权的情况下,即当前子帧已经被分配了用于 UL-SCH 传输的资源,上行控制信令会在 DFT-S-OFDM 调制前与编码后的 UL-SCH 时频分复用到 PUSCH 上。只有 HARQ 反馈和信道状态报告作为控制信令在 PUSCH 上传输。因为终端当前已经被调度,就不需要发送调度请求。PUCCH 上的信道状态报告称为周期性报告,PUSCH 上的报告称为非周期性报告。

PUCCH 位于上行载波频谱的两端,以保证上行单载波特性。为了提供频率分集增益,PUCCH 在上行占用频率资源的边缘进行跳频,即当一个子帧的第 1 个时隙的频率资源位于最终端时，相同大小的频率资源在第 2 个时隙中位于最低端，反之亦然。

(2) 上行业务信道。PUSCH 传输上行的业务数据，当有上行业务数据时，上行控制信息也可以与数据共用 PUSCH 进行传输。

PUSCH 发送和接收过程如图 6-35 所示，其编码、速率匹配、调制、信道估计、均衡、解调、解速率匹配、译码等模块与 PDSCH 相同。为保证上行单载波特性，PUSCH 发射端要进行 DFT 扩展，并且考虑终端的体积、耗电量等因素，LTE R8 版本中上行采用单天线发射。

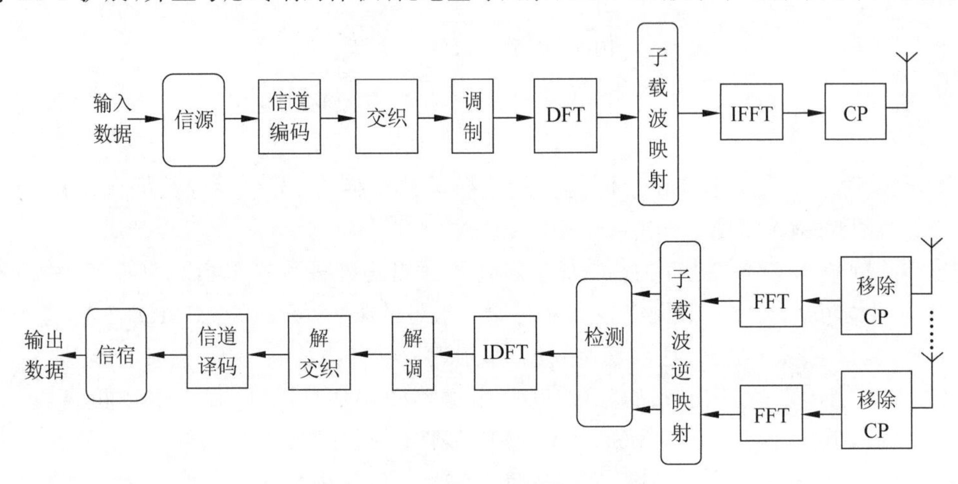

图 6-35 PUSCH 发送和接收过程

为了对上行干扰进行小区协调，LTE/LTE-A 在 PUSCH 中引入了跳频。上行跳频与前面描述的下行资源块分布映射类似，主要目的是随机化上行信道的干扰，获得频率分集增益。但由于 PUSCH 需要映射到连续的 RB(资源块)中，因此跳频只能在 RB 组中进行。

PUSCH 定义了两种跳频方案：根据小区专用的跳频/镜像图样基于子带(Subband)的跳频方案；根据调度授权信息中明确给出跳频信息的跳频方案。

4. 物理层处理

1) 小区搜索

移动终端开机后的初始接入和通信过程中的切换都要完成小区搜索，即通过频率扫描的方式确定小区载波频率。LTE/LTE-A 系统中的小区搜索主要基于 3 个信号完成，即主同步信号(PSS)、辅同步信号(SSS)和下行小区专用参考信号，同时完成小区 ID 识别、CP 长度检测和下行同步。

LTE/LTE-A 系统中有 504 个小区 ID，每个小区 ID 对应一个特定的下行参考信号序列。所有小区 ID 划分为 168 个小区 ID 组，每组中有 3 个小区 ID。与此对应的，主同步信号包含 3 种不同序列，指示小区的组内 ID；辅同步信号序列包含 168 种不同序列，指示小区的组 ID，组内 ID 和组 ID 将联合确定小区 ID。

同步信号的时间长度为 1 个 OFDM 符号，每 5ms 传输一次，在相同的某一根天线上发送。同步信号在频域上，总是占用下行频带中心位置 72 个子载波(1.08MHz，与系统带宽无关)，如图 6-36 所示。同步信号在时域上，FDD 系统中 PSS/SSS 信号分别位于无线帧的(子帧 0，时隙 0)和(子帧 5，时隙 0)的倒数第 1 个 OFDM 符号和倒数第 2 个 OFDM 符号，而 TDD 系统中 PSS/SSS 信号位于每个无线帧的(子帧 0，时隙 1)和(子帧 5，时隙 1)的第 1

个 OFDM 符号和第 3 个 OFDM 符号,如图 6-37 所示。虽然 PSS/SSS 在 FDD 和 TDD 中存在的时域位置不同,但信号所使用的序列没有差异。

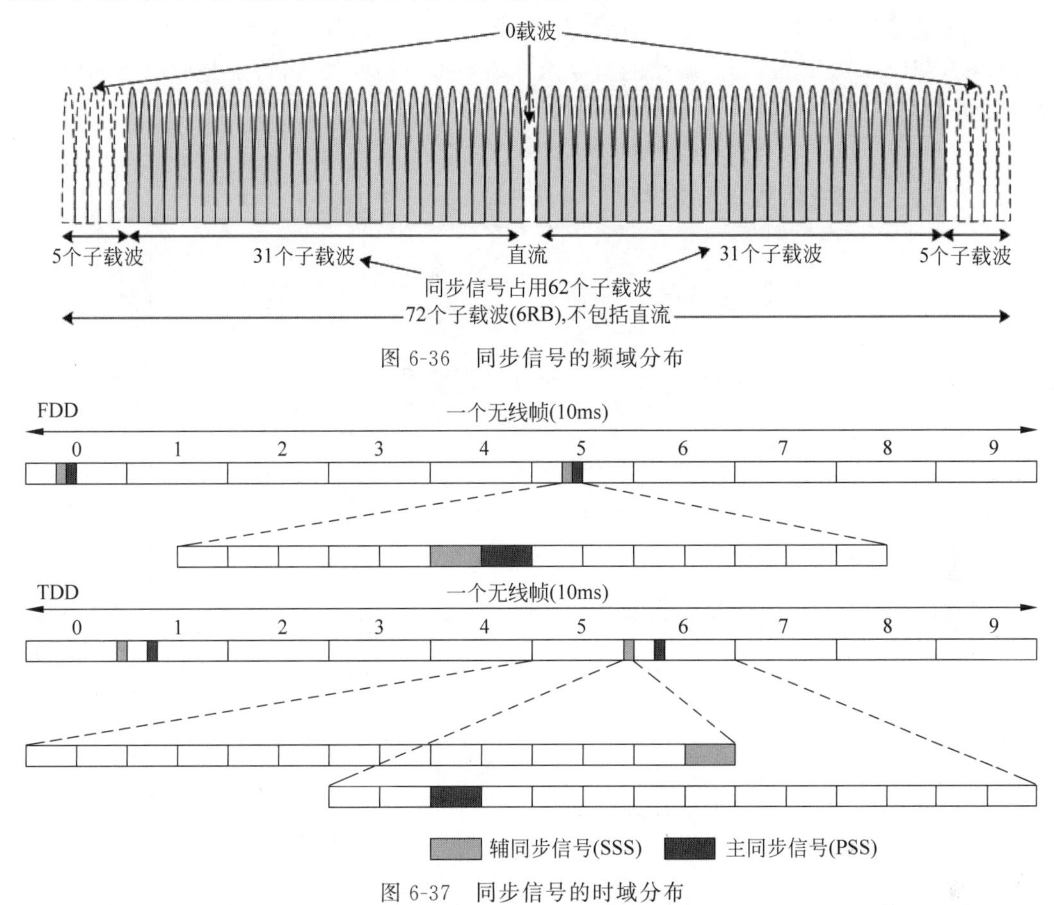

图 6-36　同步信号的频域分布

图 6-37　同步信号的时域分布

终端在小区搜索时,会在可能的频率范围内重复 PSS/SSS 的搜索和检测过程,直至搜索到相应载波。频率扫描的栅格大小为 100kHz。

2）随机接入

LTE/LTE-A 系统中,随机接入过程在如下 5 种情况下采用。

（1）通过初始接入而建立无线链路。

（2）当无线链路中断后通过随机接入重新建立连接。

（3）当切换到新小区后,通过随机接入建立上行同步。

（4）当上行链路没有同步时,可以通过随机接入建立上行同步,从而完成上下行数据收发。

（5）如果 PUCCH 没有配置专门的调度请求资源,则发送调度请求。

随机接入过程有两种形式：基于竞争的随机接入过程(可用于全部 5 种情况)和基于非竞争的随机接入过程(仅用于切换和下行数据到达)。

竞争性随机接入是一个基于冲突的接入过程,如图 6-38 所示,包括如下 4 个步骤。

（1）发送随机接入前导(Preamble),允许 eNodeB 估计终端的发送时间,上行同步对于 LTE 系统是基本功能,只有在同步状态下,UE 才能够发送上行数据,保证相互正交。

(2) 随机接入响应，网络基于上一步获得的时延估计，发送时间提前命令，用于终端调整发送时序，同时网络为终端分配用于随机接入的上行资源。

(3) UE 通过 UL-SCH 信道向网络发送终端标记 C-RNTI(小区无线网络临时识别码)或 TC-RNTI(临时 C-RNTI)。确切的信令内容依赖于终端的状态，特别是取决于网络以前是否知道终端。

(4) 网络利用 DL-SCH 信道向终端发送响应信令，如果终端能够接收到响应，则多个用户间没有冲突，否则终端可以判决发生了接入冲突。

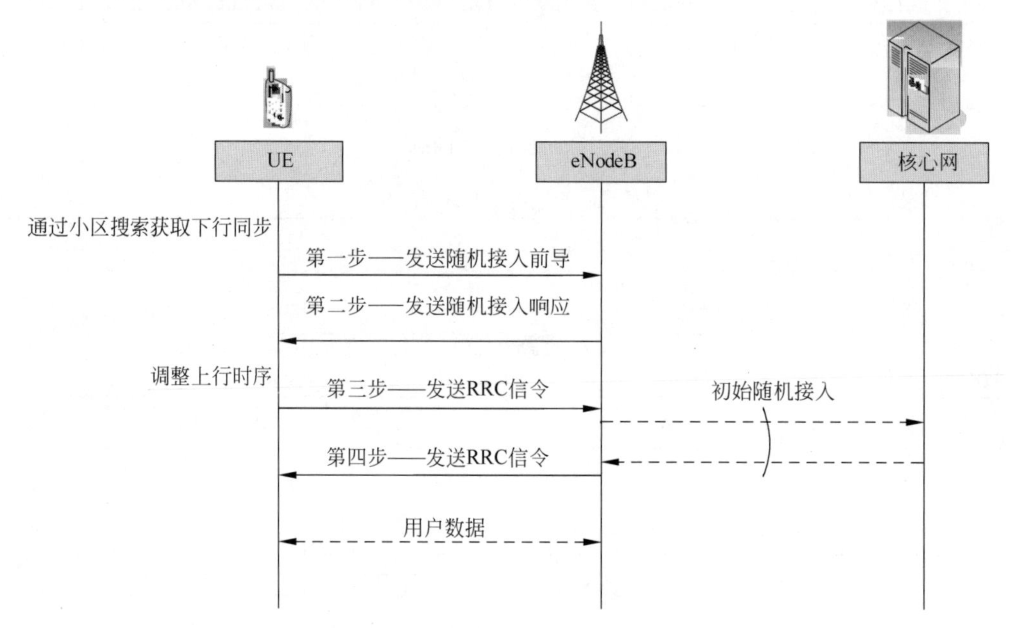

图 6-38 竞争性随机接入过程

需要说明的是，如果多个 UE 在同一个资源上使用不同的随机接入前导，不会发生冲突；同样地，多个 UE 在不同资源上使用相同的随机接入前导，也不会发生冲突；但多个 UE 在相同的资源上使用同一个随机接入前导就会发生冲突。

非竞争性随机接入与竞争性随机接入的主要差别是 UE 发出的随机接入前导由 eNodeB 指定，也就不需要竞争。

3) 时间调整

如前所述，上行同步对于 LTE/LTE-A 系统非常重要。在 FDD 模式下，上行同步能够保证同一小区中与 eNodeB 不同距离的移动台发射的信号到达基站时，相对时延位于 CP 内，并且在频域上相互正交，从而保证小区内各用户上行信号相互正交，互不干扰。而在 TDD 模式下，上行同步不仅保证了小区内各用户上行信号相互正交，并且保证上下行信号之间互不干扰。

上行同步的过程类似于功率控制，距离基站远的终端需要提前发送信号，而距离基站近的终端需要推后发送信号。最大时间调整量为 0.67ms，对应于基站移动台距离为 100km。

典型情况下，时间同步指令是慢速调整信令，大约 1 秒 1 次或几次。如果移动台在预定周期无法接收到时间调整指令，则终端判断上行失步，需要采用随机接入过程重新与网络建立上行同步，然后才能开始 PUSCH 或 PUCCH 的发送。

4）寻呼控制

寻呼控制用于与网络发起的呼叫建立寻呼过程，有效的寻呼过程允许 UE 在多数时间处于休眠状态，只在预定时间醒来监听网络的寻呼信息。在 WCDMA 和 TD-SCDMA 系统中，UE 在预定时刻监听物理层寻呼指示信道（PICH），此信道指示 UE 是否去接收寻呼信息。因为寻呼指示信息的时长比寻呼信息时长短得多，这种方法可以延长 UE 休眠的时间。

在 LTE/LTE-A 中寻呼依靠 PDCCH，UE 依照特定的 DRX（非连续接收）周期在预定时刻监听 PDCCH。因为 PDCCH 传输时间很短，引入 PICH 节省的能量很有限，所以 LTE 中没有使用物理层寻呼指示信道。如果在 PDCCH 上检测到自己的寻呼组标识，UE 将解读 PDSCH 并将解码的数据通过寻呼传输物理信道（PCH）传到 MAC 层。PCH 传输块中包含被寻呼 UE 的标识，未在 PCH 上找到自己标识的 UE 会丢弃这个信息并依照 DRX 周期进入休眠。

6.3.5 LTE/LTE-Advanced 高层协议

1. 相比 3G 系统简化的高层协议

为了降低 LTE/LTE-A 协议的复杂度，LTE/LTE-A 协议中的传输信道种类相比 3G 系统大大减少了，这主要得益于 LTE/LTE-A 系统以共享信道操作为主，去掉了 3G 中的专用信道，这样不仅简化了协议架构和流程，也提高了资源的利用率。3G 中众多复杂的实体，如 MAC-d、MAC-c/sh/m 等也随之被 MAC 实体所取代。

LTE/LTE-A 在 UE 的协议状态方面相比 3G 系统也进行了很大简化，其状态从 3G 系统的 5 个减少到了 2 个[空闲状态（模式）和连接状态（模式）]，如图 6-39 所示，这也大大降低了 LTE/LTE-A 协议的复杂度。

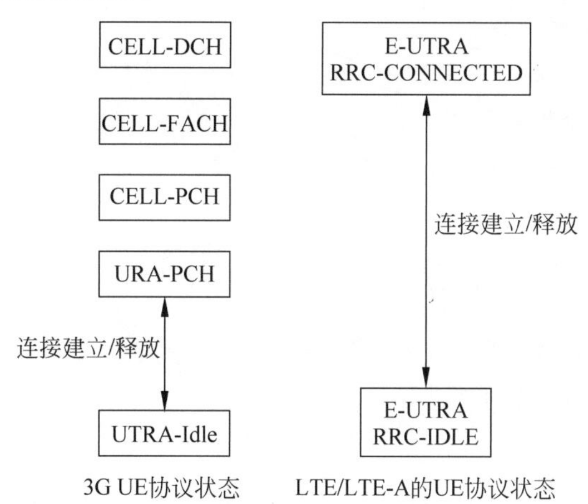

图 6-39　3G 和 LTE/LTE-A 的 UE 侧的协议状态示意图

空闲模式主要是根据网络提供的参数，建立在 UE 自治蜂窝重选的基础上，类似于当前 WCDMA/HSPA 的空闲模式。LTE/LTE-A 中的连接模式的移动性与 WCDMA/HSPA 无线网络中的截然不同，UE 在空闲模式和 RRC 连接模式之间的转换是由网络根据 UE 活动和移动性进行控制的。

2. 数据链路层

LTE/LTE-A 数据链路层的各子层接口都有对等通信业务接入点（SAP），在物理层和

MAC 层之间的 SAP 提供传输信道，MAC 层和 RLC 层之间的 SAP 提供逻辑信道，RLC 层和 PDCP 层提供无线承载。同一个传输信道上可以映射多个逻辑信道，在没有 MIMO 情况下，上行链路中每个最小交织长度 TTI 仅能产生一个传输块。

1) MAC 层

每个小区都有一个 MAC 实体，而 MAC 实体通常包含几个功能块(发射调度功能块、每个用户设备功能块、MBMS 功能块、MAC 控制功能块等)，发射调度功能功能块位于 eNodeB 中，收发两端的 MAC 协议中都需要配置 HARQ(混合自动重发请求)实体。MAC 层的业务和功能主要包括逻辑信道和传送信道之间的映射；完成通信容量测量报告；通过 HARQ 进行差错修正；进行同一用户设备中逻辑信道之间的优先级处理；通过动态调度的方式进行不同用户设备之间的优先级处理；完成传输格式选择等。

2) RLC 层

与 WCDMA 不同，LTE/LTE-A 网络的 RLC 实体位于 eNodeB 中，RLC 实体以无线承载方式为 PDCP 提供业务数据。对于一个移动终端而言，每个无线承载(bearer)配置一个 RLC 实体。

RLC 层的功能和业务如下。

(1) 传递支持确认模式(AM)或非确认模式(UM)的更高层协议数据单元(PDU)。

(2) 支持透明发射模式(TM)的数据传送。

(3) 通过 ARQ 进行差错修正。

(4) 根据传输块(TB)尺寸大小进行分割。

(5) 必要时对传输块进行再分割，并且再分割次数不限制。

(6) 串联同一无线承载的业务数据单元(SDU)。

(7) 高层 PDU 按照顺序传递。

(8) 多重侦探。

(9) 进行协议差错检测与修复。

(10) 进行 eNB 和 UE 之间的流控制。

(11) 抛弃业务数据单元。

(12) 重置功能。

3) PDCP 层

对于一个移动终端而言，每个 SAE 承载配置一个 PDCP 功能实体。

PDCP 层的功能和业务如下。

(1) 报头压缩和解压。

(2) 完成用户数据的传递，即 PDCP 接收来自于非接入层(NAS)的 PDCP SDU，并把它们传送到 RLC 层，同样它也能从 RLC 层接收 PDCP SDU，并传送到非接入层。

(3) 重新排序下行 RLC SDU。

(4) 小区切换时，顺序传送更高层 PDU。

(5) 多重检测低层 SDU。

(6) 用户面数据和控制面数据的加密。

3. 无线资源控制层

无线资源控制层的功能和业务如下。

(1) 和非接入层(NAS)相关的系统信息广播。

(2) 和接入层(AS)相关的系统信息广播。

(3) 寻呼。

(4) 建立、保持和释放 UE 与 E-UTRAN 之间的 RRC(无线资源控制)连接,其中包括 UE 与 E-UTRAN 之间临时标识符的分配,RRC 连接中无线资源的配置等。

(5) 安全性功能,包括 RRC 消息的完整性保护和 RRC 消息的加密。

(6) 建立、保持和释放点对点的无线资源承载,包括为无线承载的无线资源配置等。

(7) 移动性功能,包括有关 UE 小区内和小区间移动性的测量报告及其控制、小区间切换、UE 小区选择和重选及其控制、eNB 之间上下文传送等。

(8) 多播和广播业务通知。

(9) 建立、保持和释放多播和广播业务的无线资源承载,包括无线承载配置。

(10) QoS 管理功能。

(11) UE 测量报告及控制。

(12) MBMS(多媒体广播组播业务)控制。

(13) NAS 和 UE 之间的直接信息传送。

4. 非接入层(NAS)

非接入层是终端和移动管理实体间控制面的最高层,非接入层完成的功能如下。

(1) EPS 移动性管理(EMM)——支持用户终端的移动性。

(2) EPS 会话管理(ESM)——建立和保持用户终端与核心网(PDN GW)间的会话连接。

(3) NAS 安全——NAS 信令消息的完整性保护和加解密。

6.4 LTE/LTE-Advanced 移动性管理与安全机制

6.4.1 LTE/LTE-Advanced 移动性管理

对于连接入网的 UE 来说,移动性管理可以分为空闲模式移动性管理和连接模式移动性管理。

1. 空闲模式移动性管理

1) 空闲模式移动性

UE 根据无线测量值,在已选的公用陆地移动网(PLMN)确定合适的蜂窝。UE 开始接收该蜂窝的广播信道,并确认该蜂窝是否适合预占,它要求蜂窝处于非禁止状态,且无线信号质量足够好。选择好蜂窝后,UE 必须在网络处进行注册,这样能够将已选 PLMN 告知完成注册的 PLMN。根据重选标准,如果 UE 能够找到一个较好的重选对象,它将在该蜂窝上进行重选和预占,并再次检查蜂窝是否适合预占。如果 UE 预占的蜂窝不属于 UE 注册的任何一个跟踪区(TA),则需要重新进行位置注册,如图 6-40 所示。

可以为 PLMN 分配优先级值以便 UE 选择 PLMN。如果另一个 PLMN 已经被选择,则 UE 将定期搜索高优先级 PLMN,并选择合适的蜂窝。例如运营商可能会为全球用户身份模块(US1M)卡用户配置首选漫游运营商。当 UE 进行漫游而无法预占首选运营商时,它将周期性地寻找首选运营商。

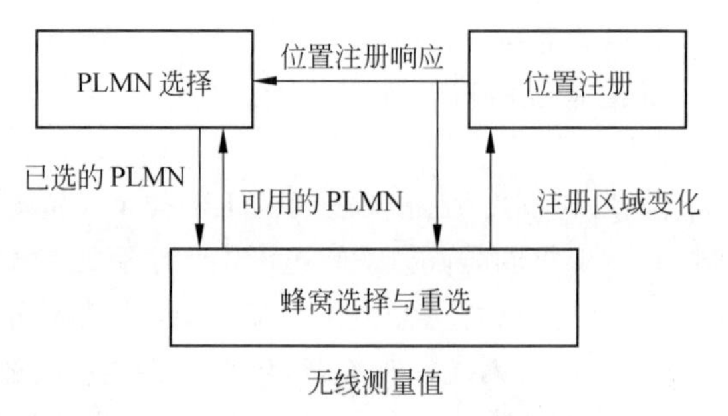

图 6-40　空闲模式移动性管理示意图

如果 UE 无法找到合适的蜂窝进行预占，或者如果位置注册过程失败时，它将不考虑 PLMN 标识，来预占蜂窝，并进入"有限服务"状态，仅允许用户进行紧急呼叫。

2）蜂窝选择与重选过程

(1) 蜂窝选择。当 UE 首次处于开机状态时，它将启动初始蜂窝选择过程。UE 根据其寻找适当蜂窝的能力，扫描 E-UTRA 频段中的所有射频(RF)信道；在每个载波频率上，UE 只需要寻找信号最强的蜂窝；一旦发现合适的蜂窝，则选择该蜂窝。初始蜂窝选择用于确保 UE 尽快接受服务(或到达服务区)，UE 也可以存储可用载波频率和邻近蜂窝的信息。这些信息可能与系统信息有关，也可能与 UE 先前获取的其他信息有关——3GPP 规范并未明确定义 UE 需要或允许存储何种信息来为蜂窝选择提供服务。如果 UE 无法根据存储的信息找到一个合适蜂窝，则初始蜂窝选择过程将开始确保找到一个合适蜂窝。

对于一个合适蜂窝来说，它应当满足 S 标准：$S_{\text{rxlevel}}>0$，且有

$$S_{\text{rxlevel}}=Q_{\text{rxlevelmeans}}-(Q_{\text{rxlevmin}}-Q_{\text{rxlevminoffset}}) \tag{6-6}$$

$Q_{\text{rxlevelmeans}}$ 表示接收电平测量值(RSRP)，Q_{rxlevmin} 表示所需的最低接收电平值(单位为 dBm)，当搜索高优先级 PLMN 时，就会用到 $Q_{\text{rxlevminoffset}}$。

(2) 重选过程。当 UE 预占了某个蜂窝时，它将根据重选标准，继续寻找一个信号较好的蜂窝作为重选对象。频内蜂窝重选主要基于蜂窝分级标准，为了做到这一点，UE 需要对邻近蜂窝进行测量，测量结果将出现在服务蜂窝中的邻近蜂窝列表中。网络也可能禁止 UE 将一些蜂窝列为重选对象，这些蜂窝称为列入黑名单的蜂窝。为了限制重选测量的要求，目前已经规定如果 $S_{\text{seringcell}}$ 值足够大，则 UE 不需要进行任何频内、频间或系统内测量。当 $S_{\text{seringcell}}\leqslant S_{\text{intrasearch}}$ 时，必须进行频内测量。当 $S_{\text{seringcell}}\leqslant S_{\text{nonintrasearch}}$ 时，必须进行频间测量。如果 UE 运动速率过快，网络可能会对蜂窝重选参数进行调整。

此外，LTE/LTE-A 还确定了频内和同等优先重选方法以及频间/RAT(无线接入技术)间重选方法，同样需要建立在蜂窝分级的基础上。

3）位置注册与跟踪区优化

终端处于空闲状态时，网络并不清楚终端具体驻留在哪个小区。在 LTE/LTE-A 中，由于只有 PS 域，因此引入跟踪区的概念。如图 6-41 所示，网络将若干小区划分为一个跟踪区，网络侧的 MME(移动管理实体)为 UE 维护一个跟踪区列表，即网络侧知道 UE 当前处于哪些跟踪区中，当有该 UE 的寻呼到达时，网络就在相应的跟踪区列表下所有小区发起寻呼来寻找目标 UE。当 UE 新驻留的小区所属的跟踪区不在现有跟踪区列表中，UE 就必须发起位置注册流程，以便使网络侧获知 UE 新的位置信息，避免无法寻呼 UE。此外，终端

也需要周期性触发位置注册。处于空闲状态的终端还将不断评估其他相邻小区的信号强度和质量,如果有更合适驻留的小区将进行小区重选。

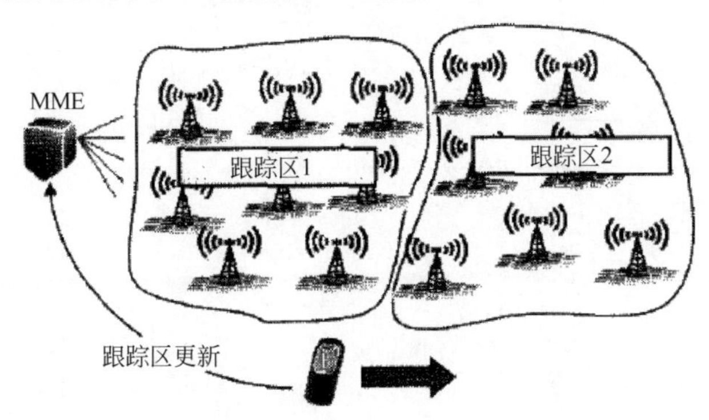

图 6-41　LTE/LTE-A 跟踪区概念

在进行网络规划时,可以优化跟踪区的大小。大型跟踪区有利于避开跟踪区更新信令,小型跟踪区有利于降低负荷输入分组呼叫的寻呼信令。在 UTRAN 中,对应概念称为路由区(RA),它通常包括上百个基站。

可以为 UE 分配多个跟踪区,以避免在跟踪区边界进行不必要的跟踪区更新,如当 UE 在两个不同跟踪区的蜂窝之间频繁进行切换时。也可以为 UE 分配 1 个 LTE 跟踪区和 1 个 UTRAN 路由区,以避免在两个系统之间转换时发送信令。

2. 连接模式移动性管理

这里的连接模式是指 EPS 连接性管理(ECM)的连接状态,即 ECM-CONNECTED,其主要状态特征如下。

(1) UE 与网络之间有信令连接,这个信令连接包括 RRC 连接和 S1-C 连接两部分。

(2) 网络对 UE 位置的所知精度为小区级别。

(3) 在此状态的 UE 移动性管理由切换过程控制。

(4) 当 UE 进入未注册的新跟踪区时,应执行跟踪区更新。

(5) 研究项目(S1)释放过程将使 UE 从 ECM-CONNECTED 状态迁移到 ECM-IDLE 状态。

连接状态下 LTE/LTE-A 接入系统内的移动性管理指的是处理在连接状态下 UE 的移动,其主要内容包括核心网节点的重定位以及切换过程。

LTE/LTE-A 支持异系统切换和系统内部切换,系统内部切换又分为如下 3 种切换类型。

(1) 在 eNB 内部的切换。

(2) 在 eNB 之间的切换(有 X2 接口,核心网节点不重定位)。

(3) 在 eNB 之间的切换(没有 X2 接口,核心网节点重定位或者不重定位)。

现在来讨论 eNB 之间具有 X2 接口进行资源预留和切换操作的情况,即不含 EPC,也就是有关切换直接在 eNB 之间通过 X2 接口进行交互。整个切换流程采取了 UE 辅助网络控制的思路,即包括测量、上报、判决、执行 4 个步骤。当原基站根据 UE 及 eNB 的测量报告,决定 UE 向目标小区切换时,会直接通过 X2 接口和目标基站进行信息交换,完成目标小区的资源准备,然后命令 UE 往目标小区切换。在切换成功后,目标基站通知原基站释放原来小区的无线资源。除此以外,还要把原基站尚未发送的数据传送给目标基站,并更新用户面和控制面的节点关系。其切换流程如图 6-42 所示。

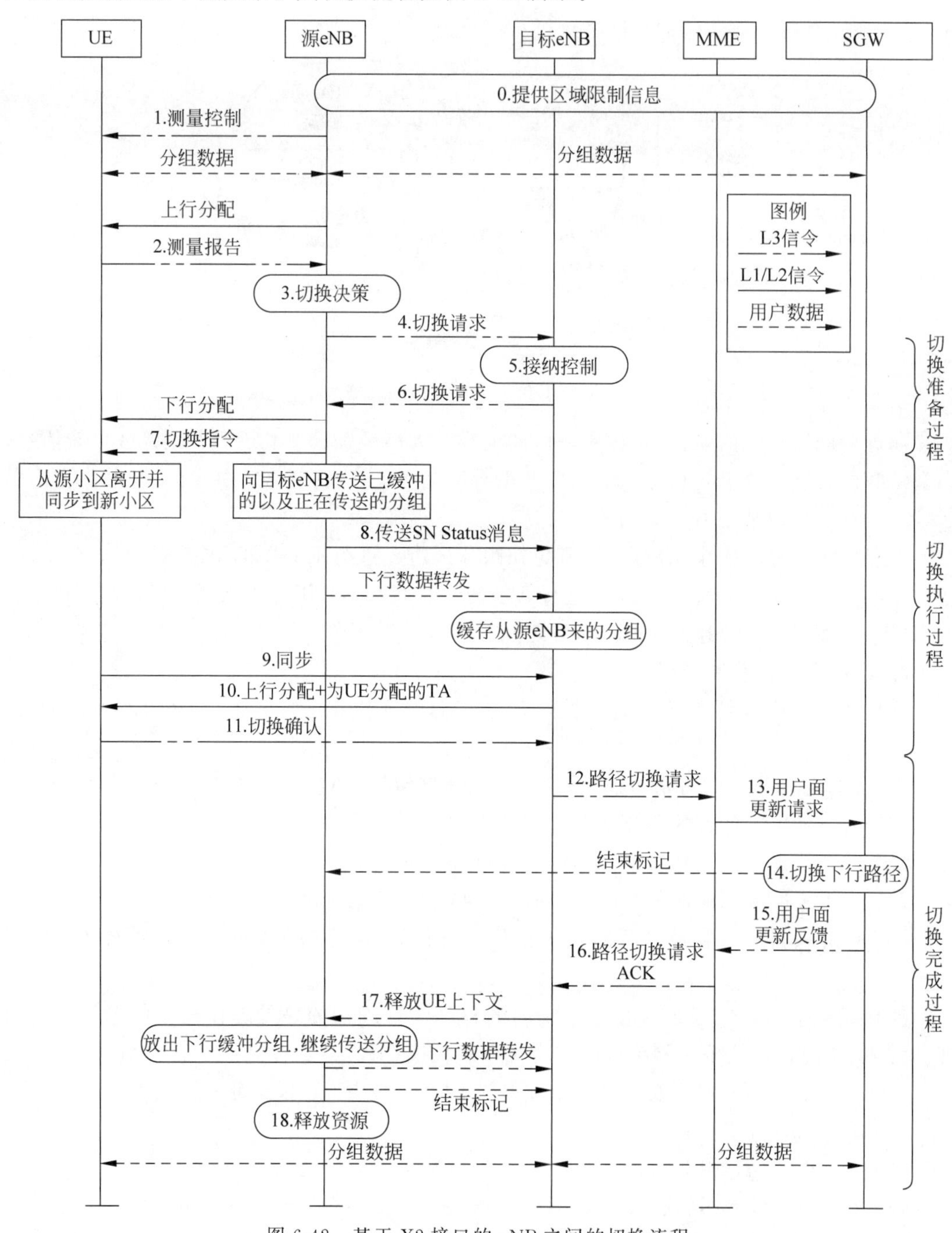

图 6-42　基于 X2 接口的 eNB 之间的切换流程

为了实现在连接状态下 LTE/LTE-A 接入系统内切换过程中数据不丢失,切换过程采用了数据转发的方法。如图 6-43(a)所示,源 eNB 将切换准备过程缓冲的下行数据通过 X2 接口转发给目标 eNB。

在 IP 网中,双播技术作为一种有效解决数据丢失的技术也逐渐被引入 LTE/LTE-A 中来。双播机制在连接状态下,LTE/LTE-A 接入系统内的切换如图 6-43(b)所示,当 UE

从源 eNB 移动到目标 eNB 的过程中，下行数据到达 SGW 后，SGW 对数据进行复制，同时发送给源 eNB 以及目标 eNB；当切换结束后，SGW 将只发送下行数据至目标 eNB。

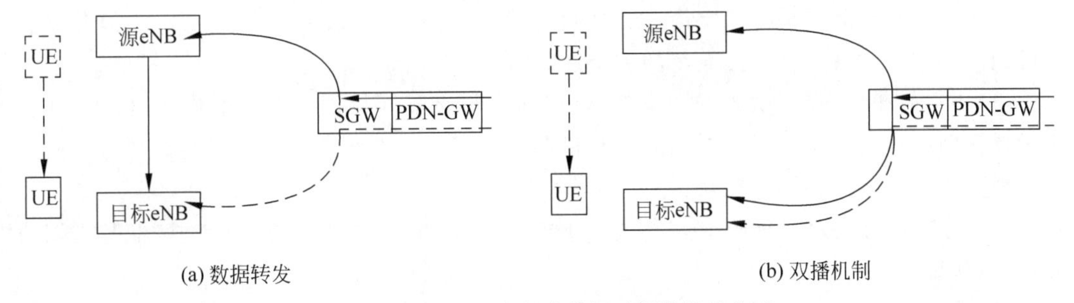

图 6-43　切换过程中保障数据无损传输的方式

6.4.2　LTE/LTE-Advanced 安全机制

微课视频 26

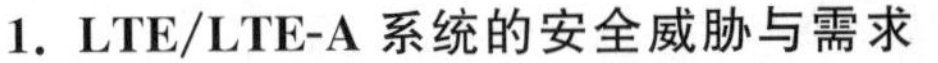

1. LTE/LTE-A 系统的安全威胁与需求

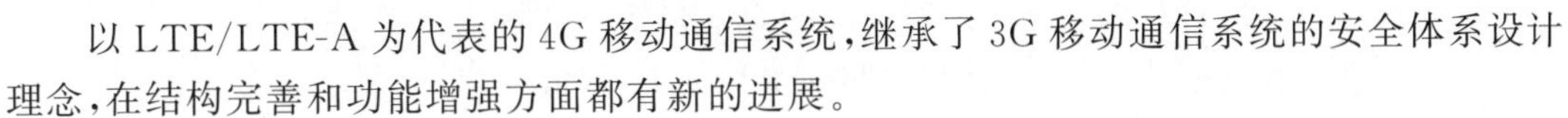

以 LTE/LTE-A 为代表的 4G 移动通信系统，继承了 3G 移动通信系统的安全体系设计理念，在结构完善和功能增强方面都有新的进展。

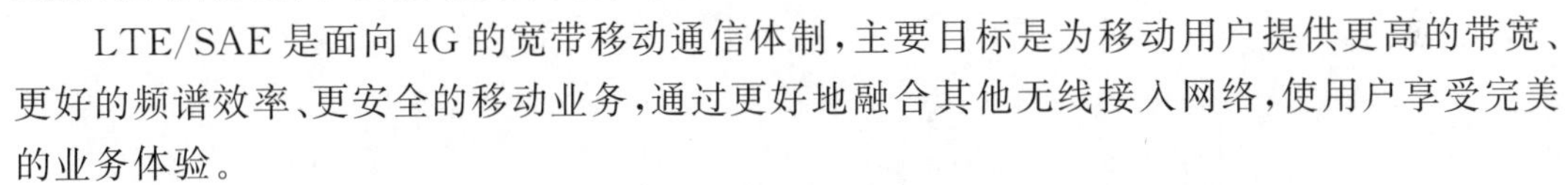

LTE/SAE 是面向 4G 的宽带移动通信体制，主要目标是为移动用户提供更高的带宽、更好的频谱效率、更安全的移动业务，通过更好地融合其他无线接入网络，使用户享受完美的业务体验。

GSM 主要关注无线链路的安全特性，UMTS 增强了无线接入安全，并开始关注网络功能的安全。

LTE/LTE-A 将基于全 IP 结构，尽管具备提供高效灵活业务的能力，但 IP 机制也意味着面临更多的安全威胁和隐患。因此其网络系统需要更加强健的安全体系，处理各种网络架构的差别，提高安全机制的健壮性。

总体来说，LTE/LTE-A 系统受到的安全威胁来自以下几方面。

(1) 非法使用移动设备(ME)和用户的识别码接入网络。

(2) 根据用户设备(UE)的临时识别码、信令消息等跟踪用户。

(3) 非法使用安全过程中的密钥接入网络。

(4) 修改 UE 参数，使正常工作的手机永久或长期闭锁。

(5) 篡改 E-UTRAN 网络广播的系统信息。

(6) 监听和非法修改 IP 数据包内容。

(7) 通过重放攻击数据与信令的完整性。

LTE/LTE-A 系统的安全需求有以下几方面。

(1) 提供比 UMTS 更强壮的安全性——增加新的安全功能和安全措施。

(2) 用户身份加密——消除任何非法鉴别与跟踪用户的手段。

(3) 用户和网络相互认证——保证网络中的通信双方是安全互信的。

(4) 数据加密——确保无法在传输过程中窃取业务数据。

(5) 数据完整性保护——保证任何网络实体收到的数据都未被篡改。

(6) 与 GERAN 和 UTRAN 互操作——在网络互操作条件下，保证安全性低的接入网不会对 LTE/SAE 产生威胁。

(7) 重放保护——确保入侵者不能重放已经发送的信令消息。

2. LTE/LTE-A 系统的安全体系与密钥管理

LTE/LTE-A 的安全架构是由 3GPP 制定的(参见图 5-51),和 3G 是一致的,但其健壮性得到了增强。LTE/LTE-A 系统的安全体系具有以下特点。

(1) NAS(非接入层)引入安全机制,包括加密与完整性保护。由于 LTE/LTE-A 支持非 3GPP 网络接入,因此需要采用移动 IP 机制。为了提高系统安全的健壮性,NAS 的所有信令都要进行加密和完整性保护。

(2) 使用临时用户识别码,在 UE 接入网络初始附着时,强制进行 AKA(认证与密钥协商)双向认证。

(3) 使用加密技术,保证用户数据和信令的安全;使用完整性技术,保证网络信息的安全。

(4) 采用动态密钥分配与管理机制,增加抽象层,对密钥进行分层管理,保护各级密钥。

(5) 在 IP 传输层,采用 IPSec 协议保护传输数据。

(6) 增加 3GPP 与非 3GPP 接入网之间的安全互操作机制。

LTE/LTE-A 的密钥采用分层管理机制,如图 6-44 所示。

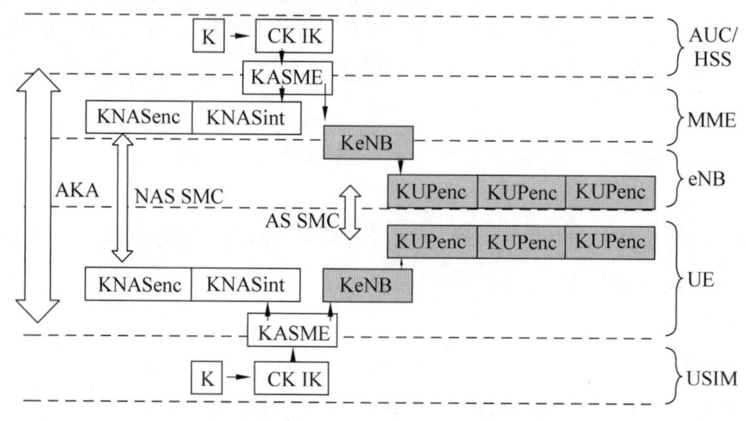

图 6-44 LTE/LTE-A 的密钥分层存储和生成

LTE/LTE-A 系统各个密钥说明如下。

(1) K、CK 与 IK:K 是主密钥,位于 USIM 与 AUC 中,基于 KDF 生成 CK,用于加密,生成 IK 用于完整性保护,CK 与 IK 位于 UE 和 HSS 中。

(2) KASME:由 CK 与 IK 派生,位于 UE 与 ASME(接入安全管理实体,位于 MME)中,用于生成 AS(接入层)与 NAS 的各种会话密钥,进行加密和完整性保护。

(3) KeNB:当 UE 在连接状态,由 UE 和 MME 从 KASME 派生;当 UE 在切换状态,由 UE 和目标 eNodeB 派生。

(4) KNASint 与 KNASenc:分别用于 NAS 数据完整性保护和数据加密算法的密钥,由 UE 和 MME 从 KASME 派生。

(5) KUPenc、KRRCint 和 KRRCenc:分别用于 AS 层上行业务数据加密、RRC 数据完整性和加密的密钥,由 UE 和 eNodeB 从 KeNB 派生。

AKA 过程用于 USIM/UE 与 MME/HSS 间相互认证,AKA 过程包含两部分:MME 从 HSS 获取安全认证信息;MME 向 UE 发起安全认证过程。

LTE/LTE-A 系统采用的加解密算法 EEA(EPS 加密算法)包括不加密的 EEA0 算法、EEA1 算法(对应 SNOW 3G 算法)、EEA2 算法(对应 AES 算法)、EEA3 算法(对应我国提出的 ZUC 算法,即祖冲之算法)。采用的完整性保护算法 EIA(EPS 完整性保护算法)包括不进行完整性保护的 EIA0 算法、EIA1 算法(SNOW 3G)、EIA2 算法(AES)、EIA3 算法(ZUC)。

LTE 的 UE 端、eNB 端和 MME 都应实现以上算法,UE 的 NAS、AS 层所使用的安全算法分别由 MME 和 eNB 配置。

6.5 LTE/LTE-Advanced 语音解决方案

由于 LTE/LTE-A 的主要设计目标是提供宽带高速业务,只定义了 PS 域,并没有像 2G 或者 3G 那样为时延敏感和带宽要求较低的语音业务定义一个专用的基于 CS 域的承载。因此针对 LTE/LTE-A 网络的各种语音解决方案,从技术发展的角度分类,可以分为过渡阶段语音解决方案和终极语音解决方案,CSFB(电路域回落)和 SVLTE(语音和 LTE 同步)属于过渡语音解决方案,VoLTE(基于 LTE 的语音)则属于终极语音解决方案。

6.5.1 CSFB 语音方案

CSFB 是 CS FallBack 的简称,其基本原理是终端驻留在 LTE 网络,其发起或接收语音呼叫时,需要先从 LTE 回落到 2G/3G 网络,由 2G 或者 3G 的电路域来提供语音业务服务。作为 LTE/LTE-A 的过渡语音解决方案,CSFB 是 3GPP 定义的标准方案,在国际上已经被一些运营商商用部署,比如美国的 AT&T、日本 DoCoMo 等。虽然从技术上可以把语音业务回退到 2G 或者 3G 的网络承载,但是多数运营商都选择了回退到 3G 的 WCDMA 上,比如 DoCoMo、AT&T 等运营商都选择了回退到 WCDMA 上进行语音业务的承载。

图 6-45 是 3GPP 的相关标准中给出的关于 CSFB 的网络架构,从图中直接可以看出,为了支持 CSFB,需要 LTE/LTE-A 网络中的核心网的网元设备 MME 与传统 2G/3G 核心网的网元设备 SGSN 和 MSC 之间分别通过 S3 和 SGs 接口连接起来,这就需要对 2G/3G 的核心网设备进行升级。除此之外,从接入网的角度看,也需要对 LTE/LTE-A 小区与传统 2G/3G 小区的覆盖及邻小区配置进行优化。

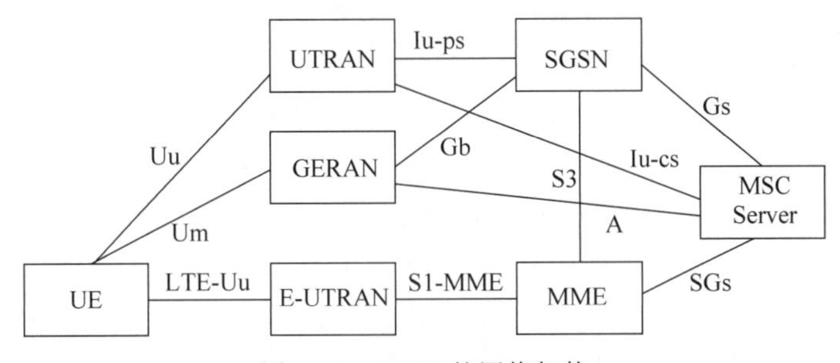

图 6-45 CSFB 的网络架构

对应于 CFSB 语音方案,3GPP 定义的 CSFB 标准考虑了各种不同场景下的 CSFB 信令流程,比如终端在 PS 空闲状态下的主叫及被叫、终端在 PS 激活状态下的主叫及被叫等。

因此,在软件方面,终端需要支持 CSFB 对应的协议栈软件方可与网络配合支持 CSFB 语音方案的信令流程。图 6-46 是 CSFB 终端的射频部分硬件架构参考图。

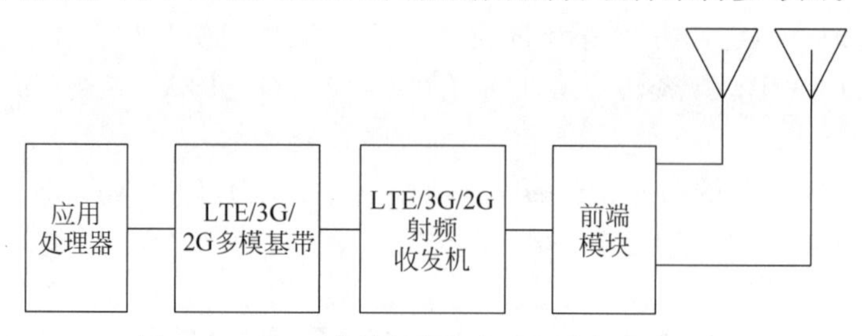

图 6-46 CSFB 终端的射频部分硬件架构参考图

6.5.2 SVLTE 语音方案

SVLTE 又称为双待方式,该解决方案是通过终端同时工作在 LTE/LTTE-A 和 CS 域(2G/3G),前者提供数据业务,后者提供语音业务实现的,由于终端的 CS 域和 PS 域是在两个网络上独立进行注册,互不影响,无须网络升级和改造,因此这是纯粹基于终端的解决方案。3GPP 标准中并未定义此方案,也是因为此方案是一个完全终端自主实现的方案,并不需要网络设备的配合和改造。2011 年,北美运营商 Verizon 用了此方案,其需求是 CDMA+LTE 的双待,语音业务基于 CDMA 网络承载,数据业务则基于 LTE 网络承载。近期,国内的运营商中国移动也宣布选择双待方案作为 LTE 的语音过渡阶段方案,其需求是语音通过 2G 或者 3G 承载,数据通过 LTE 承载,因此会有两种终端的实现,即 GSM/TD-SCDMA+TD-LTE 或者 GSM+TD-SCDMA/TD-LTE。

图 6-47 是 GSM+TD-SCDMA/TD-LTE 终端的射频部分硬件架构参考图。

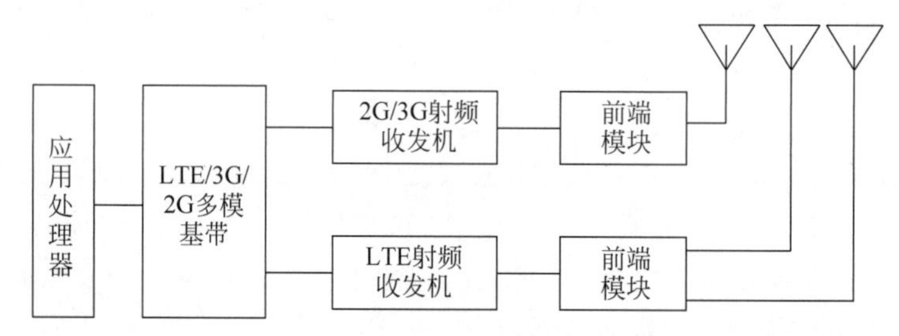

图 6-47 GSM+TD-SCDMA/TD-LTE 终端的射频部分硬件架构参考图

双待方案的优点是可以支持语音业务和数据业务的并发,即通过传统的 2G/3G 网络的 CS 域支持语音业务,PS 业务在 LTE 网络上可以获得很好的高速数据业务体验;其缺点是,由于需要同时在两个网络上驻留,终端的待机功耗会比较高。另外,终端需同时支持 2 套无线设备,也会增加终端实现的成本及复杂度。

在 LTE/LTTE-A 网络部署的中早期,LTE/LTTE-A 网络覆盖还不太完善,VoLTE 技术和产品不够成熟,CSFB 和 SVLTE 两种方案是主要的语音解决方案,这两种方案本质上都是依赖传统的 2G 或者 3G 网络的 CS 域承载语音业务,而 LTE/LTTE-A 只用于承载数据业务。

其主要区别是,CFSB 需要网络和终端配合实现,而 SVLTE 完全是一个终端自主实现的方案,不需要网络升级改造。

VoLTE 直接基于 LTE 网络承载语音业务，以 VoIP 的方式通过 LTE/LTTE-A 的 PS 域来传输语音业务的数据包。此技术非常适合承载基于 WB-AMR(宽带自适应多速率)的高采样速率语音服务，从而为用户带来较好的体验。

6.5.3 VoLTE 语音方案

VoLTE 作为 LTE/LTTE-A 的终极语音解决方案，在网络演进方面，无线侧体现为从 2G/3G 向 LTE/LTTE-A 发展，核心网侧体现为从 CS 向 IMS 发展，因此 VoLTE 非常符合移动通信产业演进的方向。为了支持 VoLTE，需要在核心网部署完善的 IMS 核心网网元设备控制语音业务的发起和呼叫，GSMA 的标准 IR. 92 对 VoLTE 的协议栈做了详细的规定和描述。

图 6-48 是端到端的 VoLTE 协议架构图。由图 6-48 可见，终端侧只需要增加 IMS 协议栈以及相应的 SRVCC 协议栈，可以沿用与 CSFB 类似的射频部分硬件实现；接入网需要支持对应于语音业务的承载，核心网需要增加 IMS 服务器。图 6-49 则是对应于 VoLTE 的网络参考架构。

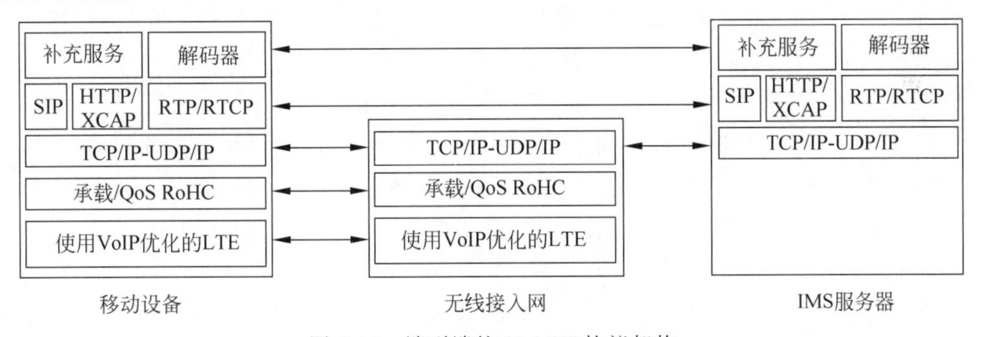

图 6-48 端到端的 VoLET 协议架构

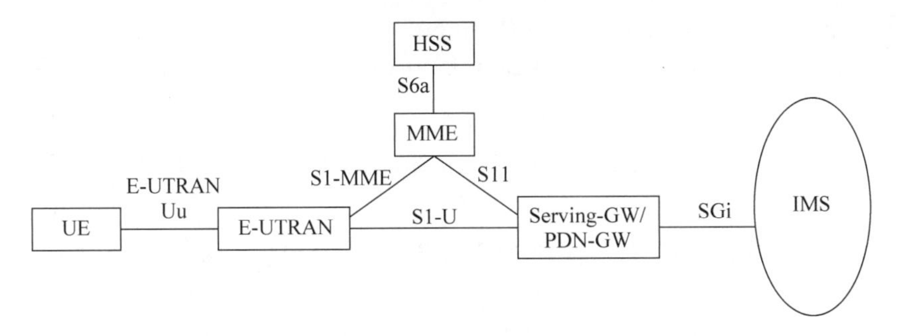

图 6-49 VoLET 网络参考架构

由于 VoLTE 涉及较多新技术，需要必要的测试和试验，而且 IMS 的部署也需要一定的周期，此阶段在 LTE/LTTE-A 网络的覆盖不完善的情况下，可以结合 SRVCC(单模式语音呼叫连续性)技术，利用已有的 2G/3G 网络，实现通话中的 LTE/LTTE-A 到 CS 域的切换，来为用户提供连续的语音服务。图 6-50 是 VoLTE＋SRVCC 一起部署的网络参考架构，由图可见，部署 SRVCC 需要对 2G/3G 核心网网元设备 MSC、SGSN、MME 等进行升级、改造，以支持与 IMS 多媒体网元设备的互联互通。

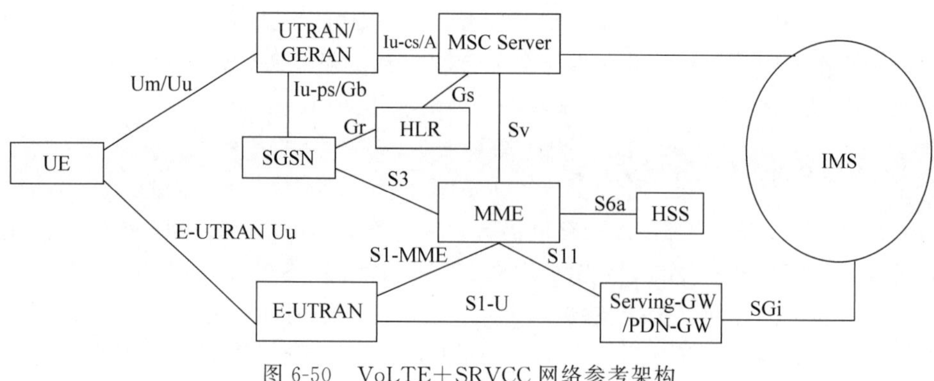

图 6-50 VoLTE+SRVCC 网络参考架构

本章小结

IMT-Advanced 特征主要包括：①高移动性时支持 100Mb/s 峰值数据速率，低移动性时支持 1Gb/s 峰值数据速率；②与其他技术互通；③支持高质量的移动服务，与其他无线技术互通和支持全球范围内使用的设备。

IMT-Advanced 的两个正式方案是 LTE-Advanced 和 WMAN-Advanced。

国际移动通信标准 IMT-2000 和 IMT-Advanced 频段可以通用，除原来已有的 1G、2G 和 3G 频段外，ITU-R 为 IMT 划分了新的频段，具体包括如下 4 个频段：450～470MHz(20MHz 带宽)；698～806MHz(108MHz 带宽)；2300～2400MHz(100MHz 带宽)；3400～3600MHz(200MHz 带宽)。

LTE/LTE-Advanced 网络由 E-UTRAN(增强型无线接入网)和 EPC(增强型分组核心)组成，又称为 EPS(增强型分组系统)。其中，E-UTRAN 由多个 eNodeB(增强型 Node B，简称 eNB)组成，LTE-Advanced 还支持 HeNB(家庭 eNB)和 RN(中继节点)，当以规模方式部署大量的 HeNB 时，就需要部署家用基站网关(HeNB GW)；EPC 由 MME(移动性管理实体)、SGW(服务网关)和 PGW(PDN 网关)组成。

LTE/LTE-Advanced 作为 3GPP 移动通信系统的新一代无线接入技术标准，同时支持 FDD 和 TDD 两种双工方式。

LTE 系统的关键技术有 OFDM 技术、MIMO 技术、HARQ 技术、多维动态资源调度和链路自适应技术。

LTE-Advanced 系统的关键技术有多载波聚合技术、增强 MIMO 技术、CoMP 技术、中继技术、异构网络和增强型小区干扰协调技术。

UE 与 eNB 之间的接口是空中接口，其协议架构分为 3 层 2 面，3 层是物理层、链路层和网络层，2 面是控制面和用户面。其中，用户面支持物理层协议(PHY)和链路层各子层协议 MAC(媒体接入控制)、RLC(无线链路控制)、PDCP(分组数据汇聚)，控制面支持的协议除了物理层和链路层协议外，还有网络层协议 RRC(无线资源控制)和 NAS(非接入层)。从图 6-23 可以看出，用户面协议仅仅应用于 UE 和 eNB 之间，控制面协议也只有 NAS 应用于 UE 和 MME 之间(eNB 只起传递作用，不参与处理)。因此从网络侧看，PHY、MAC、RLC、PDCP、RRC 等协议都终止于 eNB，仅有 NAS 终止于移动管理实体(MME)。

LTE/LTE-A 同时支持 TDD 和 FDD 两种方式的帧结构。为了便于调度、简化反馈设计以及设备实现等,TD-LTE 和 LTE-FDD 采用等长的子帧结构：每子帧为 1ms,又分为 2 个时隙,每时隙为 0.5ms；10 个子帧构成 10ms 的无线帧。与 LTE-FDD 不同的是,TD-LTE 引入了特殊子帧。特殊子帧由下行导频时隙(DwPTS)、保护间隔(GP)和上行导频时隙(UpPTS)3 部分组成,用于上下行转换。TDD 模式支持不对称传输。

PDSCH 是 LTE/LTE-A 承载下行数据的物理层信道,它以传输块(TB)作为基本数据传输单元。传输块经过编码、加扰、调制、层映射、预编码、资源映射、OFDM 调制,映射到相应天线端口,发射出去。接收过程是发送过程的逆过程,接收端通过 OFDM 解调、解资源映射、信道估计、均衡、解调、解扰、译码恢复出发送信息。

LTE/LTE-A 物理层处理过程包括小区搜索、时间调整、寻呼控制和随机接入。

LTE/LTE-A 移动性管理包括空闲态移动性管理和连接态移动性管理。

LTE/LTE-A 将基于全 IP 结构,尽管具备提供高效灵活业务的能力,但 IP 机制也意味着面临更多的安全威胁和隐患。因此其网络系统需要更加强健的安全体系,处理各种网络架构的差别,提高安全机制的健壮性。

LTE/LTE-A 网络的各种语音解决方案,从技术演进的角度分类,可以分为过渡阶段语音解决方案和终极语音解决方案,CSFB(电路域回落)和 SVLTE(语音和 LTE 同步)属于过渡语音解决方案,VoLTE(基于 LTE 的语音)则属于终极语音解决方案。

习题

6-1 IMT-2000 系统和 IMT-Advanced 系统的关键技术有何异同点？主要技术性能差异表现在哪些方面？

6-2 4G 移动通信系统有哪几种标准？这些标准之间的主要技术差异是什么？

6-3 ITU 给 4G 分配了哪些频段？这些频段的商用情况如何？中国的运营商如何使用 4G 频率？

6-4 画出 LTE/LTE-Advanced 网络架构图,说明各网元的功能。LTE/LTE-Advanced 网络与 UTRA 网络有何差异？

6-5 LTE 为何要采用 OFDM,而不是 3G 系统使用的 CDMA？

6-6 OFDM 和 OFDMA 有何区别？

6-7 OFDMA 和 SC-OFDM 实现方式有何差异？性能上又有何差异？

6-8 在帧结构上,TD-LTE 继承了 TD-SCDMA 的哪些特性？又进行了哪些改进？

6-9 MIMO 和智能天线有何区别？

6-10 对 LTE 网络来说,为什么 TDD/FDD 的共性是产业融合的基础？

6-11 小区专用参考信号和用户专用参考信号有何区别？

6-12 对于 LTE 系统,为什么上行有功率控制,下行却没有？下行又是采用什么方式安排功率发送的？

6-13 LTE 系统的关键技术有哪些？LTE-A 系统的关键技术有哪些？这些技术分别解决什么问题？

6-14 LTE/LTE-Advanced 的空中接口协议有哪几层？分别完成什么功能？其协议

结构与3G网络相比有什么变化?

6-15 LTE/LTE-Advanced的物理层处理过程有哪些?它们是如何工作的?

6-16 国外FDD/TD-LTE双模终端漫游到国内时,如何进行PLMN选择?

6-17 什么是LTE/LTE-Advanced的跟踪区?有何作用?

6-18 载波聚合技术所能聚合的载波数有限制吗?2.6GHz的载波能和1.9GHz的载波聚合在一起吗?

6-19 CoMP有哪几种典型实现方式?JP和CS/CB分别有哪些应用场景?

6-20 中继站与无线直放站有何区别?

6-21 LTE/LTE-A的最小资源是什么?最小调度资源又是什么?

6-22 LTE/LTE-A的安全机制和3G的安全机制在哪些方面有增强?

6-23 LTE/LTE-A的语音解决方案有哪几种?试比较其优缺点。

第7章 第五代移动通信系统(5G)

CHAPTER 7

7.1 5G系统总述

历史的车轮把我们载入5G时代,那么什么是5G?5G给我们带来什么?这一节将会回答这些基本问题,包括5G的起源与发展历程、现状与发展趋势、主要参数、频段、技术特征和业务特征等。

7.1.1 5G的起源与发展历程

1. 5G的起源

随着4G网络的大规模部署,其服务覆盖范围和数据传输能力大大增强。4G网络还处在高速增长过程中,人们在这一过程中,体会到了高速宽带移动网络带来的便利。但随着移动业务的扩张,基于连接规模的运维模式开始遇到增长瓶颈,产业的发展需要拓展更多的业务场景,创造更多的连接规模和应用。虚拟现实(VR)、增强现实(AR)和高清视频需要网络支持1～10Gb/s的空口传输速率;自动驾驶、远程医疗的发展要求网络时延从100ms降到1ms;新的业务对网络能力提出了更高的要求,而网络技术的不断创新又促使网络能力得到大幅提升。在需求和技术的双重驱动下,5G技术应运而生。它可以应对未来爆炸式的移动数据流量增长、海量的设备连接、不断涌现的各类新业务和应用场景,"信息随心至,万物触手及"将变为现实。

总体来说,5G将具有以下几大优点:数据传输速率快,频率利用率高,无线覆盖能力强,兼容性好,成本费用低,不受场地限制等。相对于4G网络,5G网络的传输速率将提升10～100倍,峰值传输速率可达到10Gb/s,端到端时延可达到毫秒级,连接设备密度将增加10～100倍,流量密度将提升1000倍,频谱效率将提升5～10倍,并能够在500km/h的速度下保证用户体验。

2. 5G的应用场景

相对于历代移动通信系统,5G不仅能够满足人和人之间的通信,还将渗透到未来社会的各个领域,以用户为中心构建全方位的信息生态系统。由于5G需要满足人与人、人与物、物与物的信息交互,应用场景将更加复杂和细化。按ITU的定义,5G分为三大类应用场景(如图7-1所示):增强移动宽带(eMBB)、大规模机器类通信(mMTC)和超可靠低时延通信(uRLLC)。eMBB应用场景是指在现有移动宽带业务场景的基础上,对用户体验等性能进一步提升,主要还是追求人与人之间极致的通信体验。mMTC 和 uRLLC 都是物联网(IoT)的应用场景,但各自侧重点不同。mMTC 主要是人与物之间的信息交互,而 uRLLC 主要体现物与物之间的通信需求。

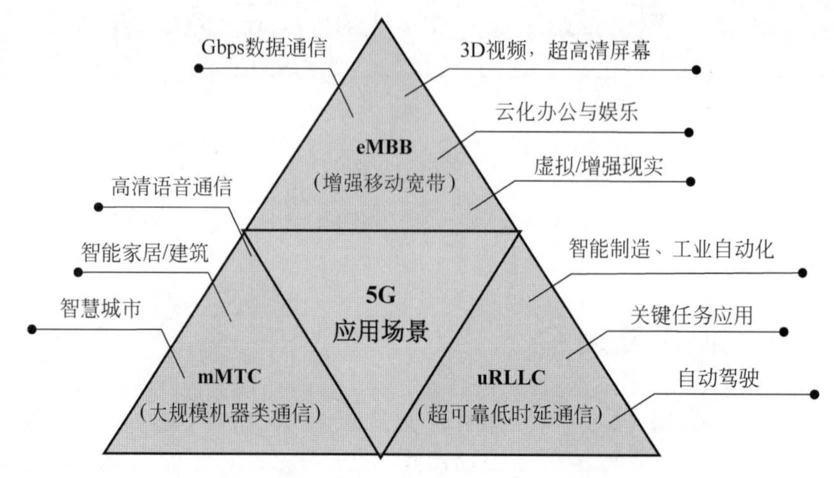

图 7-1 ITU 定义的 5G 三大类应用场景

eMBB 应用场景集中表现为超高的数据传输速率、广覆盖下的移动性保证等。未来几年,用户数据流量将持续呈现爆发式增长(年均增长率高达 47%),而业务形态也以视频为主(占比达 78%)。在 5G 的支持下,用户可以轻松享受在线 2K/4K 视频及 VR/AR 视频,用户体验速率可提升至 1Gb/s(4G 最高速率为 100~150Mb/s),峰值速率甚至可以达到 10Gb/s。

在 uRLLC 应用场景下,连接时延要达到 1ms 级别,而且要支持高速移动(500km/h)情况下的高可靠性(99.999%)连接。这一场景更多面向车联网、工业控制、远程医疗等特殊应用。

mMTC 应用场景主要考虑以强大的连接能力快速促进各垂直行业(智慧城市、智能家居、环境监测等)的深度融合,实现万物互联。在此场景下,数据传输速率较低且对时延不敏感,连接将覆盖生活的方方面面,终端成本更低,电池寿命更长且可靠性更高。

3. 5G 的标准化进程

在 4G 网络规模化部署之后,5G 网络的研发与标准化就提上了议事日程。5G 的标准化过程仍然同 4G 一样,首先由企业、高校及相关研究机构进行预研;再由区域性机构、相关组织与论坛收集观点,并达成一致;最后由 ITU 定稿,并确定标准。早在 2009 年,高通(Qualcomm)、华为、三星等公司就已经展开了 5G 相关技术的早期研究,也各自制定了自己的 5G 研发计划和标准推进计划。自 2012 年起,作为通信领域最权威的国际标准化组织,ITU 就开始主导全球业界开展 5G 愿景与技术趋势的相关研究,并于同期成立了 IMT 工作组,持续推动 5G 的标准化进展。ITU 于 2014 年给出了 5G 标准化工作时间表,如图 7-2 所示。主要时间节点为:在 2015 年之前,5G 工作将主要集中在愿景、未来技术趋势及频谱的研究,完成 5G 宏观描述;2015 年年中启动 5G 国际标准制定,并将首先开展 5G 技术性能需求和评估方法研究;2017 年年底启动 5G 候选技术征集;2018 年年底启动 5G 技术评估及标准化;2020 年年底,5G 技术具备商用能力。

图 7-2 ITU 给出的 5G 标准化工作时间表

ITU 的 5G 标准化工作进程主要通过授权 3GPP 制定具体标准细节来完成。而 3GPP 5G 标准工作主要集中在 Rel-15 和 Rel-16,包括无线接入网及核心网。作为基础版本,Rel-15 能够实现新空口(NR)技术框架的构筑,具备站点储备条件,支持行业应用基础设计,支持网络切片(核心网),主要面向 eMBB 应用场景;而 Rel-16 则致力于为 5G 提供完整竞争力,持续提升 NR 竞争力,支持终端直通(D2D)、车联万物(V2X)、增强实时通信等功能,满足 uRLLC 及 mMTC 增强场景。

2015 年 10 月,在瑞士日内瓦召开的无线电通信全会上,国际电信联盟无线通信部门(ITU-R)正式确定了 5G 标准的法定名称为 IMT-2020,在此之前,已批准了 IMT-2020 的愿景。

5G NR 架构演进分为:非独立组网(NSA)和独立组网(SA)。在 2016 年 3GPP 釜山会议上,德国电信提出了 12 种组网选项。其中 option 3/3a/3x、option 7/7a/7x、option 4/4a 为非独立组网构架,option 2、option 5 为独立组网构架。NSA 以 LTE 网络无线侧和核心网侧作为锚点支持 5G 新的基站,是 4G 网络的补充,而 SA 的 5G 核心网和无线网架构都是独立组成的,因此 5G 独立组网将会成为 5G 最终的建网方式。

2017 年 12 月,NSA 标准功能冻结,2018 年 6 月 SA 标准功能冻结。

4. 5G 的产业化进程

5G 已经成为各国社会经济、数字化转型的关键推手,也将是改变全球经济板块的重要事件。据美国高通公司报告预测,到 2035 年,5G 将在全球创造 12.3 万亿美元经济产出,相当于所有美国消费者一年的全部支出。2020—2035 年,5G 对全球 GDP 增长的贡献将相当于与印度同等规模的经济体。为抢占战略制高点,各主要通信强国都制定了 5G 商用规划,并从网络测试、网络部署、芯片与终端、网络产品等方面全面加速 5G 的产业化进程。

1) 网络测试

2014 年 5 月,日本电信运营商 NTT DoCoMo 正式宣布将与爱立信、诺基亚、三星等 6 家厂商共同合作,开始测试凌驾现有 4G 网络 100 倍网络承载能力的高速 5G 网络,传输速率可提升至 10Gb/s。

2015 年 3 月,英国《每日邮报》报道,英国已成功研制 5G 网络,并进行了 100m 内的传送数据测试,数据传输速率高达 125Gb/s,大约是 4G 网络的 6.5 万倍,理论上 1s 可下载 30 部电影。

2016 年 8 月,诺基亚与电信传媒公司贝尔再次在加拿大完成了 5G 信号的测试。在测试中诺基亚使用了 73GHz 范围内的频谱,数据传输速率也达到了现有 4G 网络的 6 倍。

2017 年 8 月,德国电信联合华为在商用网络中成功部署了基于 5G NR 的连接,它承载在 3.7GHz,可支持移动性、广覆盖及室内覆盖等场景,速率达 Gb/s 级,时延低至毫秒级;

同时采用 5G NR 与 4G LTE NSA 架构,实现了无处不在、实时在线的用户体验。

2018 年 9 月,中国电信 5G 联合开放实验室建成首个运营商基于自主掌控开放平台的 5G 模型网,正式启动了 5G SA 网络测试。

2) 网络部署

美国 Verizon 采用自定义 5G 标准,2017 年在美国 11 个城市采用 28GHz 建设 5G 预商用网络,提供固定无线接入(FWA)服务;2018 年在全美范围内正式商用 FWA;2020 年开始提供移动服务。美国 Sprint 计划在 2019 年采用 2.5GHz 频段实现 5G 商用,同时也考虑 28GHz、39GHz;初期倾向于 NSA 模式组网,业务定位在 eMBB 场景。

日本 NTT DoCoMo 计划于 2020 年在东京及其他部分地区启动 5G 服务,主要面向 eMBB 场景和高带宽、低延时的 AR/VR 及 V2X 场景。组网采用 NSA 模式,近期部署首选 option 3x;长期目标首选 option 7x。韩国 KT 宣布 2018 年冬奥会期间进行少量 5G 商用部署,面向个人 eMBB 场景。组网初期采用 NSA 模式,从 option 3x 逐步演进到 option 7x,最后到 SA;但近期也在讨论是否直接采用 SA 组网。

英国 Vodafone 的 5G 总体需求不急切,仅个别区域有需求,业务关注 eMBB 和 uRLLC,并计划在 2019 年下半年开始 5G 商用,初期倾向于 NSA 模式组网。法国 Orange 和德国 DT 的目标是 2020 年实现 5G 商用,2018 年进行 5G 试验;业务关注 eMBB 和 uRLLC、FWA、车联网等,主要面向个人移动用户、固定用户,初期优选 NSA 模式组网。

2019 年 6 月,工业和信息化部正式发放了 4 张 5G 商用牌照,中国由此进入了 5G 商用元年。截至 2023 年 1 月,我国 5G 基站已超过 200 万个,总量占全球 60%以上,5G 网络已覆盖全国所有地级市、县城城区和大部分的乡镇镇区。

3) 芯片与终端

在 5G 标准化的进程中,很多厂家也发布了 5G 芯片产品路标,分别从芯片型号、支持标准及产品形态、支持频段等维度说明了对 5G 的支持计划。预计 5G 标准冻结后 3 个月,部分芯片厂家将会陆续推出商用芯片,待芯片成熟之后 3~6 个月智能手机才能问世。

国外芯片巨头如高通、英特尔、三星等均积极进行了研发,努力实现 5G 芯片的商用。与此同时,这一次巨大的机遇,中国企业也不想错过,海思、联发科、展锐、大唐联芯等企业纷纷加入 5G 芯片争夺战。一时间,形成了中外“齐头并进”的市场格局。

4) 网络产品

部分厂家在 2018 年初即推出支持 NSA 模式的核心网和无线接入网产品,基本与标准冻结同步。大部分厂家在 2018 年年中陆续推出了针对 NSA 模式的商用产品及 SA 模式的试商用产品。为充分发挥 5G 技术特性,针对主要城区热点覆盖,3.5GHz 无线产品优选 64T64R(64 通道发 64 通道收),一般城区采用 16T16R(16 通道发 16 通道收)产品,对高频段产品的支持普遍在 2019 年之后。

7.1.2 5G 的特征与频段

1. 5G 特征

就传输信息特征来看,如果说 1G、2G 是短信,3G 是照片,4G 是图像,那么 5G 将是虚拟现实、万物互联。5G 网络体现出的五大特征优势通俗地说为“速度无与伦比,人多也没问题,万物都能通信,既实时又可靠,体验俱佳”。

1）业务特征

5G的典型业务包括视频会话、视频播放、移动在线游戏、增强现实、虚拟现实、实时视频分享、云桌面、无线数据下载、云存储、高清图片上传、视频监控、智能家居控制、无人驾驶等，可以分为两大类：移动互联网类和物联网类，如图7-3所示。

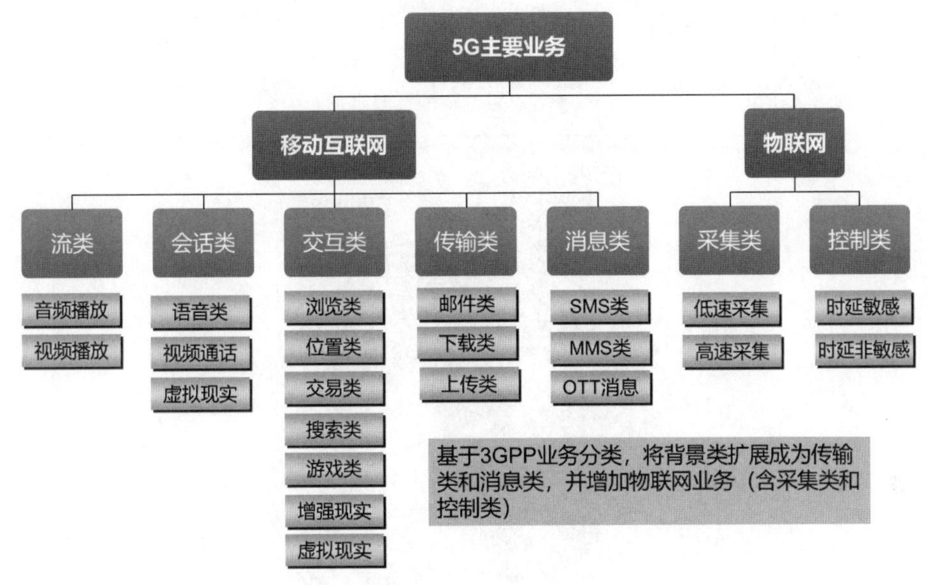

图7-3　5G业务分类

通过预测和调研，人们对5G业务的要求主要集中在以下几方面。

（1）业务多样性：5G业务涉及eMBB、mMTC和uRLLC多种场景；涉及社会多个垂直领域，如农业、医疗、金融、交通、流通、制造、教育、生活服务、公共服务和能源等；通信可以是人与人，可以是人与物，也可以是物与物。

（2）业务创新性：借助于5G网络切片技术，运营商可构建逻辑隔离、网络功能按需组合、紧贴业务特性的虚拟网络，从而提供个性化的网络服务，为创新业务的产生提供极大的便利。

（3）业务智能化：以人工智能和大数据技术为主要突破点，提供大量的智能化业务，如智慧城市、智慧农业、智慧校园、智慧物流等。

（4）安全可靠：业务开放是5G生态圈的重要特征之一，开放意味着由多个资源、业务拥有者与提供者相互协作提供业务服务。这些不同的拥有者间建立的互信、合理授权、资源使用、服务等级协议（SLA）都必须有一套完善的安全机制保证：既提供协作又能隔离。同时，还要保护这种授权模式下的用户隐私。

（5）极致体验：一方面，随着5G新技术的应用，可以给用户提供虚拟现实、增强现实、浸入式视频等涉及视、听、触多种感官功能的信息盛宴；另一方面，5G客户服务无处不在，服务个性化、专业化，服务形式多样，体现出人文关怀，这些都会给用户带来极大的满足。

2）技术特征

依据ITU批准的5G愿景，5G的8项关键参数指标（KPI），包括流量密度、连接数密度、时延、移动性、频谱效率、网络能量效率、用户体验速率、峰值速率，如表7-1所示。绘成雷达图，4G/5G关键绩效指标对比雷达图如图7-4所示。

表 7-1 4G/5G 关键参数指标

指标名称	流量密度	连接数密度	时延	移动性	网络能量效率	用户体验速率	频谱效率	峰值速率
4G 参考值	0.1Tb/s/km^2	10 万/km^2	空口 10ms	350km/h	1 倍	10Mb/s（市区/郊区）	1 倍	Gb/s
5G 取值	10Tb/s/km^2	100 万/km^2	空口 1ms	500km/h	100 倍提升（网络侧）	0.1～1Gb/s	3 倍提升（某些场景为 5 倍）	20Gb/s

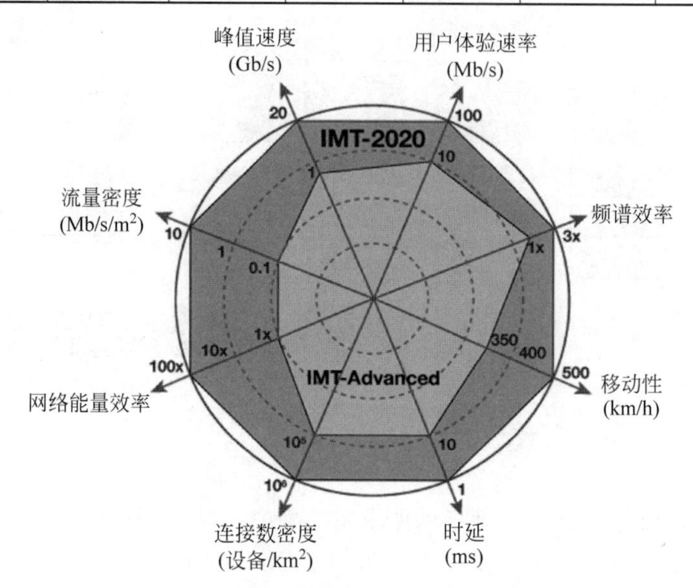

图 7-4 4G/5G 关键绩效指标对比雷达图

为达到 5G 的 KPI，一是要在 4G 空口基础上持续演进和增强；二是要引入 5G 新空口和新技术特性，5G 空口技术特征如表 7-2 所示。

表 7-2 5G 空口技术特征

类型	细类	4G	4.5G	5G
容量	接入技术	OFDMA（正交频分多址）	SOMA（半正交频分多址）	GMFDM（通用多载波频分多址）
	双工方式	半双工	半双工	全双工（同时同频收发）
	调制	64QAM	256QAM	256QAM
	带宽	20MHz	20MHz	100MHz 及其以上（高频段）
	CA	4CC	U-LTE Massive CA：8CC 及其以上，包括 T+F CA	Massive CA
	MIMO	2×2 MIMO、4×4 MIMO	Massive MIMO：8T8R 及其以上	Massive MIMO：64T64R 及其以上
时延	降低时延	1ms TTI	Shorter TTI（0.5ms）	0.1ms TTI
连接数	更多连接数	固定 15kHz 子载波	Narrow Band-M2M（LTE-M）D2D（LTE-D）	可变带宽子载波
架构	网络架构	扁平化、IP 化网络架构	Cloud EPC	NFV、SDN

2. 5G 频段

频段资源是 5G 网络部署最关键的基础资源，5G 将面向 6GHz 以下频段（Sub-6GHz）与 6GHz 以上频段（Above-6GHz，即毫米波频段）进行全频段布局，以综合满足网络对容量、覆盖、性能等方面的要求。

毫米波频段一般指 24GHz 以上，传统 6GHz 以下的中低频段已被各类无线电业务大量占用，频谱资源极度匮乏。毫米波频段具有带宽资源丰富的优势，因此该频段拓展成为 5G 研究的重点。但是毫米波频段存在路径损耗高，穿透力差，覆盖范围小等缺点，当频率为 28GHz 时，毫米波信号穿透 28cm 混凝土墙将产生超过 60dB 的链路损耗。因此，5G 毫米波难以独立实现全网覆盖，需要与传统移动通信业务的 Sub-6GHz 频段组合使用。初期建网时需要考虑 LTE 存量频谱兜底，并通过上下行解耦、载波聚合、天线阵列化、波束赋形等多种技术手段提高频谱效率和上下行覆盖范围。

ITU 自 2012 年世界无线电通信大会（WRC-12）开始启动了 5G 频段的研究，并于 WRC-15 确定了部分频段划分，如图 7-5 所示。其中 Sub-6GHz 频段中 3.5GHz 频段表现出了在全球范围内的广泛应用前景。在 Above-6GHz 频段，包括 24.25～27.5GHz、31.8～33.4GHz 在内的 11 个频段将作为 5G 候选频段纳入 WRC-19 讨论。

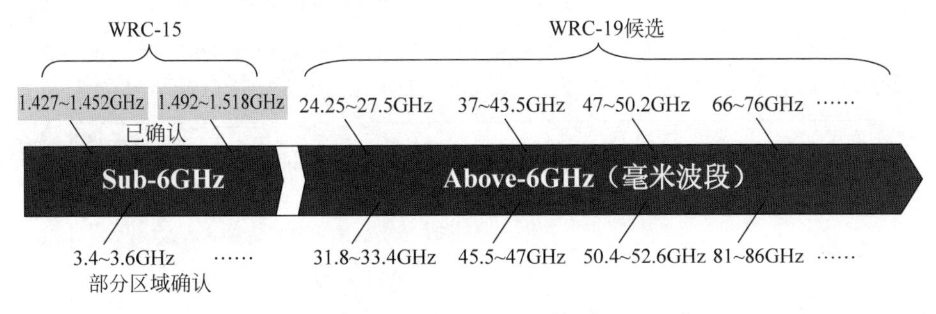

图 7-5　ITU WRC 5G 讨论频段

IMT-2020 工作组研究认为：Sub-6GHz 频段的 5G 频段总需求量在 808～1078MHz，主要提供支持移动性的网络覆盖服务，满足移动互联网、物联网的主要需求；在 Above-6GHz 频段的总需求量则达到了 14～19GHz，主要承载高密度热点地区内高速率、大容量的通信服务。

目前，我国在 5G 频段规划上已取得了重大进展。2017 年 11 月，工业和信息化部在国际上率先正式发布了 5G 在中频段（3000～5000MHz）的频率使用规划。明确将 3300～3400MHz、3400～3600MHz 与 4800～5000MHz 频段共 500MHz 的频段资源划归为 5G 使用，其中 3300～3400MHz 频段原则上限室内使用。此外，2017 年 6 月，工信部面向社会公开征求将 24.75～27.5GHz 和 37～42.5GHz 或其他毫米波频段用于 5G 系统的意见。目前，已明确这两段毫米波频段用于 5G 试验。

7.2　5G 网络架构及关键网络技术

微课视频 28

与以往移动通信系统以多址接入技术革新为换代标志不同，5G 的概念将由无线向网络侧延伸。IMT-2020（5G）推进组提出的 5G 概念由“标志性能力指标”和“一组关键技术”来共同定义,其中一组关键技术包含新型网络架构、5G业务需求和以软件定义网络(SDN)/网络功能虚拟化(NFV)等为代表的新型网络技术共同驱动网络架构创新,从而支持多样化的无线接入场景,满足端到端的业务体验需求,实现灵活的网络部署和高效的网络运营,最终与无线空口技术共同推进5G发展。

7.2.1 5G网络架构

为了应对5G需求和场景对网络提出的挑战,并满足5G网络优质、灵活、智能、友好的整体发展趋势,5G网络将以用户为中心,功能模块化、网络可编排为核心理念,重构网络控制和转发机制,改变单一管道和固化的服务模式,基于通用共享的基础设施(软件和硬件分离,网元功能与物理实体解耦),为不同用户和行业提供按需定制的网络架构。5G网络将构建资源全共享、功能易编排、业务紧耦合的社会化信息服务使能平台,从而满足极致体验、效率和性能要求,以及“万物互联”的愿景。

1. 5G网络逻辑架构

5G网络采用基于功能面的框架设计,将传统的与网元绑定的网络功能进行抽离和重组,由接入面、控制面和转发面(随云化技术的深入,也被称为接入云、控制云和转发云)构成新的网络逻辑架构,如图7-6所示。网络功能在平面内聚合程度更高,面间解耦更充分。其中,控制面主要负责生成信令控制、网管指令和业务编排逻辑,接入面和转发面主要负责执行控制命令,实现对业务流在接入网的接入与核心网内的转发。其功能概述如下。

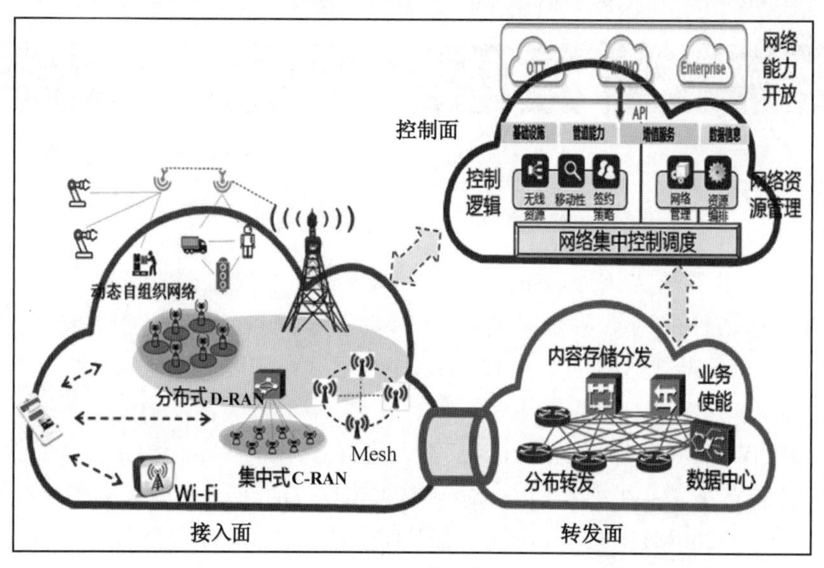

图7-6 5G网络逻辑架构

1) 接入面

接入面包含各种类型基站和无线接入设备。基站间交互能力增强,组网拓扑形式丰富,能够实现快速灵活的无线接入协同控制和更高的无线资源利用率。

2) 控制面

控制面通过网络功能重构,实现集中的控制功能和简化的控制流程,以及接入和转发资源的全局调度。面向差异化业务需求,通过按需编排的网络功能,提供可定制的网络资源,以及友好的能力开放平台。

3）转发面

转发面包含用户面下沉的分布式网关，集成边缘内容缓存和业务流加速等功能，在集中的控制面的统一控制下，数据转发效率和灵活性得到极大提升。

2. 5G 承载网络架构

5G 承载网络是为 5G 无线接入网和核心网提供网络连接的基础网络，不仅为这些网络连接提供灵活调度、组网保护和管理控制等功能，还要提供带宽、时延、同步和可靠性等方面的性能保障。

1）承载网络总体架构

满足 5G 承载需求的承载网络总体架构如图 7-7 所示，主要包括转发面、协同管控、5G 同步网 3 部分，在此架构下同时支持差异化的网络切片服务能力。5G 网络切片涉及终端、无线、承载和核心网，需要实现端到端的协同管控。通过转发面的资源切片和协同管控的切片管控能力，此架构可为 5G 的三大类业务应用移动内容分发网络（CDN）网络互联、政企客户专线及家庭宽带等业务提供 SLA 保障的差异化网络切片服务能力。

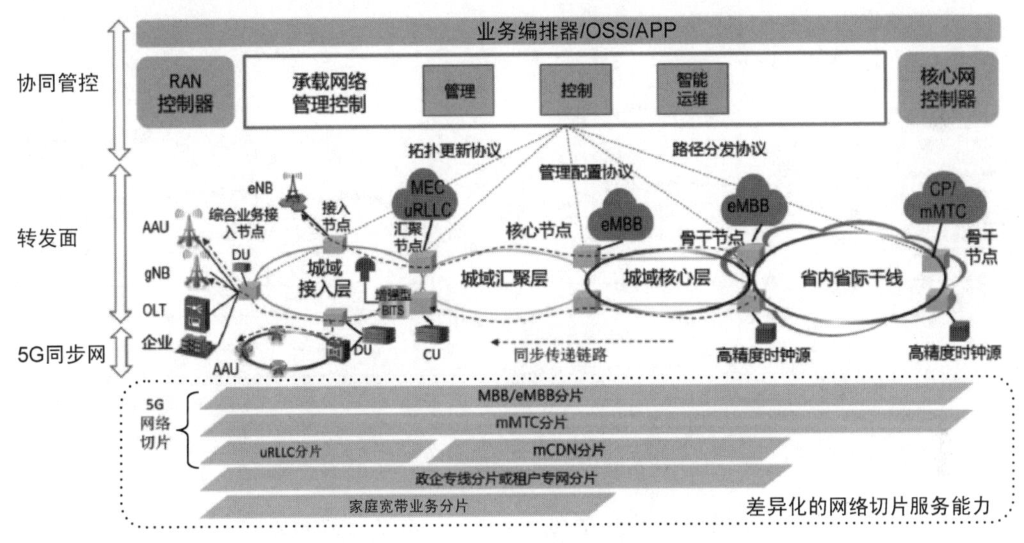

图 7-7　5G 承载网络总体架构

转发面应具备分层组网架构和多业务承载能力；协同管控需支持统一管理、协同控制和智能运维能力；5G 同步网应满足基本业务和协同业务同步的需求。

2）承载架构的变化

相对于 4G LTE 接入网的基带单元（BBU）和射频拉远单元（RRU）2 级构架，5G 无线接入网（RAN）将演进为集中单元（CU）、分布单元（DU）和有源天线单元（AAU）的 3 级结构，相应的承载网架构可以分解为前传、中传和回传网络。5G 无线网、核心网均会朝着云化和数据中心化的方向演进。CU 可以部署在核心层或骨干汇聚层，用户面为了满足低时延等业务的体验则会逐步云化下移并实现灵活部署，为了实现 4G/5G/Wi-Fi 等多种无线接入的协同，基站的控制面也会云化集中，基站之间的协同流量也会逐渐增多。同时，边缘计算使得运营商和第三方服务能够靠近终端用户接入点，实现超低时延服务。为了满足这些时间敏感服务的低延迟要求，部分 5G 核心网的功能被放入移动边缘计算（MEC）中。由于 MEC 承担了 5G 核心网的部分功能，因此 MEC 与 5G 核心网之间的连接将是一个网状网连接。

在移动网络向5G演进的同时，局端机房重构也在进行。本地网内传统的局端机房逐步改造为属地化的边缘数据中心(DC)。同时，运营商综合业务接入点的建设和完善，也实现了移动业务、固网业务、专线业务的统一接入和汇聚。随着CU、MEC、OLT(光缆终端设备)、CDN等网元的虚拟化，未来综合业务接入点也将演进成一个小型DC。未来城域网的流量将会是以边缘DC到综合业务接入点之间的南北向流量，以及边缘DC和综合业务接入点之间的东西向流量为主。5G阶段承载网的核心汇聚层也将会是面向统一承载的数据中心互联网络。

3）承载网络的连接需求和网络分层关系

5G承载网络分为省干网络和城域网络两部分，城域网络接入层主要为前传Fx接口的通用公共无线接口(CPRI)/增强型CPRI(eCPRI)信号、中传F1接口、回传的N2(信令)和N3(数据)接口提供网络连接；城域网络的汇聚核心层和省干网络不仅要为回传提供网络连接，还要为部分核心网元之间的N4、N6及N9接口提供网络连接，如图7-8所示。其中N6是用户面功能(UPF)与数据网络(DN)中心。5G RAN在建网初期主要采用gNB(5G基站)宏站及CU的DU合设模式；在5G规模建设阶段，将采用CU的DU分离模式，并实施CU云化和集中式RAN(CRAN)大集中建设模式。

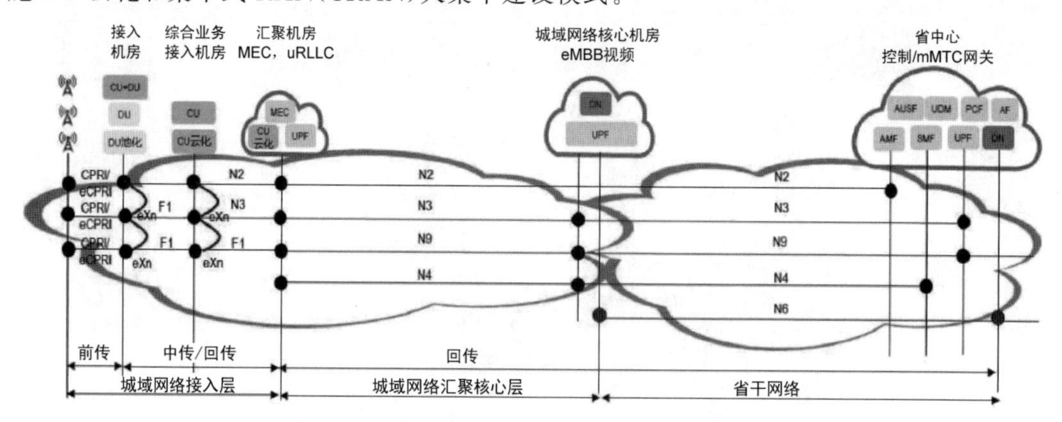

图7-8 5G承载网络的连接需求和网络分层关系

5G承载网络涉及的无线接入网和部分核心网的参考点及其连接需求如表7-3、表7-4所示。

表7-3 5G无线接入网的参考点和连接需求

RAN参考点	说明	时延指标	承载方案	典型接口
Fx	AAU与DU之间参考点	＜100μs	L0/L1	CPRI：N×10Gb/s或1个100Gb/s等 eCPRI：25GE等
F1	DU和CU之间的参考点	＜4ms	L1/L2	10GE/25GE
Xn	gNB(DU+CU)和gNB(DU+CU)之间的参考点	＜4ms	L2/L2+L3	10GE/25GE
N2	(R)An和AMF之间的参考点	＜10ms	L3/L2+L3	10GE/25GE等 (注：与实际部署相关)
N3	(R)An和UPF之间的参考点	eMBB：＜10ms uRLLC：＜5ms V2X：＜3ms	L3/L2+L3	10GE/25GE等 (注：与实际部署相关)

表 7-4　5G 核心网与承载相关的部分参考点和连接需求

核心网参考点	说　　明	协议类型	时延指标	承载方案	典型接口
N4	SMF 与 UPF 之间参考点	UDP/PFCP	交互时延：毫秒级	L3	待定
N6	UPF 和 DN 之间的参考点	IP	待研究	L3	待定
N9	两个核心 UPF 之间的参考点	GTP/UDP/IP	单节点转发时延：50～100μs 传输时延：取决于距离	L3	待定
注：核心网元之间典型接口类型与运营商核心网实际部署相关					

7.2.2　5G 关键网络技术

5G 要想从新型基础实施平台和新型网络架构两方面实现网络变革，就需要大量新型的关键网络技术来实现，具体来说，关键网络技术有：SDN/NFV 技术、接入面组网技术、网络切片技术、移动边缘计算(MEC)技术、网络能力开放技术、核心网云化部署等。

1. SDN/NFV 技术

SDN(软件定义网络)技术侧重网络架构，核心特点是开放性、灵活性和可编程性，其典型架构分为应用层、控制层、数据转发层(转发层)3 个层面，如图 7-9(a)所示。其中，应用层包括各种不同的业务和应用，以及对应用的编排和资源管理；控制层负责数据面资源的处理，维护网络状态、网络拓扑等；数据转发层则处理和转发基于流表的数据，以及收集设备状态。SDN 区别于传统网络，是以没有中心的控制点和通过补丁式地为网络中的新业务进行新老技术协议兼容拓展。SDN 将网络设备分为单独的控制设备及转发设备，转发设备功能简单，控制与转发间遵循标准的 OpenFlow 协议，从而实现控制层和转发层分离。这样网络管理者可在接口上开发应用软件，实现灵活的可编程，并结合流量监控动态调整数据面的网元，使移动网络的组成变得更加灵活，从而提高数据传送到消费者手机终端的下行传输速度。SDN 引入了软件定义网络的技术理念，可实现面向上层应用和性能要求的资源优化配置。

NFV(网络功能虚拟化)是从运营商角度提出的一种软件和硬件分离的架构，如图 7-9(b)所示，将虚拟化技术引入电信领域，采用通用平台完成专用平台的功能，可利用软硬件解耦及功能抽象，以虚拟化技术降低昂贵的设备成本费。NFV 技术能实现软件的灵活加载，从而可以在数据中心、网络节点和用户端等不同位置灵活地部署配置，加快网络部署和调整的速度，降低业务部署的复杂度，提高网络设备的统一化、通用化、适配性等。NFV 技术引入了网络功能虚拟化的技术理念，底层基础设施能为上层用户提供一个充分自控的虚拟专用网络环境，允许用户自定义编址、自定义拓扑、自定义转发及自定义协议，彻底打开基础网络能力。

SDN 技术解耦的是控制面与数据面；NFV 技术主要是软硬件解耦，基于通用服务器和虚拟化技术，软件实现控制、处理和流量处理功能。两者虽不依赖，但若共存互补将对 5G 移动网络功能重组与提升网络弹性十分有效。

2. 接入面组网技术

面向不同的应用场景，无线接入网由孤立管道转向支持异构基站多样(如集中式或分布式)的协作，灵活利用有线和无线连接实现回传，提升小区边缘协同处理效率，优化边缘用户体验速率。图 7-10 描绘了异构基站间协同组网涉及的关键技术。

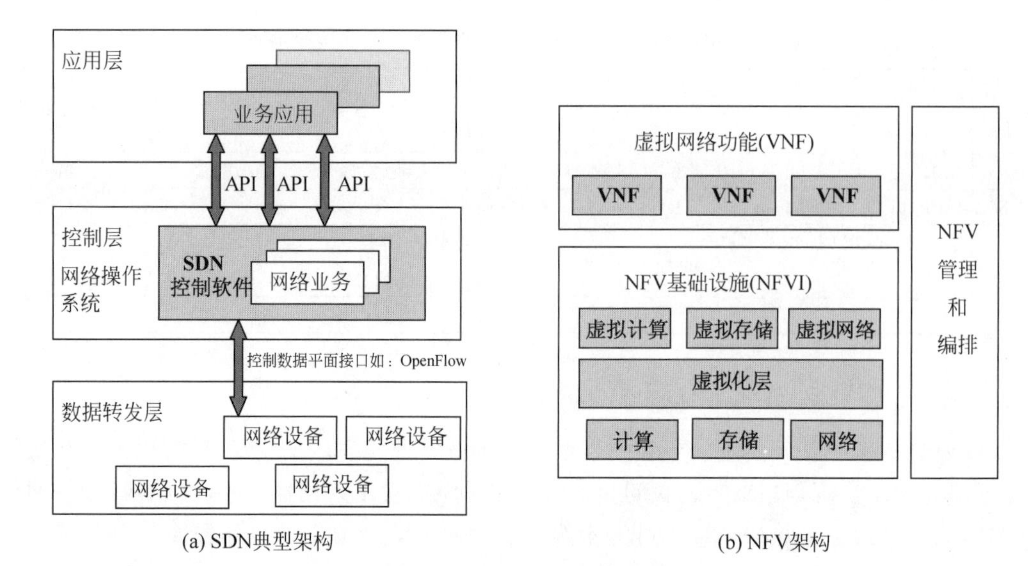

图 7-9 SDN 和 NFV 架构

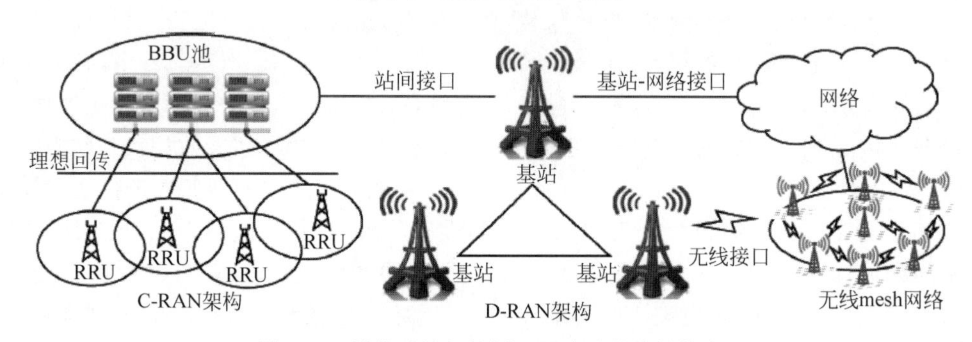

图 7-10 异构基站间协同组网涉及的关键技术

1）C-RAN

C-RAN(集中式无线接入网)组网是未来无线接入网演进的重要方向。在满足一定的前传和回传网络的条件下,可以有效提升移动性和干扰协调的能力,重点适用于热点高容量场景布网。在面向5G的C-RAN部署架构中,远端无线处理单元汇聚小范围内的RRU信号,经部分基带处理后进行前端数据传输,可支持小范围内物理层级别的协作化算法。池化的基带处理中心集中部署移动性管理、多无线接入技术(RAT)管理、慢速干扰管理、基带用户面处理等功能,实现跨多个RRU间的大范围控制协调。利用BBU/RRU接口重构技术,可以平衡高实时性和传输网络性能要求。

2）D-RAN

D-RAN(分布式无线接入网)是能适应多种回传条件的分布式组网,是5G接入网的另一重要方向。在D-RAN组网架构中,每个站点都有完整的协议处理功能。站点间根据回传条件,灵活选择分布式多层次协作方式来适应性能要求。D-RAN能对时延及其抖动进行自适应,基站不必依赖对端站点的协作数据,也可正常工作。分布式组网适用于作为连续广域覆盖及低时延等的场景组网。

3）无线 mesh 网络

无线 mesh 网络作为有线组网的补充,无线 mesh 网络利用无线信道组织站间回传网络，提供接入能力的延伸。无线 mesh 网络能够聚合末端节点（基站和终端），构建高效、即插即用的基站间无线传输网络，提高基站间的协调能力和效率，降低中心化架构下数据传输与信令交互的时延，提供更加动态、灵活的回传选择，支撑高动态性要求的场景，实现易部署、易维护的轻型网络。

3. 网络切片技术

网络切片技术是 NFV 技术应用于 5G 阶段的关键特征。它利用虚拟化技术将通用的网络基础设施资源根据场景需求虚拟化为多个专用虚拟网络。每个切片都可独立按照业务场景的需要和话务模型进行网络功能的定制剪裁和相应网络资源的编排管理，是 5G 网络架构的实例化。

网络切片技术架构如图 7-11 所示，主要包括切片管理和切片选择两项功能。其中，切片管理功能有机串联商务运营、虚拟资源平台和网管系统，为不同切片需求方（如垂直行业用户、虚拟运营商和企业用户等）提供安全隔离、高度自控的专用逻辑网络；切片管理功能包含商务设计、实例编排和运行管理 3 个阶段。

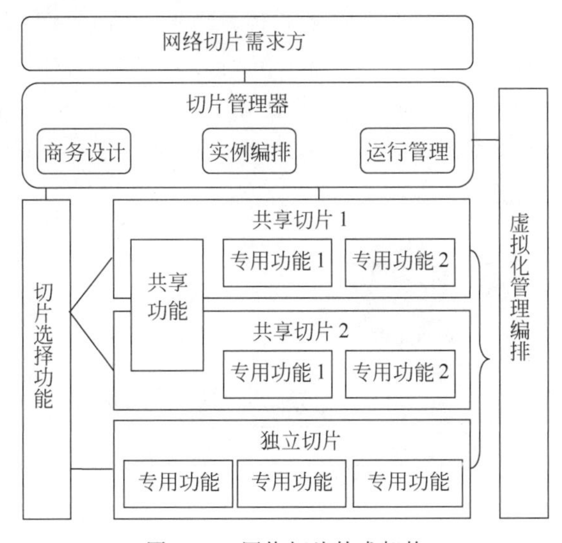

图 7-11　网络切片技术架构

网络切片打通了业务场景、网络功能和基础设施平台间的适配接口。通过网络功能和协议定制，网络切片为不同业务场景提供所匹配的网络功能。例如，热点高容量场景下的 C-RAN 架构、物联网场景下的轻量化移动性管理和非 IP 承载功能等。同时，网络切片使网络资源与部署位置解耦，支持切片资源动态扩容与缩容调整，提高网络服务的灵活性和资源利用率。切片的资源隔离特性增强整体网络健壮性和可靠性。

一个切片的生命周期包括创建、管理和撤销 3 部分。如图 7-12 所示，运营商首先根据业务场景需求匹配网络切片模板，切片模板包含对所需的网络功能组件、组件交互接口及所需网络资源的描述；然后上线时由服务引擎导入并解析模板，向资源面申请网络资源，并在申请到的资源上实现虚拟网络功能和接口的实例化与实例编排，将切片迁移到运行态。网络切片可以实现运行态中快速功能升级和资源调整，在业务下线时及时撤销和回收资源。

4. 移动边缘计算(MEC)技术

MEC 技术最早由 ETSI 开展研究，随后 3GPP 扩大了该技术的适用范围。边缘计算

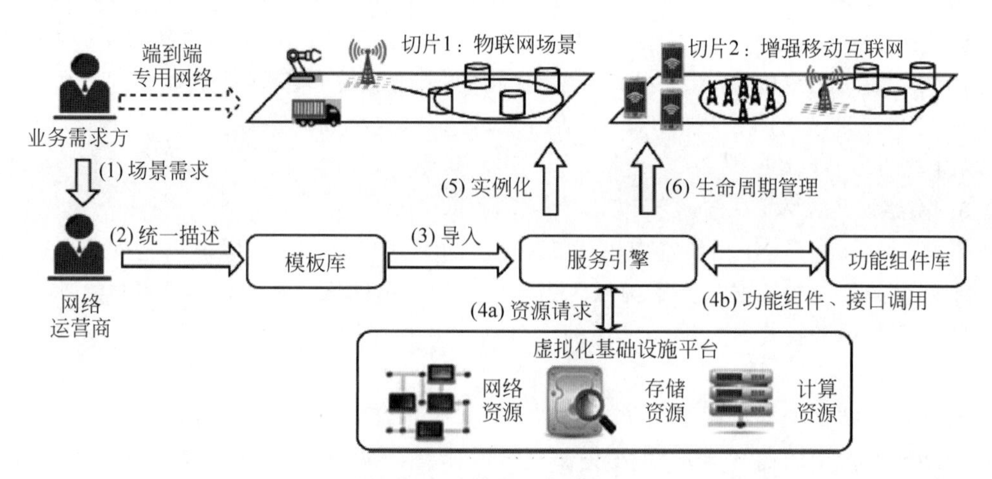

图 7-12　网络切片创建过程

(EC)技术是指在网络边缘位置部署通用服务器，提供信息技术服务环境和云计算能力，其目的是降低业务时延、节省网络带宽、提高业务传输效率，从而为用户带来高质量的业务体验。5G 中使用了 MEC 技术，是将业务平台下沉到网络边缘，为移动用户就近提供业务计算和数据缓存能力，可以更好地支持 5G 网络中低时延和高带宽的业务要求，实现网络从接入管道向信息化服务使能平台的关键跨越，是 5G 的代表性能力。如图 7-13 所示，MEC 的核心功能主要包括：

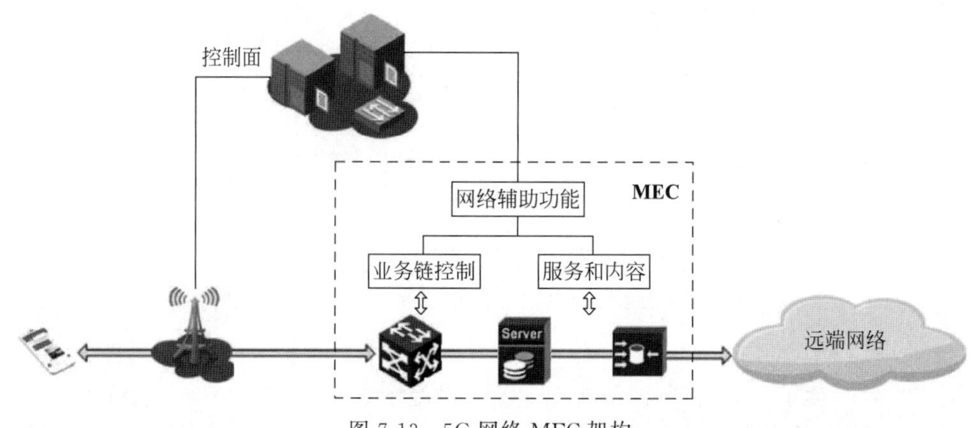

图 7-13　5G 网络 MEC 架构

(1) 服务和内容。MEC 技术可与网关功能联合部署，构建灵活分布的服务体系。特别为本地化、低时延和高带宽要求的业务，如移动办公、车联网、4K/8K 视频等，提供优化的服务环境。

(2) 动态业务链控制。MEC 功能并不限于简单的就近缓存和业务服务器下沉，而且随着计算节点与转发节点的融合，在控制面功能的集中调度下，实现动态业务链技术，灵活控制业务数据流在应用间路由，提供创新的应用网内聚合模式。

(3) 控制面辅助功能。MEC 可以和移动性管理、会话管理等控制功能结合，进一步优化服务能力，例如，随着用户移动过程实现应用服务器的迁移和业务链路径重选；获取网络负荷，应用 SLA 和用户等级等参数对本地服务进行灵活的优化控制等。

移动边缘计算功能部署方式非常灵活，既可以选择集中部署，与用户面设备耦合，提供增强型网关功能，也可以分布式地部署在不同位置，通过集中调度实现服务能力。

5. 网络能力开放技术

网络能力开放的目的在于实现向第三方应用服务提供商提供所需的网络能力。其基础在于移动网络中各个网元所能提供的网络能力，包括用户位置信息、网元负载信息、网络状态信息和运营商组网资源等。而运营网络需要将上述信息根据具体的需求适配，提供给第三方使用。网络能力开放平台架构如图7-14所示，分为3层。

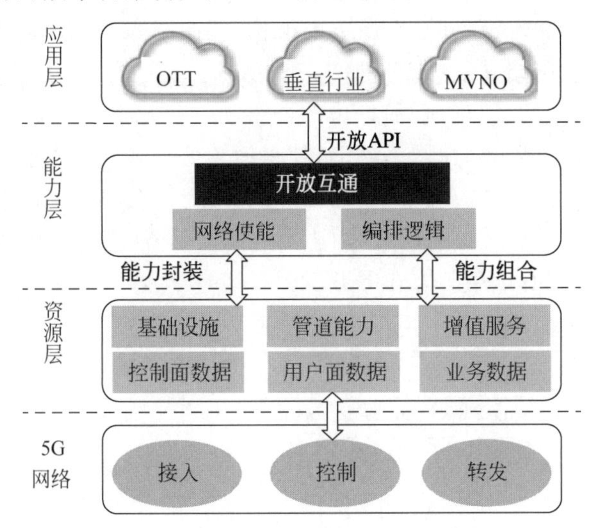

图7-14　网络能力开放平台架构

(1) 应用层。第三方平台和服务器位于应用层(最高层)，是网络能力开放的需求方。应用层利用能力层提供的应用程序接口(API)来筛选所需的网络信息，调度管道资源，申请增值业务，构建专用的网络切片。

(2) 能力层。能力层主要功能包括对资源层网络信息的汇聚和分析，进行网络原始能力的封装和按需组合编排，并生成相应的开放API。

(3) 资源层。实现网络能力开放架构与5G网络的交互，整合上层信息感知需求，设定网络内部的监控设备位置，上报数据类型和事件门限等策略；将上层制定的能力调用逻辑映射为对网络资源按需编排的控制信令。

为了实现上述网络能力开放架构，5G网络需支持灵活的网络控制功能，尤其在QoS策略控制方面，应打破传统网络只支持端到端的控制方式，实现基于特定网络节点(例如基站)的QoS策略控制。具体来说，无线控制器可作为QoS控制网元引入5G网络，以实现对各网元的QoS策略调整，而对具体的网元而言，则需要定义新的控制接口，以确保其能够接受无线控制器的调控指令。

网络能力开放必须受到严格的控制，特定的信息及资源只能向授权的指定业务或用户开放，且网络能力开放应不影响网络及其他业务的正常运行。因此，对于网络业务及资源开放而言，需要设定可控的门限以避免恶意用户的侵入。

6. 核心网云化部署

核心网云化是5G网络的发展趋势，目前存在许多技术挑战和产业化的技术难点。5G网络云化涉及面向服务的网络架构实施、多接入边缘计算、网络切片、5G承载网络及网络运营编排等相关技术。

相比于传统4G EPC核心网,5G核心网(5GC)采用原生适配云平台的设计思路,基于服务的架构和功能设计提供更广泛存在的接入、更灵活的控制和转发及更友好的能力开放。5G核心网与NFV基础设施结合,为普通消费者、应用提供商和垂直行业需求方提供网络切片、边缘计算等新型业务。5G核心网将从传统的互联网接入管道转型为全社会信息化的赋能者。

3GPP标准中,5G网络SBA(基于服务的架构)如图7-15所示,系统架构中的元素被定义为一些由服务组成的网络功能(NF),如表7-5所示。这些网络功能可以被部署在任何合适的地方,通过统一框架的接口为任何许可的网络功能提供服务。这种架构模式采用模块化、可重用性和自包含原则来构建网络功能,使得运营商部署网络时能充分利用最新的虚拟化和软件技术,以细粒度的方式更新网络的任一服务组件,或将不同的服务组件聚合起来构建服务切片;采用云原生及互联网技术,能够实现快速部署、连续集成和发布新的网络功能和服务,且便于运营商自有或第三方业务开发。

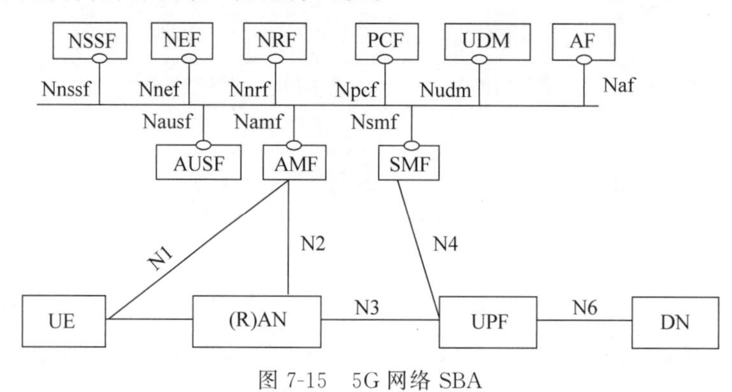

图7-15 5G网络SBA

表7-5 5G NF与EPC网元对比

5G网络功能	中文名称	类比EPC
AMF	接入和移动性管理功能	MME中NAS接入控制功能
SMF	会话管理功能	MME、SGW-C、PGW-C的会话管理功能
UPF	用户面功能	SGW-U+PGW-U
UDM	统一数据管理	HSS、SPR
PCF	策略控制功能	PCRF
AUSF	认证服务器功能	HSS
NEF	网络能力开放	SCEF
NSSF	网络切片选择功能	5G新增,用于网络切片选择
NRF	网络注册功能	5G新增,类似增强DNS

微课视频29

7.3 5G空口架构及关键无线技术

与传统的移动通信升级换代方式相比,5G的无线技术创新来源将更加丰富。除了稀疏码本多址(SCMA)、图样分割多址(PDMA)、多用户共享接入(MUSA)等新型多址技术外,大规模天线、超密集组网和全频谱接入都被认为是5G的关键技术。此外,新型多载波、灵活双工、新型编码与调制、终端直通、全双工(又称为同时同频全双工)等也是潜在的5G关键无线技术。

7.3.1 5G空口技术演进路线

综合考虑需求、技术发展趋势及网络平滑演进因素,5G空口技术演进路线可由5G新空口(含低频空口与高频空口)和4G演进空口两部分组成,如图7-16所示。在保障后向兼容的前提下,4G演进以LTE/LTE-A技术框架为基础,在传统移动频段引入增强技术,进一步提升性能指标,可在一定程度上满足4G技术需求。但受现有4G技术框架的约束,大规模天线技术、超密集组网等增强技术的潜力难以完全发挥,全频段接入、部分新型多址等先进技术难以在4G技术框架下采用,4G演进路线无法满足5G极致的性能需求。因此,5G新空口是5G主要演进方向,4G演进是有效补充。

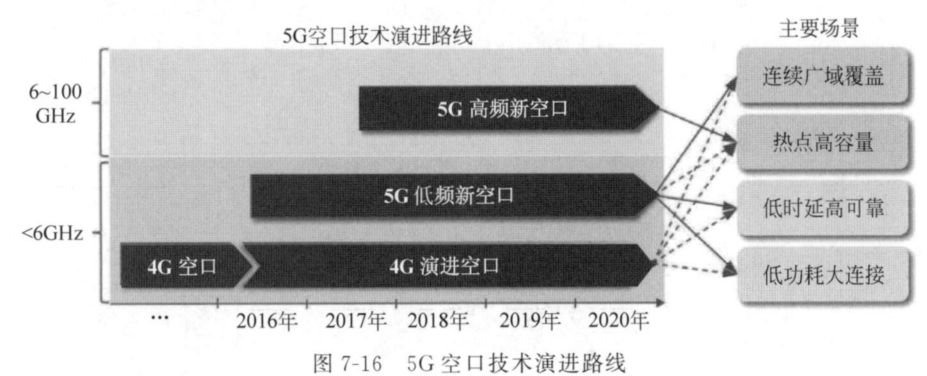

图7-16　5G空口技术演进路线

5G将通过工作在较低频段的新空口来满足大覆盖、高移动性场景下的用户体验和海量设备连接。同时,需要利用高频段丰富的频谱资源,来满足热点区域极高的用户体验速率和系统容量需求。综合考虑国际频段规划及频段传播特性,5G应当包含6GHz以下频段的低频新空口及工作在6GHz以上频段的高频新空口。

5G低频新空口将采用全新的空口设计,引入大规模天线技术、新型多址技术、新波形技术等先进技术,支持更短的帧结构、更精简的信令流程、更灵活的双工方式,有效满足广覆盖、大连接及高速等多数场景下的体验速率、时延、连接数及能效等指标要求。5G低频新空口在系统设计时应当构建统一的技术方案,通过灵活配置技术模块及参数满足不同场景差异化的技术需求。

5G高频新空口需要考虑高频信道和射频器件的影响,并针对波形、调制编码、天线技术等进行相应优化。同时,高频频段跨度大、候选频段多,从标准、成本及运维角度考虑,5G高频新空口应当尽可能采用统一的空口技术方案,通过参数调整适配不同信道及器件特性。

采用低频段进行网络有效覆盖,对用户进行控制、管理,并保障基本的数据传输能力;高频段作为低频段的有效补充,在信道条件较好情况下,可以为热点区域用户提供高速数据传输。

7.3.2 5G空口技术架构

5G空口技术架构应当具有统一、灵活、可配置的技术特性。面对不同场景差异化的性能需求,客观上需要专门设计优化的技术方案。然而,从标准和产业化角度考虑,结合5G

新空口和4G演进空口两条技术路线的特点,5G应尽可能基于统一的技术框架设计。针对不同场景的技术需求,5G空口技术架构可通过关键技术和参数的灵活配置形成相应的优化技术方案。

5G的空口技术架构如图7-17所示,它包括帧结构、双工、波形、多址、调制编码、天线、协议等基础技术模块,通过最大可能地整合共性技术,从而达到“灵活但不复杂”的目的,各模块之间可相互衔接,协同工作。根据不同场景的技术需求,对各技术模块进行优化配置,形成相应的空口技术方案。

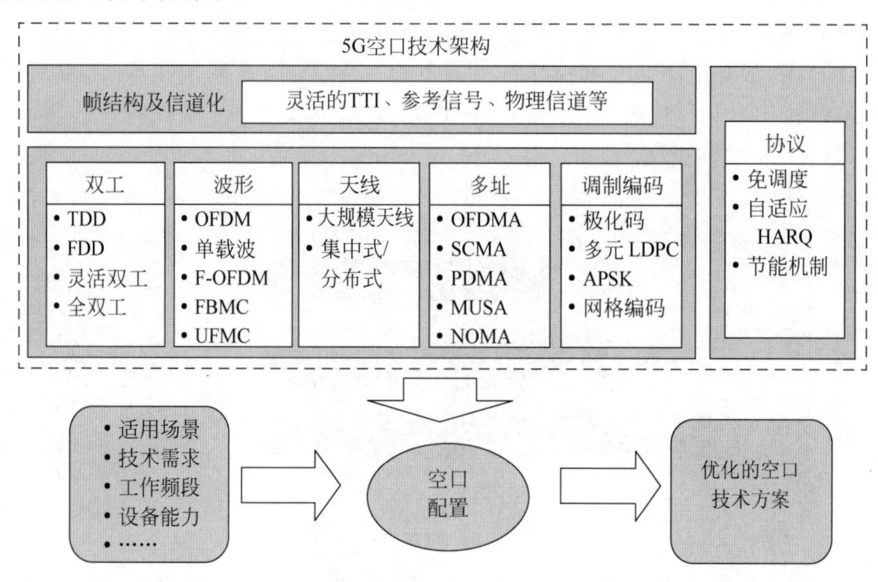

图7-17 灵活可配置的5G空口技术架构

7.3.3 5G新空口物理层特征

5G新空口物理层特征如下。

(1) 在波形和多址方面,新空口(NR)仍采用正交频分多址(OFDMA)作为上行和下行基础多址方案,考虑到上行覆盖问题,上行还支持单载波方案DFT-S-OFDMA,此时,仅支持单流传输。相比于LTE系统90%的频谱利用率,NR支持更高的频谱利用率、更陡的频谱模板,并通过基于实现的新波形方案避免频带之间的干扰。

(2) NR支持更大带宽。针对6GHz以下的频段,5G新空口支持最大100MHz的基础带宽;针对20~50GHz频段,5G新空口支持最大400MHz的基础带宽,相对于LTE支持最大20MHz的基础带宽,5G能更有效地利用频段资源,支持增强移动宽带业务。此外,5G新空口采用部分带宽设计,灵活支持多种终端带宽,以支持非连续载波,降低终端功耗,适应多种业务需求。

(3) NR支持灵活参数集,以满足多样带宽需求。NR以15kHz子载波间隔为基础,可根据15×2^u灵活扩展,其中$u=0,1,2,3,4$,也就是说NR支持15kHz、30kHz、60kHz、120kHz、240kHz共5种子载波间隔,其中子载波15kHz、30kHz、60kHz适用于低于6GHz的频段,子载波60kHz、120kHz、240kHz适用于高于6GHz的频段。新空口定义子帧长度固定为1ms时隙长度,每个时隙固定包含14个符号,因而对于不同子载波间隔,每个时隙长度不同,分别为1ms、0.5ms、0.25ms、0.125ms和0.0625ms时隙长度。

(4) NR支持灵活帧结构,定义大量时隙格式,满足各种时延需求。LTE定义了7种帧结构、11种特殊子帧格式,NR定义了56种时隙格式,并可以基于符号灵活定义帧结构。LTE帧结构以准静态配置为主,高层配置了某种帧结构后,网络在一段时间内采用该帧结构,帧结构周期为5ms和10ms,在特定场景下,也可以支持物理层的快速帧结构调整;NR从一开始就设计为支持准静态配置和快速配置,并支持更多周期配置,如0.5ms、0.625ms、1ms、1.25ms、2ms、2.5ms、5ms、10ms,此外,时隙中的符号可以配置上行、下行或灵活符号,其中灵活符号可以通过物理层信令配置为下行或上行符号,以灵活支持突发业务。

(5) NR支持更大数据分组的有效传输和接收,提升控制信道性能。增强移动宽带业务的大数据分组对编码方案编译码的复杂度和处理时延提出了挑战,低密度奇偶校验码(LDPC)在处理大数据分组和高码率方面有性能优势,成为NR的数据信道编码方案。对于控制信道,顽健性是最重要的技术指标,极化码(Polar)在短数据分组方面有更好的表现,成为NR的控制信道编码方案。

(6) NR支持基于波束的系统设计,提供更灵活的网络部署手段。LTE中同步、接入采用广播传输模式,数据信道支持波束成形传输模式。为了实现同步、接入和数据传输3个阶段的匹配,NR中同步、接入、控制信道、数据信道均基于波束传输,并支持基于波束的测量和移动性管理,以同步为例,NR支持多个同步信号块,辅助同步块(SSB)可以指向不同的区域,比如楼宇的高层、中层和地面,为网络规划提供更多可调手段。

(7) NR支持数字和混合波束成形。低频NR主要采用传统的数字波束成形,针对高频NR,既需要补偿路径损耗,又需要合理的天线成本,因而NR引入"模拟+数字"的混合波束成形。NR下行支持最大32端口的天线配置,上行支持最大4端口的天线配置;在具体MIMO传输能力方面,下行单用户最大支持8流,12个正交多用户,上行单用户最大支持4流。另外,与LTE定义了多种传输模式不同,NR目前定义了一种传输模式,即基于专用导频的预编码传输模式。此外,相比于LTE,5G新空口定义了更多导频格式(如front-loaded和支持高速移动的额外DMRS),以支持更多天线阵列模式和部署场景。

(8) NR实现传输资源和传输时间的灵活可配。支持多种资源块粒度,如基于时隙、部分时隙、多个时隙的粒度,以满足不同业务需求。支持可配置的新数据分组传输和重传时序,在满足灵活帧结构的同时,满足低时延需求。

(9) 5G新空口将部署在较高频段,考虑到基站和终端天线配置的差异,需要重点研究如何保障5G上行覆盖。最直接的方案是提升终端发射功率,此外,考虑到5G NR将在较长时间内和LTE共存,可以利用低频LTE上行资源保障系统上行覆盖。保证上行覆盖主要有两类方案:在5G业务信道覆盖受限的情况下,回退到低频LTE业务信道保证上行覆盖,如双连接或切换;在5G业务信道覆盖受限的情况下,通过补充上行(SUL)保证上行覆盖,即占用部分低频LTE上行资源传输NR。

7.3.4　5G关键无线技术

1. 大规模天线技术

大规模天线技术的概念是2010年由贝尔实验室的Marzetta首次提出,它的基础是MIMO技术。R10已经能够支持8个天线端口进行传输,5G中天线数目进一步增加,这仍将是MIMO技术演进的重要方向,如图7-18所示。当MIMO系统中的发送端天线端口数目增加到上百甚至更多时(一般认为,超过16是门槛),就构成了大规模天线系统。

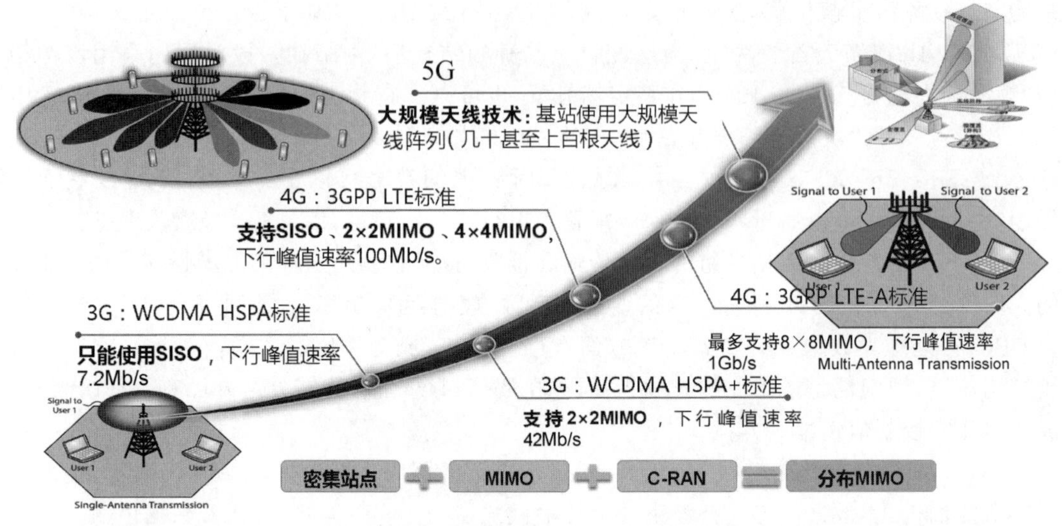

图7-18 MIMO技术在各代移动通信系统中的演进

大规模天线系统在传统MIMO技术基础上所采用的技术改革方案及带来的优势如下。

(1) 天线数目大量增加。根据概率统计学原理,当基站侧天线数量远大于用户天线数量时,基站各个用户的信道将趋于正交。在这种情况下用户间干扰将趋于消失,而巨大的阵列增益能够有效提升每个用户的信噪比,从而在相同的时频资源上支持更多的用户。

(2) 将原来的2D天线阵列扩展到3D天线阵列,形成新的3D-MIMO技术,能支持多用户波束智能赋形。3D-MIMO技术在不改变现有天线尺寸的条件下,可将每个垂直的天线阵子分割成多个阵子,从而开发出3D-MIMO的另一个垂直方向的空间维度,进而将3D-MIMO技术推向更高的发展阶段。常规天线在覆盖高层楼宇时,需分别对低层、中层、高层设置多个天面,而用3D-MIMO技术则对天面的需求很少,可实现单天线覆盖整个楼层,假设基站天线高度为30m,距离楼宇为100m,用普通天线只能覆盖9层楼,而用3D-MIMO天线可覆盖25层楼。同时,3D-MIMO天线通过多个波束对应不同的楼层,形成的虚拟分区具有空分复用的效果,提升了频谱利用率。3D-MIMO天线在垂直面有跟踪终端的功能,可有效地降低对邻近小区的干扰。当天线数量足够多时,可使线性预编码和线性检测器趋于最优化,使信号中的噪声和干扰忽略不计。

(3) 与毫米波技术结合。因为毫米波天线尺寸小,为大规模天线技术与波束赋形技术的应用提供了条件。波束赋形技术通过自适应调整天线阵列的辐射幅度与相位,使其在特定方向上的信号形成相干叠加,其余方向的信号相互抵消。在毫米波频段,这种方法使天线具有高增益、方向性强的特点,可以有效弥补空间衰减大的问题。由于波束宽度窄,能够显著降低用户间干扰,但同时也会减小波束的覆盖范围。

大规模天线技术的潜在应用场景包括城区(广域)宏覆盖、高层覆盖、室内外热点覆盖、郊区覆盖、无线回传链路等。此外,以分布式天线的形式构建大规模天线系统也可能成为该技术的应用场景之一,如图7-19所示。一般来说,广域宏覆盖利用现有频段,室内(热点)覆盖和无线回传链路等场景可以考虑利用更高频段。

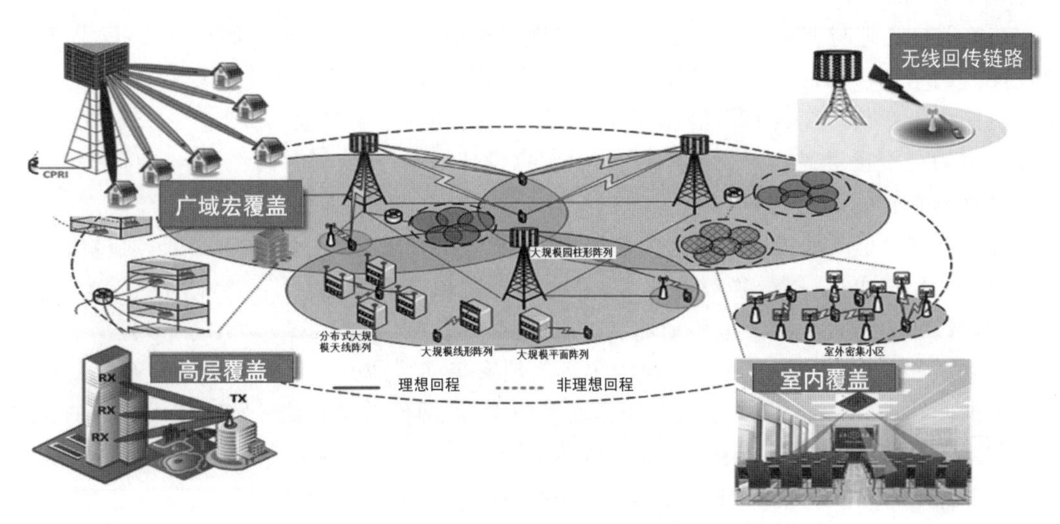

图 7-19　大规模天线系统应用场景示意图

2. 超密集组网

超密集组网(UDN)通过在单位面积内部署更加密集的基站提升频谱复用效率,从而达到增强热点、消除盲点、改善覆盖的目的,实现 5G 系统容量的显著提升。网络密集化使网络节点与终端更近,提高了功率效率,使业务在各种接入技术和覆盖层次间分担的灵活性得到提高。UDN 的典型应用场景主要包括办公室、密集住宅、密集街区、校园、大型集会、体育场、地铁、公寓等。

超密集组网在提升容量的同时,也面临同频干扰、移动性管理、多层网络协同、网络回传等一系列影响用户体验或网络部署的技术问题。IMT-2020 成立了专门的 UDN 工作组,针对超密集组网可能面临的问题提出了一些解决方案,典型的包括干扰管理与抑制、虚拟化小区、接入和回传设计等,如图 7-20 所示。

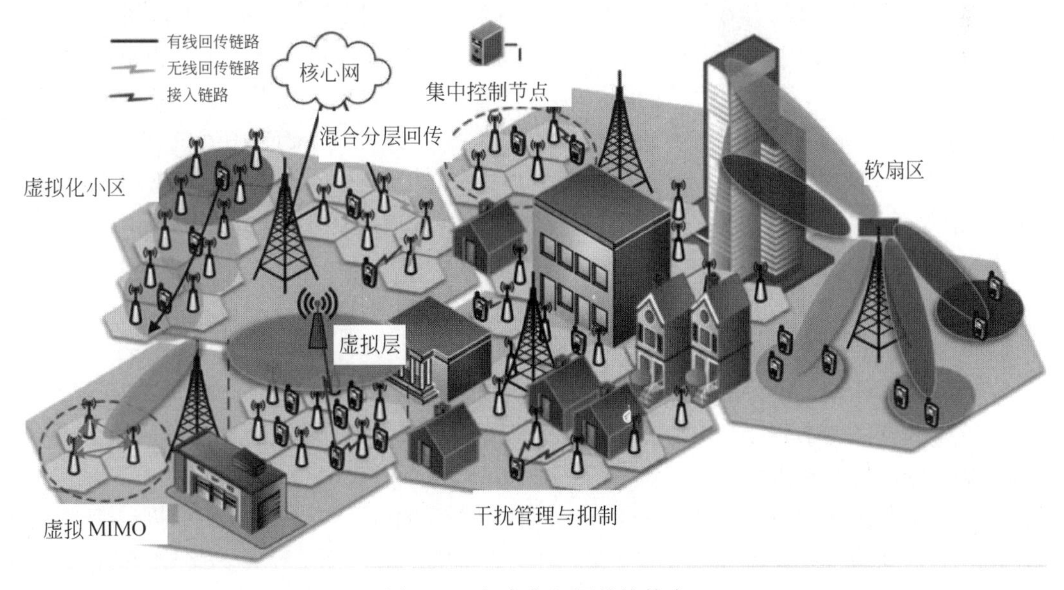

图 7-20　超密集组网关键技术

(1) 干扰管理与抑制是通过基于网络侧或终端侧的手段降低小区间同频干扰,提升网络性能。网络侧可以通过频域、时域、码域、功率域和空域等角度进行干扰规避,或者通过多小区协同将干扰信号变为有用信号,利用多个小区为同一个用户提供服务。在终端侧,目前研究较多的是干扰对齐技术,利用干扰信道信息设计编码与译码矩阵,在接收机侧把多个干扰信号抑制到较低干扰空间。

(2) 虚拟化小区是指以用户为中心,将多个实体小区虚拟为一个逻辑小区,通过传输节点间协作为用户提供一致、连续的服务,并通过控制层与数据层分离,避免用户频繁切换。虚拟化可以在一定程度上改善移动性能,降低小区间控制信道干扰,平滑用户体验。

(3) 接入与回传联合设计主要是为了解决超密集网络部署过程中可能面临有线回传资源不足的问题,一个建议的方案是使用自回程技术,即回传链路和接入链路使用相同的无线传输技术,通过时分/频分复用同一频带资源。无线回传可大大提高节点部署的灵活性,但需要在链路容量的提升、资源的灵活分配、路径优化等方面进行增强。

3. 非正交多址接入

通常,正交多址技术(如 FDMA、TDMA、CDMA、OFDMA 等)可规避用户间干扰,系统易于实现,但根据信息论理论可知,它们使系统容量次优,频谱效率提升受限。而5G业务要求极高的频谱效率、高用户接入数和大数据量传输能力,另外,对简化系统设计及信令流程方面提出了较高的要求,所以,对这些性能有进一步提升可能的是非正交多址(NOMA)接入技术,而不是现有的正交多址技术。NOMA 通过多用户信息在相同资源上的叠加传输,在接收侧利用先进的接收算法分离多用户信息,不仅可以有效提升系统频谱效率,还可成倍增加系统的接入容量。此外,NOMA 通过免调度传输,也可有效简化信令流程,并降低空口传输时延。

NOMA 的子信道传输依然采用 OFDM 技术,子信道之间是正交的,互不干扰,但是一个子信道不再只分配给一个用户,而是多个用户共享。同一子信道上不同用户之间是非正交传输,这样就会产生用户间干扰的问题,这也就是在接收端要采用串行干扰删除(SIC)技术进行多用户检测的目的。在发送端,对同一子信道上的不同用户采用功率复用技术进行发送,不同用户的信号功率按照相关的算法进行分配,这样到达接收端时每个用户的信号功率都不一样。SIC 接收机再根据不同用户信号功率的大小按照一定的顺序进行干扰消除,实现正确解调,同时也达到了区分用户的目的。如图 7-21 所示,UE 1(用户 1)是弱用户,UE 2(用户 2)是强用户,对于 NOMA,两个用户同时占用所有可用带宽;弱用户先解码强干扰,以消除干扰的影响,再解码自己的消息;最终可实现最优容量,并改善弱用户可达速率;和 OFDMA 相比,两个用户的频谱效率均提高 30%以上。

5G 的新型 NOMA 技术以 SCMA、PDMA 和 MUSA 为代表。

1) SCMA

SCMA(稀疏码本多址)技术是一种基于码域叠加的新型多址技术,如图 7-22 所示,它将低密度码和调制技术相结合,通过共轭、置换及相位旋转等方式选择最优的码本集合,不同用户基于分配的码本进行信息传输。在接收端,SCMA 通过消息传递算法(MPA)进行解码。由于采用非正交稀疏编码叠加技术,在同样资源条件下,SCMA 技术可以支持更多用户连接,同时,利用多维调制和扩频技术,单用户链路质量将大幅度提升。此外,它还可以利用盲检测技术及 SCMA 对码字碰撞不敏感的特性,实现免调度随机竞争接入,有效降低实现复杂度和时延,更适合用于小数据包、低功耗、低成本的物联网业务应用。

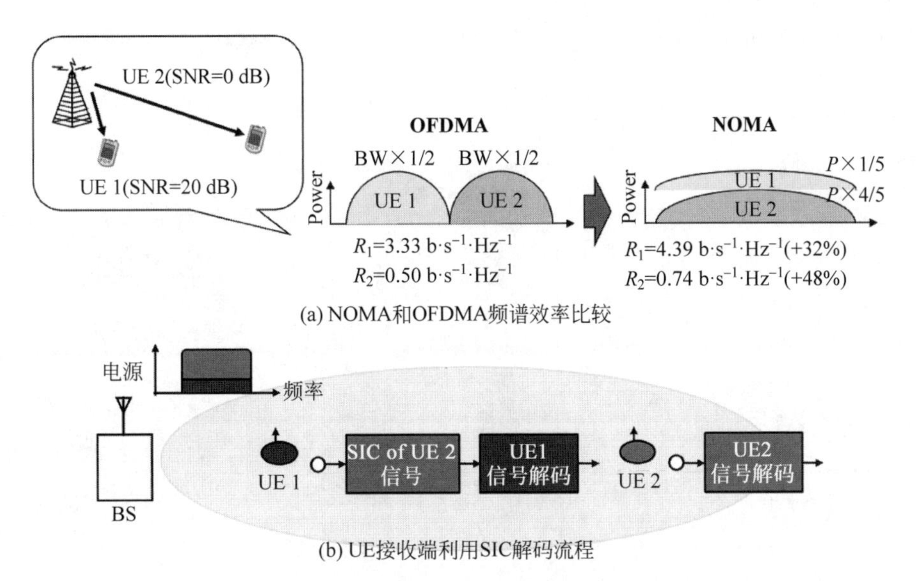

图 7-21　NOMA 解码流程及与 OFDMA 间频谱效率比较

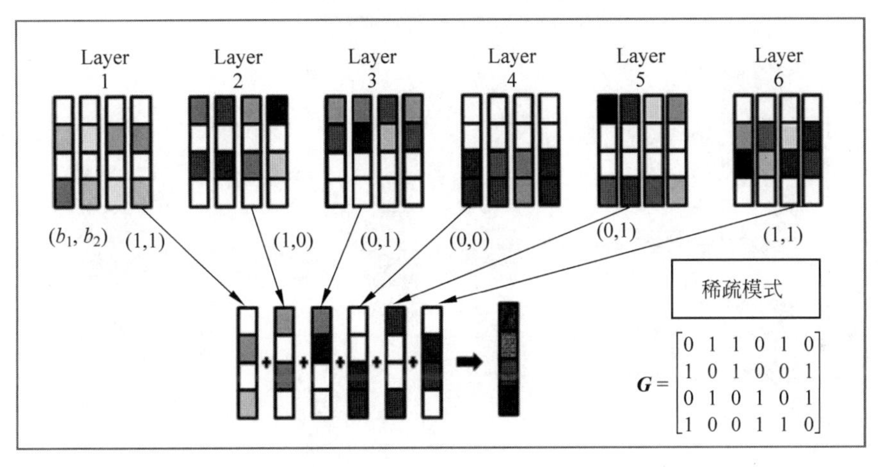

图 7-22　SCMA 工作原理图

2）PDMA

PDMA（图样分割多址）技术以多用户信息理论为基础，在发送端利用图样分割技术对用户信号进行合理分割，在接收端进行相应的串行干扰删除，可以逼近多址接入信道的容量界限。如图 7-23 所示，用户图样的设计可以在空域、码域和功率域独立进行，也可以在多个信号域联合进行。图样分割技术通过在发送端利用用户特征图样进行相应的优化，加大不同用户间的区分度，从而有利于改善接收端 SIC 的检测性能。PDMA 适合于宏蜂窝及宏微蜂窝异构网络、分布式多天线或密集小区、低时延高可靠等场景。

3）MUSA

MUSA（多用户共享接入）技术是一种基于码域叠加的多址接入方案，如图 7-24 所示。对于上行链路，将不同用户的已调符号经过特定的扩展序列后在相同资源上发送，接收端采用 SIC 接收机对用户数据进行译码。扩展序列的设计是影响 MUSA 方案性能的关键，要求在码长很短的条件下（码长为 4 个或 8 个字符）具有较好的互相关特性。对于下行链路，基于传统的功率叠加方案，利用镜像星座图对配对用户的符号映射进行优化，提升下行链路性能。

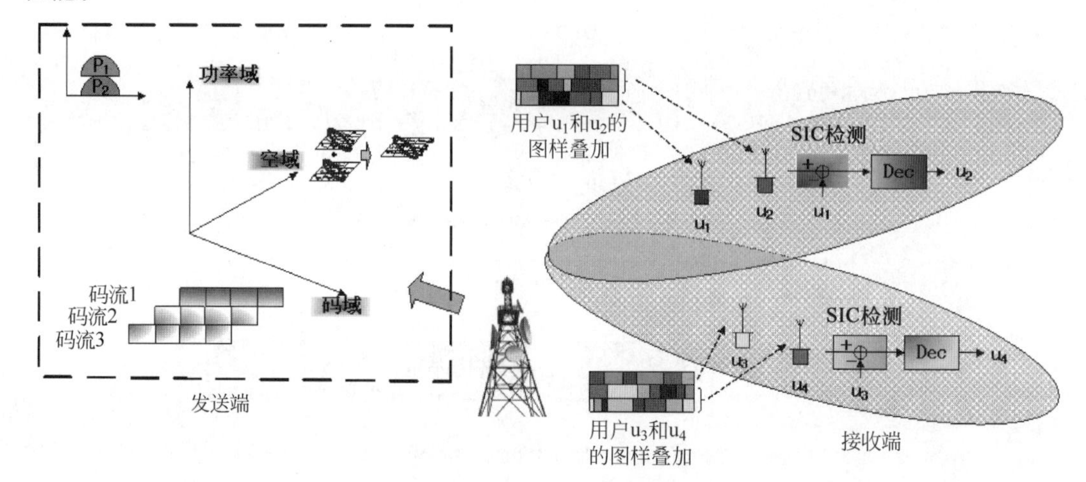

图 7-23 PDMA 工作原理图

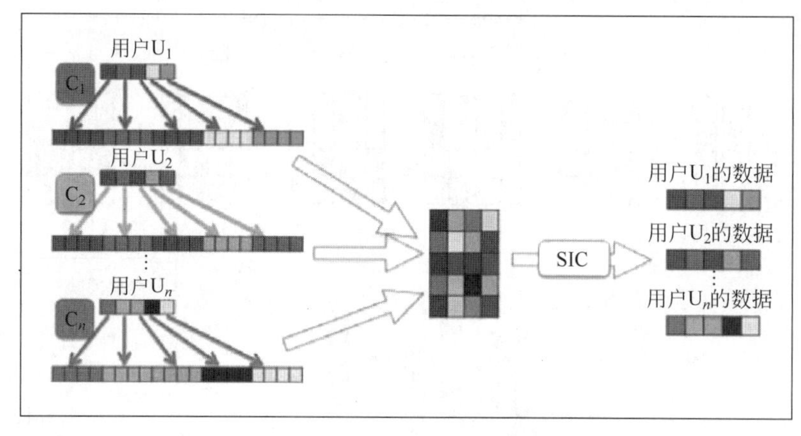

图 7-24 MUSA 工作原理图

4. 新型传输波形

(1) OFDM 传输波形技术。OFDM 是当前 Wi-Fi 和 LTE 标准中高速无线通信的主要传输模式，与传统的 FDM 模式相比，频谱利用率提升接近 1 倍，而且具有抗频率选择性衰落，并可充分地利用 FFT/IFFT 模块，易实现、易操作。OFDM 仍然是 5G 的关键传输波形技术，但是其性能参数等有待优化提高。

(2) 滤波器组多载波(FBMC)。FBMC 物理频谱利用率高，适合应用在不同频谱共享的场景。传统 OFDM 不能严格同步相邻载波，会产生较大的干扰，然而滤波器组多载波能够时间同步，进而减小载波间的相互干扰，大大改善信道的性能。FBMC 是基于子载波的滤波，它放弃了复数域的正交，换取了波形时频局域性上的设计自由度，这种自由度使 FBMC 可以更灵活地适配信道的变化，同时，FBMC 不需要循环前缀，因此，系统开销也得以减小。

其他可能的新型多载波技术还有子带滤波的正交频分复用(F-OFDM)、通用滤波多载波(UFMC)等。总之，由于 5G 应用场景和业务类型的巨大差异，单一的波形很难满足所有需求,多种波形技术将共存,在不同场景下发挥各自的作用。

5. 先进信道编码和调制技术

图 7-25 给出了信道编码技术和调制技术在各代移动通信系统的演进,那么 5G 可能采用哪些新的调制技术和信道编码技术以应对多种应用场景的特殊需求呢?

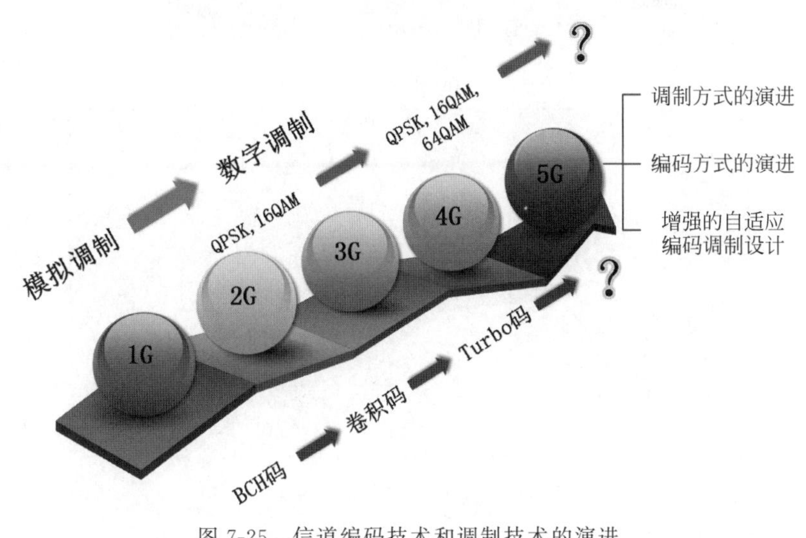

图 7-25 信道编码技术和调制技术的演进

1) 调制技术

目前 4G 的调制技术主要是比特交织编码调制的 MIMO OFDM 技术,为了在有限的通信资源基础上实现更高层次的吞吐量、高频谱利用率及高服务、高运转速度的无线传输,5G 还需要更高频谱利用率的调制技术。

(1) 空间调制(SM)。空间调制的特点是:将传统的二维映射延伸至三维映射,并以天线实际的物理位置定位为依据来携带部分发送信息,以此提高频谱效率;通过调整天线的工作状态,保持每时隙一根天线工作,避免了信道之间的相互干扰及同步发射问题,系统也只有一条射频链路,有效地降低了成本。图 7-26(a)为 SM 系统,图 7-26(b)为 4 发射天线 SM 星座图。

(2) 频率正交幅度调制(FQAM)。未来 5G 可以利用频移键控(FSK)与正交幅度调制(QAM)相结合的方式来提高频谱利用率。此技术可以在多小区的下行链路中有效地提高边缘用户的通信质量,有效优化通话质量,并可以实时改变干扰的分布统计(从高斯干扰变成非高斯干扰)以消除干扰。

2) 信道编码技术

3GPP 已确定 eMBB 场景的信道编码技术方案:LDPC 码用于数据信道编码,Polar 码用于控制信道编码。

(1) LDPC 码。

Gallager 在 1962 年提出了 LDPC(低密度奇偶校验)码,揭示了一种新的具有低密度校验矩阵的分组编码方法。它利用校验矩阵的稀疏性解决长码的译码问题,可以在线性时间内译码。同时 LDPC 码又近似于香农提出的随机编码,获得了优秀的编码性能。

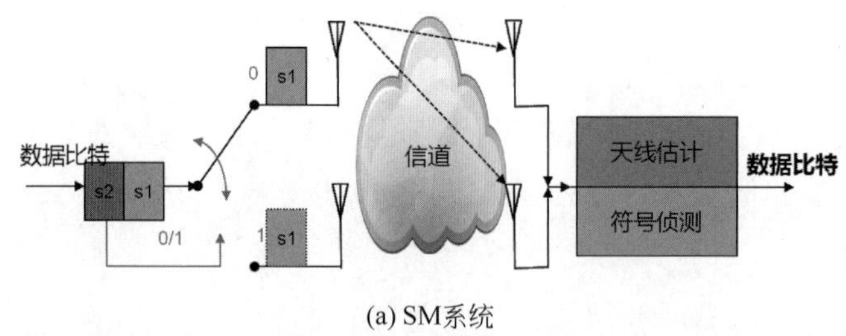

(a) SM系统

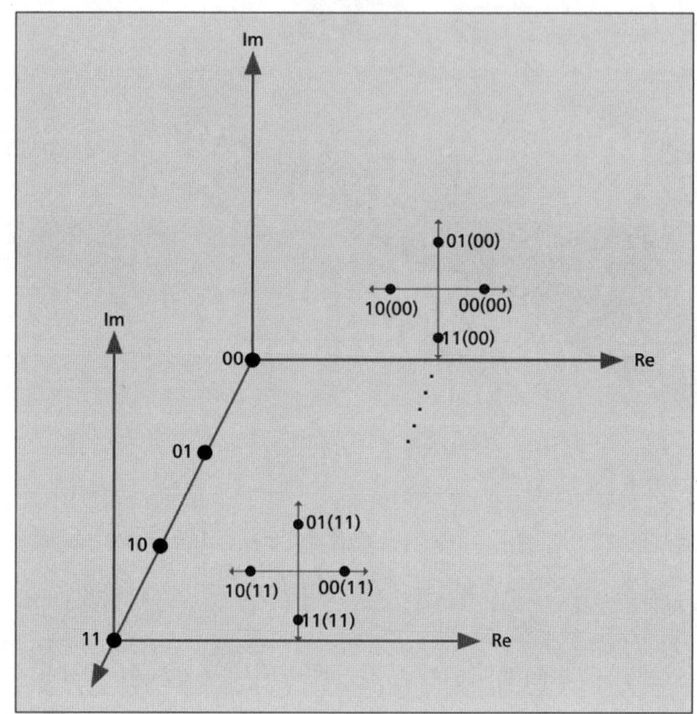

(b) 4发射天线SM星座图

图 7-26 空间调制系统原理图及星座图

LDPC 码是一种具有稀疏校验矩阵的线性分组码。根据线性分组码的性质，域 $\boldsymbol{F}$ 上码字长度为 n，其中信息位长度为 s 的编码 $\boldsymbol{C}$ 可用 $(n-s)\times n$ 维的校验矩阵 $\boldsymbol{H}$ 描述。

校验矩阵 $\boldsymbol{H}$ 的构成需满足如下 3 个条件：

① 每一列有 j 个 1($j\geqslant 3$)；

② 每一行有 k 个 1($k>j$)；

③ 矩阵共有 n 列(即码长)，j、k 应远小于 n，即矩阵是稀疏的。

构成一个(n,j,k)LDPC 码，如果 j、k 固定，为规则 LDPC 码；如果 j、k 不固定，为非规则 LDPC 码(可能得到最优性能)。

LDPC 码一般用校验矩阵或者二分图(Tanner 图)表示，如图 7-27 所示。一个二分图是一个包括两个顶点集合的图。若将二分图的两个顶点集合分别称为信息节点集合和校验节点集合，那么信息节点集合中的节点对应码字中的位或者校验矩阵中的列；校验节点集合中的节点对应编码的码字所满足的校验约束方程或者校验矩阵中的行。若某个校验约束方程中出现了某个码字位，则在相应的信息节点和校验节点之间连一条边。

$$
\boldsymbol{H}=\begin{bmatrix}1&1&0&0&0&1&0&1&0&1\\0&1&1&0&0&1&0&0&1&0\\0&0&1&1&0&0&1&1&0&1\\0&0&0&1&1&1&0&0&1&0\\1&0&0&0&1&0&1&0&1&0\end{bmatrix}
$$

(a) 例如一个(10,5)LDPC码的$\boldsymbol{H}$矩阵

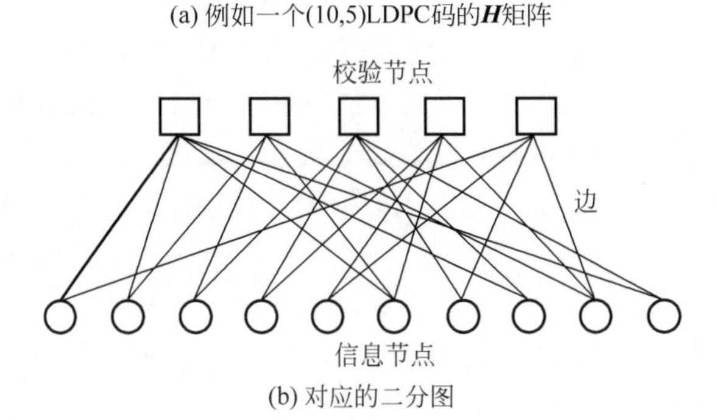

(b) 对应的二分图

图 7-27 LDPC 码的校验矩阵和二分图表示

信道编码的译码算法是决定编码性能和应用前景的一个重要因素。尤其是在长码的条件下,译码算法的复杂度决定了编码的实际应用价值。但是通常分组码的译码复杂度与码长呈指数关系,当码长增大到一定程度后,复杂度的增加将是不可控制的,译码无法实际应用。LDPC 码则由于其校验矩阵的稀疏性,使它存在高效的译码算法,其译码复杂度与码长呈线性关系。LDPC 码克服了分组码在长码时所面临的巨大译码计算复杂度问题,使长码分组的应用成为可能,从而可以获得良好的编码性能。LDPC 码的出现使人们终于获得了一种可以实际应用的分组码。而且由于奇偶校验矩阵的稀疏特性,在长码分组时,相距很远的信息位也可参与同一校验,这使得连续的突发差错对译码的影响不大,编码本身具有抗突发差错的特性,不需要引入交织器,没有因交织器的存在而带来的时延。令人兴奋的是 LDPC 码不仅适用于二进制对称信道,而且适用于任何最佳输入为对称分布的信道。几乎在任何信道上都是“好码”。

LDPC 码的译码算法主要是基于编码二分图结构的 Message Passing 算法,这种算法的性能随量化阶数的增加而提高,同时复杂度也随之增加。当在译码中采用两阶量化时,这种算法就是 Gallager 最初提出的硬判决译码算法。该算法具有最低的译码复杂度,但是其性能也是 Message Passing 算法中最差的,适用于对性能要求不高的应用。反之,如果在译码中采用另一个极端——无穷阶量化即连续性的算法时,算法称为 Belief Propagation 算法,这种算法的译码复杂度最高,同时其性能也是最好的,适用于对性能有较高要求的场合。

实验表明,LDPC 码是一种优秀的纠错编码技术,它可以在不太高的译码复杂度下,达到与 Turbo 码接近的性能。同时不存在 Turbo 码所具有的误码率底线。这主要是因为 LDPC 码校验矩阵的稀疏性使在线性时间复杂度内实现译码成为可能,而且其译码算法本质上是一种并行算法,硬件实现之后将有很短的译码时延,有利于短时延条件的应用。同时,LDPC 码的编码也可以在线性时间复杂度内完成。由于没有使用交织器,与 Turbo 码相比,LDPC 码时延较小。LDPC 码是这样一种线性时间复杂度内可编码,线性时间复杂度内可译码,同时能够逼近香农极限的编码。

虽然 LDPC 码本身具备多方面优势,但在 5G 移动通信领域的应用中,还要解决结构设

计、性能优化等问题。

(2) Polar码。

2010年,E. Ankan等构造了Polar码(极化码),Polar码是目前唯一可在理论上证明达到香农极限,并且具有可实用的线性复杂度编译码能力的信道编码技术,因此它成为5G通信系统中信道编码方案的极佳候选者。Polar码构造的核心是通过“信道极化”的处理,在译码侧,极化后的信道可用简单的逐次干扰抵消译码的方法,以较低的复杂度获得与最大似然译码相近的性能;在编码侧,采用编码的方法使各个子信道呈现出不同的可靠性,当码长持续增加时,一部分信道将趋向于容量接近于1的完美信道,另一部分信道则趋向于容量接近于0的纯噪声信道,选择在容量接近于1的信道上直接传输信息以逼近信道容量。

6. 双工技术

1) 全双工

由于条件限制,在目前的移动通信中无法实现同时同频全双工,双向链路是通过时间或频率进行区分的,相当于浪费了一半无线资源。

利用同时同频全双工技术,在相同的频谱上,通信设备能实现双向同时收发信号,较TDD或FDD方式可提高空口频谱效率1倍,同时同频全双工技术的应用,可使频谱资源的利用更加灵活,具有较高的消除干扰能力。虽然同时同频全双工技术的应用难度较大,但对5G网络的性能实现具有突破性意义,必须将干扰抵消技术、资源配置技术、组网技术、容量分析与MIMO技术结合在一起,才能真正实现同时同频全双工。

2) 灵活双工

传统LTE系统中FDD的固定成对频谱使用和TDD的固定上下行时隙配比已经不能有效支撑业务动态不对称特性。如图7-28所示,灵活双工充分考虑了业务总量增长和上下行业务不对称特性,有机地将TDD、FDD和全双工融合,根据上下行业务变化情况动态分配上下行资源,有效提高系统资源利用率。灵活双工可用于低功率节点的微基站,也可用于低功率的中继节点。

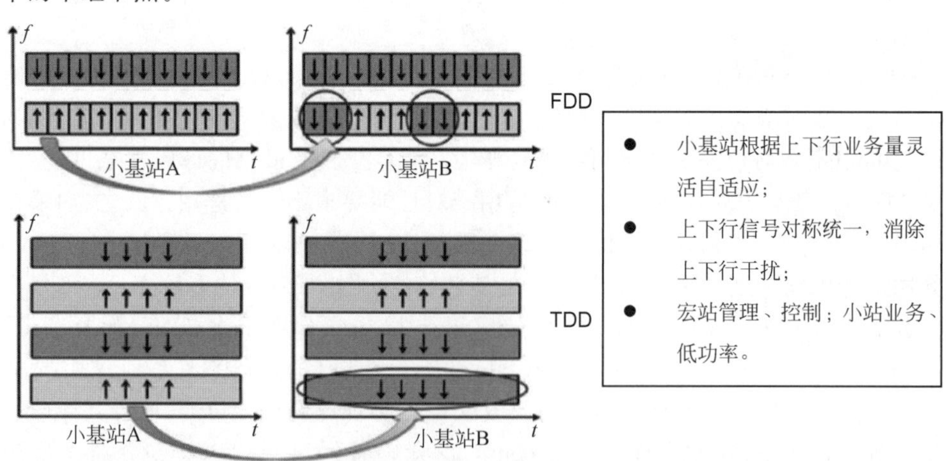

图7-28 时域和频域灵活分配资源方式实现灵活双工

7. D2D(终端直通)通信

传统的蜂窝通信系统的组网方式是以基站为中心实现小区覆盖,而基站及中继站无法移动,其网络结构在灵活度上有一定的限制。随着无线多媒体业务的不断增多,传统的以基站为中心的业务方式已无法满足海量用户在不同环境下的业务需求。

D2D技术无须借助基站的帮助就能够实现通信终端之间的直接通信,拓展网络连接和接入方式。由于短距离直接通信,信道质量高,D2D能够实现较高的数据传输速率、较低的时延和功耗;通过广泛分布的终端,能够改善覆盖,实现频谱资源的高效利用;支持更灵活的网络架构和连接方法,提升链路灵活性和网络可靠性。

目前,D2D采用广播、组播和单播技术方案,未来将发展其增强技术,包括基于D2D的中继技术、多天线技术和联合编码技术等。同样地,D2D通信中仍存在一些需要探索的问题,例如怎样进行合法的监听,以确保信息安全;怎样保证用户的信息安全,隐私不被侵犯,并激励用户把自己的终端用作中继终端。由于涉及海量数据中继和传输,用户终端的电池电量消耗也势必会增加,如何控制也是一个值得研究的问题。

8. 灵活频谱共享

为满足5G超高流量和超高速率需求,除尽力争取更多IMT专用频谱外,还可进一步探索新的频谱使用方式,扩展IMT(跨机器中继)的可用频谱。在5G中,频谱共享技术具备横跨不同网络或系统的最优动态频谱配置和管理功能,以及智能自主接入网络和网络间切换的自适应功能,可实现高效、动态、灵活的频谱使用,以提升空口效率,系统覆盖层次和密度等,从而提高频谱综合利用效率。要解决的主要问题有:网络架构与接口技术、高层技术、物理层技术、射频技术。

7.4 5G物理层及搜索物理层过程

本节将在上面介绍的5G网络架构、空口架构的基础上,进一步介绍5G物理层细节和5G物理层搜索与接入设计。

7.4.1 5G物理层

微课视频30

物理层设计是整个5G系统设计中的核心。相较于4G,5G有更高且更全面的关键性能指标要求。其中极具挑战性的峰值速率、频谱效率、用户体验速率、时延等关键指标均需要通过物理层的设计来达成。为迎接这些挑战,5G的NR设计在充分借鉴LTE设计的基础上,引入了一些全新的设计,具体特征如7.3.3节所述。

1. 概述

5G网络功能之间的信息交互可以基于两种表示方式:其一为基于服务的架构,如图7-15所示;其二为基于点对点的架构,如图7-29所示。5G移动通信系统架构由5G核心网(5GC)和5G接入网(AN)两部分组成,其中,5GC包括AMF、UPF和SMF三种主要逻辑节点,AN则由gNB(5G基站)和ng-eNB(升级后支持5G接口协议的4G基站)两种节点共同组成。

AN和5GC的主要接口有NG接口(N2接口对应NG-C子接口,N3接口对应NG-U子接口)、Xn接口、F1接口、E1接口(CU之间)和Uu接口。Uu接口仍然是最重要的接口,是UE与网络之间的空中接口,其接口协议栈主要分三层、两面,三层包括物理层(L1)、数据链路层(L2)和网络层(L3),两面是指控制面和用户面,如图7-30所示。同LTE相比,5G NR用户面只增加了SDAP(业务数据适配协议)子层,控制面维持不变。

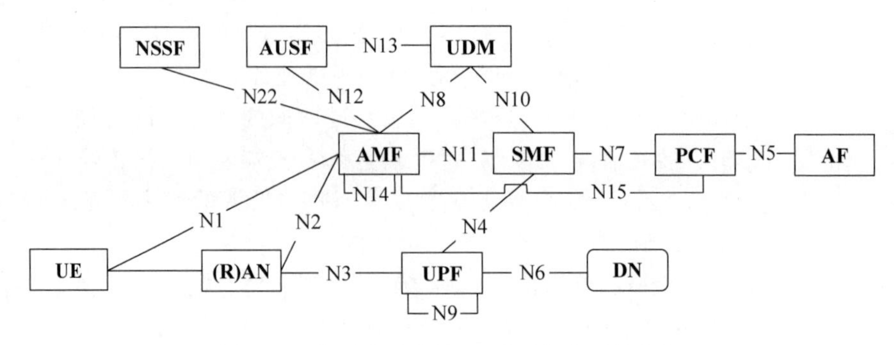

图 7-29 基于点对点的 5G 移动通信系统架构

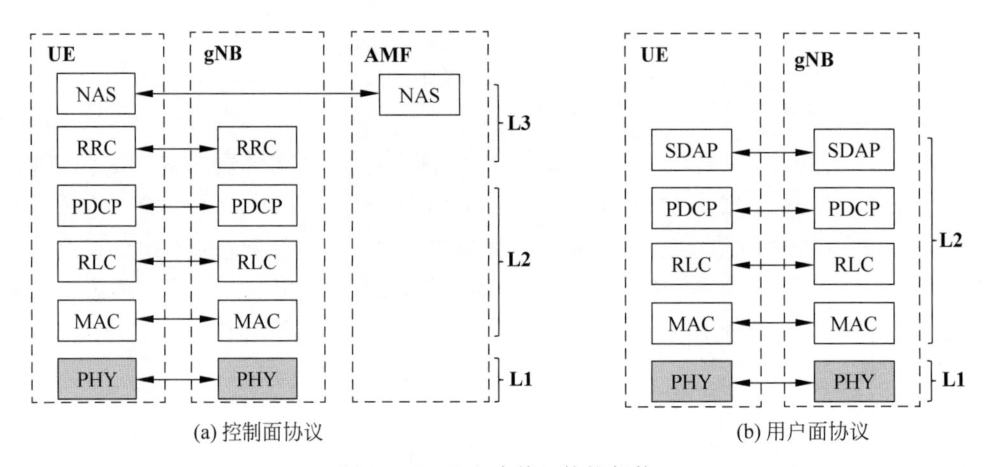

图 7-30 5G 空中接口协议架构

物理层位于空中接口最底层，提供物理介质中位流传输所需要的所有功能，包括物理层 HARQ 处理、调制编码、多天线处理、信号到物理时频资源映射及控制传输信道到物理信道映射等。

2. 5G 系统帧/时隙结构

5G 系统帧结构从时间维度上对资源进行了划分和使用。每个系统帧包括 1024 个无线帧。每个无线帧长度是 10ms，包括两个半帧，分为前半帧和后半帧，每个半帧长度是 5ms；每个子帧长度是 1ms，每个无线帧包括 10 个子帧。5G 系统帧/时隙结构如图 7-31 所示。

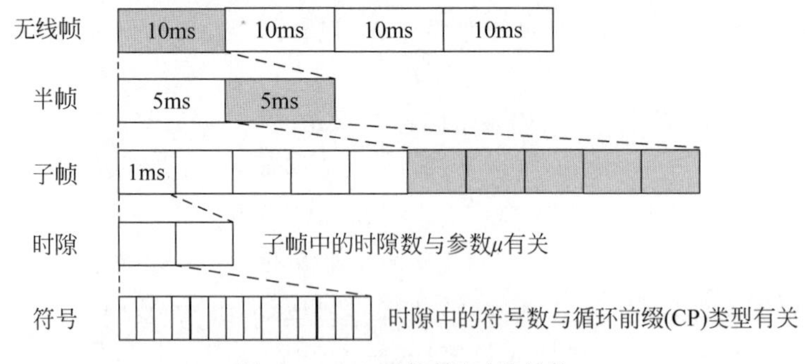

图 7-31 5G 系统帧/时隙结构

每个子帧由时隙构成，每个子帧的时隙数随参数 μ 的取值变化而变化。每个子帧中包含的时隙数如表 7-6 所示。透过表 7-6 可以观察到：对于常规 CP，每个时隙由 14 个 OFDM

符号组成；对于扩展 CP，每个时隙由 12 个 OFDM 符号组成。并不是所有的子载波配置都可以配置扩展 CP，在 5G 通信系统中，仅有 60kHz 子载波可以配置扩展 CP。μ 取值越大，每个子帧可以包含的时隙数越多。在 5G 系统中，μ 一共有 5 种取值，即 0、1、2、3、4，子载波间隔(SCS)为 $2^{\mu}\times 15$(kHz)。

表 7-6 5G 移动通信系统中 μ、SCS、CP、符号、时隙的关系

子载波配置	子载波间隔/kHz	循环前缀	每时隙符号数	每帧时隙数	每子帧时隙数
0	15	常规	14	10	1
1	30	常规	14	20	2
2	60	常规	14	40	3
3	120	常规	14	80	8
4	240	常规	14	160	16
2	60	扩展	12	40	4

每个时隙中的符号被分为 3 类：下行符号(标记为 D)、上行符号(标记为 U)和灵活符号(标记为 X)。下行数据发送可以在下行符号和灵活符号进行，上行数据发送可以在上行符号和灵活符号进行。灵活符号包含上下行转换点，NR 支持每个时隙包含最多 2 个转换点。

5GNR 帧结构配置不再沿用 LTE 阶段采用的固定帧结构方式，而是采用半静态无线资源控制(RRC)配置和动态下行控制信息(DCI)配置结合的方式进行灵活配置。这样设计的核心思想兼顾可靠性和灵活性。前者可以满足大规模组网的需要，易于网络规划和协调，并利于终端省电；而后者可以满足动态的业务需求来提高网络利用率。但是完全动态的配置容易引入上下行的交叉时隙干扰而导致网络性能不稳定，也不利于终端省电，在实际网络中要谨慎使用。

RRC 配置有小区专用的 RRC 配置和 UE 专用的 RRC 配置两种方式。DCI 配置支持由时隙格式指示(SFI)直接指示和由 DCI 调度决定两种方式。

针对 eMBB 场景，按照子载波 30kHz 间隔，目前共提出了几种典型的 SG 系统帧结构，如图 7-32 所示，系统可支持其中一种或多种静态配置。图中，S 表示特殊时隙，GP 表示保护间隔，以{下行时隙数，下行符号数，上行时隙数，上行符号数}四元组配置表示周期中上下行时隙数配比和特殊时隙中上下行符号数配比。举例说明一下，在 2.5ms 双周期帧结构中，每 5ms 中包含 5 个全下行时隙、3 个全上行时隙和 2 个特殊时隙，四元组配置为{3,10,1,2}、{2,10,2,2}。时隙 3 和时隙 7 为特殊时隙，配比为 10∶2∶2(下行符号数∶保护符号数∶上行符号数)(可调整)，整体配置为：DDDSUDDSUU；Pattern 周期为 2.5ms，存在连续 2 个 UL 时隙，可发送长 PRACH(物理随机接入信道)格式，有利于提升上行覆盖能力。相比起来，2.5ms 单周期帧结构由于下行有更多时隙，有利于增大下行吞吐量；2ms 单周期帧结构转换点增多，可有效减少调度时延。

eMBB 帧结构通常无法满足 uRLLC(超可靠低时延通信)场景时延要求，原因是 uRLLC 场景对时延的要求是 1ms 级别。uRLLC 需要采用自包含时隙来满足空口低时延指标，每个时隙都要有上下行切换点才能满足空口时延 0.5ms 指标。DL/GP/UL 符号占比为 7∶2∶5 或 7∶1∶6。在每一个下行时隙和上行时隙内，均存在上下行转化点。5G 移动通信系统 uRLLC 帧结构如图 7-33 所示。

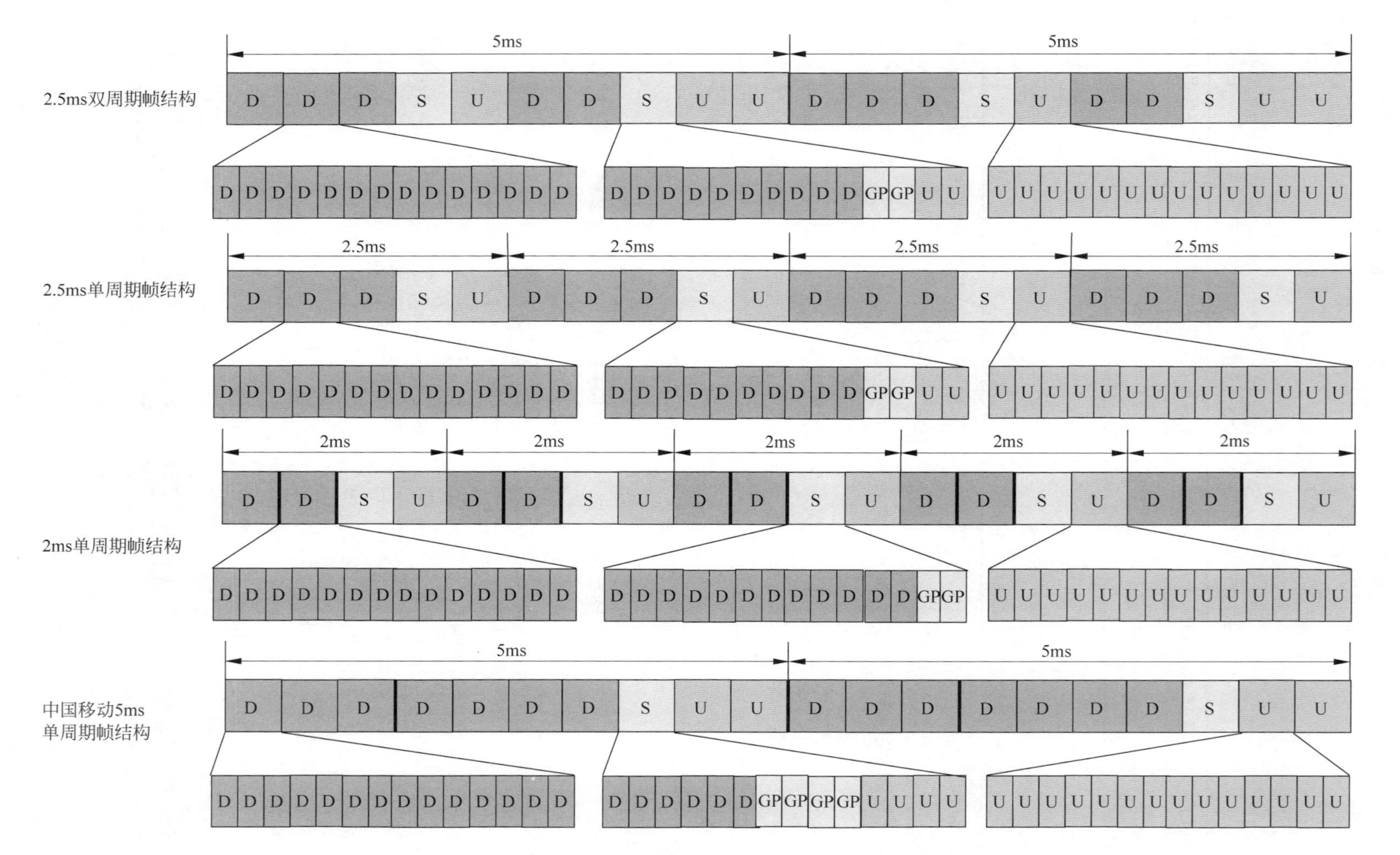

图 7-32　针对 eMBB 场景提出的几种典型的 5G 系统帧结构

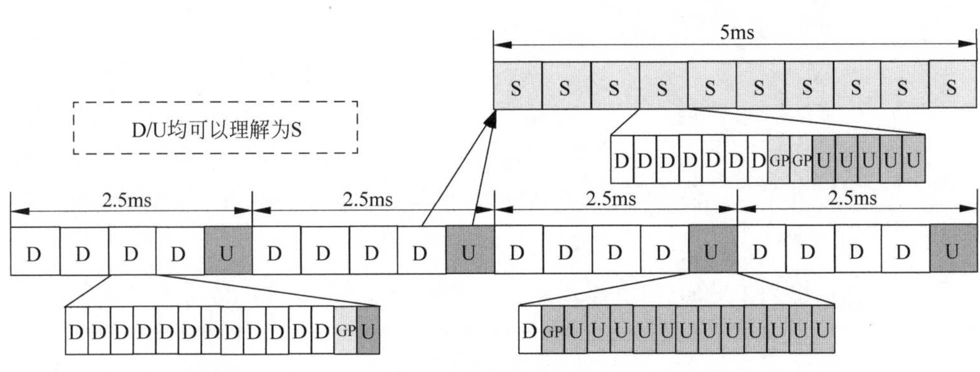

图 7-33 5G 移动通信系统 uRLLC 帧结构

3. 5G 时频资源

5G 时频资源包括 RE(资源粒子)、RB(资源块)、CCE(控制信道元素)、RG(资源栅格)、RBG(资源块组)、REG(资源粒子组)等。时频资源的概念对 5G 系统非常重要,它们对物理信道和信号起承载作用。5G 移动通信系统时频资源的基本概念与定义如图 7-34 所示。5G NR 基本时间单元为 $T_c=1/(\Delta f_{max}\times N_f)$,其中 $\Delta f_{max}=480\times10^3$,$N_f=4096$。

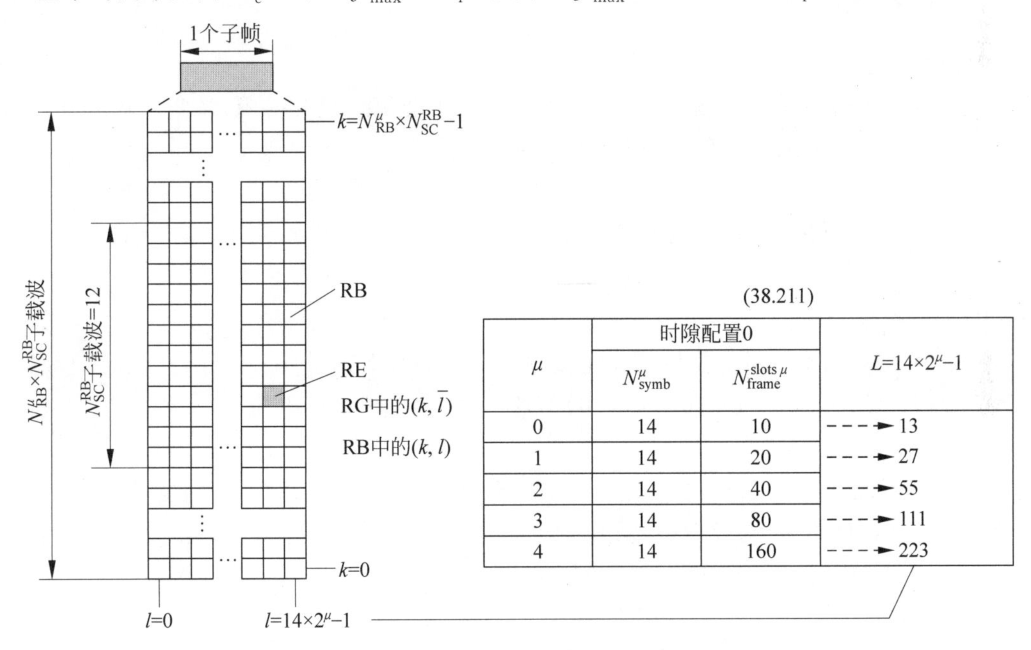

μ	时隙配置0		$L=14\times2^{\mu}-1$
	N_{symb}^{μ}	$N_{frame}^{slots\,\mu}$	
0	14	10	13
1	14	20	27
2	14	40	55
3	14	80	111
4	14	160	223

图 7-34 5G 移动通信系统时频资源的基本概念与定义

1) RG

RG 表示 5G 物理资源栅格,上下行分别定义(对于给定的参数集)。RG 在时域表示 1 个子帧;在频域表示传输带宽内可用 RB 资源。

2) BWP

BWP(BandWidth Part,部分带宽)定义为整个带宽上的一个子集,每个 BWP 的大小,以及使用的 SCS 和 CP 都可以灵活配置:DL 和 UL 分别最多可以配置 4 个专有 BWP;BWP 的带宽必须大于 SSB(同步信号块),但是 BWP 中不一定包含 SSB;对同一个 UE 来说,DL 或 UL 同一时刻只能有 1 个 BWP 处于激活的状态。

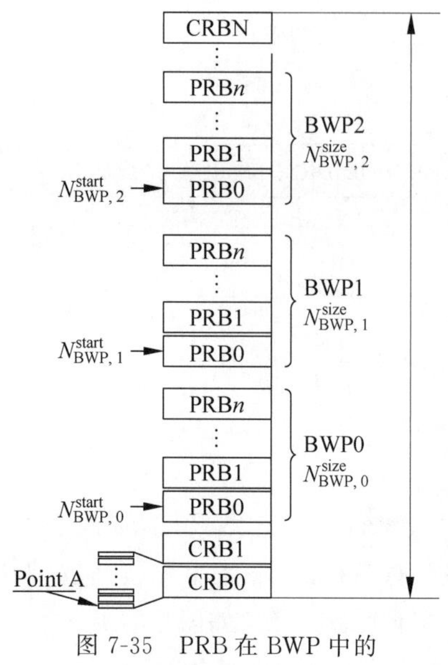

图 7-35　PRB 在 BWP 中的频域位置与编号

3）RB

定义 RB 为频域上连续的 12 个子载波，但没有对 RB 的时域进行定义。CRB(公共资源块)在子载波间隔配置参数 μ 下的公共资源块 0 的子载波 0 与“参考点 A”(Point A)一致，频域上的公共资源块号 n_{CRB}^{μ} 与资源粒子(k,l)的关系为

$$n_{\mathrm{CRB}}^{\mu}=\left\lfloor\frac{k}{N_{\mathrm{SC}}^{\mathrm{RB}}}\right\rfloor \tag{7-1}$$

其中，k 是相对于子载波间隔配置 μ 下的资源栅格 0 的子载波 0 定义的。PRB(物理资源块)在 BWP 中定义，如图 7-35 所示，其编号从 0 到 $N_{\mathrm{BWP},i}^{\mathrm{size}}-1$，$i$ 是 BWP 数。在 BWP i 内，PRB 与 CRB 的关系为

$$n_{\mathrm{CRB}}=n_{\mathrm{PRB}}+N_{\mathrm{BWP},i}^{\mathrm{start}} \tag{7-2}$$

其中，$N_{\mathrm{BWP},i}^{\mathrm{start}}$ 是 BWP 相对于公共资源块 0 的起始资源块。

4）RBG

RBG 为数据信道资源分配的基本调度单位，用于资源分配 Type0，降低控制信道开销。频域可配置为 2 个 RB、4 个 RB、8 个 RB、16 个 RB。

5）RE

在 1 个 RG 中，RE 是最小的资源单元。在频域上，1 个 RE 由一个子载波组成；在时域上，1 个 RE 由 1 个 OFDM 符号组成，这一点与 LTE 系统相同。

6）REG

REG 是控制信道资源分配的基本组成单位。在频域上，1 个 REG 由 1 个 RB 组成；在时域上，1 个 REG 由 1 个 OFDM 符号组成，这一点与 LTE 系统不同。

7）CCE

CCE 是承载 PDCCH(物理下行控制信道)的基本单位，用于承载 DCI，也是控制信道资源分配的基本调度单位。1 个 CCE 在频域上占用 6 个 REG、72 个 RE。在 72 个 RE 中，有 18 个用于 DMRS(解调参考信号)，54 个用于 DCI 传输。

8）CORESET

CORESET(一组物理资源集合)，由频域上多个 RB 和时域上的 1/2/3 个 OFDM 符号组成。CORESET 的频率分配可以是连续的或不连续的，其配置跨越 1～3 个连续的 OFDM 符号，按 REG 进行组织。PDCCH 被限制在一个 CORESET 中，并与它自己的 DMRS 一起发送；PDCCH 由 1、2、4、8 或 16 个 CCE 承载；每个 BWP 最多可以配置 3 个 CORESET，每个小区一共可配置 12 个 CORESET；CORESET 频域上以 6 个 PRB 为粒度进行配置。

4. 5G 系统物理信道与物理信号

5G 系统逻辑信道、传输信道、物理信道之间的映射关系和 LTE 相类似，如图 7-36 所示。

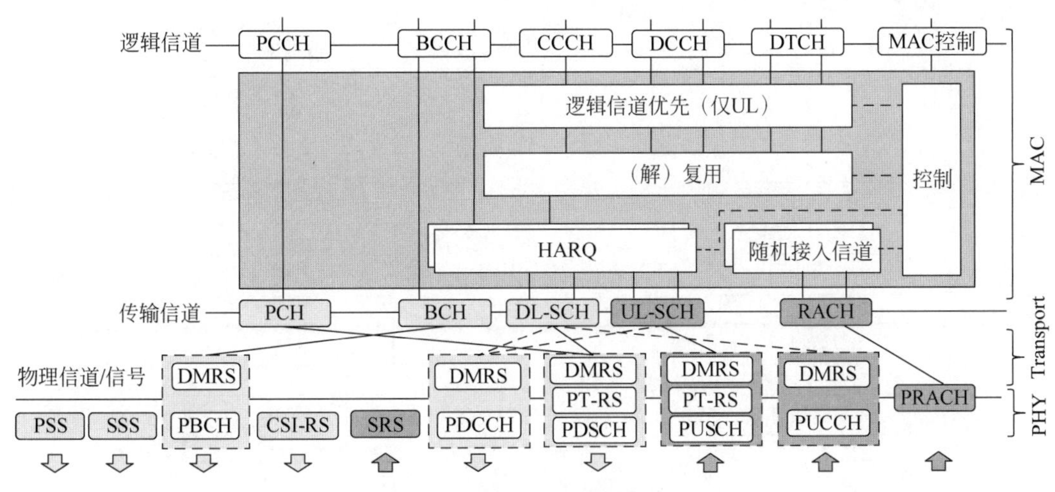

图 7-36 5G 系统信道映射关系

1）5G 下行物理信道

5G 下行物理信道包括 PBCH（物理广播信道）、PDCCH（物理下行控制信道）和 PDSCH（物理下行共享信道）。相对于 LTE，5G 移动通信系统精简了 PCFICH（物理控制格式指示信道）、PHICH（物理 HARQ 信道）。对于 PDSCH 来说，5G 系统增加了 1024QAM 调制方式。

2）5G 下行物理信号

5G 下行物理信号包括 DMRS（解调参考信号）、PSS（主同步信号）、SSS（辅同步信号）、CSI-RS（信道状态信息参考信号）和 PT-RS（相位跟踪参考信号）。参考信号仅仅存在于物理层，用于接收端对于其后续接收数据的信道估计和相干解调。5G 系统不再使用 CRS（小区参考信号），减少了开销，避免了小区间 CRS 干扰，提升了频谱效率；新增了 PT-RS，用于高频场景下相位对齐。

3）5G 上行物理信道

5G 上行物理信道包括 PRACH（物理随机接入信道）、PUCCH（物理上行控制信道）和 PUSCH（物理上行共享信道）。对于 PUSCH 来说，5G 系统增加了 256QAM 调制方式（R15 版本以前）。

4）5G 上行物理信号

5G 上行物理信号包括 DMRS、SRS（探测参考信号）和 PT-RS。解调参考信号仅仅存在于物理层，用于接收端对于其后续接收数据的相干解调，PT-RS 用于高频场景下相位对齐。

5）5G 系统物理层数据

5G 系统物理层数据发送及接收基本过程如图 7-37 所示。BCH、PCH、DL-SCH 和 UL-SCH 的数据在转换为物理层发送数据之前，都需要加入 CRC 保护，以便支持一次校验和重传，保护数据可靠性。物理层需要发送的数据，除了 PRACH 外，都要经过编码和速率匹配、调制、资源映射和天线映射几个步骤，然后进行空口的实际发送。在接收端，与发送端对应，需要进行多天线接收和解调、解码等过程。

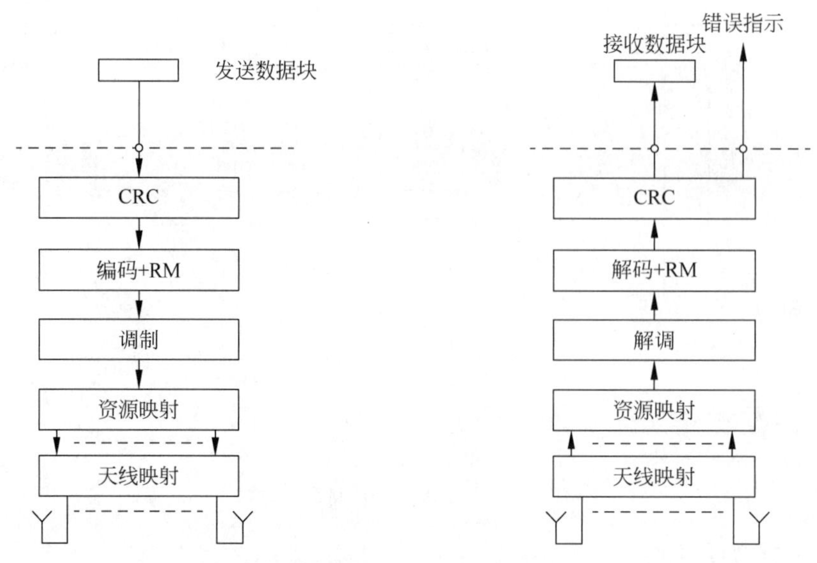

图 7-37　5G 系统物理层数据发送及接收基本过程

7.4.2　5G 小区搜索物理层过程

在小区搜索、小区选择与重选、随机接入、功率控制、波束管理、HARQ 相关过程等移动性管理过程中,5G 物理层都需要相应的搜索与接入设计。当终端开机后,通常需要通过执行小区搜索及随机接入过程接入一个 NR 小区中。本小节主要介绍小区搜索物理层过程、与小区搜索相关的信道/信号。主要涉及 SSB burst set(同步信号块集合)、SSB(同步信号块)、PSS、SSS、PBCH、系统消息传输、随机接入及 PRACH(物理随机接入信道)相关的设计。

在 5G NR 中,小区搜索主要基于对下行同步信道及信号的检测来完成。终端通过小区搜索过程获得小区 ID、频率同步(载波频率)、下行时间同步(包括无线帧定时、半帧定时、时隙定时及符号定时)。具体来看,整个小区搜索过程如图 7-38 所示。

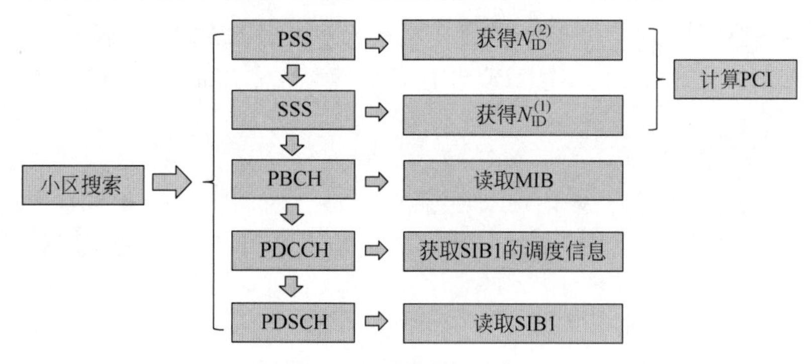

图 7-38　5G 系统小区搜索过程

注:SIB1 表示 SIB(系统消息块)中第 1 块。

1. 5G SSB

5G SSB 是进行 PSS、SSS 和 PBCH 搜索和检测先验知识。

1) SSB 整体结构

在 5G NR 中,1 个 SSB 由 PSS、SSS 和 PBCH 共同构成,SSB 在时域上共占用 4 个

OFDM 符号,在频域上共占用 240 个子载波,即 20 个 PRB(物理资源块)。在 1 个 SSB 中,PSS、SSS 和 PBCH 时频资源分布情况如图 7-39(a)所示,PSS、SSS 和 PBCH 相对于 SSB 起始 OFDM 符号位置和相对于 SSB 起始子载波的位置如图 7-39(b)所示。

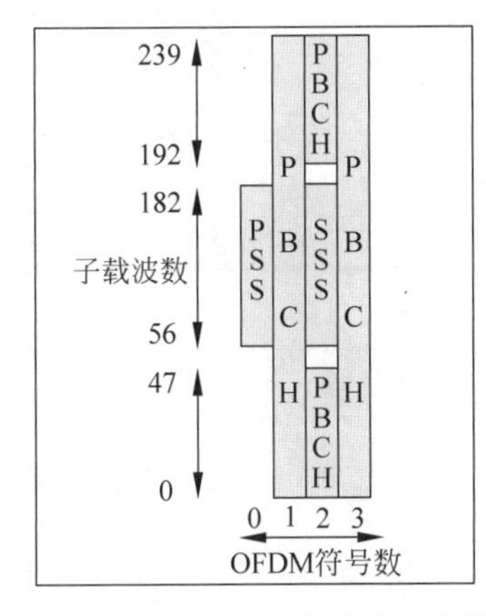

(a) PSS、SSS和PBCH时频资源分布情况

信道或信号	不同信号或信道相对SSB起始OFDM符号位置	不同信号或信道相对SSB起始子载波位置
PSS	0	56, 57, …, 182
SSS	2	56, 57, …, 182
置为0	0	0, 1, …, 55, 183, 184, …, 239
	2	48, 49, …, 55, 183, 184, …, 191
PBCH	1, 3	0, 1, …, 239
	2	0, 1, …, 47, 192, 193, …, 239
PBCH的解调参考信号	1, 3	0+v, 4+v, 8+v, …, 236+v
	2	0+v, 4+v, 8+v, …, 44+v 192+v, 196+v, …, 236+v

说明:$v=N_{ID}^{cell}\bmod 4$

(b) PSS、SSS和PBCH时频资源使用情况

图 7-39 1 个 SSB 中,PSS、SSS 和 PBCH 时频资源分布和使用情况

2) SSB 频域位置

SSB 的频域位置用 SSREF(单位为 kHz)定义,对应的索引用 GSCN(全局同步信道号)指示,如表 7-7 所示。GSCN 是无量纲值,且由 M 值和 N 值可以计算出对应的 GSCN 和 SSB 频点,如 N 为 2162,M 为 n3(M 值一般表示为 n1、n3 或 n5,实际计算时,n3 就是 3),则 GSCN 为 6468,SSB 频点为 2594550kHz。

表 7-7 5G 系统依同步栅格定义 SSB 频域位置

频段	频率范围/MHz	同步信号频率位置(SSREF)	GSCN	GSCN 范围
FR1	0～3000	$N\times1200\text{kHz}+M\times50\text{kHz}$,其中,$N=1$～2499,$M\in\{1,3,5\}$	$3N+(M-3)/2$	2～7498
	3000～24250	$3000\text{MHz}+N\times1.44\text{MHz}$,其中,$N=0$～14756	$7499+N$	7499～22255
FR2	24250～100000	$24250.08\text{MHz}+N\times17.28\text{MHz}$,其中,$N=$ 0～4383	$22256+N$	22256～26639
注意:对于使用 SCS 间隔信道栅格的工作频段,其默认值为 $M=3$				

在频域上,由于 5G NR 中的 SSB 可以在传输载波的任何位置,且 SSB 的位置服从同步栅格,而 PDCCH/PDSCH 的载波中心频率服从信道栅格,所以 SSB 的子载波 0 的位置可以不与 PRB 对齐,它与 CRB0 的偏移等于 offsetToPointA(单位:RB)$+k_{\text{SSB}}$(子载波偏移)(单位:子载波)。

3) SSB 时域位置

依据 3GPP 协议,对于含有 SS(同步信号)/PBCH 块的半帧,SS/PBCH 块集第一个符号的确定与 SS/PBCH 块的子载波带宽直接相关。其中,索引 0 对应含有 SS/PBCH 块半帧中的第一个时隙的第一个符号。具体 SSB 的时域位置与 FR(频率范围)有关,不同的频率对应的 SSB 起始符号位置与可能出现的符号位置不同。同时,SSB 的时域位置还与子载波带宽有关,不同的子载波带宽对应的 SSB 起始符号位置以及可能出现的符号位置不同。不同 FR 场景下,区分不同的子载波带宽,SSB 可能出现的符号位置如表 7-8 和表 7-9 所示。

表 7-8 FR1 场景下，不同 SCS 条件下，SSB 可能出现的符号位置

SSB 的子载波带宽	OFDM 符号(s)	$f\leqslant 2.4\text{GHz}$	$f>2.4\text{GHz}$(对于 FR1 有效)
条件 A：15kHz	$\{2,8\}+14n$	$n=0,1$	$n=0,1,2,3$
		$s=2,8,16,22(L_{max}=4)$	$s=2,8,16,22,30,36,44,50(L_{max}=8)$
条件 B：30kHz	$\{4,8,16,20\}+28n$	$n=0$	$n=0,1$
		$s=4,8,16,20(L_{max}=4)$	$s=4,8,16,20,32,36,44,48(L_{max}=8)$
条件 C：30kHz	$\{2,8\}+14n$	$n=0,1$	$n=0,1,2,3$
		$s=2,8,16,22(L_{max}=4)$	$s=2,8,16,22,30,36,44,50(L_{max}=8)$

表 7-9 FR2 场景下，不同 SCS 条件下，SSB 可能出现的符号位置

SSB 的子载波带宽	OFDM 符号(s)	对于 FR2 有效
条件 D：120kHz	$\{4,8,16,20\}+28n$	$n=0,1,2,3,5,6,7,8,10,11,12,13,15,16,17,18$
		$s=4,8,16,20,32,36,44,48,60,64,72,76,\cdots(L_{max}=64)$
条件 E：240kHz	$\{8,12,16,20,32,36,40,44\}+56n$	$n=0,1,2,3,5,6,7,8$
		$s=8,12,16,20,32,36,40,44,64,68,72,76,\cdots(L_{max}=64)$

2. 主同步信号搜索

终端首先搜索 PSS(主同步信号)，即完成 OFDM 符号边界同步、粗频率同步并获得小区标识 2($N_{ID}^{(2)}$)。

终端在检测 PSS 的时候，通常没有任何通信系统的先验信息，因此 PSS 的搜索是下行同步过程中复杂度最高的操作。终端要在同步信号频率栅格的各个频点上检测 PSS。5G NR 中，PSS 为 3 条长度为 127 位的伪随机序列[其对应编号 $N_{ID}^{(2)}$ 有 3 个可能的取值，即 $N_{ID}^{(2)}\in\{0,1,2\}$]，采用 BPSK M 序列；它除了中间连续的 127 个载波外，还加上两侧 8/9 个 SC 保护间隔，共占用 144 个载波。在每个频点上，终端需要盲检测 $N_{ID}^{(2)}$，搜索 PSS 的 OFDM 符号边界并进行初始频偏校正。

5GNR 系统支持 6 种同步信号(SS)周期，即 5ms、10ms、20ms、40ms、80ms、160ms。在小区搜索过程中，终端假定同步信号的周期为 20ms。这里可以看到，NR 系统同步信号的周期一般大于 LTE 系统 5ms 的同步信号周期。这样做的好处是，当小区内用户数比较少的时候，基站可以处于深度睡眠状态，达到降低基站功耗和节能的效果。但较长的同步信号周期可能会增加终端开机后的搜索复杂度及搜索时间。不过，同步信号周期的增加并不一定会影响用户的体验。

在 NR 系统中，PSS 的搜索栅格与频带有关，终端根据当前搜索的频带确定使用的搜索栅格。根据表 7-7 可知，在频率范围为 0～3000MHz 时，同步栅格为 1200kHz；在频率范围为 3000～24250MHz 时，同步栅格为 1440kHz；在频率范围为 24250～100000MHz 时，同步栅格为 17.28MHz，远远大于 LTE 系统 100kHz 的同步栅格。

3. 检测辅同步信号

在搜索到主同步信号之后，终端进一步检测辅同步信号(SSS)。SSS 为 336 条长度为 127 位的伪随机序列[其对应编号 $N_{ID}^{(1)}$ 取值为 0～315，即 $N_{ID}^{(1)}\in\{0,1,\cdots,335\}$]，采用 BPSK M 序列；它除了中间连续的 127 个载波外，还加上两侧 8/9 个 SC 保护间隔，共占用 144 个载波；$N_{ID}^{(1)}$ 是小区标识 1。这样，检测 PSS 和 SSS 后，基于已得到的小区标识 1 和小

区标识 2 可以计算得到物理小区标识 N_{ID}^{cell}(PCI),计算公式为

$$N_{ID}^{cell} = 3N_{ID}^{3} + N_{ID}^{2} \tag{7-3}$$

SSS 除了携带小区标识 1 以外,还可以作为 PBCH 的解调参考信号,提高 PBCH 的解调性能。此外,由于 NR 系统不支持 LTE 系统的公共参考信号(CRS),因此,NR 系统的 SSS 的另一个重要作用是用于无线资源管理相关测量及无线链路检测相关测量。

4. 检测物理广播信道

在成功检测 PSS 及 SSS 之后,终端开始接收 PBCH。PBCH 承载主系统消息块(MIB),共 56 位(bit,比特),如表 7-10 所示。

表 7-10 PBCH 承载信息列表

参　数	位数	备　注
systemFrameNumber	10	系统帧号
subCarrierSpacingCommon	1	传输 SIB1 的 PDCCH 及 PDSCH 的子载波间隔
Ssb-SubcarrierOffset	4	SSB 的子载波偏移 k_{SSB}
dmrs-TypeA-Position	1	承载 SIB1 的 PDSCH 的 DMRS 的时域位置(OFDM 符号 2 或 3)
Pdcch-ConfigSIB1	8	与 SIB1 相关的 PDCCH 的配置
cellBarred	1	小区是否禁止接入标识
intraFreqReselection	1	
Spare	1	预留
Half frame indication	1	半帧指示
Choice	1	指示当前是否为扩展 MIB 消息(用于前向兼容)
SSB 索引	3	当载波大于 6GHz 时,指示 SSB 索引的高 3 位。当载波小于 6GHz 时,有 1 位用于指示 SSB 子载波偏移,剩余 2 位预留
CRC	24	
Total including CRC	56	

通过接收 MIB 消息,终端获得系统帧号以及半帧指示,从而完成无线帧定时以及半帧定时。同时,终端通过 MIB 消息中的同步信号块索引(SSB Index)以及当前频带所使用的同步广播块集合的图样确定当前同步信号所在的时隙以及符号,从而完成时隙定时。

成功接收 PBCH 之后,终端就基本完成了小区搜索及下行同步过程,但紧接着终端还需要从 PDCCH 和 PDSCH 中解调系统消息 SIB1。SIB1 总传输周期最长不超过 160ms;在总传输周期内,SIB1 重复传输次数可根据网络来设置,默认为 8 次,即每 20ms 传输 1 次 SIB1,160ms 里传输 8 次 SIB1;SIB1 包含评估 UE 是否允许访问单元并定义其他系统信息的调度时相关的信息,它还包含所有 UE 通用的无线资源配置信息,以及限制应用及统一访问控制的信息。所以 SIB1 可以被认为是 UE 进入 RRC 连接状态所必需的信息,或者说,它是 UE 在该小区驻留并且发起初始接入所必需的信息。

7.5 5G 空口上层协议

本节主要对 5G NR(新空口)接口协议栈的数据链路层(L2)和网络层(L3)基本功能及相关设计进行一些讨论。

7.5.1 5G空口数据链路层

1. 概述

NR数据链路层包括媒体接入控制(MAC)、无线链路控制(RLC)、分组数据汇聚协议(PDCP)和业务数据适配协议(SDAP)4个子层。相比于LTE,NR额外引入了SDAP层。引入SDAP层主要是因为NG接口基于QoS流控制,而空口是基于用户面的数据无线承载(DRB)控制,两者之间需要一个适配层;而在LTE中EPS承载和DRB承载一一对应,不需要进行适配。SDAP层位于用户面,而其他数据链路层的3个子层同时位于控制面和用户面。SDAP层在控制面负责无线承载信令的传输、加密和完整性保护,在用户面负责用户业务数据的传输和加密。网络层主要是指无线资源控制(RRC)层,位于接入网的控制面,负责完成接入网和终端之间交互的所有信令处理。

图7-40(a)和7-40(b)分别给出了下行和上行数据链路层的架构。其中层与层之间的连接点称为服务接入点(SAP)。物理层为MAC子层提供传输信道级的服务,MAC子层为RLC子层提供逻辑信道级的服务,PDCP子层为SDAP层提供无线承载级的服务,SDAP层为上层提供5GC QoS流级的服务。MAC子层负责多个逻辑信道到同一传输信道的复用功能。无线承载分为两类:用户面的数据无线承载(DRB)和控制面的信令无线承载(SRB)。上行数据链路层架构和下行数据链路层架构的区别主要在于:下行数据链路层反映网络侧的情况,需要进行多个用户的调度优先级处理;而上行数据链路层反映终端侧的情况,只进行单个终端的多个逻辑信道的优先级处理。

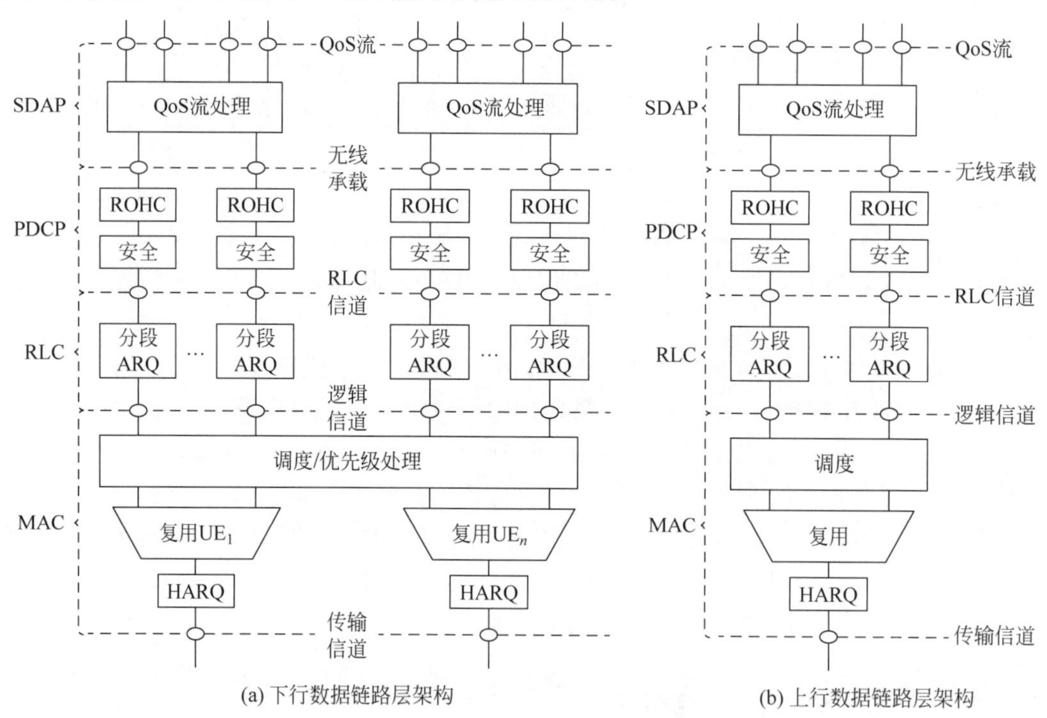

图7-40 NR上行和下行数据链路层的架构

2. SDAP子层

SDAP子层架构如图7-41所示。SDAP子层由来自高层的RRC配置,SDAP子层的主要功能是将 QoS 流映射到 DRBs。在下行数据链路层中,1 个或多个 QoS 流可能映射到 1 个 DRB;而在上行数据链路层中,1 次 QoS 流仅映射到 1 个 DRB。

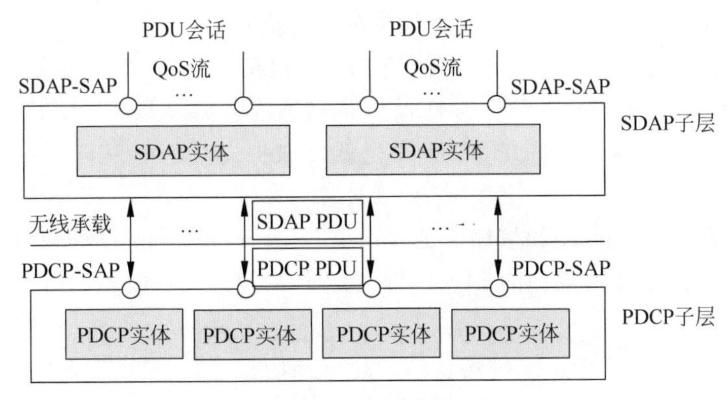

图 7-41　SDAP 子层架构

3. PDCP 子层

NR 的 PDCP 子层的实体和无线承载(SRB 或者 DRB)之间有一一对应关系。其功能视图如图 7-42 所示。从图中可以看出,PDCP 子层协议的主要功能如下。

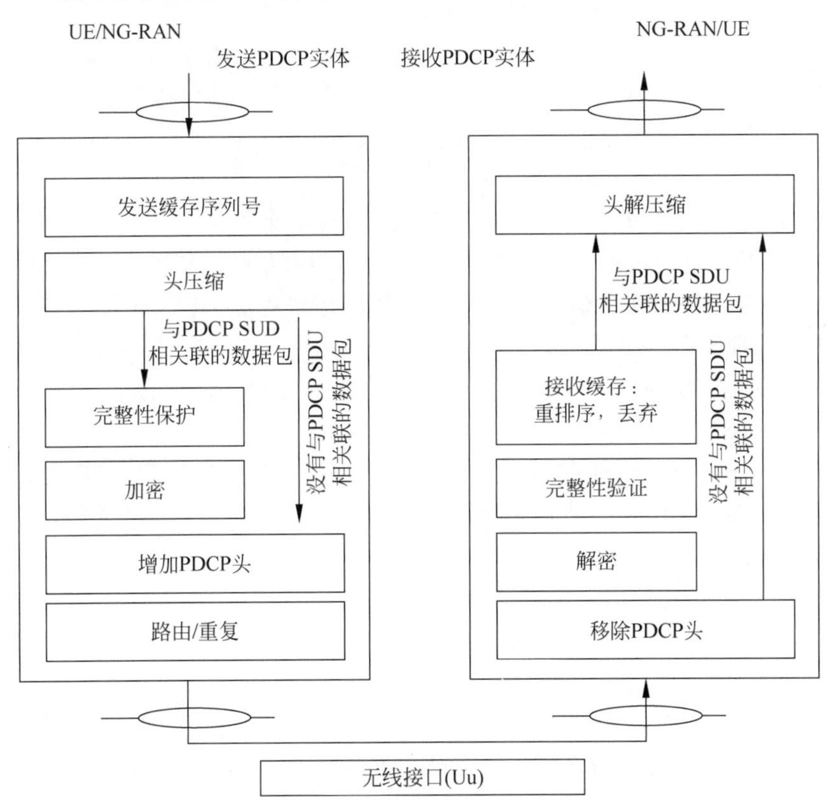

图 7-42　PDCP 功能视图

(1) PDCP 层序号的管理,包括发送方和接收方。

(2) 头压缩/解压缩 ROHC。ROHC 指的是 IP 包的头压缩和解压缩的功能,主要规定了让 ROHC 正常工作的相关参数和一个用于 ROHC 的控制 PDU(协议数据单元)。另外在 PDCP 重建的时候,规定了不同 RLC 模式的无线承载如何初始化 ROHC 的过程。PDCP 的 ROHC 功能一般用于 VoIP 语音业务,这是因为 VoIP 语音业务的 IP 包中的 IP 头占了很大的比例,进行头压缩是提高无线资源效率的重要措施。

(3) 除了 PDCP 控制 PDU 之外,其他的 PDCP PDU 都需要进行加密和解密。SRB 必须配置完整性保护过程。DRB 的完整性保护是可选的。如果某个 DRB 配置了完整性保护,那么当接收方发现某个 PDCP PDU 的完整性保护失败的时候,就会丢弃这个 PDCP PDU,但不会通知网络。

(4) 重排序(Re-ordering)和按序传送。

(5) 因为配置双连接而增加的 PDCP 的功能,包括数据包路由和数据包的重复功能。

4. RLC 子层

NR 的 RLC 子层有 3 种不同传输模式: TM(透明模式)、UM(非确认模式)和 AM(确认模式)。其中,SRB0 使用透明模式,对于其他 SRB 使用确认模式,对于 DRB 使用非确认或确认模式。

NR 的 RLC 协议和 LTE 的 RLC 协议基本相同,但是也加入了一些优化的措施。

(1) 在 RLC 的发送方,NR RLC 实体去掉了原来在 LTE RLC 协议中很重要的"串接"功能。这就意味着 1 个 RLC PDU 中最多包含 1 个 PDCP PDU。当一个逻辑信道在一个调度周期内有多于 1 个 RLC PDU 的时候,所有的这些 RLC PDU 都会在 MAC 层被处理成 MAC sub-PDU,从而出现在相同的 MAC PDU 中。也就是说串接这个功能逻辑从 RLC 层转移到了 MAC 层。这样做的好处是在终端侧大大减少了在收到 UL Grant 以后的实时处理的工作。

(2) 在 NR 系统中,由于 1 个 RLC PDU 最多包含 1 个 PDCP PDU,那么 RLC 层的分块功能和重分块功能就可以做统一处理,因为所操作的对象是一样的,就是 1 个 RLC SDU(服务数据单元)。这种做法不但简化了发送端的处理流程和 RLC 帧格式,而且也简化了 RLC 接收端的处理流程。

(3) 在 RLC 的接收端,NR 系统去掉了 RLC 层的重排序功能,但是保留了拼装的功能。

(4) 和 LTE RLC 相比,NR RLC 的接收机中除了 RLC Segment(事实上也是 PDCP PDU 的 Segment)以外,没有其他的缓存内容。所以在 RLC 层重建的时候,不需要像 LTE 的 RLC 那样,先要把保存的 PDCP PDU 投递到 PDCP 层,也就是说 NR RLC 层的重建更加简单。

5. MAC 子层

先来看一下 MAC 的协议架构,可以参阅图 7-36。

MAC 子层和调度相关的功能有: 调度请求、缓存状态上报、功率余量上报、下行半静态调度、上行半静态调度、逻辑信道优先级操作(LCP)。其他功能有: 复用和解复用、HARQ 操作、上行同步过程、SCell(辅小区)的激活和去激活、BWP 操作(包括激活和去激活)、PDCP 重复的激活和去激活、物理层资源的激活和去激活、波束失败和恢复、DRX(非连续接收)功能。

上述功能中,有些功能和 LTE 功能从原理上来说没有什么区别,比如上行同步过程、SCell 的激活和去激活过程、DRX 功能等。物理层资源的激活和去激活相关过程本质上是物理层过程,只不过这些过程中用到的控制信令采用了 MAC 子层中定义的 MAC CE(控制单元)而已。接下来,重点介绍 NR 系统在 MAC 子层所特有的内容。

在上行方向上为了加快MAC子层和物理层的处理效率，达到“随到随走”的效果，将MAC子层MAC SDU对应的sub-header放置在了MAC SDU前面，也就是说MAC sub-PDU和MAC sub-header是交织在一起的。另外MAC CE都放在整个MAC PDU的后面。这是因为上行的很多MAC CE，比如BSR(缓存状态上报)，只有在生成了MAC sub-PDU以后，才会根据L2层中的数据卷和其他条件来决定是否需要携带BSR以及BSR的具体内容。

在介绍RLC协议时，NR RLC协议的一个重要的改进就是去掉了RLC的串接功能。这样一来，PDCP PDU在一般情况下就是1个RLC PDU，也就是1个MAC SDU。所以从PDCP PDU到MAC sub-PDU的处理过程可以在UE收到UL Grant之前就完成，也就是说这部分处理可以是非实时的。当UE收到物理层的UL Grant的时候，假如MAC层的调度算法认为不需要从RLC层得到一个RLC Segment来填充UL Grant，那么需要实时处理的部分就是在MAC PDU的尾部附加MAC CE和Padding；或者MAC层的调度算法决定需要一个RLC Segment，那么MAC层和RLC层之间就会有一个互操作的过程。但是因为只涉及1个RLC PDU的计算，所以这个过程也会非常快。在RLC层，RLC的分块操作是在RLC SDU的基础上进行的，所以对某个RLC SDU的操作不会影响其前后的RLC SDU的操作过程，这是因为RLC PDU的序号是按照SDU为单位进行分配，而不是按照RLC PDU为单位进行分配的。在图7-43中，如果序号为N的RLC PDU需要分割成两个RLC Segment PDU，那么受影响的只有序号为N的RLC PDU，前后的所有RLC PDU都不会受到影响。而序号为N的RLC PDU的分割次数是不受限制的。

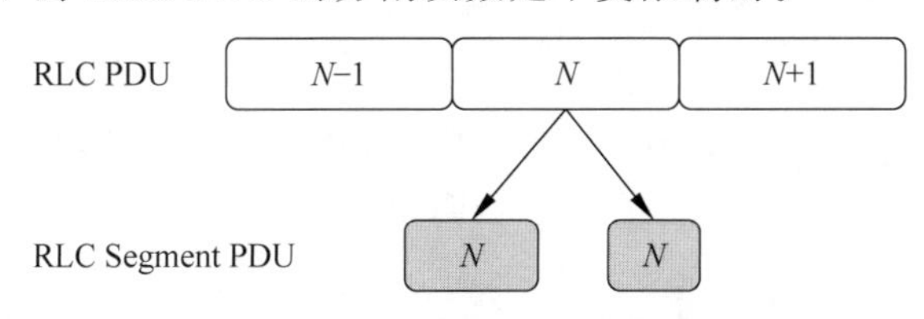

图7-43 RLC PDU分割示例

需要指出的是，NR系统的物理层还支持在信道编码时进行分块编码，也就是说物理层在收到UL Grant时，甚至在没收到MAC层的进一步指示之前，有些MAC sub-PDU的物理层编码过程都可以开始了。和LTE系统相比，这么做会带来处理时延上的额外增益。

通常，绝大多数的PDCP PDU的解密操作都可以事先完成，与LTE系统相比，整体效率提高了很多，在LTE系统中所有的数据包只有在回到RLC层以后才能够分离出PDCP PDU。

NR系统的LCP和LTE系统的LCP的区别就是NR系统多了一个逻辑信道的选择过程。这是因为逻辑信道和UL Grant的属性之间有一个限制关系，与这个限制关系相关的关键参数包括子载波间隔、PUSCH的发送持续时间、预配置调度类型1和服务小区限制。

在完成了LCP过程，并且根据UL Grant组建了MAC PDU以后，接下去就是如何按照HARQ的规则进行数据的发送。在NR系统中上行和下行一样都采用了异步的HARQ过程，并且上行的HARQ没有HARQ ACK。如果gNB没有正确接收到数据包，就会通过动态调度的方式进行重发。下行方向上，UE需要应答(ACK/NACK)。在引入了CBG(编码块组)的方式发送数据包以后，UE还可以针对某个编码块(CB)来反馈ACK/NACK，从而提高了HARQ的效率。

NR的BSR流程和LTE基本相同，不一样的是：SR的触发方式、BSR的LCG(逻辑信道组)个数、BSR 的 MAC CE 的格式和含义。

NR 的 PHR(功率余量上报)的流程和 LTE 基本一致。在 PHR 的格式设计上,只定义了服务小区为 8 个的短格式和服务小区为 32 个的长格式。对于双连接架构来说,PHR 中会同时包含 LTE 和 NR 的 PHR,但是相同的 PH(功率余量)值所对应的实际的功率余量是不一样的。

与 LTE 中的半静态调度(SPS)类似,NR 网络可通过配置调度为 UE 进行资源调度。在这种机制中,gNB 可以调度 PDSCH/PUSCH,而无须在每次传输中使用 DCI,这将极大地帮助 gNB 减少 PHY/MAC 调度的负载。

7.5.2 5G 空口网络层

5G NR 空口协议的 L3 层是网络层,主要包括 RRC 子层和 NAS 子层,位于控制面中。RRC 协议模块主要完成的功能有:发送系统信息广播(NAS 层相关和 AS 层相关)消息;发送由核心网 5GC 和接入网 NG-RAN 发起的寻呼消息;UE 和 NG-RAN 之间的 RRC 连接的建立、维护和释放;安全功能密钥管理;无线承载管理(包括建立、配置、维护和释放信令无线承载和用户无线承载);移动性管理(包括切换、UE 小区选择和重选、切换时上下文传输);QoS 管理;UE 测量报告和控制;无线链路失败的检测和恢复;NAS 消息的传输。NAS 层位于核心网的 AMF 与终端之间,功能包括核心网承载管理、注册管理、连接管理、会话管理、鉴权、安全性和策略控制。

1. RRC 状态

在 NR 中除了 RRC 空闲状态和 RRC 连接状态之外,和 LTE 系统相比,还引入了 RRC 非激活状态,引入这个状态的目的是在控制面时延以及省电之间找一个平衡。RRC 空闲状态和 RRC 连接状态中 UE 的行为和 LTE 系统下对应的状态下 UE 的行为非常类似。每个状态下的特征见表 7-11。

表 7-11 RRC 状态和特征说明

状　态	特　征
RR 空闲状态	(1) PLMN 选择; (2) 系统信息广播; (3) 小区重选的移动性; (4) NAS 配置的用于接收 CN 寻呼的 DRX; (5) 5GC 发起的寻呼; (6) 5GC 管理的寻呼区域
RR 非激活状态	(1) PLMN 选择; (2) 系统信息广播; (3) 小区重选的移动性; (4) 配置 NG-RAN 用于接收 RAN 寻呼的 DRX; (5) NG-RAN 发起的寻呼; (6) NG-RAN 管理的基于 RAN 的通知区域(RNA); (7) 为终端建立连接 5GC 和 NG-RAN 之间的连接(包括控制面和用户面的连接); (8) NG-RAN 和 UE 都保存 UE 的接入层的上下文信息; (9) NG-RAN 知道 UE 在哪个 RAN 区域

续表

状 态	特 征
RRC 连接状态	(1) 为终端建立连接 5GC 和 NG-RAN 之间的连接(包括控制面和用户面的连接); (2) NG-RAN 和 UE 都保存 UE 的上下文信息; (3) NG-RAN 知道 UE 所属的小区; (4) 可以传输用户数据; (5) 网络控制终端的移动性,包括相关的测量

RRC 非激活状态是一个比较"温"的状态。当终端处于这个状态的时候,终端保留了最后一个服务小区里工作的上下文,并且允许终端在一定的范围内移动而不需要通知网络它在哪个小区。网络侧保持了 NG 接口连接,并且和 UE 一起保留了 NAS 信令连接。这个措施使得终端在需要发送或者接收数据的时候,只要采用 RRC 连接恢复过程来恢复 SRB 和 DRB,然后就可以开始直接发送或者接收数据,所以 NR 系统的控制面时延就变成了 RRC 连接恢复过程的时延。

2. RRC 状态转换

NR 系统 RRC 的 3 个状态的相互转换参见图 7-44。RRC 空闲状态和 RRC 连接状态之间的转换和 LTE 系统的转换没有什么本质差别。RRC 非激活状态到 RRC 空闲状态的转换,一般发生在 RRC 连接恢复的异常过程中,也就是说 gNB 无法恢复无线配置,而是直接让 UE 回到 RRC 空闲状态。另外的途径是 RRC 非激活状态→RRC 连接状态→RRC 空闲状态。下面重点介绍一下 RRC 非激活状态和 RRC 连接状态之间的状态转换。

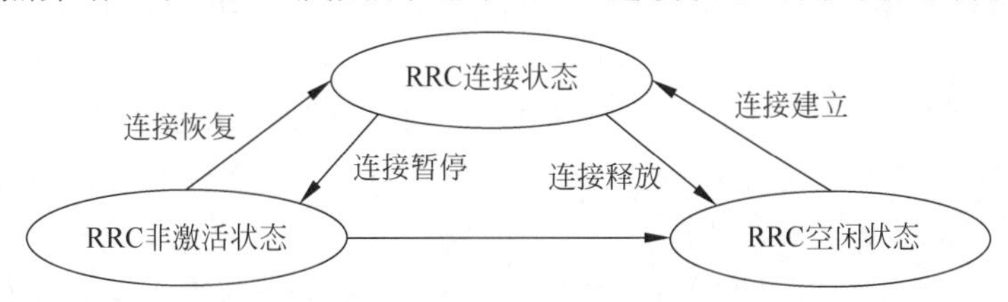

图 7-44 RRC 状态的相互转换

当 UE 在 RRC 连接状态的时候,当前的服务 gNB 通过 RRC 连接释放消息让 UE 从 RRC 连接状态进入 RRC 非激活状态。这个过程除了让 UE 改变了 RRC 状态之外还做了以下几件事情:

(1) 给 UE 分配一个在 RRC 非激活状态下的 UE 标识,称为 I-RNTI;

(2) 挂起所有的 SRB 和 DRB;

(3) 保留无线配置参数,但是释放预留给该 UE 的无线资源,比如 SPS 资源或者 PUCCH/SRS 资源等。

当终端需要重新恢复 RRC 连接的时候,会通过 RRC 连接恢复的过程恢复 SRB 和 DRB。多数情况下当前的服务 gNB(简称 gNB C,图 7-45 中的 gNB)和在该 UE 进入 RRC 非激活状态时的最后一个 gNB(简称 gNB L,图 7-45 中的最后服务的 gNB)往往不是同一个 gNB。所以 gNB C 需要一定的信息来找到这个 UE 的 gNB L,从而能够获取这个 UE 留在网络里的上下文。为了实现这个目的,UE 在进入 RRC 非激活状态的时候会被赋予一个身份标识,就是 I-RNTI。I-RNTI 和 RRC 连接状态 UE 的身份标识(即 C-RNTI)之间最大的区别是 I-RNTI 实际上是有两部分组成的: gNB L 的标识和该 UE 的身份标识。gNB C

就是根据 I-RNTI 中的 gNB L 的标识信息进行寻址，并且把包含了 I-RNTI 的上下文请求消息发送给 gNB L。由于这个 I-RNTI 就是 gNB L 所分配的，所以 gNB L 可以唯一地找到这个 UE 的上下文。在经过安全性验证之后，gNB L 将把该 UE 的上下文反馈给 gNB C。gNB C 根据获取的 UE 上下文决定下一步的动作。gNB C 要做的另一件事是把到 5GC 的 NG 接口连接从 gNB L 转换到 gNB C。这个过程可以参见图 7-45。

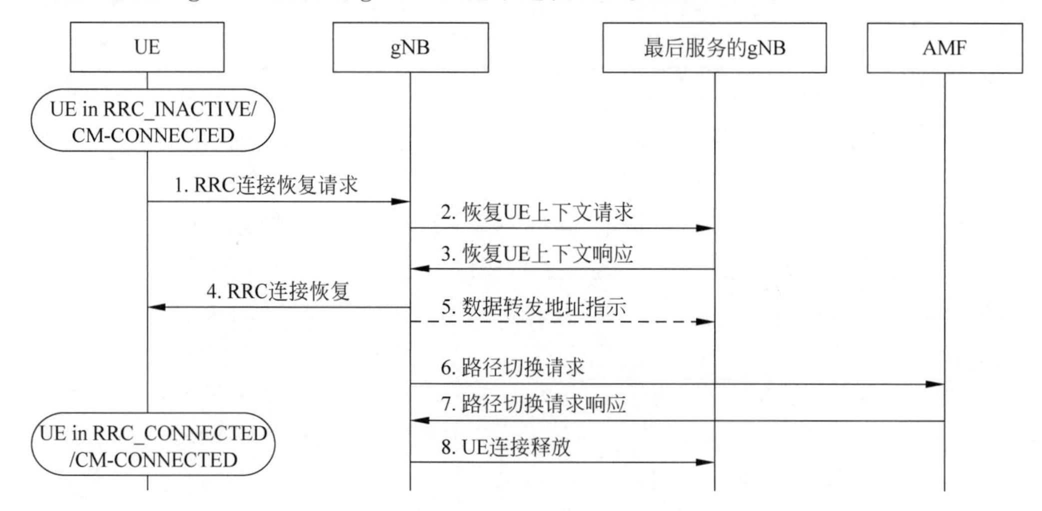

图 7-45　RRC 连接恢复流程

如果网络无法根据 I-RNTI 获取到 UE 的上下文，那么网络可以根据需要决定重新建立 RRC 连接，或者让 UE 进入 RRC 空闲状态。事实上，根据 I-RNTI，即使能够寻址到 UE 的上下文，也允许网络不继续进行 UE 的恢复过程，如当前的网络已经拥塞。至于网络让终端重新进入 RRC 非激活状态，还是直接回到 RRC 空闲状态，在标准规范中没有明确规定，换句话说，需要 NR 网络算法实现。

NR 的 RRC 空闲状态下 UE 的行为和 LTE 的 RRC 空闲状态下 UE 的行为非常类似。简单地说 UE 需要完成以下功能：系统消息的接收和更新；PLMN 的选择；小区的选择和重选；根据系统消息中配置的 DRX 周期，周期性监听寻呼消息；根据系统消息中配置的邻近小区进行测量从而完成小区选择和重选。和 LTE RRC 空闲状态相比，主要的差异体现在：系统消息的获取和更新方式、寻呼的监听方式、RRC 空闲状态下测量的行为。

7.6　5G 移动性管理与安全机制

与 4G 网络相对单一的应用模式不同，5G 网络的服务对象是海量的类型丰富的终端和应用，其报文结构、会话类型、移动规模和安全性需求都不尽相同，网络必须针对不同应用场景的服务需求引入不同的功能设计。因此，可以说网络控制功能按需重构是 5G 网络标志性服务能力之一。

7.6.1　5G 移动性管理概述

4G 网络中有 GPRS 隧道协议(GTP)和代理移动 IP 协议(PMIP)，这两种移动性管理协议导致架构设计与互操作标准的复杂化，统一的移动性管理协议是 5G 网络设计的重要目标。

1. 移动性管理需求

IMT-2020(5G)推进组提出的5G移动性管理需求如下。

(1) 移动性管理能够独立于各种接入技术,实现异构网络的无缝切换。

(2) 提供"移动即服务"的按需实现的移动性管理能力,将移动性作为一种网络服务提供给用户,支持不同业务移动性的需求,实现智能选择移动性管理方案。

(3) 可根据不同场景和业务需求,按需对位置管理、切换控制、附着状态等协议和方案进行优化改进。

(4) 对UDN场景,可利用大数据预估辅助移动性、改进切换控制协议等来减少信令开销,保证切换成功率。

(5) 对物联网,通过简化改进位置管理协议来减少信令交互。

在3GPP发布的5G网络架构的研究报告TR23.799和技术规范TS22.261、TS23.501及TS23.502中,提出了对5G的按需移动性管理需求,具体如下。

(1) 对于嵌入在基础设施中的传感器,在其整个使用周期内静止。

(2) 对于固定接入,在激活期间静止,而在激活的间隔期是移动的。

(3) 在受限和明确定义的空间内(例如在工厂中)移动。

(4) 完全移动。5G网络将允许运营商基于UE或UE组的移动性模式(例如固定、移动、空间受限的移动性、完全移动性)来优化网络行为(例如移动性管理支持);5G系统应使运营商能够指定和修改为UE或UE组提供的移动性支持的类型;5G系统应为仅使用移动通信的UE或UE组优化移动性管理支持。

2. 按需移动性管理

5G网络中将有约70%的终端设备是静止不动的,而移动的终端仅占30%,如智能抄表系统中的水/电/燃气表,以及森林防火预警系统中检测降水及温湿度的大量传感器等,位置都是固定不动的,这些设备并不需要移动终端所需的切换控制、位置频繁更新等复杂的移动性管理。此类大部分时间处于低功耗的无移动性模式的设备仅当需要时才通过本地锚点使能移动性管理。而对于要求网络时刻在线的智能手机,以及要求超低端到端时延和超高可靠性的无人机、远程机器人等移动设备,则需要通过较高位置的、集中的IP锚点实现灵活的移动性管理。按需移动性管理如图7-46所示。

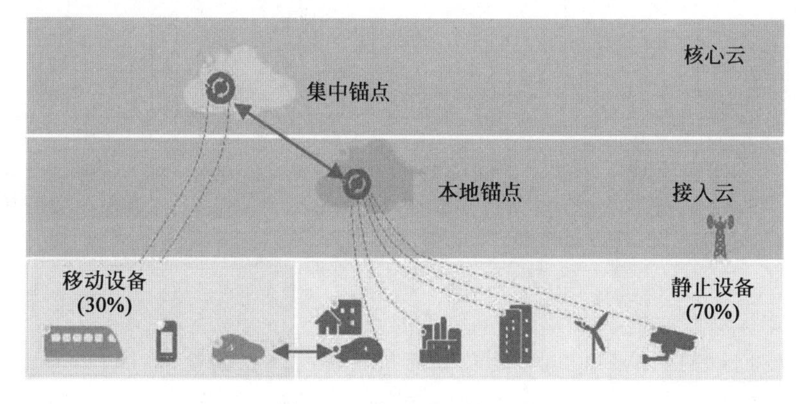

图7-46 按需移动性管理

当终端处于激活状态时，按需移动管理如下。

(1) 高移动性：配置较高位置的用户面锚点和相应的隧道，保证会话的连续性。

(2) 受限的移动性：仅在某些限定的区域内(如某企业等)配置区域内的用户面锚点，并在区域内保证会话连续性。

(3) 无移动性：会话建立时，不配置用户面锚点，当终端移动到一个新的区域时，重新建立会话。

当终端处于空闲状态时，按需移动性管理如下。

(1) 保留 IP：在由多个小区组成的跟踪区域内，网络跟踪终端的移动，当数据包到达网络时，进行寻呼并传送数据。

(2) 触发：在由多个小区组成的跟踪区域内，网络能够跟踪终端的移动，当需要终端上报数据时，网络发送广播激活设备，建立会话连接。

(3) 无移动性：网络不检测用户是否可达，只有当终端激活并主动和网络联系时，才能发送上下行数据。

当终端为智能手机时，对 VoIP、在线游戏、短消息、自适应流媒体等不同业务，在空闲模式下都会保留 IP；但在激活状态，前两者需要高移动性，而后两者则不需要移动性。大规模的 IoT 小报文是典型的终端长期休眠而偶发通信的类型，如智能抄表设备的业务类型为上传数据和设备管理，不需要移动性，只需在空闲状态下，采用触发模式即可。对于儿童定位跟踪设备等，则只需按时上传位置信息，而不需要任何会话连续性管理。无线连接具有便捷性，在仅是为了避免使用有线连接的情况下，则并无移动性的需求。

3. 5G 移动性管理场景

5G 系统的网络架构将引入云计算的概念，根据移动性管理和控制功能在“云”中的分布情况，5G 的移动性管理分为 3 个主要场景，分别是分布式移动性管理场景、集中式移动性管理场景、混合式移动性管理场景，如图 7-47 所示。

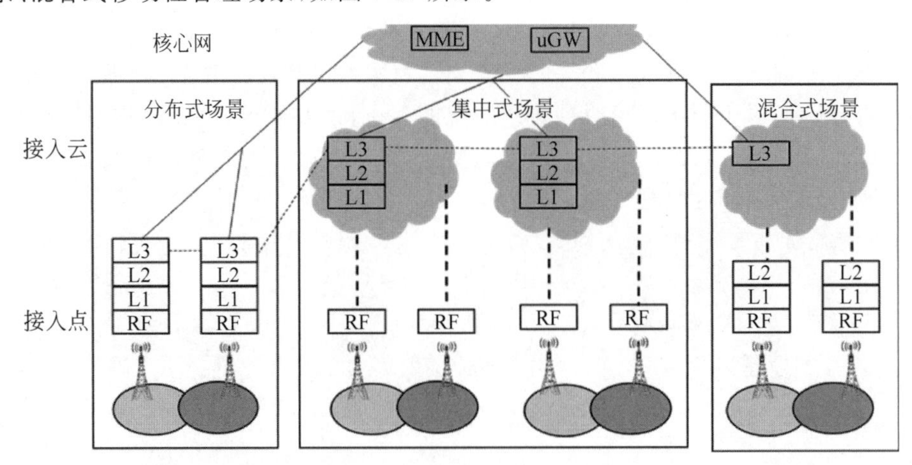

图 7-47 5G 移动性管理场景

1) 分布式移动性管理

分布式移动性管理场景是 3G/4G 移动通信系统的主要场景，也是 5G 移动通信系统主要的场景。在该种场景下，每个接入点相当于 3G/4G 网络中的基站，具有移动性控制和管理功能。用户在移动过程中，接入点控制测量配置、切换判决、切换命令的发起等所有与移动性相关的指令。两个接入点之间通过回传链路进行链接，回传链路可以采用光缆、电缆或无线方式承载，无论采取哪种方式，回传节点之间的信令和数据均存在回传时延，切换过程中数据的转发会带来切换中断时延的增加。在5G系统中，回传链路采用光纤实现了超高速率的传输，但节点的接收信号处理、存储和转发仍然需要一定的时间，回传时延是该种场景区别于其他场景的最大特点，成为影响移动性时延的重要因素。在5G系统中引入"云"的概念消除了接入点之间的回传链路，当两个移动用户在隶属于不同"云"的接入点之间移动时，或者不同制式的网络之间移动时，仍然需要通过回传链路进行移动性管理。

2) 集中式移动性管理

在该场景中，无线接入网引入了"云"的概念，将移动性控制和管理功能集中放置在"云"端，接入端的分布式天线只用作数据的物理层传输。所有的接入点都直接接入"云"端进行集中控制，只要用户接入某一接入点，该用户相关的上下文及数据都被"云"内其他的接入点共享。即使终端接入点发生变化，网络也不需要重新获取用户的上下文和转发存储的数据，从而避免了回传链路带来的时延。在该场景下，接入点不再需要进行基带处理，接入点和云端连接带来的前端时延被大大降低，通常可以忽略不计。在5G超密集网络部署中，"云"概念的引入，有利于消除移动性带来的切换中断时延，有利于终端建立多连接来保证高可靠的移动性。

3) 混合式移动性管理

该场景介于分布式和集中式移动性场景之间，保留了集中式移动性管理场景中将移动性管理和控制功能放到"云"端的特点，同时也具有分布式移动性管理场景中的接入点具有数据链路层的功能。该场景中的"云"端对云内所有的终端进行移动性管理，但数据调度、自动重传响应等功能仍由每个接入点独立完成。该种场景利用本地的数据链路控制减少了底层控制信令前端链路上的传输，而"云"端的集中式移动性管理又避免了回传链路带来的切换中断时延，提高了移动性性能。

5G网络是异构网络结构，融合了多种无线接入技术，在移动性管理方面需要考虑多种移动性场景，根据每种场景的特性设计合理的移动性解决方案。

7.6.2 寻呼

1. 寻呼发起机制

5G系统的寻呼有两种主要的应用场景：一种是由核心网发起的寻呼；另一种是由gNB发起的寻呼。核心网5GC发起的寻呼和NAS层的移动性管理是配套的。终端在跟踪区(TA)之间移动的时候，通过跟踪区更新的流程(TAU)让核心网知道UE当前所在的跟踪区。在需要寻呼的时候，5GC就会给这个跟踪区中的所有gNB或者部分gNB发送寻呼消息。在RRC非激活状态下，引入了类似跟踪区概念的通知区(NA)。UE在通知区之间移动的时候，通过通知区更新的流程(NAU)让网络知道UE所在的通知区。这样，当网络想要发送下行消息或者数据的时候，也需要通过寻呼的方式让UE回到RRC连接状态。通常发起寻呼的是这个UE最后的锚点gNB，并且寻呼消息还需要通过Xn接口发送给通知区中其他的gNB。

这两种寻呼机制之间有一定的关联关系。核心网会提供一些辅助的信息，比如将UE当前的跟踪区发给gNB，从而帮助gNB合理设定通知区的大小。理论上来说，通知区最大不会超过 UE 当前的跟踪区。而且 5GC 发起的寻呼过程是 gNB 发起的寻呼过程的一种回落机制,也就是说,当 gNB 发起寻呼之后,如果系统没有收到 UE 的响应,那么就会认为网络和这个 UE 之间失联。显然在 RAN 层面上继续保留 UE 的上下文已经没有意义,所以 gNB 会把情况通知核心网。gNB 发起寻呼通常也是由核心网下发的信令或者数据触发的,为了让这些信令或者数据达到 UE,核心网会触发寻呼过程。当前寻呼的范围就从通知区扩大到跟踪区的范围。

由 gNB 发起的另一个寻呼的用途是通知 UE 进行系统消息更新。所不同的是,NR 系统的寻呼可以把系统消息更新的指示存放在发送寻呼的控制信道,即 PDCCH 上,而不是数据信道 PDSCH 上。这样做的主要目的是提高下行的频谱效率。

另外,为了提高系统的安全性,在 NR 系统中不再采用 UE 的 IMSI 在无线接口上进行寻呼,而是采用 5G-GUTI(全球唯一临时标识符)进行。不过在计算寻呼的无线帧号和寻呼机会的时候,采用的还是 UE 的 IMSI 的最后 3 位数字。在 DRX 周期上采用了类似 LTE 的机制,在小区广播的 DRX 周期和 RRC 空闲状态或者 RRC 非激活状态下的 UE 被分配的 DRX 周期之间取一个最小值。

2. 寻呼的发送与接收

网络在发送寻呼消息的时候,寻呼消息发送的方式和 SSB 发送的方式很类似,也采用了波束赋形的方式。UE 通常在能够检测到的最佳的 SSB 波束的方向接收寻呼消息。在寻呼的接收机制中,寻呼帧(PF)和寻呼机会(PO)的确定在协议中有明确规定。但是在确定了寻呼帧和寻呼机会之后,UE 如何根据接收到的 SSB 来接收寻呼消息则由 UE 自己决定。

在 NR 系统中 UE 接收寻呼 PDCCH 的搜索空间有两个:在 SIB1 中有一个显式的寻呼搜索空间;在 MIB 中有一个搜索空间。物理层规定 SIB1 中配置的搜索空间优先,如果 SIB1 中配置的搜索空间不存在,那么 UE 就采用 MIB 中配置的搜索空间。而 MIB 中配置的搜索空间也是规定用来接收 SIB1 消息本身的。这个时序就是 UE 在解码 MIB 后,先通过 MIB 中的搜索空间检测和接收 SIB1 消息。在 SIB1 中如果没有发现寻呼搜索空间,那么就会在接收 SIB1 的搜索空间上接收寻呼消息的 PDCCH。

在 SIB1 的搜索空间上,UE 对于 PDCCH 的检测在时域上主要通过 3 个关键参数定义,即周期、偏移和持续时间。如图 7-48 所示,在一个寻呼的窗口(浅色)内,网络一共有 4 次发送寻呼的机会,对于某个 UE 来说,很可能只能检测到其中的一个。在 NR 系统中,这样的一个发送寻呼波束的窗口被定义为一个寻呼机会,并且体现在 CSS(公共搜索空间)的定义中。类似地,UE 在接收随机接入的第二个消息,即 RAR 和其他 SI 的时候也有类似的波速赋形机制。在一个寻呼机会内检测寻呼的机会和实际的 SSB 发送机会之间有一一对应的关系。设:T 是 UE 的 DRX 周期;N 是一个 DRX 周期内寻呼帧的个数;N_s 是一个寻呼帧上寻呼机会的个数;UE_ID=IMSI mod 1024。那么 PF 就是满足式(7-4)的无线帧的帧号。

$$\text{SFN mod } T + \text{PF\_offset} = (T \div N) \times (\text{UE\_ID mod } N) \tag{7-4}$$

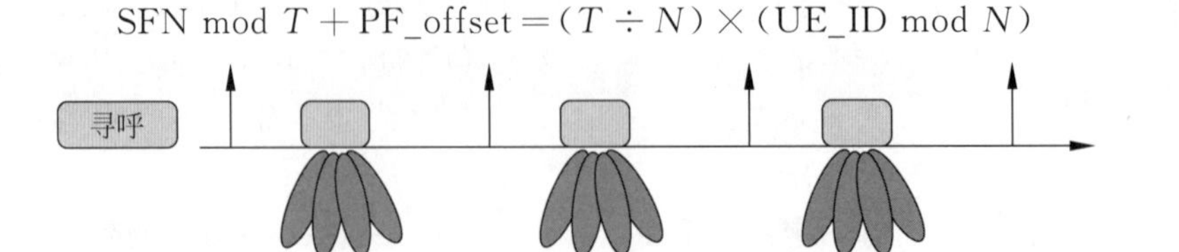

图 7-48 寻呼信息发送示意图

该式和 LTE 系统的算法基本上是一样的。不过因为 NR 系统中搜索空间实际上还有一个偏移，这会导致 PF 也需要一个偏移才能够正确定位 PDCCH 的位置。比如以 SCS=15kHz 为例，当搜索空间的周期是 20 时隙，并且偏移是 11 时隙的时候，寻呼搜索空间都出现在奇数帧上，而公式中表达的寻呼帧的搜索空间则出现在偶数帧上，这时需要 1 个帧作为寻呼帧的偏移。另外，寻呼帧实际上是第一个寻呼的波束所在的无线帧，如果公共搜索空间的长度覆盖了两个无线帧，那么 UE 是以第一个无线帧作为寻呼帧。

寻呼机会的计算需要找出在 1 个无线帧内的多个寻呼机会中的某一个，这个寻呼机会符合以下条件

$$i\_s = \text{floor}\,(\text{UE\_ID}/N)\,\text{mod}\; N_s \tag{7-5}$$

其中，i_s 指的是 1 个无线帧内寻呼机会的索引。每个寻呼机会实际上对应 s 个连续的 PDCCH 检测机会，其中 s 指的是 1 个 SSB 突发中实际广播的 SSB 的个数。

MIB 中配置的搜索空间和 SIB1 中的寻呼搜索空间是完全不一样的，简单地说，寻呼的搜索空间重用了 UE 接收 RMSI 的空间(RMSI 即 SIB1)。而接收 RMSI 的搜索空间和 SSB 因为在时频域内相互之间的位置不同定义了 3 种模式，不同频段支持的模式如表 7-12 所示。

表 7-12　不同频段支持的模式

模式	FR1	FR2
1	是	是
2	否	是
3	否	是

对于模式 2 和模式 3 来说，搜索空间和 SSB 出现的位置在时域上是重叠的。假如 SSB 突发是从 SFN=0 开始广播的，那么 PF 的计算方式和式(7-4)是一样的。只是 N_s 只能等于 1 或者 2，因为 SSB 突发的周期最短是 5ms。不过 NR 系统中允许 SSB 上所调制的 SFN 可以是任何一个数值(0～1023)，也就是说，SSB 不一定从 SFN=0 的无线帧开始，也可能包含了一个偏移值，这和 5G 之前所有的 3GPP 系统都不一样。

在图 7-49 的例子中，第一个 SSB 出现在 SFN=3 的无线帧上，并且 SSB 突发是以 40ms 为周期重复进行。对于这样的发送方式，这个 SSB 的偏移就是 3，也就是说 SSB 突发会出现在 SFN mod 4=3 的无线帧上。当 SSB burst set 的周期大于 10ms 时，就需要把 SSB 突发所在的 SFN 偏移考虑在内了。

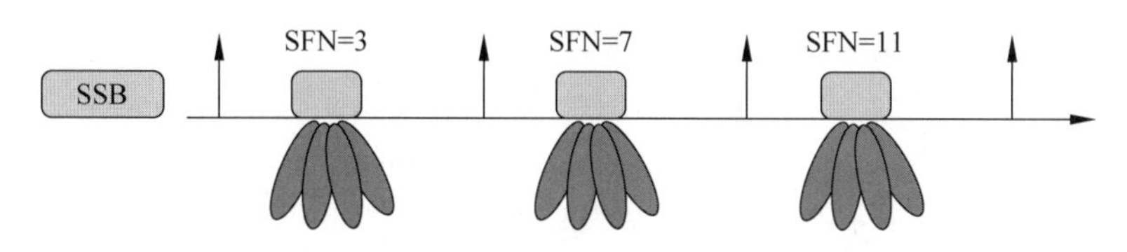

图 7-49　SSB 突发发送示例

模式 1 的方式要更加复杂一点。模式 1 中 SSB 突发中和某个 SSB 对应的搜索空间在时域上的位置是固定的，并且以 20ms 为周期重复出现，并且 SSB 突发中第一个 SSB 所对应的无线帧总是满足 SFN mod 2=0 的特征。也就是说，无论 SSB 突发是以哪种偏移的方式周期性进行重复，公共搜索空间总是出现在偶数帧内。因为这个缘故，上述公式中的 PF

偏移值为0。

模式1中公共搜索空间在时域的密度是平均1个无线帧有1/2个寻呼机会，模式2/3中的最高密度是平均一个无线帧有2个寻呼机会，这与LTE系统的4个寻呼机会比较要少得多。尽管通过在频域上增加无线资源增加寻呼的容量是可能的，但是也不是无限的，因为寻呼信道的TB大小是有限度的。所以在NR系统初始运营的时候，也许可以采用MIB中的公共搜索空间。但是在NR系统比较繁忙的时候，就必须在SIB1中引入一个新的寻呼搜索空间以弥补寻呼容量的欠缺。

7.6.3 接入控制

1. 接入控制的原因

接入控制指的是UE在发起一个NAS层或者AS层的业务或者信令请求之前，先要根据一定的机制和控制参数确认网络是否允许。如果通过了接入控制检查，那么NAS层或者AS层才能够建立NAS和/或AS的信令和业务连接，否则需要等待一定的时间后才能够再次进行接入控制检查。这样做的主要目的是为了让网络有一种机制，在网络比较繁忙的时候，在UE的类型和业务的类型这两个维度上进行过滤操作，让优先级比较高的UE或者比较重要的业务能够顺利获得服务。另外也可以有效减少无线接口的信令，减轻网络的负担。

UE在获准发起呼叫过程以后，会在信令上附加发起呼叫的原因。gNB在获得这个呼叫原因以后，还可以根据本身的实际需要决定是否接受这次呼叫，这让gNB拥有了负载控制的功能。

2. 接入控制流程

NR系统的接入控制对于所有的RRC状态是统一定义的。在标准规范中，接入控制机制称为UAC。这个过程需要UE的NAS层和AS层一起参与，所以NAS层和AS层之间有一个互操作的过程，如图7-50所示。

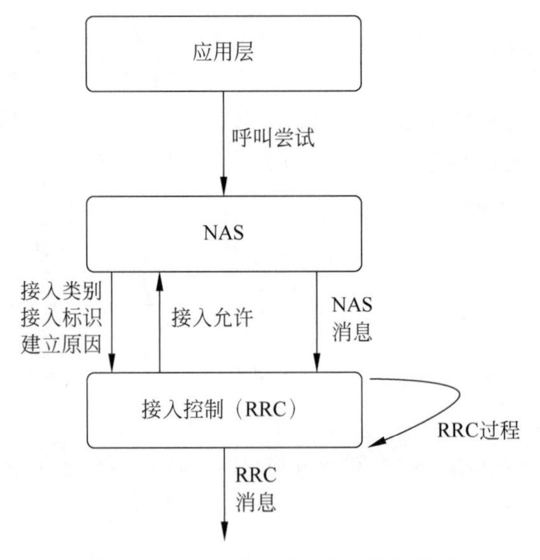

图7-50　NAS层和AS层互操作流程

在应用层发起呼叫尝试以后,NAS 层根据呼叫尝试的内容得到呼叫尝试的“接入类别”,并且设定这次呼叫在 AS 层信令的建立原因。另外 NAS 层还把呼叫尝试的“接入标识”和所述的接入类别以及建立原因一起发给 AS 层(RRC 层)进行接入控制。RRC 层在 RRC 非激活状态下也会发起和 NAS 层没有关系的呼叫,比如 RRC 恢复过程和 RNA 更新过程。RRC 层自己会确定这些 RRC 层触发的呼叫尝试的“接入类别”“接入标识”和“建立原因”,然后根据这些参数进行相同的接入控制。在 RRC 连接状态的时候,RRC 层不需要“建立原因”,因为 RRC 信令连接已经存在,但是还会根据接入类别和接入标识进行接入控制。接入标识包含的是高优先级呼叫类型和高优先级的 UE 类型。NAS 层一共定义了 64 个接入类别,在 R15 的版本中,标准化的接入类别范围是 0～7,表征了呼叫尝试的类型,比如被叫、主叫信令等,非常类似于 LTE 系统中的“呼叫类型”参数。32～63 的接入类别留给运营商自己定义。

UE 接入控制的算法流程如图 7-51 所示。在这个流程中接入标识是按照位图(Bitmap)的方式检查的,也就是说要么允许,要么不允许。如果没有接入标识通过检查,那么需要根据 uac-BarringFactor 确定呼叫是否被允许。在不被允许的时候,UE 会启动一个定时器。在定时器没有超时之前,所有的呼叫尝试都是不被允许的。当定时器超时后,RRC 层会通知 NAS 层重新开始进行接入控制的过程。

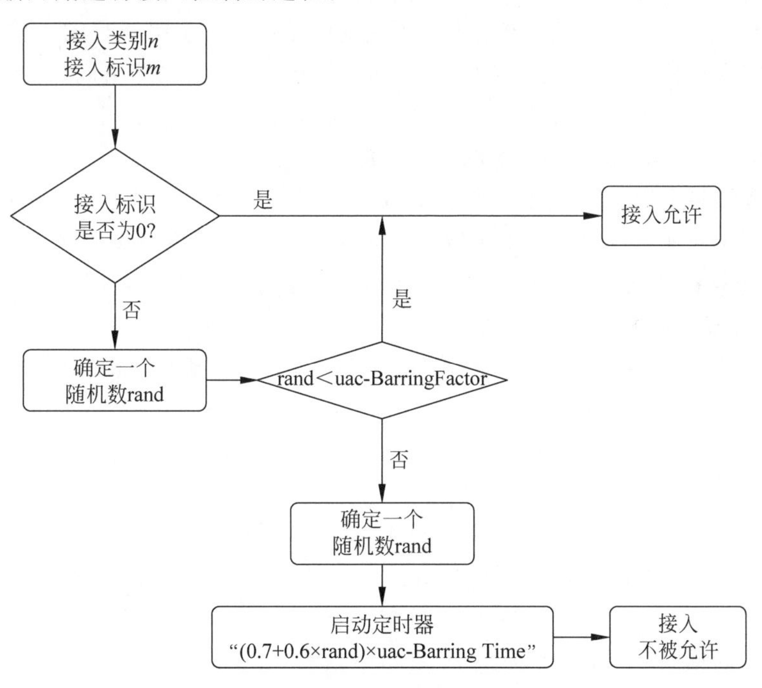

图 7-51　UE 接入控制的算法流程

7.6.4　5G 安全机制

1. 5G 安全机制设计目标

5G 网络新的发展趋势,尤其是 5G 新业务、新架构、新技术,对安全和用户隐私保护提出了新的挑战。5G 安全机制除了要满足基本通信安全要求之外,还需要为不同业务场景提供差异化的安全服务，能够适应多种网络接入方式及新型网络架构，保护用户隐私，并能提供开放的安全能力。因而5G网络安全设计目标如下。

(1) 提供统一的认证框架，支持多种接入方式和接入凭证，从而保证所有终端设备安全地接入网络。

(2) 提供按需的安全保护，满足多种应用场景中的终端设备的生命周期、业务的时延要求。

(3) 提供隐私保护，满足用户隐私保护及相关法规的要求。

5G安全机制除了应保护多种应用场景下的通信安全以外，还应能保护5G网络架构本身的安全。5G网络架构的重要特征包括NFV/SDN、网络切片及能力开放。因此，5G安全机制应保证NFV/SDN引入之后移动网络的安全，NFV/SDN技术实现了软件与硬件的解耦，NFV技术的部署使得部分功能网元以虚拟功能网元的形式部署在云化的基础设施上，网络功能由软件实现，不再依赖于专有通信硬件平台，因此，5G安全机制需要考虑5G基础设施的安全，从而保障5G业务在NFV环境下能够安全运行。另外，5G网络通过引入SDN技术，提高了数据传输速率，更好地实现了资源配置，但需要考虑SDN控制网元和转发节点的安全隔离和管理及SDN流表的安全部署和正确执行；再者，5G网络通过建立网络切片，为不同业务提供差异化的安全服务，根据业务需求针对切片定制其安全机制，实现客户化的安全分级服务，所以5G安全机制还应保证网络切片的安全，包括切片安全隔离、切片的安全管理、UE接入切片的安全、切片之间通信的安全等；还有，5G网络的能力开放功能部署于网络控制功能之上，以便网络服务和管理功能向第三方开放，能力开放不仅体现在整个网络能力的开放上，还体现在网络内部网元之间的能力开放上，与4G网络的点对点流程定义不同，5G网络的各个网元都提供了服务的开放，不同网元之间通过API调用其开放的能力，所以5G安全应能保证能力开放的安全，既能保证开放的网络能力安全地提供给第三方，也应能保证网络的安全能力(如加密、认证等)可以开放给第三方使用。

2. 5G网络安全架构

5G网络安全架构需满足5G多样化业务场景和新技术、新特征引入的新的安全需求和挑战。5G网络安全架构的设计原则包括支持数据安全保护、体现统一认证框架和业务认证、满足能力开放，以及支持切片安全和应用安全保护机制。5G网络安全架构如图7-52所示。

图7-52中，将5G网络安全架构分为以下8个安全域：①网络接入安全，保障用户接入网络的数据安全；②网络域安全，保障网元之间信令和用户数据的安全交换；③首次认证和密钥管理，包括认证和密钥管理的各种机制，体现统一的认证框架；④二次认证和密钥管理，UE与外部数据网络(如业务提供方)之间的业务认证及相关密钥管理；⑤安全能力开放，体现5G网元与外部业务提供方的安全能力开放，包括开放数字身份管理与认证能力。另外，通过安全开放能力，5G网络也可以获取业务对于数据保护的安全需求，完成按需用户面保护；⑥应用安全，保证用户和业务提供方之间的安全通信；⑦切片安全，体现切片的安全保护，例如UE接入切片的授权安全、切片隔离安全等；⑧安全可视化和可配置，体现用户可以感知安全特性是否被执行，这些安全特性是否可以保障业务的安全使用和提供。

5G网络安全技术标准确定了5G系统安全架构和流程的相关要求，主要包括安全框架、接入安全、用户数据的机密性和完整性保护、移动性和会话管理安全、用户身份的隐私保

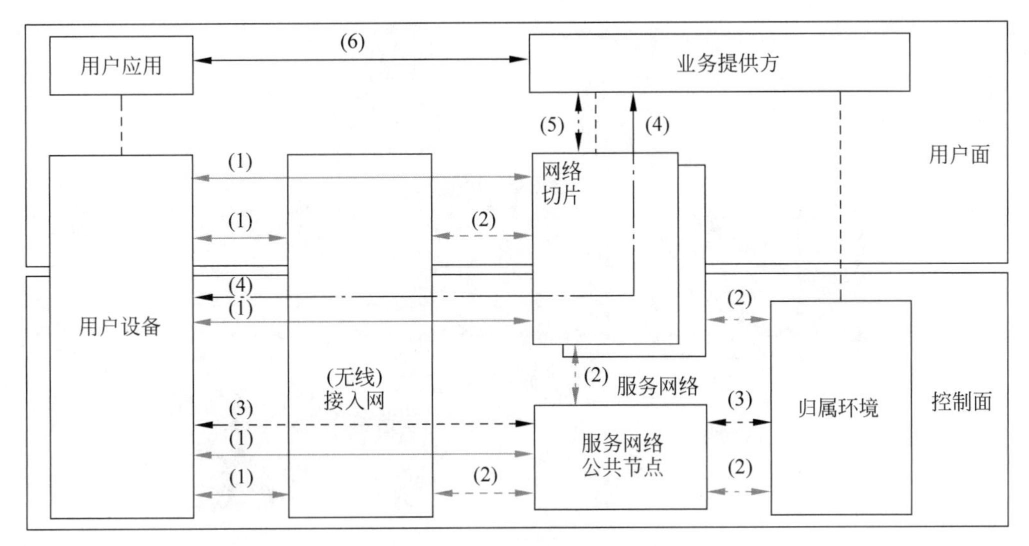

图 7-52　5G 网络安全架构

护，以及与演进的分组系统（EPS）的互通等相关内容。5G 安全机制采用可扩展认证协议（EAP）框架实现统一认证，支持用户在接入网间无缝切换，同时，通过增强的安全机制进行用户隐私保护（如身份标识等），并支持按需的用户数据保护方法。

此外，NFV/SDN 等新技术将会给 5G 网络安全带来新的影响，ETSI NFV 安全组的研究内容涉及 NFV 安全架构、隐私保护、合法监听、管理和编排（MANO）安全、证书管理、安全管理、安全部署等方面；开放网络基金会（ONF）及 ITU-T 的研究内容涉及 SDN 安全的标准化工作。

7.7　5G 智能终端

7.7.1　智能终端分类

与传统通信接入网架构不同，5G 采用以用户为中心的接入网架构，这将赋予终端侧更强大、更丰富的通信能力，以满足 5G 智能终端设备的各项通信需求。5G 智能终端设备将支持人人交互、人机交互、机机交互多种信息交互方式，以实现个人通信、健康监测、自动驾驶、远程医疗、远程教育、智能家居、灾难预警与救助、交通安全等各种应用场景下的不同需求。由于涵盖了宽泛的应用场景，5G 智能终端设备不再具有单一的形式，其智能终端形态如图 7-53 所示，分为以下 4 类。

（1）个人信息中心。个人信息中心作为现有手机、平板、个人计算机在 5G 应用中的延伸，个人信息中心侧重的是信息的处理、交互及对连接设备的管理等作用，对应了 eMBB 的应用场景。

（2）可穿戴设备。可穿戴设备作为个人信息中心的拓展，承担了信息的收集、显示等功能，也对应了 eMBB 的应用场景。

（3）智能机器设备。智能机器设备是实现车联网、过程自动化、工厂自动化、医疗自动化等先进控制、制造流程的必要组成部分，对应了 uRLLC 的应用场景。

（4）微型传感器。微型传感器是物联网的必要组成部分，对应了 mMTC 的应用场景。

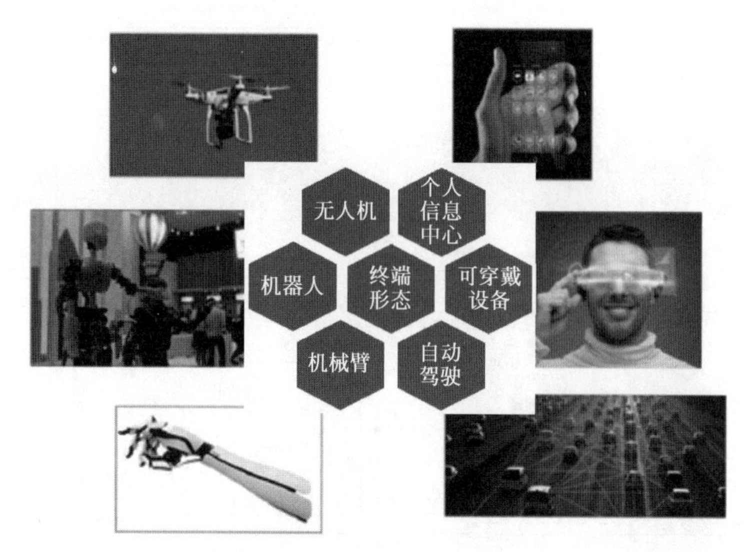

图 7-53　5G 智能终端形态

7.7.2　智能终端通信能力

为了实现 5G 的 KPI,需要应用相应的关键技术,这些技术部署于网络端、基站端和与用户关系最密切的终端。例如最直观地,在 5G 技术框架下,接入网可能涵盖 GSM、3G、4G、5G 等广域网,整合 WLAN、ZigBee、Bluetooth 等局域网,以及定位、导航网络。5G 智能终端将实现全连接方案,即可同时接入不同的通信网络,并且具备融合不同网络数据流的能力。此外,5G 终端也将支持一些近场通信技术,例如 RFID、NFC 等。

1. 个人信息中心通信能力

5G 手持终端,例如 5G 手机、平板等设备,将成为个人信息业务的中心,实现多种通信网络的全连接,承载各种形式的通信交流、信息交换,因此 5G 手持终端将被赋予更多的功能,提供更好的用户体验,如更强大的硬件支持、更优化的操作系统、更丰富的显示技术,以及更灵活的操作等特点。为此,5G 手持终端作为个人信息中心的新型终端,应当实现以下通信能力。

(1) 多连接。5G 终端需支持同时与多个基站建立连接,多连接包括 C/U 分离下的多连接,也包括双连接、波束聚合等。从频率上讲,包括异频多连接和同频多连接。

(2) 离散频谱资源。未来为追求可以接近光纤的极速体验,将会使用更多的频率资源。新挖掘的频谱资源分布在多个离散频段,且带宽也差异较大。再考虑终端后向兼容老标准,终端需要支持多个离散频段。

(3) 更强大的可重配置能力。5G 智能终端因为有更多的需求(灵活频谱、多连接、软件定义空口等),其基带和射频部分都将具备灵活的配置方法。在基带技术方面,将支持多种模式的同时连接,同时根据用户需求调整基带带宽;而在射频技术方面,频带不再固定,而是可以从合适的频带上灵活选择。对射频架构的优化需要考虑选择单个宽带系统或多个窄带系统,综合考虑滤波器、功放、混频器、A/D、D/A 等一系列终端射频芯片技术的发展。

2. 可穿戴设备通信能力

与手持终端相比,可穿戴设备具有感知和监测两大特点,它作为个人信息中心的延展,将与手持终端一起实现更多的用户需求。可穿戴设备可以实现用户健康监测、特殊人士监护、用户的运动情况记录,并根据设置完成实时反馈与报警。另外,可穿戴设备还可为用户提供虚拟现实和增强现实功能,前者可以增加游戏代入感和体验,后者则可以方便用户生活的方方面面,可穿戴设备如图 7-54 所示。

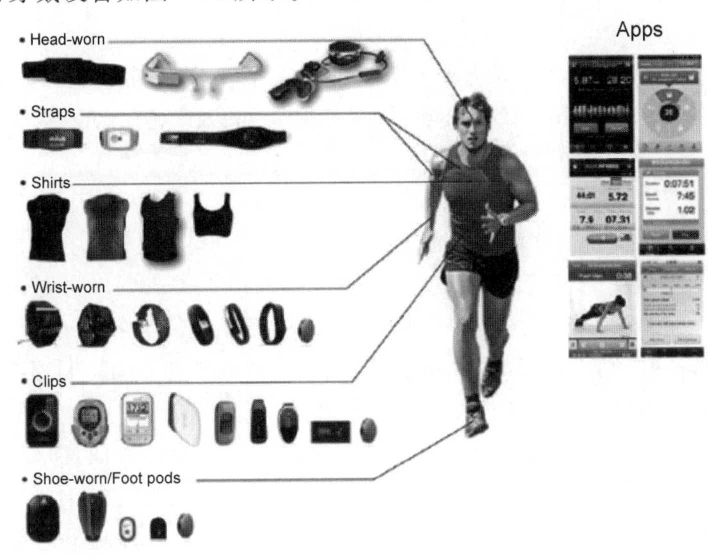

图 7-54　可穿戴设备

可穿戴设备应该具备以下几个方面的通信能力。

(1) 近距离低功耗通信。可穿戴设备与个人信息中心之间的链路通常为近场通信,维持较低的发射功率并支持断续发送(DTX)/断续接收(DRX)以降低功耗,从而延长待机时间。此外,同一个人的多台设备及不同人的设备之间应当采用新型的多址方式以减少干扰。

(2) 高速云存取。虚拟现实和增强现实需要复杂的场景渲染,对于轻便的设备而言,巨大的计算量往往难以胜任,因此需要通过云后台计算,而设备只是完成实时存取的操作。这样的云存取操作需要维持稳定的高速通信,以保证图像、视频的清晰度和流畅度,实现的方式则可以与个人信息中心类似。

(3) 预警信息通知。可穿戴设备一方面作为人体健康监测器,如图 7-55 所示,应该具备快速监测应急信息的能力,通过广播方式将相应的预警信息发布出去;另一方面作为移动中的传感器,在万物互联的场景下,也应当具有转发预警信息的中继功能。

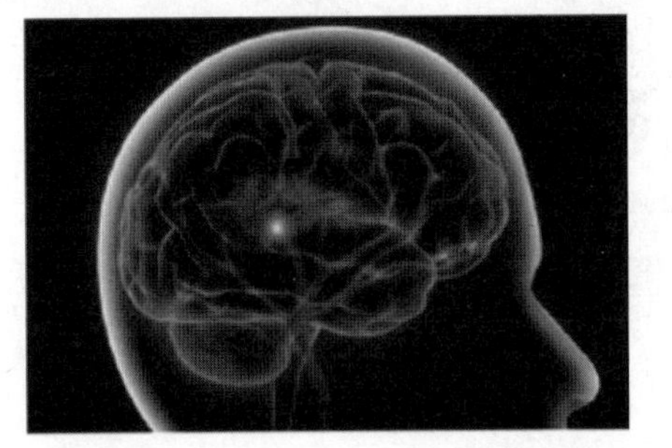

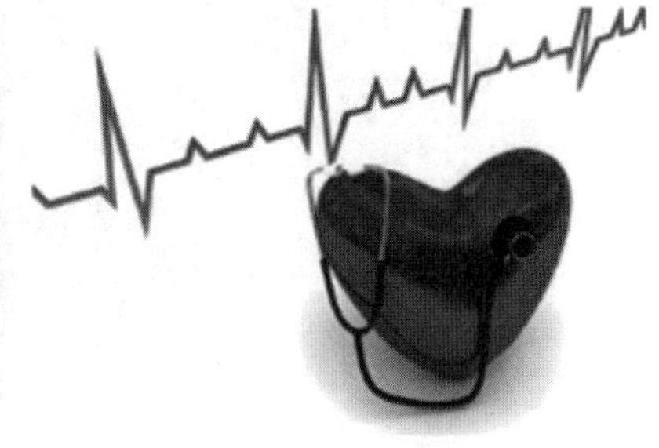

图 7-55　人体健康监测

3. 智能机器设备通信能力

在5G应用框架下，更多的智能机器设备将可以通过5G的协议远程操控，比传统的局域网控制具有更大的范围和更稳定的可靠性，具体的应用范例如下。

(1) 无人机。在5G覆盖场景下，无人机可以轻松突破单个基站限制，实现大范围内的飞行。

(2) 机械臂。在工业生产和应急救援等环境下，工作人员可能接触到极端温度、极端压力等恶劣环境，在5G低时延高可靠场景下，工作人员可以通过遥控手臂完成固定位置的作业。

(3) 自动驾驶汽车。通过车联网，实现自动驾驶、车-车/车-路通信及车辆与行人交互，从而实现道路资源的最大化，并降低事故发生的概率。

(4) 机器人。机器人分为工业机器人、民用机器人两大类。要求机器人终端具有对信息的超快捕捉、处理请求和转发的能力，同时还应该具备相应的学习能力。

智能机器设备的控制，对可靠性和精度要求较高，智能机器设备除具备类似个人信息中心通信能力外，还应当具备以下通信能力。

(1) 高可靠连接。无缝切换，连通率保证为99.999%。传输方面，需要满足“超过最大传输次数丢包率”和“超过时延门限丢包率”的需求，具体的指标需要结合实际应用细化。

(2) 低时延连接。车联网要求达到10ms端到端时延，工业控制下需要支持接近1ms时延。在实际传输中，考量时延的性能指标通常为“95%数据包到达延迟”和“99%数据包到达延迟”等，具体的指标还需要结合实际应用细化。

(3) 分布式自组织网络。在车联网等应用场景下，由于终端位置和拓扑结构是不断变化的，终端之间的快速自组网能力很关键。通过自组织网络，终端可以尽可能拓展覆盖范围，在重大灾难营救现场等通信设施遭遇破坏的场景下实现通信的保障。

4. 微型传感器通信能力

传感器是物联网的重要组成部分。在5G的发展下，微型传感器将遍布世界，从探测温度、湿度、电磁、有毒气体、地震波、核辐射等自然环境，到监测脉搏、血氧、生物电流、脑电波等人体生理指标，微型传感器如图7-56所示。

图7-56 微型传感器

对于微型传感器，应当支持以下通信能力。

(1) 自组织网络。由于微型传感器数目庞大，通常采用随机布点的形式布网，传感器之间应当具有自组网的能力，这里的自组网主要强调的是网络能够自行配置空口方案、路由表自行优化，以及针对网络故障的自行修复。

(2) 低功耗传输。微型传感器通常是一次性投掷，所以应当降低功耗以延长使用时间。传统的DTX/DRX、智能待机、智能唤醒等技术可被用于降低终端运行功耗。

(3) 预警广播。由于分布较广，传感器网络能够在第一时间内探测到地震、海啸、辐射等重大灾害，因此应当具备迅速广播灾难预警信号的能力，通过传感器网络传递给通信骨干网，从而实现大范围区域内的预警。

本章小结

5G将具有以下几大优点：数据传输速率快、频率利用率高、无线覆盖能力强、兼容性好、成本费用低、不受场地限制等。相对于4G网络，传输速率将提升10～100倍，峰值传输速率达到10Gb/s，端到端时延达到毫秒级，连接设备密度增加10～100倍，流量密度提升1000倍，频谱效率提升5～10倍，能够在500km/h的速度下保证用户体验。

根据ITU的定义，5G分为3大类应用场景：增强移动宽带(eMBB)、大规模机器类通信(mMTC)和超可靠低时延通信(uRLLC)。

5G的典型业务包括视频会话、视频播放、移动在线游戏、增强现实、虚拟现实、实时视频分享、云桌面、无线数据下载、云存储、高清图片上传、视频监控、智能家居控制、无人驾驶等，可以分为两个大类：移动互联网类和物联网类。

依据ITU批准的5G愿景，5G的8项关键参数指标(KPI)，包括流量密度、连接数密度、时延、移动性、频谱效率、能效、用户体验速率、峰值速率。

频谱资源是5G网络部署最关键的基础资源，总体来说，5G将面向Sub-6GHz与Above-6GHz(即毫米波频段)进行全频段布局，以综合满足网络对容量、覆盖、性能等方面的要求。

为了应对5G需求和场景对网络提出的挑战，并满足5G网络优质、灵活、智能、友好的整体发展趋势。5G网络将以用户为中心、功能模块化、网络可编排为核心理念，重构网络控制和转发机制，改变单一管道和固化的服务模式，基于通用共享的基础设施(软件和硬件分离，网元功能与物理实体解耦)为不同用户和行业提供按需定制的网络架构；5G网络将构建资源全共享、功能易编排、业务紧耦合的社会化信息服务使能平台，从而满足极致体验、效率和性能要求，以及"万物互联"的愿景。

5G要想从新型基础实施平台和新型网络架构两方面实现网络变革，就需要大量新型网络技术实现，具体来说，关键网络技术有SDN/NFV技术、接入面组网技术、网络切片技术、移动边缘计算(MEC)技术、网络能力开放技术、核心网云化部署等。

5G空口技术路线可由5G新空口(含低频空口与高频空口)和4G演进两部分组成，新空口是5G主要演进方向，4G演进是有效补充。

与传统的移动通信升级换代方式相比，5G的无线技术创新来源将更加丰富。除了稀疏码本多址(SCMA)、图样分割多址(PDMA)、多用户共享接入(MUSA)等新型多址技术外，大规模天线、超密集组网和全频谱接入都被认为是5G的关键使能技术。此外，新型多载波、灵活双工、新型编码与调制、终端直通、全双工(又称同时同频全双工)等也是潜在的5G

无线关键技术。

与4G移动互联网相对单一的应用模式不同,5G网络的服务对象是海量丰富类型的终端和应用,其报文结构、会话类型、移动规模和安全性需求都不尽相同,网络必须针对不同应用场景的服务需求引入不同的功能设计。因此,可以说网络控制功能按需重构,是5G网络标志性服务能力之一。

5G网络安全架构分为以下8个安全域:①网络接入安全;②网络域安全;③首次认证和密钥管理;④二次认证和密钥管理;⑤安全能力开放;⑥应用安全;⑦切片安全;⑧安全可视化和可配置。

5G智能终端形态分为4类:个人信息中心、可穿戴设备、智能机器设备和微型传感器。

习题

7-1 依据5G的需求,5G有哪3大类应用场景?这些场景面临的环境特征分别是什么?所要求的网络技术参数是什么?

7-2 简述5G的标准化进展情况和产业化过程。下一步的5G商业化计划是什么?

7-3 3G、4G和5G在IMT的正式名称是什么?各自的发展现状如何?

7-4 5G的业务特征和技术特征分别是什么?5G可用频谱有哪些?分别用于什么场景?

7-5 5G网络逻辑分为哪3个模块?各自完成什么功能?

7-6 5G承载网络分为哪3部分?和4G网络相比,主要发生了什么变化?

7-7 5G无线接入网有哪些参考点?分别提供哪些连接?

7-8 5G网络变革包括哪两部分?关键的网络技术有哪些?各自的工作原理是什么?分别用于解决什么问题?

7-9 简要说明网络切片的流程。试针对某一个需求方(如垂直行业用户、虚拟运营商和企业用户等),使用网络切片的方式构建一个网络架构。

7-10 网络能力开放可以带来什么好处?如何完成这一过程?

7-11 对5G核心网网络功能(NF)和4G核心网网元进行简单对比,有何异同点?

7-12 5G空口的技术路线如何演进?其空口无线技术无线架构是什么?

7-13 5G NR的物理层特征有哪些?

7-14 5G的关键无线技术有哪些?各自的工作原理是什么?可应用于哪些场景?解决什么问题?

7-15 5G安全架构包括哪8个安全域?分别有哪些要求?

7-16 5G智能终端有哪4类?各自具有什么样的通信能力?

第 8 章

CHAPTER 8

移动通信与计算机网络通信的融合

8.1 计算机网络通信

在讨论移动通信与计算机网络通信的融合之前，首先介绍计算机网络通信的一般知识。

8.1.1 概述

所谓计算机网络，就是把分布在不同地理区域的计算机与专门的外部设备用通信线路与通信设备互连成一个大规模、功能强的网络系统，从而使众多的计算机可以方便地互相传递信息，共享硬件、软件和数据信息等资源。这种通过通信子网以计算机互联形式进行的通信方式称为计算机网络通信，它是现代通信技术和计算机技术的综合体。

构成通信的计算机网络有多种分类方式，按网络规模大小可分为个域网(PAN)、局域网(LAN)、城域网(MAN)和广域网(WAN)；按网络拓扑结构可分为网状网、格式网、星状网、树状网、环状网和总线网；按传输介质可分为有线网、光纤网和无线网；按通信方式可分为点对点传输网络和广播式传输网络。

计算机通信网络经历了 4 个发展阶段，即联机系统的数据通信、面向终端的计算机通信网、多机互联系统、标准化计算机通信网络(互联网)。通信业务也从资源共源、数据传输等简单业务阶段发展到多媒体通信阶段，传输带宽和传输速率得到了极大的提高。

国际标准化组织(ISO)为实现开放式系统，提出了开放系统互联(OSI)模型。OSI 模型从下至上分别是物理层、数据链路层、网络层、传输层、会话层、表示层和应用层，共 7 层。计算机通信网络通常采用比 OSI 模型简单的 TCP/IP(传输控制协议/互联网协议)模型，共分为 4 层。

8.1.2 Internet 的形成与发展

Internet(互联网)是全球最大的、开放的、由众多网络互联而成的计算机网络，也是全球最大的广域计算机网络，它是由美国的 ARPANET 发展和演变而来的。ARPANET 是美国国防部高级研究计划署于 1969 年资助建立的一个军用网络，其目的是验证远程分组交换网的可行性，最初只有 4 个节点，连接美国的 4 个大学。20 世纪 70 年代末至 80 年代初，计算机网络蓬勃发展，各种各样的计算机网络应运而生，如 MILNET、USENET、BITNET、CSNET 等，在网络的规模和数量上都得到了很大的发展。一系列网络的建设，产生了不同网络之间互联的需求，并最终导致了 TCP/IP 的诞生(1980 年研制成功)，解决了终端使用不同操作系统、网络使用不同传输介质的计算机网络之间的互联问题。1986 年美国国家科学基金委员会(NSF)资助建成了基于 TCP/IP 技术的主干网 NSFNET，连接了 ARPANET 和其他网络，形成了 Internet。此后在 20 世纪 90 年代，随着 Web 技术和相应浏览器的出现，互联网得到了进一步的发展和应用，更多的网络连接到了 Internet 上。到 1995 年，Internet 正式开始商用。

Internet 自商用起，其规模每年约翻一番，至 2018 年 2 月，世界范围内 Internet 用户数突破 40 亿，中国的 Internet 用户数超过了 8 亿。现在 Internet 已遍布全球各个角落，也深入我们的生活和工作中。

8.1.3 TCP/IP 参考模型

1. TCP/IP 参考模型的协议结构

TCP/IP 参考模型(比 OSI 模型产生要早)是实现网络连接性和互操作性的关键。它使得网络上不同的计算机具有互操作能力，并且在较差的网络环境下仍可维持主机之间的连接。TCP/IP 参考模型如图 8-1 所示，模型中给出了其协议结构。

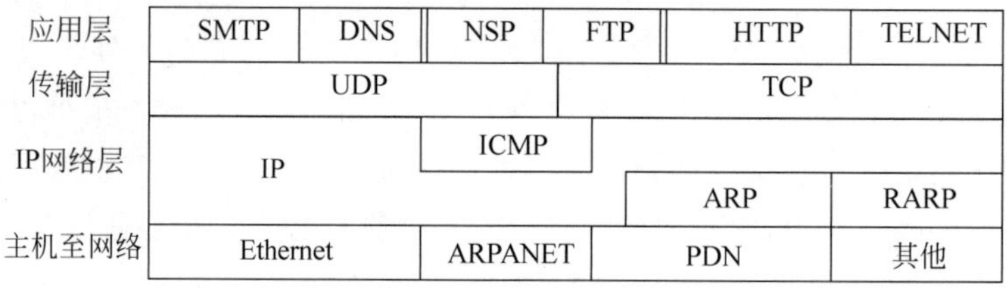

层						
应用层	SMTP	DNS	NSP	FTP	HTTP	TELNET
传输层	UDP			TCP		
IP网络层	IP	ICMP			ARP	RARP
主机至网络	Ethernet	ARPANET	PDN			其他

图 8-1 TCP/IP 参考模型

(1) 主机至网络有以下几个协议：Ethernet、ARPANET、PDN 和 ATM 等，它们是实现 TCP/IP 的基础，是通信网络与 TCP/IP 之间的接口。

(2) IP 网络层的主要功能是负责将数据报送到目的主机，它包含 4 个协议，即 IP、ICMP、ARP 和 RARP。

① IP 是互联网协议，它在主机间提供数据报服务。

② ICMP 是 Internet 控制报文协议，它主要用于路由器或主机向其他路由器或主机发送出错报文和控制信息。

③ ARP 是地址解析协议，每一个网络接口卡有一个唯一的硬件地址，每个主机中有一个 ARP 表用于映射主机的 IP 地址和网络接口卡的硬件地址。

④ RARP 是逆向地址解析协议，ARP 基于一个给定的 IP 地址寻找硬件地址，RARP 则逆向工作，它根据硬件地址寻找 IP 地址。

(3) 传输层的主要功能是负责应用进程之间的端至端通信，它包含 2 个协议，即 TCP、UDP。

① TCP 是传输控制协议，它是面向连接的运输层协议，用于动态适配互联网络的变化特性，在不可靠的网络上提供一条可靠的端到端的传输通道。

② UDP 是用户数据报协议，它提供无连接的运输层服务，是一种不可靠传送。

(4) 应用层是 TCP/IP 结构中的最高层，它规定了怎样通过应用程序使用互联网，包括如下协议。

① SMTP 是简单邮件协议,用于客户机与服务器传输电子邮件。

② DNS 是域名服务系统,用于处理主机名与 IP 地址之间的映射。

③ NSP 是名字服务协议。

④ FTP 是文件传输协议,用来在计算机之间传送文件。

⑤ TELNET 是远程终端访问协议,用于本地计算机登录到远程系统,以便实现资源的共享。

⑥ HTTP 是超文本传输协议,用于传输 WWW(万维网)方式数据。

2. IP

IP 是 IP 网络层的重要协议,它将要传送的报文封装成包,每一个数据包独立地传向目标,然后在目的地按发送顺序重新组合。一个 IP 数据报由一个报头和一个正文部分组成,报头包括源目标 IP 地址、目的 IP 地址、报头长度、服务类型、报头校验等数据。IP 不保证服务的可靠性,在主机资源不足的情况下,它可能丢弃某些数据报,同时 IP 也不检查被数据链路层丢失或遗失的报文。数据报在传输过程中可能需经过不同的网络,IP 提供了寻找路由的功能。

1) IP 地址及其表示方法

所谓 IP 地址,就是给每个连接在 Internet 上的主机分配一个在全世界内唯一的 32 位的地址(IPv4,即对于 IP 协议的第 4 个版本)。IP 地址可以使 IP 数据报在 Internet 上很方便地进行寻址,方法是:先按 IP 地址的网络号 Net-id 把网络找到,再按主机号 Host-id 在网络内把主机找到。所以 IP 地址表明了 Internet 上的计算机所处的网络号和计算机在所处网络中的具体编号。

IP 地址分为 5 类,即 A 类到 E 类,国际上流行的是 A 类、B 类和 C 类。地址的最前端是地址类别的标识号,后面是网络号字段和主机号字段,如图 8-2 所示。

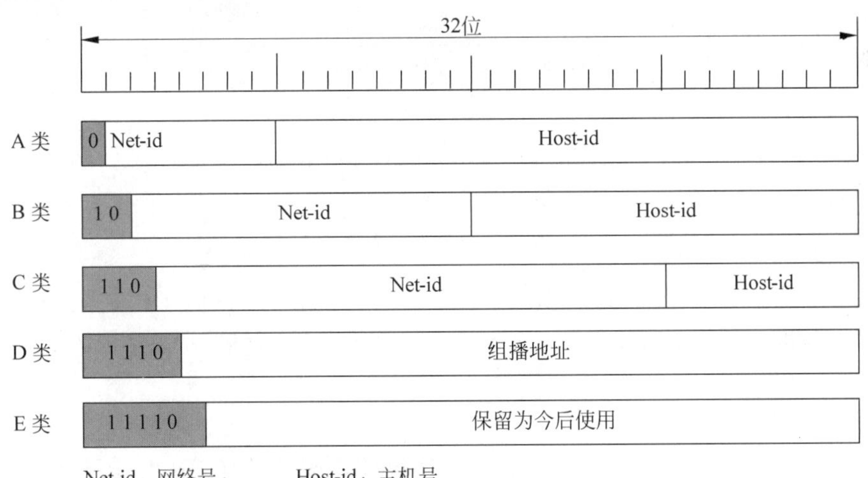

图 8-2 IP 地址的 5 种类型(IPv4)

常将 32 位地址中每 8 位用其等效十进制数字表示,并且在这些数字之间加上一个点,这就是点分十进制记法。例如,有下面的 IP 地址

10000000　00001000　00001011　00001011

这是一个B类IP地址。如用十进制表示，则为128.8.11.11。

2）IP地址与物理地址

图8-3表示IP地址与物理地址的区别，IP地址放在IP数据报的首部，而硬件地址则放在MAC帧的首部。在IP网络层及以上使用的是IP地址，而链路层及以下使用的是硬件地址。在IP网络层抽象的互联网上，看到的只是IP数据报，而在具体的物理网络的链路层，看到的只是MAC帧。

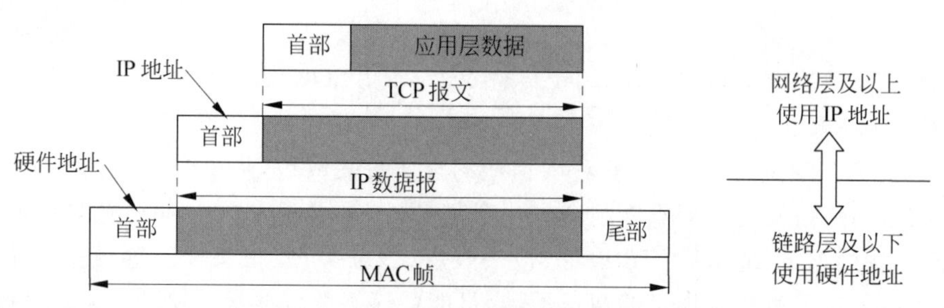

图8-3 IP地址与物理地址的区别

3）子网的划分

从IP地址表示方法中可以看出，网络号以后的位均用来表示主机号，但一个小的网络往往不需要这么大的数目，造成浪费。为了增加可用IP地址的数目，在IP地址中又增加了一个"子网号字段"，子网号字段的长度由本单位根据情况确定。用子网掩码区分子网号与主机号的分界线。子网掩码由一连串的"1"和一连串的"0"组成。"1"对应于网络号和子网号字段；"0"对应于主机号字段。图8-4表示子网掩码的意义。

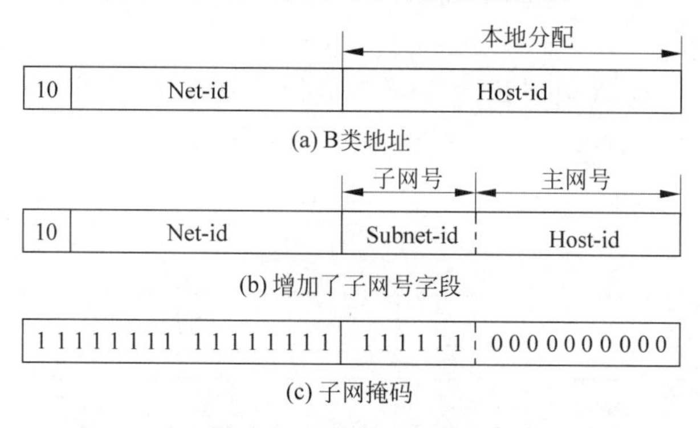

图8-4 子网掩码的意义

若一个单位不进行子网划分，则其子网掩码即为默认值，此时子网掩码"1"的长度就是网络号的长度。因此，A、B、C类IP地址对应的子网掩码默认值分别为255.0.0.0、255.255.0.0、255.255.255.0。

4）地址转换

存在两类地址转换，一类是IP地址与硬件地址之间的转换（IP地址不能用来直接通信），由ARP和RARP完成；另一类是主机名与IP地址之间的转换，由DNS完成。

5）IPv6技术

IPv4技术取得了巨大成功，但随着Internet的发展，它出现了地址枯竭、网络号码匮乏和路由表急剧膨胀3大问题，与此同时，它也不适于传输语音和视频等实时性业务（分组转发速率慢,时延大)。为了解决上述问题,IETF(Internet 工程任务组)提出了 IPv6(IP 协议第 6 版)这样一个下一代互联网协议。它的主要变化是,IPv6 使用了 128 位的地址空间,并使用了全新的数据报格式,简化了协议,加快了分组的转发,允许对网络资源的预分配和允许协议继续演变,并增加了新的功能。

由于以前互联网都是基于 IPv4 技术的,不可能在短时间内全部支持 IPv6 技术,需要采用平滑演进方法,即 IPv4→IPv4 和 IPv6 共存→IPv6。IPv4 和 IPv6 共存需要相当长的时间,在这段时间内,IPv4 和 IPv6 的通信采用双协议栈技术或隧道技术来解决。双协议栈技术的方式为：一台主机同时支持 IPv6 和 IPv4 两种协议,该主机既能与支持 IPv4 协议的主机通信,又能与支持 IPv6 协议的主机通信。隧道技术的方式为：路由器将 IPv6 的数据分组封装入 IPv4,IPv4 分组的源地址和目的地址分别是隧道(指 IPv4 骨干网)入口和出口的 IPv4 地址。在隧道的出口处,再将 IPv6 分组取出转发给目的站点。

3. TCP

TCP 是提供主机间高可靠性的端到端的包交换传输协议。TCP 提供面向连接的可靠传输,为确保这一点,采用了检错、纠错、滑动窗口、流量控制、拥塞控制、慢启动和快速重发等措施。

(1) 检错。TCP 利用校验和来检测传输中的错误。发送方对 TCP 段(以及部分 IP 报头)进行计算得到校验和,将校验和放在 TCP 校验和域中,然后将数据包发送给接收方。接收方重新计算校验和,然后将计算结果与校验和域中的值比较。如果不相等,那么传输过程中就肯定有错误发生,接收方将丢弃这个包。

(2) 纠错。TCP 通过确认和重发来纠正错误,确认是用来通知发送者数据已被它所希望的接收方正确接收的一个消息,如果发送方在"合适的时间"内没有收到确认,它就假设数据已经丢失,因此应重发这个数据。

(3) 滑动窗口。如果 TCP 节点只是简单地发送一个数据段,并在发送另一个数据段前一直等待确认,那么它需要花很多的时间。实际上,TCP 允许节点在一些确认到达之前发送其他数据段。在节点必须停下来等待确认到达之前,它允许发送最大数据段,该最大数据段数称为一个窗口。当节点收到它已发送的数据段的确认时,它可以将窗口向前"滑动",有时还可以改变窗口的大小。当窗口向前滑动或尺寸增加时,节点可以发送更多的数据包。

(4) 流量控制。滑动窗口提供了一种流量控制机制,以防止一个较快的发送者发送的包太多,而较慢的接收者处理不过来,从而造成慢速的接收者被快速的发送者淹没。快速的发送者在发送另外的数据段前,必须等待较慢的接收者发送确认。第 1 个节点可以在 TCP 报头中设置窗口的大小,以通知第 2 个节点它目前希望接收并能处理的数据段的数目。

(5) 拥塞控制。拥塞是指网络中的路由器由于所连接的链路速率等原因而过载,从而不能对数据包进行转发。在一个拥塞的网络中,一些数据包被丢弃,另一些则可能时延变大,造成真正能传送的数据量大大下降。TCP 可以检测拥塞,并通过降低发送(或重发)数据段的速率缓解这种局面。

(6) 慢启动。当 TCP 发现一个拥塞现象有所缓解时,它就开始增加发送数据段的数目,并调整等待确认的时间。如果增加得太快,考虑到 Internet 上所有的主机数目,拥塞可能很快再次发生。因此,在拥塞发生后和开始一个新的连接时,TCP 都慢慢地增加以上两个参数,以防止在一个新链路开始时主机发送太多的数据段(因为主机不知道在这条新链路上 Internet 上能传送多少数据段)。

(7) 快速重发。TCP 的接收端对接收到的数据进行确认。确认从连接启动开始,确认第 2 个节点已正确地、按顺序地接收了第 1 个节点的多少字节。另外,TCP 只在收到数据段后才发送确认,而不会还未收到数据段就发送确认。例如,如果第 2 个节点正确无误地接收了 1～9 个数据段,那么在接收到第 9 个数据段后,它会对接收到的所有数据段进行确认。现在来看一下如果第 10 个数据段丢失而第 11、12、13 个数据段都正确到达时会发生什么。第 2 个节点仍然只会对每 1～9 个数据段的接收做出确认,因此,第 11、12、13 个数据段的到达只是激发起了对第 1～9 个数据段的确认。第 1 个节点检查确认,注意到 3 个相同的确认,于是得出结论:数据中有“洞”,即第 10 个数据段丢失了。第 1 个节点进一步得出这第 10 个数据段的丢失不是因为网络拥塞。如果是这样,其他数据段和确认也不会顺利地通过网络。因此,第 1 个节点立即重发第 10 个数据段,而不用像原来那样等一段时间再重发。这种立即的重发就称为快速重发。

4. UDP

传输层的另外一个协议 UDP 提供了一种发送封装的原始 IP 数据报的机制。每个 UDP 报文中除了包含有要发送的数据外,还包含数据的源端口号和目的地端口号,从而使报文可以被正确地送到目的地,接收者收到数据后返回一个应答。使用 UDP 传送数据时不需要先建立连接,UDP 不对报文排序,也不进行流量控制,是不可靠服务。

8.2 移动通信与计算机网络通信融合方式

8.2.1 概述

通信是实体之间的交互,计算是对于实体的某种方式的处理。交互和处理都含有实体的生成、变换、传送、存储、呈现、消解等过程的全部或部分。所以,通信和计算的内在联系和共同基础是自然的、广泛的。但是,通信和计算机一直被分成两个独立的学科,也被认为是两个独立的工业,各自走过了自己的发展道路。

计算机技术及工业的形成晚于通信,但很快发展为一种通用的技术,形成强大的工业群体。但就计算的本质来说,计算资源的共享,计算实体之间的交互作用,都离不开通信的参与,而移动计算的发展将更多地依靠移动通信来支持。

同样,现代通信技术的发展也离不开计算机技术,电信网中的程控交换、管理、计费等都采用计算机技术来完成;移动通信系统核心网的运行有赖于计算机技术的支持,其很多网元其实就是特定功能的计算机。

随着技术的发展和用户需求的引领,通信业的翘楚移动通信和以计算机技术为基础的计算机网络通信正在逐步融合,图 8-5 表明了其融合的过程。在第 1 阶段,它们沿着各自的道路发展,相互之间在网络和业务上是独立的,只是互相需要对方的技术来支撑。在第 2 阶段,它们之间出现了融合,实现了互连、互通。移动通信系统自 2.5G 起就能通过 WAP(无线应用协议)网关与 Internet 相连,手机可通过 WAP 协议在互联网上浏览信息;到了 3G 时代,无线接入速度更快,所支配的带宽更宽。2.5G 和 3G 除了能支持手机上网之外,也支持 PC 终端通过无线数据卡上网。互联网发展到 WiMAX 阶段,除了有足够的带宽提供数据服务之外,也能提供较好质量的语音服务,出现了基于 WiMAX 技术的手机终端,特别是移动 WiMAX 技术还能提供移动状态下的语音、数据等多媒体服务。在第 2 阶段,全球信息产业发展最快的两个领域即移动通信和互联网出现了融合的趋势,两者之间的融合也产生了一个新的名词——移动互联网(不同于简单的无线互联网),移动互联网是强强联合,体现了移动通信和互联网各自的优势,能极大地满足用户需求。但移动通信网和互联网毕竟是采用不同技术和协议的异质、异构系统,移动互联网要进一步发展,两者之间需要进一步地融合和协调。因此,在第 3 阶段,3G 后期版本和 4G 的核心网目标是建立一个全 IP 网络,接入网也要逐步实现 IP 化;移动 WiMAX 需要在移动性、实时通信等方面进一步满足 4G 标准的要求。

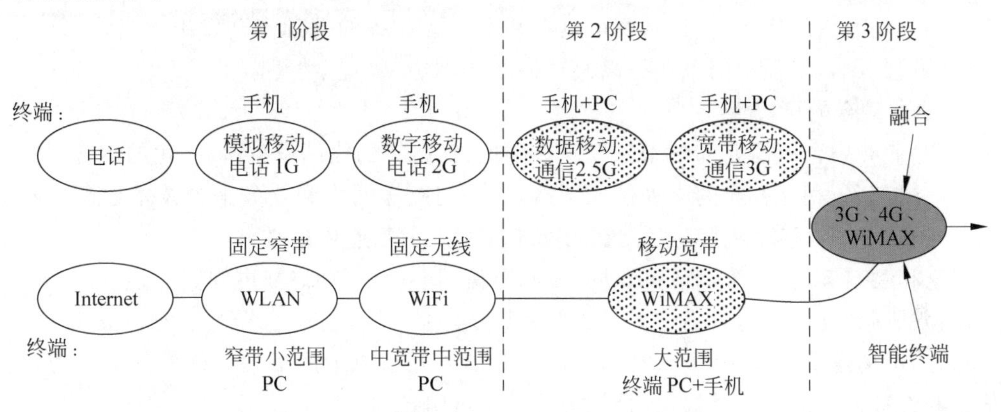

图 8-5 移动通信与计算机网络通信的融合示意图

移动互联网的发展将对价值链各方带来很大的冲击,导致产业格局的变化。对此,运营商越来越管道化,终端捆绑内容扩大市场;互联网公司利用低成本展开全球性业务形成新的垄断;传统产业利用互联网到达手机形成新的商业模式等。如果说在 PC 时代的网络与社会的结合还局限在一定的时间和空间,那么当网络到达手持终端,网络社会化和社会网络化将真正地渗透到每一时刻和每一角落。

8.2.2 技术融合

移动通信和计算机网络通信都是处理信息的学科,信号样式也相同(计算机网络通信从一开始就是处理数字信号,移动通信也早已进入数字通信阶段),因此,两者具有许多相同的学科理论,实践中也用到大量相同的技术。比如信息度量方法是两者共同的理论基础;共性技术有:信息编码技术、纠错技术、中间件技术、开放系统模型技术、Agent(代理)技术、路由技术、信息安全技术等。

在两者融合阶段,原先一些不能共用的技术开始共用,或者经过改进之后共用。比如 IP 的网络架构在移动通信中逐步得到使用,但移动通信中的 IP 技术是需要改进的,因为要考虑终端移动性和子网移动性。目前,移动 IPv4(MIPv4)技术在 3G 和移动 WiMAX 中得到了广泛应用,同固定互联网的发展趋势一样,移动互联通信中的移动 IPv4 也要向移动 IPv6(MIPv6)过渡,以提供更多的 IP 地址空间。

从无线接入技术看,从 3G 到 4G,不再沿用以扩频为主要技术手段的 CDMA 技术,因为它不能在给定带宽基础上再大规模地提高信息传输速率,所以在 4G 中,采用了 OFDM、智能天线及 MIMO 等技术。而这正是 WiMAX 采用的技术,可见移动通信和计算机网络通信在技术发展上是“志同道合”的。由于二者在覆盖热点、提供服务内容上的互补性，使人们认识到，二者在未来融合到一个统一的下一代网络(NGN)的核心网中是必然的和可能的。

8.2.3 业务融合

1. 业务融合的必要性

“业务融合”意味着什么？“业务融合”意味着不管身在何处，不管使用哪种设备，运营商都将提供无缝连接的、直观的、合适的接入方式，实现各种不同的应用实时、方便的沟通。对用户来说，既扩大了用户的活动空间，又节省了用户的费用。对运营商来说，业务融合结合了固定和移动通信的优势，使运营商可以在基本语音业务的基础上开发出丰富多彩的增值业务，如可视电话、增强型信息业务以及数据业务等。

2. 业务融合的可行性

目前，业务融合所需要的技术已经基本到位，如多模的终端设备，数字化的内容，技术的成熟和广泛部署，相互补充的多种接入网络，统一的核心网络和业务平台技术逐渐成熟等。从图 8-5 中可看到，移动网和互联网在第 2 阶段实现了互连和互通。

国家相关政策(世界管制政策相同)鼓励电信网、互联网和广播电视网实现三网合一，因此允许移动网和互联网运营商进入对方领域提供服务，为业务融合提供了便利条件。

总之，市场需求、市场竞争和管制政策的逐步放开已成为网络融合的外部推动力，电信与信息业将进入全面竞争时代，融合的大势已不可阻挡。

3. 实现的融合业务

通过融合方案，普通的手机可接入移动通信网，实现通话、短信及其他增值业务，计算机软终端、WiMAX 手机、SIP 电话机也可通过互联网，连接到 NCG(网络融合网关)系统，实现与普通手机接入移动通信网完全一样的功能。通过 WiFi(无线保真)或 WiMAX 双模手机，用户可以自动选择互联网或者移动网络，并实现在两个网络间自动切换和无缝漫游。

现阶段，具体实现的融合业务如下。

(1) 不同制式的终端接入相应的网络，实现接听、拨打电话，收发短信功能。

(2) 无缝切换：WiFi 或 WiMAX 双模手机可以实现无缝切换，即用户原来登录到 WLAN(或 WMAN)区域进行通话，如果用户进行移动通话并在通话过程中离开 WLAN(或 WMAN)区域，用户可以不掉线切换到移动通信网上继续通话。

(3) 数据业务融合：用户可以自主选择 2.5G、3G、4G 或者 WLAN(或 WMAN)上网，支持在两个网之间平滑切换，缓解用户在无线上网热点地区 2.5G、3G、4G 的上网压力。

(4) 增值业务融合：通过 NCG 系统，移动网络与互联网已经互通，可以把互联网上一些比较热门的应用延伸到手机上，大大增强传统电信运营商的竞争力。

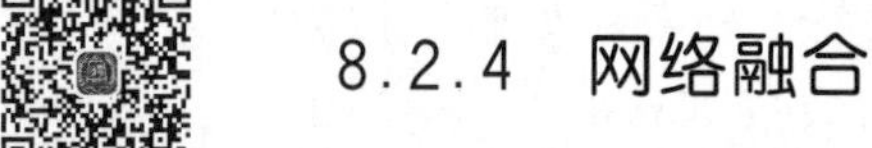

微课视频 31

8.2.4 网络融合

1. 下一代网络(NGN)

下一代网络是真正实现三网融合的载体，自然是移动通信网和计算机通信网的最终融合体。下一代网络的核心思想是采用 IP 及相关技术，电信网的商业模式、运行模式，电信业务的设计理念，即集传统电信网(包括移动网)和互联网之长，产生新一代网络技术。下一代网络是大量采用创新技术，支持语音、数据和多媒体业务的融合网络。下一代网络目前还没有统一的标准，还处于探索阶段，但它是我们努力的方向。

2. 现阶段网络融合

现阶段网络融合的主要任务是实现互联和互通，通过增加一个网络融合网关(NCG)跨接在移动通信网和软交换系统之间，NCG与移动通信网以SS7信令互通，与软交换系统以SIP(UDP/TCP)协议相连。如图8-6所示，是一种移动通信网和互联网业务融合组网方案。

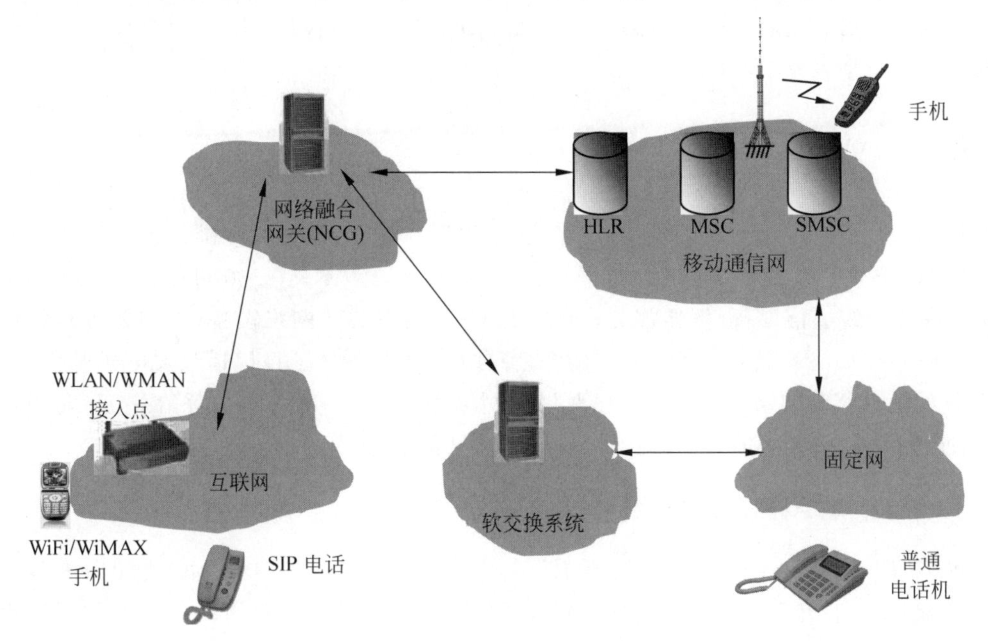

图8-6 移动通信网和互联网业务融合组网方案

在图8-6所示方案中，网络融合网关和软交换系统协作来接收呼叫控制信息(例如，呼叫建立和呼叫解除)，并向公用和专有网络发送高级的应用控制信息(例如，800号呼叫路由、呼叫转接等)。网络融合网关是一座桥梁，它使现有的手机用户和正在出现的宽带(因特网)网络之间的移动VoIP漫游和高级功能成为可能。

随着网络和标准不断进步，网络融合网关将成为标准的IMS(IP多媒体子系统)应用服务器，为服务供应商带来巨大的便利。网络融合网关在宽带网络中作为SIP注册器/代理，在移动网络中作为S-MSC(服务移动交换中心)/VLR。网络融合网关实现了两个网络之间的跨网络融合功能：注册、呼叫处理和切换。这些功能都是在两个网络“互不知情”的情况下实现的，而且不需要采取任何行动来弥补在不同网络上采用不同路径的服务。

融合方案使用的是移动和宽带网络上的开放标准。宽带网络使用SIP协议作为最终用户服务的选择协议。移动网络定义了很好的电路交换协议，并且正在向SIP演进，以符合下一代的IMS和MMD。该方案通过使用SIP和现有移动网络的标准，很好地实现了网络的融合。

本方案的NCG系统功能上等同于现有的S-MSC。网络融合网关在移动网络上注册宽带用户，对这些用户的手机号码来说作为S-MSC。它接收来自注册在宽带网中的设备的呼出呼叫，完成运营商网络中S-MSC所执行的功能(包括呼叫禁止、呼叫路由、特殊呼叫处理和补充服务配置操作)。它使用ISDN用户部分(ISUP)信令和跨机器中继(IMT)，将移动网络的其他部分和公共交换电话网络连接起来。

系统接收来自移动网络的接入呼叫(从 G-MSC 转接而来的),并执行 S-MSC 对接入呼叫所采取的呼叫处理功能(呼叫禁止、忙/无应答处理、路由到语音信箱等)。接入呼叫是通过 ISUP 信令和 IMT 中继转接到本系统的。

系统支持移动网络中的 SMS 处理和消息等待指示(MWI)通知。网络融合网关将 SS7 的 SMS 和/或 MWI 消息翻译成 SIP 并将它们转发到宽带网中的设备上。系统还支持宽带网中的设备发送 SMS 消息,此时融合网关将通过 SIP 接收到的 SMS 消息翻译成适当的消息发送到短消息服务中心(SMSC)。

8.3 WAP 技术

WAP 是"无线应用协议"的简称。它是一个开放的、全球性的标准。由多家厂商共同组成的 WAP 论坛制定了 WAP 协议(它已有 1.0 和 2.0 版本,其 3.0 可能由 OMA 制定),用来标准化无线通信设备(例如蜂窝电话、PDA 等)及有关的网络设备(如网关等),使用户使用轻便的移动终端就可获得互联网上的各种信息服务和应用,包括收发电子邮件、访问 Web 页面等。移动网络和 Internet 以及局域网以 WAP 为桥梁紧密联系在一起,向用户提供一种与承载网络无关的、不受地域限制的移动增值业务。

8.3.1 WAP 的网络结构

WAP 系统的网络结构如图 8-7 所示。其工作流程如下:用户从移动终端向内容服务器发出请求,请求信息通过无线网络送到 WAP 网关,WAP 网关进行协议转换和消息解码后,把请求通过互联网传至内容服务器(由普通 Web 服务器充当即可),内容服务器再把响应信息通过互联网送到 WAP 网关,WAP 网关再进行协议转换和消息编码后,发给移动终端,从而在移动终端和内容服务器之间完成了信息交互。

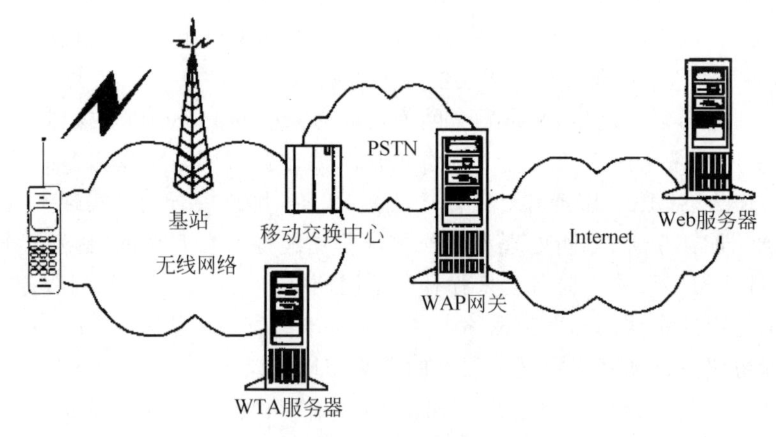

图 8-7 WAP 系统的网络结构

WTA(无线电话应用)服务器可直接响应客户机的请求,中间不需要 WAP 网关。WTA 服务器可供无线通信运营商向用户提供电话呼叫等传统电信业务。

在 WAP 系统中,WAP 网关成为无线网络和 Internet 之间连接的纽带,从而使无线网络中的移动终端和 Internet 上的 Web 服务器得到沟通。原有的 Web 服务器技术及结构不需做任何改变而直接应用于无线环境。

若 Web 服务器上存放的内容是由 WAP 定义的 WML(无线标记语言)或 WMLScript (WML 脚本语言)描述的,由于 WML 和 WMLScript 是专门针对移动终端的特点定义的,所以 WAP 网关可将其直接编码为二进制格式后发送客户端;若 Web 服务器提供的内容为 WWW 格式的,即是用 HTML 或 JavaScript 编写的,则在 WAP 网关编码之前,必须先将文档通过一个 HTML 过滤器,将 WWW 格式的消息转化为 WAP 格式。由于 HTML 网页的复杂性,因此 HTML 过滤器的转换功能是有限的,并且效率不高,因为这一点,大量以 WML 或 WMLScript 描述内容的网站出现了,以提高移动终端浏览互联网信息的服务质量。

8.3.2 WAP 协议栈

WAP 协议结构如图 8-8 所示,它是一个分层体系结构,为移动通信设备上的应用开发提供了一个可伸缩和可扩充的环境。在协议栈中,每一层都为其上一层提供服务,另外也可以为其他服务与应用提供接口。

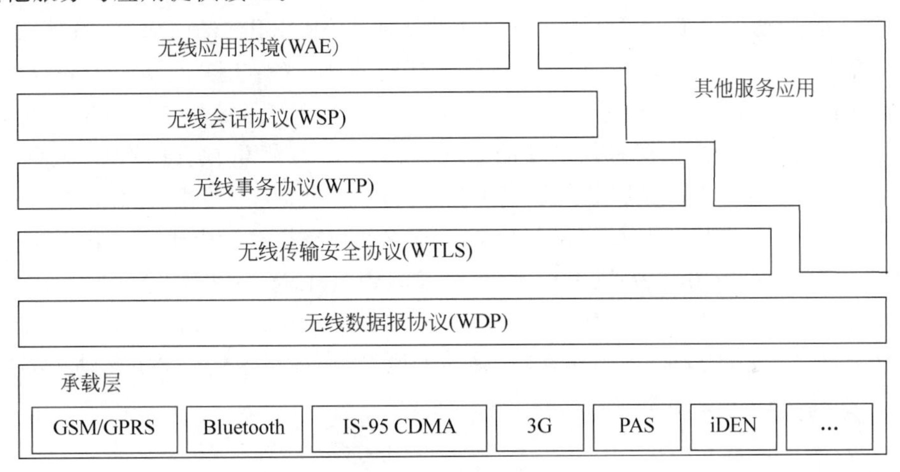

图 8-8 WAP 协议结构

协议结构中各层具有如下功能。

(1) 无线应用环境(WAE)。WAE 是结合 WWW 技术和移动电话技术,为网络运营商和服务提供商提供的一个通用的应用平台,可以迅速方便地生成新的业务,并支持各种应用和服务之间的互操作。

(2) 无线会话协议(WSP)。WSP 为两种会话服务提供了一致的上层界面:一种是面向连接的服务,操作于无线事务协议(WTP)层之上;另一种是无连接的服务,操作于安全或不安全的数据报服务之上。WSP 还特别针对窄带、长时延承载网络进行了优化。

(3) 无线事务协议(WTP)。WTP 运行在无线数据报服务之上,提供适合于移动终端和无线网络的有效的运输服务。WTP 提供 3 类事务服务:①不可靠的单方请求;②可靠的单方请求;③可靠的双向请求-应答事务。

(4) 无线传输安全协议(WTLS)。WTLS 是由 TLS(传输安全协议)发展而成的安全协议,具体应用时可根据业务安全性要求及承载网络的特性决定是否选择 WTLS 功能。

WTLS提供以下功能：①数据的完整性，即保证数据在移动终端与服务器之间传送不会被修改或损坏；②数据的保密性，即通过加密，使数据在移动终端与服务器之间传输时第三方即使截获数据也无法理解；③验证功能，即可对移动终端与服务器进行验证；④拒绝服务保护，即WTLS能够检测出重复的数据和未通过验证的数据，并拒绝接收这类数据。WTLS也可用于终端之间的安全通信，如电子商务卡交换时终端的身份验证。

(5) 无线数据报协议(WDP)。WDP是WAP的传输层协议，可支持各种承载网络的业务。由于各种无线网络内WDP对上层的接口都是一致的，所以使事务层和应用层的各种功能是独立于网络。因此通过使用中间网关可实现全球的互操作。

8.3.3 WAP的应用

WAP的应用模式采用客户机/服务器模式，和WWW的应用模式结构极为相似。在WAP应用模型中，WWW应用模型中的标准命名模型、内容类型、标准内容格式和标准通信协议等几项机制均有所保留。

和固定互联网相比，移动互联网提供的应用具有自身的特点。由于WAP协议是通过移动网络入网，移动用户不需要和商家建立新的认证体系(沿用移动网络原有安全机制)，使得其服务更有安全保障；终端更简便，能提供方便的移动服务；用户可更高效获取信息。

目前，网上提供的WAP业务主要有3类：公众信息服务、个人信息服务和商业应用。公众信息服务包括为用户实时提供最新的天气、新闻、体育、娱乐、交通、旅游、教育、股市行情和其他公告信息；个人信息服务包括电子邮件的收发、传真、上传信息、移动博客、电话增值业务等；商业应用包括网上办公和移动电子商务等，其中，移动电了商务包括网上银行、网上购物、网上书店、股票交易、网上拍卖、机票及酒店预订、WAP广告等。

我国的WAP业务提供模式有两种：收费模式和免费模式。收费模式是主流模式，由运营商为主导，其典型代表是中国移动的“移动梦网”和中国联通的“UNI-互动视界”；免费模式是由免费的WAP站点提供内容。

8.4 IMS技术

随着IP技术的发展，移动网络和固定网络都有向全IP网络发展的趋势，最终形成具备可互操作的融合网络结构。其中，3G中的3大标准的核心网在向全IP网络迈进的过程中，ITU就在考虑它们的融合方式，即将3GPP提出的IMS(IP多媒体子系统)和3GPP2提出的MMD(多媒体域)两大核心网络结构率先融合，形成统一的3G系统全IP核心网，最后形成通用平台，支持固定和移动的多种接入方式，实现固定网和移动网的融合。IMS和MMD两种网络结构是极其相似的，MMD可划分为PDS(分组数据子系统)和IMS两部分，但3GPP2的IMS和3GPP的IMS略有不同，比如，3GPP2的IMS支持IPv4和IPv6(初始关注IPv4)，而3GPP的IMS只支持IPv6，因此在这里重点介绍3GPP的IMS网络。

8.4.1 概述

IMS以IP核心网标准为基础，最大限度地重用Internet技术和协议。它在会话控制层选用了技术简单而又易于扩展的SIP(会话初始化协议)；在网络层采用具有足够的地址空间和性能改进的IPv6，并重用DNS协议进行地址解析；终端用户接入沿用计算机网络中的AAA客户-服务器结构，采用在RADIUS协议基础上开发的Diameter协议；在运营管理层采用支持策略控制的COPS(公共开放政策服务)协议；在网络安全方面采用IPSec技术和TLS协议。IMS不但支持3G用户之间基于IP网络的多媒体通信，也能支持3G用户与互联网用户之间的通信。

IMS首先由3GPP(IMS经过了3GPP、3GPP2、ITU-T、IETF、OMA和ETSI等多个标准化组织的定义和完善)在R5中提出，该版本主要定义了IMS的核心结构、网元功能、接口和流程等内容；R6增加了部分IMS业务特性、IMS与其他网络的互通规范和WLAN接入等特性；R7加强了对固定、移动融合的标准化制定，要求IMS支持xDSL(数字用户线路)电缆等固定接入方式。

IMS越来越受到业界的关注，它与现有CS域和PS核心网络相比具有巨大优势。IMS以移动分组网等IP网络为承载，为IP多媒体业务提供了一套完整的解决方案，可满足IP多媒体业务在安全、计费、漫游和QoS上的需求。

8.4.2 IMS的网络架构

图8-9为3GPP定义的IMS网络结构，图中，所有的功能在各个逻辑节点中完成；如果在物理设备中实现两个逻辑节点，相关的接口就成为该设备的内部接口，IMS网络包括Cx、Gm、Mc、Mr、Mp、Mw、Mi等近20个接口。IMS中主要的功能实体有：会话控制功能(CSCF)、归属用户服务器(HSS)、媒体网关控制功能(MGCF)、IP多媒体-媒体网关功能(IM-MGW)、多媒体资源功能控制器(MRFC)、多媒体资源功能处理器(MRFP)、签约定位器功能(SLF)、出口网关控制功能(BGCF)、信令网关(SGW)、应用服务器(AS)、多媒体业务交换功能(IM-SSF)、OSA业务能力服务器(OSA-SCS)，其中，CSCF是IMS的核心设备。下面简要介绍各功能实体的主要功能。

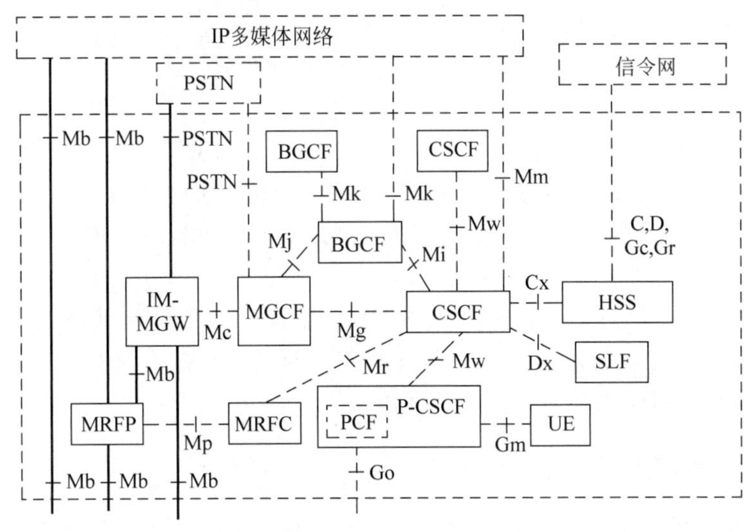

图8-9　IMS网络结构

(1) CSCF。CSCF负责对用户多媒体会话进行处理，其功能包括多媒体会话控制、地址翻译以及对业务协商进行服务转换等。根据功能的不同，CSCF分为代理CSCF(P-CSCF)、服务CSCF(S-CSCF)或查询CSCF(I-CSCF)。P-CSCF是IMS内的第一个接触点,接受请求并进行内部处理或在翻译后接着转发;S-CSCF实现UE的会话控制功能,维持网络运营商支持该业务所需的会话状态;I-CSCF是运营网络内关于所有到用户的IMS连接的主要接触点,用于所有与该网络内签约用户或当前位于该网络业务区内漫游用户相关的连接。

(2) MGCF。MGCF是使IMS用户和CS用户之间可以进行通信的网关,它负责控制适于媒体信道连接控制的呼叫状态部分,与CSCF的通信,根据来自传统网络的入局呼叫的路由号码选择CSCF,执行ISUP(ISDN用户部分)协议与IMS网络呼叫控制协议间的转换,并能将其所收到的频段信息转发给CSCF/IM-MGW。

(3) IM-MGW。它用于IMS用户面IP承载与CS域承载之间的转换,即提供用户面链路,实现媒体间的转换。IM-MGW受MGCF控制,其主要功能有拥护并维护回声消除器等;与MGCF交互来进行资源控制。

(4) HSS。HSS是IMS中所有与用户和服务器相关数据的主要存储服务器,存储在HSS的IMS相关数据主要包括IMS用户标识、号码和地址信息,IMS用户安全信息,IMS用户在IMS系统内的位置信息,IMS用户的签约业务信息。HSS逻辑功能包括移动性管理、支持呼叫与会话建立、支持用户安全、支持业务定制、用户识别处理、接入授权、支持业务授权、支持应用业务和CAMEL业务。

(5) 多媒体资源功能(MRF)。MRF分为MRFC和MRFP两部分。其中,MRFC负责控制MRFP中的媒体流资源,解释来自应用服务器和S-CSCF的信息并控制MRFP;MRFP负责控制Mb参考点上的承载,为MRFC的控制提供资源,产生、合成并处理媒体流。

(6) SLF。在注册和会话建立期间,用于I-CSCF询问并获得包含所请求用户特定数据的HSS的名称。而且,S-CSCF也可以在注册期间询问SLF。

(7) BGCF。它选择PSTN/CS域中断发生的网络,如果中断是在另一个网络,BGCF将前转(向前转发)这个会话信令到所选择网络里的另一个BGCF。其主要功能有:接收来自S-CSCF的请求,选择适当的PSTN/CS域的出口位置;选择与PSTN/CS域互通的网络;选择与PSTN/CS域互通的MGCP;生成相应的计费记录。

(8) AS。有多种AS都提供增值的IP多媒体业务,位于用户的归属网络和/或第三方位置。这第三方可能是一个网络,也可能是另一个独立的AS。AS可以作用和影响SIP会话,代表运营商的网络支持此业务。其主要功能有:处理和影响从IMS发来的SIP会话能力;发起SIP请求的能力;发起计费信息给CCF(计费采集功能)和OCS(在线计费系统)的能力。

(9) SGW。用于不同信令网的互联。SGW负责互联PSTN承载通道和IP网络中的媒体流。与MGCF之间通过H.248进行交互。SGW能够检测会话的发生,并通知MGCF。但SGW不对应用层的消息进行解释。

8.4.3 IMS的关键技术

IMS的关键技术主要体现在安全性、计费功能、QoS机制、用户识别和用户数据管理、漫游等几个方面,这些技术的成熟为IMS体系确定了设计和发展之路。

1. 端到端QoS

IMS在QoS方面有较全面和完善的规范定义和指导,允许在不同运营商间进行IMS

网络路由的拓扑隐藏，支持完善的 IP QoS 控制机制。IMS 沿用了 3GPP 提出的从上到下、逐层影射、分段网络来提供 QoS。在承载层 QoS 的基础上，IMS 通过利用资源预留、差分业务等技术以及 QoS 协商、授权等功能实现终端到业务的 QoS 交互以提供端到端的 QoS 服务。除此之外，IMS 还在会话中引入了 SBLP（基于服务的本地策略），即基于 SDP（会话描述协议）参数协商的 IMS 承载传输的授权和控制机制，通过采用运营商预先定义的策略对网络的资源进行合理的管理和分配。

2. IP 连接

IP 连接可以通过归属网络或拜访网络获得，用户漫游时的 IP 连接示意图如图 8-10 所示。图 8-10(a)中的部分表示用户设备通过拜访网络获得一个 IP 地址的情况，在 UMTS 网络中，这意味着用户漫游到拜访网络时所使用的 RAN、SGSN 和 GGSN 都位于拜访网络。图 8-10(b)中的部分表示终端从归属网络获得一个 IP 地址的情况，在 UMTS 网络中，这意味着用户漫游到拜访网络时，RAN 和 SGSN 位于拜访网络。显然，当用户位于归属网络时，所有必需的网元都位于归属网络，IP 连接也位于该网络中。

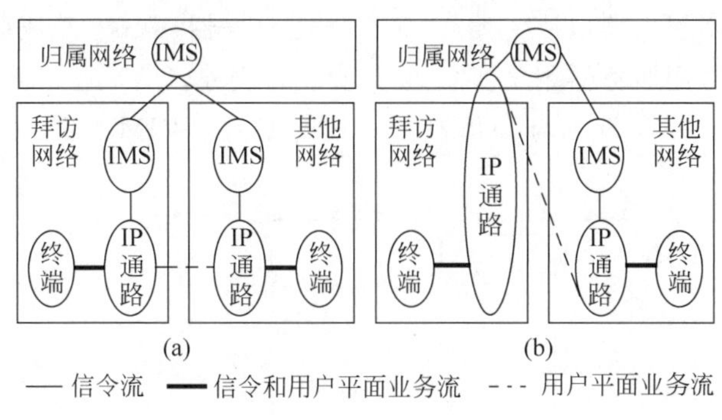

图 8-10 用户漫游时的 IP 连接示意图

3. 通信安全

IMS 的安全体系架构，主要由 3 部分组成，即网络域安全、IMS 接入安全和 SIP 协议安全。IMS 网络基于数据网，但是它的安全机制却和数据网不相关。IMS 的通信安全的主要内容如下。

(1) 提供用户和 IMS 网络之间的双向认证。认证是基于存在于 IMS 用户和 HSS 的秘密数据和函数。HSS 向 S-CSCF 分发认证向量。S-CSCF 代表网络对用户进行认证。

(2) 提供 UE 和 P-CSCF 之间的空口的安全连接。其中包括加密和完整化保护。

(3) 提供网络域内 CSCF 和 HSS 之间的安全。

(4) 提供不同网络之间的 CSCF 网络实体之间的网络域安全。

(5) 提供相同网络内的 CSCF 之间的安全。

此外还有针对同一用户的不同可寻址号码（对应不同的接入方式），以及同一用户的所有增值业务（对应不同的 AS）的统一认证。IMS 架构提供了一个统一的业务接入授权认证入口，使得不同业务应用、不同号码可以共享相同的安全上下文，避免了在开放式 IP 环境中用户鉴权机制的重复建设。

4. 计费功能

IMS 体系既支持在线计费功能，也支持离线计费功能。在线计费就是在线计费系统与

IMS实体进行实时交互,并控制和监视与业务使用有关的计费过程。离线计费主要是指在会话之后收集计费信息,而且计费系统不会实时地影响所使用的业务。所有的IMS网元都要求应用离线计费,而业务层面的AS同时要求应用在线计费,计费的方式多种多样,取决于所应用的业务和运营商指定的策略。例如,对于会议类业务,可以根据会议的规模(参加人数等因素)、所采用的媒体的形式、会议的时间等进行计费。

5. 漫游

IMS支持广义的漫游,即GPRS漫游、IMS漫游和IMS电路交换漫游。GPRS漫游是指拜访网络提供SGSN和RAN,而归属网络提供GGSN和IMS时接入IMS的漫游。IMS漫游模型是指一种网络配置,此时拜访网络提供IP连接,而归属网络提供IMS功能的其余部分。

8.4.4 IMS的业务应用

1. IMS业务的功能架构

图8-11中的应用服务器包括3类,即SIP应用服务器、OSA(开放服务结构)应用服务器及IM-SSF。SIP应用服务器用于实现基于SIP的业务,OSA应用服务器用于实现基于OSA的应用,它通过OSA-SCS与IMS核心网进行交互,而IM-SSF用于支持IMS网络使用智能业务。

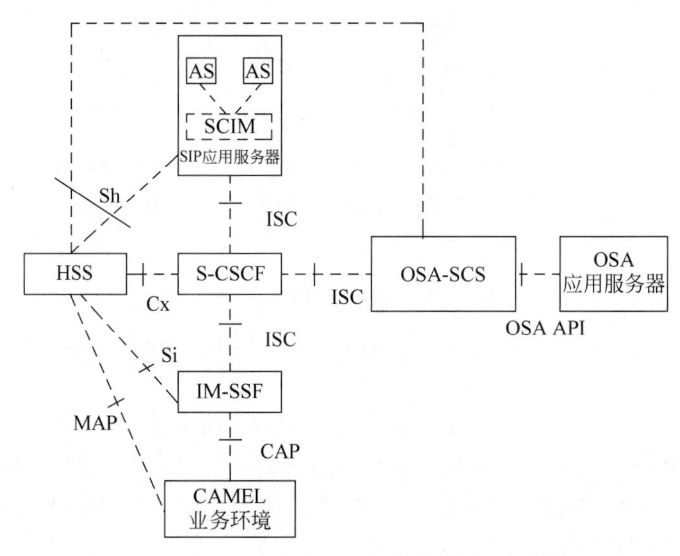

图8-11 3GPP IMS业务提供的功能架构

基于IMS网络,可以构建多种业务能力,实现丰富的应用。IMS业务能力可分为基本能力和增强能力,基本能力由IMS核心网提供,而增强能力由应用服务器提供。IMS业务提供的分层结构示意图如图8-12所示。

在图8-12中,核心网络负责提供IMS的基本能力,如呼叫控制等。而业务引擎应用服务器提供各种增强业务能力,如POC(基于蜂窝网的PTT业务)、Presence(呈现业务)、即时消息等。业务引擎可以为基于3GPP或OMA的SIP业务引擎,也包括用来支持使用CAMEL的智能业务引擎。OSA业务能力服务器用来支持符合OSA架构的应用,它对各种业务能力进行抽象,并将其提供给应用进行访问。

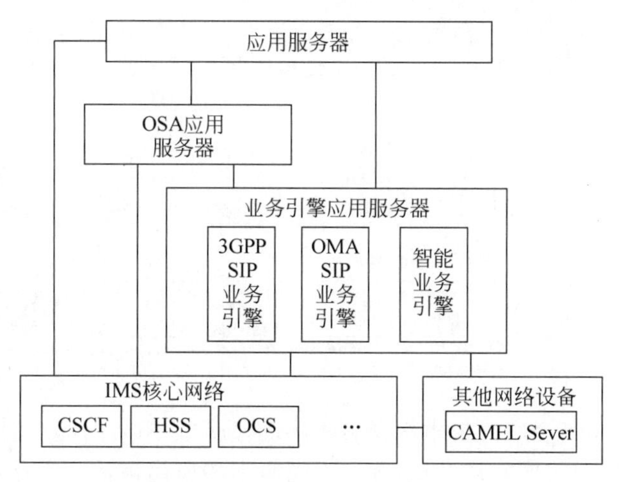

图 8-12 IMS 业务提供的分层结构示意图

同时 IMS 架构提供了一个抽象的、无冗余的、安全的、开放的、可扩展能力强的业务平台，确保新增值业务开发的快速定制、新增业务所带来的网络重复建设的代价最小。

2. IMS 提供的典型业务

IMS 业务提供 3 类标准的业务开放接口：CAP(CAMEL 应用部分)/INAP(智能网应用协议)、OSA/Parlay 以及 SIP 接口。利用 CAP/INAP 接口可继承已有智能网提供的业务，利用 OSA/ Parlay 可方便第三方业务开发，SIP 接口可用于和应用服务器相互通信以提供多媒体增值业务。应用 IMS 体系结构可以建立一套统一的业务平台，利用这些标准接口可方便、快速提供新业务，如 IP 电话业务、P&M 业务(及时通知与消息业务)、串行振铃和并行振铃业务、会话转移业务、多方视频会议和白板/应用共享业务等。

8.5 移动应用技术

随着 3G、4G、5G 移动通信网络的发展，移动通信网络数据传输能力越来越强，与此同时，移动终端的硬件处理能力也进一步增强。由此，催生了以智能手机、平板电脑介质为代表的移动应用(MA)技术的发展，也使移动互联网应用获得了爆炸式增长。

8.5.1 应用开发模式

从总体上讲，现有的移动互联网终端应用开发模式主要有原生应用开发模式、Web 应用开发模式和混合应用开发模式 3 种，这 3 种不同的开发模式，各有优缺点，因而也各有不同的应用场景。

1. 原生应用开发模式

原生应用开发模式也称 Native 开发模式，开发者需要根据不同的操作系统构建开发环境、学习不同的开发语言及适应不同的开发工具。原生应用开发模式如图 8-13 所示。

Native 应用开发模式最大的优势是：基于操作系统提供的原生应用程序接口(API)，开发人员可以开发出稳定、高性能、高质量的移动应用。其缺点是：需要具备使用多种不同开发语言和开发工具的开发能力，应用开发、更新、维护的周期长，所以对于专业性要求比较

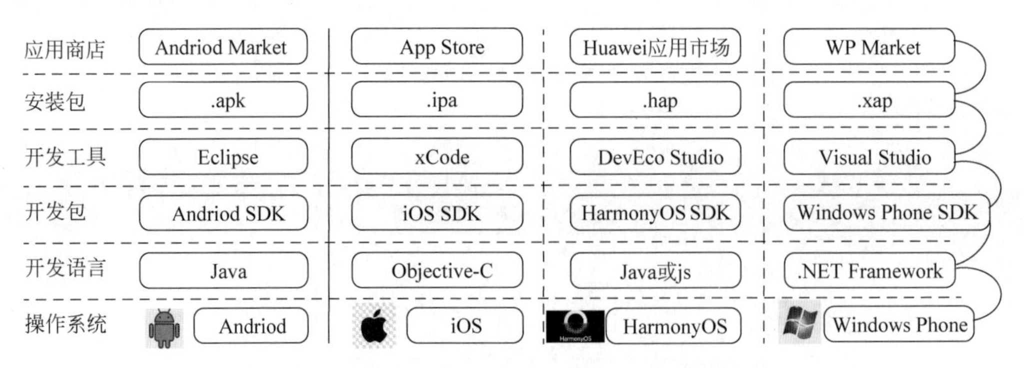

图 8-13　移动互联网终端原生应用开发模式示意图

高的移动应用,大都由具有较高技术水平的团队作为保障,团队内部不同操作系统版本的应用开发人员之间的工作需要密切合作,确保不同版本的应用被消费者使用时具有一致性的用户体验,团队间的沟通协调成本也较高。

Native 应用开发模式适用于高性能、快速响应类的面向广大用户的终端应用,例如:有些 3D 游戏类应用(App)需要提供实时响应的丰富用户界面,对这类 App 而言,Native 开发模式可以充分展示其性能和稳定性优势,只要投入足够的研发力量,都可以开发出高质量的 App。

2. Web 应用开发模式

超文本链接标记语言(HTML5)技术的兴起给 Web App 注入了新的生机,作为移动终端的基本组件,由于浏览器对 Web 技术的良好支持,并且熟悉 Web 开发技术人才资源丰富,使得 Web App 具有开发难度小、成本低、周期短、使用方便、维护简单等特点,非常适合企业移动信息化的需求。特别是上一轮的企业信息化在 PC 端大多选择了浏览器/服务器(B/S)架构,这样就能和 Web App 通过手机浏览器访问的方式无缝过渡,重用企业现有资产。对于性能指标和触摸事件响应不苛刻的移动应用,Web App 完全可以采用 Web 技术实现,但是对于功能复杂,时效性能要求高的应用,Web App 还无法达到 Native App 的用户体验。

3. 跨平台 Hybrid 应用开发模式

Hybrid App 是一种结合 Native 应用开发模式和 Web 应用开发模式的混合应用开发模式,通常基于跨平台移动应用框架进行开发,比较知名的第三方跨平台移动应用框架有 PhoneGap、Appcan 和 Titanium。这些框架一般使用 HTML5 和 Java Script 作为编程语言,调用框架封装的底层功能,如照相机、传感器、通讯录、二维码等。HTML5 和 Java Script 作为解析语言,真正调用的都是类似 Native App 的经过封装的底层操作系统(OS)或设备功能,这是 Hybrid App 和 Web App 的最大区别。

企业移动应用采用 Hybrid App 技术开发:一方面开发简单,另一方面可以形成一种开发的标准。企业封装大量的原生插件,如支付功能插件,供 Java Script 调用,并且可以在今后的项目中尽可能地复用,从而大幅降低开发时间和成本。Hybrid App 的标准化给企业移动应用开发、维护、更新带来了极高的便捷性,如工商银行、百度搜索、东方航空等企业移动应用都采用该方式开发。

8.5.2 应用开发工具

支持智能手机的操作系统有很多,主流的有 Google 公司的 Android 和苹果公司的 iOS

等，其中，iOS 相对来说性能稳定，但由于其开发方式的密闭性，使用受限；Android 是基于 Linux 内核的操作系统，其显著特性是开放性和服务免费，它是一个对第三方软件完全开放的平台，开发者在为其开发应用程序时拥有更大的自由度，因而广受欢迎并迅速占领了市场。另外，出于掌控自主知识产权和抵御制裁等多种原因，华为公司近年推出了 HarmonyOS（鸿蒙操作系统），3 年达到 3 亿用户，发展前景光明。

Android 由基础系统软件层、中间层、应用框架层和应用层组成，如图 8-14 所示，其中，基础系统软件层由 Linux 内核和驱动程序组成；中间层为运行环境和各种服务模块，其中运行环境定义为 Dalvik 虚拟机；应用框架层为 Java 应用框架；应用层提供移动设备基础应用，包括电话、多媒体播放、邮件、日历、地图等生活中常用的应用。Android 应用的优点为：发展成熟，存在大量可重用代码；缺点是：占用内存大、运行速度略低。Android 系统运行在高性能 CPU 和大内存的终端环境下，其成本和能耗相比其他操作系统不具备优势。

图 8-14　Android 平台的官方架构

搭建 Android 应用程序开发平台的通常方法是，在 PC 的 Windows 环境下，首先安装 JDK（Java Development Kit，Java 语言开发工具）确保 JRE（Java Runtime Environment，Java 运行环境）的支持；随后安装 Eclipse 提供一个 Java 的集成开发环境；再安装 Android 专属的软件开发工具包（Software Development Kit，SDK）；最后安装一个 Android 为 Eclipse 定制的插件 ADT（Android Development Tools，Android 开发工具），这样 Eclipse 就可以和 Android SDK 建立连接。Android 采用软件堆层的架构，其中运行层包括了 C/C++库，应用程序可以通过 JNI（Java Native Interface，Java 本地接口）来调用它，因为这一点，PC 平

台上开发的 C/C++程序适合于移植到 Android 系统中。

HarmonyOS 是一款面向未来的,提供新交互、新服务、全场景"分布式智慧"、万物互联的操作系统。它将逐步覆盖"1+8+N"全场景终端设备,这里,"1"代表智能手机,"8"代表 PC、平板、手表、智慧屏、AI 音箱、耳机、AR/VR 眼镜、车机,"N"代表 IoT(物联网)生态产品。其系统架构如图 8-15 所示,采用分层架构,共分为 4 层:内核层、系统服务层、框架层、应用层。内核层提供手机操作系统的基础能力,HarmonyOS 采用多内核的系统设计,基于 Linux 内核+LiteOS 内核,使用了 Linux 的微内核(Linux 的最简功能)。系统服务层是 HarmonyOS 的核心能力集合,涵盖了系统基本能力子系统集、基础软件服务子系统集、增强软件服务子系统集、硬件服务子系统集。框架层为 HarmonyOS 应用开发提供了 Java/C/C++/JavaScript 等多语言的用户程序框架、Ability 框架、两种 UI 框架(JavaUI 框架和 JsUI 框架)以及各种软硬件服务对外开放的多语言框架 API。应用层支持基于框架层实现业务逻辑的原子化开发。

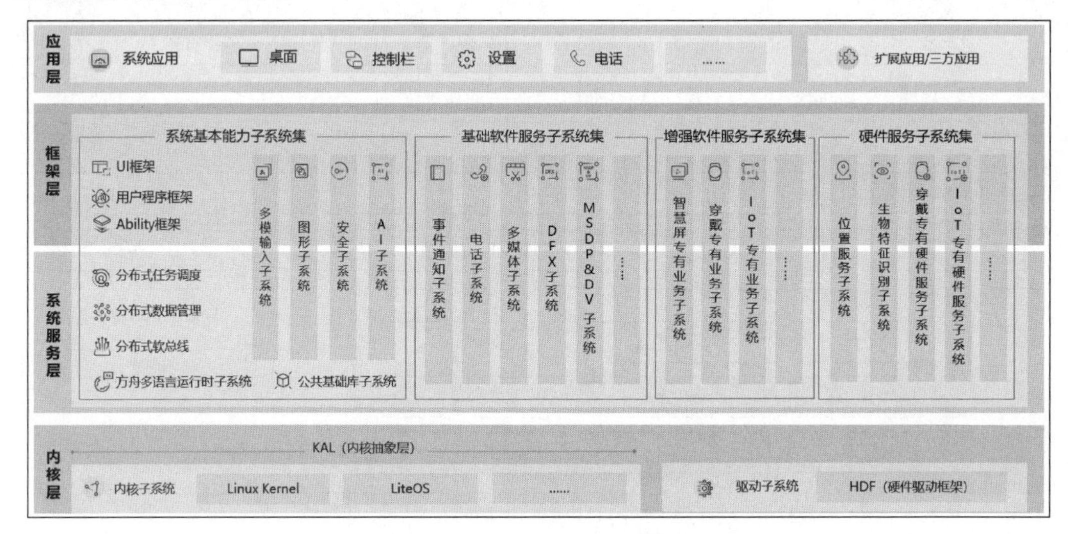

图 8-15 HarmonyOS 系统架构

HarmonyOS 和 Android 系统都对第三方软件采用了开源策略,且都是基于 Linux,系统结构相近,特别是 HarmonyOS 打包构建 hap 文件时会生成一个 entry_signed_entry.apk 文件,用于兼容 Android 系统,因此 HarmonyOS 应用软件兼容 Android,性能较好。但是,HarmonyOS 是基于微内核/多内核架构设计,而 Android 系统是基于宏内核/单内核架构设计,所以两者使用范围和时延不同,Android 主要针对手机,而 HarmonyOS 针对手机和各类智能硬件产品,且时延较短;另外,Android 应用的运行是基于虚拟机的(Java→JDK 编译器→字节码→虚拟机→操作系统),而鸿蒙 HarmonyOS 采用方舟编译器(Java→方舟编译器→机器码→操作系统),故 HarmonyOS 系统相较于 Android 系统,其运行效率有近 50%的提升。

8.5.3 应用开发关键技术

1. 网络访问加速技术

移动网络发展迅猛,目前运营商提供各种从 2G、3G、WiFi 甚至 4G 的试点网络,如何确保用户在各种复杂网络环境下使用移动应用获得良好的体验，是移动应用开发中的关键问题之一。总体指导原则为：应用动态感知用户的网络状况，调整应用处理逻辑和应用内容展现机制。例如，在没有网络的情况下，应用需要从缓存中获取数据展现给用户；在2G、3G网络的情况下，数据均通过压缩传输，图片通过设置确定是否加载，大图默认不加载；在WiFi网络的情况下，默认加载完整数据和图片，并对数据进行预读和缓存。

用户在使用移动应用过程中，会出现网络切换、网络中断、网速异常下降的情况。应用需要根据网络异常进行严格处理，如网络请求采用异步线程处理，不影响用户的主流程操作和响应；在代码编写中对网络请求代码做多重异常保护措施，增强代码的健壮性，防止应用因为网络不稳定导致闪退等问题。

2. 能耗控制技术

受限于电池的供电能力，移动应用的耗电控制是开发过程中要重点考虑的因素之一，应用耗电控制的技术涉及应用开发方法和应用网络访问等多个方面。在应用开发中，需要掌握各种省电的手段，例如使用JPEG格式图片，减少不必要的JavaScript库加载，减少内存占用，降低应用耗电量，另外在Android应用开发过程中尽量采用GridView组件，在一个应用页面切换到另一个页面时，GridView组件可以智能地以整页生成的方式刷新界面，这不仅能加快页面刷新速度，同时也降低了CPU和内存的使用率，这样可以大大节约应用耗电量。网络频繁访问和大数据交互也是应用耗电的一大重要原因，应用设计过程中，需要考虑应用网络访问的频度并减少不必要的数据交互。

3. 安全技术

在移动互联网的大环境之下，安全问题无处不在。移动应用的安全包括数据安全和运行安全，其中数据安全保护目的是防止静态和传输中的数据泄露，涉及数据的安全存储、清除及数据通信的加密两个方面。在开发过程中，应用需要明确规定机密数据范围以及可存放于移动设备的数据的范围，机密数据必须存储于固定加密空间中；此外，应用还可能需要支持远程删除丢失或遭窃设备中的数据。对重要业务系统的访问需要通过加密通道，访问地址支持黑白名单控制等方式进行数据的访问控制。

在应用开发过程中还需要注意，应用内针对用户输入密码的文本框，应提供软键盘输入方式，禁止第三方输入法输入，避免通过拦截用户输入获取用户密码，有效增加应用的安全机制。应用运行安全是要实现应用运行态下的应用隔离，让第三方的程序无法获知应用入口不能加载关联外部应用。

4. 开发框架选择技术

开发框架主要定义了整体结构、类和对象的分割及其之间的相互协作、流程控制，便于应用开发者集中精力于应用本身的实现细节。同时，框架可以设计复用，好的框架可以让开发者事半功倍。

常用的JavaScript开发框架种类非常繁多，jQuery Mobile是jQuery公司发布的针对手机和平板设备，经过触控优化的Web框架，在不同移动设备平台上可提供统一的用户界面。jQuery Mobile框架基于渐进增强技术，并利用HTML5和CSS3特性。Sencha Touch是一款HTML5移动应用框架，通过它创建的Web应用，在外观上感觉与iOS和Android本地应用十分相像；它利用HTML5发布音频/视频并进行本地存储，利用CSS3提供圆角、背景渐变、阴影等广泛使用的样式。

Android Annotations 是一个开源的 Native 应用开发框架,该框架提供的 Android 依赖注入(Dependency Iniection)方法,可以使开发 Android 应用和开发 J2EE 项目一样方便,加速了 Android 应用的开发。根据应用需要的关键需求,权衡选择应用的开发框架,是基本原则。

5. 功能接口封装技术

在跨平台技术开发应用过程中,为了实现功能统一调用及接口复用,通常需要将系统底层的功能封装成统一的接口,如 JavaScript 形式的接口,从而使 HTML5/JavaScript 编写的代码能通过浏览器核心模块 WebView 组件实现底层功能的调用,如摄像头、定位、通讯录等功能。由于存在多种不同的终端操作系统,如 Android、iOS、Windows Phone 等,如何实现同一个接口功能在不同操作系统上的封装,是 Hybrid 类应用开发的关键技术之一。功能接口的封装具有重要的价值和应用前景,可以广泛应用于移动终端,例如网络电视(IPTV)机顶盒等终端类产品。

6. 远程服务的调用技术

远程服务调用是移动应用与后台服务之间数据交换的实现方式,移动应用通常使用基于超文本传输协议(HTTP)的 Web Service 协议来实现终端和服务器之间的数据交换。Web Service 通常基于简单对象访问协议(SOAP)的标准方式和基于表述性状态转移(REST)两种方式,前者由于数据传输量较大,应用场景受限;后者能基于可扩展标记语言(XML)和 JSON 等的多种方式,特别地,JSON 是一种轻量级的数据交换格式,以容易阅读,解析速度更快,占用字节更少等优点在移动应用领域比原有的 XML 数据格式更受欢迎。由于采用字符串式的内容编解码,JSON 串的处理性能更高,更有利于提供移动应用的性能及用户体验。目前业界有多种 JSON 的开源实现,选择高性能的 JSON 编解码器也是提升移动应用远程服务调用性能的关键技术。

7. Web 展现技术

该技术主要用于 Web、跨平台 Hybrid 应用开发模式中的用户交互界面的开发,利用 HTML5、JavaScript、CSS3 实现界面展现、业务逻辑、人机交互和特效展现,使 Web 开发工程师可采用熟悉的 HTML5、CSS3 完成终端的应用展现,如使用 LocalStorage 存储用户持久化数据、SessionStorage 存储用户临时数据,如登录信息等。业务逻辑处理通过 JavaScript 代码实现,增加 touchstart、touchmove、touchend 等多点触摸事件提高用户交互,通过 Web 展现技术开发的应用可以和 Native 应用开发媲美。同时该技术开发的应用具有良好的跨平台优势,应用升级简单,用户不需要到应用商店更新应用等特点,是越来越多应用开发者追捧的 Web 技术开发的主要原因。

本章小结

所谓计算机网络,就是把分布在不同地理区域的计算机与专门的外部设备用通信线路与设备互连成一个规模大、功能强的网络系统,从而使众多的计算机可以方便地互相传递信息,共享硬件、软件和数据信息等资源。这种通过通信子网以计算机互连形式进行的通信方式称为计算机网络通信,它是现代通信技术和计算机技术的综合体。

TCP/IP 参考模型是实现互联网络连接性和互操作性的关键,它分为主机至网络、IP 网络层、传输层和应用层4层式结构，其中，IP协议是IP网络层的重要协议，它将要传送的报文拆成包，每一个数据包独立地传向目标，然后在目的地按发送顺序重新组合。一个IP数据报由一个报头和一个正文部分组成，报头包括源目标IP地址、目的IP地址、报头长度、服务类型、报头校验等数据。IP不保证服务的可靠性，在主机资源不足的情况下，它可能丢弃某些数据报，同时IP也不检查被数据链路层丢失或遗失的报文。数据报在传输过程中可能经过不同的网络，IP提供了寻找路由的功能。现在所使用的互联网主要基于IPv4技术，为解决地址空间不足等问题，IETF提出了IPv6技术，它是下一代网络的主干技术。

由于技术的发展和用户的需求，计算机通信网络和移动网络在技术上、业务上和网络上实现融合，而移动互联网是实现这种融合的最佳表现形式。移动互联网的发展将对价值链各方带来很大的冲击，导致产业格局的变化。对此，运营商越来越管道化，通过终端捆绑内容以扩大市场；互联网公司利用低成本展开全球性业务形成新的垄断；传统产业利用互联网连接手机形成新的商业模式等。如果说在PC时代的网络与社会的结合还局限在一定的时间和空间，那么当网络连接手持终端，网络社会化和社会网络化将真正地渗透到每一时刻和每一角落。

WAP是"无线应用协议"的简称。移动网络和Internet以及局域网以WAP为桥梁紧密联系在一起，向用户提供一种与承载网络无关的、不受地域限制的移动增值业务。WAP系统的工作流程如下：用户从移动终端向内容服务器发出请求，请求信息通过无线网络发送到WAP网关，WAP网关进行协议转换和消息解码后，把请求通过互联网传至内容服务器，内容服务器再把响应信息通过互联网送到WAP网关，WAP网关再进行协议转换和消息编码后，发给移动终端，从而在移动终端和内容服务器之间完成了信息交互。

IMS以IP核心网标准为基础，最大限度地重用Internet技术和协议。它在会话控制层选用了技术简单而又易于扩展的SIP；在网络层采用具有足够地址空间和性能改进的IPv6，并重用DNS协议进行地址解析；终端用户接入沿用计算机网络中的AAA客户-服务器结构，采用在RADIUS协议基础上开发的Diameter协议；在运营管理层采用支持策略控制的COPS协议；在网络安全方面采用IPSec技术和TLS协议。IMS不但支持3G用户之间基于IP网络的多媒体通信，也能支持3G用户与互联网用户之间的通信。

移动应用的开发模式包括原生应用开发、Web应用开发、跨平台Hybrid应用开发3种模式，移动应用开发的关键技术包括网络访问加速技术、能耗控制技术、安全技术、开发框架选择技术、功能接口封装技术、远程服务的调用技术和Web展现技术等。

习题

8-1 在互联网中为什么要使用IP地址？它与物理地址有何不同？

8-2 (1) 子网掩码255.255.255.0代表什么意思？

(2) 一个网络的子网掩码为255.255.255.248，该网络能够容纳多少个主机？若该网为C类IP地址，借用3个主机位作为子网部分，能划分多少个子网？

(3) 一个A类网络的子网掩码为255.0.0.250，它是否为一个有效的子网掩码？

8-3 IPv4存在哪些主要问题？IPv6针对这些问题，进行了哪些改进？

8-4 互联网的应用模式如何？它有哪些具体的应用方式？

8-5　简述移动网和互联网的融合过程，它在技术上、业务上和网络上的融合各有什么方案。

8-6　WAP是一种什么协议？它的应用模式和WWW应用模式有何异同点？

8-7　IMS网络的主要特点是什么？其主要的功能实体有哪些？阐述其功能实体各自的功能。

8-8　根据所掌握的知识，描述3网融合的内容、方案、效果和发展趋势。

8-9　移动应用开发有哪3种模式？其应用开发的关键技术有哪些？

第 9 章

CHAPTER 9

移动通信网络的规划、设计与优化

在工程上，规划是指为了达到预定目标而事先提出的一套系统的有根据的设想和做法，它是一种总体设想和粗略设计；设计是指在规划的基础上，为满足实际工程目标而采取的具体方案；优化是指在系统或工程已实际完成的情况下，根据实际需求调整部分系统参数或修正小部分设计方案，来提高系统性能。这三者虽然分工不同，但又不能严格区分，比如规划与设计只是系统设计的不同阶段，可以不区分它们；在设计的过程中也可以根据调研、前期测试的结果，调整部分设计方案，称为“小优化”，而将系统完成之后的优化称为“大优化”，也就是前面提到的传统意义上的优化，当然大优化的过程中也包含了局部设计的理念。移动通信系统是一个复杂的系统工程，其规划、设计与优化过程非常重要，本章主要介绍与移动通信系统的规划、设计和优化相关的知识。

9.1 移动通信网络规划与设计的基础知识

9.1.1 概述

移动通信系统的建设既是一项高投入的工程，又是一项技术复杂、机构庞大的系统工程，所以需要进行有效的规划与设计。通常，移动通信系统要在其覆盖区内提供有效的服务，仅仅提供物理层设计和网络层的协议是不够的，还必须有一个从宏观上充分利用物理层与网络层软硬件设备(由设备制造商提供成熟产品)为用户服务的移动网络平台，以构成一个完整的移动通信网络系统。这个移动通信网络平台如何建设是运营商要考虑的问题，所以移动通信系统的规划与设计一般就是指移动通信网络的规划与设计。其中，移动通信网络规划一般是指在初始阶段对移动通信中网络工程的粗略估计与布局的考虑；移动通信网络设计则主要负责在初步规划的基础上对正式运营的不同制式移动通信蜂窝网进行工程设计。

移动通信网络的规划与设计涉及很多因素，甚至有市场需求、建设成本、知识产权、竞争关系和产业政策等很多非技术因素。因此，进行移动通信网络规划与设计时，需要综合考量，全面评估，当然本章涉及的主要还是技术因素。

无线(射频)网络规划设计与核心网设计是移动通信网络规划设计的主要内容，除此以外，还有水暖、供电、标识和土木建筑等配套工程的规划与设计。不同的移动通信网络的网元是不一样的，其无线网络和核心网的规划设计的内容也不一样。就 GSM 系统而言，其无线网络主要包括基站、基站控制器和无线传输等的规划设计，而核心网主要包括 MSC、

HLR、VLR、AUC、OMC和SMS等的规划设计。移动通信网络规划与设计内容除了按上面提到的以横向方法分类,还可以以纵向方法将其规划与设计的内容进行分类,上层规划与设计是网络总体方案的规划与设计,包括移动通信网络的拓扑结构、接口方案、容量、无线资源分配(如频率复用方案、导频偏移量规划等)、覆盖率、各网元的数量/质量和系统参数设置(如切换参数、功率控制参数等)等内容的规划与设计,下层规划与设计是网络中各网元的物理实体的规划与设计,包括各物理实体的地理位置设计、具体参数设置(如天线方向角、天线下倾角、基站信道板数目等)等内容。

9.1.2 网络规划与设计的原则

在进行移动通信网络的规划与设计时,要全面考虑各种与之相关的因素,其具体的规划与设计的原则如下。

(1) 要权衡好服务质量、服务范围与建设成本的关系。从运营商的利益看,应尽量以最少的投资得到最广的服务范围,提供最好的服务质量,以获取最大的回报。具体地说,一方面,在无线覆盖的广度上应根据经济水平、基础设施状况和运营商的网络资源、建设力量的差异进行综合的考虑;另一方面,在无线覆盖的深度上应达到较高的覆盖水平和较高的网络质量。

(2) 要用发展的眼光进行规划与设计。要充分考虑移动通信网络未来发展的需求,比如网络容量的扩展、新业务开展、QoS等级的提高以及网络的升级换代等。

(3) 以系统工程的观念进行规划与设计。严格按照规划与设计的工作流程运作,完成好资料收集、需求分析、总体规划、方案论证、详细设计、测试仿真和方案优化等工作。

(4) 在无线网络的规划与设计中,对不同用户和不同环境要区别对待。既应根据实际用户的敏感程度分析确定不同区域覆盖的重要程度,也应根据室内外情况分别达到不同的覆盖率。

(5) 应根据不同移动通信系统的特点进行规划与设计。不同系统具有不同的特点,规划与设计的内容和方法也要加以区别。

(6) 规划与设计要符合国家的产业政策导向。这一原则是指网络布局要服从国家对移动通信网络的总体安排,所选技术实现手段符合国家的导向要求,所用无线资源服从总体安排。

9.1.3 网络规划与设计的流程

对于不同的移动通信网络或移动通信网络的不同部分,其网络规划与设计的流程会有所区别,但总体来说,都可以粗分为准备阶段、总体规划阶段(也称预设计阶段)、详细设计阶段和方案优化阶段。准备阶段主要是进行数据和地图等资料的收集、需求分析、业务模型构建、无线传播模型的构建和校正等工作;总体规划阶段主要是进行网络建设目标的确定、粗略设计和总体方案论证等工作;详细设计阶段则是针对各部分设计内容给出详细的设计方案;方案优化阶段需要充分利用网络仿真和网络测试等方法验证设计方案是否达到了要求,如果没有达到要求则需要进行设计方案的优化或者重新进行设计。通过4个阶段的规划与设计,最终得到一个合理的设计方案。

1. 无线网络规划与设计流程

无线网络规划是整个移动通信网络规划中的难点和重点,无线网络规划的好坏将直接影响移动通信网络的投资规模、覆盖范围、网络性能、服务质量等，并对下一步的网络运行维护、网络扩展等产生重大影响。图9-1是细化了的无线网络规划与设计流程，图的中间部分是规划与设计步骤，左边是输入部分，右边是每一步规划与设计工作的输出成果。无线网络规划与设计的第一步调研和分析服务区内的基础数据，如人口与面积，业务需求、业务分布以及现有各种通信手段使用状况，地形、地貌、道路与交通概况，干扰源分布，经济发展与文化、娱乐、旅游设施，以及对通信业务发展的预测等。而无线网络规划与设计的核心问题是基站数目选取及其网络拓扑结构与基站参数的选取。

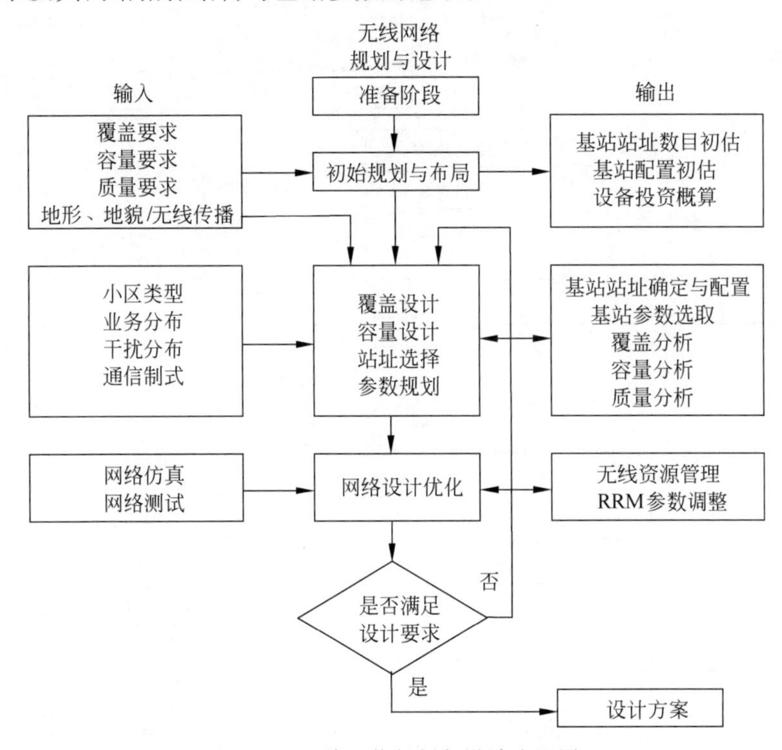

图9-1 无线网络规划与设计流程图

2. 核心网规划与设计流程

核心网的规划与设计与无线网络的规划与设计是相对独立的两部分，可分开独自完成，但两部分的规划与设计人员要有一定的交流和协作，并且输入的源数据资料应相同。核心网规划与设计包括核心网电路域、分组域、信令网和智能网的规划与设计，其具体细化的流程如图9-2所示，图中上一阶段的输出结果是下一阶段的输入。

在确定规划目标阶段，核心网版本的选择显得尤其重要，特别是3G系统的几大标准都是多版本的，要根据现有网络现状、技术成熟度、业务需求、建设成本和演进状况等多方面的因素确定核心网的版本。预测阶段主要包括预测模型的分析、业务模型的分析、用户数预测和业务预测。其中用户数、业务预测分别对全省拟合（可根据规划与设计的网络规模来定，如果是针对全国范围的，可进行全国拟合）、分地区拟合，并且分析取定预测值。网元设置、组网方案确认阶段也是重要的规划与设计阶段，进行电路域和分组域（2.5G之后具有）网络拓扑结构确定和其主要网元的设置；信令网、智能网组网包括信令网结构、STP设置方式、信令链路路由设置、智能网结构、智能网相关网元的设置等内容。

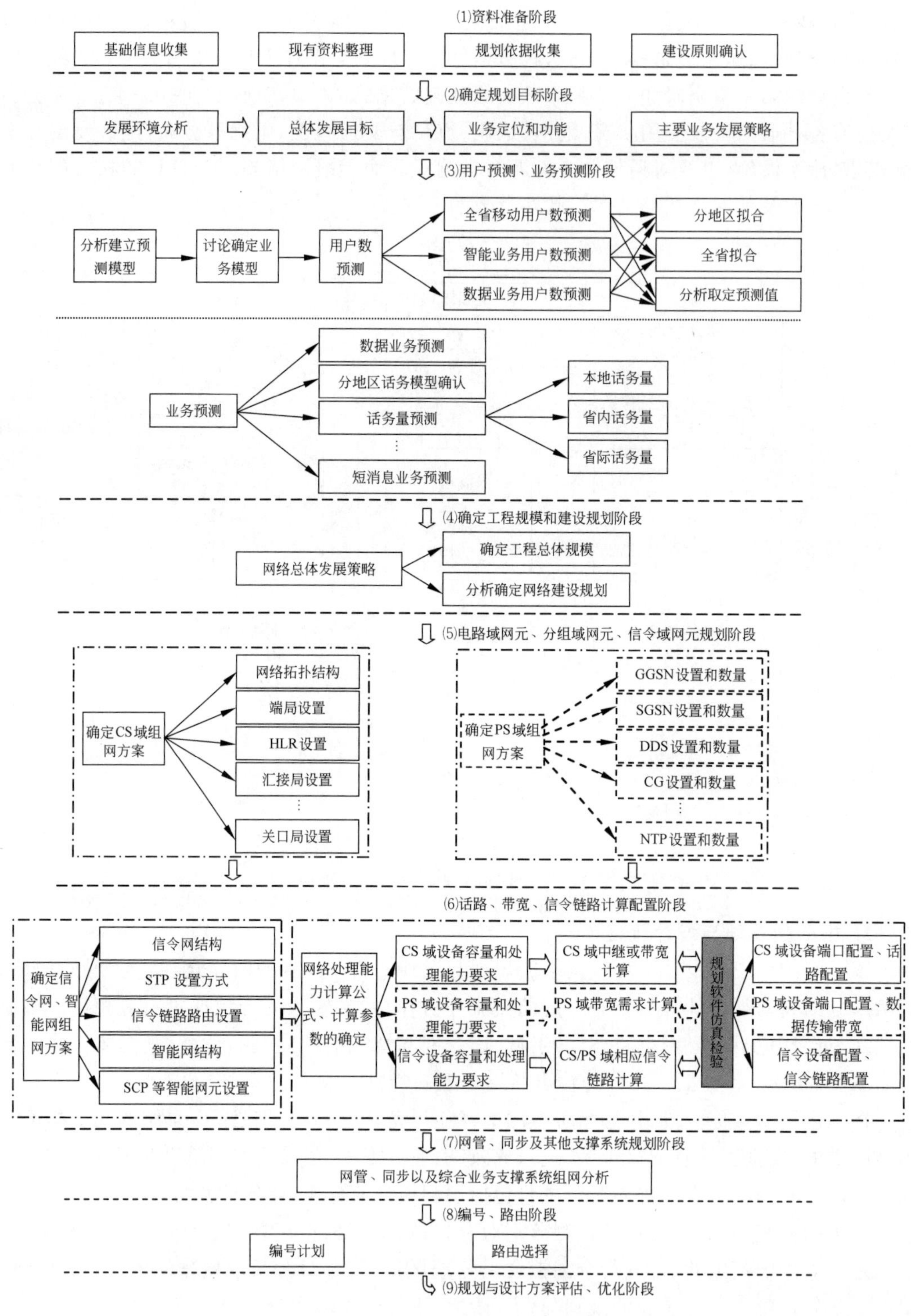

图 9-2 核心网规划与设计流程

9.1.4 网络规划与设计的主要环节

1. 电子地图在网络规划与设计中的应用

电子地图是无线网络规划与设计需要建立起来的数字化的地理信息数据库，它是进行基站选址的基础，同时也是进行业务密度预测、网络模拟和传播模型校正的必备数据。所有的网络规划与设计软件都必须借助电子地图才能运行。基于不同的规划软件，其所需的电子地图的数据格式虽然各异，但其基础数据却是相同的，主要有以下两种数据格式。

(1) 栅格数据格式。栅格数据格式包括 DEM(数字高程模型)数据、DOM(地面覆盖模型)数据和 BDM(建筑物分布模型)数据(此层数据存在于设计微蜂窝的 5m 采样间隔数据中)，数据记录采用 BIL 格式(即从左向右按列顺序，从上向下逐行记录网点数据的记录格式)，这 3 层数据都参与预测运算。

(2) 矢量数据格式。矢量数据格式包括 DLM(线状地物模型)数据，它是按 ASCII 码形式存储，主要作为参考地物、路网使用，不参与预测运算。

各规划软件所使用的数据的精度有 5m 采样间隔、20m 采样间隔、50m 采样间隔和 100m 采样间隔，一般利用 20m 采样间隔配合 100m 采样间隔或 50m 采样间隔的数据就可以满足宏蜂窝网络设计要求；5m 采样间隔数据精度高，数据量大，制作成本也高，主要用于微蜂窝的网络设计。

2. 从覆盖、容量和质量 3 个不同角度进行规划与设计

从原理上说，以 TDMA 技术为主体的 GSM/GPRS 系统可以分别从覆盖、容量和质量 3 个不同角度独立进行无线网络的规划与设计，然后再根据具体的环境与条件选取其中之一为主体；以 CDMA 技术为主体的 IS-95 CDMA 系统和 3G 系统需要综合衡量覆盖、容量和质量指标展开无线网络的规划与设计，这是因为这 3 个质量指标是相关的。

3 种设计方法实际上也是围绕覆盖、容量和质量这 3 大无线网络规划设计目标来展开的。其中，覆盖指标主要包括服务区域覆盖率、通信概率和连续覆盖的基本业务。区域覆盖率等于需要覆盖的面积与服务区域总面积的比值，它可随时间进行调整，在网络建设初期要求的覆盖率可相对设置得低一点，而在后续时期逐步增加；通信概率是一项 QoS 指标，是指一定时间内信号质量达到规定要求的成功概率，分为边缘通信概率和区域通信概率两种，区域通信概率的典型值为 90%～95%；连续覆盖的基本业务指标是指系统用户数达到目标负荷后，规划的基本业务仍能达到相应的通信概率。

容量描述的是在系统建成后所能提供的业务类型以及满足的语音用户数和数据业务指标值，具体的容量指标有各区域各阶段的用户数、目标负载因子、软切换比例(针对 CDMA 系统)、提供的承载服务、可提供的业务类型、各种业务平均每用户忙时的业务量、各种业务用户渗透率(指使用各种业务的用户数占总用户的比例)。其中，目标负载因子用于反映各区域各阶段的小区目标负载程度，在进行覆盖规划时需要假定上下行链路的负载因子从而计算出系统覆盖范围。

质量包括语音业务质量指标和数据业务质量指标，其中，语音业务质量目标主要体现在网络覆盖的连续性、接入成功率、切换成功率以及掉话率的控制等方面，应保证用户有良好的体验；数据业务质量指标主要体现为传输速率、误码率和时延等。

几乎绝大部分的无线网络规划与设计的内容都可以从覆盖、容量和质量这 3 个角度去完成,当然不同的设计内容有不同的设计方法。下面以基站数目选取这一设计内容为代表来说明设计的具体方法。

基站数目选取的设计方法如图 9-3 所示,包括如下 3 种方法。

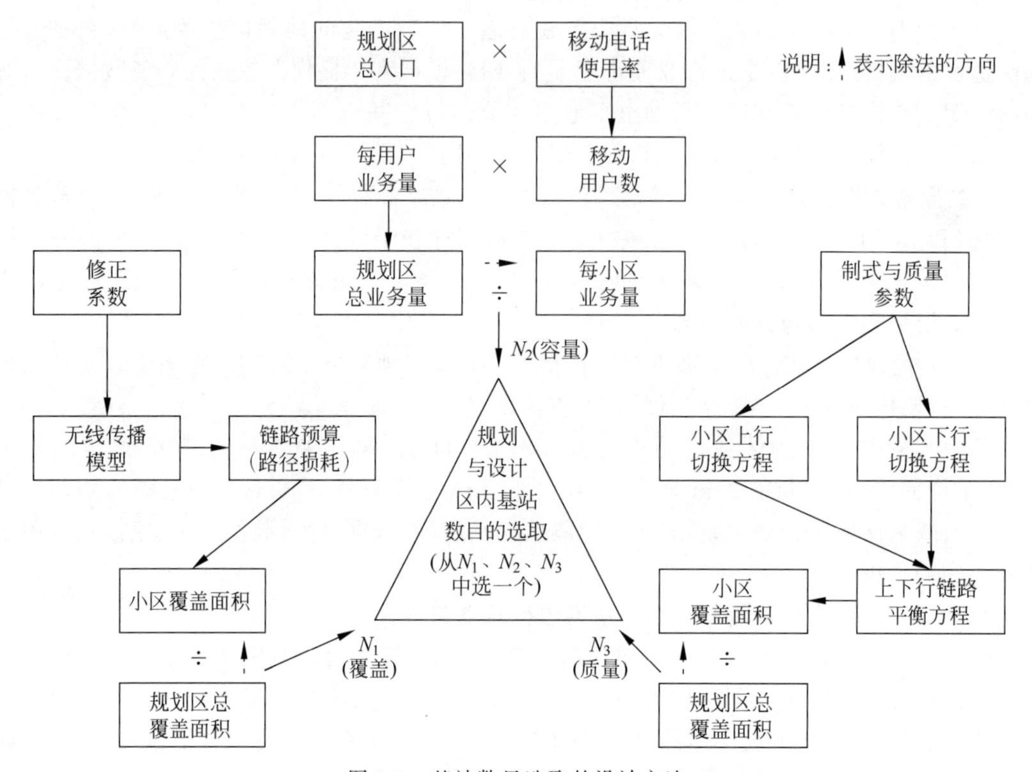

图 9-3 基站数目选取的设计方法

1) 从覆盖角度预测基站数目

从覆盖角度进行预测基站数目的基本思路是首先根据无线电波传播模型估算出传播损耗,然后将其值代入无线链路方程中,得出小区覆盖面积,再求得服务区的总覆盖面积和小区覆盖面积的比值,就是基站数目 N_1。

根据不同的移动通信制式、不同业务要求给出不同形式的无线链路方程。但从本质上看,均可归纳为上行链路和下行链路两类方程,其中,上行链路平衡方程为

$$L_p^{上}=P_{MS}^{T}-L_{MS}^{T}+G_{MS}^{T}+G_{BS}^{R}-L_{BS}^{R}-L'_{上}-P_{BS}^{R} \tag{9-1}$$

式中,$L_p^{上}$ 为上行链路的无线传播损耗(dB);P_{MS}^{T} 为移动台发射功率(dBm);L_{MS}^{T} 为移动台发射端馈线损耗(dB),它一般可忽略;G_{MS}^{T} 为移动台发射天线增益(dB);G_{BS}^{R} 为基站接收天线增益(dB);L_{BS}^{R} 为基站接收端馈线损耗(dB);$L'_{上}$ 为上行附加损耗(含附加增益)(dB);P_{BS}^{R} 为基站接收功率(dBm),且有

$$P_{BS}^{R}\geqslant R_{BS}^{th}+M_F+M_S \tag{9-2}$$

式中,R_{BS}^{th} 为基站接收的门限(dBm);M_F 为快衰落余量(一般服从瑞利分布,dB);M_S 为慢衰落余量(一般服从对数正态分布,dB)。

下行链路预算方程为

$$L_p^{下}=P_{BS}^{T}-L_{BS}^{T}+G_{BS}^{T}+G_{MS}^{R}-L_{MS}^{R}-L'_{下}-P_{MS}^{R} \tag{9-3}$$

式中,$L_p^{下}$ 为下行链路的无线传播损耗(dB); P_{BS}^{T} 为基站发射功率(dBm); L_{BS}^{T} 为基站发射端馈线损耗(dB); G_{BS}^{T} 为基站发射天线增益(dB); G_{MS}^{R} 为移动台接收天线增益(dB); L_{MS}^{R} 为移动台接收端馈线损耗(dB),一般可忽略; $L'_{下}$ 为下行附加损耗(含附加增益)(dB); P_{MS}^{R} 为移动台接收功率(dBm),且有

$$P_{MS}^{R} \geqslant R_{MS}^{th} + M_F + M_S \tag{9-4}$$

式中,R_{MS}^{th} 为移动台接收的门限(dBm); M_F 为快衰落余量(dB); M_S 为慢衰落余量(dB)。

设 $L_p^{上} - L_p^{下} = B_f$,称 B_f 为平衡因子。若 $B_f \approx 0$,则表明上下行链路基本达到平衡。在规划与设计过程中,为了有效利用资源,应尽量使上下行链路平衡,考虑到上下路径的差异,允许的上下行路径损耗偏差范围在 1~2dB。

2) 从容量角度预测基站数目

从容量角度预测基站数目的基本思路是分别求出规划区内移动通信的总业务量或等效总业务量(它适用于多业务类型)以及每小区的业务量,两者相除即可求得待求基站数目 N_2。总业务量通过调研得到,是前期应准备的资料数据; 每个小区的业务量是设计要求值,通过仿真或计算得到。

3) 从质量角度预测基站数目

从质量角度预测基站数目的基本思路是以不同制式下与不同业务类型下的质量参数为主体,求出上、下行链路的切换方程,并加以平衡,求出小区在质量准则下的覆盖面积,规划区的总覆盖面积(这是设计要求值)和这个小区在质量准则下的覆盖面积的比值就是预测的基站数目 N_3。可根据切换阻塞率、掉话率等质量指标对上述数据做进一步的修正。

从覆盖、容量和质量 3 个角度考虑,分别求得 N_1、N_2 和 N_3,然后再按下列情况做出最后选择: 在满负载情况下,取 N_1、N_2 和 N_3 中的最大者; 在低负载情况下,取 N_1、N_2 和 N_3 中的最小者; 在一般情况下,取 N_1、N_2 和 N_3 中的中间值。

3. 频率规划

频率规划是指移动通信系统在建网过程中,根据某地区的话务量分布分配相应的频率资源,以实现有效覆盖。对于 GSM/GPRS 系统而言,频率规划是相当重要的规划与设计内容; 而 CDMA 系统由于可以全网共用频率,并不需要进行专门的频率规划,它只是在某地区容量需求剧增或通信质量下降的情况下,考虑采用多频点。

在进行频率规划之前,首先要确定网络中的基站,即确定基站的数目,并进行基站站址的选择(通常要在电子地图上标注);再根据规划小区的需求话务量 A 和呼损率 E,通过查询相应表格得出某小区需要的频率数 k。

根据具体的移动通信系统可接受的信干比 C/I(忽略其他干扰,只考虑同频干扰),可得到区群的大小 N,其具体的对应关系为

$$N \geqslant \frac{1}{3}\left(6\,\frac{C}{I}\right)^{\frac{2}{n}} \tag{9-5}$$

式中,n 为无线传播路径衰减因子,此时基站采用全向天线。对于 GSM/GPRS 系统来说,N 值通常为 3、4 或 7,可同时采用扇区(通常为 3 扇区)。N 值越小,系统频率可复用距离越近,复用效率也越高。系统全部可用频率可在一个区群内分配,具体规划区群内各小区频率时,可采用分组复用、MRP(分层频率复用)或不分组的动态复用方式。分组复用方式和

MRP的频率复用方式都是比较常用的频率复用方式,而动态频率复用的频率利用率更高,但需要控制中心采用软件技术实时控制。MRP也是一种频率复用系数较高的频率复用方式,它的主要分配原则是根据基站站型对可用频率进行分组,每一组对应实际网络中的一层,进行频率配置的时候,逐层对小区进行频率分配,不同的层可以采用不同的频率分配方式,每组中选出一个最合适的频点作为当前小区相应层的配置频点,即一层一层地对实际的网络进行频点的规划,以求造成的干扰最小。

在进行频率规划时,可考虑将业务信道频率范围和控制信道频率范围分开的方法,这样可减少两者之间的相互干扰。分配的控制信道的频段可以是连续的,也可以是离散的,离散的方式可以使控制信道之间减少干扰,这样保证了控制信道的无线传播质量。

小区的频率分配可采用手动分配,也可采用规划软件自动分配。在进行频率规划的同时,也要做好相邻小区列表。

4. 导频偏移量规划和扰码规划

CDMA移动通信系统虽然不需要进行频率规划,但需要进行码资源的分配或者说PN码规划,以便在下行链路区分小区。不同制式系统的PN码使用方法不同,其PN码规划方式也不同,IS-95 CDMA和CDMA 2000系统采用导频偏移量(PN码的相位差,也称为导频相位)规划系统方式,WCDMA和TD-SCDMA系统则采用扰码规划方式。

依据协议规定,IS-95 CDMA和CDMA 2000的导频相位共有512个,相邻2个导频相位相差64chip。WCDMA有8192个扰码,分为512个集合(每个小区分配一个集合),每个集合包含1个主扰码和15个辅扰码,可以看到IS-95 CDMA、CDMA 2000和WCDMA的码资源是比较丰富的。另外,IS-95 CDMA、CDMA 2000和WCDMA的导频/扰码之间具有比较好的相关性,需要产生很大的位移才会发生混淆,而产生足够大的位移需要信号在空中传播很长的距离,这时,信号的电平通常已经弱到不足以产生混淆。因此,IS-95 CDMA、CDMA 2000和WCDMA的导频/扰码规划是相对比较容易的。

TD-SCDMA系统共有128个长16chip的基本扰码序列,这128个基本扰码按编号顺序分为32个组,每组4个,每个基本扰码用于下行链路便于终端区分不同的小区。TD-SCDMA的扰码是PN码,具有很好的相关性。但是由于码序列比较短,当码经过位移后,码之间的相关性会随之不同。实验可得,扰码移位后,码字之间的相关性会发生变化,并且不同的码,其变化的程度也不同。可以看到,TD-SCDMA系统中的扰码具有扰码资源少、码长度短、经过位移后码之间的相关性变差等特点,这些特点在很大程度上增加了系统扰码分配的难度。在规划时,应该考虑位移导致相关性能恶化的影响,在邻近的小区中应该尽量选用相关性比较好的扰码,并且应为新小区预留一定的扰码。

在CDMA系统中,相同扰码或相同相位导频可以进行码复用,但必须间隔足够的码复用距离,下面以IS-95 CDMA(CDMA 2000 1x的规划方法与其相同)为例说明码资源规划的方法。

首先分析一下不采用码复用方案时,系统最多可使用小区地址码的数目K。根据我国给出的频率规定,IS-95 CDMA的可用频段为10MHz,则系统可用频点数为

$$S=\frac{10\text{MHz}}{1.25\text{MHz}}=8\text{ 个} \tag{9-6}$$

如果进一步考虑保护频带,则实际可用频点数为6个左右;每一个频点可用导频相位为512

个，这样系统最多可使用小区地址码的数目 $K=8\times512=3276$ 个。这个数量是达不到实际需求的，需要采用码复用方案。

在码复用方案中，将全部使用所有小区地址码的小区组合称为一个蜂窝区群，蜂窝区群大小（小区个数）为 N。同 FDMA/TDMA 系统类似，N 值满足以下关系式

$$N=i^2+ij+j^2 \tag{9-7}$$

式中，i 和 j 是正整数或 0，但不能同时为 0。

设蜂窝区群中的可使用导频组数目为 N_{PN}，N_{PN} 最大为 512，这是一个基本设计要求，此时，导频相位隔离度为 64chip，小区间的等效空间距离为

$$D=64\text{ 个码片周期}\times\text{空间传播速度}=64\times\frac{1}{1.2288\text{Mcps}}\times30\times10^4=15.6(\text{km}) \tag{9-8}$$

为增加导频相位保护间隔，在实际的规划设计中，N_{PN} 要少于 512。设导频偏移量增量值为 Pilot-INC，它是一个相对量，与 N_{PN} 的对应关系如表 9-1 所示。

表 9-1　N_{PN} 与 Pilot-INC 对应关系表

N_{PN}	512	256	170	128	102	85	…	51	…
Pilot-INC	1	2	3	4	5	6	…	10	…

可见，Pilot-INC 越大，实际上规划中蜂窝区群中可用导频组数目就越少；在工程上一般取 Pilot-INC 为 4～10，对应 N_{PN} 为 128～51。

若取 Pilot-INC=4，实际可用的导频组数目为 $N_{PN}=512/4=128$ 个。每个导频组偏移量为，$64\times$Pilot-INC$=64\times4=256$chip，它的等效空间距离为

$$D=256\times\frac{1}{1.2288\text{Mcps}}\times30\times10^4=62.46(\text{km})\gg15.6(\text{km}) \tag{9-9}$$

可见，它仍远远大于设计要求的小区间等效空间距离 15.6km。

将这 128 个可用导频组划分为 3 个组集，每个组集 42 个（多出 2 个作为蜂窝区群总备用），如表 9-2 所示。

表 9-2　128 个导频组的划分

第 1 组集	1	2	3	4	…	36	37	38	39	…	41	42
第 2 组集	43	44	45	46	…	78	79	80	81	…	83	84
第 3 组集	85	86	87	88	…	120	121	122	123	…	125	126

此时，N 取为 37（i 为 4，j 为 3），即选用 37 个小区为一个蜂窝区群。若采用全向天线，则仅用第 1 组集，$N=37$，后面的 38～42 备用。若采用 3 扇区天线，则 3 个组集都使用，仍为 $N=37$，即每个组集前 37 个使用，后面的备用。这时每个小区内扇区间的导频组划分为：各组集对应的列为同一小区，即 1、43、85；2、44、86；依次类推。

$N=37$ 的蜂窝小区的区群结构如图 9-4 所示。其中，$d_{37}=\sqrt{3N}r=\sqrt{3\times37}r=11r$，$r$ 为小区半径，若取 $r=1$km，则有 $d_{37}=11r=11$km，它等效于 $\frac{11}{30\times10^4}\times1.2288\text{Mb/s}\approx$ 43chip。结论：当激活导频搜索窗 srch-win 小于蜂窝小区的区群间等效距离 d_{37} 的一半 $\left(\frac{43\text{chip}}{2}=21.5\text{chip}\right)$ 时，系统中不会出现因导频偏移量规划而引入导频间的干扰。

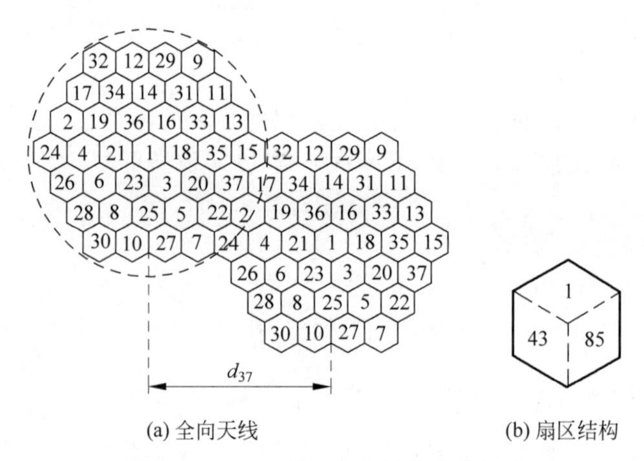

(a) 全向天线　　(b) 扇区结构

图 9-4　$N=37$ 的蜂窝小区的区群结构

留用的后备导频组主要用于：①个别小区业务量过大时，需增加个别临时或长久基站以分担其业务，这类基站偏移指数可从备份中选取；②实际选址时，受条件限制，基站架设较高，为避免其对周围基站的干扰，高天线基站偏移指数可以从备份中选取。

5. 核心网规划与设计

移动通信的核心网规划设计内容很多，而且移动通信系统的标准和版本不同，核心网的网络结构和网元差异很大。但总体来说，在核心网实现全 IP 化之前，一般还是分别对 CS 域和 PS 域进行规划与设计，当然纵向（垂直）的划分，还包括信令网和智能网的规划与设计。移动通信的核心网络是一个庞大的网络，可分成若干子网来进行规划与设计。具体划分方法，除了上面提到的纵向划分方法之外，还可以进行横向（水平分层）划分，分别对本地网和骨干网（长途网）进行设计。

核心网通常可采用 TDM 技术、ATM 技术和 IP 技术进行组网，具体方式由移动通信系统的标准和版本决定。TDM 技术组网需要采用分级组网，而后两者采用扁平式的结构，骨干网络不需要采用分级式结构。分级组网可根据需要采用 2 级网络或 3 级网络的方式，3 级话务网络结构如图 9-5 所示，第 1 级由 1 级移动业务汇接中心（TMSC1）组成；第 2 级由 2 级移动业务汇接中心（TMSC2）组成；第 3 级由移动端局和移动关口局等（MSC 和 GMSC）组成；2 级话务网络结构如图 9-6 所示，第 1 级由 1 级兼 2 级移动业务汇接中心（TMSC1/TMSC2）组成；第 2 级由移动端局和移动关口局等（MSC 和 GMSC）组成。一般在建网初期采用 3 级网络，随着技术的提升和设备容量的增大，可逐步向 2 级网络过渡。

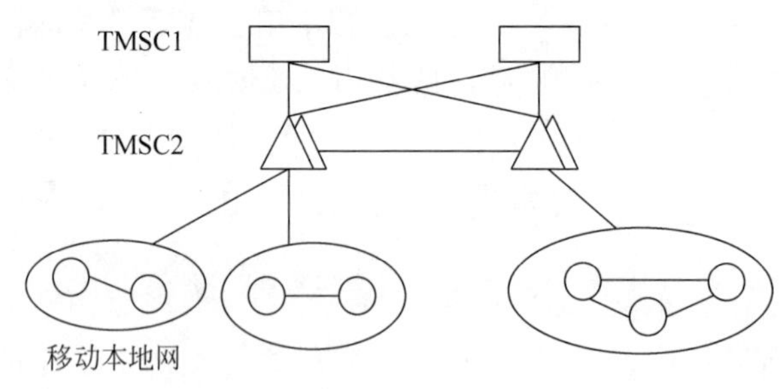

图 9-5　3 级话务网络结构示意图

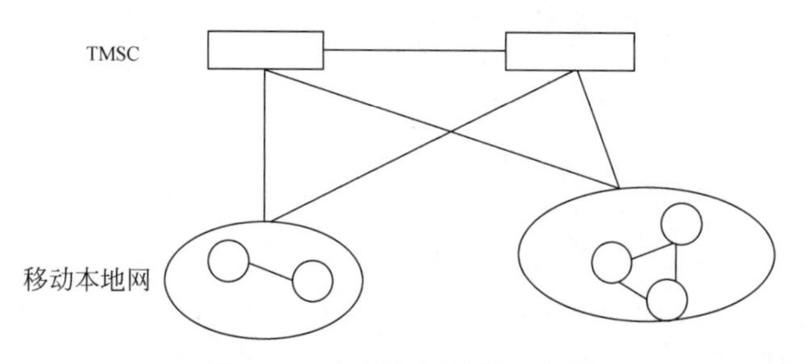

图 9-6　2 级话务网结构示意图

核心网中网络设备的数量可根据设备容量和业务量来设计，比如统计某服务区无线网络的业务量和忙时概率，两者相乘得到交换机需承担的交换流量，将其和交换机的容量相除就可得到服务区需要的交换机数量。当然在实际设计时，需要考虑留有一定的余量，以便将来扩容使用。与此同时，对于重要的网络设备需要进行备份，以确保网络能安全运行，提高可靠性。

移动通信业务预测及业务模型的建立、无线传播模型及校正、网络规划与设计仿真都是重要的规划与设计环节，正因如此，所以单独用 1 节内容来介绍。

9.2　业务预测及业务模型的建立

9.2.1　概述

业务数据是进行移动通信网络规划与设计的重要输入数据，具体的数据指标主要有业务密度分布(即业务密度图)、业务渗透率、业务种类、业务承载方式、业务容量(包括流量、吞吐量和用户数等)和业务 QoS 要求等。预先得出这些业务数据，成为规划与设计移动通信网络的无线覆盖、网络规模、网络结构和具体网络设备数量/质量的重要依据。这样设计出来的网络既能满足业务需求，又能节省建设成本，避免使用不必要的设备及造成无线资源的浪费。

为得到这些业务数据，可采用业务预测和建立业务模型分析的方法。业务预测是在进行市场调研的基础上，利用科学的预测方法和工具对相关业务数据(主要是业务容量和业务密度分布)进行预测。业务模型主要指用户使用各种业务的规律性及业务本身的属性，包括用户行为模型和业务统计模型，它采用统计和理论分析的手段得到。其中用户行为模型更多地被运营商的销售部门所关注，规划与设计部门更多地关心业务统计模型(本书主要讨论的)。

早期的移动通信系统(指 1G)只有语音一项基本业务，业务预测只需要预测话务密度即可，而业务模型也只需用到话务量模型。在话务量模型中，某服务小区具体参数有：话务量 A、用户数 U、信道数 n、呼损率 B、每用户单位时间内平均呼叫时间 H、每用户单位时间内平均呼叫次数 λ。呼损率、话务量和信道数之间适用爱尔兰呼损公式，即

$$B=\frac{A^n/n!}{\sum_{i=1}^{n}A^i/i!} \tag{9-10}$$

设 A_{U} 为平均每用户话务量，则有

$$A_U = \lambda \times H \tag{9-11}$$

且有

$$A = \dot{U} \times A_U \tag{9-12}$$

因此,只要得知某服务小区的总话务量需求,在一定的呼损率要求下就能根据话务量模型求出所需要规划的信道数。

从2G、2.5G起,移动通信系统除能提供语音基本业务之外,还能提供增值业务,而3G和4G则能提供各种丰富多彩的业务。因此,其业务预测和业务模型的复杂度和难度都大大增加了。

9.2.2 业务预测及业务模型

1. 预测基础

在规划与设计中,要进行业务预测的基础和前提条件有以下几点。

(1) 首先需要明确预测对象,确定要预测的业务及区域范围,调研设计核心网、无线网络等所需的数据。

(2) 对基础数据进行收集,了解所要预测的区域/省市移动用户发展历史、各运营商市场占有情况、运营商市场策略、经济发展、政府和行业态势等。特别是对于新建网络,在纵向数据收集困难的情况下,应多收集横向数据,比如国外同类型网络的数据、国内同地区不同网络的数据等;同样对于新业务,可收集其他实现了该新业务的地区的数据、和同网络其他近似业务的数据。

(3) 对现有用户发展情况进行分析,找出规律和趋势,并能够分析出该区域/省市的用户发展的显著特点,这为业务预测的取值及结果判断起着至关重要的作用。

(4) 运用科学性的预测方法和工具也是业务预测的重要基础,需要结合预测范围及对象选择合适的预测方法和工具。在业务预测之前做好各种方法的学习和掌握,寻找或开发相应的业务预测工具,为更好地做业务预测奠定基础。

(5) 结合国家经济发展政策、移动市场发展环境等因素,准确把握蜂窝移动通信的发展规律、正确认识我国蜂窝移动通信所处的发展阶段是进行市场需求预测的前提。

(6) 明确预测期(预测年限),一般可根据移动通信网络的建设年限来确定,但运营商也可根据需要进行短期业务预测或长期业务预测。

2. 预测方法

业务预测是一个涉及数据统计与分析、数学计算等知识的复杂过程,它涉及的主要理论基础有数学模型、统计分析、拟合分析等。在通信行业,根据笔者多年的实践总结,有效的移动用户数预测方法(与其他预测内容的预测方法略有不同,但基本近似)有多种,现列举几种主要的方法。

1) 人口普及率法

根据人口普及率法结合类比分析,找出类似城市发展的趋势及自身发展的趋势。人口是确定移动电话普及率指标所必需的基础数据,通过对人口总数的预测以及分析人口数量中城乡人员的比例、从业人员的比例、年龄分布的比例等因素,按照各层次人口的普及比率因素,综合得出移动电话的预测用户数。其中,需要根据历史数据,采用2次曲线模拟的方法,模拟出普及率发展趋势,形成计算公式、数据表和曲线图。

2）趋势外推法

趋势外推法是研究事物发展渐进过程的一种统计预测方法，当预测对象依时间变化呈现某种上升或下降的趋势，并且无明显的季节波动，又能找到一条合适的函数曲线反映这种变化趋势时，就以时间为自变量，时序数值（如本预测中的用户数）为因变量，建立趋势模型（常用线性曲线、指数曲线、乘幂曲线、2 次曲线、3 次曲线等拟合曲线模型，在移动用户数预测的工程实践中，2 次曲线和 3 次曲线的拟合度最好）。它的主要优点是可以揭示事物发展的未来，并定量估计其功能特性。它反映了市场发展的一种趋势，其预测结果有一定的参考价值，但是也存在一定的局限性。它是建立在市场环境基本不变的基础上，难以反映未来各种变化对市场发展趋势的影响，比较适合于近期预测。

3）回归法

回归法是根据两个或多个变量数据（如人均国内生产总值和移动电话用户数）所呈现的趋势分布关系，采用适当的计算方法，找到它们之间特定的经验公式，然后根据其中一个变量的变化，来预测另一个变量的发展变化。

4）瑞利分布多因素法

瑞利分布多因素法是一种研究移动电话在潜在用户中渗透率的变化趋势的预测方法，潜在用户真正转化为实际用户受多种因素影响，如终端价格、移动资费、业务需求等，对这些影响因素进行量化后就可确定实际用户在潜在用户市场中的渗透率，进而得出移动用户的规模。基于瑞利分布模型的多因素预测，能较好体现经济发展、消费水平与移动用户发展的密切关系，是适合移动通信用户中、长期预测的一种有效方法。

瑞利分布多因素法预测移动用户的原理是研究移动用户在潜在用户群中渗透率的变化趋势，从而得到对用户数的预测结果。如果个人的平均收入达到并超过一定的门限值，将会成为潜在的移动通信业务的用户。但是由于实际的需求情况和消费心理的不同，只有部分潜在用户会成为移动通信业务的实际用户。该预测模型涉及两个关键的环节：一是潜在用户群的确定，二是潜在用户群中渗透率变化趋势的量化。

其他预测方法还有很多，如曲线拟合法、增长率法、多因素法、市场调查法和专家评议法等。需要说明的是，工程实践中需要采用多种预测方法（要求 3 种以上），最后将各种预测方法的结果取平均值，这样可克服单种预测方法的不足。

3. 业务模型

1）业务模型构建工程性考虑

一般来说，业务模型至少包括以下内容。

（1）每种业务有多少人使用。

（2）某业务的使用者使用该业务的频繁程度。

（3）提供的业务种类。

（4）从数据传输的角度，每种业务具有怎样的特性。

（5）用户使用某业务时期望怎样的服务质量。

上面前 2 项内容是研究用户行为模型，后 3 项是研究业务统计模型。有时又将业务模型分为话务模型和数据业务模型，两者都跟容量规划有关，在实际工程需要同时提供。话务模型相对简单，和用户行为模型基本相同，只和统计数据有关，业务渗透率和忙时会话次数是其主要的参数；而数据业务模型依据数据传输的概念分析，和数据流特征、用户习惯以及实现机制有关,和业务统计模型基本相同。

在研究业务模型时,需要弄清楚某项业务的内容特性、实现机制、承载方式、质量要求等体现出来的容量特征。根据这些特征来构建业务模型,选取合适的模型参数刻画这些容量特征。一个良好的工程性业务模型应该符合以下要求。

(1) 体现业务的内容特征,为正确估计业务流量提供良好基础。

(2) 体现业务的质量要求。

(3) 体现技术实现特点,业务模型与技术实现密不可分。

(4) 模型描述简单,物理概念明确,模型参数容易优化调整。

2) 3G 的业务模型

下面以 3G 业务模型的构建为例来说明业务模型构建的原理与方法。

业务模型的建立要体现出业务的 QoS 要求及主要特征,对实时性较强的业务,如语音、流媒体等,这类业务在传送速率方面一般都有明确的要求,这样系统容量就可以参考业务的源速率来确定;而有的非实时性业务,如无线 Web、FTP、E-mail 等,这类业务对系统的带宽方面没有明确的要求,那么它对系统容量的影响主要体现在被传送文件的大小上。由此看出,对于实时业务与非实时业务,其容量特征的描述方法有明显的不同,需要用不同的模型参数描述容量要求。首先用图 9-7 来统一描述 3G 业务的传输过程。

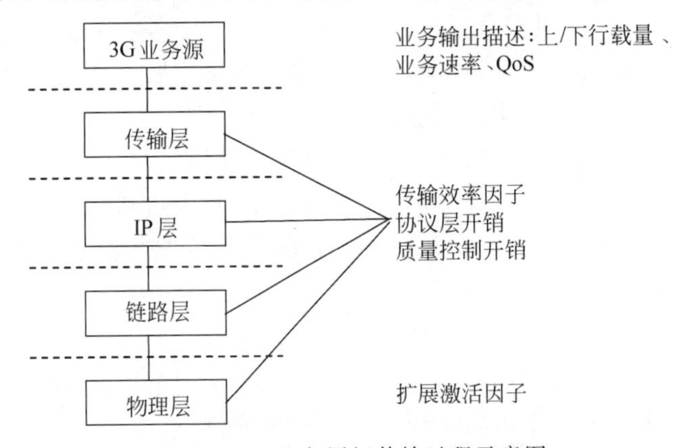

图 9-7 3G 业务层间传输过程示意图

结合图 9-7,根据 3G 业务在传送过程中体现出来的容量特性构建业务模型。

(1) 业务源输出容量特征。3G 业务源是指各种不同的具体业务及应用协议。这些协议的选择会在一定程度上影响 3G 业务的容量特性及对容量的要求,但这并不是本质上的。因为承载层的具体实现技术是可随业务而变的,不变的是 3G 业务的自身对容量的要求。从容量特征方面考虑,实时业务输出可以用下面两个参数描述,即平均业务呼叫时长和平均业务速率。对于非实时业务,用下面两个参数描述其容量特征更为合适并且更容易把握,即平均数据呼叫流量和平均数据呼叫次数。因为一次业务交互过程可能包含多次数据呼叫,这两项参数可描述非实时业务的容量需求。

(2) 协议层选择对容量的影响。传输层的协议选择也应适应业务要求,如实时性较强的业务可以选用 UDP,而非实时性业务选用 TCP。当然在 3G 网络中 IP 承载高层的数据包中,不仅仅是协议 TCP 或 UDP,可能还包含其他的很多协议,这里为简便起见,只考虑 TCP 及 UDP。不同的业务在传输层的选择方面可能会有所不同,而不同的协议选择对系统容量是有影响的，这部分的影响在容量规划时也要考虑进去。

(3) 协议开销及质量控制对容量的影响。业务从传输层、IP层到链路层及物理层，每层都会带来额外的协议开销。另一些质量控制机制，也会带来数据传输效率的降低。各种业务出于各自需要，选择的协议可能不同，各层的质量控制机制也会有些差别，因此其业务的传输效率不同。在容量规划时，要考虑各种业务不同的传输效率因子。

传输效率因子定义为

$$\eta = \eta_{TCP/UDP} \times \eta_{IP} \times \eta_{RLC} \times \eta_{PHY} \tag{9-13}$$

式(8-13)左边代表各协议层的效率，总的效率因子等于各层效率因子之积。

下面参考CDMA 2000 1x协议结构给出各层效率因子，以供参考。

典型的TCP协议头长20字节，IP协议头长20字节，UDP协议头长8字节。IP包长480字节。因此，对于TCP/IP协议开销引起的效率降低为8.3%，UDP/IP协议开销引起的效率降低为5.8%；通过协议头压缩算法，对于TCP/IP协议开销引起的效率降低为0.83%，UDP/IP协议开销引起的效率降低为0.58%。

无线链路层带来的协议开销在5%左右，效率因子为95%。

物理层带来的协议开销在9%左右，效率因子为91%。

一般数据FER设计要求在5%以内，数据包丢失小于1%，对每一出错单元平均重传2次。

对于非实时性业务，考虑数据重传引起的效率下降后，TCP/IP层的效率因子在97.18%，链路层的效率因子在85.5%左右。对于实时性业务，链路层可以采用"不重传"的方式进行传输，UDP/IP层效率因子为99.42%，链路层的效率因子在95%左右。

由此得到实时性业务传输效率因子为86%；非实时性业务的传输效率因子为75.6%。

上面的所有示例数据是在一定的假定条件下得到的，在实际网络的业务规划时，要参考该业务对应的具体的网络协议结构来分析，思路是一致的。

(4) 业务激活因子对容量的影响。当业务数据在空中传送不是以信道的全速率发射时，部分信道容量就没有被该业务用上。但是这些没有被该业务用上的容量可以被其他业务或其他用户自然使用。这是CDMA技术体制决定的。

扩展激活因子定义为业务实际传输需要的容量除以分配的信道标称容量，扩展激活因子越小的业务，对系统容量要求也越小。

对于非实时性的数据业务，系统可以根据业务需要的容量确定信道速率与时长，容易保证在分配的时长内以分配信道的全速率进行数据的传送，其扩展激活因子近似为1。对于实时业务，它的速率要求与系统提供的标称速率会有一定的差别，其扩展激活因子一般会小于1。如语音业务，其扩展激活因子一般取0.5。

(5) 数据平衡性对容量的影响。鉴于数据业务的上下行业务不对称性，一般上下行应该分开进行规划。具体业务的上下行业务流量关系基本上是确定的，这里定义一个平衡因子描述数据业务的这种特性

$$平衡因子 = \frac{上行业务流量}{下行业务流量} \tag{9-14}$$

一般来说，下行业务流量要大于上行业务流量，所以该平衡因子一般是小于1的。

(6) 3G业务模型参数的确定。结合前面的分析，可以总结出一套3G业务模型；同时

结合 3G 业务的发展预期给出 3G 业务话务模型,以此作为容量规划的重要前提基础。3G 业务模型参数如表 9-3 所示。

表 9-3 3G 业务模型参数

参数类型	实时业务	非实时业务
数据业务模型参数	平均业务会话时长(s)	平均数据呼叫流量(Kb)
	平均业务速率(b/s)	平均数据呼叫次数
	传输效率因子	传输效率因子
	扩展激活因子	扩展激活因子
	平衡因子	平衡因子
话务模型参数	业务渗透率(高中低端用户)	业务渗透率(高中低端用户)
	忙时会话次数(高中低用户)	忙时会话次数(高中低用户)

上面的模型参数首先可以用来确定某业务对系统容量的要求进而确定无线网络规模及配置。

$$\begin{aligned}\text{实时业务下行容量需求} &= \text{用户数} \times \text{业务渗透率} \times \text{忙时会话次数} \times \\ &\quad\ \text{平均业务会话时长} \times \text{预定信道速率} \times \text{扩展激活因子} \\ &= \text{用户数} \times \text{业务渗透率} \times \text{忙时会话次数} \times \text{平均业务会话时长} \times \\ &\quad\ \text{平均业务速率} / \text{传输效率因子} \end{aligned} \tag{9-15}$$

$$\begin{aligned}\text{非实时业务下行容量需求} &= \text{用户数} \times \text{业务渗透率} \times \text{忙时会话次数} \times \\ &\quad\ \text{平均数据流量} \times \text{平均数据呼叫次数} / \text{传输效率因子}\end{aligned} \tag{9-16}$$

在下行容量需求确定后,上行容量需求依据平衡因子也可以随之而定。

微课视频 32

9.3 无线传播模型及校正

9.3.1 无线传播模型

无线传播模型是对无线传输信道的一种模拟和仿真,在网络规划软件中,无线传播模型用于预测无线传播的损耗,并预测接收信号的场强。现有的无线传播模型有 3 大类,即几何模型、概率模型和经验模型,其中,几何模型是在电子地图的基础上直接应用电磁理论计算出确定性模式,但要求电子地图精度高,且计算复杂,因而较少使用;概率模型是利用数学知识得出接收信号场强的概率分布情况,主要用于理论研究;经验模型是基于大量测量数据的统计模型,在工程上应用较多。本节介绍几种在工程上推荐使用的无线传播模型。

1. 室外传播模型

1) Okumura-Hata 模型

日本科学家奥村在广泛测量城市与郊区的无线传播损耗以后,制成了很多可用于规划蜂窝系统的有用经验曲线和图表,在此基础上提炼出了 Okumura 模型的经验公式为

$$L_{50}(\text{dB}) = L_{\text{F}} + A_{\text{mu}}(f,d) - G(h_{\text{te}}) - G(h_{\text{re}}) - G_{\text{AREA}} \tag{9-17}$$

式中,L_{50} 为传播损耗的中值,单位为 dB;L_{F} 为自由空间传播损耗;$A_{\text{mu}}(f,d)$为自由空间中值损耗,是与频率 f 以及 MS-BS 间距离 d 相关的函数;$G(h_{\text{te}})$、$G(h_{\text{re}})$分别是基站发射天线和移动台接收天线的天线增益;G_{AREA} 为环境特点、地物类型引起的信号衰减量。

此模型应用相当广泛,适用于频率在 150～1920MHz 的宏蜂窝设计。

Okumura-Hata 模型是在 Okumura 模型的基础上简化推演得到的，适用于小区半径大于 1km 的宏蜂窝系统。其经验公式表达为

$$L_{50}(\mathrm{dB})=69.55+26.16\lg f_c-13.82\lg h_{te}-a(h_{re})+(44.9-6.55\lg h_{te})\lg d+C_{cell}+C_{terrain} \tag{9-18}$$

式中，f_c 为工作频率，单位为 MHz，应在 150～1500MHz；h_{te}、h_{re} 分别为基站天线有效高度和移动台天线有效高度，单位为 m；d 为基站天线和移动台天线之间的水平距离，单位为 km；$a(h_{re})$ 为有效天线修正因子，是覆盖区大小的函数，有

$$a(h_{re})=\begin{cases}\text{中小城市：}(1.11\lg f_c-0.7)h_{re}-(1.56\lg f_c-0.8)\\ \text{大城市、郊区、乡村：}\begin{cases}8.29(\lg 1.54h_{re})^2-1.1\cdots\cdots(f_c\leqslant 300\mathrm{MHz})\\ 3.2(\lg 11.75h_{re})^2-4.97\cdots\cdots(f_c>300\mathrm{MHz})\end{cases}\end{cases} \tag{9-19}$$

C_{cell} 为小区类型校正因子，有

$$C_{cell}=\begin{cases}0 & \text{城市}\\ -2[\lg(f_c/28)]^2-5.4 & \text{郊区}\\ -4.78(\lg f_c)^2+18.33\lg f_c-40.98 & \text{乡村}\end{cases} \tag{9-20}$$

$C_{terrain}$ 为地形校正因子，反映了地形环境因素对路径损耗的影响。

2）COST 231-Hata 模型

欧洲科学研究协会（EURO）组建 COST-231 工作组对 Okumura-Hata 模型进行了扩展，得到 COST 231-Hata 模型，其工作频率扩展到了 1500～2000MHz。具体公式为

$$L_{50}(\mathrm{dB})=46.3+33.9\lg f_c-13.82\lg h_{te}-a(h_{re})+(44.9-6.55\lg h_{te})\lg d+C_{cell}+C_{terrain}+C_M \tag{9-21}$$

式中，C_M 为大城市中心校正因子，有

$$C_M=\begin{cases}0\mathrm{dB} & \text{中等城市和郊区}\\ 3\mathrm{dB} & \text{大城市中心地区}\end{cases} \tag{9-22}$$

3）COST 231-Walfisch-Ikegami 模型

该模型参考了 Walfisch-Bertoni 模型和 Ikegami 模型的理论基础，将 COST 231 模型分成自由空间传播损耗、屋顶到街道衍射和散射损耗以及多次屏蔽 3 部分，这样形成的新模型就是 COST 231-Walfisch-Ikegami 模型。由于其考虑了建筑物以及街道的影响，因此，它在城市中的预测精度比 COST 231-Hata 模型要高，适用于微蜂窝设计，适用频率范围为 800～2000MHz。

图 9-8 给出了模型中参数的定义及无线传播的形式。

（1）对于视距传播（LOS）情况，路径损耗类似于自由空间传播损耗公式，即

$$L=42.6+26\lg d+20\lg f \tag{9-23}$$

式中，L 以 dB 计算，d 以 km 计算，f 以 MHz 计算。

（2）对于非视距传播（NLOS）情况，即传播路径上有障碍物时，路径损耗公式为

$$L=L_{fs}+L_{rts}+L_{mds} \tag{9-24}$$

式中，L_{fs} 是自由空间衰落；L_{rts} 是由沿屋顶下沿最近的衍射引起的衰落；L_{mds} 代表沿屋顶的多重衍射（除了最近的衍射）。这 3 部分损耗的具体计算方法请参阅相关书籍。

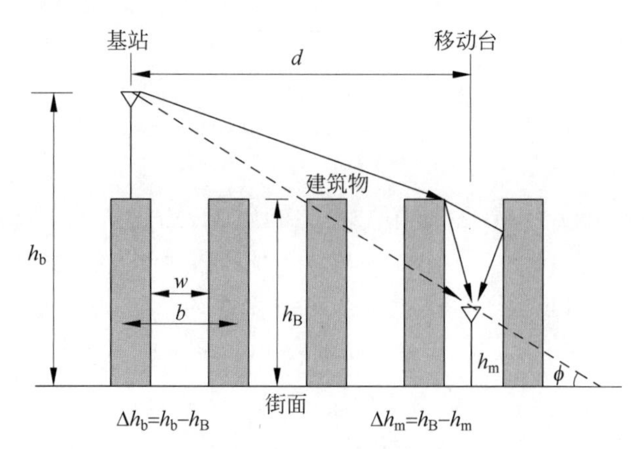

图 9-8 COST 231-Walfisch-Ikegami 模型(NLOS)

4) SPM 模型

标准传播模型(SPM)作为网络规划工具的传播模型,建立在 COST 231-Hata 模型基础上。其具体计算公式为

$$L_{50}(\text{dB})=K_1+K_2\lg d+K_3\lg h_{te}+K_4 L_{\text{Diffraction}}+K_5\lg d\lg h_{te}+K_6\lg h_{re}+K_7 f_{\text{Clutter}} \tag{9-25}$$

SPM 系数说明和默认值参见表 9-4,SPM 参数含义见表 9-5。

表 9-4 SPM 系数说明和默认值

系　数	说　明	默认值
K_1	与频率相关的因子	23.5
K_2	距离衰减因子	44.9
K_3	移动台天线高度相关因子	5.83
K_4	与衍射计算相关的因子	1
K_5	与发射天线有效高度和距离相关的因子	−6.55
K_6	移动台高度相关因子	0
K_7	地貌相关因子	1

表 9-5 SPM 参数含义

参　数	含　义
d/m	发射点到接收点的直线距离
h_{te}/m	基站天线有效高度
$L_{\text{Diffraction}}$	衍射损耗
h_{re}/m	移动台天线有效高度
Clutter_i	第 i 类地貌校正因子
f_{Clutter}	发射点和接收点之间剖面图上所经历的各种地貌类型的函数

SPM 模型往往用于传播模型的校正。

2. 室内传播模型

由于办公、居家、休闲和娱乐等活动场所更多的时候是在室内,所以无线信号能在室内环境有效传播是非常重要的。为此,人们越来越重视室内传播模型的研究。基于 COST 231 模型的室内传播模型公式如下

$$L = L_{fs} + L_c + \sum k_{wi} L_{wi} + n^{\left(\frac{n+2}{n+1} - b\right)} \times L_f \qquad (9\text{-}26)$$

式中，L_{fs}——自由空间损耗；L_c——固定损耗；k_{wi}——被穿透 i 类墙的数量；n——被穿透楼层数量；L_{wi}——i 类墙损耗；L_f——相邻层间损耗；b——经验参数。

其他适用于室内传播环境的模型还有对数距离路径损耗模型、Ericsson 多重断点模型和衰减因子模型等。

9.3.2 无线传播模型校正

1. 无线传播模型校正的必要性和校正方法

在进行无线网络规划设计时，通常借助计算机模拟软件进行模拟预测，而这种模拟预测的精度取决于所使用的无线传播模型是否能正确反映当地的无线传播环境，所以在进行模拟仿真之前，有必要进行模型校正，以得到一个与当地无线传播环境相吻合的传播模型。

所谓的无线传播模型校正是指充分利用测试数据，对原始传播模型公式的各个系数和地物因子进行校正，使得校正后公式的预测值和实测值的误差达到最小。模型校正时所用到的测试数据一般采用两种方法获取：第一种方法是采用专用连续波(CW)测试，测试前需要选择站址，在站址上架设模拟发射机，再以车载方式移动接收机测得不同地点的接收信号强度；第二种方法是利用已开通基站的定标信号测试。通常，前者适用于全新网络的规划设计，后者适用于叠加网或升级网的规划设计。

2. 无线传播模型校正的流程

无线传播模型校正的过程一般分为 3 个步骤。

(1) 数据准备。设计测试方案，进行车载路测，并收集记录本地测试信号的场强数据。

(2) 路测数据处理。对车载测试数据进行后处理，得到可用于无线传播模型校正的本地路径损耗数据。

(3) 模型校正。根据后处理得到的路径损耗数据，校正原有无线传播模型中各个函数和系数，使得模型的预测值和实测值的误差最小。

以 CW 测试为例，无线传播模型校正流程如图 9-9 所示。

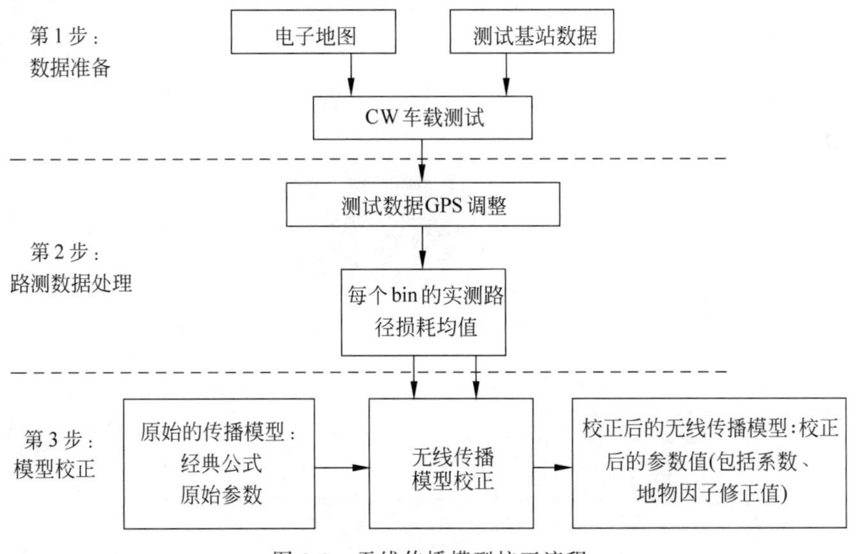

图 9-9　无线传播模型校正流程

根据无线传播模型中需要校正的参数的个数,校正分为单变量校正和多变量校正。实际的无线传播模型中需要修正的参数有多个,是多变量校正,此时的模型校正在数学上是一个多元线性回归方法问题,较为复杂。在工程上,规划设计软件中提供了无线传播模型校正程序(针对规划软件中可采用的传播模型),方便了规划设计者的工作。

9.4 移动通信网络规划与设计及通信仿真

在移动通信网络规划与设计中,完成初步网络设计方案后,就需要采用计算机仿真方法进行验证和分析,并修改和优化一些关键参数,以完善设计方案。

9.4.1 通信仿真概述

所谓仿真,就是通过将现实的问题进行抽象,提取出适当的模型,然后基于该模型进行的一种实验。而仿真技术是以控制理论、相似理论、数模计算技术、信息技术、系统技术及其应用领域的相关技术为基础,利用现代计算机,借助系统模型,对实际的或设想的系统进行试验研究的一门综合性技术,它属于一种可控制的、无破坏性的、损耗小的、允许多次重复的试验手段。而通信技术越来越复杂,系统越来越庞大,因此在通信领域,通信仿真作为一种高效的技术正广泛地应用于通信研究与通信设计过程中。

通信仿真的分类方法有很多。根据仿真的范围,可分为系统级仿真和链路级仿真。通常 MATLAB、SystemView 等仿真工具提供链路级仿真,由于其完善的函数库和强大的专用工具,可以提供高精度动态的仿真,图 9-10 是采用 MATLAB 的 Simulink 工具进行

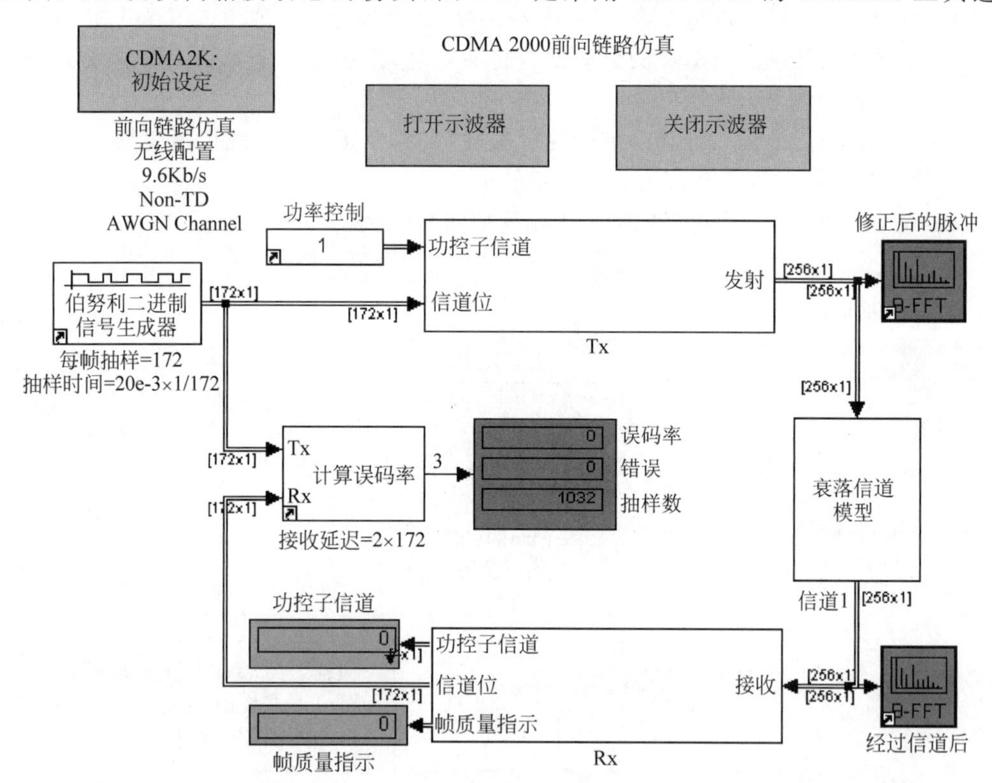

图 9-10 采用 MATLAB 的 Simulink 工具进行 CDMA 2000 前向链路仿真的示意图

CDMA 2000 前向链路仿真的示意图；OPNET、NS2 等仿真工具提供系统级仿真，能对系统的网络拓扑结构、层间协议等复杂问题进行仿真，图 9-11 是采用 OPNET 进行系统仿真的示意图。根据仿真时是否需要实物，通信仿真分为实物仿真、半实物仿真和全虚拟仿真；根据仿真时采样是否在时间上连续，通信仿真分为静态仿真和动态仿真。如果对系统的采样在时间上是离散的，采样点之间是相互独立的，则称为静态仿真；如果对系统的采样在时间上是连续的(并不是真正意义上的连续，只是采样间隔比较小)，采样点之间有很强的相关性，则称为动态仿真。

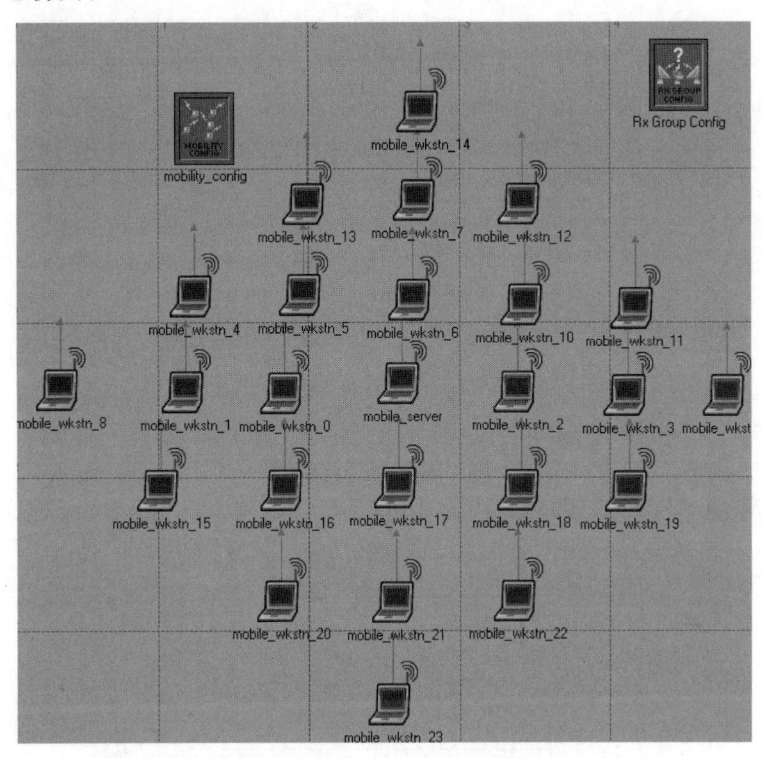

图 9-11 采用 OPNET 进行系统仿真的示意图

仿真时对系统的每一次采样称为一次快照抓拍(Snapshot)，静态仿真是抓拍到系统的某个瞬间的状态，而动态仿真是对系统进行连续的抓拍。Monte Carlo 仿真是经过充分多的抓拍过程，从而能对系统进行统计分析(认为样本容量足够大时，事件的发生频率即为其概率)。从本质上说，Monte Carlo 仿真是静态仿真，但其抓拍次数较多，仿真精度大大提高，所以有时也称其为半动态仿真。

9.4.2 网络规划与设计软件及其仿真

移动通信网络规划与设计软件有很多，各系统设备商提供了各自的规划设计软件，也有专门提供规划与设计软件的公司，常用的有 Motorola 公司的 Netplan、Nokia 公司的 NPS/X、Ericssion 公司的 EET、MSI 公司的 Planet、LCC 公司的 CellCAD、FORSK 公司的 Atoll(上海贝尔阿尔卡特公司在此基础上开发了 A9155)、华为公司的 GENEX U-Net、中兴公司的 ZXPOS 和大唐移动公司的 iNOMS 等，上海百林通信软件有限公司开发了 NeST 系列，包括 GSM/GPRS/EDGE、TD-SCDMA、WCDMA、CDMA 2000、SCDMA、数字集群和 WiMAX

及下一代无线网络规划软件，可以说它是规划与设计软件最全的公司。规划与设计软件可以进行系统级仿真，现有软件大多提供静态仿真、Monte Carlo 仿真，部分软件还提供了动态仿真。这些软件均提供了高质量的 GIS(地理信息系统)平台，有的软件甚至能提供 3D 传播模型，便于进行实际地区的规划与设计(OPNET、NS2 等虽然也能进行系统仿真，也能输入电子地图，但不能处理地形地貌信息)；提供了良好的数据输入/输出功能，有完善的仿真算法；可为多种移动通信网络进行规划与设计，有的软件还提供了多网络共组网规划设计。

通常，一个规划与设计软件的用户操作是随意的，可以不按特定的流程进行，事实上，用户也可以根据工程需要选择性地执行部分程序，比如可以只进行预规划，不作详细设计，同样可以不进行预规划，直接进入详细设计。当然，作为规划设计程序本身，必须设置合理的限制和错误提示，因为有些程序的执行有一定的先决条件，比如在进行用户生成前必须已经有生成的业务密度图。图 9-12 是一个 TD-SCDMA 规划与设计软件的典型操作流程，虽然不同的规划与设计软件操作流程不一样，但总体思路是相近的。

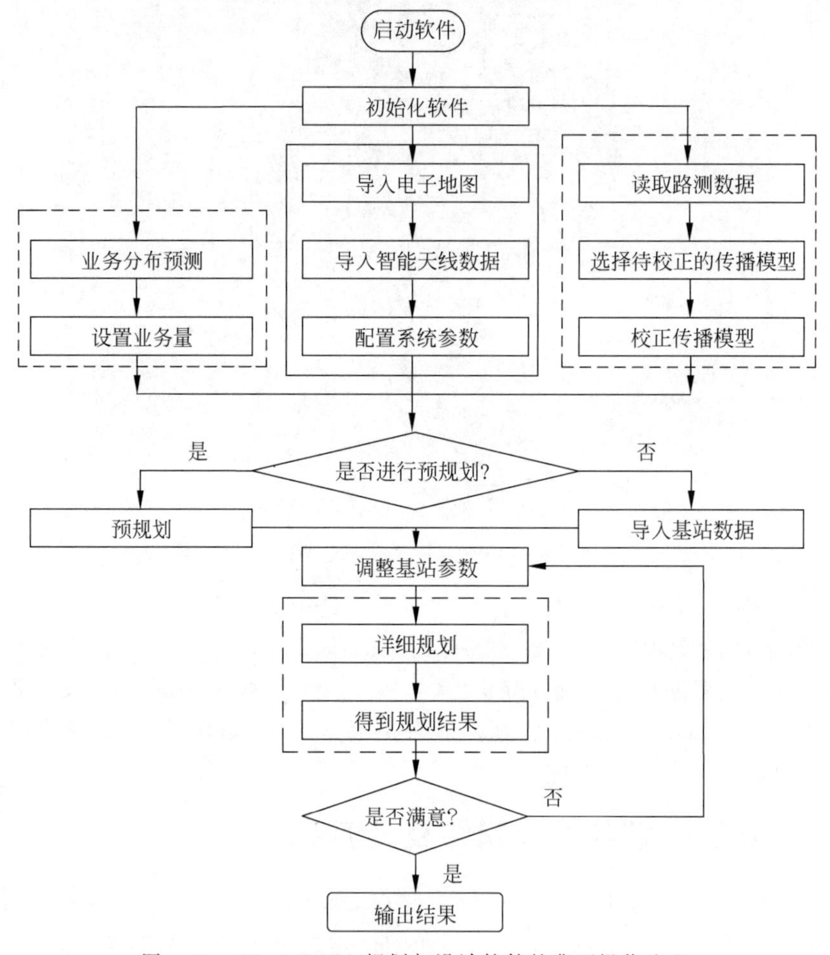

图 9-12　TD-SCDMA 规划与设计软件的典型操作流程

规划与设计软件在进行系统仿真后，会给出大量的输出图表和数据，比如服务最好小区(Best Server)、导频强度、导频污染、软切换和业务覆盖率等。下面对这些参数的含义进行说明。

(1) Best Server。Best Server 图是根据导频的强度决定服务区内每个位置的服务最好小区,Best Server 图可用来评价各个小区各自负责的最佳覆盖域是否合理,是否符合覆盖区的业务密度要求。合理的 Best Server 对软切换和导频污染的控制都是重要的前提条件。通过观察有无出现过大或者过小覆盖、越区覆盖的情况,判断服务最好小区是否合理,通过调整天线的挂高、方向角和下倾角等来实现对服务最好小区的调整。

(2) 导频强度图。导频强度图显示服务区内每个位置导频信号的强度大小,对于 WCDMA 系统来说,通常当导频信号强度大于-100dBm 时,表示该地区的导频覆盖较好,移动终端能接入系统。考虑一定的冗余,一般导频信号强度大于-90dBm,移动终端能可靠接入。据此判断在覆盖域能否达到连续覆盖,观察是否存在网络覆盖空洞。导频强度的调整可以通过增大天线发射功率以及调整天线挂高、方向角和下倾角等实现。

(3) 导频污染图。导频污染图反映的是网络的导频污染情况,在 CDMA 系统中,导频污染是经常遇到的问题,导频污染的主要特点是没有主导小区。如果在低于主导频 E_c/I_o 值的一定范围内(通过设置软切换窗大小来确定),有多于激活集个数的导频个数存在,就认为存在导频污染。导频污染增加了网络干扰,降低了网络容量。

(4) 软切换图。软切换图反映的是网络的软切换情况。软切换一方面提高了上行的覆盖,另一方面占有了信道资源。因此必须设置合理的软切换比例,控制软切换区域的大小。通过观测软切换图来评价软切换区域是否合理,软切换比例是否合适。一个成熟的 CDMA 网络的软切换比例应为 30%左右,在网络建设初期,由于网络负载较低,软切换的比例为 30%～40%。可以通过调整基站下行的导频功率和软切换的参数来实现软切换的调整。

(5) 业务覆盖率图。业务覆盖率是指在覆盖区域中某一用户的某种业务在某个位置发起呼叫的接通概率。业务覆盖率图反映的是服务区内每个位置不同业务的覆盖概率,图中通过不同的颜色来显示不同的业务覆盖概率。通过业务覆盖率图,可以评价不同种类业务的覆盖水平,检查是否达到规划目标的要求。

9.5　3G 网络规划与设计

9.5.1　3G 与 2G 网络规划与设计比较

3G 与 2G 的网络规划与设计存在很多的相同之处,它们遵从相同的规划原则,规划设计的流程也大体相同,3G 可从 2G 的网络规划与设计中吸取相当多的经验。总体上看,3G 可以看成 2G 的某种演进阶段。从网络平台角度看,其演进过程如下

$$\text{2G 的 CS 平台} \Rightarrow 2.5\text{G}\left\{\begin{array}{l}\text{CS}\\ \text{PS}\end{array}\right. \text{两个平行平台} \Rightarrow 3\text{G}\left\{\begin{array}{l}\text{CS}\\ \text{PS}\end{array}\right. \text{两个增强性平台}$$

从网络拓扑结构看,其演进过程如下

$$\left.\begin{array}{r}\text{单一业务}\\ \text{单一层次}\end{array}\right\}\text{蜂窝网} \Rightarrow \left.\begin{array}{r}\text{多种业务}\\ \text{单一层次}\end{array}\right\}\text{蜂窝网} \Rightarrow \left.\begin{array}{c}\text{多种业务}\\ \text{多层次、重叠式}\end{array}\right\}\text{立体蜂窝网}$$

3G 和 2G 的网络规划与设计还是存在相当大的差别,首先是 3G 是以 CDMA 技术为主体,而 2G/2.5G 中的 GSM/GPRS 是以 TDMA 技术为主体,这两者的最大差别是虽然无线网络规划都是以覆盖、容量和质量为规划目标,但 GSM/GPRS 的覆盖、容量和质量设计是

相对独立的,而CDMA系统的覆盖、容量和质量设计是相互制约的。这3个因素的相互制约关系如下。

(1) 容量-覆盖。设计负载增加,容量增大,干扰增加,覆盖减小。应用实例有小区呼吸,一个小区的业务量越大,小区面积就越小,因为在CDMA网络中,业务量增多就意味着干扰的增大,这种小区面积动态变化的效应称为小区呼吸。

(2) 容量-质量。通过降低部分连接的质量要求,可以提高系统容量。应用实例有目标BER值提高可换取一定容量。

(3) 覆盖-质量。通过降低部分连接的质量要求,同样可以增加覆盖能力。

其次,3G和GSM/GPRS的规划与设计内容不同,比如3G并不需要进行GSM/GPRS的频率规划,但增加了扰码规划或导频偏移量规划、软切换规划、导频污染分析等内容。

3G和2G的网络规划与设计的其他区别还有:①3G的业务比2G业务数量要多,且不同的业务有不同的QoS要求,设计时要区别对待;②3G比2G网络复杂,需要的网络硬件数量是2G的10倍左右;③网络规划中决定小区边界因素不一样,2G中主要是以单一速率单一语音业务为依据进行网络规划,即小区边界的P_b值是按1×10^{-3}考虑;而在3G中,则取决于多种业务、不同的QoS要求,比如语音按1×10^{-3}考虑,数据则按1×10^{-6}考虑。

当然,3G的不同标准之间的规划与设计也是有区别的,比如TD-SCDMA要考虑TDD技术、智能天线技术和联合检测技术等对其容量的影响。

9.5.2 3G网络规划基本思路

3G网络规划可考虑采用两步走的建网方案。

1. 改良性方案

该方案以兼容性为主,主要考虑后向兼容2G/2.5G网络平台和网络拓扑结构,在基本不改变原有小区规划拓扑结构的基础上,采取一些改进措施,以保证对不同业务的QoS要求。下面以单小区为例,具体改进的原理示意图,如图9-13所示。其中,小区以$r=Od$(按$P_b\leqslant10^{-3}$要求)为半径画出覆盖圆,它满足语音业务的要求;对于数据业务,由于其QoS要求$P_b\leqslant10^{-6}$,因此,在相等功率条件下,小区应以$r=Od$为半径进行业务覆盖。为了弥补两者在覆盖区上的差异,必须采取相应措施。

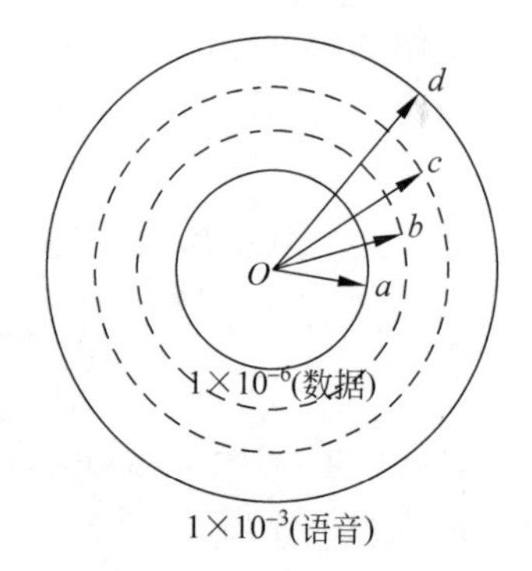

图9-13 3G网络规划的改良性方案示意图

具体的措施为:①在物理层上采用性能更优的调制与信道编码,可将覆盖区扩大至以$r=Ob$为半径的覆盖圆;②在网络层,首先采用ARQ(非实时性)适当将覆盖区扩大至以$r=Oc$为半径的覆盖圆,(为了满足一定数据传输效率,数据不宜重发次数太多),然后采用功控技术(数据需加大功率)将数据服务区最终扩大至$r=Od$语音覆盖区。

2. 革新式方案

从本质上说,革新式方案是在原有语音网络规划的基础上,对整个网络拓扑结构做出较大变动;为了适应多种业务、多种环境下QoS的需求,将单层次网络拓扑结构改造成多层次、重叠式立体网络,或者直接进行多层次、重叠式立体网络规划。它是3G的网络规划与设计的主要方案，可以达到较理想的目标。下面将重点介绍这类规划与设计方案。

9.5.3　多层次重叠式立体网络规划

1. 改良性方案存在的主要问题

改良性方案不改变网络拓扑结构，仅从物理层和网络层采用一些相应补救措施：比如ARQ技术与功率控制技术。若主要依靠ARQ技术，为了保证原有网络拓扑结构和不同业务的QoS，对数据业务就有可能增大重传次数，这将大为降低数据业务的传输效率。若主要依靠功率控制技术，虽然可以提高数据业务的传输效率，但是由于要对不同速率数据业务（含语音）分配不同的功率，才能保持在原有网络拓扑结构中不同速率不同性质业务的QoS要求，但是它也会带来下列新问题。例如，这类不同速率不同类型业务的不等功率功控方案，将大大增加功控实现时的难度，另外，增大了数据业务对语音业务由于功率上差异所带来的干扰。

以上分析表明，改良性方案是一类过渡型非理想方案，只有进一步改变网络拓扑结构才能进一步适应需求。

2. 3G网络规划与设计的特色与要求

3G网络中最大特色之一是增加了业务需求的动态随机性，3G网络是针对多速率、多业务和多媒体业务，且对每个用户何时使用何种类型业务是动态的随机的；在3G网络中要满足在不同的通信环境下，如高速车载、低速步行和准静止的室内；同时支持不同媒体的不同速率业务，满足语音、数据和图像的不同QoS要求。

在3G网络中，只有逐步从简单2G网络单层次蜂窝小区逐步演进到多层次、重叠式立体网络才能适应平滑过渡的需求。当然对于某些新的运营商，如果本身并没有2G基础网络，也可以考虑直接建设新网络。

3. 多层次、重叠式立体网络结构

3G系统的多层次、重叠式立体网络结构示意图如图9-14所示，从图中可以看出，它包含以下几个层次。

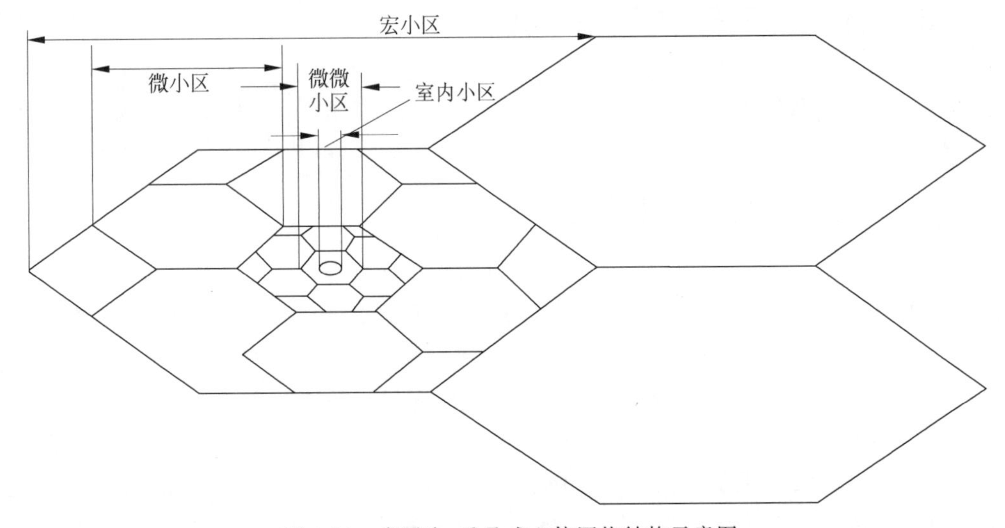

图9-14　多层次、重叠式立体网络结构示意图

(1) 宏小区,一般指郊区与农村地区,适合于高速移动性的车载环境下通信;适合于低速率语音与低速率数据业务;其基站功率较大,可满足较大范围覆盖。

(2) (一般)小区,一般指近郊区与市区,适合于低速移动车载和步行环境下通信;适合于低速率语音与较低速率数据业务;其基站功率比宏小区稍小些,可满足较小范围覆盖。

(3) 微小区,一般指繁华市区,适合于步行和慢速车载环境下通信;既适合于低速率语音与数据,也适合于中速率数据业务;其基站功率比前两类小一些,可满足小范围覆盖。

(4) 微微小区,一般指室内小区,适合于准静态和静态室内环境下通信;既适合于低速率语音与数据,更适合于较高速率的数据业务;其基站功率最小,仅需满足指定范围的室内覆盖。

上述网络结构实现时可采用两类不同方案,第一类是工作于同一频段的多层次小区方案,第二类是工作在不同频段上的多层次小区方案。

对于第一类方案,不同层次间干扰采用导频相位规划实现空间隔离。同一层次内的各不同业务间干扰,主要采用功率控制技术抑制;同一层次、小区内干扰主要依靠信道正交性(如码分正交性)抑制。为了防止微小区内频繁切换和掉话,应设计较大的软切换区,但也不能过大,过大会影响小区的用户效率。

对于第二类方案,WCDMA 每个层次要占用不同的 5MHz 带宽,而 CDMA 2000 1xEV 每个层次占用不同的 1.25MHz 带宽。层次间干扰主要依靠不同频段之间的频率隔离;层次内、小区间主要依靠导频相位规划隔离。小区内不同用户、不同业务间的干扰依靠信道正交性和功率控制抑制。

多层次、重叠式立体网络中存在两类不同切换,即水平切换和垂直切换。在同一层次、同一类型小区之间的切换,称为水平切换。它是指宏小区间、(一般)小区间、微小区间与微微小区间的切换,其目的是保证在服务区内各类业务实现不间断通信。在不同层次、不同类型小区之间的切换,称为垂直切换。比如宏小区向其他类小区间的切换,其主要目的是适应不同业务的需求或不同环境下通信的需求。

9.6 TD-LTE 无线网络规划

TD-LTE 无线网络规划,本着“一次规划、分步实施”的原则,同步规划 F 频段组网和 D 频段组网两套方案,优秀的网络规划是 3C1Q(覆盖、容量、成本和质量)的最佳平衡。

9.6.1 数据业务热点区域分析

根据四网协同的定位,TD-LTE 网络为中高速数据业务承载网络,因此有必要对 TD-SCDMA 及 GSM 数据业务(尤其是数据卡业务)热点区域进行分析,通过省市公司网管系统提取近期 TD-SCDMA 及 GSM 各小区 7×24 小时数据业务流量,分别生成业务密度分布图;并对室内分布站点业务进行排序,生成室内分布站点热点分布图。

1. 基本原则

TD-LTE 网需实现主要数据热点区域室外成片连续覆盖及重要楼宇的室内有效覆盖,具体区域应综合数据业务密度图、城市区域功能概况和今后友好用户发放规划等几个方面确定。

2. 覆盖区选取方法

面向数据业务需求进行覆盖，宏基站覆盖区域要结合 GSM 网络、TD-SCDMA 网络数据业务密度进行分析确定，判定方法如下。

假定各小区的数据业务密度记为 D_i，城市全网平均数据业务密度为 D。

若 $D_i/D \geqslant 2$，则该小区为 1 级热点小区；

若 $2 > D_i/D \geqslant 1.5$，则该小区为 2 级热点小区；

若 $1.5 > D_i/D \geqslant 1$，则该小区为 3 级热点小区；

若 $1 > D_i/D \geqslant 0.5$，则该小区为 4 级热点小区；

若 $D_i/D < 0.5$，则该小区为非热点小区。

室内覆盖基站原则上在目标覆盖区域内的 GSM 网络、TD-SCDMA 网络已建设室内分布的基站中选择，并按照数据业务热点、服务重点客户、行业应用和业务展示的原则进行建设，具体场景包括重点营业厅、各级党政机关、四星级以上酒店、高档写字楼、大型会展中心、高校、交通枢纽、高档住宅小区等。

对于室内分布系统，则将 GSM 网络、TD-SCDMA 各物业点最近 1 周内每天数据业务最忙时的数据流量均值由高到低进行排序，排序越靠前，则 TD-LTE 覆盖优先级越高。

9.6.2 无线网规划指标

1. 覆盖指标

(1) 室外覆盖网络规划指标：目标覆盖区域内公共参考信号接收功率(RSRP)≥−100dBm 的概率达到 95%。

(2) 数据业务热点区域室内有效覆盖指标：在建设有室内分布系统的室内目标覆盖区域内公共参考信号接收功率 RSRP≥−105dBm 且公共参考信号信噪比 RS−SINR≥6dB 的概率达到 95%。营业厅(旗舰店)、会议室、重要办公区等业务需求高的区域要建设双路室分系统。目标覆盖区域内公共参考信号接收功率 RSRP≥−95dBm 且公共参考信号信噪比 RS−SINR≥9dB 的概率达到 95%。

2. 边缘用户速率

邻小区 50%负载情况下：

F 频段网络小区边缘单用户上行、下行速率达到 256Kb/s、4Mb/s，单小区上行、下行平均吞吐量达到 4Mb/s、22Mb/s(业务子帧配比 1∶3，特殊子帧配比 3∶9∶2)。

D 频段网络小区边缘单用户上行、下行速率达到 512Kb/s、4Mb/s，单小区上行、下行平均吞吐量达到 8Mb/s、20Mb/s(业务子帧配比 2∶2，特殊子帧配比 10∶2∶2)。

TD-LTE 室内外采用异频组网，5 用户均匀分布，子帧配比 1∶3(10∶2∶2)情况下，室内分布系统边缘用户上行、下行速率 256Kb/s、2.8Mb/s，子帧配比 2∶2(10∶2∶2)情况下，室内分布系统边缘用户上行、下行速率 512Kb/s、2Mb/s。

对于业务需求高的营业厅(旗舰店)、会议室、重要办公区等区域边缘用户上行、下行速率 256Kb/s、3.5Mb/s(子帧配比 1∶3)和 512Kb/s、2.5Mb/s(子帧配比 2∶2)。

3. 块差错率目标值(BLER Target)

数据业务的要求为 10%。

4. 室内分布系统信号的外泄要求

室内覆盖信号应尽可能少地泄漏到室外,要求室外 10m 处应满足 RSRP≤－110dBm 或室内小区外泄的 RSRP 比室外主小区 RSRP 低 10dB(当建筑物距离道路不足 10m 时,以靠建筑一侧道路作为参考点)。

9.6.3 基站建设方案

1. 室外宏基站配置

宏基站采用定向站配置,站型主要配置为 S111,单载波带宽 20MHz。在站点选择时,需要遵循以下原则。

(1) 满足覆盖和容量要求。参考链路预算的计算值,充分考虑基站的有效覆盖范围,使系统满足覆盖目标的要求,充分保证重要区域和用户密集区的覆盖。在进行站点选择时应进行需求预测,将基站设置在真正有话务和数据业务需求的地区。

(2) 满足网络结构要求。基站站址在目标覆盖区内尽可能平均分布,尽量符合蜂窝网络结构的要求,一般要求基站站址分布与标准蜂窝结构的偏差应小于站间距的 1/4。在具体落实的时候注意以下几个方面。

① 在不影响基站布局的情况下,视具体情况尽量选择现有设施,以减少建设成本和周期。

② 原则上应避免选取对于网络性能影响较大的已有的高站(站高大于 50m 或站高高于周边建筑物 15m),并通过在周边新选址或选用多个替换站点等方式保证取消高站后的覆盖质量。

③ 建议高于 70m 的高站坚决取消,其他高站可通过仿真看高站对周边站的影响(SINR、高站周边站的吞吐量),或者利用 GSM 现网分析数据。

④ 基站选址位置尽量靠近业务量较高的建筑物,这样可以使小区平均吞吐量更高,效率更高。

⑤ 基站尽量保证符合蜂窝结构,对个别极端的站址距离很近的站点要进行排查筛选。

⑥ 在市区楼群中选址时,可巧妙利用建筑物的高度,实现网络层次结构的划分。

⑦ 市区边缘或郊区的海拔很高的山峰(与市区海拔高度相差 100m 以上),一般不考虑作为站址,一是为了便于控制覆盖范围和干扰,二是为了减少工程建设和后期维护的难度。

⑧ 避免将小区边缘设置在用户密集区,良好的覆盖是有且仅有一个主力覆盖小区。

(3) 避免周围环境对网络质量产生影响。天线高度在覆盖范围内基本保持一致,不宜过高,且要求天线主瓣方向无明显阻挡,同时在选择站址时还应注意以下几个方面。

① 新建基站应建在交通方便、市电可用、环境安全的地方;避免在大功率无线电发射台、雷达站或其他干扰源附近建站。

② 新建基站应设在远离树林处以避免信号的快速衰落。

③ 在山区、河岸比较陡或密集的湖泊区、丘陵城市及有高层玻璃墙建筑的环境中选址时要注意信号反射及衍射的影响。

2. 室内覆盖建设

1) 基本原则

(1) TD-LTE 室内分布系统的建设应综合考虑业务需求、网络性能、改造难度、投资成本等因素，体现 TD-LTE 的性能特点并保证网络质量，且不影响现网系统的安全性和稳定性。

(2) 室内覆盖基站原则上在目标覆盖区域内的 TD-SCDMA 网络已建设室内分布的基站中选择，并按照数据业务热点、服务重点客户、行业应用和业务展示的原则进行建设，具体场景包括重点营业厅、各级党政机关、四星级以上酒店、高档写字楼、大型会展中心、高校、交通枢纽、高档住宅小区等。

(3) 覆盖目标物业点的选择以 TD-SCDMA 各物业点最近一周内每天数据业务最忙时的数据流量均值由高到低进行排序，优先选择排序靠前的物业点建设 TD-LTE 室内覆盖系统。

(4) 对于新建场景，建议除物业点的地下室(无人员聚集)、停车场、电梯区域外，均建设双路分布系统。

(5) 对于改造场景，优先采用单路室分系统改造方式，在容量需求较高或示范作用显著的物业点建设双路系统。对于具有双路室分系统改造需求的场景，应优先保证在局部热点区域建设双路系统。

(6) TD-LTE 室内分布系统建设应综合考虑 GSM(DCS)、TD-SCDMA、WLAN 和 TD-LTE 共用的需求，并按照相关要求促进室内分布系统的共建共享。多系统共存时，系统间隔距离应满足要求，避免系统间的相互干扰。

(7) TD-LTE 室内分布系统建设应坚持室内外协同覆盖的原则，控制好室内分布系统的信号外泄。

(8) TD-LTE 室内分布系统建设应保证扩容的便利性，尽量做到在不改变分布系统架构的情况下，通过小区分裂、增加载波、空分复用等方式快速扩容，满足业务需求。

(9) TD-LTE 室内分布系统原则上使用 E 频段组网，与室外宏基站采用异频组网方式，在无法进行 E 频段改造的场景中可以使用 F 频段组网。室内小区间可以根据场景特点采用同频或异频组网。

(10) TD-LTE 与 TD-SCDMA(E 频段)共存时，应通过上下行子帧/时隙对齐方式规避系统间干扰。

(11) TD-LTE 室内分布系统应按照“多天线、小功率”的原则进行建设，电磁辐射必须满足国家和通信行业相关标准。

(12) 室内覆盖选址应主要考虑在宏基站连续覆盖区域进行选择，如果要选择室分孤岛基站，应列出具体的原因。

2) 信源设置

室内覆盖系统在选择信源时，应主要根据物业点区域的业务需求、资源情况、无线环境情况和所选室内覆盖系统类型确定。

TD-LTE 扩大规模试验网工程室内分布系统主要采用分布式基站(BBU+RRU)作为信源；对于单路且具备升级条件的室分系统基站优先采用升级方式建设，其他室分基站采用新增支持 E 频段的双通道 RRU 设备作为信源；在有特殊需求的场景，可以采用支持 F/A/E 频段的单通道设备进行建设。

原则上单小区配置为 O1，载波带宽为 20MHz。在会展中心展厅、体育场馆座席区、交通枢纽候乘大厅等开阔场景，可以采用室内小区间异频组网方案。对于单小区无法满足覆盖及容量需求的场景,可以配置多个小区。RRU设备支持的最高输出功率为20W/通道/载波,应根据覆盖规划进行功率配置并做适当预留。

应根据小区配置和设备Ir接口支持情况确定BBU与RRU之间的星状连接或RRU级联方式,并按照BBU与RRU之间的连接方式配置光纤资源。

3) 分布系统设置

(1) 分布系统可采用如下3种建设方式。

① 单路建设方式,通过合路器使用原单路分布系统,TD-LTE与其他系统共用原分布系统,按照TD-LTE系统性能需求进行规划和建设,必要时应对原系统进行适当改造。

② 双路建设方式(一路新建,一路通过合路器使用原单路分布系统),TD-LTE双路中的一路使用原分布系统,并新建一路室分系统。应通过合理的设计确保两路分布系统的功率平衡。

③ 双路建设方式(两路新建),对于新建场景,新建两路分布系统,并通过合理的设计确保两路分布系统的功率平衡;对于改造场景,若合路存在严重多系统干扰(如多运营商、多系统场景),可在不改动原分布系统的基础上新建两路天馈线系统。

(2) 采用MIMO双路分布系统方案时,为了保证MIMO性能,两个单极化天线间距应保证不低于4λ(约为0.5m),在有条件的场景,尽量采用10λ(约为1.25m)以上间距,在有需求的场景可以使用双极化天线进行覆盖。

(3) 天线覆盖半径与TD-SCDMA系统基本相当,参考值为:在半开放环境,如写字楼大堂、大型会展中心等,覆盖半径取10~16m;在封闭环境,如写字楼标准层等,覆盖半径取6~10m。

(4) 对于MIMO双路分布系统,应保证双路功率平衡。对于改造的分布系统,应在确保原有网络正常运行的情况下,充分利用原有分布系统资源,同时解决器件老化、需求变化、覆盖不足等情况,更换不满足TD-LTE要求的合路器、功分器、耦合器以及天线,并根据功率预算合理分布天线,实现GSM/DCS/TD-SCDMA/TD-LTE/WLAN的良好覆盖。

3. 工作频段

根据国家相关部门批复的频率资源及TD-SCDMA网络频率使用情况,TD-LTE扩大规模试验网工作频段建议如下。

(1) F频段:1880~1900MHz,覆盖室外,在特殊需求的场景可用于室内。

(2) D频段:2575~2615MHz,覆盖室外。

(3) E频段:2330~2370MHz,覆盖室内。

4. 天线选择原则

TD-LTE可选择采用8阵元天线和2阵元天线等类型,在无线覆盖区设计中,应根据覆盖要求、工程实施条件合理选择天线。

8阵元天线在系统性能,尤其是小区边缘吞吐量的性能上具有一定优势,是主要天线类型。2阵元天线在8阵元天线无法发挥赋形性能或安装受限的场景采用,包括热点覆盖、补盲、道路覆盖、天线美化及隐蔽性要求高等场景。

应根据TD-LTE无线网主设备情况新建天线或与TD-SCDMA/GSM共用天线馈线。

(1) 无线网主设备采用TD-SCDMA升级建设方式,使用原TD-SCDMA系统天线。若原TD-SCDMA系统天线不支持TD-LTE,应替换为支持TD-LTE的天线。

(2) 无线网主设备采用新建方式，对于 8 通道 RRU，主要采用新建独立的 8 通道智能天线方式，对于部分天面受限场景，可适当使用内置合路器 FAD 宽频天线替换原有 TD-SCDMA 天线实现共用天线馈线。

5. 子帧规划

子帧转换点可以灵活配置是 TD-LTE 系统的一大特点，非对称子帧配置能够适应不同业务上下行流量的不对称性，提高频谱利用率，但如果基站间采用不同的子帧转换点会带来交叉时隙的干扰，因此在网络规划时需利用地理环境隔离、异频或关闭中间一层的干扰子帧等方式来避免交叉时隙干扰。

设备应支持所有的 TDD 上下行子帧配比方式，TD-LTE 扩大规模试验网子帧配置建议如下：

(1) 宏基站：TD-SCDMA 采用 2：4 时隙配置，为避免交叉干扰，TD-LTE F 频段宏基站业务子帧配置为 1：3，特殊子帧配置为 3：9：2；D 频段宏基站根据上行业务需求情况可全网将业务子帧配置为 2：2，特殊子帧配置为 10：2：2。

(2) 室内覆盖站：原则上业务子帧配置为 1：3，特殊子帧配置为 10：2：2，上行业务需求大的楼宇可将业务子帧配置为 2：2，特殊子帧配置为 10：2：2，F 频段室内分布系统如与室外宏基站交叠则应与室外宏基站子帧配置一致。

后续可以通过软件调整子帧配置。

6. 网间干扰协调

在 TD-LTE 频段附近使用的移动系统主要有以下几种制式。

(1) GSM 1800：1710～1755MHz(上行)，1805～1850MHz(下行)。

(2) CDMA 2000：1920～1935MHz(上行)，2110～2125MHz(下行)。

(3) WCDMA：1940～1955MHz(上行)，2130～2145MHz(下行)。

(4) TD-SCDMA：1880～1900MHz(F 频段)，2010～2025MHz(A 频段)，2320～2370MHz(E 频段)。

(5) WLAN：2400～2483.5MHz。

为避免相邻两系统之间的干扰，需要进行网间干扰协调。在工程实施中，两系统天线之间适当进行垂直或水平空间隔离；TD-LTE 系统与 TD-SCDMA(E 频段)系统还可以通过上下行子帧/时隙对齐方式规避系统间干扰。

7. 基站传输需求

由于 TD-LTE 系统相对于 2G/3G 的峰值速率有了飞跃性的提升，因此其引入对机房的传输也提出了较高的要求，各类 TD-LTE 基站对于 S1/X2 接口的带宽要求如表 9-6 所示。

表 9-6 各类 TD-LTE 基站对于 S1/X2 接口的带宽要求

基站类型	扇区类型	传输速率(Mb/s)	F 频段宏站	D 频段宏站	室分双路	室分单路
宏基站	S111	平均传输速率	66	60	\	\
		峰值传输速率	279	240	\	\
	S11	平均传输速率	44	40	\	\
		峰值传输速率	186	160	\	\
	S222	平均传输速率	132	120	\	\
		峰值传输速率	558	480	\	\

续表

基站类型	扇区类型	传输速率(Mb/s)	F频段宏站	D频段宏站	室分双路	室分单路
室内分布	O1	平均传输速率	\	\	30～45	20～30
		峰值传输速率	\	\	110	55
	O1×2	平均传输速率	\	\	60～90	40～60
		峰值传输速率	\	\	220	110

8. 基站同步

TD-LTE系统需要严格的时间同步要求，原则上时间同步以GPS卫星信号为主用、1588v2为备用，对于安装GPS困难的基站，可采用1588v2时间同步。和TD-SCDMA共址建设的TD-LTE基站，如TD-LTE和TD-SCDMA共用BBU，则利用已有同步信号；如不共用BBU，原则上通过分路方式引入同步信号，在确定分路方案时，应考虑分路器带来的插损，确保TD-SCDMA和TD-LTE时间信号强度满足接收灵敏度要求。新选址建设的TD-LTE基站新建GPS，引入同步信号，TD-LTE基站应支持1PPS+TOD带外时间接口。

9. 仿真要求

(1) 覆盖要求。RSRP：大于－100dBm的面积比例大于95%；RS-SINR：50%加载条件下，大于0dB的面积比例大于95%。

(2) F频段Monte Cralo仿真要求。F频段小区下行平均速率不低于22Mb/s；小区上行平均速率不低于4Mb/s。

(3) D频段Monte Cralo仿真要求。D频段小区下行平均速率不低于20Mb/s，小区上行平均速率不低于8Mb/s。

9.7 5G网络部署、规划与设计

5G商用化之前，三大运营商依托工信部和国家发改委的“5G产品研发规模试验”和“5G规模组网建设及应用示范工程”项目各自在开展5G试验网外场景的测试工作；面向商用组网和规划，在部分城市开展真实网络环境下的5G规模试验，验证5G技术在典型环境下的真实性能，加速端到端产品的成熟度，同时探索5G的规划、组网和优化的理论与方法并形成体系，为5G的商用做好准备。本节内容来自这期间工程经验的总结。

9.7.1 5G网络规划与设计的原则及策略

1. 网络部署策略

1) 三大场景发展节奏策略

考虑到业务需求及技术发展的不平衡，在实际应用时将逐步推进三大业务场景的部署。R15版本针对增强移动宽带(eMBB)的技术标准研究比较靠前，同时，随着高清视频、VR/AR业务需求逐渐清晰，4G网络难以承载如此高流量的业务，所以会有相关需求产生，因此5G将率先部署eMBB。

大规模机器类通信(mMTC)场景部署将靠后。mMTC技术发展进度需要视窄带物联网(NB-IoT)及增强机器类通信(eMTC)网络的发展情况而定，如果后两种技术业务发展较好，对mMTC业务场景的需求将不那么迫切，部署节奏将放缓。

超可靠低时延通信(uRLLC)场景将稳步推进。uRLLC 主要针对无人驾驶等低时延的业务需求,基于 LTE-V2X(基于 LTE 的车联网)的技术尚在研发中,由于无人驾驶涉及安全、法律许可等问题,真正应用尚需时日,但可以利用此技术提供辅助驾驶的功能。同时,工业机器人等实时性要求较高的应用也有低时延的需求,目前,3GPP 关于低时延的应用场景也在稳步推进。

2) 频段使用策略

3.5GHz 频段将主要用于连续覆盖。3.5GHz 作为 6GHz 以下的主要 5G 网络频段,考虑到 Massive MIMO、高阶调制及终端多天线技术带来的覆盖增益,其覆盖效果接近 4G TDD 2.6GHz 频段的覆盖效果,所以 3.5GHz 频段将被主要用于连续覆盖。6GHz 以上频段将主要用于热点覆盖。6GHz 以上频率资源较为丰富,能够提供大带宽,供超高流量的业务使用,所以用于热点覆盖应该没有悬念。

现有的 2G、3G、4G 网络频段将被重耕。随着业务需求的不断增长,物联网、语音等业务对连续覆盖的要求更高,高频段难以满足覆盖需求,所以现有的 2G、3G、4G 网络频段未来将被重耕,所有分配给运营商的频率都有可能被用于 5G 网络。当然这还比较遥远,同时还要视业务发展而定。

3) 多网协同使用策略

5G 网络的频率及覆盖难度决定了它很难快速连续覆盖,4G 网络作为一张成熟的连续覆盖网络,将长期承担底层覆盖功能,满足广大用户的语音和数据业务需求。同时 NB-IoT 或者基于 4G 网络的 eMTC 等专用物联网将有可能长期承担低功耗和中低速率的物联网业务,其承载能力也能够在一定时间内满足连接规模增长的需求。所以 5G 网络将与 4G 网络及专用物联网在较长时间内共存。

4) 网络覆盖策略

从点、线、面考虑,重要场景需差异化覆盖。5G 由于较高的频率,覆盖半径较小,考虑经济效率,初期建设非连续覆盖是必然的。采用分用户、分场景差异化覆盖,逐步实施是首选。从点、线、面三方面来考虑:一是关键的点,主要是分散的重要用户,包括高 ARPU(每个用户的平均收入)用户、政企重要用户、VIP 用户活动区域、机场、车站、码头、港口、重要景区及营业厅等其他重要点状区域;二是重要的线,如重要城际高速、高铁、机场高速等有利于塑造网络口碑的体验场景;三是高价值的面,高端人口密集的核心城区、重要商业区、目标用户密集区、3G/4G 网络流量较高的运营价值区域,局部实现连续覆盖是必要的。

2. 网络演进原则

网络演进将综合考虑业务需求、业务体验、技术方案的成熟性、终端产业链支持、建设成本等因素,遵循如下原则。

(1) 多网协同原则。5G、4G 和 WLAN 等网络共同满足多场景业务需求,实现室内外网络协同;同时保证现有业务的平滑过渡,不造成现网业务中断和缺失。

(2) 分阶段演进原则。避免对网络的大规模、频繁升级改造,保证网络的平稳运营。

(3) 技术经济性原则。关键技术和方案的选择,需要基于经济比较;网络建设需要充分利用现有资源,实现固移资源协同和共享,并发挥差异化竞争优势。

3. 网络架构设计原则

5G 网络架构设计应遵循以下三大原则。

(1) 从刚性到柔性,从固定网络(网元、固定连接、固定部署)到动态网络(动态部署、配置、灵活连接);网络资源虚拟化;网络功能的解耦和服务化。

(2) 移动网络 IP 化、互联网化,实现与 IT 网络融合互通;引入互联网技术,优化网络设计。

(3) 集中化智能和分布化处理。集中化智能是指功能集中优化,为垂直行业提供个性化增值服务;分布化处理是指移动网络功能靠近用户,提高网络吞吐量,降低时延。

4. 网络设计要素

5G 网络的设计包括业务场景设计、网络切片划分策略设计、切片部署策略设计、切片内网元功能设计、切片容量参数设计、切片监控及弹性策略设计等重要环节。

1) 5G 网络的设计是面向场景的设计

5G 网络将主要用于满足热点区域大带宽需求,作为 4G 网络的补充,同时满足垂直行业的连接需求,满足多样化和极限业务需求。因此和 4G 网络相比,5G 网络将满足流量热点和多样化网络能力需求,而 4G 网络将与 5G 网络长期共存,并满足移动宽带业务的基本需求。4G 网络的设计是基于业务设计的;而 5G 网络将发挥其架构优化和灵活性的技术优势,满足多样化需求,是基于场景化设计的。

2) 5G 网络的设计是面向切片的设计

面向垂直行业和特定应用场景的业务需求,5G 网络设计将是面向切片的设计,将由一张张网络切片形成的逻辑"专网"组成。以 5G 车联网的设计为例,5G 网络的设计流程将包括车联网应用场景设计、切片的划分、功能需求设计、网络分工设计、互联互通设计、漫游设计等。

3) 5G 网络的设计是面向网络全生命周期的设计

5G 网络设计不仅包括功能模型、部署模型、配置模型设计,还包括监控模型设计。5G 网络设计将适应虚拟化网络设计态和运维态的生命周期模式,形成面向全生命周期的设计模式。

9.7.2 5G 网络部署架构选择与演进策略

1. 组网部署架构选择

3GPP 提出了 12 种 5G 系统整体架构,涉及 8 类选择(option),这些架构是从核心网和无线角度相结合进行考虑的,部署场景涵盖了未来全球运营商部署 5G 商用网络在不同阶段的部署需求。在 3GPP TR23.799 核心网标准中同样提到了这 8 个 option,其中 option1/option2/option5/option6 为 SA 架构(独立组网),即 LTE 与 5G NR(新空口)独立部署架构;option3/option4/option7/option8 为 NSA 架构(非独立组网),即 LTE 与 5G NR 双连接部署架构。部署架构选项如图 9-15 所示。

其中 option1 是传统 4G 网络架构,LTE 连接 EPC。option6 是独立 5G NR,仅连接到 EPC。option8/option8a 是非独立 5G NR,仅连接到 EPC,是理论存在的部署场景,不具有实际部署价值,标准中不予考虑。option2/option3/option4/option5/option7 是 3GPP 标准,以及业界重点关注的 5G 候选组网部署方式,其中 option3/option4/option7 是在 3GPP TR38.801 中重点介绍的 LTE 与 NR 双连接的网络部署架构选择。

2. NSA 与 SA 综合比较

表 9-7 从包括核心网和无线连接、覆盖方式、提供的业务和功能、互操作和切换、终端和协议等多个方面,对重点部署架构选项 option3/option7/option4/option2 进行了归纳总结。

(a) option1：现网架构

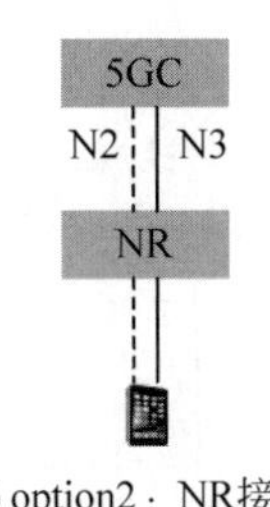

(b) option2：NR接入5GC

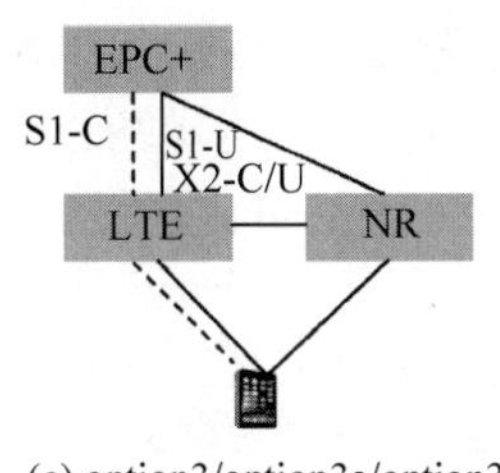

(c) option3/option3a/option3x：LTE作为控制面锚点，接入EPC

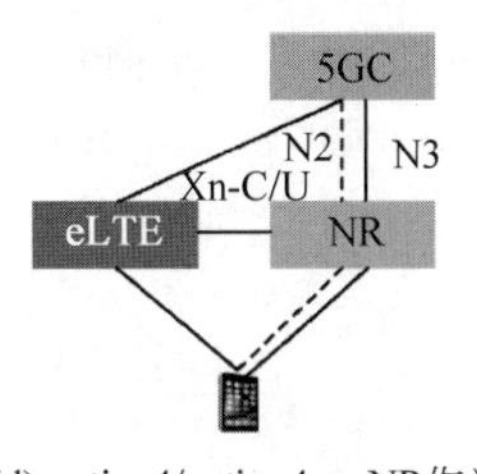

(d) option4/option4a：NR作为控制面锚点，接入5GC

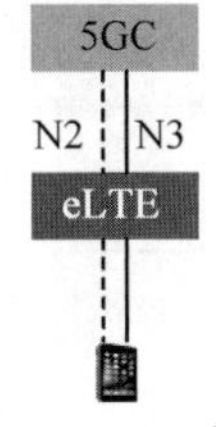

(e) option5：eLTE接入5GC

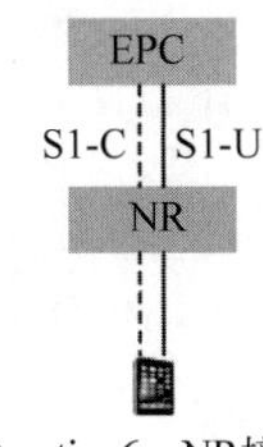

(f) option6：NR接入EPC

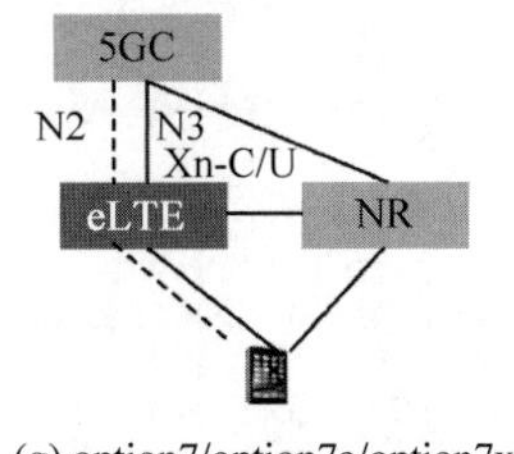

(g) option7/option7a/option7x：eLTE作为控制面锚点，接入5GC

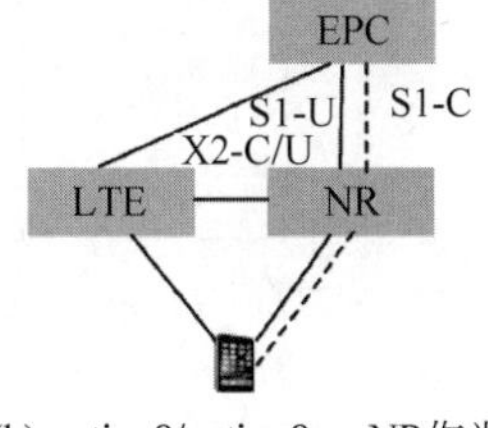

(h) option8/option8a：NR作为控制面锚点接入EPC

图 9-15 3GPP 标准的 8 个架构选择

表 9-7 5G NSA 和 SA 重点架构选项比较

5G 重点 option 比较	NSA			SA
	option3/option3a/option3x	option7/option7a/option7x	option4/option4a	option2
无线覆盖(与获得频率相关)	LTE 提供连续覆盖,NR 提供容量补充	eLTE 提供连续覆盖,NR 提供容量补充	NR 提供基础覆盖,eLTE 提供容量补充	NR 独立组网,同时提供覆盖和容量
对现有核心网/无线要求	EPC 核心网需要升级,LTE 需要软件升级	LTE 基站需要升级改造为 eLTE 基站(涉及硬件改造或替换)		—
新业务和功能支持情况	受限于 EPC,提供新业务和功能受限	引入 5G 核心网,支持 5G 引入的相关新业务和新功能,如网络切片、新型 QoS 等		
option *∕a∕x 选项建议	建议分别选择 option3x、option7x、option4,共同原因是:NR 支持流量大、性能高,作为用户面锚点,可以降低对于 LTE 基站用户面转发要求和改造成本			—
互操作和连续性	非独立组网是双连接方式进行,可以实现无缝切换,切换过程中不会造成业务中断,从而能够保证业务连接性			两张独立网络,需通过重选和切换等方式互操作
终端要求	5G 双连接终端、LTE NAS	5G 双连接终端、N1 NAS	5G 双连接终端、N1 NAS	5G 终端、N1 NAS
	为满足 5G 网络不同建设期及漫游要求,建议尽量采用非独立组网和独立组网共平台化设计,保证 5G 终端的适用性			
定位及适用场景	过渡部署架构;适用于 5G 部署初期,NR 热点部署	过渡部署架构;适用于 5G 部署初期及中期,NR 热点部署	准目标部署架构;适用于 5G 部署中后期,NR 连续覆盖	5G 目标部署架构;适用于 5G 部署全生命周期,NR 连续覆盖

3. 组网部署演进策略

根据运营商 5G 商用部署进度计划、可用频谱资源、终端和产业链成熟情况、总体建网成本等,运营商可以选择不同的组网部署演进路线。由于 NSA 标准化完成时间早于独立部署,因此运营商可以选择优先部署 5G 无线网络,或 SA 成熟时直接部署 NR 和 5GC(5G 核心网)。SA option2 部署架构作为 5G 部署的终极目标架构,总体可以归纳为两大类部署演进路线。如图 9-16 所示,每大类又可以细分为多个典型的迁移路径供选择。

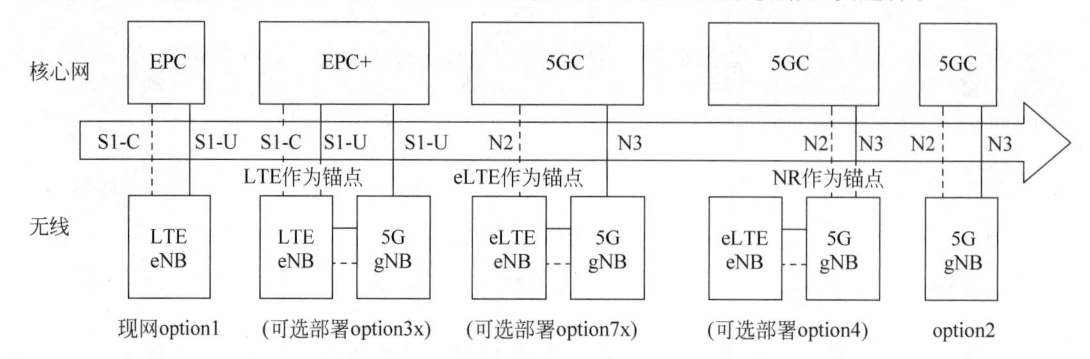

图 9-16 5G 网络部署模式迁移路径示意图

1) 5G 商用初期直接选择独立部署架构

迁移路径一(一步走方案):option1→option2。

option1→option2,如 5G 建设初期具备直接部署 option2 的条件,则可以一步到位将新建 NR 接入新建 5GC,能够体现 5G 网络全部性能优势;不需要改动现网 LTE/EPC(需要支持 N26 接口互操作)。

5G 建网初期实现 5G NR 连续覆盖难度较大,成本较高。

2) 5G 商用初期选择非独立部署架构,再向独立部署架构演进

迁移路径二(分步走方案):option1→option3x→(option7x)→(option4)→option2。

采用非独立部署可以有 option3/option7/option4 共 3 种部署方式,不同部署方式下的迁移路径可能有多种选择,可以根据运营商具体情况进行合理选择,最终演进到 option2 目标架构。

5G NR 优先引入,基于 NSA option3 开始部署,升级 EPC 为 EPC+;后续引入 5GC,可选部署 option7x/option4;可同时部署多个 option,如 option3x(满足 eMBB 需求)+option2(热点部署,满足部分垂直行业需求);终端形态较多,需要支持多种制式。

部署 option3x:5G 商用部署的频率(6GHz 以下频段主要是 3.5GHz 和 4.8GHz)相比 LTE 频率(2.6GHz 频段)要高,因此 NR 覆盖范围相比 LTE 会有所减小。5G 商用初期主要为了满足 eMBB 业务需求,可以充分利用现有 LTE 无线和 EPC 实现连续覆盖和移动性,NR 覆盖提升用户面容量。

可选部署 option7/option7a/option7x:可以在 option3/option3a/option3x 部署后迁移到 option7/option7a/option7x,将 LTE 升级到 eLTE,新建 5G 核心网;也可以直接在 5G 商用初期跳过 option3/option3a/option3x 直接部署 option7/option7a/option7x。该方案的优势在于,利用 eLTE 广覆盖优势的同时,可以使用 5G 核心网的相关高级特性。

可选部署 option4/option4a:option4/option4a 架构较大,可能在 5G 部署中后期采用,随着 5G NR 逐渐实现连续覆盖,同时又可以将现网 eLTE 利用起来作为容量补充。

由非独立部署架构演进到独立部署架构的可选路径如图 9-17 所示,5G NR 逐步由热点覆盖演进到 5G NR 连续覆盖,实现 5G 独立组网架构。

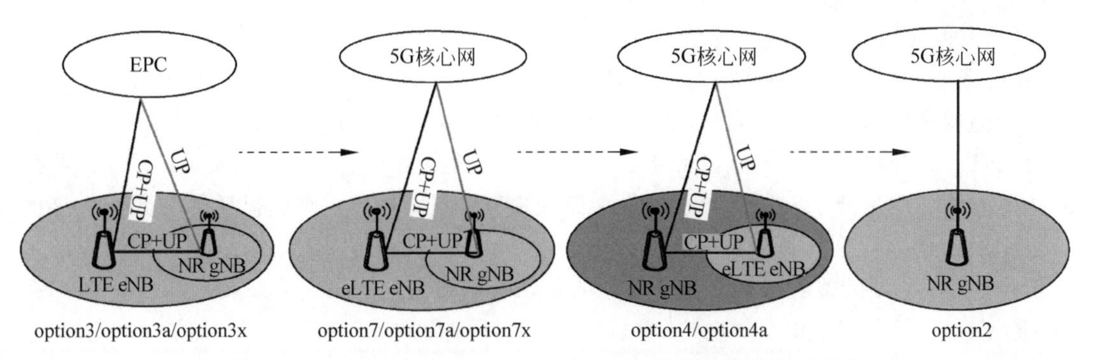

图 9-17 option3/option7/option4/option2 部署路线演进示意图

SA 架构 option2 是 5G 网络建设的终极目标，能够体现 5G 的全部技术优势并提供全部的 5G 网络服务，NSA 架构作为 5G 部署的演进过程，最大优势是能够在演进过程中充分利用现有 LTE 网络资源，并能够实现快速部署。但在建网过程中也应尽量避免过长的 5G 整体演进路线，如果需要对网络进行频繁升级和改造才能到 SA，那么整体投资成本也会更高。各运营商应根据自身情况进行选择，并推动产业链的成熟。

9.7.3 5G 无线网络规划

1. 规划流程

5G 无线网络规划流程与 4G 基本一致，分为规划准备、预规划和详细规划 3 个阶段。但 5G 网络规划将以高速铁路、高速公路、中央商务区(CBD)等热点地区的规划及 mMTC 和 uRRLC 中的特定场景规划为主。

1）规划准备阶段

规划准备阶段主要是对网络规划工作进行分工和计划，准备需要用到的工具和软件，收集市场、网络等方面的资料，进行初步的市场策略分析。

2）预规划阶段

预规划阶段的主要工作是确定规划目标，通过覆盖和容量规划进行资源预估，为详细规划阶段的站点设置提供指导，避免规划的盲目性。

3）详细规划阶段

详细规划阶段的主要任务是以覆盖规划和容量规划的结果为指导，进行站址规划和无线参数规划，并通过模拟仿真对规划设计的效果进行验证。此外，还需进行投资预算及整体效益评估，验证规划设计方案的合理性。

2. 规划要点

1）业务预测

业务预测包括用户数预测和业务量预测两部分。3G/4G 阶段的用户数预测主要基于现有网络的用户数规模、渗透率水平、市场发展策略及竞争对手情况进行综合考虑。业务量预测主要基于经验模型对用户规模和业务量进行预测和计算。

5G 中的业务预测与典型场景有关。eMBB 场景下的预测方法与 3G/4G 基本一致，但 5G 中的业务量预测主要为数据业务预测。在 uRLLC、mMTC 场景下，业务特征主要表现为高可靠低时延连接和海量物联，并且还存在诸多的 D2D、M2M(机器对机器)、V2X 等业务，因此业务预测的侧重点应有所不同。

2）覆盖规划

4G无线网络规划中所使用的链路预算计算方法在5G无线网络中仍然适用，但是5G无线传播模型要采用相应的高频段传播模型，需探讨3GPP UMA(非授权移动接入)等模型的可用性。首先根据覆盖区域内各子区域提供的业务类型和业务速率目标，估算各种业务在一定的服务质量要求下所能允许的最大路径损耗；其次将最大路径损耗等参数代入该区域校正后的传播模型计算公式，得出该区域中每种业务的覆盖半径；最后取计算结果的最小值作为5G基站的覆盖半径。需要注意的是，5G网络是全频段多无线接入技术(RAT)接入网络，针对不同频段和无线接入方式需选用不同的计算模型。

3）容量规划

容量规划要分区域进行：①估算各区域的业务类型及各种类型业务的业务量；②根据不同区域提供的业务模型、用户模型等估算业务总量；③由业务总量和单小区容量(承载能力)计算出实际区域内所需的小区数；④各区域所需的小区数相加即可得到整个业务区所需设置的小区数。5G采用了Massive_MIMO、F-OFDM、新型编码等技术，大大提高了频谱效率，且采用了百兆以上带宽，使得5G具备高容量、大连接的能力，网络建设初期容量一般不会成为5G规划中的瓶颈。

4）站址规划

站址规划是对业务区进行实地勘查，进行站点的具体布置，找出适合做基站站址的位置，初步确定基站的天线挂高、天线的方向角及下倾角等参数。在进行站址规划时，要充分考虑现有网络基站站址的利用及新建站的站址共建共享问题。需核实现有基站的位置和高度是否能满足新建站的站址需求，机房和天面是否有足够的空间和位置布放新设备和天馈系统等。如果与现有的网络基站共址建设，那么还需考虑系统间干扰隔离的问题，可采用水平隔离和垂直隔离等空间隔离手段，或采用加装滤波器等方式，满足不同系统间的隔离要求。

5G网络频率较高，3GPP标准将5G网络频段分为高频频段和低频频段两种，高于6GHz的频段为高频频段，低于6GHz的频段为低频频段。目前来看，5G网络主流的低频频段为3.5GHz和4.9GHz，这一频段远高于目前2G/3G/4G网络的频段，其基站的覆盖范围将会缩小。要在充分利用现有站址的基础上建设5G网络，利用小基站补盲是5G覆盖的一大重点。5G要重点解决城区及热点区域的容量问题，小基站将会是一种有效的分流方式。因此，5G网络的站址规划需要考虑大量小基站站址的规划。

3. 建设要点

1）基站云化

5G网络采用BBU+AAU部署方式。BBU包含CU和DU功能，CU和DU既可以合并部署，也可以分别部署。AAU一般为集成了射频单元的16TR或64TR天线。5G网络将转发与控制分离，CU和DU有3种主要部署方式：D-RAN、云化CU分布式DU、云化CU集中式DU。D-RAN即CU与DU共同部署在5G站点机房中，形成分布式结构。云化CU分布式DU即CU为部署在中心机房的云化模块，DU随AAU部署在相应的5G站点机房中。云化CU集中式DU即CU为部署在中心机房的云化模块，DU集中部署在5G站点机房中形成DU池。

2）小基站引入

小基站是在3G阶段作为分流技术引入的低功率无线接入节点，是利用智能化技术对传统宏蜂窝网络的补充和完善，信号一般可以覆盖10～200m的区域范围。4G阶段引入了异构网络(HetNet)的概念，网络成为由宏蜂窝与微蜂窝组成的多层蜂窝网络，开始呈现多制式融合的趋势。5G阶段无线网络将变为多种无线技术全面融合的超密集型网络，站址资源更加紧张。小基站可以同时满足密集组网、快速选址、快速建设及室内外覆盖的需求，在5G阶段将得到更加广泛的应用。

3) 5G室内覆盖

现网分布式天线系统(DAS)存量室分无源器件(包括天线、功分器、耦合器、合路器)的工作频段一般为800MHz～2.7GHz，不支持5G主流频段，若要部署5G室内分布系统将无法利用已有分布系统，需全部新建。即使新建适合5G主流频段的DAS系统，因为3.5GHz以上频段线缆损耗大，为使覆盖效果与原有系统相同，需要提高信源功率或增加信源，而5G对流量密度需求很高，DAS系统很难实现较高的流量密度。同时，随着5G多天线技术在室分系统的应用，4T4R信源将成为Sub-6 GHz的主流信源形态，甚至会出现8T8R室分信源，那么在5G系统中，DAS要支持4路或8路室分，则需要4路或8路馈线，即使采用双极化天线，馈线数量也会翻倍，工程实施非常困难，且建设多路室分DAS系统，馈线、耦合器、功分器、天线数量也将翻倍，直接导致成本呈线性增长。这些因素共同决定了5G室内覆盖要新建室内分布系统。

目前，5G室内分布系统主要有两种解决方案：①新建光纤分布系统，可满足5G高工作频段要求，能实现多系统间的共享；②采用分布式小基站，主流设备厂家已有这类产品，但4G的分布式小基站目前只支持单模，无法实现多模共用，5G仍需要新建分布式小基站系统。

9.8　移动通信网络优化

9.8.1　概述

移动通信网络在运营过程需要进行持续的优化。可以说，网络优化是整个网络建设过程中不可缺少的一部分，在设计过程中网络规划设计有一些无法考虑周全的方面，如传播环境的多变性、用户业务量的增减变动以及业务质量要求的改变等，这都需要在规划建网后对网络进行优化，以使网络更适应实际的变化。

网络优化的意义在于可以提高网络的投资效益、提高网络的运行质量并提高服务质量，在原有网络的基础上不再大规模投资的前提下，充分提高网络质量与容量。网络优化要完成的工作就是解决网络运行中存在的问题，也就是优化资源配置，最大限度地发挥设备和网络的效能。

网络优化的具体分类方法很多，按优化目标可分为覆盖优化、质量优化和容量优化等，按优化的范围分为单小区优化、多小区(小区簇)优化、核心网优化和系统级(整个网络)优化，按优化方法分为硬件系统优化、参数优化、网络结构优化、算法优化(包括软件升级)、资源优化等，按优化的周期分为日常优化、中期优化和长期优化。

网络优化与网络规划设计相比，两者之间在内容、目标和流程等诸多方面是相似的，网络规划与设计过程中存在方案优化过程，同样方案优化过程中也需要进行规划与设计。但两者之间的差别也是明显的，相对来说，网络规划与设计方案是针对全局的，而优化是局部调整；网络规划与设计更多地建立在理论分析上，前期实测数据收集困难，而网络优化建立在现网基础上,设备商提供的OMC(操作维护系统或者叫运维系统)和网管系统可以提供大量的实测数据和后台数据,但面临的环境更复杂,一般不能中断服务去优化。网络规划与设计一般由专门的规划与设计单位(委托方)负责,而网络优化一般由运营商技术部门负责。

9.8.2 网络优化的内容及流程

随着网络的不断复杂化,运营商对网络优化的重视程度不断增加,网络优化也在飞速发展,网络优化工作经历了简单的硬件调整到高技术、多层次的网络调整过程。这一过程与移动通信网络的发展相吻合,也是今后网络优化工作的发展方向,即逐步实现全程全网的优化。

目前,网络优化主要包括以下内容:基站隐性故障检查,路测及CQT(呼叫质量测试),无线系统性能指标的监测,天线下倾角、方向、挂高、位置调整,天线型号的更换,系统数据(包括切换控制、功率控制、接入控制、无线参数等)检查修改,基站信道、配置调整、站型的更改,频率规划/PN码规划有关参数的修改,基站传输方式的优化调整,核心网中实现网络结构优化、网络设备数量和参数调整、设备硬件更换或软件升级、接口容量提高、QoS优化等。

网络优化的关键工作流程可分为以下4个步骤。

(1) 现网情况调查。它的主要工作内容是收集网络设计目标和反映现网总体运行、工程情况的系统数据,并经过比较和分析,迅速定位需要优化的对象,为下一步的更具体的数据采集、深入分析和问题定位做好准备。

(2) 数据采集。其主要工作内容是通过各种测试手段,有针对性地进一步对网络性能和质量情况进行测试。具体数据主要来源于DT(路测)、CQT、OMC、用户申告或者投诉数据、信令分析仪、网络流量测试系统等。

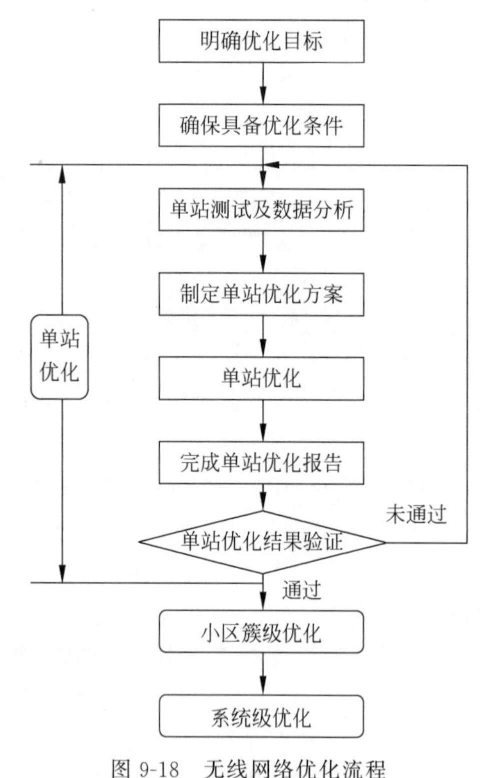

图9-18 无线网络优化流程

(3) 制定优化方案。其主要工作内容是通过对采集来的系统数据和网络测试数据进行深入系统分析,结合现网的运行和工程情况制定出适宜的优化调整方案。

(4) 优化方案的实施和测试。需要说明的是,在实施优化方案之后,必须进行测试以验证优化效果,如果达不到要求,就要返回到前面的步骤,继续进行优化。

网络优化是一个持续的过程,这是因为移动通信网络是一个动态的网络,优化之后随着环境等因素的变化又可能出现新的问题,与此同时,优化不当也会引发新的问题。所以要使优化维持常态化,以确保网络总是运行在最佳状态。

无线网络优化是网络优化工作的重要内容,如果对全网进行无线网络的优化,则需要经过单站优化、小区簇级优化和系统优化3个阶段完成,具体流程如图9-18所示。

不同体制的系统优化内容有所差别,GSM/GPRS系统更多关注频率规划调整、干扰分析、合理的硬切换等；而CDMA系统优化增加的内容有扰码优化、导频污染优化、软切换优化等；3G更多地关注多业务的传输优化，还要关心新业务的开展对系统性能的影响，以便进行网络优化；LTE网络优化同样关注网络的覆盖、容量、质量等情况，通过覆盖调整、干扰调整、参数调整及故障处理等各种网络优化手段达到网络动态平衡，提高网络质量，保证用户感知。下面以LTE-RF优化为例，说明无线网络优化内容与优化流程。

9.8.3 LTE-RF优化

1. LTE-RF优化内容与优化类型

LTE-RF优化是对无线射频信号进行优化，目的是在优化信号覆盖的同时控制越区覆盖和减少乒乓切换，保证下一步业务参数优化时无线信号的分布是正常的。LTE-RF优化主要包括如下内容。

(1) 参考信号(RS)覆盖问题优化。导频信号覆盖优化包括两部分的内容：一部分是对弱覆盖区的优化，保证网络中导频信号的连续覆盖；另一部分是对主导小区的优化，保证各主导小区的覆盖面积没有过多和过少的情况，主导小区边缘清晰，尽量减少主导小区交替变化的情况。

(2) 切换问题优化。一方面检查邻区漏配情况，验证和完善邻区列表，解决因此产生的切换、掉话和下行干扰等问题；另一方面进行必要的工程参数调整。

(3) 干扰问题优化。在LTE-RF优化阶段排除由于导频污染或邻区漏配导致的下行干扰，通过网络内出现的干扰问题，有效地发现因覆盖、切换等问题导致的干扰现象，从而解决问题。对干扰问题的优化将融合在以上3类优化过程中。

根据网络优化的性质及进展，在不同阶段，需要有针对性地进行LTE-RF优化，目前LTE-RF优化主要包括以下几类。

(1) Cluster(簇)优化。一旦规划区域内的所有站点安装和验证工作完毕，LTE-RF优化工作随即开始。某些情况下为了赶进度，部分站点完成之后就要开始LTE-RF优化。通常在某一Cluster中建成站点数占总数的80%以上的时候，就可以进行LTE-RF优化。这是优化的主要阶段，目的是在优化信号覆盖的同时控制导频污染，具体工作还包括小区参数列表及工程参数优化。如果LTE-RF优化调整后采集的路测等指标满足KPI要求，LTE-RF优化阶段结束，进入参数优化阶段；否则再次分析数据，重复调整，直至满足所有KPI要求。

(2) 整网优化。整网优化一般在簇优化阶段完成后进行，主要是为了满足全网信号覆盖达到目标值，针对KPI完成相关测试需求。需要从全局角度进行优化，解决相邻Cluster之间可能出现的覆盖或干扰问题等，主要工作和簇优化相同。

(3) 网络性能提升优化。当项目进入网络维护阶段，向客户提供无线网络性能提升服务，针对现网中的网络质量下降或进一步提升现有网络质量的需求，通过集中时间及人力，短期内提高网络的运行及服务质量，提升网络运营品牌。具体工作包括覆盖性能提升和优化、用户投诉相关处理以及对客户的LTE-RF优化经验传递等。主要根据网络现状及评估中发现的网络问题，通过DT/CQT分析，发现、定位或解决网络覆盖干扰类问题，提交详细的问题分析和优化调整方案，并对网络实施及效果确认，达到预期的优化效果。同时，对客户提供现场技术交流和网络优化实施过程中的指导工作及网络优化经验共享。

(4) 网络持续性优化。网络优化公司的无线网络持续性优化服务是通过长期的日常网络性能监控、定期的预防性评估检查以及多方位、持续性的优化工作，在保障网络质量稳定的同时，有针对性地提升网络性能，并且在长期的优化工作中实现对运营商网络优化维护人员的技能传递及知识共享。为保障客户网络的覆盖性能，做到对客户的 LTE-RF 能力提升和传递，主要通过 DT/CQT 分析，发现、定位或解决网络覆盖干扰类问题。

2. LTE-RF 优化流程与优化原则

LTE-RF 优化包括测试准备、数据采集、问题分析、调整实施 4 部分，如图 9-19 所示。其中数据采集、问题分析、调整实施需要根据优化目标要求和实际优化现状，反复进行，直至网络情况满足优化目标 KPI 要求为止。

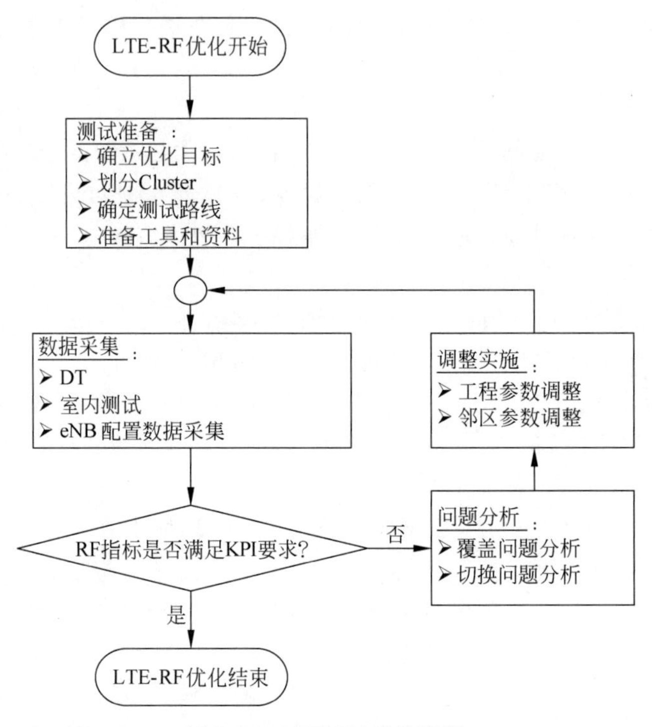

图 9-19　LTE-RF 优化流程

测试准备阶段，首先需要依据合同确立优化 KPI，其次合理划分 Cluster，和运营商共同确定测试路线，尤其是 KPI 测试验收路线，准备好 LTE-RF 优化所需的工具和资料，保证 LTE-RF 优化工作顺利进行。

数据采集阶段的任务是通过路测、室内测试、信令跟踪等手段采集终端(UE)和扫频仪(Scanner)数据以及配合问题定位的 eNB 侧呼叫跟踪数据和配置数据收集，为随后的问题分析阶段做准备。

通过数据分析，发现网络中存在问题，特别是要重点分析覆盖问题、干扰问题和切换问题，并提出相应的调整措施。调整完毕后实施测试数据采集，如果测试结果不能满足目标 KPI 要求，进行新一轮的问题分析、调整实施，直至满足所有 KPI 需求为止。

由于信号覆盖、导频污染、邻区漏配等原因产生的其他问题，如下行干扰、接入问题和掉话问题，往往和地理位置相关，规律固定，随着优化的深入会有明显改善。对于信号覆盖良好且没有邻区漏配等因素影响的接入、掉话等问题，需要在参数优化阶段加以解决，可以参考相应的资料。

在 LTE-RF 优化过程中，应遵循以下原则。

（1）先重后轻原则。一般应先解决面的问题，再解决点的问题，由主及次。

（2）覆盖调整审慎原则。覆盖不好掌控，特别是对于复杂的场景，需基于熟悉的环境、坚实的数据与工程计算。

（3）方案目的明确原则。对于优化方案期望达到的效果和可能产生的影响要有清楚的认识。

（4）测试验证原则。所有覆盖调整皆应复测验证（或边调边测），最好由后台指标验证。

（5）LTE-RF 优化与系统优化相结合原则。需结合硬件状态与后台系统配置。

（6）室内外兼顾原则。调整方案确定前，需确定覆盖目标，兼顾室内覆盖。

（7）一次到位原则。天馈整改在时间与金钱上成本较高，应增加方案把控性，减少反复。

在 LTE-RF 优化后，需要输出更新后的工程参数列表和小区参数列表，工程参数列表反映了 LTE-RF 优化中对工程参数（如下倾角、方向角等）的调整结果；小区参数列表反映了 LTE-RF 优化中对小区参数（如邻区配置等）的调整结果。

下面详述 LTE-RF 优化流程所需完成的工作。

3. 测试准备

1）确立优化目标

LTE-RF 优化的重点是解决信号覆盖和导频污染等问题，而在实际项目运作中，各运营商对于 KPI 的要求、指标定义和关注程度也千差万别，因此 LTE-RF 优化目标应该是根据合同（商用局）或规划报告（试验局）中的覆盖、掉话和切换 KPI 指标要求，提高和优化现网的 KPI 指标。指标定义采用如下形式：某指标（比如 RSRP、RSRQ、SINR）采样点在所有采样点中所占比例大于某个百分比。

通常，通过 LTE-RF 优化，网络应当满足表 9-8 的指标要求（此处是参考指标，仅用于指导网络工程师明确 LTE-RF 优化的目标，并不适应于实际项目投标，针对不同项目，目标值会有所不同，具体指标取舍和指标取值需要取决于合同或规划报告），表 9-8 中指标要求是根据对现有网络的覆盖分析建议的 LTE-RF 优化目标。

表 9-8　LTE-RF 优化目标列表

验收内容	参考值	备注
RSRP≥－110dBm	城区≥95%	Scanner 测试结果：室外空载，在规划覆盖区域内，测试路线为网格状，遍历各小区（此覆盖电平需求为基本需求，如果运营商有穿透损耗的需求，还需要将此穿透损耗值叠加到覆盖电平上去）
	郊区≥90%	
SINR≥5dB	≥95%	UE 测试结果：室外空载，在规划覆盖区域内，测试路线为网格状，遍历各小区

2）划分簇（Cluster）

LTE-RF 优化针对一组或者一簇基站同时进行，不能单站点孤立地做，这样才能够确保在优化时是将同频邻区干扰考虑在内的。在对一个站点进行调整之前，为了防止调整后对其他站点造成负面影响，必须事先详细分析该项调整对相邻站点的影响。

簇的划分需要与客户共同确认，在簇划分时，需考虑如下因素。

(1) 根据以往的经验,簇的数量应根据实际情况,20～30 个基站为一簇,不宜过多或过少。

(2) 同一簇不应跨越测试(规划)覆盖业务不同的区域。

(3) 可参考运营商已有网络工程维护用的簇划分。

(4) 行政区域划分原则:当优化网络覆盖区域属于多个行政区域时,按照不同行政区域划分簇是一种容易被客户接受的做法。

(5) 通常按蜂窝形状划分簇比长条状的簇更为常见。

(6) 地形因素影响:不同的地形地势对信号的传播会造成影响,山脉会阻碍信号传播,是簇划分时的天然边界。河流会导致无线信号传播得更远,对簇划分的影响是多方面的:如果河流较窄,需要考虑河流两岸信号的相互影响,如果交通条件许可,应当将河流两岸的站点划在同一簇中;如果河流较宽,更关注河流上下游间的相互影响,并且这种情况下通常两岸交通不便,需要根据实际情况以河道为界划分簇。

(7) 路测工作量因素影响:在划分簇时,需要考虑每一簇中的路测可以在 1 天内完成,通常以 1 次路测大约 4 小时为宜。

图 9-20 是某项目簇划分的实例,其中 JB03 和 JB04 属于密集城区,JB01 属于高速公路覆盖场景,JB02、JB05、JB06 和 JB07 属于一般城区,JB08 是属于郊区。每个簇内基站数目为 18～22 个。

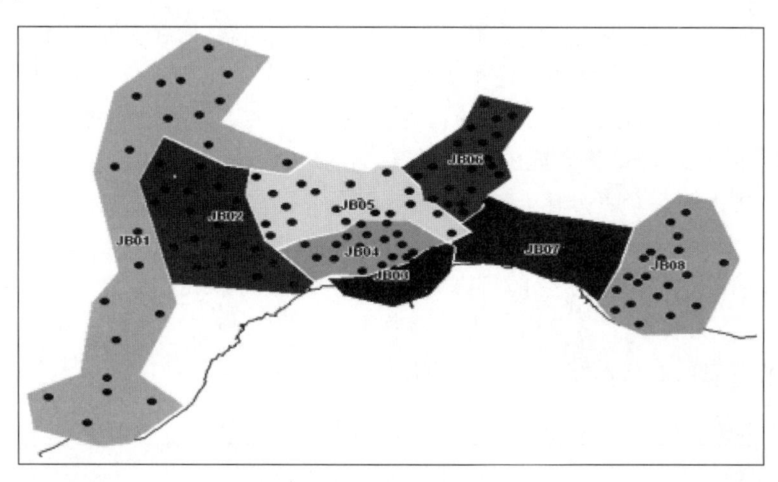

图 9-20 某项目簇划分

3) 确定测试路线

路测之前,应与客户确认 KPI 路测验收路线,如果客户已经有预定的路测验收线路,在 KPI 路测验收路线确定时,应该包含客户预定的测试验收路线。在测试路线的制定过程中,可重点了解客户关注的 VIP 区域,要重点关注 VIP 区域的网络情况,注意是否存在明显或较严重的问题点,对这些问题点要优先分析解决,如因客户原因导致,应及时向客户预警知会。如果发现由于网络布局本身等客观因素,不能完全满足客户预订测试路线覆盖要求,应及时说明,同时保留好相关邮件或会议纪要。

KPI 路测验收路线是 LTE-RF 优化测试路线中的核心路线,它的优化是 LTE-RF 优化工作的核心任务,后续工作,诸如参数优化、验收,都将围绕它开展。在路线规划中,应考虑以下因素。

(1) 测试路线应包括主要街道、重要地点和VIP/VIC(从客户处获取)。

(2) 为了保证基本的优化效果,测试路线应尽量包括所有小区,并且至少两次测试(初测和终测)应遍历所有小区。

(3) 在时间允许的情况下,应尽量测试规划区内所有的街区。

(4) 考虑到后续整网优化,测试路线应包括相邻簇的边界部分。

(5) 为了准确地比较性能变化,每次路测时最好采用相同的路线。

(6) 在可能的情况下,线路需要进行往返双向测试,这样有利于问题的暴露。

(7) 测试开始前要与司机充分沟通,确认实际跑车线路可行后再与客户沟通确定。

(8) 在确定测试路线时,要考虑诸如单行道、左转限制等实际情况的影响,应严格遵守基本交通规则(如右行等)和当地的特殊交通规则(如绕圈转向等)。

(9) 重复测试路线要区分表示。在规划路线中,会不可避免地出现交叉和重复情况,可以用不同带方向的颜色线条标注,如图9-21所示。

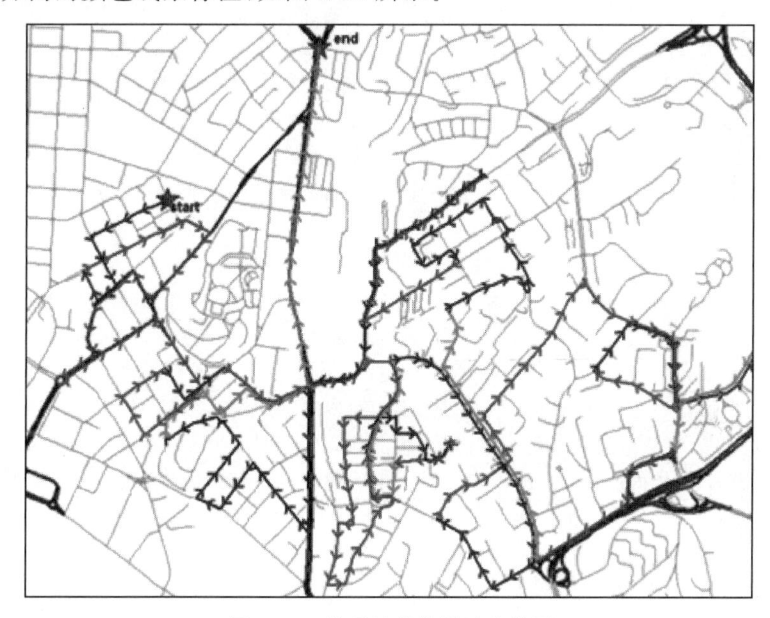

图9-21　某项目某簇测试路线图

4) 准备工具和资料

LTE-RF优化之前,需要准备必要的软件(见表9-9)、硬件(见表9-10)和各类资料(见表9-11),以保证后续测试分析工作的顺利进行。

表9-9　LTE-RF优化推荐软件列表

序　号	软件名称	作　用	备　注
1	Genex Probe	路测	V2.3及以上
2	Genex Assistant	DT数据分析、邻区检查	V2.3及以上
3	MapInfo	地图地理化显示、图层制作	—
4	U-net	覆盖仿真	V3.6
5	GoogleEarth	基站地理位置和环境显示,海拔高度显示	保存缓存数据

表 9-10 LTE-RF 优化推荐硬件列表

序号	设　备	内　容	备　注
1	扫频仪	Scanner	目前可采用华为测试 UE 作为 Scanner
2	GPS	普通 GARMIN 系列 GPS、国产 BU353	路测中置于车顶为佳
3	测试终端	华为测试 UE、三星 UE	测试前确认版本
4	笔记本电脑	PM2.0G/1G/160G/USB/COM/Serial	此为基本配置，最好使用配置较高的测试笔记本电脑
5	光纤	普通光纤双口线	由于易损坏，华为 UE2.0 以上版本不仅需要，且需备份
6	天线	普通外置天线	华为 UE 需用，需备份，测试前要检查
7	车载逆变器	直流转交流，300W 以上	可同时备上排插
8	硬件狗	Probe、Assistant 的硬件狗	确保在使用期内
9	蓄电池	100V，10A・h	及时充电，保证测试
10	USB 转换头	串口转换头、网口转换头	可选，华为 UE 测试中需用

表 9-11 优化前需要收集的各类资料

序号	所需资料	是否必需	备　注
1	工程参数总表	是	最新版本
2	MapInfo 地图	是	交通道路图层、最新站点图层、测试路线图层
3	Google Earth	是	测试区域 GE 缓存地图，另可再备纸件供参考或交流用
4	KPI 要求	是	—
5	网络配置参数	是	—
6	勘站报告	否	路测前了解
7	单站点验证 Checklist	否	—
8	待测楼层平面图	是	室内测试用
9	工程配置文件	是	检查邻区漏配情况
10	护照/邀请函/工作说明书/驾照	是	供当地警察询问或突发情况用，特别是夜间测试

4. 数据采集

LTE-RF 优化阶段重点关注网络中无线信号分布的优化，主要的测试手段是 DT 和室内测试。

在 LTE-RF 优化中，需要采集网络优化的邻区数据以及 eNB 中配置的其他数据，并检查当前实际配置的数据与前一次检查数据/规划数据是否一致。另外，测试前需分别与无线产品支持工程师和核心网支持工程师分别确认以下问题。

(1) 与现场无线产品支持工程师核实待测 eNB 以及相应的核心网是否存在异常，比如关闭、闭塞、去激活、拥塞、传输告警等；判断是否会对测试结果数据的真实性产生负面影响；如果有，需要排除告警后再安排测试。

(2) 与现场核心网支持工程师确认当下是否有对测试结果真实性产生影响的操作，如核心网鉴权开关打开后可能影响到跟踪区边界的切换成功率等。

以 DT(路测)为主，通过 DT，采集 Scanner 和 UE 的无线信号数据，用于对室外信号覆盖、切换、干扰等问题进行分析。

室内测试主要针对室内覆盖区域(如楼内、商场、地铁等)，重点场所内部(体育馆、政府机关等)以及运营商要求测试区域(如 VIC、VIP 等)等进行信号覆盖测试,以发现、分析和解决这些场所出现的 RF 问题;其次用于优化室内、室内室外同频、异频或者异系统之间的切换关系。

1) DT

根据规划区域的全覆盖业务不同,可选择不同业务测试类型(包括语音长呼、短呼,数据业务上传、下载等),考虑到当前终端支持数据业务,目前主要是数据业务测试,通常主要采用以下测试内容之一。

(1) 采用"Scanner+UE"进行分组交换业务下行连续下载测试;

(2) 采用"Scanner+UE"进行分组交换业务上行连续上传测试;

(3) 采用"Scanner+UE"进行分组交换业务短呼测试;

(4) 采用"Scanner+UE"进行 Attach/Dettach 测试。

2) 室内测试

室内测试时无法取得 GPS 信号,测试前需要获取待测区域的平面图。

室内测试分为步测和楼测两种类型。对建筑物内部的平面信号分布的采集,采取步测,在 Indoor Measurement 窗口的右键菜单中选择 Walking Test 命令;对建筑物内部纵向的信号分布的采集,采取楼测,在 Indoor Measurement 窗口的右键菜单中选择 Vertical Test 命令。室内测试业务是合同中(商用局)或规划报告中(试验局)要求连续覆盖的业务,测试方式同 DT 任务,呼叫跟踪数据采集要求与 DT 相同。

3) 数据跟踪与后台配合

根据不同的测试任务,后台需要进行不同的跟踪和配合。需要后台进行跟踪的操作都必须在测试开始前完成,所有测试数据应按照统一的规则保存。例如在一次华为 UE 测试过程中,所涉及的跟踪和保存数据如表 9-12 所示,某项目 RF 测试中保存数据示意图如图 9-22 所示。

表 9-12　测试中的采集数据列表

序号	数　据	文件格式	是否必需	备　注
1	Probe 测试数据	.gen	是	测试结果分析与问题定位
2	eNB 跟踪数据	.tmf	是	辅助问题分析与定位
3	核心网 USN 跟踪数据	.tmf	否	辅助问题分析与定位
4	串口打印信息(GT3000)	.txt	否	华为 UE 测试中,辅助问题分析与定位
5	OMT 自动保存的 Trace_log	.om	是	华为 UE 测试中,辅助问题分析与定位
6	OMT 打印的 L3 Stratum 信令	.om	否	华为 UE 测试中,辅助问题分析与定位

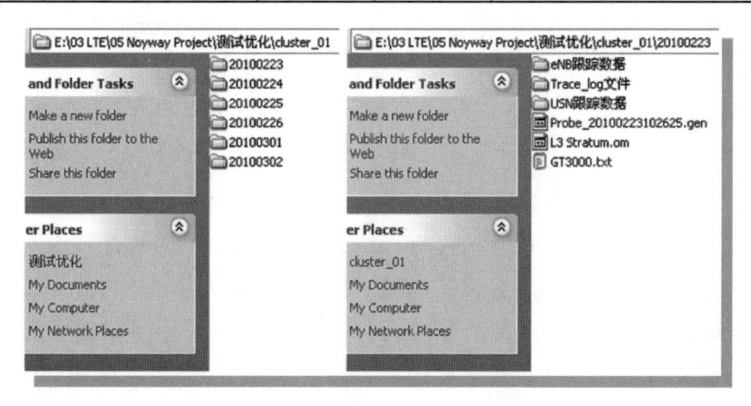

图 9-22　某项目 RF 测试中保存数据示意图

在验证等测试中，如需后台配合进行同步操作，如远程扇区电下倾调整、参数修改等，应在测试前确定好后台配合人员，并沟通好相关事宜，如操作的对象、操作的时间、数据保存的要求等。

5. 覆盖问题分析

覆盖问题分析是RF优化的重点，重点关注信号分布问题。弱覆盖、越区覆盖、无主导小区属于覆盖问题分析的范畴。

1）覆盖问题分类和常用措施

（1）弱覆盖。弱覆盖指的是覆盖区域参考信号的RSRP（参考信号接收功率）小于－110dBm，比如凹地、山坡背面、电梯井、隧道、地下车库或地下室、高大建筑物内部等。如果导频信号RSRP低于手机的最低接入门限的覆盖区域，手机通常无法驻留小区，无法发起位置更新和位置登记而出现"掉网"的情况。判定为弱覆盖的方式通常有以下一些原则。

① 观察网络空载状态下Scanner端的Best RSRP分布图，如图9-23所示，从图中可以得出RSRP KPI的比率。

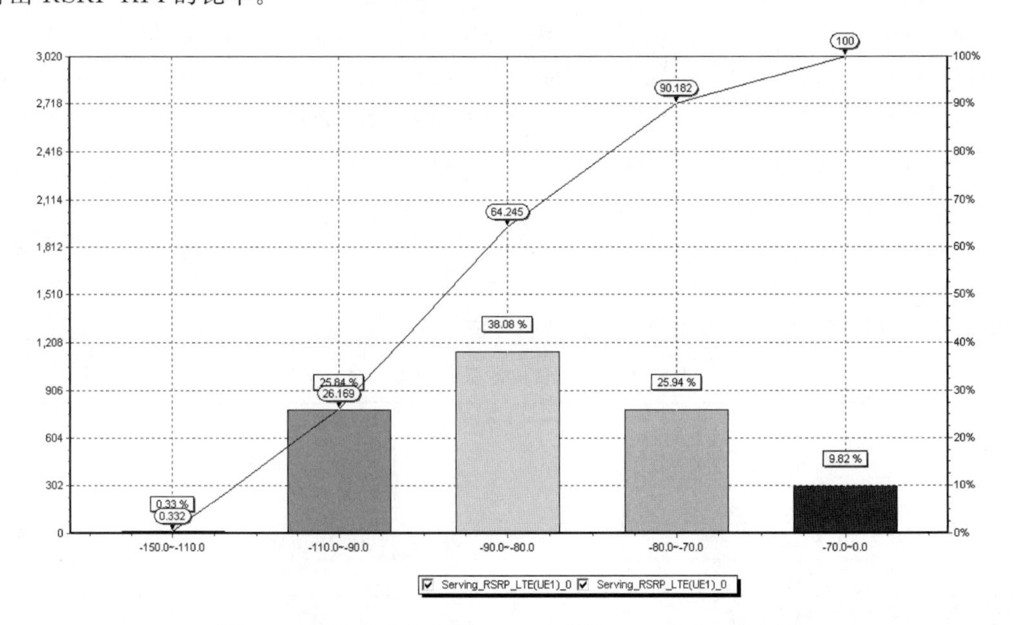

图9-23 网络空载状态下Scanner端的Best RSRP分布图

② 如果有信号质量较差区域，根据Legend分布（一般为红色区域），再逐一对比PCI for RSRP分布图，找出具体是哪些PCI的信号较差导致弱覆盖。

这类问题通常采用以下应对措施。

① 检查弱覆盖基站的实际搬迁或者新建进度，利用Google Earth观察周围地物和地形情况，并了解DT实际情况以及具体业务的实施，分解出人为和非人为原因。

② 可以通过调整天线方向角和下倾角，增加天线挂高，更换更高的增益天线等方法优化覆盖。优先调整可调电下倾角，然后是机械下倾角，最后是天线方向角。

③ 对于相邻基站覆盖区不交叠部分内用户较多或者不交叠部分较大时，应新建基站，或增加周边基站的覆盖范围，使两基站覆盖交叠深度加大，同时要注意覆盖范围增大后可能带来的同邻频干扰。

④ 对于凹地、山坡背面等引起的弱覆盖区可用新增基站或射频拉远单元(RRU),以延伸覆盖范围。

⑤ 对于电梯井、隧道、地下车库或地下室、高大建筑物内部的信号盲区可以利用 RRU、室内分布系统、泄漏电缆、定向天线等方案来解决。

(2) 越区覆盖。越区覆盖一般是指某些基站的覆盖区域超过了规划的范围,在其他基站的覆盖区域内形成不连续的主导区域。比如,某些大大超过周围建筑物平均高度的站点,发射信号沿丘陵地形或道路可以传播很远,在其他基站的覆盖区域内形成了主导覆盖,产生"岛"的现象。因此,当呼叫接入远离某基站而仍由该基站服务的"岛"形区域上,并且在小区切换参数设置时,"岛"周围的小区没有设置为该小区的邻近小区,则一旦当移动台离开该"岛"时,就会立即发生掉话。而且即便是配置了邻区,由于"岛"的区域过小,也容易造成切换不及时而掉话。还有就是像港湾的两边区域,如果不对海边基站规划作特别的设计,就会因港湾两边距离很近而造成这两部分区域的互相越区覆盖,形成干扰。

越区覆盖和弱覆盖的区分界限并不是绝对的,如果某个区域 PCI 的信号质量较差,而较远区域的某个 PCI 越区覆盖成为这一区域的 PCI,这种现象判定为二者之一或者共同作用都是合理的。具体解决措施可以是增强此区域 PCI 的覆盖,也可以是削弱远处 PCI 的覆盖。怎样使得调整之后对其他区域的信号覆盖影响最小,一般是根据实际情况和优化工程师个人的经验而定。

这类问题通常采用以下应对措施。

① 对于越区覆盖情况,需要尽量避免天线正对道路传播,或利用周边建筑物的遮挡效应,减少越区覆盖,但同时需要注意是否会对其他基站产生同频干扰。

② 对于高站的情况,比较有效的方法是更换站址,但是通常因为物业、设备安装等条件限制,在周围找不到合适的替换站址。而且因为调整天线的机械下倾角过大会造成天线方向图的畸变,所以只能调整导频功率或使用电下倾天线,以减小基站的覆盖范围消除"岛"效应。

(3) 无主导小区。这类区域是指没有主导小区或者主导小区更换过于频繁的地区,这样会导致频繁切换,进而降低系统效率,增加了掉话的可能性。

针对无主导小区的区域,应当通过调整天线下倾角和方向角等方法,增强某一强信号小区(或近距离小区)的覆盖,削弱其他弱信号小区(或远距离小区)的覆盖。

通过分析掉话原因,无主导小区和乒乓切换往往类似,可以从针尖效应和拐角效应进行解释。

通过观察掉话点信令流程和 PCI 分布图(如图 9-24 所示),并观察 Best PCI 分布图,如果是无主导小区的现象,那么图中会出现两种或几种颜色的 PCI 交替变换。

需要注意的是,如果出现 PCI 与 DT 数据不对应的情况,需要与 RAN 侧人员确认是否为 PCI 配置错误或者天馈接反。

2) 覆盖分析流程

(1) 下行覆盖分析。下行覆盖分析是对 DT 获得的 RSRP 进行分析,RSRP 的质量标准应当和优化标准相结合,假设 RSRP 的优化标准为:

RSRP $\geqslant -110$dBm　$\geqslant 95\%$　Scanner 测试结果,手机天线置于室外

则定义对应的质量标准如下。

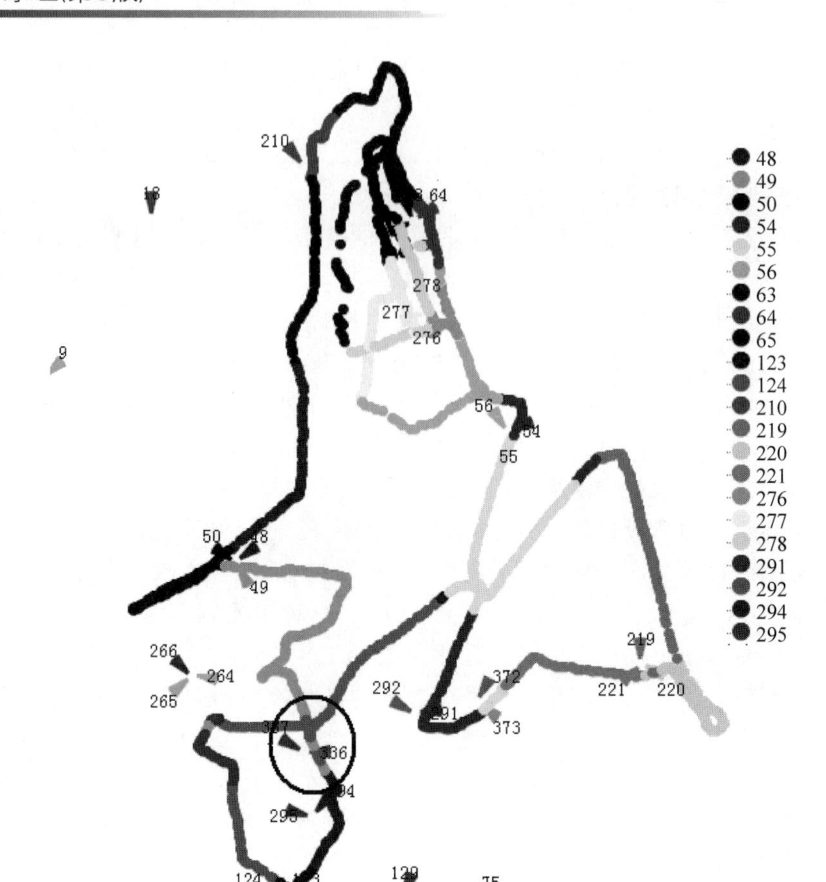

图 9-24　某簇(Cluster)中 PCI 分布图

① 好(Good)：RSRP≥−90dBm。

② 一般(Fair)：−110dBm≤RSRP<−90dBm。

③ 差(Poor)：RSRP<−110dBm。

对于覆盖差和大片连续覆盖的区域需要标识出来，以便进一步分析。对于标识出来的下行覆盖空洞区域，分析其与相邻基站的远近关系以及周边环境，检查相邻站点的 RSRP 分布是否正常，是否可以通过调整天线下倾角和方向角改善覆盖。在天线调整时需要重点关注是否为了解决某一覆盖空洞调整天线而导致新的覆盖空洞出现或引发其他覆盖问题。对于无法通过天线调整解决的覆盖空洞问题，给出加站建议解决。

(2) RS 覆盖强度的分析。通常情况下，覆盖区域内各点 Scanner 接收的最强的 RSRP 要求在−110dBm 以上。UE 可以通过特定设置实现 Scanner 的功能，分析 UE 作为 Scanner 使用的数据时，在 Assistant 中分析基于相邻小区的 RSRP for 1st Best in NCell，可以得到弱覆盖区域分布情况。如图 9-25 所示，在某些道路上出现了 RSRP 小于−110dBm 的弱覆盖区域。导频的 RSRP 从 Scanner 和 UE 上看，都是可以的，如果 Scanner 的天线放在车外，而 UE 在车内，则两者相差 5～7dB 的穿透损耗。建议最好从 Scanner 的数据来看，这样可以避免因邻区漏配而导致 UE 测量的导频信息不完整的情况。

(3) 主导小区分析。小区主导性分析是对 DT 获得的小区 PCI 信息进行分析，主要通过查看网络内小区 PCI 分布情况，发现目前存在的覆盖问题。合理而有效地进行 PCI 规

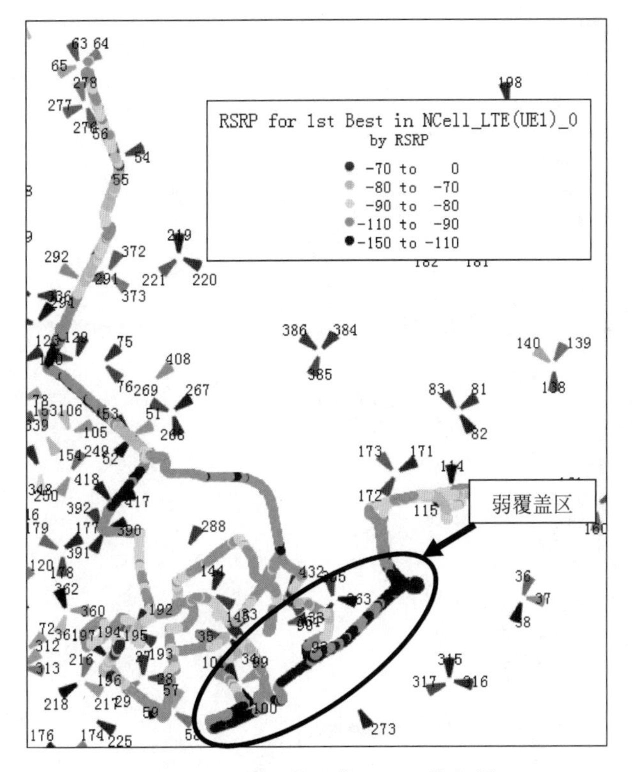

图 9-25 基于邻区的 RSRP 分布图

划，便于工程师通过判断小区 PCI，清晰地了解网络内的小区分布情况，有利于定位和解决问题。

需要检查的内容如下(以 Assistant 分析为例)。

① 弱覆盖小区。进入 Assistant，分析基于 Scanner 的 RSRP for PCI，可以看到每个小区 PCI 信号分布情况。如果根据路测数据检查不到某一小区的 PCI 信号存在，这可能表明某个站点在测试期间没有发射功率。如果有小区在 DT 期间没有发射功率，相关区域的路测必须重做。非常差的覆盖可能是由于天线被阻挡导致的，在这种情况下，需要查阅该站点的勘站报告或者去现场检查天线的安装情况。无(弱)覆盖小区也有可能是小区覆盖范围内没有测试路线经过导致的，这需要重新评估测试线路是否合理，并对该小区进行 DT 补测。

② 越区覆盖小区。进入 Assistant，分析基于 Scanner 的 RSRP for PCI，可以看到每个小区 PCI 的信号分布情况。如果某一小区的信号分布很广，在周围 1、2 圈相邻小区的覆盖范围之内均有其信号存在，说明小区越区覆盖，这可能是由高站或者天线倾角不合适导致的。越区覆盖的小区会对邻近小区造成干扰，从而导致容量下降，这需要增大天线下倾角或降低天线高度加以解决。在解决越区覆盖小区问题时需要警惕是否会产生新的弱覆盖区域，对可能产生覆盖空洞的工程参数调整尤其需要小心，宁可保守一些。

③ 无主导小区的区域。进入 Assistant，分析基于 Scanner 的 PCI for the 1st Best ServiceCell，可以看到最好小区的 PCI 的分布情况。如果有存在多个 Best ServiceCell 并且 Best ServiceCell 频繁变化的区域，则认为是无主导小区。通常情况下，由于高站导致的越区不连续覆盖或者某些区域的导频污染以及覆盖区域边缘出现的覆盖空洞(如图 9-26 所示)，都很容易出现无主导小区，从而产生同频干扰，导致乒乓切换，影响业务覆盖的性能。

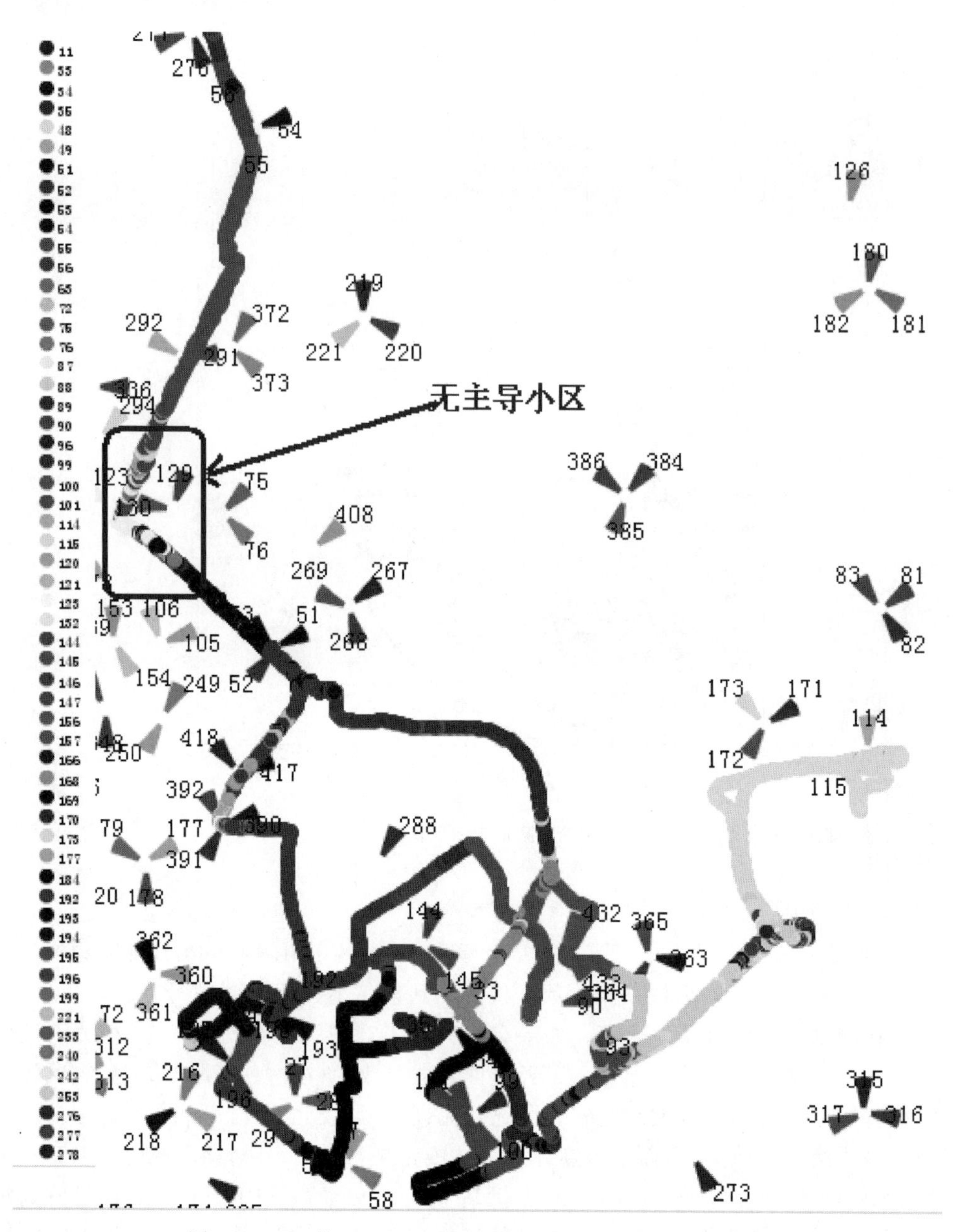

图 9-26　RS 的 PCI for the 1st Best ServiceCell 的分布情况

6. 切换问题分析

在 LTF-RF 优化阶段,涉及的切换问题主要是邻区优化。通过对 RF 参数的调整,可以对切换区的大小和位置进行控制,减少因为信号急剧变化导致的切换掉话,提高切换成功率。

1) 邻区关系如何优化

邻区优化包括邻区增加和邻区删除两种情况,漏配邻区的影响是用户不能及时切换到信号强的小区,导致干扰增加、吞吐率降低,甚至掉话,这时需要增加必要的邻区;冗余邻区的影响是使邻区消息变得庞大,增加不必要的信令开销,而且在邻区满配时无法加入需要的邻区,这时需要删除冗余邻区。

为避免网络内出现过多的漏配邻区或冗余邻区,需要在网络规划阶段合理地规划邻区,根据邻区规划原则,完成对同频邻区、异频邻区及异系统邻区的规划。在LTE-RF优化阶段,主要关注邻区漏配的情况,邻区增加的方法如下。

(1) 根据路测结果分析。后台分析工具一般不能根据UE通话测试数据自动分析并生成漏配邻区,需要网络优化工程师逐个分析才能确定。漏配邻区可能导致掉话或者接入失败,但是也可能只是导致一段时期的SINR恶化或吞吐率下降,根据UE测试数据进行邻区漏配分析,需要在信令里去找上报测量报告但没有进行切换的点,再结合之前下发的测量控制信息来确认是否为邻区漏配。

(2) 打开ANR功能进行邻区自动优化。ANR是自动邻区关系,利用此功能可以通过UE的检测,并将检测到的小区上报给eNodeB,然后由eNodeB或上层进行邻区关系的判断、创建、删除等,从而建立起完整有效的邻区列表以保证UE切换成功率。

2) 切换区域覆盖优化

小区的越区覆盖会对切换区域造成影响,并且由越区覆盖带来的导频污染也给切换带来很大的影响。影响因素主要有基站选址、天线挂高、天线方位角、天线下倾角、小区布局、RS的发射功率、周围环境影响等;天线下倾角、方位角因素的影响,在密集城区里表现得比较明显;站间距较小,很容易发生多个小区重叠覆盖的情况。

引起切换区域复杂混乱的原因可能是多方面的,因此在进行切换区域覆盖优化时,要注意优化方法的综合使用。有时候需要对几个方面都要进行调整或者由于一个内容的调整导致相应的其他内容也要调整,这要在实际问题中进行综合考虑。调整工程参数主要包括天线位置调整、天线方位角调整、天线下倾角调整;调整RS的发射功率,来改变覆盖距离。

7. 调整措施

LTE-RF优化阶段的调整措施除了邻区列表的调整外,主要是工程参数的调整,大部分的覆盖和干扰问题能够通过调整如表9-13所示的工程参数(优先级由高到低排列)加以解决。

表9-13 LTE-RF优化所能调整的工程参数

序号	工程参数	应用场景	备注
1	天线下倾角	过覆盖、弱覆盖、导频污染	首选
2	天线方向角	过覆盖、弱覆盖、导频污染、覆盖盲区	首选
3	天线高度	过覆盖、弱覆盖、导频污染、覆盖盲区	在调整天线下倾角和方位角效果不理想的情况下选用
4	天线位置	过覆盖、弱覆盖、导频污染、覆盖盲区	在调整天线下倾角和方位角效果不理想的情况下选用
5	天线类型	导频污染、弱覆盖	以下情况应考虑更换天线:天线老化导致天线工作性能不稳定;天线无电下倾可调,但是机械下倾很大,天线波形已经畸变
6	增加塔放(塔顶放大器)	远距离覆盖	—
7	更改站点类型	过覆盖、弱覆盖、导频污染、覆盖盲区	如支持20W功放的站点变成支持40W功放的站点等

续表

序号	工程参数	应用场景	备注
8	站点位置	导频污染、弱覆盖、覆盖不足	以下场景应考虑搬迁站址：主覆盖方向有建筑物阻挡，使得基站不能覆盖规划的区域；基站距离主覆盖区域较远，在主覆盖区域内信号弱
9	新增站点/RRU	扩容、覆盖不足	—

最后 5 种调整方案，由于牵扯到费用问题、工程问题，操作起来比较复杂，所以在 LTE-RF 优化中较少用到，主要还是前边 4 种比较常用。

不同于 3G 中存在可以合并多路分支的软切换情况，LTE 切换都是硬切换，所以不同的小区之间必然存在一定干扰，特别是相邻小区边缘。在解决干扰问题时，如难以进行以上 RF 优化操作，或者效果不佳，可尝试适当降低干扰小区的导频功率以降低干扰。修改参数为 ReferenceSignalPwr，修改命令为 MOD PDSCHCFG，单位为 0.1dBm，默认值是 152，即 15.2dBm。修改该值即调整相应小区导频功率，如改成 120，即 12dBm，具体问题具体分析。调整中只需要修改 ReferenceSignalPwr，其他参数不用改。

综上所述，大部分覆盖和干扰问题能够通过调整工程参数加以解决，如需进行功率调整，需与客户和研发人员确认。

9.8.4 5G 无线网络优化

随着 5G 网络商用化的落地，5G 网络已为众多用户提供了服务，并为社会经济的发展注入了新的生产力。因此如何确保并优化新网的性能指标，做好新旧网络间的协同优化，全面提高移动网络的服务能力就提上了日程。

1. 5G 无线网络优化新问题

1）5G 无线网络结构进入前所未有的复杂期

5G 商用是一个基于现有系统重耕、升级和演进的过程。无线网络经过 2G 至 5G 的演进，5G 网络自身也经历了 NSA 网络到 SA 网络的升级，因此出现了多厂商、多站型并存的局面，5G 无线网络结构前所未有的复杂。5G 部署将对现网产生影响，需要相互兼顾，优化工作难度成倍增加。分层异构网的实现需要依靠大量的互操作参数的设置，这对无线网络优化工作提出了非常高的要求，涉及精准驻留、不同优先级的重选和切换、业务均衡等多种优化算法。另外终端能力也不尽相同，终端与网络协同也是无线网络优化中需要考虑的因素。无线接入网全景演进策略示意图如图 9-27 所示。

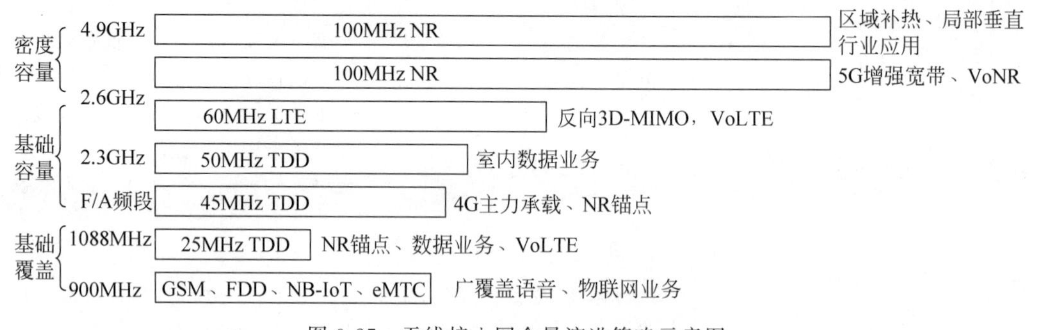

图 9-27 无线接入网全景演进策略示意图

2）2.6GHz 频段重耕面临较大挑战

在中国，5G NR 与 4G LTE 共享 2.6GHz 的 160 MHz 带宽，开通 5G NR 100MHz 需要 LTE 现网 D 频段退频 40MHz(D1+D2)，D 频段重耕“牵一发而动全身”，需要有序开展，D 频段重耕示意图如图 9-28 所示。

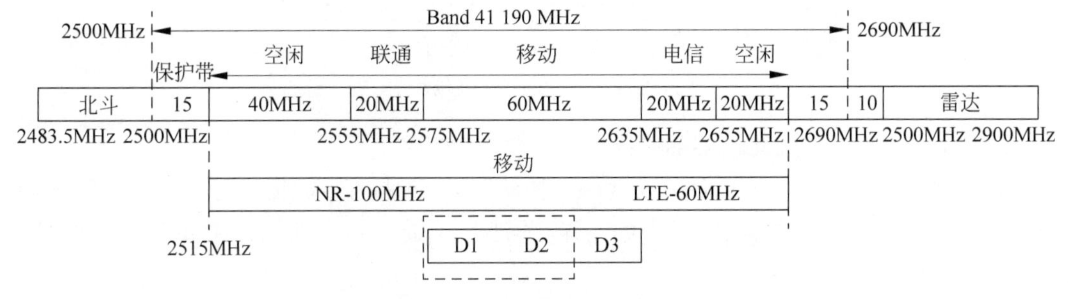

图 9-28　D 频段重耕示意图

2.6GHz 频段是 4G 现网主要的容量承载及局部基础资源，D1+D2 承载了全网 30%、城区 45%的流量，40MHz 退频将对 4G 现网带来容量压力。同时 D 频段小微站和 D 频段 3D-MIMO 站，在 DI、D2 退频后仅能使用 D3 频点，承载能力将受到较大影响。

部分 D 频段打底且 F 频段未形成连续覆盖的城市问题更加突出。考虑现网存在不支持 D3 频点 RRU(射频拉远单元)和终端的情况，这些城市在 D 频段重耕后面临 4G 覆盖不连续的风险。

D 频段退频涉及 4G 邻区、移动性、负载均衡等多项参数配置调整，大范围调整需要经过不断优化的过程，退频及设备替换过程将对 4G 网络性能带来冲击。

3）异厂商组网将影响 5G 网络性能

NSA 组网场景，异厂商 4G/5G 间采用 3a 接口方案，不具备 4G 分流 5G 业务的能力或性能差，上下行速率损失分别约为 30%和 10%。

5G 与现网 TDD 异厂商组网，也将对现网带来较大网络结构问题。比如，5G 采用 160MHz AAU 设备，反向开启 60MHz LTE，具备天然 3D-MIMO(三维多入多出)能力，与 TDD 异厂商组网不利于 4G/5G 协同，同时使 4G 容量损失极大。

4）4G/5G 协同要求高、难度大

2.6GHz NSA 组网，5G 与 4G 频段和设备深度耦合，需要更全面地兼顾 4G 网络性能，优化难度大幅增加。NSA 组网协同优化要求见表 9-14。

表 9-14　NSA 组网协同优化要求

NSA 优化	4G/5G 协同内容
移动性及互操作	需设计 NR 小区与 LTE 小区的锚定关系和邻区关系
优化 NR 覆盖	需要协同优化 NR 小区与锚定小区的覆盖关系
优化 NR 容量	LTE 锚定小区的高负荷对 NR 小区的性能有影响，需合理选择锚点小区和锚点优先级
ENDC 参数优化	要对 ENDC(LTE、NR 双连接)参数进行优化，使 NSA 用户更有效地使用 NR 支路

为实现 4G 和 5G NR 上下行转换点对齐，避免上下行时隙干扰，2.6GHz 子帧配比要求 5G NR 帧头向后偏移 3ms，并采用 5ms 周期。2.6GHz NR 与 LTE 帧结构对齐示意图如图 9-29 所示。

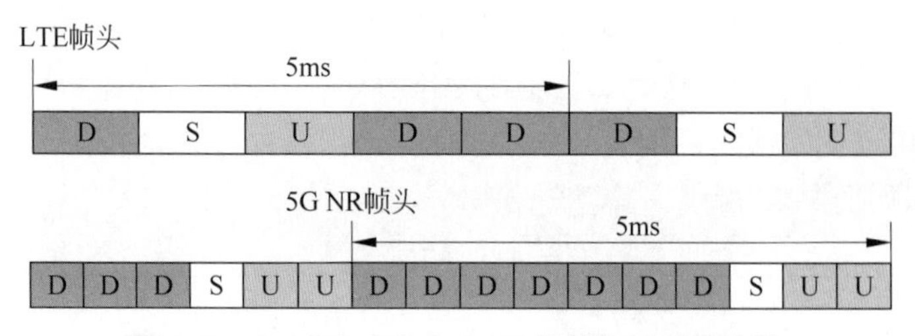

图 9-29　2.6GHz NR 与 LTE 帧结构对齐示意图

5）5G 新技术带来优化内容的差异

5G 新技术、新 UseCase(用例)及网络架构的演进，要求网络优化的高复杂度和高技能，与 4G 相比，5G 的优化内容已有很大的差异，关键差异如表 9-15 所示。主要新技术给网络优化带来的影响分析如下。

表 9-15　4G、5G 优化内容关键差异

优化内容		4G 优化内容	5G 优化内容	关键差异影响说明
基础性能与特性优化	基础参数	基础网规网优参数	参数与 4G 类似，主要原理不同	基础原理差异，需要提升能力
	网络结构	无	锚点优化	
	网络 KPI：接入/切换/掉话	LTE 接入/掉话/切换	除 NR 外，还需要优化 LTE 的接入、切换、重建性能	NSA 性能优化相当于同时优化 4G 和 5G
	路测：吞吐率、时延	MCS（0～28）；RANK（1～4）；调度（0～1000）；BLER(0～100)	MCS（0～28）；RANK（1～8）；调度（0～1600）；BLER(0～100)	（1）5G RANK 受复杂信道条件影响 （2）NSA 场景受 LTE 切换影响更加严重
	特性：Massive MIMO(MM)	覆盖：广播/控制信道宽波束；体验/容量：数据信道窄波束	覆盖：广播/控制信道窄波束；体验/容量：数据信道窄波束	5G MM 相较于 4G MM 波束组合更多，场景更加复杂
	特性：上下行解耦	无	增益场景分析＋门限优化	
网络基础质量排查与优化	覆盖	（1）小区 CRS RSRP/SINR （2）广播与控制信道宽波束	（1）小区 SSB RSRP/SINR （2）用户 CSI RSRP/SINR （3）广播与控制信道窄波束	（1）广播信道数字下倾、窄波束，可通过模式调整进行覆盖优化，减少上站次数 （2）SSB 和 CSI 波束存在差异，并不完全成正比，需要协同优化
	通道与干扰	FDD：邻区干扰/直放站干扰 TDD：大气波导干扰/环回干扰	谐波干扰/交调干扰/环回干扰	大带宽、符号更短，使 5G 干扰问题更多，要求分析效率更高
	传输	传输带宽/阈值：1Gb/s 丢包：10^{-6}；RTT：10ms	传输带宽/阈值：1Gb/s 丢包：10^{-7}；RTT：5ms	5G 对传输 QoS 要求更高，更容易出问题(丢包/乱序的影响更严重)

注：RSRP/SINR 表示“参考信号接收功率/信干比”。

（1）5G 大规模 MIMO。

5G 大规模 MIMO（massive MIMO，大规模天线技术）是 5G 提高系统容量和频谱利用率的关键技术。与 4G 广播信道单一波束的覆盖方案相比，5G 提供了广播信道波束成形/扫描手段，水平和垂直维度均提供了动态窄波束。5G 广播波束水平垂直扫描图如图 9-30 所示。

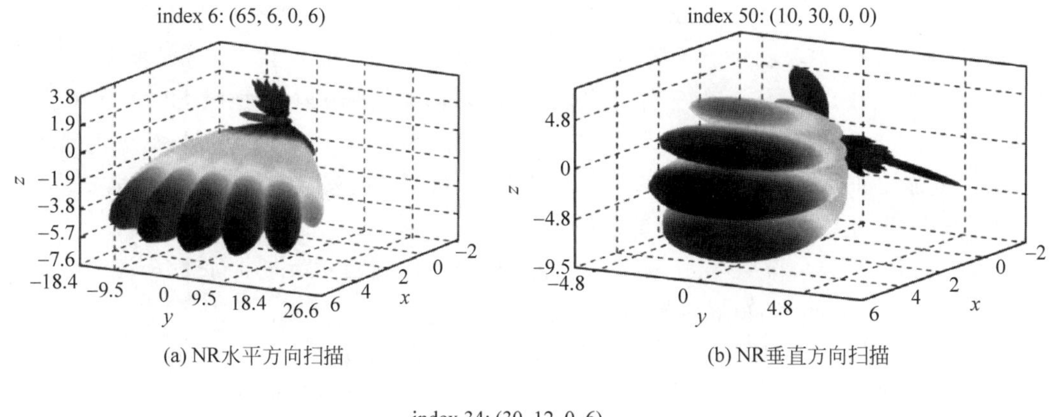

(a) NR水平方向扫描　　(b) NR垂直方向扫描

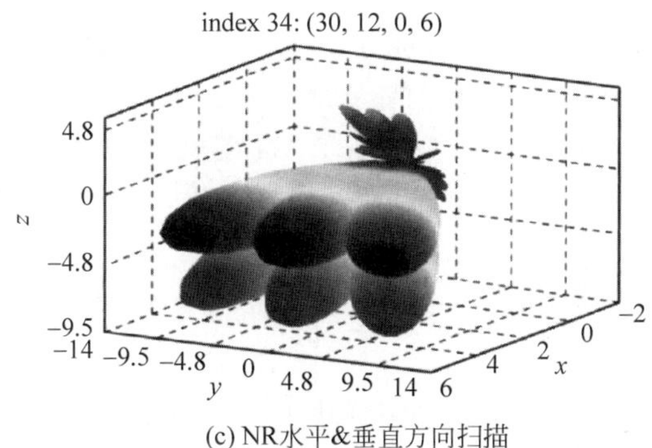

(c) NR水平&垂直方向扫描

图 9-30　5G 广播波束水平垂直扫描图

广播多波束可以精准强覆盖，通过不同权值生成不同成形波束，满足更精准的覆盖要求，大幅降低广播信道干扰；同时方位角、下倾角可以通过权值优化调整，为后续天馈自优化打下基础。

5G 大规模 MIMO 广播权值灵活度更高、数量更多，给 5G 无线优化工作带来了新内容。需要通过人工智能算法进行权值优化，以提高优化效率。

（2）5G 新的物理测量信号。

对于评估覆盖的 RSRP/SINR 参数测量所用信号，LTE 是基于 CRS（小区参考信号）进行的，NR 不再有 CRS，取而代之的是 SSB（同步信号块）和 CSI（信道状态信息）。SSB 测量主要用来反映网络接入和驻留能力，CSI-RS 测量可作为业务性能评价指标。

（3）5G 室内外同频组网。

据估计，5G 将有超过 70％的数据业务发生在室内场景，高价值商务客户 80％的时间都位于室内，室内覆盖是 5G 网络建设的重点，也是 5G 的新痛点。

与 4G 室内外采用异频组网方式不同，5G 采用同频组网，同频干扰不可避免。因此避免室外强信号进入室内，防止室内分布系统信号外泄，是解决同频干扰的根本，这对 5G 宏基站和5G室内分布系统建设提出了更高的要求。5G需要针对室内外同频干扰采取一系列的手段,包括综合利用参数、Blanking(消隐)时隙配置、室内外错频等手段,抑制室内外同频干扰,保障室内覆盖性能。

(4) 5G采用AAU(有源天线单元)进行无线覆盖。

与4G宏基站“RRU+天线”的安装方式不同,5G宏基站通常采用AAU形态,即RRU与天线集成在一起,内含192根或128根天线阵子,组成二维平面阵列有源天线。

由于5G AAU中RRU与天线不可拆分,且不兼容1.8GHz/2.1GHz等其他频段,与现网无源天线相互独立部署,一个三扇区的5G宏基站需要增加3个体积庞大的AAU,尤其是3家运营商共享站址,很容易出现天面空间不足而导致站点不可用的情况,这极大地增加了5G网络选址和建设难度。运营商的调研结果显示,28%的站点有天面整合的需求。

2. 提升5G无线网络优化水平的措施

5G要面对新架构、新空口、新频段和新业务以及网络越趋复杂的全新挑战,为了全面提高5G无线网络优化水平,可以采取以下措施。

(1) 5G优化应继承4G已经形成的优化经验和参数配置成果,实现5G的快速建网。

(2) 从规划入手,自始至终,结合5G无线技术的特点总结新思路和新手段,形成5G网络结构、深度覆盖参数、性能参数等,大力推进4G/5G网络协同优化。

(3) 可以基于4G开展5G网络预评估,即基于4G工程参数的分析,可以进行5G不合理站址的过滤,配置5G最佳工程参数;基于4G现网的网管和业务统计数据,可以开展5G流量预估和高价值区域识别;基于MR(测量上报)数据的定位和分析,结合RS(参考信号单个RE的功率)功率配置、波束增益、传播路损、穿透损耗差异,可以开展5G覆盖预测,在5G建网前就能准确评估建成后的网络覆盖和质量,指导后续的5G建设和优化工作。

(4) 5G网络建设的投资巨大,无线网络优化工作需要结合垂直应用提升价值回馈。也就是说,无线网络优化工作要结合增强/虚拟现实、高清视频、可穿戴设备、沉浸式内容、在线游戏、无人自动驾驶、无人机巡航、远程医疗、智能机器人、智慧城市、智慧旅游、智慧水利等应用开展。

(5) 应积极推动5G网络优化的变革,将5G网络优化、人工智能和网络大数据紧密结合,加快5G网络优化工作的智能化和自动化。

3. 5G无线网络优化目标与策略

1) 优化目标

5G作为新一代移动通信技术,无线网络优化的工作内容与其他标准系统网络优化具有相同和不同之处,但网络优化的目的是相同的,区别在于具体的优化方法、优化对象和优化参数。

5G无线网络优化的目标是最大化用户的价值,实现覆盖范围、容量和价值的最佳组合。通过网络优化,运营商可以提高利润率,节省成本,提高网络运营质量,消除隐患,使网络处于最佳运行状态,提高网络资源利用率和投入产出比。根据用户实际行为模型的变化调整系统配置,充分利用各种无线网络优化方法进行容量平衡;根据用户的时间服务类型和服务质量要求,进行网络覆盖、容量和质量均衡,以满足市场业务发展的需要;基于用户的视角进行网络调整以改善用户体验并为用户提供优质的网络服务。

2）优化策略

NSA 和 SA 应采用不同的网络优化策略。

NSA 覆盖性能由 4G 锚点和 5G 共同决定。对于 NSA 架构，5G 网络连续覆盖不是必需的，可以不涉及切换，因此优化时可以缩小重叠覆盖区，减少邻区干扰，提升用户边缘速率，保障用户感知。NSA 优化需要重点关注 4G/5G 协同，做好 4G 锚点的连续覆盖及 5G 载频的合理添加、删除。

SA 组网应保证 5G 连续覆盖，需要一定的 5G 重叠覆盖区域保证切换成功率，同时尽可能减少 4G/5G 互操作。5G 优化以覆盖为优先，在能够保证 5G 覆盖的基础上进行业务性能优化。

4. 5G 无线网络优化项目

1）5G RF 优化

覆盖是 5G 网络质量保障的基础和关键，而 RF（射频）优化是覆盖优化的重要抓手。当网络规划区内的所有站点安装和验证工作完毕后，开始进行 RF 优化，主要目的是针对覆盖指标和网络拓扑的优化，实现覆盖区域的信号连续、质量优良，同时梳理切换关系以提高切换成功率，保证下一步业务参数优化时无线信号的分布正常。目前 RF 优化主要分为弱覆盖优化、重叠覆盖优化和越区覆盖优化。

5G 中覆盖类的关键指标主要是 RSRP 和 SINR，但是 5G 中 RSRP/SINR 和 LTE 有所不同，5G 中 RSRP/SINR 分类如表 9-16 所示。目前覆盖评估建议使用指标为 SSB RSRP 和 SSB SINR，判断门限目前还未有正式的口径，可参考历史经验采用－100dBm、0dB。另外，后续可能增加对 CSI RSRP/CSI SINR 指标的评估和优化。

表 9-16　5G 中 RSRP/SINR 分类

SSB RSRP	CSI RSRP	PDSCH RSRP	SSB SINR	CSI SINR	PDSCH SINR
空闲态（广播）	连接态	业务态	空闲态	连接态	业务态
表征广播信道的电平强度，影响用户接入、切换	表征业务信道的电平强度，影响用户体验速率	（1）动态加权 （2）PMI＋CSI 两级加权	体现小区间 SSB 的碰撞情况	测量 CQI、RANK	最终数据解调的 SINR，可以体现负载与干扰信息

RF 优化过程中，应遵循以下原则：

（1）先优化 RSRP，后优化 SINR；

（2）覆盖优化的两大关键任务为消除弱覆盖、消除越区覆盖；

（3）优先优化弱覆盖、越区覆盖，再优化重叠覆盖；

（4）优先调整天线的下倾角、方位角、天线挂高，然后是迁站及加站，最后考虑调整发射功率。

5G 下倾角将主要沿用共有源天线单元的 4G 小区下倾角，对于新建的 5G 小区，下倾角规划原则如下。

（1）坚持 CSI RSRP 覆盖最优原则，CSI RSRP 倾角最优原则。

（2）坚持控制信道与业务信道同覆盖原则，默认控制信道倾角与业务信道倾角一致。

（3）以波束最大增益方向覆盖小区边缘，垂直面有多层波束时，原则上以最大增益覆盖小区边缘。

（4）公共波束下倾角由机械下倾角和可调电下倾角确定，调整公共信道波束，影响用户在网络中的驻留,优化小区覆盖范围;业务波束下倾角则由机械下倾角和预置电下倾确定,调整业务信道倾角影响用户 RSRP 和速率。

(5) 倾角调整优先级为:设计合理的预置电下倾→调整可调电下倾→调整机械下倾。

RF 参数规划优化流程为:

(1) 以 CSI-RS RSRP 为最优,确定方位角和机械下倾角;

(2) 以 SSB RSRP 为最优,确定可调电下倾角。

2) 5G 移动性优化

5G 移动性优化包括邻区优化和移动性参数优化,它在处理过程中需要合理管理邻区关系,满足移动性要求,设置合理的配置测量控制相关参数,保障切换的成功率和时延满足移动性要求。总体 5G 移动性优化原则如表 9-17 所示。

表 9-17　5G 移动性优化原则

内容	邻区优化	参数优化
SA 特点	(1) 合理添加系统内邻区: ① 针对重叠区域,多频段组网的区域根据区域内实际覆盖情况进行邻区添加; ② 邻区添加以最大化为准,如添加数超出范围,则根据实际覆盖强度进行排序添加。 (2) 合理添加异系统邻区: ① 针对重叠区域内实际小区进行 LTE 邻区添加; ② 对于多频段 LTE 组网的环境,需要考虑终端的测量能力并合理添加对象频点	(1) 连接态配置合理的移动性测量事件;优化原则同 LTE,保障切换成功率的同时,尽量抑制乒乓切换; (2) 空闲态(含非激活态)配置合理的重选参数: ① 优化原则基本同 LTE,尽量满足重选点与切换点一致; ② 根据实际覆盖情况,合理配置起测门限,用于终端节电
NSA 特点	(1) 合理添加 NR-NR 邻区(原则同 SA); (2) 合理添加 LTE-LTE 邻区(原则同 LTE 优化); (3) 合理添加 NR-LTE 邻区(邻区要求共框或有 X2 链路)	(1) 连接态: ① 优化原则基本同 LTE,保障切换成功率的同时,尽量抑制乒乓切换; ② SN 添加/删除策略:SN 添加满足 NR 可服务的最小能力(SN 添加门限对标 NR 最小接收电平); ③ SN 变更测量事件(原则同 SA):尽量使 SN 变更点与 LTE 切换点一致,满足 MR 上报含目标 LTE、NR 信息,在一次切换中完成 LTE 的切换及 SN 添加 (2) 空闲态: 仅需要进行 LTE 重选配置(原则同 LTE 优化)

(1) 切换问题分析。

5G 优化针对切换问题的分析流程如图 9-31 所示。由于 Prach(前导)与 SSB 子波束的选择相关,所以对于 5G 网络 Prach 的配置及前导格式的优化格外重要;在 NSA 网络 4G 侧锚点站需配置 5G 频点及邻区关系,根据 NR 网络和 4G 网络的覆盖情况,在切换时,需进行先删除 SN,再添加 SN 或进行 SN 变更。

(2) 接入问题分析。

5G 优化针对接入问题的分析流程如图 9-32 所示。SA 网络随机接入过程中,UE 需要通过 GSCN(全局同步信道号)盲检扫描 SSB 块的位置,依次获得 PSS(主同步信号)和 SSS

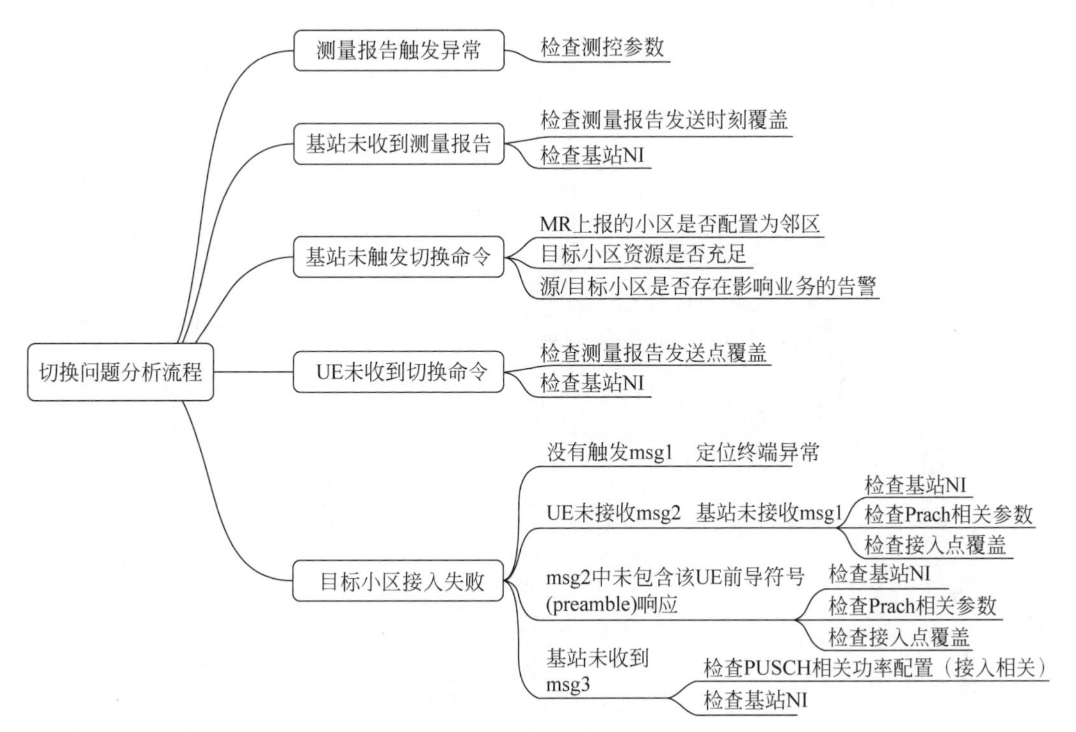

图 9-31 切换问题的分析流程

(辅同步信号),完成 PBCH(物理广播信道)的解调和下行同步,随后发起随机接入;在 NSA 场景下,UE 可以通过 RRC(无线资源控制)信令直接获得 SSB 的频点位置,同时获取 NR 的无线配置。

3) 5G 锚点优化

NSA 组网下,5G 网络质量的好坏首先取决于锚点的性能,因此 5G 优化要从锚点优化开始。

锚点配置的基本要求是尽量使用单一频点单层网,考虑到 FDD 1800MHz 在覆盖和上行方面的优势,优选 FDD 1800MHz 作为锚点,保证锚点的连续覆盖。

锚点优化主要从 4 个方面着手:首先,要开启锚点优选功能,确保 NSA 用户及时驻留锚点;其次,基于网管统计和网络拓扑结构合理配置锚点邻区和 X2,保证 4G/5G 邻区的完备性;然后,优化 SCG(辅小区组),增删门限,保障用 5G 的体验优于 4G;最后,要精准开启 ULI(用户位置信息)功能,最大程度规避“假 5G”风险。

4) 5G 工程优化

5G 网络已正式投入商用,需要形成一套规范的 5G 网络工程优化方法,确保建网质量、用户体验和 5G 网络性能领先,5G 网络工程优化关键节点如图 9-33 所示。

各节点具体优化内容如下。

(1) 站点开通及验证:包括站点建设及开通、单站验证(基础业务验证和移动性验证)、簇优化、分区优化。

(2) 基础参数核查:包括 LTE 参数核查、NR 参数核查、互操作参数核查。

(3) LTE 锚点优化:包括锚点配置及优化、LTE 切换优化、互操作参数优化。

(4) NR 覆盖优化:场景化波束优化、覆盖及 RF 优化、覆盖增强功能应用。

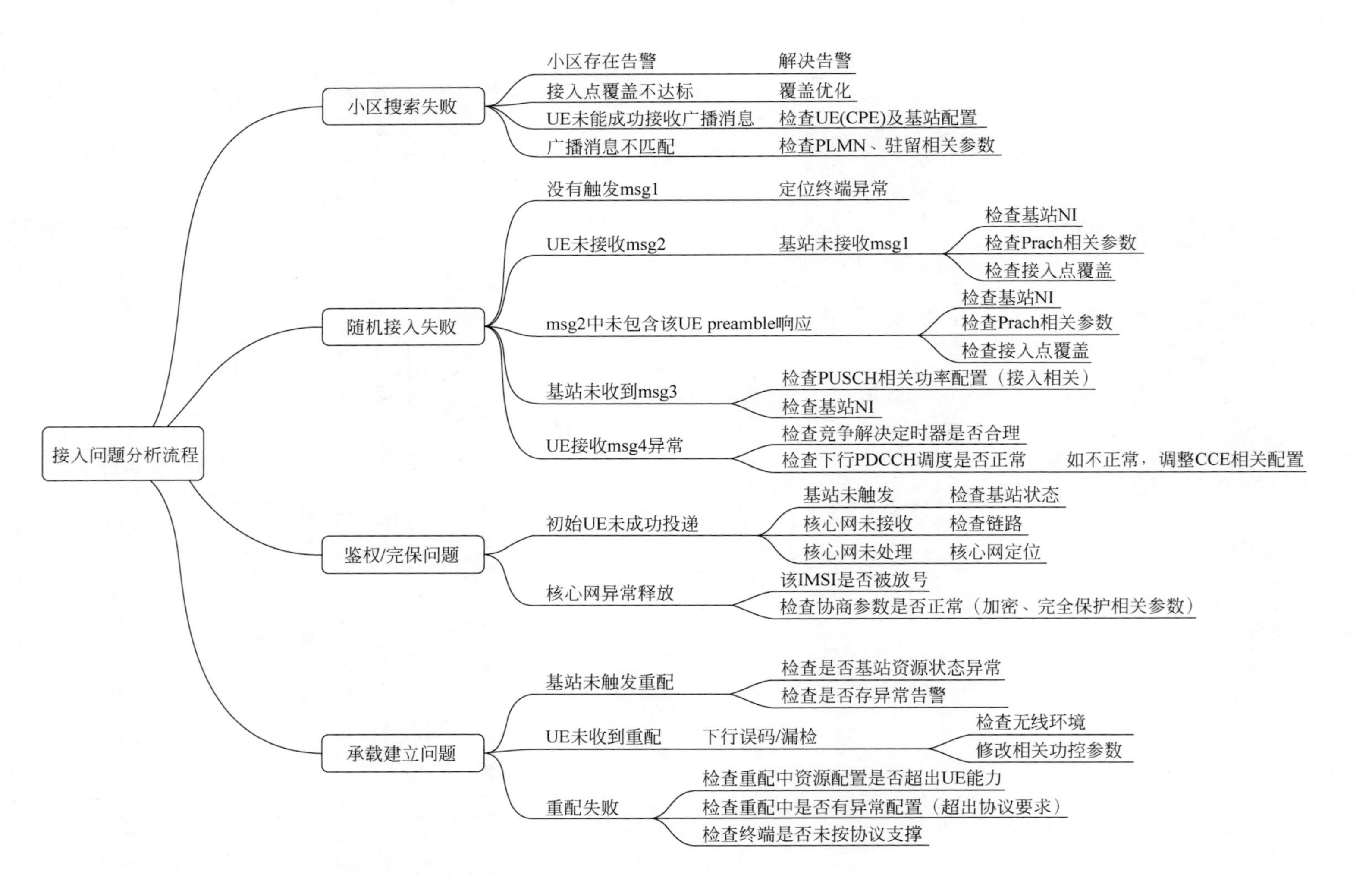

图 9-32 接入问题的分析流程

站点开通及验证 → 基础参数核查 → LTE锚点优化 → NR覆盖优化 → NR速率提升

图 9-33　5G 网络工程优化关键节点

（5）NR 速率提升：参数调优、5G 占网时长优化、RANK 优化、终端网络适配、性能调优。

案例：同时进行 5G 扫频测试和路测发现，全程扫频测试 5G 覆盖良好，5G 扫频覆盖率达到 100%，但同车路测的 5G 终端占网时长仅为 72.43%，路测明显存在 3 个路段未占用 5G 信号。5G 路测与 5G 扫频结果对比分析如图 9-34 所示，5G 路测信令分析如图 9-35 所示。

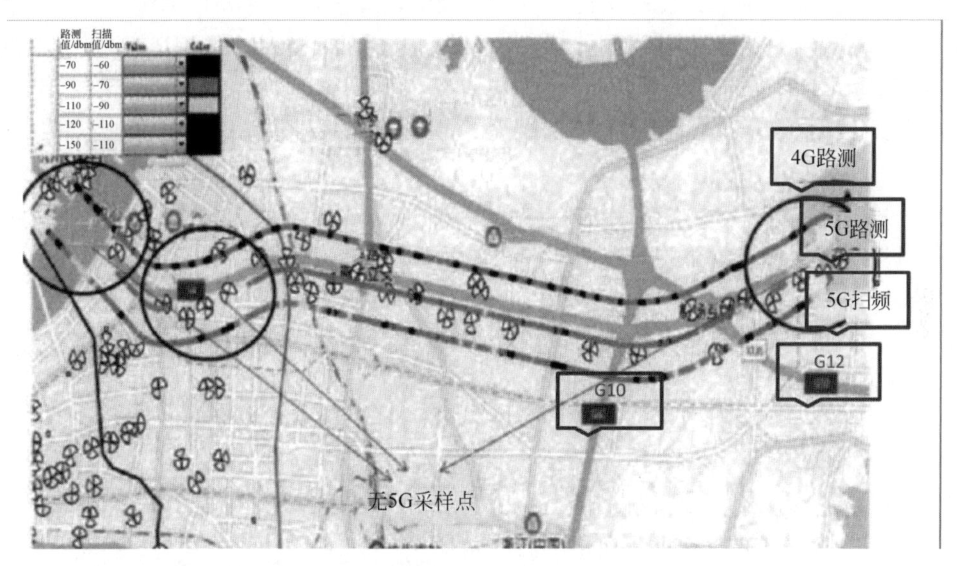

图 9-34　5G 路测与 5G 扫频结果对比分析

Time	Source	Event	Information
19:30:56.596	MS1	LTEEventA1	RSRP:-81
19:30:58.669	MS1	NREventA3	PCellRSRP:-82;NCellPCI:649;NCellRSRP:-75
19:30:58.908	MS1	NREventA3	PCellRSRP:-87;NCellPCI:649;NCellRSRP:-74
19:30:59.068	MS1	NREventA3	PCellRSRP:-90;NCellPCI:649;NCellRSRP:-75
19:30:59.308	MS1	NREventA3	PCellRSRP:-78;NCellPCI:649;NCellRSRP:-78
19:30:59.548	MS1	NREventA3	PCellRSRP:-76;NCellPCI:649;NCellRSRP:-79
19:31:06.427	MS1	NREventA3	PCellRSRP:-97;NCellPCI:649;NCellRSRP:-76
19:31:06.507	MS1	NREventA3	PCellRSRP:-112;NCellPCI:649;NCellRSRP:-75
19:31:06.603	MS1	NRSCellChangeAttempt	PCI:647;NR-ARFCN:509004;t304ms2000
19:31:06.603	MS1	NREventA3MeasConfig	
[illegible]	[illegible]	[illegible]	
19:31:06.610	MS1	NRSCellChangeSuccess	PCI:647;NR-ARFCN:509004
19:31:06.652	MS1	NRSCellRAAttempt	
19:31:06.844	MS1	NRSCellRAFail	
19:31:06.849	MS1	NRSCGFailureInformation	FailureType:randomaccessproblem
19:31:06.891	MS1	NRSCellAbnormalRelease	FailureType:randomaccessproblem;PCI:647;NR-ARFCN:509004
19:31:06.891	MS1	NRERABAbnormalRel	NRSCellAbnormalRelease
19:31:07.395	MS1	LTEEventA2	RSRP:-89
19:31:07.433	MS1	LTEEventA4MeasConfig	

A3上报最强NR邻区PCI：649，切换指向PCI：647

图 9-35　5G 路测信令分析

分析：异常脱网时间为 19：31：06 到 19：31：24，脱网时长为 18s，发生跨基站的 NR 小区变更，源小区 PCI：153，RSRP＝－112dBm，测量报告显示，目标小区应为 PCI：649，

RSRP=−76dBm,切换本应指向649小区,怀疑漏配NR 649邻区,导致变更指向同站的647小区,且当时该小区RSRP低于−100dBm,并在647小区下发起5G随机接入时发生失败,后续触发A4切入非4G锚点小区,导致脱网。

结论:NR邻区漏配及LTE锚点邻区漏配,异常原因归属NR问题和LTE问题。

5) 5G权值优化

目前各运营商的5G小区业务信道自适应波束赋形功能已全部开启,有效提升了速率,但广播信道场景化设置还未实施,现网多为默认配置,未能发挥出5G天线多波束对覆盖的增益,所以有必要开展5G权值优化,增强大规模MIMO的覆盖效果。

场景划分策略:在MR没有实现规范采集之前,无法通过5G MR确定5G小区周边的覆盖场景。可以替代的方法是通过分析与5G小区共站的4G小区的MR/MDT数据,即解析出4G MR/MDT采样点水平分布的扇形夹角和垂直分布的高度,模拟出5G扇区覆盖的方向和高度,从而确定5G小区主覆盖方向是广场场景、低层场景、中层场景、高层场景。

6) 5G室内外优化协同

5G初期还是以室外连续覆盖为主,室内覆盖不完全,有必要明确不同情况下不同的终端在室内外间驻留切换等策略,以保证用户体验和业务的连续性。

室内外优化协同主要从以下几个方面开展:一是评估研究各种情况下终端行为的影响,如5G室外与4G室内分布系统、5G室外与5G室内分布系统、5G室内进出电梯等,验证5G和锚点同频覆盖、4G/5G重选等可能存在的问题;二是明确不同情况下,用户驻留、切换、重选等互操作策略,保证业务连续性;三是明确对应情况下相关网络参数的设置,统一全网要求。

影响用户业务连续性的问题主要是室内有无5G室内分布系统和锚点的问题,所以可以明确以下几种方式下的室内外优化协同策略。

(1) 5G室外与4G室内分布系统:目前基于NSA网络,考虑5G室外移动至4G室内的场景,主要分为室内有锚点、室内无锚点这两种情况。为保证用户业务体验,总体要求用户尽快切换到室内,避免用户在室外5G上卡顿导致体验不好。

(2) 5G室外与5G室内场景:目前NSA组网下,NR辅站通过锚点进行信令交互,辅站之间不涉及互操作内容,正常切换即可。

(3) 5G室内进出电梯场景:该场景涉及电梯有无锚点覆盖,电梯有无5G覆盖的情况,要保证用户尽快切换,以免电平陡降卡死在5G信号上。

本章小结

在移动通信网络工程建设中,规划是指为了达到预定目标而事先提出的一套系统的有根据的设想和做法,它是一种总体设想和粗略设计;设计是指在规划的基础上,为满足实际工程目标而采取的具体方案;优化是指在系统或工程已实际建成的情况下,根据实际需求调整部分系统参数或修正小部分设计方案,来提高系统性能。这三者之间分工不同,但具体的界限又不能严格区分,比如规划与设计只是系统设计的不同阶段,可以不区分它们;在设计的过程中也可以根据调研、前期测试的结果,调整部分设计方案,称为“小优化”,而将系统完成之后的优化称为“大优化”,也就是前面提到的传统意义上的优化,当然大优化的过程中也包含了局部设计的理念。

网络规划与设计的总体原则是：要权衡好服务质量、服务范围与建设成本的关系；要用发展的眼光进行规划与设计；以系统工程的观念进行规划与设计；在无线网络的规划与设计中对不同用户和不同环境要区别对待；应根据不同移动通信系统的特点进行规划与设计；规划与设计要符合国家的产业政策导向。

移动通信网络的网络规划与设计的流程可以粗分为准备阶段、总体规划阶段(也称预设计阶段)、详细设计阶段和方案优化阶段。准备阶段主要是进行数据和地图等资料的收集、需求分析、业务模型构建、无线传播模型的构建和校正等工作；总体规划阶段主要是进行网络建设目标的确定、粗略设计和总体方案论证等工作；详细设计阶段则是针对各部分设计内容给出详细的设计方案；方案优化阶段需要充分利用网络仿真和网络测试等方法验证设计方案是否达到了要求，如果没有达到要求则需要进行设计方案的优化或者重新进行设计。通过4个阶段的规划设计，最终得到一个合理的设计方案。

移动通信业务预测是一个涉及数据统计、分析、数学计算等知识的复杂过程，它涉及的主要理论基础有数学模型、统计分析、拟合分析等。在工程上，业务预测的主要方法有人口普及率法、趋势外推法、回归预测法、瑞利分布多因素法、曲线拟合法、增长率法、多因素法、市场调查法和专家评议法等，业务模型包括话务模型和数据业务模型。

无线传播模型是对无线传输信道的一种模拟和仿真，在网络规划软件中，用于预测无线传播的损耗，并预测接收信号的场强。现有的无线传播模型有3大类，即几何模型、概率模型和经验模型，在工程上一般采用经验模型。为了在网络规划、设计与仿真时，增强无线传播模型预测的准确性，需要进行模型校正，其主要方法是采用CW测试和现网测试校正。

根据系统仿真时采样是否在时间上连续，将仿真分为静态仿真和动态仿真，仿真时对系统的每一次采样称为一次快照抓拍，静态仿真是抓拍到系统的某个瞬间的状态，而动态仿真是对系统进行连续的抓拍。Monte Cralo仿真是经过充分多的抓拍过程，从而能对系统进行统计分析(认为样本容量足够大时，事件的发生频率即为其概率)。从本质上说，Monte Cralo仿真是静态仿真，但其抓拍次数较多，仿真精度大大提高，所以有时也称其为半动态仿真。

3G建网的方案主要包括改良性方案和建多层次、重叠式立体网络的革新式方案。

TD-LTE无线网络规划首先要确定覆盖指标、边缘用户速率、块差错率目标(BLER Target)值和室内分布系统信号的外泄要求等无线网络设计指标，然后进行基站建设方案、工作频段、天线选择、子帧规划、网间干扰协调、基站传输需求、基站同步等规划与设计，最终目标是实现主要数据热点区域室外成片连续覆盖及重要楼宇的室内有效覆盖。

网络优化的意义在于可以提高网络的投资效益，提高网络的运行质量，并提高服务质量，在原有网络的基础上不再大规模投资的前提下，充分提高网络质量与容量。网络优化要完成的工作就是解决网络运行中存在的问题，也就是优化资源配置，最大限度地发挥设备和网络的效能。

网络优化主要包括以下内容：基站隐性故障检查；路测及CQT(呼叫质量测试)；无线系统性能指标的监测；天线下倾角、方向、挂高、位置调整；天线型号的更换；系统数据检查修改，包括切换控制、功率控制、接入控制、无线参数调整等；基站信道、配置调整、站型的更改；频率规划/PN码规划，有关参数的修改；基站传输方式的优化调整；核心网中，实现网络结构优化、网络设备数量和参数调整、设备硬件更换或软件升级、接口容量提高、QoS 优化等。

LTE-RF 优化关注的是网络信号分布状况的改善，为随后的业务参数优化提供一个良好的无线信号环境。LTE-RF 优化测试以 DT 为主，其他测试方法提供补充。LTE-RF 优化分析以覆盖问题、切换问题分析为主，其他问题分析作为补充，主要是排除由于以上问题带来的切换、掉话、接入和干扰问题。LTE-RF 优化调整以工程参数及邻区列表调整为主，小区参数调整在参数优化阶段进行。

习题

9-1　在移动通信中，为什么要进行网络规划、设计与优化？它们之间又是如何分工的？

9-2　在 GSM 中，常采用一种 4 基站/12 扇区的频率规划模型，试画出其网络拓扑结构图，若小区半径 $r=500\text{m}$，试求其同频小区群间的距离 D。

9-3　在 GSM 中，为什么要用频率规划？其基本原理是什么？

9-4　在 IS-95 CDMA 和 CDMA 2000 系统中，为什么不直接采用频率规划而是采用导频偏移量(相位)规划？它与 FDMA、TDMA 中的频率规划有哪些相同点与不同点？

9-5　导频偏移量规划与扰码规划有何不同？WCDMA 与 TD-SCDMA 系统的扰码规划又有何不同？

9-6　移动通信规划设计的主要环节有哪些？简述无线网络规划设计的流程。

9-7　在 TDMA 系统中和在 CDMA 系统中，覆盖、容量和质量这 3 者之间的关系有何区别？

9-8　已知某地区的用户统计数，即起始年(0 年)的移动用户数为 639，第 1 年用户数为 871，第 2 年用户数为 1139，如果在业务预测中采用趋势外推法，且用 2 次曲线拟合，则第 3 年的预测用户数是多少？

9-9　计算 GSM 系统(900MHz)和 WCDMA(2000MHz)在自由空间传播 10km 时的损耗量(以 dB 为单位)。哪一个损耗量更大？为什么？

9-10　无线传播模型中经验公式有哪些？说明它们的适用条件。

9-11　3G 和 2G 的网络规划与设计有何区别？

9-12　TD-LTE 网络规划与设计有何特点？

9-13　在 WCDMA 网络规划的改良性方案中，如何考虑后向兼容及 3G 本身不同业务的不同 QoS 要求？

9-14　什么是网络优化？网络优化的意义是什么？

9-15　网络优化如何分类？其主要优化内容是什么？

9-16　请画出 LTE-RF 优化流程图。

附录A 缩略语英汉对照表

APPENDIX A

英文缩写	英文全称	中文含义
1G	First Generation	第一代移动通信系统
2G	Second Generation	第二代移动通信系统
3G	Third Generation	第三代移动通信系统
3GPP	3rd Generation Partnership Project	第三代合作计划
3GPP2	3rd Generation Partnership Project 2	第三代合作计划 2
4G	Fourth Generation	第四代移动通信系统
5G	Fifth Generation	第五代移动通信系统
5GC	5G Core	5G 核心网
	A	
AAA	Authentication Authorization Accounting	认证、授权和计费服务器
AAU	Active Antenna Unit	有源天线单元
ABS	Almost Blank Subframe	近空子帧
ACK	Acknowledgement	确认指示
ADPCM	Adaptive Differential Pulse Code Modulation	自适应差分脉冲编码调制
AI	Artificial Intelligence	人工智能
AIE	Air Interface Evolution	空中接口演进
AKA	Authentication and Key Agreement	认证和密钥协商机制
AM	Acknowledged Mode	确认模式
AMC	Adaptive Modulation and Coding	自适应调制与编码
AMPS	Advanced Mobile Phone System	先进移动电话系统
AMR	Adaptive Multi-rate	自适应多速率
AN	Access Network	接入网络
ANSI	American National Standards Institute	美国国家标准化协会
AP	Application Provider	应用提供商
APC	Adaptive Predictive Code	自适应预测编码
API	Application Programming Interface	应用程序接口
APN	Access Point Name	接入点名
AR	Augmented Reality	增强现实
ARIB	Association of Radio Industries and Businesses	日本无线工商业联合会
ARPU	Average Revenue Per User	每用户平均收入
ARQ	Automatic Repeat Request	反馈重传

续表

英文缩写	英文全称	中文含义
AS	Access Stratum	接入层
ASIC	Application Specific Integrated Circuits	专用集成电路
ASME	Access Security Management Entity	接入安全管理实体
ASN	Access Service Network	接入服务网络
AT	Access Terminal	接入终端
ATC	Air Telephone Controller	空中话务管理器
ATC	Adaptive Transform Coding	自适应变换编码
AUC	Authentication Center	认证中心
B		
B2G	Beyond2G	超二代移动通信系统
B3G	Beyond3G	超三代移动通信系统
BBU	BaseBand Unite	基带单元
BCFE	Broadcast Control Functional Entity	广播控制功能实体
BCMCS	Broadcast Multicast Services	广播和组播业务
BDM	Building Distribution Model	建筑物分布模型
BDMA	Beam Division Multiple Access	射束分割多址
BG	Border Gateway	边界网关
BGCF	Breakout Gateway Control Function	出口网关控制功能
BMC	Broadcast/Multicast Control	广播/组播控制
BPSK	Binary Phase Shift Keying	二进制相移键控
BS	Base Station	基站
BSC	Base Site Controller	基站控制器
BSIC	Base Station Identity Code	基站识别码
BSR	Buffer Status Reporting	缓存状态上报
BSS	Base Station Subsystem	基站子系统
BSSGP	BSS GPRS Protocol	BSS GPRS 协议
BTS	Base Transceiver Station	基站收发信台
C		
CAMEL	Customized Applications for Mobile network Enhanced Logic	用户化应用移动网络增强逻辑
CA	Carrier Aggregation	载波聚合
CAP	CAMEL Application Part	CAMEL 应用部分
CATT	China Academy of Telecommunication Technology	中国电信科学技术研究院
CAVE	Cellular Authentication and Voice Encryption	蜂窝鉴权与语音加密算法
CBS	Cell Broadcast Service	小区广播业务
CC	Chase Combining	Chase 合并
CCE	Control Channel Element	控制信道元素
CCH	Control Channel	控制信道
CCITT	International Consultative Committee on Telecommunications and Telegraphy	国际电报电话咨询委员会
CCSA	China Communications Standards Association	中国通信标准协会
CDG	CDMA Development Group	CDMA 发展组织

续表

英文缩写	英文全称	中文含义
CDMA	Code Division Multiple Access	码分多址
CDN	Content Delivery Network	内容分发网络
CELP	Code Excited Linear Prediction	码本激励线性预测编码
CGF	Charging Gateway Function	收费网关功能
CGI	Cell Global Identity	小区全球识别码
CIF	Common Intermediate Format	常用标准化图像格式
CM	Cubic Metric	立方度量
CN	Core Network	核心网
CoMP	Coordinated Multiple Points Transmission/Reception	协作多点传输与接收
CORESET	Control-Resource Set	一组物理资源集合
CP	Content Provider	内容提供商
CP	Cyclic Prefix	循环前缀
CPRI	Common Public Radio Interface	通用公共无线接口
CQI	Channel Quality Indicator	信道质量指示
CQT	Call Quality Test	呼叫质量测试
CRB	Common Resource Block	公共资源块
CRC	Cyclic Redundancy Check	循环冗余校验码
CRE	Cell Range Expansion	小区范围扩展
C-RNTI	Cell-Radio Network Temporary Identifier	小区无线网络临时识别码
CRS	Cell-specific Reference Signal	小区专用参考信号
CS	Circuit Switch	电路交换
CS/CB	Coordinated Scheduling/Coordinated Beam-forming	协作调度/协作波束赋形
CSCF	Call Session Control Function	呼叫会话控制功能
CSFB	Circuit Switched Fallback	电路域回落
CSG	Closed Subscriber Group	封闭用户群
CSI-RS	Channel State Information-Reference Signal	信道状态信息参考信号
CSMA	Carrier Sense Multiple Access	载波侦听多址
CSN	Connectivity Service Network	连接服务网络
CSS	Common Search Space	公共搜索空间
CU	Centralized Unit	集中单元
CW	Continuous Wave	连续波
CWTS	China Wireless Telecommunication Standard	中国无线电信标准
	D	
D2D	Device-to-Device	终端直通
DAMPS	Digital AMPS	数字 AMPS
DCA	Dynamic Channel Assignment	动态信道分配
DCFE	Dedicated Control Functional Entity	专用控制功能实体
DCI	Downlink Control Information	下行控制信息
DCS	Dynamic Channel Selection	动态信道选择
DECT	Digital European Cordless Telephone	泛欧数字无绳系统
DEM	Digital Elevation Model	数字高程模型
DFE	Decision Feedback Equalizer	判决反馈均衡

续表

英文缩写	英文全称	中文含义
DHCP	Dynamic Host Configure Protocol	动态主机配置协议
DLM	Digital Linear Model	线状地物模型
DMRS	DeModulation Reference Signal	解调参考信号
DOA	Direction of Arrival	波达方向
DOM	Digital Overlay Model	地面覆盖模型
DPSK	Differential Phase Shift Keying	差分相移键控
DQPSK	Differential Quadrature Reference Phase Shift Keying	四相相对相移键控
DRB	Data Radio Bearer	数据无线承载
DRX	Discontinuous Reception	非连续接收
DRCLock	Data Rate Control Lock	数据速率控制锁定
DRS	Dedicated Reference Signal	专用参考信号
DS	Direct Sequence Spread Spectrum	直接序列扩频
DT	Drive Test	路测
DTX	Discontinuous Transmission	不连续发送
DU	Distribute Unit	分布单元
	E	
ECSD	Enhanced Circuit Switched Data	增强型电路交换数据
ECMEA	Enhanced Cellular Message Encryption Algorithm	增强的分组加密算法
EDGE	Enhanced Data rate for GSM Evolution	GSM 演进的增强数据速率
EGC	Equal Gain Combining	等增益合并
EGPRS	Enhanced General Packet Radio Service	增强型 GPRS
eICIC	enhanced Inter-Cell Interference Coordination	增强型小区间干扰消除
EIR	Equipment Identity Register	设备标识寄存器
eMBB	enhance Mobile BroadBand	增强移动宽带
EPC	Evolved Packet Core	增强型分组核心网
EPS	Evolved Packet System	增强型分组系统
ESN	Electronic Serial Number	电子序列号
ETSI	European Telecommunications Standards Institute	欧洲电信标准协会
	F	
FA	Foreign Agent	外地代理
FBI	Feedback Information	反馈信息
FBMC	Filter Bank Multi-Carrier	基于滤波器组的多载波
FCA	Fixed Channel Assignment	固定信道分配
FCC	Federal Communications Commission	美国联邦通信委员会
FCH	Forward Channel	前向信道
FDD	Frequency Division Duplex	频分双工
FDMA	Frequency Division Multiple Access	频分多址
FEC	Forward Error Correction	前向纠错
FH	Frequency Hop	跳频
FPLMTS	Future Public Land Mobile Telecom System	未来公众陆地移动通信系统
FR	Full Rate	全速率
FSTD	Frequency Switch Transmit Diversity	频率切换发射分集

续表

英文缩写	英文全称	中文含义
	G	
GGSN	Gateway GPRS Support Node	GPRS网关支持节点
GIS	Geographic Information System	地理信息系统
GMM	GPRS Mobility Management	GPRS移动性管理
GMSC	Gateway MSC	移动交换中心网关
GMSK	Gaussian Filtered Minimum Shift Keying	高斯滤波最小频移键控
gNB	5GNR Node B	5G基站
GP	Guard Period	保护间隔
GPRS	General Packet Radio Service	通用无线分组业务
GPS	Global Positioning System	全球定位系统
GSCN	Global Synchronization Channel Number	全局同步信道号
GSM	Global System for Mobile Communications	全球移动通信系统
GSN	GPRS Support Node	GPRS支持节点
GTP	GPRS Tunnel Protocol	GPRS隧道协议
GUTI	Globally Unique Temporary Identity	全球唯一临时标识符
	H	
HA	Home Agent	归属代理
HARQ	Hybrid Automatic Repeat Request	混合自动重发请求
HCS	Hierarchical Cell Structure	分层小区结构
HDTV	High Definition Television	高清晰度电视
HEO	High Earth Orbit	高轨
HLR	Home Location Register	归属位置寄存器
HON	Hand Over Number	切换号码
HR	Half Rate	半速率
HSCSD	High-Speed Circuit-Switched Data	高速电路交换数据
HSDPA	High Speed Downlink Packet Access	高速下行分组接入
HSPA	High Speed Packet Access	高速分组接入
HSUPA	High Speed Uplink Packet Access	高速上行分组接入
HSS	Home Subscriber Server	归属用户服务器
	I	
IC	Interference Cancellation	干扰抵消
iDEN	integrated Digital Enhanced Network	数字集群调度
IEEE-SA	IEEE Standard Association	电气和电子工程师协会的标准化协会
IETF	Internet Engineering Task Force	Internet工程任务组
IMEI	International Mobile Equipment Identity	国际移动台设备识别码
IM-MGW	IP Multimedia-Media Gateway Function	IP多媒体—媒体网关功能
IMS	IP Multimedia Subsystem	IP多媒体子系统
IMSI	International Mobile Subscriber Identity	国际移动用户识别码
IM-SSF	IP Multimedia-Services Switching Function	多媒体业务交换功能
IMT	Intermediate Machine Trunk	跨机器中继
IMT-2000	International Mobile Telecommunication-2000	国际移动通信-2000
IMT-Advanced	International Mobile Telecommunication-Advanced	高级国际移动通信

续表

英文缩写	英文全称	中文含义
IoT	Internet of Things	物联网
IP	Internet Protocol	互联网协议
IR	Incremental Redundancy	增量冗余
ISDN	Integrated Services Digital Network	综合业务数字网
ISO	International Organization for Standardization	国际标准化组织
ISUP	ISDN User Part	ISDN 用户部分
ITU	International Telecommunication Union	国际电信联盟
IVR	Interactive Voice Response	互动式语音应答
IWF	Inter Working Function	互通功能
	J	
JD	Joint Detection	联合检测
JP	Joint Processing	联合处理
JPEG	Joint Photographic Experts Group	联合图像专家小组
	K	
KPI	Key Performance Indicate	关键参数指标
	L	
LA	Location Area	位置区域
LAI	Location Area Identity	位置区识别码
LAN	Local Area Network	局域网
LAPD	Link Access Procedure D	链路接入步骤 D
LAS-CDMA	Large Area Synchronized CDMA	大区域同步码分多址
LBS	Location Based Service	移动位置服务
LCP	Logical Channel Prioritization	逻辑信道优先级操作
LCU	Logic Control Unit	逻辑控制单元
LDPC	Low Density Parity Check	低密度奇偶校验
LEO	Low Earth Orbit	低轨
LFSR	Linear Feedback Shift Register	线性反馈移位寄存器
LLC	Logical Link Control	逻辑链路控制
LMDS	Local Multipoint Distribution Services	本地多点分配业务
LMS	Least-Mean-Square Error Algorithm	最小均方误差算法
LMSD	Legacy Mobile Station Domain	传统移动终端域
LPC	Linear Predictive Coding	线性预测编码
LTE	Long Term Evolution	长期演进技术
LTE-A	LTE-Advanced	LTE 增强型技术
	M	
MAC	Medium Access Control	媒体接入控制
MAHO	Mobile Assisted Handover	移动台辅助切换
MAI	Multiple Access Interference	多址干扰
MAN	Metropolitan Area Network	城域网
MAP	Mobile Application Protocol	移动应用协议
MAP	Maximum a posteriori Probability	最大后验概率
MAS	Media Access System	媒体接入系统

续表

英文缩写	英文全称	中文含义
MBMS	Multimedia Broadcast Multicast Service	多媒体广播组播业务
MBSFN	Multicast Broadcast Single Frequency Network	多播/组播单频网络
MBWA	Mobile Broadband Wireless Access	移动宽带无线接入
MC-CDMA	Multi-Carrier CDMA	多载波码分多址
ME	Mobile Equipment	移动设备
MEC	Mobile Edge Computing	移动边缘计算
MEID	Mobile Equipment Identifier	移动台设备标识
MEO	Medium Earth Orbit	中轨
MGCF	Media Gateway Control Function	媒体网关控制功能
MGW	Media Gateway	媒体网关
MIB	Master Information Block	主系统消息块
MII	Ministry of Information Industry	信息产业部
MIMO	Multiple Input Multiple Output	多输入多输出,简称多入多出
MIP	Mobile IP	移动 IP
MIPS	Million Instructions Per Second	每秒百万条指令数
MIP-RR	MIP Radio Registration	移动区域注册
MLSD	Maximum Likelihood Sequence Detection	最大似然序列判决
MM	Mobility Management	移动性管理
MMD	Multimedia Domain	多媒体域
MME	Mobility Management Entity	移动性管理实体
MMSE	Minimum Mean-Square Error	最小均方误差
mMTC	massive Machine Type of Communication	大规模机器类通信
MN	Mobile Node	移动节点
MOS	Mean Opinion Score	主观评分
MPA	Message Propagation Algorithm	消息传递算法
MPLPC	Multiple Pulse Linear Predictive Coding	多脉冲线性预测编码
MPEG	Moving Picture Experts Group	动态图像专家小组
MR	Measurement Report	测量上报
MRC	Maximal Ratio Combining	最大比值合并
MRFC	Media Resource Function Controller	多媒体资源功能控制器
MRFP	Media Resource Function Processor	多媒体资源功能处理器
MRP	Multiple Reuse Pattern	分层频率复用
MS	Mobile Station	移动台
MSC	Mobile Switching Center	移动交换中心
MSDRA	Master Slave Dynamic Rate Access	主从动态速率接入
MSISDN	Mobile Station ISDN Number	移动台的国际身份号码
MSRN	Mobile Station Roaming Number	移动台漫游号码
MSK	Minimum Shift Keying	最小频移键控
MSS	Mobile Satellite Service	移动卫星业务
MTP	Message Transfer Part	消息传递部分
MUD	Multi-User Detection	多用户检测
MU-MIMO	Multi-User MIMO	多用户 MIMO

续表

英文缩写	英文全称	中文含义
MUSA	Multi-User Shared Access	多用户共享接入
	N	
NA	Notice Area	通知区
NAS	Non-Access Stratum	非接入层
NAU	Notice Area Update	通知区更新的流程
NA-TDMA	North American TDMA	北美 TDMA
N-CDMA	Narrow Code Division Multiple Access	窄带 CDMA
NF	Network Function	网络功能
NFV	Network Function Virtualization	网络功能虚拟化
NGN	Next Generation Network	下一代网络
NMS	Network Management System	网络管理系统
NOMA	Non-Orthogonal Multiple Access	非正交多址接入
NR	New Radios	新空口
NSA	Non-Standalone	非独立组网
NSF	National Science Foundation	美国国家科学基金委员会
NSS	Network Sub-System	网络子系统
	O	
OCS	Online Charging System	在线计费系统
OFDM	Orthogonal Frequency Division MultipleXing	正交频分复用
OFDMA	Orthogonal Frequency Division Multiple Access	正交频分多址
OLT	Optical Line Terminal	光缆终端设备
OMA	Open Mobile Alliance	开放移动联盟
OMC	Operation and Maintenance Center	操作维护中心
OSA	Open Service Access	开放业务接入
OSA-SCS	OSA Service Capability Server	OSA 业务能力服务器
OSI	Open system Interconnection	开放系统互联
OVSF	Orthogonal Variable Spreading Factor	正交可变扩频因子
	P	
P2P	Point to Point	点对点
PACS	Personal Access Communication Services	个人接入通信系统
PAN	Personal Area network	个域网
PAR	Peak-to-Average Ratio	峰均比
PAS	Personal Access System	个人接入系统
PBCH	Physical Broadcast Channel	物理广播信道
PCF	Packet Control Function	分组控制功能
PCH	Physical Channel	物理信道
PCI	Physical-layer Cell Identity	物理层小区 ID
PCM	Pulse Code Modulation	脉冲编码调制
PCS	Personal Communications Services	个人通信业务
PDCCH	Physical Downlink Control Channel	物理下行控制信道
PDCP	Packet Data Convergence Protocol	分组数据汇聚协议
PDMA	Pattern Division Multiple Access	图样分割多址

续表

英文缩写	英文全称	中文含义
PDP	Packet Data Protocol	分组数据协议
PDS	Packet Data Subsystem	分组数据子系统
PDSCH	Physical Downlink Shared Channel	物理下行共享信道
PDT	Police Digital Trunking	警用数字集群
PDU	Protocol Data Unit	协议数据单元
PF	Paging Frame	寻呼帧
PGW	PDN Gateway	分组数据网关
PHR	Power Headroom Report	功率余量上报
PHS	Personal Handy-phone System	个人便携电话系统
PLCM	Private Long Code Mask	专用长码掩码算法
PLCM	Public Long Code Mark	公共长码掩码
PLL	Physical Link Layer	物理链路子层
PLMN	Public Land Mobile-communication Network	公用陆地移动通信网
PN	Pseudo-Noise Code	伪噪声码
PNFE	Paging and Notification Function Entity	寻呼及通告功能实体
PO	Paging Occasion	寻呼机会
POC	PTT Over Cellular	基于蜂窝网的 PTT 业务
PRACH	Physical Random Access Channel	物理随机接入信道
PRB	Physical Resource Block	物理资源块
PS	Packet Switch	分组交换
PSS	Primary Synchronization Signal	主同步信号
PSTN	Public Switched Telephone Network	公用电话交换网
PT-RS	Phase Tracking-Reference Signal	相位跟踪参考信号
PTT	Push-to-Talk	按讲开关
PU	Payload Unit	负荷单元
PUCCH	Physical Uplink Control Channel	物理上行控制信道
PUSCH	Physical Uplink Shared Channel	物理上行共享信道
	Q	
QCELP	Qualcomm Code Excited Linear Prediction	可变速率码激励线性预测编码
QCIF	Quarter Common Intermediate Format	四分之一 CIF
QoS	Quality of Service	服务质量
QPSK	Quadrature Phase Shift Keying	正交相移键控
	R	
RA	Routing Area	路由区域
RADIUS	Remote Authentication Dial In User Server	远程用户拨号认证服务器
RAN	Radio Access Network	无线接入网
RB	Resource Block	资源块
RBG	Resource Block Group	资源块组
RBP	Radio Burst Protocol	无线突发协议
RCH	Reverse Channel	反向信道
RE	Resource Element	资源粒子
REG	Resource Element Group	资源粒子组

续表

英文缩写	英文全称	中文含义
RFE	Routing Function Entity	路由功能实体
RFL	Radio Frequency Layer	射频子层
RG	Resource Grid	资源栅格
RLC	Radio Link Control	无线链路控制
RLP	Radio Link Protocol	无线链路协议
RLS	Recursive Least Square	递归最小二乘算法
RN	Relay Node	中继节点
RNC	Radio Network Controller	无线网络控制器
RNS	Radio Network Subsystem	无线网络子系统
RNTI	Radio Network Temporary Identifier	无线网络临时标识号
RPC	Reserve Power Control	反向功率控制
RPE-LTP	Regular Pulse Excited Long-Term Prediction	规则脉冲激励长期预测
RRC	Radio Resource Control	无线资源控制
RRU	Radio Remote Unit	射频拉远单元
RRI	Reserve Rate Indicator	反向速率指示
RSRP	Reference Signal Receiving Power	参考信号接收功率
RSSI	Received Signal Strength Indication	接收信号强度指示
R-SGW	Roaming-Signaling Gateway	漫游信令网关
RTO	Rarely Transcoder Operation	极少码转换器操作
RTT	Radio Transmission Technology	无线传输技术
	S	
SA	Standalone	独立组网
SAE	System Architecture Evolution	系统架构演进
SAP	Service Access Point	服务接入点
SBA	Service-Based Architecture	基于服务的架构
SBC	Sub-Band Coding	子带编码
SCCP	Signaling Connection Control Part	信令连接控制部分
SC-FDMA	Single Carrier FDMA	单载波频分多址
SCMA	Sparse Code Multiple Access	稀疏码本多址
SCP	Service Control Point	业务控制点
SCS	Sub-Carrier Spacing	子载波间隔
SDAP	Service Data Adaptation Protocol	业务数据适配协议
SDMA	Space Division Multiple Access	空分多址
SDN	Software Defined Network	软件定义网络
SDU	Service Data Unit	业务数据单元
SFBC	Space-Frequency Block Coding	空频分组编码
SFI	Slot Format Indication	时隙格式指示
SG	Signaling Gateway	信令网关
SGSN	Serving GPRS Supporting Node	GPRS 服务支持节点
SGW	Serving Gateway	服务网关
SGW	Signaling Gateway	信令网关
SI	Study Item	研究项目

续表

英文缩写	英文全称	中文含义
SIB	System Information Block	系统消息块
SIC	Serial Interference Cancellation	串行干扰消除
SID	Silence Insertion Descriptor	插入静音描述帧
SIM	Subscriber Identity Module	用户识别模块
SIP	Session Initiation Protocol	会话发起协议
SIP	Simple IP	简单 IP
SISO	Single Input Single Output	单输入单输出，简称单入单出
SLF	Subscription Location Function	签约位置功能
SM	Session Management	会话管理
SMS	Short Message Service	短消息
SMSC	Short Message Service Center	短消息服务中心
SNDCP	Subnetwork Dependent Convergence Protocol	依赖子网的汇聚协议
SON	Self-Organized Network	自组织网络
SP	Service Provider	服务提供商
SPS	Semi-Persistent Scheduling	半静态调度
SRB	Signaling Radio Bearer	信令无线承载
SRBP	Signaling Radio Burst Protocol	信令无线突发协议
SRLP	Signaling Radio Link Protocol	信令无线链路协议
SRVCC	Signal Radio Voice Call Continuity	单模式语音呼叫连续性
SSB	Synchronization Signal Block	同步信号块
SSD	Shared Secret Data	共享秘密数据
SSS	Secondary Synchronization Signal	辅同步信号
STTD	Space Time Transmit Diversity	空时发射分集
SU-MIMO	Single-User-MIMO	单用户 MIMO
SVLTE	Simultaneous Voice and LTE	语音和 LTE 同步
	T	
TA	Tracking Area	跟踪区
TACS	Total Access Communication System	全球接入通信系统
TAU	Tracking Area Update	跟踪区更新的流程
TCA	Terminal Control Area	终端控制区
TCH	Traffic Channel	业务信道
TCP	Transfer Control Protocol	传输控制协议
TDMA	Time Division Multiple Access	时分多址
TD-SCDMA	Time Division-Synchronous Code Division Multiple Access	时分双工同步码分多址接入
TDD	Time Division Duplex	时分双工
TF	Transport Format	传输格式
TFCI	Transport Format Combination Indicator	传输格式组合指示
TFM	Tamed Frequency Modulation	受控频率调制
TH	Time Hop	跳时
TIA	Telecommunications Industry Association	美国电信产业协会
TMSI	Temporary Mobile Subscriber Identity	临时移动用户识别码

续表

英文缩写	英文全称	中文含义
TPC	Transmit Power Control	发射功率控制
Tr	Transparent Mode	透明模式
TrFO	Transcoder Free Operation	无编解码操作
T-SGW	Transport Signaling Gateway	传输信令网关
TTA	Communication Technology Association	韩国通信技术协会
TTC	Telecommunication Technology Committee	日本电信技术委员会
TTI	Transmission Time Interval	传输时间间隔
	U	
UCI	Uplink Control Information	上行控制信息
UDN	Ultra Dense Network	超密集组网
UE	User Equipment	用户设备(终端)
UHF	Ultra High Frequency	特高频
UM	Unacknowledged Mode	非确认模式
UMB	Ultra Mobile Broadband	超移动宽带
UMTS	Universal Mobile Telecommunication System	通用移动通信系统
UPE	User Plane Entity	用户面实体
URA	UTRAN Registration Area	UTRAN 登记区域
uRLLC	ultra Reliable Low Latency Communications	超可靠低时延通信
USIM	Universal Subscriber Identity Module	通用用户识别模块
UTRAN	UMTS Terrestrial	UMTS 陆地无线接入网
UWB	Ultra WideBand	超宽带
	V	
V2X	Vehicle to everything	车联万物
VHF	Very High Frequency	甚高频
VLR	Visit Location Register	访问位置寄存器
VoIP	Voice over IP	基于 IP 的语音通信
VoLTE	Voice over LTE	基于 LTE 的语音
VR	Virtual Reality	虚拟现实
VSELP	Vector Sum Exited Liner Prediction	矢量和激励线性预测编码
	W	
WAE	Wireless Application Environment	无线应用环境
WAMIS	Wireless Adaptive Mobile Information System	无线自适应移动信息系统
WAN	Wireless Access Network	无线接入网
WAN	Wide Area Network	广域网
WAP	Wireless Application Protocol	无线应用协议
WARC	World Administrative Radio Conference	世界无线电行政大会
WCDMA	Wideband Code Division Multiple Access	宽带码分多址接入
WDP	Wireless Datagram Protocol	无线数据报协议
WI	Work Item	工作项目
WiFi	Wireless Fidelity	无线保真
WiMAX	Worldwide Interoperability for Microwave Access	全球互通微波存取技术
WLAN	Wide Wireless Local Area Network	宽带无线局域网

续表

英文缩写	英文全称	中文含义
WML	Wireless Markup Language	无线标记语言
WPAN	Wireless Personal Area Network	无线个域网
WRC	World Radio Communication Conference	世界无线电通信大会
WSP	Wireless Session Protocol	无线会话协议
WTLS	Wireless Transport Layer Security	无线传输安全协议
WTP	Wireless Transaction Protocol	无线事务协议
WWW	World Wide Web	万维网
	X	
xDSL	Digital Subscriber Line	数字用户线路
XR	Extended Reality	扩展现实

参 考 文 献

[1] 田辉,康桂霞,李亦农,等. 3GPP 核心网技术[M]. 北京：人民邮电出版社,2007.

[2] 程宝平,梁守青. IMS 原理与应用[M]. 北京：机械工业出版社,2007.

[3] 赵晓秋. 3G/B3G 网络核心技术与应用[M]. 北京：机械工业出版社,2008.

[4] 吴伟陵,牛凯. 移动通信原理[M]. 2 版. 北京：电子工业出版社,2009.

[5] 彭伟军,宋文涛,罗汉文. 第三代移动通信系统中的数字无绳技术综述[J]. 电讯技术,1999(5)：11-13.

[6] 王志勤,罗振东,魏克军. 5G 业务需求分析及技术标准进程[J]. 中兴通讯技术,2014(2)：1-4.

[7] 张克平. LTE/LTE-Advanced—B3G/4G/B4G 移动通信系统无线技术[M]. 北京：电子工业出版社,2013.

[8] 李正茂,王晓云. TD-LTE 技术与标准[M]. 北京：人民邮电出版社,2014.

[9] 李有鑫等. Globalstar 低轨道移动卫星通信系统[J]. 南京邮电学院学报,1995(4)：20-23.

[10] 郭刚. 全球卫星个人移动通信与铱系统[J]. 电信技术,1999(1)：15-16.

[11] 杨军. 分组无线网多址技术研究[D]. 西安：西安电子科技大学,2003.

[12] 杨旸,王浩文,许晖. 第 5 代移动通信测试技术[J]. 中兴通讯技术,2014(2)：9-12.

[13] 席向涛,邱世坤. HSDPA 技术细解[J]. 邮电设计技术,2006(9)：19-20.

[14] AYACH O E,PETERS S W,HEATH R W,et al. The practical challenges of interference alignments [J]. IEEE Wireless Communications,2013,20(1):35-42.

[15] 3GPP2. CDMA 2000 enhanced packet data air interface system-system requirements document [Z],2005.

[16] JAINY M,CHOIY J I,KIM T M,et al. Practical,real-time,full duplex wireless[C]//Proceeding of ACM Annual International Conference on Mobile Computing and Networking (MobilCom),2011：301-312.

[17] 吴家安. 语音编码技术及应用[M]. 北京：人民邮电出版社,2006.

[18] 张长钢,李猛,等. WCDMA/HSDPA 无线网络优化原理与实践[M]. 北京：人民邮电出版社,2007.

[19] 闫实,王文博. 云无线接入网的系统架构和技术演进[J]. 电信科学,2014(3)：25-26.

[20] LEE W C Y. 无线与蜂窝通信[M]. 陈威兵,黄晋军,张聪,译. 北京：清华大学出版社,2008.

[21] 尤肖虎,潘志文,高西奇,等. 5G 移动通信发展趋势与若干关键技术[J]. 中国科学：信息科学,2014(5)：32-35.

[22] 李建东,郭梯云,等. 移动通信[M]. 4 版. 西安：西安电子科技大学出版社,2006.

[23] 杨大成,等. CDMA 2000 1x 移动通信系统[M]. 北京：机械工业出版社,2005.

[24] 啜钢,王文博,常永宇. 移动通信原理与系统[M]. 2 版. 北京：北京邮电大学出版社,2009.

[25] 陈曦,杨福慧. 3G 3 种制式的无线网络设计规划比较[J]. 电信技术,2006(1)：17-20.

[26] HUA Y B,LIANG P,MA Y M,et al. A method for broadband full-duplex MIMO radio[J]. IEEE Signal Process Lett,2012,19：793-796.

[27] UWE H. EURESCOM I. ST-4-027756 WINNER II,D7. 1. 5 v1. 0 Final Report[R],2008.

[28] SAHIN A,GUVENC I,ARSLAN H. A survey on multicarrier communications：prototype filters, lattice structures, and implementation aspects [EB/OL]. [2023-5-16]. http://arxiv. org/abs/1212. 3374v2.

[29] MICHAILOW N,LENTMAIER M,ROST P,et al. Integration of a GFDM secondary system in an

OFDM primary system[C]. Proceedings of Future Network & Mobile Summit，2011. 1-8.
[30] 章坚武. 3G/IMT-2000 的移动性管理分析[J]. 电子学报，2000(11)：16-17.
[31] 杨太星，王亚平，董文斌，等. CDMA 2000 核心网的演进介绍[J]. 移动通信，2006(4)：19-21.
[32] 杜滢. CDMA 2000 1X EV-DV 进展状况及关键技术[J]. 移动通信，2005(2)：51-57.
[33] 郑嘉舟，吴海宁. 开放结盟创新——移动通信业回顾与展望[J]. 移动通信，2014(1)：8-10.
[34] 周金芳，朱华飞，陈抗生. GSM 安全机制[J]. 移动通信，1999(5)：15-18.
[35] 刘艳，陆健贤. 3G 网络规划内容和流程[J]. 电信技术，2005(1)：35-38.
[36] 秦妍，柏溢，王民北. CDMA 系统通信安全与鉴权[J]. 中国数据通信，2004(2)：21-22.
[37] 张级华. 第三代移动通信系统的网络安全[J]. 现代电信科技，2007(4)：33-36.
[38] 朱湘琳. 移动通信网络体系架构[J]. 移动通信，2013(13)：11-12.
[39] 翟俊生. IMS 框架体系及协议分析[J]. 电信工程技术与标准化，2006(2)：26-31.
[40] 张婧婧，陈福文，陈继努. IPv6 在 3G 中的应用[J]. 移动通信，2005(8)：15-18.
[41] 龙薇，唐宏，单鹏，赵全军. TD-SCDMA 空中接口物理层概述及其与 WCDMA 的比较[J]. 通信技术，2007(7)：13-16.
[42] 文红玲，谢永斌. TD-SCDMA 系统接力切换技术[J]. 中国无线电，2005(8)：25-26.
[43] YALLAPRAGADA R. UMB network architecture[J]. ZTE Communications，2008，6(1)：42-43.
[44] 单方骥，曹常义. UMTS 移动性管理分析[J]. 电信网技术，2002(3)：36-37.
[45] IEEE L802.16-10/0002，Overview of IEEE P802.16M technology and candidate RIT for IMT-advanced [C]//Proceedings：IEEE 802.16 IMT-Advanced Evaluation Group Coordination Meeting，2010.
[46] 孙江胜，高振斌，韩月秋. 第三代移动通信系统自适应多速率编码技术研究[J]. 河北工业大学学报，2005(6)：15-16.
[47] 赖卫国，曾礼荣，王其忠. 移动通信网与互联网业务融合试验[J]. 中国无线电，2006(6)：18-19.
[48] RHEE M Y. CDMA 蜂窝移动通信与网络安全[M]. 北京：电子工业出版社，2002.
[49] RAPPAPORT T S. 无线通信原理与应用[M]. 2 版. 北京：电子工业出版社，2004.
[50] SCHWARTZ M. 移动无线通信[M]. 北京：电子工业出版社，2005.
[51] 冯秀涛. 3GPP LTE 国际加密标准 ZUC 算法[J]. 信息安全与通信保密，2011(12)：21-24.
[52] 隗合建，张欣，曹亘，等. LTE-A 增强型小区间干扰协调技术标准化研究[J]. 现代电信科技，2011(8)：11-12.
[53] 徐德平，程日涛，张新程. VoLTE 关键技术及部署策略研究[J]. 电信工程技术与标准化，2014(2)：25-26.
[54] 赵铁. LTE 空中接口物理层过程浅析[J]. 电信技术，2009(9)：39-40.
[55] 杨勇，邝宇锋，魏骞. 移动互联网终端应用开发技术[J]. 中兴通讯技术，2013(6)：27-28.
[56] 马洪源，肖子玉，卜忠贵. 5G 标准及产业进展综述[J]. 电信工程技术与标准化，2018(3)：8-11.
[57] 杜滢，朱浩，杨红梅，等. 5G 移动通信技术标准综述[J]. 电信科学，2018(8)：23-24.
[58] 李新，陈旭奇. 5G 网络规划流程及工程建设研究[J]. 电信快报，2018(5)：7-10.
[59] 杨旭，肖子玉，邵永平，等. 5G 网络部署模式选择及演进策略[J]. 电信科学，2018(6)：11-12.
[60] 肖子玉. 5G 网络应用场景及规划设计要素[J]. 电信工程技术与标准化，2018(7)：15-18.
[61] 黄钟明. 5G 网络架构设计与标准化进展[J]. 信息通信，2018(4)：26-27.
[62] 冯登国，徐静，兰晓. 5G 移动通信网络安全研究[J]. 软件学报，2018(6)：23-24.
[63] 赵福川，温建中. 5G 回传的分组切片网络架构和关键技术研究[J]. 中兴通讯技术，2018(4)：19-20.
[64] 吴俊卿，张智群，李保罡，等. 5G 系统技术原理与实现[M]. 北京：人民邮电出版社，2021.
[65] 刘晓峰，孙韶辉，杜忠达，等. 5G 无线系统设计与国际标准[M]. 北京：人民邮电出版社，2019.
[66] 周俊，权笑，马建辉. 5G 无线优化面临的挑战及应对策略[J]. 电信科学，2020，36(1)：58-65.
[67] 刘海林，林延. 5G 无线网络优化流程及策略分析[J]. 电信快报，2019(11)：20-23.
[68] 林奕琳，陈思柏，单雨威，等. 6G 网络潜在关键技术研究综述[J]. 移动通信，2021，45(4)：120-127.

[69] 刘珊,黄蓉,王友祥. 全球6G研究发展综述[J]. 邮电设计技术,2021(3):16-20.
[70] 肖子玉,韩研,马洪源,等. 5G网络面向垂直行业业务模型[J]. 电信科学,2019,35(6):132-140.
[71] 陈骋,南蜀崇. 基于SPN的5G+车联网的切片技术的应用与研究[J]. 邮电设计技术,2021(5):87-92.
[72] 李玉姣,丁大勇. 广播电视5G+8K+VR超高清视频的应用前景[J]. 广播电视信息,2022,29(7):31-33.